U0213698

人工智能
科学与技术丛书

DISTRIBUTED MACHINE
LEARNING PRACTICE

分布式机器
学习实战

陈敬雷◎编著

Chen Jinglei

清华大学出版社

北京

内 容 简 介

本书以分布式机器学习为主线,对其依赖的大数据技术进行详细介绍,并对目前主流的分布式机器学习框架和算法进行重点讲解,侧重实战。

全书共分为 8 章,详细讲解大数据算法系统架构、大数据基础、Docker 容器、Mahout 分布式机器学习平台、Spark 分布式机器学习平台、分布式深度学习框架和神经网络算法等内容,同时配套完整工业级实战项目,例如个性化推荐算法系统、人脸识别和对话机器人。本书理论联系实践,深入浅出,知识点全面,通过阅读本书,读者不仅可以理解分布式机器学习的知识,还能通过实战案例更好地将理论融入实际工作中。

本书适合分布式机器学习的初学者阅读,对于有一定经验的分布式大数据方向的从业人员及算法工程师,也可以从书中获取很多有价值的知识,并通过实战项目更好地理解分布式机器学习的核心内容。

图书在版编目(CIP)数据

分布式机器学习实战/陈敬雷编著. —北京:清华大学出版社,2020.8(2021.8重印)
(人工智能科学与技术丛书)
ISBN 978-7-302-55293-2

Ⅰ.①分… Ⅱ.①陈… Ⅲ.①机器学习 Ⅳ.①TP181

中国版本图书馆 CIP 数据核字(2020)第 057403 号

责任编辑: 赵佳霓
封面设计: 李召霞
责任校对: 时翠兰
责任印制: 宋 林

出版发行: 清华大学出版社
      网 址: http://www.tup.com.cn,http://www.wqbook.com
      地 址: 北京清华大学学研大厦 A 座   **邮 编:** 100084
      社 总 机: 010-62770175   **邮 购:** 010-83470235
      投稿与读者服务: 010-62776969,c-service@tup.tsinghua.edu.cn
      质量反馈: 010-62772015,zhiliang@tup.tsinghua.edu.cn
      课件下载: http://www.tup.com.cn,010-83470236
印 装 者: 三河市铭诚印务有限公司
经 销: 全国新华书店
开 本: 186mm×240mm   **印 张:** 32.5   **字 数:** 728 千字
版 次: 2020 年 10 月第 1 版   **印 次:** 2021 年 8 月第 2 次印刷
印 数: 1501~2500
定 价: 119.00 元

产品编号:085311-01

前言
PREFACE

互联网技术的发展催生了大数据平台,尤其公司大数据部门基本是以 Hadoop 大数据平台为基础,在这之上通过机器学习建模、算法工程落地成产品,通过数据分析进行大数据可视化展示来影响管理层决策。另外,以数据和机器学习来科学地驱动产品设计也成为主流。随着海量用户数据的积累,传统单机版机器学习框架已经不能满足数据日益增长的需求,于是分布式机器学习应运而生。本书以分布式机器学习为主线,对目前主流的分布式机器学习框架和算法进行重点讲解,侧重实战,最后是几个工业级的系统实战项目。

全书共分为 8 章,分别介绍互联网公司大数据和人工智能、大数据算法系统架构、大数据基础、Docker 容器、Mahout 分布式机器学习平台、Spark 分布式机器学习平台、分布式深度学习实战、完整工业级系统实战(推荐算法系统实战、人脸识别实战、对话机器人实战)等内容。

第 1 章介绍了大数据常用框架及人工智能的常用算法,并且对公司实际的大数据部门组织架构,以及每个职位的技能要求、发展方向、市场薪资水平等都做了介绍,这一章可以帮助读者从整体上认识大数据和人工智能的常用技术框架和算法,以及公司的实际工作场景。第 2 章介绍应用场景,并且对个性化推荐系统、个性化搜索、用户画像系统的架构原理做了深入的讲解,方便从整体上把握一个完整的系统,提高系统架构设计能力,并指导读者针对某个系统模块应该掌握哪些核心技术。第 3 章讲解大数据基础,为后面的分布式机器学习平台打基础。第 4 章讲解 Docker 容器,可以帮读者快速构建标准化运行环境,以便节省时间和简化部署。第 5 章讲解的 Mahout 分布式机器学习是基于 Hadoop 的 MapReduce 计算引擎来分布式训练的。第 6 章介绍 Spark 如何读取 Hadoop 分布式存储文件系统 HDFS 上的数据在内存里做迭代计算,以此提高训练性能。第 7 章介绍基于 TensorFlow 和 MXNet 框架基础上的神经网络算法如何读取 Hadoop 的 HDFS 数据,如何使用 Kubernetes 管理集群进行分布式训练。第 5~7 章是本书分布式机器学习的主线。第 8 章突出本书的实战性,尤其是推荐系统的实战,能让读者完整地认识实际工作中的系统产品是怎样来做的,以便快速地投入到实际工作中去。

陈敬雷

2020 年 5 月

目 录
CONTENTS

## 第 1 章

互联网公司大数据和
人工智能那些事

　　随着互联网应用的蓬勃发展,互联网公司积累了海量的用户数据,由此也催生了大数据和人工智能技术的发展,以便最大限度地挖掘海量数据的价值,由此影响公司管理层的决策。人工智能是受大数据潮流驱动、享受政策红利并引发民智广泛投入的新技术。人工智能诞生以来,理论和技术日益成熟,应用领域在不断扩大,可以设想,未来人工智能带来的科技产品将会是人类智慧的“容器”。以互联网、大数据、人工智能为代表的新一代信息技术,对各国经济的发展、社会进步、人民生活带来重大而深远的影响。

　　本章重点介绍大数据和人工智能都具体有哪些技术,以及两者之间的联系和区别。再就是从部门的组织架构上划分,大数据和人工智能是划分在大数据部门里面的,大数据部门是和其他部门(如前端业务部门、架构部门、移动开发部门等)相互配合构成一个整体的互联网平台,在大数据部门内部又细分为几个小部门,以及各种细分的职位,每个职位之间也是相互配合协调工作才能完成一个整体的项目。对于想从事大数据和人工智能方向工作的人员,需要了解每个职位的职业生涯规划和发展路径,以及各个职位的市场平均薪资水平,从而正确地根据自己的兴趣选择适合自己发展的细分方向。

1.1　大数据和人工智能在互联网公司扮演的角色和重要性

　　随着移动互联网应用的爆发,数据量呈现出指数级的增长,大数据的积累为人工智能提供了基础支撑,除此以外,大数据本身经过数据统计生成的数据报表也给企业管理层提供了理性的决策支持,为企业运营推广提供个性化的指导建议。人工智能建立在大数据基础之上,提供更深层次的挖掘和智慧发现。

1.1.1　什么是大数据,扮演的角色和重要性

　　大数据,又称海量数据,指的是以不同形式存在于数据库、网络等媒介上蕴含丰富信息的、规模巨大的数据。大数据具有五大特点,称为 5V。

1．大数据特点

1）多样（Variety）

大数据的多样性是指数据的种类和来源是多样化的，数据可以是结构化的、半结构化的及非结构化的，数据的呈现形式包括但不仅限于文本、图像、视频、HTML 页面等。

2）大量（Volume）

大数据的大量性是指数据量的大小，这个就是上面笔者介绍的内容，不再赘述。

3）高速（Velocity）

大数据的高速性是指数据增长快速，处理快速，每一天，各行各业的数据都在呈现指数性爆炸增长。在许多场景下，数据都具有时效性，如搜索引擎要在几秒内呈现出用户所需的数据。企业或系统在面对快速增长的海量数据时，必须要高速处理，快速响应。

4）低价值密度（Value）

大数据的低价值密度性是指在海量的数据源中，真正有价值的数据少之又少，许多数据可能是错误的，是不完整的，是无法利用的。总体而言，有价值的数据占据数据总量的密度极低，提炼数据好比浪里淘沙。

5）真实性（Veracity）

大数据的真实性是指数据的准确度和可信赖度，代表数据的质量。

大数据的意义不在于数据本身，更重要的是我们怎样去挖掘深藏在数据内部的巨大价值。本章侧重实战，基于大数据之上需要掌握哪些技术框架是我们重点的讲解内容。

2．一般说到大数据，自然会提到 Hadoop

基本上，互联网的大数据部门是以 Hadoop 为核心的，使用 Hadoop 来存储公司的业务数据、用户行为数据、埋点数据等。Hadoop 是一个由 Apache 基金会开发的分布式系统基础架构，它可以使用户在不了解分布式底层细节的情况下开发分布式程序，充分利用集群的威力进行高速运算和存储。

从其定义就可以发现，它解决了两大问题：大数据存储和大数据分析。也就是 Hadoop 的两大核心：HDFS 和 MapReduce。

HDFS（Hadoop Distributed File System）是可扩展、容错、高性能的分布式文件系统，异步复制，一次写入多次读取，主要负责存储。

MapReduce 为分布式计算框架，包含 map（映射）和 reduce（归约）过程，负责在 HDFS 上进行计算。

3．Hadoop 是大数据平台的标配

不管是哪个公司，只要有大数据平台，那么基本上会把 Hadoop 作为核心的存储和计算，因为目前没有比 Hadoop 更优秀的分布式存储平台。除了 Hadoop 外，其周围的生态系统，比如 Hive 数据仓库也是建立在 Hadoop 的 HDFS 存储之上的，Hive 的 SQL 语句也是解析成 Hadoop 的 MapReduce 计算引擎。周边的数据采集 Flume 日志收集一般也存储到 Hadoop 上。HBase 数据库也建立在 Hadoop 之上。围绕在 Hadoop 周围有一个生态圈，比

如：Hadoop、Spark、Storm、Flink、Hive 数据仓库、HBase、Phoenix、ZooKeeper、Flume、Sqoop、Presto、Spark Streaming、Spark SQL 等。所以说 Hadoop 是大数据平台的标配，是大数据部门的必备工具。

4. 数据必须足够大吗？多大才算大数据？

数据多大算大呢？没有严格的定义。一般意义上数据上亿条可以算小有规模，但数据字段里没有大文本字段，占用的空间也是比较小的。如果数据记录数不多，但有几个大文本字段，也会占用很大的硬盘空间，所以大数据实际上主要靠整体占用的空间来衡量，一般是以 TB 为单位，一般来讲，一个互联网公司有上百 TB 已经算是不小了。真正意义上的大数据，不在于数据本身的大小，更在于如何挖掘数据里面的巨大价值。如果只是简单的数据堆砌，挖掘不出价值，再大也没有意义。另外就是即使数据本身不大，但是在挖掘的过程中也会产生巨大的中间数据集，这也叫数据膨胀。比如你只有几千万条数据，但计算过程中矩阵相乘运算数据会膨胀得非常大，所以我们不用刻意去定义原始数据多大才算大，把重点放在挖掘数据的巨大价值上。

5. 小数据能否做出大数据的价值？

有些人会问，数据量小有没有必要用 Hadoop 呢？用 MySQL 关系数据库不就可以吗？这就是我们说的小数据能否做出大数据的价值问题。原始数据量小，但挖掘的中间数据集未必小，这也是我们数据量小也可以用 Hadoop 的一个原因。另外一个就是不仅仅是数据量大才采用 Hadoop，除了数据量，我们还需要一个高性能的分布式集群。有的计算任务虽然数据量不是很大，但是计算比较复杂，单机计算会非常慢，所以需要多台机器分布式地并行来跑。这是数据量小但也需要用到 Hadoop 的原因之一。也就是说小数据也可以做出大数据的价值。

6. Hive 数据仓库，基本会跟随 Hadoop 左右

Hive 是一种建立在 Hadoop 文件系统上的数据仓库架构，并对存储在 HDFS 中的数据进行分析和管理，Hive 是通过一种类似 SQL 的查询语言（称为 Hive SQL，简称为 HQL）分析和管理数据，对于熟悉 SQL 的用户可以直接利用 Hive 来查询数据。同时，这个语言也允许熟悉 MapReduce 的开发者们开发自定义的 mappers 和 reducers 来处理内建的 mappers 和 reducers 无法完成的复杂分析工作。Hive 可以允许用户编写自己定义的函数 UDF 来查询数据。Hive 中有 3 种 UDF：User Defined Functions（UDF，用户定义的函数）、User Defined Aggregation Functions（UDAF，用户定义的聚合函数）、User Defined Table Generating Functions（UDTF，用户定义的表函数）。

只要用到 Hadoop，那么基本上会用到 Hive 数据仓库。虽然不保证百分之百的公司都使用，但这肯定是公司选择的主流方式。Hive 出现得比较早，稳定、简单易用。使用 Sqoop 数据 ETL 工具可以非常方便地从 MySQL 业务数据库迁移到 Hive，方便建立数据表的分层，SQL 语句可以非常方便地处理数据，简单高效。

7. 大数据生态圈

除了 Hadoop 之外,周边还有很多框架都是围绕以 Hadoop 为核心的生态圈:Spark、Storm、Flink、Hive 数据仓库、HBase、Phoenix、ZooKeeper、Flume、Sqoop、Presto、Spark Streaming、Spark SQL、Caravel 报表、Nutch 爬虫、Impala、Kylin、Pig、Kafka、MongoDB、Avro、Tez、Solr、Logstash、Kibana、ElasticSearch、Drill、Cassandra、CouchBase、Pentaho、Tableau、Beam、Zeppelin 等。我们分别来介绍一下。

1) Spark

Apache Spark 是专为大规模数据处理而设计的快速通用的计算引擎。Spark 是 UC Berkeley AMP Lab(加州大学伯克利分校的 AMP 实验室)所开源的类 Hadoop MapReduce 的通用并行框架,Spark 拥有 Hadoop MapReduce 所具有的优点,但不同于 MapReduce 的是 Job 中间输出结果可以保存在内存中,从而不再需要读写 HDFS,因此 Spark 能更好地适用于数据挖掘与机器学习等需要迭代的 MapReduce 算法。

Spark 是一种与 Hadoop 相似的开源集群计算环境,但是两者之间还存在一些不同之处,这些有用的不同之处使 Spark 在某些工作负载方面表现得更加优越,换句话说,Spark 启用了内存分布数据集,除了能够提供交互式查询外,它还可以优化迭代工作负载。

Spark 是在 Scala 语言中实现的,它将 Scala 用作其应用程序框架。与 Hadoop 不同,Spark 和 Scala 能够紧密集成,其中的 Scala 可以像操作本地集合对象一样轻松地操作分布式数据集。

尽管创建 Spark 是为了支持分布式数据集上的迭代作业,但是实际上它是对 Hadoop 的补充,可以在 Hadoop 文件系统中并行运行。名为 Mesos 的第三方集群框架可以支持此行为。Spark 由加州大学伯克利分校 AMP 实验室（Algorithms, Machines and People Lab）开发,可用来构建大型的、低延迟的数据分析应用程序。

简单来说:Spark 是分布式内存计算引擎,没有存储功能。

和 Hadoop 的联系和区别:Spark 是分布式内存计算平台,此平台用 Scala 语言编写,基于内存的快速、通用、可扩展的大数据分析引擎;Hadoop 是分布式管理、存储、计算的生态系统,包括 HDFS(存储)、MapReduce(计算)、Yarn(资源调度)。

2) Storm

Storm 是一个分布式的、可靠的、容错的数据流处理系统。Storm 集群的输入流由一个被称作 Spout 的组件管理,Spout 把数据传递给 Bolt,Bolt 要么把数据保存到某种存储器,要么把数据传递给其他 Bolt。一个 Storm 集群就是在一连串的 Bolt 之间转换 Spout 传过来的数据。

(1) Storm 组件

在 Storm 集群中有两类节点:主节点(master node)和工作节点(worker nodes)。主节点运行 Nimbus 守护进程,这个守护进程负责在集群中分发代码,为工作节点分配任务,并监控故障。Supervisor 守护进程作为拓扑的一部分运行在工作节点上。一个 Storm 拓扑结构在不同的机器上运行着众多的工作节点。每个工作节点都是 topology 中一个子集的实现,而 Nimbus 和 Supervisor 之间的协调则通过 ZooKeeper 系统或者集群。

（2）ZooKeeper

ZooKeeper 是完成 Supervisor 和 Nimbus 之间协调的服务,而应用程序实现实时的逻辑则被封装进 Storm 中的"topology"。topology 则是一组由 Spouts(数据源)和 Bolts(数据操作)通过 Stream Grouping 进行连接的图。

（3）Spout

Spout 从来源处读取数据并放入 topology。Spout 分成可靠和不可靠两种；当 Storm 接收失败时,可靠的 Spout 会对 tuple(元组,数据项组成的列表)进行重发,而不可靠的 Spout 不会考虑接收成功与否只发送一次,而 Spout 中最主要的方法就是 nextTuple(),该方法会发送一个新的 tuple 到 topology,如果没有新 tuple 发送则会简单地返回。

（4）Bolt

topology 中所有的处理都由 Bolt 完成。Bolt 从 Spout 中接收数据并进行处理,如果遇到复杂流的处理也可能将 tuple 发送给另一个 Bolt 进行处理,而 Bolt 中最重要的方法是 execute(),以新的 tuple 作为参数接收。不管是 Spout 还是 Bolt,如果将 tuple 发送成多个流,这些流都可以通过 declareStream()来声明。

（5）Stream Grouping

Stream Grouping 定义了一个流在 Bolt 任务中如何被切分。

Shuffle grouping：随机分发 tuple 到 Bolt 的任务,保证每个任务获得相等数量的 tuple。

Fields grouping：根据指定字段分割数据流,并分组。例如,根据"user-id"字段,相同"user-id"的元组总是分发到同一个任务,不同"user-id"的元组可能分发到不同的任务。

Partial Key grouping：根据指定字段分割数据流,并分组。类似 Fields grouping。

All grouping：tuple 被复制到 Bolt 的所有任务。这种类型需要谨慎使用。

Global grouping：全部流都分配到 Bolt 的同一个任务。明确地说,是分配给 ID 最小的那个 task。

None grouping：无须关心流是如何分组的。目前,无分组等效于随机分组。但最终,Storm 将把无分组的 Bolts 放到 Bolts 或 Spouts 订阅它们的同一线程去执行(如果可能)。

Direct grouping：这是一个特别的分组类型。元组生产者决定 tuple 由哪个元组处理者接收任务。

Local or shuffle grouping：如果目标 Bolt 有一个或多个任务在同一工作进程,tuple 会打乱这些进程内的任务。否则,这就像一个正常的 Shuffle grouping。

3）Flink

Apache Flink 是由 Apache 软件基金会开发的开源流处理框架,其核心是用 Java 和 Scala 编写的分布式流数据流引擎。Flink 以数据并行和流水线方式执行任意流数据程序,Flink 的流水线运行时系统可以执行批处理和流处理程序。此外,Flink 在运行时本身也支持迭代算法的执行。

（1）概述

Apache Flink 的数据流编程模型在有限和无限数据集上提供单次事件（event-at-a-time）处理。在基础层面，Flink 程序由流和转换组成。

Apache Flink 的 API：有界或无界数据流的数据流 API、用于有界数据集的数据集 API、表 API。

（2）数据流的运行流程

Flink 程序在执行后被映射到流数据流，每个 Flink 数据流以一个或多个源（数据输入，例如消息队列或文件系统）开始，并以一个或多个接收器（数据输出，如消息队列、文件系统或数据库等）结束。Flink 可以对流执行任意数量的变换，这些流可以被编排为有向无环数据流图，允许应用程序分支和合并数据流。

（3）Flink 的数据源和接收器

Flink 提供现成的源和接收连接器，包括 Apache Kafka、Amazon Kinesis、HDFS 和 Apache Cassandra 等。

Flink 程序可以作为集群内的分布式系统运行，也可以以独立模式或在 Yarn、Mesos、基于 Docker 的环境和其他资源管理框架下进行部署。

Flink 的状态：检查点、保存点和容错机制。

Flink 检查点和容错：检查点是应用程序状态和源流中位置的自动异步快照。在发生故障的情况下，启用了检查点的 Flink 程序将在恢复时从上一个完成的检查点恢复处理，确保 Flink 在应用程序中保持一次性（exactly-once）状态语义。检查点机制暴露应用程序代码的接口，以便将外部系统包括在检查点机制中（如打开和提交数据库系统的事务）。

Flink 保存点的机制是一种手动触发的检查点。用户可以生成保存点，停止正在运行的 Flink 程序，然后从流中的相同应用程序状态和位置恢复程序。保存点可以在不丢失应用程序状态的情况下对 Flink 程序或 Flink 群集进行更新。

（4）Flink 的数据流 API

Flink 的数据流 API 支持有界或无界数据流上的转换（如过滤器、聚合和窗口函数），包含 20 多种不同类型的转换，可以在 Java 和 Scala 中使用。

有状态流处理程序的一个简单 Scala 示例是从连续输入流发出字数并在 5 秒窗口中对数据进行分组的应用。

（5）Apache Beam-Flink Runner

Apache Beam"提供了一种高级统一编程模型，允许（开发人员）实现可在任何执行引擎上运行批处理和流数据处理作业"。Apache Flink-on-Beam 运行器是功能最丰富的、由 Beam 社区维护的能力矩阵。

data Artisans 与 Apache Flink 社区一起与 Beam 社区密切合作，开发了一个强大的 Flink runner。

（6）数据集 API

Flink 的数据集 API 支持对有界数据集进行转换（如过滤、映射、连接和分组），包含 20

多种不同类型的转换。该 API 可用于 Java、Scala 和实验性的 Python API。Flink 的数据集 API 在概念上与数据流 API 类似。

（7）表 API 和 SQL

Flink 的表 API 是一种类似 SQL 的表达式语言，用于关系流和批处理，可以嵌入 Flink 的 Java 和 Scala 数据集和数据流 API 中。表 API 和 SQL 接口在关系表抽象上运行，可以从外部数据源或现有数据流和数据集创建表。表 API 支持关系运算符，如表上的选择、聚合和连接等。

也可以使用常规 SQL 查询表。表 API 提供了和 SQL 相同的功能，可以在同一程序中混合使用。将表转换回数据集或数据流时，由关系运算符和 SQL 查询定义的逻辑计划将使用 Apache Calcite 进行优化，并转换为数据集或数据流程序。

4）Hive 数据仓库

Hive 是基于 Hadoop 的一个数据仓库工具，可以将结构化的数据文件映射为一张数据库表，并提供类 SQL 查询功能。可以将 SQL 语句转换为 MapReduce 任务进行运行。

Hive 构建在基于静态批处理的 Hadoop 之上，Hadoop 通常有较高的延迟并且在作业提交和调度的时候需要大量的开销。因此，Hive 并不能够在大规模数据集上实现低延迟快速的查询，例如，Hive 在几百 MB 的数据集上执行查询一般有分钟级的时间延迟。因此，Hive 并不适合那些需要低延迟的应用，例如，联机事务处理（OLTP）。Hive 查询操作过程严格遵守 Hadoop MapReduce 的作业执行模型，Hive 将用户的 HiveQL 语句通过解释器转换为 MapReduce 作业提交到 Hadoop 集群上，Hadoop 监控作业执行过程，然后返回作业执行结果给用户。Hive 并非为联机事务处理而设计，Hive 并不提供实时的查询和基于行级的数据更新操作。Hive 的最佳使用场合是大数据集的批处理作业，例如，网络日志分析。

Hive 的特点：

通过 SQL 轻松访问数据的工具，从而实现数据仓库任务（如提取/转换/加载（ETL），报告和数据分析）；

一种对各种数据格式施加结构的机制；

访问直接存储在 Apache HDFS 或其他数据存储系统（如 Apache HBase）中的文件；

通过 Apache Tez、Apache Spark 或 MapReduce 执行查询；

程序语言与 HPL-SQL；

通过 Hive LLAP、Apache Yarn 和 Apache Slider 进行亚秒级查询检索。

5）HBase

HBase 是一个分布式的、面向列的开源数据库，该技术来源于 Fay Chang 所撰写的论文"Bigtable：一个结构化数据的分布式存储系统"。就像 Bigtable 利用了谷歌文件系统（File System）所提供的分布式数据存储一样，HBase 在 Hadoop 之上提供了类似于 Bigtable 的能力。HBase 是 Apache 的 Hadoop 项目的子项目。HBase 不同于一般的关系数据库，它是一个适合于非结构化数据存储的数据库，而且 HBase 是基于列而不是基于行的模式。

HBase 是一个构建在 HDFS 上的分布式列存储系统,可以通过 Hive 的方式来查询 HBase 数据,HBase 的特点:

HBase 是基于 Google BigTable 模型开发的,典型的 key/value 系统;

HBase 是 Apache Hadoop 生态系统中的重要一员,主要用于海量结构化数据存储;

分布式存储,HBase 将数据按照表、行和列进行存储。与 Hadoop 一样,HBase 目标主要依靠横向扩展,通过不断增加廉价的商用服务器来增加计算和存储能力。

HBase 表的特点:

大:一个表可以有数十亿行,上百万列;

无模式:每行都有一个可排序的主键和任意多的列,列可以根据需要动态地增加,同一张表中不同的行可以有截然不同的列,这是 MySQL 关系数据库做不到的;

面向列:面向列(族)的存储和权限控制,列(族)独立检索;

稀疏:空(null)列并不占用存储空间,表可以设计得非常稀疏;

数据多版本:每个单元中的数据可以有多个版本,默认 3 个版本,是单元格插入时的时间戳。

6) Phoenix

Phoenix 是构建在 HBase 上的一个 SQL 层,能让我们用标准的 JDBC API 而不是 HBase 客户端 API 来创建表,插入数据和对 HBase 数据进行查询。Phoenix 完全使用 Java 编写,作为 HBase 内嵌的 JDBC 驱动。Phoenix 查询引擎会将 SQL 查询转换为一个或多个 HBase 扫描,并编排执行以生成标准的 JDBC 结果集。

7) ZooKeeper

ZooKeeper 是一个分布式的、开放源码的分布式应用程序协调服务,是谷歌的 Chubby 一个开源的实现,是 Hadoop 和 HBase 的重要组件。它是一个为分布式应用提供一致性服务的软件,提供的功能包括配置维护、域名服务、分布式同步、组服务等。

8) Flume

Flume 是 Cloudera 提供的一个高可用的,高可靠的,分布式的海量日志采集、聚合和传输的系统,Flume 支持在日志系统中定制各类数据发送方,用于收集数据;同时,Flume 提供对数据进行简单处理,并具有写到各种数据接收方(可定制)的能力。

9) Sqoop

Sqoop(发音:skup)是一款开源工具,主要用于在 Hadoop(Hive)与传统的数据库(mysql、postgresql 等)间进行数据的传递,可以将一个关系型数据库(例如:MySQL,Oracle,Postgres 等)中的数据导入 Hadoop 的 HDFS 中,也可以将 HDFS 的数据导入关系型数据库中。

10) Presto

Presto 是 Facebook 开发的数据查询引擎,可对 250PB 以上的数据进行快速地交互式分析。基于内存的并行计算,分布式 SQL 交互式查询引擎,多个节点管道式执行,并且支持任意数据源。

11）Spark Streaming

Spark Streaming 是 Spark 核心 API 的一个扩展，可以实现高吞吐量的、具备容错机制的实时流数据的处理。支持从多种数据源获取数据，包括 Kafka、Flume、Twitter、ZeroMQ、Kinesis 及 TCP sockets，从数据源获取数据之后，可以使用诸如 map、reduce、join 和 window 等高级函数进行复杂算法的处理。最后还可以将处理结果存储到文件系统、数据库和现场仪表盘。在"One Stack rule them all"的基础上，还可以使用 Spark 的其他子框架，如机器学习、图计算等，对流数据进行处理。

12）Spark SQL

Spark SQL 是 Spark 的一个模块，用于处理结构化的数据，它提供了一个数据抽象 DataFrame 并且起到分布式 SQL 查询引擎的作用。

Spark SQL 就是将 SQL 转换成一个任务，提交到集群上运行，类似于 Hive 的执行方式。

Spark SQL 在 Hive 兼容层面仅依赖 HiveQL 解析、Hive 元数据，也就是说，从 HQL 被解析成抽象语法树起就全部由 Spark SQL 接管了。Spark SQL 执行计划生成和优化都由 Catalyst（函数式关系查询优化框架）负责。

Spark SQL 增加了 DataFrame（即带有 Schema 信息的 RDD），使用户可以在 Spark SQL 中执行 SQL 语句，数据既可以来自 RDD，也可以来自 Hive、HDFS、Cassandra 等外部数据源，还可以是 JSON 格式的数据。Spark SQL 提供 DataFrame API，可以对内部和外部各种数据源执行各种关系操作。

Spark SQL 可以支持大量的数据源和数据分析算法。Spark SQL 可以融合传统关系数据库的结构化数据管理能力和机器学习算法的数据处理能力。

13）Caravel

Caravel 的中文翻译是快船，而 Caravel 其实是一个自助式数据分析工具，它的主要目标是简化我们的数据探索分析操作，它的强大之处在于整个过程一气呵成，几乎不用片刻等待。

Caravel 通过让用户创建并且分享仪表盘的方式为数据分析人员提供一个快速的数据可视化方案。

在用户用这种丰富的数据可视化方案分析数据的同时，Caravel 还可以兼顾数据格式的拓展性、数据模型的高粒度保证、快速的复杂规则查询、兼容主流鉴权模式（数据库、OpenID、LDAP、OAuth 或者基于 Flask AppBuilder 的 REMOTE_USER）。

通过一个定义字段、下拉聚合规则的简单的语法层操作，我们就可以将数据源丰富地呈现。Caravel 还深度整合了 Druid，以保证我们在操作超大、实时数据的分片和切分时都能如行云流水。

14）Nutch 分布式爬虫

Nutch 是一个开源、并用 Java 实现的基于 Hadoop MapReduce 的分布式爬虫框架，能够根据配置参数把爬取的数据存储到 Solr cloud 或 ElasticSearch 搜索引擎。

15) Impala

Impala 是 Cloudera 公司主导开发的新型查询系统,它提供 SQL 语义,能查询存储在 Hadoop 的 HDFS 和 HBase 中的 PB 级大数据。已有的 Hive 系统虽然也提供了 SQL 语义,但由于 Hive 底层执行使用的是 MapReduce 引擎,它仍然是一个批处理过程,所以难以满足查询的交互性。相比之下,Impala 的最大特点也是最大卖点就是它的快速性。

16) Kylin

Apache Kylin 是一个开源的分布式分析引擎,提供 Hadoop/Spark 之上的 SQL 查询接口及多维分析(OLAP)能力以支持超大规模数据,最初由 eBay Inc. 开发并贡献至开源社区,它能在亚秒内查询巨大的 Hive 表。

17) Pig

Pig 是一种数据流语言和运行环境,用于检索非常大的数据集。为大型数据集的处理提供了一个更高层次的抽象。Pig 包括两部分:一是用于描述数据流的语言,称为 Pig Latin;二是用于运行 Pig Latin 程序的执行环境。

18) Kafka

Kafka 是由 Apache 软件基金会开发的一个开源流处理平台,用 Scala 和 Java 编写。Kafka 是一种高吞吐量的分布式发布订阅消息系统,它可以处理消费者在网站中的所有动作流数据。这种动作(网页浏览、搜索和其他用户的行动)是在现代网络上的许多社会功能的一个关键动作。这些数据通常是由于吞吐量的要求而通过处理日志和日志聚合来解决的。对于像 Hadoop 一样的日志数据和离线分析系统,但又有实时处理的限制,这是一个可行的解决方案。Kafka 的目的是通过 Hadoop 的并行加载机制来统一线上和离线的消息处理,也是为了通过集群来提供实时的消息。

19) Avro

Avro 是一个数据序列化系统,设计用于支持大批量数据交换的应用。它的主要特点有:支持二进制序列化方式,可以便捷、快速地处理大量数据;动态语言友好,Avro 提供的机制使动态语言可以方便地处理 Avro 数据。

20) Tez

Tez 是 Apache 开源的、支持 DAG 作业的计算框架,它直接源于 MapReduce 框架,核心思想是将 Map 和 Reduce 两个操作进一步拆分,即 Map 被拆分成 Input、Processor、Sort、Merge 和 Output,Reduce 被拆分成 Input、Shuffle、Sort、Merge、Processor 和 Output 等,这样,这些分解后的元操作可以任意灵活组合,产生新的操作,这些操作经过一些控制程序组装后可形成一个大的 DAG 作业。

21) Solr

Solr 是一个独立的企业级搜索应用服务器,它对外提供类似于 Web Service 的 API 接口。用户可以通过 http 请求,向搜索引擎服务器提交一定格式的 XML 文件,生成索引;也可以通过 Http Get 操作提出查找请求,并得到 XML 格式的返回结果。

Solr 是一个高性能、采用 Java 开发、基于 Lucene 的全文搜索服务器。同时对其进行了扩展,提供了比 Lucene 更为丰富的查询语言,实现了可配置、可扩展并对查询性能进行了优化,并且提供了一个完善的功能管理界面,是一款非常优秀的全文搜索引擎。

22)Logstash

Logstash 是一款强大的数据处理工具,它可以实现数据传输、格式处理、格式化输出,还有强大的插件功能,常用于日志处理。Logstash 是 ELK 中的一个组件,ELK 是 ElasticSearch、Logstash、Kibana 三大开源框架首字母大写简称,是一种能够从任意数据源抽取数据,并实时对数据进行搜索、分析和可视化展现的数据分析框架。

23)Kibana

Kibana 是为 ElasticSearch 设计的开源分析和可视化平台。用户可以使用 Kibana 来搜索、查看存储在 ElasticSearch 索引中的数据并与之交互。用户可以很容易实现高级的数据分析和可视化,并以图标的形式展现出来。

24)ElasticSearch

ElasticSearch 是一个基于 Lucene 的搜索服务器。它提供了一个分布式多用户的全文搜索引擎,基于 RESTful Web 接口。ElasticSearch 是用 Java 语言开发的,并作为 Apache 许可条款下的开放源码发布,是一种流行的企业级搜索引擎。ElasticSearch 用于云计算中,能够达到实时搜索,稳定、可靠、快速、安装使用方便。官方客户端在 Java、. NET(C♯)、PHP、Python、Apache Groovy、Ruby 和许多其他语言中都是可用的。根据 DB-Engines 的排名显示,ElasticSearch 是最受欢迎的企业搜索引擎,其次是 Apache Solr,也是基于 Lucene。

25)Drill

Apache Drill 是一个能够对大数据进行实时分布式查询的引擎,目前它已经成为 Apache 的顶级项目。Drill 是开源版本的 Google Dremel。它以兼容 ANSI SQL(国际标准 SQL 语言)语法作为接口,支持对本地文件 HDFS、Hive、HBase 和 MongeDB 作为存储的数据查询,文件格式支持 Parquet、CSV、TSV,以及 JSON 这种与模式无关(schema-free)的数据。所有这些数据都可以像使用传统数据库的针对表查询一样进行快速实时查询。

26)Cassandra

Cassandra 是一套开源分布式 NoSQL 数据库系统,它最初由 Facebook 开发,用于存储收件箱等简单格式数据,集 Google BigTable 的数据模型与 Amazon Dynamo 的完全分布式架构于一身。Facebook 于 2008 年将 Cassandra 开源,此后,由于 Cassandra 良好的可扩展性,被 Digg、Twitter 等知名 Web 2.0 网站所采纳,成为一种流行的分布式结构化数据存储方案。

27)Couchbase

Couchbase 是一个非关系型数据库,它实际上由 couchdb+membase 组成,所以它既能像 Couchbase 那样存储 json 文档,也能像 membase 那样高速存储键值对。

28)Pentaho

Pentaho 是世界上最流行的开源商务智能软件,以工作流为核心,强调面向解决方案而非工具组件,基于 Java 平台的商业智能(Business Intelligence,BI)套件,之所以说是套件,是因为它包括一个 Web server 平台和几个工具软件:报表、分析、图表、数据集成和数据挖掘等,可以说包括了商务智能的方方面面。它整合了多个开源项目,目标是和商业 BI 相抗衡。它偏向于与业务流程相结合的 BI 解决方案,侧重于大中型企业应用。它允许商业分析人员或开发人员创建报表、仪表盘、分析模型、商业规则和 BI 流程。

29)Tableau

Tableau 是用于可视分析数据的商业智能工具。用户可以创建和分发交互式、可共享的仪表板,以图形和图表的形式描绘数据的趋势、变化和密度。Tableau 可以连接到文件、关系数据源和大数据源来获取和处理数据。该软件允许数据混合和实时协作,这使它非常独特。它被企业、学术研究人员和许多政府用来进行视觉数据分析,还被定位为 Gartner 魔力象限中的领导者商业智能和分析平台。

30)Beam

Beam 主要对数据处理(有限的数据集,无限的数据流)的编程范式和接口进行了统一定义(Beam Model)。这样,基于 Beam 开发的数据处理程序可以在任意的分布式计算引擎上执行。

31)Zeppelin

Apache Zeppelin 是一个让交互式数据分析变得可行的、基于网页的开源框架。Zeppelin 提供了数据分析、数据可视化等功能。

Zeppelin 是一个提供交互数据分析且基于 Web 的笔记本。方便用户做出可数据驱动的、可交互且可协作的精美文档,并且支持多种语言,包括 Scala(使用 Apache Spark)、Python(Apache Spark)、Spark SQL、Hive、Markdown、Shell 等。

1.1.2　什么是人工智能,扮演的角色和重要性

人工智能是建立在大数据基础之上的挖掘应用,智能体现在用算法、机器学习、深度学习来解决问题。人工智能大体上分为两大类,一个是传统的机器学习,另一个是深度学习。机器学习是一门多领域交叉学科,涉及概率论、统计学、逼近论、凸分析、算法复杂度理论等多门学科。它专门研究计算机怎样模拟或实现人类的学习行为,以获取新的知识或技能,重新组织已有的知识结构使之不断改善自身的性能。它是人工智能的核心,是使计算机具有智能的根本途径。机器学习又可以细分为以下几大类:分类算法、聚类算法、推荐算法、隐马尔可夫模型、时间序列算法、启发式搜索算法、降维算法等。下面分别介绍各个机器学习算法。

1. 分类算法(有监督学习)

分类是一种重要的数据挖掘技术。分类的目的是根据数据集的特点构造一个分类函数或分类模型(也常常称作分类器),该模型能把未知类别的样本映射到给定类别中的某一个。分类和回归都可以用于预测。和回归方法不同的是,分类的输出是离散的类别值,而回归的输出是连续或有序值。

分类构造模型的过程一般分为训练和测试两个阶段。在构造模型之前，要求将数据集随机地分为训练数据集和测试数据集。训练阶段使用训练数据集，通过分析由属性描述的数据库元组来构造模型，假定每个元组属于一个预定义的类，由一个称作类标号属性的属性来确定。训练数据集中的单个元组也称作训练样本，一个具体样本的形式可为：$(u_1, u_2, \cdots u_n; c)$；其中 u_i 表示属性值，c 表示类别。由于提供了每个训练样本的类标号，该阶段也称为有指导的学习，通常模型用分类规则、判定树或数学公式的形式提供。在测试阶段，使用测试数据集来评估模型的分类准确率，如果认为模型的准确率可以接受，就可以用该模型对其他数据元组进行分类。一般来说，测试阶段的代价远远低于训练阶段。

为了提高分类的准确性、有效性和可伸缩性，在进行分类之前，通常要对数据进行预处理，包括：

数据清理：消除或减少数据噪声，处理空缺值；

相关性分析：由于数据集中的许多属性可能与分类任务不相关，若包含这些属性将减慢和可能误导学习过程。相关性分析的目的就是删除这些不相关或冗余的属性；

数据变换：数据可以概化到较高层概念。例如，连续值属性"收入"的数值可以概化为离散值：低、中和高。又例如，标称值属性"市"可概化到高层概念"省"。此外，数据也可以规范化，规范化将给定属性的值按比例缩放，落入较小的区间，如[0,1]等。

分类算法又可以细分为以下几种：逻辑回归（Logistic Regression）、朴素贝叶斯（Bayesian）、支持向量机（SVM）、多层感知器算法（Perceptron）、神经网络（Neural Network）、决策树（Decision Tree，ID3，C4.5 算法）、随机森林（Random Forests）、GBDT（Gradient Boosting Decision Tree）、k-最近邻法（kNN）和受限玻耳兹曼机（Restricted Boltzmann Machines）等。

1）逻辑回归

逻辑回归又称 logistic 回归分析，是一种广义的线性回归分析模型，常用于数据挖掘、疾病自动诊断和经济预测等领域。例如，探讨引发疾病的危险因素，并根据危险因素预测疾病发生的概率等。以胃癌病情分析为例，选择两组人群，一组是胃癌组，另一组是非胃癌组，两组人群必定具有不同的体征与生活方式等。因此因变量就为是否患有胃癌，值为"是"或"否"，自变量就可以包括很多了，如年龄、性别、饮食习惯和幽门螺杆菌感染等。自变量既可以是连续的，也可以是分类的，然后通过 logistic 回归分析，可以得到自变量的权重，从而大致了解到底哪些因素是胃癌的危险因素。同时根据该权值可以通过危险因素预测一个人患癌症的可能性。

logistic 回归是一种广义线性回归（generalized linear model），因此与多重线性回归分析有很多相同之处。它们的模型形式基本相同，都具有 $w'x + b$，其中 w 和 b 是待求参数，其区别在于它们的因变量不同，多重线性回归直接将 $w'x + b$ 作为因变量，即 $y = w'x + b$，而 logistic 回归则通过函数 L 将 $w'x + b$ 对应一个隐状态 p，$p = L(w'x + b)$，然后根据 p 与 $1 - p$ 的大小决定因变量的值。如果 L 是 logistic 函数，就是 logistic 回归，如果 L 是多项式函数就是多项式回归。

logistic 回归的因变量可以是二分类的,也可以是多分类的,但是二分类的更为常用,也更加容易解释,多分类可以使用 softmax 方法进行处理。实际中最为常用的就是二分类的 logistic 回归。

2) 朴素贝叶斯

朴素贝叶斯法(Bayesian)是基于贝叶斯定理与特征条件独立假设的分类方法。简单来说,朴素贝叶斯分类器假设样本每个特征与其他特征都不相关。举个例子,如果一种水果具有红、圆、直径大概 10cm 等特征,该水果可以被判定为苹果。尽管这些特征相互依赖或者有些特征由其他特征决定,然而朴素贝叶斯分类器认为这些属性在判定该水果是否为苹果的概率分布上独立的。尽管是带着这些朴素思想和过于简单化的假设,但朴素贝叶斯分类器在很多复杂的现实情形中仍能够取得相当好的效果。朴素贝叶斯分类器的一个优势在于只需要根据少量的训练数据估计出必要的参数(离散型变量是先验概率和类条件概率,连续型变量是变量的均值和方差)。朴素贝叶斯的思想基础是这样的:对于给出的待分类项,求解在此项出现的条件下各个类别出现的概率,在没有其他可用信息下,我们会选择条件概率最大的类别作为此待分类项应属的类别。

朴素贝叶斯算法假设了数据集属性之间是相互独立的,因此算法的逻辑性十分简单,并且算法较为稳定,当数据呈现不同的特点时,朴素贝叶斯的分类性能不会有太大的差异。换句话说就是朴素贝叶斯算法的健壮性比较好,对于不同类型的数据集不会呈现出太大的差异性。当数据集属性之间的关系相对比较独立时,朴素贝叶斯分类算法会有较好的效果。

朴素贝叶斯在文本分类任务中表现是非常好的,训练性能比较高,在准确率方面可能不是最好的,但也是非常接近的。

3) 支持向量机

支持向量机(Support Vector Machine,SVM)是 Cortes 和 Vapnik 于 1995 年首先提出的,它在解决小样本、非线性及高维模式识别中表现出许多特有的优势,并能够推广应用到函数拟合等其他机器学习问题中。支持向量机方法是建立在统计学习理论的 VC 维理论和结构风险最小原理基础上的,根据有限的样本信息在模型的复杂性(即对特定训练样本的学习精度,Accuracy)和学习能力(即无错误地识别任意样本的能力)之间寻求最佳折中,以期获得最好的推广能力(或称泛化能力)。

支持向量机一般认为在文本分类任务中的表现效果最好。

4) 多层感知器算法

MLP(Multi-Layer Perceptron),即多层感知器,是一种趋向结构的人工神经网络,映射一组输入向量到一组输出向量。MLP 可以被看作一个有向图,由多个节点层组成,每一层全连接到下一层。除了输入节点,每个节点都是一个带有非线性激活函数的神经元(或称处理单元)。一种被称为反向传播算法的监督学习方法常被用来训练 MLP。MLP 是感知器的推广,克服了感知器无法实现对线性不可分数据识别的缺点。MLP 用来进行学习的反向传播算法,在模式识别的领域中算是标准监督学习算法,并在计算神经学及并行分布式处理领域中持续成为被研究的课题。MLP 已被证明是一种通用的函数近似方法,可以被用来拟合复杂的函数或解决分类问题。

5）决策树

决策树（Decision Tree）是在已知各种情况发生概率的基础上通过构成决策树来求取净现值的期望值大于或等于零的概率，评价项目风险，判断其可行性的决策分析方法，是直观运用概率分析的一种图解法。由于这种决策分支画成的图形很像一棵树的枝干，故称决策树。在机器学习中，决策树是一个预测模型，它代表的是对象属性与对象值之间的一种映射关系。Entropy 表示系统的凌乱程度，使用算法 ID3，但 C4.5 和 C5.0 生成树算法使用熵。这一度量是基于信息学理论中熵的概念。

决策树是一种树形结构，其中每个内部节点表示一个属性上的测试，每个分支代表一个测试输出，每个叶节点代表一种类别。

分类树（决策树）是一种十分常用的分类方法。它是一种监督学习，所谓监督学习就是给定一堆样本，每个样本都有一组属性和一个类别，这些类别是事先确定的，那么监督学习通过学习得到一个分类器，这个分类器能够对新出现的对象给出正确的分类。这样的机器学习被称为监督学习。

6）随机森林

随机森林（Random Forests）是以决策树作为基础模型的集成算法。随机森林是机器学习模型中用于分类和回归的最成功的模型之一，通过组合大量的决策树来降低过拟合的风险。与决策树一样，随机森林处理分类特征，扩展到多类分类设置，不需要特征缩放，并且能够捕获非线性和特征交互。

随机森林分别训练一系列的决策树，所以训练过程是并行的。因算法中加入随机过程，所以每个决策树又有少量区别。合并每个树的预测结果可以减少预测的方差，提高在测试集上的性能表现。

随机性体现：

（1）每次迭代时，对原始数据进行二次抽样来获得不同的训练数据。

（2）对于每个树节点，考虑不同的随机特征子集来进行分裂。

除此之外，决策时的训练过程和单独决策树训练过程相同。

对新实例进行预测时，随机森林需要整合其各个决策树的预测结果。回归和分类问题的整合方式略有不同。分类问题采取投票制，每个决策树投票给一个类别，获得最多投票的类别为最终结果。回归问题采取平均值，每个树得到的预测结果为实数，最终的预测结果为各个树预测结果的平均值。

Spark 的随机森林算法支持二分类、多分类及回归的随机森林算法，适用于连续特征及类别特征。

7）GBDT

梯度提升决策树（Gradient Boosted Decision Tree，GBDT）也是一个集成算法，属于Boosting 的思想，多棵决策树组成一个森林，它通过反复迭代训练决策树来最小化损失函数。与决策树类似，梯度提升树具有可处理类别特征、易扩展到多分类问题、不需特征缩放等性质。Spark. ml 通过使用现有 decision tree 工具来实现。

梯度提升决策树依次迭代训练一系列的决策树。在一次迭代中,算法使用现有的集成来对每个训练实例的类别进行预测,然后将预测结果与真实的标签值进行比较。标签值通过重新标记来赋予预测结果不好的实例更高的权重,所以在下次迭代中决策树会对先前的错误进行修正。

8) k-最近邻法

近邻算法,或者说 k-最近邻(k-Nearest Neighbor, kNN)分类算法是数据挖掘分类技术中最简单的方法之一。所谓 k-最近邻,就是 k 个最近的邻居的意思,说的是每个样本都可以用它最接近的 k 个邻居来代表。

kNN 算法的核心思想是如果一个样本在特征空间中的 k 个最相邻的样本中的大多数属于某一个类别,则该样本也属于这个类别,并具有这个类别上样本的特性。该方法在确定分类决策上只依据最邻近的一个或者几个样本的类别来决定待分样本所属的类别。kNN 方法在类别决策时,只与极少量的相邻样本有关。由于 kNN 方法主要靠周围有限的邻近的样本,而不是靠判别类域的方法来确定所属类别,因此对于类域的交叉或重叠较多的待分样本集来说,kNN 方法较其他方法更为适合。

9) 受限玻耳兹曼机

受限玻耳兹曼机(Restricted Boltzmann Machine, RBM)是一种可通过输入数据集学习概率分布的随机生成神经网络。RBM 最初由发明者保罗·斯模棱斯基于 1986 年命名为簧风琴(Harmonium),但直到杰弗里·辛顿及其合作者在 2000 年发明快速学习算法后,受限玻耳兹曼机才变得知名。受限玻耳兹曼机在降维、分类、协同过滤、特征学习和主题建模中得到了应用。根据任务的不同,受限玻耳兹曼机可以使用监督学习或无监督学习的方法进行训练。

10) 神经网络

神经网络(Neural Network),尤其是深度神经网络(Deep Neural Networks, DNN)在过去的数年里已经在图像分类、语音识别、自然语言处理中取得了突破性的进展。在实践应用中已经证明了它可以作为一种十分有效的技术手段应用在大数据相关领域中。深度神经网络通过众多的简单线性变换,层次性地进行非线性变换,对于数据中的复杂关系能够很好地进行拟合,即对数据特征进行深层次的挖掘,因此作为一种技术手段,深度神经网络对于任何领域都是适用的。神经网络的算法也有很多种,从最早的多层感知器算法,到之后的卷积神经网络、循环神经网络、长短期记忆神经网络,以及在此基础神经网络算法之上衍生的端到端神经网络、生成对抗网络、深度强化学习等,可以做很多有趣的应用。

神经网络应该与传统的机器学习相区分而单独来讲,这里把神经网络归为分类算法,是因为它可以应用到分类算法,例如文本分类、图像分类等,但神经网络不仅仅用在分类任务上,还有更多更强大的功能,所以下面我们会单独拿出来讲更深层的神经网络,也就是深度学习。

2. 聚类算法（无监督学习）

聚类分析又称群分析，它是研究（样品或指标）分类问题的一种统计分析方法，同时也是数据挖掘的一个重要算法。

聚类（Cluster）分析是由若干模式（Pattern）组成的，通常，模式是一个度量（Measurement）的向量，或者是多维空间中的一个点。

聚类分析以相似性为基础，在一个聚类中的模式之间比不在同一聚类中的模式之间具有更多的相似性。

俗话说，"物以类聚，人以群分"，在自然科学和社会科学中存在着大量的分类问题。所谓类，通俗地说，就是指相似元素的集合。

聚类分析起源于分类学，在古老的分类学中，人们主要依靠经验和专业知识来实现分类，很少利用数学工具定量地进行分类。随着人类科学技术的发展，对分类的要求越来越高，以致有时仅凭经验和专业知识难以确切地进行分类，于是人们逐渐地把数学工具引用到分类学中，形成了数值分类学，之后又将多元分析的技术引入数值分类学，从而形成了聚类分析。聚类分析内容非常丰富，有系统聚类法、有序样品聚类法、动态聚类法、模糊聚类法、图论聚类法、聚类预报法等。

聚类算法又可以细分为以下几种算法：Canopy 聚类（Canopy Clustering）、K 均值算法（K-means Clustering）、模糊 K 均值（Fuzzy K-means）、EM 聚类（Expectation Maximization）、均值漂移聚类（Mean Shift Clustering）、Minhash 聚类（Minhash）、层次聚类（Hierarchical Clustering）、潜在狄利克雷分配模型（Latent Dirichlet Allocation，简称 LDA）、谱聚类（Spectral Clustering），下面我们分别大概介绍一下。

1）Canopy 聚类

Canopy 聚类算法是一个将对象分组到类的简单、快速、精确的方法。每个对象用多维特征空间里的一个点来表示。这个算法使用一个快速近似距离度量和两个距离阈值 $T_1 > T_2$ 来处理。基本的算法是，从一个点集合开始并且随机删除一个，创建一个包含这个点的 Canopy，并在剩余的点集合上迭代。对于每个点，如果它距离第一个点的距离小于 T_1，那么这个点就加入这个聚集中。

2）K 均值算法

K 均值算法是最为经典的基于划分的聚类方法，是十大经典数据挖掘算法之一。K 均值算法的基本思想是：以空间中 k 个点为中心进行聚类，对最靠近它们的对象归类。该方法通过迭代，逐次更新各聚类中心的值，直至得到最好的聚类结果。

假设要把样本集分为 c 个类别，算法描述如下：

（1）适当选择 c 个类的初始中心；

（2）在第 k 次迭代中，对任意一个样本，求其到 c 各中心的距离，将该样本归到距离最短的中心所在的类；

（3）利用均值等方法更新该类的中心值；

（4）对于所有的 c 个聚类中心，如果利用（2）和（3）的迭代法更新后，值保持不变，则选代结束,否则继续迭代。

该算法的最大优势在于简洁和快速。算法的关键在于初始中心的选择和距离公式。

步骤:首先从 n 个数据对象中任意选择 k 个对象作为初始聚类中心,而对于剩下的其他对象则根据它们与这些聚类中心的相似度(距离),分别将它们分配给与其最相似的(聚类中心所代表的)聚类,然后再计算每个所获新聚类的聚类中心(该聚类中所有对象的均值)。不断重复这一过程,直到标准测度函数开始收敛为止。一般采用均方差作为标准测度函数, k 个聚类具有以下特点:各聚类本身尽可能地紧凑,而各聚类之间尽可能地分开。

3)模糊 K 均值

模糊 K 均值聚类就是软聚类。软聚类的意思就是同一个点可以同时属于多个聚类,计算结果集合比较大,因为同一点可以在多个聚类出现。

模糊 C 均值聚类(FCM),即众所周知的模糊 ISODATA,是用隶属度确定每个数据点属于某个聚类程度的一种聚类算法。1973 年,Bezdek 提出了该算法,作为早期硬 C 均值聚类(HCM)方法的一种改进。

FCM 把 n 个向量 $x_i(i=1,2,\cdots,n)$ 分为 c 个模糊组,并求每组的聚类中心,使得非相似性指标的价值函数达到最小。FCM 使用每个给定数据点用值在 0 和 1 间的隶属度来确定其属于各个组的程度。

FCM 比 K 均值多了一 m 参数,就是柔软度。

4)EM 聚类

最大期望算法(Expectation Maximization Algorithm,又译为期望最大化算法),是一种迭代算法,用于含有隐变量(latent variable)的概率参数模型的最大似然估计或极大后验概率估计。

极大似然估计只是一种概率论在统计学的应用,它是参数估计的方法之一。说的是已知某个随机样本满足某种概率分布,但是其中具体的参数不是很清楚,参数估计就是通过若干次的实验,观察每一次的结果,利用得到的结果去分析、推测出参数大概的值。最大似然估计就是建立在这样的思想上:已知某个参数能使这个样本出现的概率最大,我们当然不会再去选择其他小概率的样本,所以就干脆直接把这个参数当作估计到的真实值。

求最大似然估计值的一般步骤:

(1)写出似然函数。

(2)对似然函数取对数,整理函数形式。

(3)对变量进行求导,使倒数等于 0,得到似然方程。

(4)求解似然方程,得到的参数即为所求。

5)均值漂移聚类

均值漂移聚类是基于滑动窗口的算法,它试图找到数据点的密集区域。这是一个基于质心的算法,这意味着它的目标是定位每个组/类的中心点,通过将中心点的候选点更新为滑动窗口内点的均值来完成,然后在后处理阶段对这些候选窗口进行过滤以消除近似重复,形成最终的中心点集及其相应的组。

均值漂移的基本思想：在数据集中选定一个点，然后以这个点为圆心，r 为半径，画一个圆（二维下是圆），求出这个点到所有点的向量的平均值，而圆心与向量均值的和为新的圆心，然后迭代此过程，直到满足一点的条件结束。后来在此基础上加入了核函数和权重系数，均值漂移算法开始流行起来。目前它在聚类、图像平滑、分割、跟踪等方面有着广泛的应用。

K 均值可以看作均值漂移的一个特例。K 均值需要指定 k 参数，均值漂移不需要，它和 Canopy 类似，需要指定迭代次数、T_1 和 T_2，其他的用法和 K 均值类似。

6）Minhash 聚类

Minhash 也是 LSH 的一种，可以用来快速估算两个集合的相似度。Minhash 由 Andrei Broder 提出，最初用于在搜索引擎中检测重复网页。它也可以应用于大规模聚类问题。

Minhash 除了可以用来聚类，实际上还经常用来做降维处理，也属于降维算法的一种。

7）层次聚类

层次聚类试图在不同层次对数据集进行划分，从而形成树形的聚类结构。数据集划分可采用"自底向上"的聚合策略，也可采用"自顶向下"的分拆策略。

树的最底层有 5 个聚类，在上一层中，聚类 6 包含数据点 1 和数据点 2，聚类 7 包含数据点 4 和数据点 5。随着我们自底向上遍历树，聚类的数目越来越少。由于整个聚类树都保存了，用户可以选择查看在树的任意层次上的聚类。

层次聚类是另一种主要的聚类方法，它具有一些十分必要的特性，使得它成为广泛应用的聚类方法。它生成一系列嵌套的聚类树来完成聚类。单点聚类处在树的最底层，在树的顶层有一个根节点聚类。根节点聚类覆盖了全部的数据点。

层次聚类分为两类：合并（自底向上）聚类、分裂（自顶向下）聚类。

8）潜在狄利克雷分配模型

LDA 是一种文档主题生成模型，也称为三层贝叶斯概率模型，包含词、主题和文档三层结构。所谓生成模型，就是说，我们认为一篇文章的每个词都是通过"以一定概率选择了某个主题，并从这个主题中以一定概率选择某个词语"这样一个过程得到。文档到主题服从多项式分布，主题到词服从多项式分布。

LDA 是一种非监督机器学习技术，可以用来识别大规模文档集（document collection）或语料库（corpus）中潜藏的主题信息。它采用了词袋（bag of words）的方法，这种方法将每一篇文档视为一个词频向量，从而将文本信息转化为易于建模的数字信息，但是词袋方法没有考虑词与词之间的顺序，这简化了问题的复杂性，同时也为模型的改进提供了契机。每一篇文档代表了一些主题所构成的一个概率分布，而每一个主题又代表了很多单词所构成的一个概率分布。

应用场景：主题词提取，关键词提取效果非常好。

9）谱聚类

谱聚类算法建立在谱图理论基础上，与传统的聚类算法相比，它具有能在任意形状的样本空间上聚类且收敛于全局最优解的优点。

该算法首先根据给定的样本数据集定义一个描述成对数据点相似度的亲和矩阵,并且计算矩阵的特征值和特征向量,然后选择合适的特征向量聚类不同的数据点。谱聚类算法最初用于计算机视觉、VLSI 设计等领域,最近才开始用于机器学习中,并迅速成为国际上机器学习领域的研究热点。

谱聚类算法建立在图论中的谱图理论基础上,其本质是将聚类问题转化为图的最优划分问题,是一种点对聚类算法,对数据聚类具有很好的应用前景。

3. 推荐算法

说到推荐算法大家肯定会提到协同过滤,协同过滤是推荐算法的核心。进一步讲,协同过滤可以认为是一种思想,而不是一个具体的算法。协同过滤(Collaborative Filtering,CF)作为经典的推荐算法之一,在电商推荐系统中扮演着非常重要的角色,例如经典的推荐为看了又看、买了又买、看了又买、购买此商品的用户还购买了哪些商品等都是使用了协同过滤算法。尤其当你的网站积累了大量的用户行为数据时,基于协同过滤的算法从实战经验上对比其他算法效果是最好的。基于协同过滤,在电商网站上用到的用户行为有:用户浏览商品行为、加入购物车行为和购买行为等,这些行为是最为宝贵的数据资源。例如拿浏览行为来做的协同过滤推荐结果叫看了又看,全称是看过此商品的用户还看了哪些商品;拿购买行为来计算的叫买了又买,全称叫买过此商品的用户还买了;如果同时拿浏览记录和购买记录来算,并且浏览记录在前,购买记录在后,叫看了又买,全称是看过此商品的用户最终购买了。如果是购买记录在前,浏览记录在后,叫买了又看,全称叫买过此商品的用户又看了。在电商网站中,这几个是经典协同过滤算法的应用。那么要实现看了又看类似算法应用,关联规则挖掘、ItemBase 协同过滤、ALS 交替最小二乘法都是可以实现的,如果加上时序控制,例如看 B 商品必须发生在看过 A 商品之后,那么就可以用 GSP 或 PrefixSpan 序列模式算法,也能实现看了又看的应用场景。

1)协同过滤

协同过滤是利用集体智慧的一个典型方法。要理解什么是协同过滤(CF),首先想一个简单的问题,如果你现在想看电影,但你不知道具体看哪部,你会怎么做? 大部分的人会问问周围的朋友,看看最近有什么好看的电影推荐,而我们一般更倾向于从兴趣比较类似的朋友那里得到推荐。这就是协同过滤的核心思想。换句话说,就是借鉴和你相关人群的观点来进行推荐,很好理解。

Item CF 和 User CF 是基于协同过滤推荐的两个最基本的算法,User CF 很早以前就提出来了,Item CF 是从 Amazon 的论文和专利发表之后(2001 年左右)开始流行,大家都觉得 Item CF 从性能和复杂度上比 User CF 更优,其中的一个主要原因就是对于一个在线网站,用户的数量往往大大超过物品的数量,同时物品的数据相对稳定,因此计算物品的相似度不但计算量较小,同时也不必频繁更新,但我们往往忽略了这种情况只适用于提供商品的电子商务网站,而对于新闻、博客或者微内容的推荐系统,情况往往是相反的,物品的数量是海量的,同时也是更新频繁的,所以单从复杂度的角度,这两个算法在不同的系统中各有优势,推荐引擎的设计者需要根据自己应用的特点选择更加合适的算法。

在 Item 相对少且比较稳定的情况下,使用 Item CF,而在 Item 数据量大且变化频繁的情况下,使用 User CF。

2) 关联规则挖掘

关联规则是数据挖掘中的概念,通过分析数据,找到数据之间的关联。电商中经常用来分析购买物品之间的相关性,例如,"购买婴儿尿布的用户,有大概率购买啤酒",这就是一个关联规则。

关联分析是在大规模数据集中寻找有趣关系的任务。这些关系可以有两种形式:频繁项集、关联规则。频繁项集(frequent item sets)是经常出现在一块儿的物品的集合,关联规则(association rules)暗示两种物品之间可能存在很强的关系。关联规则具体实现的算法有 Apriori 算法和 FP-growth 算法。

Apriori 算法是一种最有影响的挖掘布尔关联规则频繁项集的算法。其核心是基于两阶段频集思想的递推算法。该关联规则在分类上属于单维、单层、布尔关联规则。在这里,所有支持度大于最小支持度的项集称为频繁项集,简称频集。Apriori 算法在产生频繁模式完全集前需要对数据库进行多次扫描,同时产生大量的候选频繁集,这就使 Apriori 算法的时间和空间复杂度较大,但是 Apriori 算法中有一个很重要的性质:频繁项集的所有非空子集都必须也是频繁的。但是 Apriori 算法在挖掘长频繁模式的时候性能往往低下,于是韩嘉炜等人提出了 FP-growth 算法。

FP-growth 算法是韩嘉炜等人在 2000 年提出的关联分析算法,它采取如下分治策略:将提供频繁项集的数据库压缩到一棵频繁模式树(FP-tree),但仍保留项集关联信息。该算法使用了一种称为频繁模式树(Frequent Pattern Tree)的数据结构。FP-tree 是一种特殊的前缀树,由频繁项头表和项前缀树构成。FP-growth 算法基于以上的结构加快整个挖掘过程。

3) GSP 序列模式挖掘

GSP(Generalized Sequential Patterns)也可以认为是关联规则的一种,只是它的项集是有序的,Apriori 和 FP-growth 是无序的。GSP 算法类似于 Apriori 算法,大体分为候选集产生、候选集计数及扩展分类 3 个阶段。与 Apriori 算法相比,GSP 算法统计较少的候选集,并且在数据转换过程中不需要事先计算频繁集。

GSP 的计算步骤与 Apriori 类似,主要不同在于产生候选序列模式,GSP 产生候选序列模式可以分成如下两个步骤:

(1) 连接阶段:如果去掉序列模式 S1 的第一个项目与去掉序列模式 S2 的最后一个项目所得到的序列相同,则可以将 S1 和 S2 进行连接,即将 S2 的最后一个项目添加到 S1 中去。

(2) 剪枝阶段:若某候选序列模式的某个子集不是序列模式,则此候选序列模式不可能是序列模式,将它从候选序列模式中删除。

4）PrefixSpan 序列模式

与 GSP 一样，PrefixSpan 算法也是序列模式分析算法的一种，不过与 GSP 算法不同的是 PrefixSpan 算法不产生任何的侯选集，在这点上可以说已经比 GSP 好很多了。PrefixSpan 算法可以挖掘出满足阈值的所有序列模式，可以说是非常经典的算法。

PrefixSpan 算法的全称是 Prefix-Projected Pattern Growth，即前缀投影的模式挖掘。

核心思想：采用分治的思想，不断产生序列数据库的多个更小的投影数据库，然后在各个投影数据库上进行序列模式挖掘。它从长度为 1 的前缀开始挖掘序列模式，搜索对应的投影数据库得到长度为 1 的前缀对应的频繁序列，然后递归挖掘长度为 2 的前缀所对应的频繁序列，以此类推，一直递归到不能挖掘到更长的前缀挖掘为止。类似于树的深度优先搜索。

5）ALS 交替最小二乘法

最小二乘法（又称最小平方法）是一种数学优化技术。它通过最小化误差的平方和寻找数据的最佳函数匹配。最小二乘法可以简便地求得未知的数据，并使这些求得的数据与实际数据之间误差的平方和最小。最小二乘法还可用于曲线拟合。其他一些优化问题也可通过最小化能量或最大化熵用最小二乘法来表达。ALS 在 Mahout 和 Spark 中都有实现。

6）谱聚类

谱聚类（Spectral Clustering）算法建立在谱图理论基础上，与传统的聚类算法相比，它具有能在任意形状的样本空间上聚类且收敛于全局最优解的优点。

4. 隐马尔可夫模型

隐马尔可夫模型（Hidden Markov Model，HMM）是统计模型，它用来描述一个含有隐含未知参数的马尔可夫过程。其难点是从可观察的参数中确定该过程的隐含参数，然后利用这些参数来作进一步的分析，例如模式识别。被建模的系统被认为是一个马尔可夫过程与未观测到的（隐藏的）状态的统计马尔可夫模型。

隐马尔可夫模型作为一种统计分析模型，创立于 20 世纪 70 年代。20 世纪 80 年代得到了传播和发展，成为信号处理的一个重要方向，现已成功地用于语音识别、行为识别、文字识别及故障诊断等领域。

5. 时间序列算法

时间序列分析法就是将经济发展、购买力大小、销售变化等同一变数的一组观察值，按时间顺序加以排列，构成统计的时间序列，然后运用一定的数字方法使其向外延伸，预计市场未来的发展变化趋势，确定市场预测值。时间序列分析法的主要特点是以时间的推移研究来预测市场需求趋势，不受其他外在因素的影响。不过，在遇到外界发生较大变化的时候，如国家政策发生变化时，根据过去已发生的数据进行预测往往会有较大的偏差。

时间序列分析（time series analysis）是一种应用于电力、电力系统的动态数据处理的统计方法。该方法基于随机过程理论和数理统计学方法，研究随机数据序列所遵从的统计规律，以用于解决实际问题。一般用于系统描述、系统分析、预测未来等。

6. 启发式搜索算法（遗传算法和蚁群算法）

启发式搜索算法就是在状态空间中的搜索对每一个搜索的位置进行评估,得到最好的位置,再从这个位置进行搜索直到目标。启发式搜索有两种经典的实现算法:遗传算法和蚁群算法。

1）遗传算法

遗传算法（Genetic Algorithm）是模拟达尔文生物进化论的自然选择和遗传学机理的生物进化过程的计算模型,是一种通过模拟自然进化过程搜索最优解的方法。遗传算法是从代表问题可能潜在的解集的一个种群（population）开始的,而一个种群则由经过基因（gene）编码的一定数目的个体（individual）组成。每个个体实际上是染色体（chromosome）带有特征的实体。染色体作为遗传物质的主要载体,即多个基因的集合,其内部表现（即基因型）是某种基因组合,它决定了个体形状的外部表现,如黑头发的特征是由染色体中控制这一特征的某种基因组合决定的。因此,在一开始需要实现从表现型到基因型的映射,即编码工作。由于仿照基因编码的工作很复杂,我们往往需要进行简化,如二进制编码,初代种群产生之后,按照适者生存和优胜劣汰的原理,逐代（generation）演化产生出越来越好的近似解,在每一代,根据问题域中个体的适应度（fitness）大小选择（selection）个体,并借助于自然遗传学的遗传算子（genetic operators）进行组合交叉（crossover）和变异（mutation）,产生出代表新的解集的种群。这个过程将导致种群像自然进化一样的后生代种群比前代更加适应于环境,末代种群中的最优个体经过解码（decoding）,可以作为问题近似最优解。

2）蚁群算法

蚁群算法是一种用来寻找优化路径的概率型算法。它由 Marco Dorigo 于 1992 年在他的博士论文中提出,其灵感来源于蚂蚁在寻找食物过程中发现路径的行为。这种算法具有分布计算、信息正反馈和启发式搜索的特征,本质上是进化算法中的一种启发式全局优化算法。

将蚁群算法应用于解决优化问题的基本思路为:用蚂蚁的行走路径表示待优化问题的可行解,整个蚂蚁群体的所有路径构成待优化问题的解空间。路径较短的蚂蚁释放的信息素量较多,随着时间的推进,较短的路径上累积的信息素浓度逐渐增高,选择该路径的蚂蚁个数也愈来愈多。最终,整个蚂蚁会在正反馈的作用下集中到最佳的路径上,此时对应的便是待优化问题的最优解。

7. 降维算法

降维是机器学习中很重要的一种思想。在机器学习中经常会碰到一些高维的数据集,而在高维数据情形下会出现数据样本稀疏、距离计算等困难,这类问题是所有机器学习方法共同面临的严重问题,称为"维度灾难"。另外在高维特征中容易出现特征之间的线性相关,这也就意味着有的特征是冗余存在的。基于这些问题,降维思想就出现了。降维方法有很多,而且分为线性降维和非线性降维。下面介绍几种:奇异值分解（Singular Value Decomposition,SVD）、主成分分析（Principal Components Analysis,PCA）、独立成分分析

（Independent Component Analysis，ICA）、高斯判别分析（Gaussian Discriminative Analysis，GDA）、局部敏感哈希（Local Sensitive Hash，LSH）、Simhash、Minhash。

1）奇异值分解

奇异值分解是一种用于将矩阵归约成其组成部分的矩阵分解方法，以使后面的某些矩阵计算更简单。奇异值分析不仅是一个数学问题，在工程应用方面很多地方都有其身影，如PCA、推荐系统、任意矩阵的满秩分解。

2）主成分分析

主成分分析是一种统计方法，通过正交变换将一组可能存在相关性的变量转换为一组线性不相关的变量，转换后的这组变量叫主成分。

在实际课题中，为了全面分析问题，往往提出很多与此有关的变量（或因素），因为每个变量都在不同程度上反映这个课题的某些信息。

主成分分析首先是由卡尔·皮尔森（Karl Pearson）对非随机变量引入的，尔后哈罗德·霍特林（Harold Hotelling）将此方法推广到随机向量的情形。信息的大小通常用离差平方和或方差来衡量。

3）独立成分分析

独立成分分析是一种用来从多变量（多维）统计数据里找到隐含的因素或成分的方法，被认为是主成分分析和因子分析（Factor Analysis）的一种扩展。对于盲源分离问题，独立成分分析指在只知道混合信号，而不知道源信号、噪声及混合机制的情况下，分离或近似地分离出源信号的一种分析过程。

独立成分分析将原始数据降维并提取出相互独立的属性。我们知道两个随机变量独立则它们一定不相关，但两个随机变量不相关则不能保证它们不独立，因为独立表示没有任何关系，而不相关只能表明没有线性关系，且主成分分析的目的是找到这样一组分量表示，使得重构误差最小，即最能代表原事物的特征。独立成分分析的目的是找到这样一组分量表示，使得每个分量最大化独立，能够发现一些隐藏因素。由此可见，独立成分分析的条件比主成分分析更强些。

4）高斯判别分析

高斯判别分析是一个较为直观的模型，属于生成模型的一种，采用一种软分类的思路，所谓软分类就是当我们对一个样本决定它的类别时使用概率模型来决定，而不是直接由函数映射到某一类上。生成模型通过求解联合概率来求解 $P(y|x)$。

5）局部敏感哈希

局部敏感哈希是用来解决高维检索问题的算法。高维数据检索（high-dimentional retrieval）是一个有挑战的任务。对于给定的待检索数据（query），对数据库中的数据逐一进行相似度比较是不现实的，它将耗费大量的时间和空间。这里我们面对的问题主要有两个：第一，两个高维向量的相似度比较；第二，数据库中庞大的数据量。最终检索的复杂度是由这两点共同决定的。

针对第一点，人们开发出很多哈希算法，对原高维数据降维；针对第二点，我们希望能在检索的初始阶段就排除一些数据,减小比较的次数。而局部敏感哈希算法恰好满足了我们的需求。

6) Simhash

Simhash 是网页去重最常用的哈希算法,速度很快。如果搜索文档有很多重复的文本,例如一些文档是转载的其他文档,只是布局不同,那么就需要把重复的文档去掉,一方面节省存储空间,另一方面节省搜索时间,当然搜索质量也会提高。Simhash 将一个文档转换成一个 64 位的字节,暂且称之为签名值,然后判断两篇文档签名值的距离是不是小于或等于 n(根据经验这个 n 一般取值为 3),就可以判断两个文档是否相似。

7) Minhash

Minhash 也是局部敏感哈希算法的一种,可以用来快速估算两个集合的相似度。

到此,我们对机器学习有了一个整体的认识,了解了各个算法,而深度学习是机器学习领域中一个新的研究方向,它被引入机器学习使其更接近于最初的目标——人工智能。深度学习在人脸识别、语音识别、对话机器人、搜索技术、数据挖掘、机器学习、机器翻译、自然语言处理、多媒体学习、推荐和个性化技术,以及其他相关领域都取得了很多成果。深度学习使机器模仿视听和思考等人类的活动,解决了很多复杂的模式识别难题,使人工智能相关技术取得了很大进步。

8. 深度学习

深度学习从最早的多层感知器算法开始,到之后的卷积神经网络、循环神经网络、长短期记忆神经网络,以及在此基础神经网络算法之上衍生的混合神经网络端到端神经网络、生成对抗网络、深度强化学习等,可以做很多有趣的应用。下面分别介绍各个算法。

1) 多层感知器算法

多层感知器(MLP)是一种前馈人工神经网络模型,其将输入的多个数据集映射到单一输出的数据集上。除了输入输出层,它中间可以有多个隐层,最简单的 MLP 只含一个隐层,即 3 层的结构。多层感知器层与层之间是全连接的(全连接的意思就是:上一层的任何一个神经元与下一层的所有神经元都有连接)。多层感知器最底层是输入层,中间是隐藏层,最后是输出层。

MLP 应用场景可以做基于监督学习的分类任务。

2) 卷积神经网络

卷积神经网络(CNN)是一类包含卷积计算且具有深度结构的前馈神经网络(Feedforward Neural Networks),是深度学习的代表算法之一。

卷积神经网络具有表征学习(representation learning)能力,能够按其阶层结构对输入信息进行平移不变分类(shift-invariant classification),因此也被称为“平移不变人工神经网络(Shift-Invariant Artificial Neural Networks,SIANN)”。

人们对卷积神经网络的研究始于 20 世纪 80 至 90 年代,时间延迟网络和 LeNet-5 是最早出现的卷积神经网络。在 21 世纪后,随着深度学习理论的提出和数值计算设备的改进,卷积神经网络得到了快速发展,并被应用于计算机视觉、自然语言处理等领域。

卷积神经网络仿照生物的视知觉（visual perception）机制构建，可以进行监督学习和非监督学习，其隐含层内的卷积核参数共享和层间连接的稀疏性使得卷积神经网络能够以较小的计算量对格点化（grid-like topology）特征，例如像素和声频进行学习、有稳定的效果且对数据没有额外的特征工程（feature engineering）要求。

CNN 的应用场景为图像识别、人脸识别、文本分类等。

3）循环神经网络

循环神经网络（RNN）是一类以序列（sequence）数据为输入，在序列的演进方向进行递归（recursion）且所有节点（循环单元）按链式连接的递归神经网络（recursive neural network）。

人们对循环神经网络的研究始于 20 世纪 80—90 年代，并在 21 世纪初发展为深度学习算法之一，其中双向循环神经网络（Bidirectional RNN，Bi-RNN）和长短期记忆网络（Long Short-Term Memory networks，LSTM）是常见的循环神经网络。

循环神经网络具有记忆性、参数共享并且图灵完备（Turing completeness），因此在对序列的非线性特征进行学习时具有一定优势。循环神经网络在自然语言处理（Natural Language Processing，NLP），例如语音识别、语言建模、机器翻译等领域有应用，也被用于各类时间序列预报。引入了卷积神经网络构筑的循环神经网络可以处理包含序列输入的计算机视觉问题。循环神经网络主要用于自然语言处理，主要用途是处理和预测序列数据、广泛地用于语音识别、语言模型、机器翻译、文本生成（生成序列）、看图说话、文本（情感）分析、智能客服、对话机器人、搜索引擎、个性化推荐等。

4）长短期记忆神经网络

长短期记忆网络（LSTM）是一种时间循环神经网络，是为了解决一般的循环神经网络存在的长期依赖问题而专门设计出来的，所有的 RNN 都具有一种重复神经网络模块的链式形式。在标准 RNN 中，这个重复的结构模块只有一个非常简单的结构，例如一个 tanh 层。

长短期记忆网络的设计正是为了解决上述 RNN 的依赖问题，即为了解决 RNN 有时依赖的间隔短，有时依赖的间隔长的问题。其中循环神经网络被成功应用的关键就是 LSTM。在很多的任务上，采用 LSTM 结构的循环神经网络比标准的循环神经网络的表现更好。LSTM 结构是由塞普·霍克赖特（Sepp Hochreiter）和朱尔根·施密德胡伯（Jürgen Schemidhuber）于 1997 年提出的，它是一种特殊的循环神经网络结构。LSTM 的设计就是为了精确解决 RNN 的长短记忆问题，其中默认情况下 LSTM 是记住长时间依赖的信息，而不是让 LSTM 努力去学习记住长时间的依赖。

5）端到端神经网络

Seq2Seq 技术，全称 Sequence to Sequence，即端到端神经网络，该技术突破了传统的固定大小输入问题框架，开通了将经典深度神经网络模型运用于翻译与智能问答这一类序列型（Sequence Based，项目间有固定的先后关系）任务的先河，并被证实在机器翻译、对话机器人、语音辨识的应用中有着不俗的表现。传统的 Seq2Seq 是使用两个循环神经网络，将一个语言序列直接转换到另一个语言序列，是循环神经网络的升级版，其联合了两个循环神经网络。一个神经网络负责接收源句子,另一个循环神经网络负责将句子输出成翻译的语言。这两个过程分别称为编码和解码的过程。

Seq2Seq典型应用场景可以用来做机器翻译、对话机器人。

6)生成对抗网络

生成式对抗网络(GAN)是一种深度学习模型,是近年来复杂分布上无监督学习最具前景的方法之一。模型通过框架中(至少)两个模块:生成模型(Generative Model,G)和判别模型(Discriminative Model,D)的互相博弈学习产生相当好的输出。在原始GAN理论中,并不要求G和D都是神经网络,只需要是能拟合相应生成和判别的函数即可,但实用中一般均使用深度神经网络作为G和D。一个优秀的GAN应用需要有良好的训练方法,否则可能由于神经网络模型的自由性而导致输出不理想。

GAN的应用场景有看图说话、看图写诗、艺术风格化、语音合成、人脸合成、文本生成图片、图像复原、去马赛克等。

7)深度强化学习

深度强化学习将深度学习的感知能力和强化学习的决策能力相结合,可以直接根据输入的图像进行控制,是一种更接近人类思维方式的人工智能方法。首先我们来了解一下什么是强化学习。目前来讲,机器学习领域可以分为有监督学习、无监督学习、强化学习和迁移学习4个方向。那么强化学习就是能够使我们训练的模型完全通过自学来掌握一门本领,能在一个特定场景下做出最优决策的一种算法模型。就好比是一个小孩在慢慢成长,当他做错了事情时家长给予惩罚,当他做对了事情时家长给他奖励。这样,随着小孩子慢慢长大,他自己也就学会了怎样去做正确的事情。那么强化学习就好比小孩,我们需要根据它做出的决策给予奖励或者惩罚,直到它完全学会了某种本领(在算法层面上,就是算法已经收敛)。强化学习模型由5部分组成,分别是Agent、Action、State、Reward和Environment。

智能体(Agent):智能体的结构可以是一个神经网络,也可以是一个简单的算法,智能体的输入通常是状态State,输出通常是策略Policy。

动作(Actions):动作空间。例如小孩玩游戏,只有上下左右可移动,那Actions就是上、下、左、右。

状态(State):智能体的输入。

奖励(Reward):进入某个状态时能带来正奖励或者负奖励。

环境(Environment):接收Action,返回State和Reward。

深度强化学习可以用来改进对话机器人任务,使对话更加持久。

以上我们介绍了什么是大数据和人工智能,以及对各个大数据框架和相关算法做了大概介绍,我们从整体上已经有了一个宏观的认识。下面讲一下实际工作中它们是如何联系和区别的。

1.1.3 大数据和人工智能有什么区别,又是如何相互关联

大数据主要用来做基础的数据存储,人工智能是在大数据基础之上的挖掘应用、高性能

复杂计算。当然大数据也会做计算、数据处理、数据可视化。只是人工智能体现在用算法、机器学习、深度学习来解决问题。另外就是大数据和人工智能是互补的,不存在谁来替换谁的问题。当一些简单的大数据处理任务满足不了需求的时候,往往需要借助人工智能算法把系统或产品的效果提升到一个新的台阶。以下是对实际工作中的总结和体会。

1. 对于 Mahout、Spark 等分布式挖掘平台算法一般依赖于 Hadoop 大数据平台

Mahout 分布式挖掘平台是基于 Hadoop 的 MapReduce 计算引擎的,从这个层面上人工智能需要借助于大数据框架提供的引擎才能完成。

Spark 平台虽然可以脱离 Hadoop 平台,但是毕竟 Spark 只是一个计算引擎,不存储数据,然后在数据载入或存储的时候也避免不了使用 Hadoop 的 HDFS,毕竟这只是分布式计算,如果和分布式存储结合才算是完美。

大数据和人工智能的相关开发角色职位都分配在大数据部门里面,大数据还是以 Hadoop 为核心的,所有后面的人工智能所依赖的原始数据、ETL 数据处理都离不开大数据平台。人工智能的数据基本是在大数据平台处理加工得到的。

2. 单机算法一般也需要大数据平台来提供数据

很多单机算法框架比如 Python scikit-learn 或者 TensorFlow 的训练数据往往需要大数据 ETL 工程师把 Hadoop 平台数据加工处理导出给他。

3. 完整的系统需要大数据工程师、人工智能工程师、系统工程师配合完成

一个算法主导类的项目往往需要大数据工程师和人工智能工程师的配合,再加上系统工程师、分析师等的配合,才能完成一个最终的产品。这是从开发角色上来理解大数据和人工智能的关系。

说到开发角色,我们需要了解大数据部门细分为哪几个小部门,这几个小部门之间又是如何协调分配工作的? 每个小部门又有哪些具体工作职位,每个职位间又是如何协调的? 作为大数据部门的总负责人、各个小部门的技术总监或者负责人,应该具备什么样的工作技能才能担当此重任。还有就是从基层岗位开始如何做好自己的职业生涯规划,一步步地向高层发展。当然大家最关心的还是钱! 各个职位的市场平均薪资水平如何等,这是我们下面要讲的。

1.2　大数据部门组织架构和各种职位介绍

对于互联网公司来说,技术是核心竞争力。基于海量的用户行为数据之上,进行的更深层次的大数据建模、分析可以让你的产品再上一个台阶。让数据驱动产品设计、科学决策和指导产品,但这离不开其他各个部门的协同配合,在大数据部门内部同样离不开各个小组和职位的有机统一和协作。

1.2.1　大数据部门组织架构

大数据部门可以大体上分为 3 个组：大数据平台组、算法组和数据分析组。这 3 个组之上有大数据 VP 带队，大数据 VP 可能有些人不知道什么意思，大数据 VP 就是大数据副总裁，一般是向 CTO 汇报，也有的公司是直接向 CEO 汇报。大数据平台组、算法组和数据分析组这 3 个组一般是由总监带队，有的公司是架构师带队，当然也可以是经理或者 Team Leader 带队，这 3 个总监是向大数据 VP 汇报的。大数据部门组织架构如图 1.1 所示。

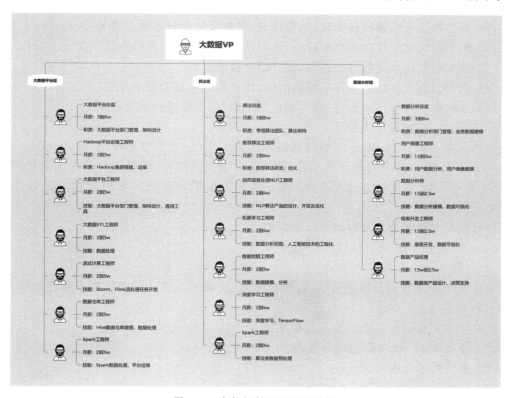

图 1.1　大数据部门组织架构图

基于图 1.1，我们讲一下各个部门的工作分工和各个职位的职责。

大数据平台组的职责是提供基础的数据平台、数据仓库、数据埋点采集和通用工具，为算法组、数据分析组提供平台支持。

算法组是基于大数据平台之上，做很多数据挖掘、分析工作，开发公司产品，如个性化推荐系统、搜索引擎、用户画像和其他算法类产品等，是偏上游的工程应用。

数据分析是基于大数据平台之上，做数据分析统计、挖掘、数据可视化和报表开发等，这与算法组有些交叉点，偏数据的分析应用，以及管理决策、数据洞察发现等工作。

1. 大数据平台组

大数据平台组的职责是提供基础的数据平台、数据仓库、数据埋点采集和通用工具,为算法组、数据分析组提供平台支持。

小组内由各个职位相互配合工作,大家各尽其职,完成大数据平台的建设。

1) 大数据平台总监

大体任务是负责大数据平台部门管理、架构设计,具体工作如下:

(1) 负责结合业务需求设计大数据架构及评审迭代工作。

(2) 基于大数据处理平台的模型,设计与数据资产体系搭建。

(3) 参与数据仓库建模和 ETL 架构设计,参与大数据技术难点攻关。

(4) 负责团队对外合作的数据核准,以及推动数据对接工作的合作与交流。

(5) 对大数据技术进行分析选型,提升团队技能。

(6) 负责公司大数据平台核心策略应用,用机器学习助力业务发展。

(7) 系统核心部分代码编写、指导和培训工程师、不断进行系统优化。

2) Hadoop 平台运维工程师

大体任务是负责 Hadoop 集群的搭建和运维工作,一般大型互联网公司可以专门设置这么一个职位,因为集群可能有上千台,而且区分为生产集群、测试集群等。如果集群不是很大,一般不需要单独设置这个职位,统一由大数据平台工程师来负责即可。具体工作如下:

(1) 负责大数据平台架构的开发和维护。

(2) 负责 Hadoop 集群运维和管理。

3) 大数据平台工程师

大体任务是负责集群搭建运维、数据仓库建设、通用工具开发和数据采集埋点服务等。具体工作如下:

(1) 负责大数据平台架构的开发和维护。

(2) 负责 Hadoop 集群运维和管理。

(3) 负责数据仓库建设。

(4) 数据埋点、数据采集、数据处理。

(5) 公司级别的 BI 通用工具开发。

4) 大数据 ETL 工程师

大体任务是负责 ETL 数据处理、配置作业依赖和定向数据采集处理等。具体工作如下:

(1) ETL 数据处理、开发、工作流调度设计。

(2) 脚本部署与配置管理,工作流异常处理,日常管理、跑批、维护、监控。

(3) 完成定向数据的采集与爬取、解析处理、入库等日常工作。

5) 流式计算工程师

大体任务是负责 Storm、Flink 等流处理的实时线上数据分析任务。具体工作如下:

（1）实时分析线上用户行为数据、找出异常行为用户。

（2）根据用户实时行为，实时处理并更新 HBase 等数据库。

（3）追踪行业主流计算技术进展，并结合到当前业务中。

6）数据仓库工程师

大体任务是负责数据仓库建模、数据处理等。具体工作如下：

（1）理解公司各类现有数据，洞察现有数据体系与客户业务匹配中的待优化点，并不断改善。

（2）负责建设并完善数据管理体系，涵盖数据生命周期的标准、模型、质量和数据存取全流程。

（3）负责数据仓库的分层设计、数据处理和有效管理并整合各类数据。

7）Spark 工程师

大体任务是负责 Spark 数据处理。具体工作如下：

（1）负责流式数据处理和离线处理的一站式开发。

（2）负责基于 Spark 的数据处理、为算法模型提供数据支持。

8）后台 Web/前端工程师

这个职位在组织架构图没有画出来，但实际往往需要这个角色开发大数据部门的后台管理工具、通用 Web 工具，例如数据仓库管理工具、数据质量管理工具等，一部分 Web 接口服务工作。既然是 Web 开发，一般会拆分出一个前端工程师的职位，而美工一般不单独设置职位，让公司统一的设计部门代做 UI 即可。

2. 算法组

算法组是基于大数据平台之上，做很多数据挖掘、分析工作，以及开发公司产品，如个性化推荐系统、搜索引擎、用户画像和其他算法类产品等，是偏上游的工程应用。下面是具体职位的职责介绍。

1）算法总监

大体任务是带领算法团队、设计算法系统架构。具体工作如下：

（1）领导算法和研发产品团队，规划算法研发的方向，总体把控算法研发的工作进度。

（2）深刻理解产品业务需求，并依据产品需求落实算法与业务的结合。

（3）搭建优秀的算法团队，带领算法团队将技术水平提升至一流水平。

（4）主管产品应用中涉及的推荐系统、搜索引擎、人脸识别、对话机器人和知识图谱等算法工作。

2）推荐算法工程师

大体任务是推荐算法开发、优化。具体工作如下：

（1）负责推荐算法研发，通过算法优化提升整体推荐的点击率、转化率。

（2）针对场景特征，对用户、Item 信息建模并抽象业务场景，制定有效的召回算法，同时从样本、特征、模型等维度不断优化预估排序算法。

3）自然语言处理工程师

大体任务是 NLP 算法产品的设计、开发和优化。具体工作如下：

（1）负责相关 NLP 算法产品的设计、开发及优化，包括关键词提取、文本分类、情感分析、语义分析、命名体识别、文本摘要和智能问答等。

（2）NLP 基础工具运用和改进，包括分词、词性标注、命名实体识别、新词发现、句法、语义分析和识别等。

（3）领域意图识别、实体抽取、语义槽填充等。

（4）参与文本意图分析，包括文本分类和聚类，拼写纠错，实体识别与消歧，中心词提取，短文本理解等。

4）机器学习工程师

大体任务是数据分析挖掘、人工智能技术的工程化。具体工作如下：

（1）为产品应用提出人工智能解决方案和模型。

（2）人工智能技术的工程化。

（3）对话场景下的意图识别、智能搜索、个性化推荐算法研究及实现。

5）数据挖掘工程师

大体任务是数据建模、分析。具体工作如下：

（1）负责产品业务的数据分析等方面的数据挖掘工作。

（2）根据分析、诊断结果，建立数学模型并优化，撰写报告，为运营决策、产品方向和销售策略等提供数据支持。

6）深度学习工程师

大体任务是深度学习相关算法的研究和应用。具体工作如下：

（1）深度学习相关算法的调研和实现。

（2）将算法高效地实现到多种不同平台和框架上，并基于对平台和框架的内部机制的理解，持续对算法和模型实现进行优化。

（3）深度学习网络的优化和手机端应用。

（4）深度学习算法的研究和应用，包括图像分类、目标检测、跟踪和语义分割等。

（5）和产品进行对接。

7）Spark 工程师

大体任务和大数据平台的 Spark 开发类似，可以共用，但更侧重在为算法开发人员提供数据处理和支持的工作。

8）后台 Web/前端工程师

这个职位在组织架构图没有画出来，实际上算法部门也有很多的后台管理工具，例如推荐位管理平台、搜索管理后台、算法 AB 测试平台和优化的数据可视化平台等，还有需要给其他部门提供业务接口，例如推荐引擎 Web 服务、搜索服务等。

3. 数据分析组

数据分析是基于大数据平台之上做数据分析、统计、挖掘、数据可视化、报表开发等，和

算法组有些交叉点,偏数据的分析应用、管理决策、洞察发现等。各个职位如下:

1) 数据分析总监

大体任务是负责数据分析部门管理、业务需求调研、管理和执行数据项目,以及提供行业报告。具体工作如下:

(1) 根据海量数据的洞察来撰写报告,为营销运营决策提供支持,并及时发现和分析实际业务中的问题,并针对性地给出优化建议。

(2) 参与业务需求调研,根据需求及行业特点设计大数据解决方案并跟进具体项目的实施。

(3) 设计并实现对 BI 分析、数据产品开发、算法开发的系统性支持,保障数据挖掘建模和工程化。

(4) 管理和执行数据项目,达成客户要求目标,满足 KPI 考核指标。

(5) 熟悉行业发展情况,掌握最新数据分析技术,定期提供行业性报告。

2) 用户画像工程师

大体任务是用户数据分析、用户画像建模和用户标签提取。具体工作如下:

(1) 基于海量用户行为数据,构建和优化用户画像,产出用户标签,用于提升推荐、搜索效果,为运营提供数据支持。

(2) 负责搭建完整的用户画像挖掘系统,包括数据处理、用户画像挖掘和准确性评估等。

(3) 主导用户画像需求分析,把控用户画像的建设方向,设计和构建基于用户行为特征的平台化画像服务。

(4) 统一数据标准,建立用户画像产品的评估机制和监控体系。

3) 数据分析师

大体任务是数据分析建模、数据可视化和提供行业报告。具体工作如下:

(1) 业务数据收集、数据处理和分析以及数据可视化。

(2) 对多种数据源进行分析、挖掘和建模,提交有效的分析报告。

(3) 从数据分析中发现市场新动向和不同客户应用场景,提供决策支持。

4) 报表开发工程师

大体任务是业务数据分析、报表开发和数据可视化展示。具体工作如下:

(1) 根据各业务部门需要,对相关数据进行清洗、分析、监控和评估,产出分析报告,对业务活动提出有效建议。

(2) 针对可视化工具,例如 Tableau 进行监控、优化、权限和性能管理,保证数据分析师和报表用户的正常使用及扩展。

(3) 根据数据分析师和报表用户分析、使用和性能要求,梳理各类数据,协助优化数据结构,丰富数据库内容,提高数据质量,完善数据管理体系。

5) 数据产品经理

数据产品经理是这几年产生的新的职位,懂数据分析、懂算法是对这个岗位的基本要求,这个职位的工作人员一般由其他的传统产品经理转岗过来。大体任务是负责数据产品的规划与设计,业务数据需求分析、设计、落地。具体工作如下:

（1）负责数据产品的规划与设计,业务数据需求分析、设计和落地。

（2）协调数据来源方和数据开发工程师,通过流程化、规范化的思路,让数据对接做到灵活、高效和准确。

（3）深入理解业务,协调数据开发团队完成任务。

4. 更细化的大数据部门划分

以上是对每个部门的职位和对应的职位介绍,这种部门架构比较大众化,一般大数据部门总人数在 20～50 人时可以这么来划分,但如果有更多的人参与,比如 50 人以上,就可以把部门再细化一些。例如推荐算法和搜索在互联网公司是非常核心的团队,适合单独从算法组拆分并成立推荐系统组和搜索组。用户画像组也是非常重要的一个团队,可以从数据分析组拆分出来,做 Web 开发、前端、后台接口工程化的职位也可以从各个组拆分出来,单独成立一个工程组。这样大数据部门就划分为几个组：大数据平台组、算法组、推荐系统组、搜索组、用户画像组、数据分析组、工程组。

那么这几个组之间的相互配合分工是怎样的呢？根据经验总结如下：

（1）大数据平台组是基础组,其他所有组的数据都由这个组提供。

（2）推荐系统组往往独立于算法组,也可以和算法组合并为同一个组,看人多还是人少了。

（3）推荐系统组一般都用到搜索,所以很多互联网公司的搜索和推荐是一个组,并且往往也会从大数据部门独立出去,成立一个和大数据部门平行的搜索推荐组。个人见解：如果大数据部门负责人有搜索推荐的经验,建议把搜索推荐放到大数据部门下面,这样产品会做得更好,毕竟搜索推荐是建立在大数据基础上最经典的应用。

（4）用户画像组依赖大数据组,可以单独建立用户画像组；搜索推荐组和其他数据分析组也需要用户画像组的数据。

（5）工程组可以嵌入其他组里面,也可以单独成组,工程组最重要的一个职责是对公司的其他部门,例如前端网站、App,提供 Web 服务,这些服务包括提供数据埋点采集接口、用户画像接口、搜索接口、推荐接口和其他数据接口等。

了解了部门的组织架构和相关职位的工作职责,我们下面再详细介绍下每个职位需要掌握的实际技能、需要掌握哪些核心技术、编程语言、大数据框架和算法等。

1.2.2 各种职位介绍和技能要求

了解各个职位的技能要求有助于我们更快地投入工作中去,不管是工作需求,还是求职面试等。有针对性地去学习相关技能必定事半功倍,避免盲目地什么都学,什么都没学精。当然在工程师阶段更需要精,精通一个职位的相关技术点,但是当你向上发展晋升的时候,对知识面的要求会越来越高,例如升到总监,再升到大数据 VP,我们需要全面掌握所有技能,但不一定每个职位的技能都精通,因为那是不可能的,大数据和算法的框架太多了,细分了这么多职位,人的精力是有限的。我们必须有所取舍,选择性地、有侧重点地去学习。哪个学得深一点,哪个浅一点,需要根据个人的情况去衡量,但对大数据和算法的知识面必须有个整体的认识和把握,这样你在管理整个部门的时候才会胸有成竹、高瞻远瞩。下面我们看一下每个职位需要掌握的技能和知识点。

1．大数据平台总监

1）技能关键词

大数据平台、大数据架构、系统架构规划、指导和培训工程师、Hadoop 生态圈、沟通管理能力、数据产品架构、机器学习、策略应用、大数据技术分析选型和培养提升团队技能。

2）岗位职责

（1）负责结合业务需求,设计大数据架构及评审迭代工作。

（2）基于大数据处理平台的模型,设计与搭建数据资产体系。

（3）参与数据仓库建模和 ETL 架构设计,参与大数据技术难点攻关。

（4）负责团队对外合作的数据核准,以及推动数据对接工作的合作与交流。

（5）对大数据技术进行分析选型,提升团队技能。

（6）负责公司大数据平台核心策略应用,用机器学习助力业务发展。

（7）系统核心部分代码编写、指导和培训工程师、不断进行系统优化。

3）任职要求

（1）精通 Python、Scala、Java 语言程序设计,良好的系统架构规划能力。

（2）精通 Hadoop 生态圈主流技术和产品,如 HBase、Hive、Storm、Flink、Spark、Kafka、ZooKeeper 和 Yarn 等,对 Spark 分布式计算的底层原理有深刻理解,对复杂系统的性能优化和稳定性提升有一线实践经验,有多年实际开发和应用经验,对开源社区有贡献者优先。

（3）良好的大数据视野和思维,高效的沟通能力,对技术由衷热爱,乐于分享。

（4）熟悉完整处理流程,包括采集、清洗、预处理、存储和分析挖掘,丰富的项目管理经验。

（5）熟悉机器学习常用算法,熟练掌握 Hadoop、HBase、Spark 等的运行机制,有 PB 级数据处理经验。

（6）有知名互联网或大数据公司同类数据产品架构经验者优先。

2．大数据平台工程师

1）技能关键词

Hadoop、Spark、Storm、Flink、Kafka、Hive、HBase、大数据处理、数据仓库建设、数据安全和分布式存储。

2）工作职责

（1）负责大数据平台架构的开发和维护。

（2）负责 Hadoop 集群运维和管理。

（3）负责数据仓库建设。

（4）数据埋点、数据采集、数据处理。

（5）公司级别的 BI 通用工具开发。

3）任职资格

（1）熟悉 Linux 开发环境，熟练掌握 Java、Scala、Python 等任一编程语言。

（2）熟悉分布式系统的基本原理，具有分布式存储、计算平台（Hadoop、Spark 等）的开发和实践经验，熟悉相关系统的运维、调优方法。

（3）有一线互联网公司大数据处理、数据仓库建设及数据安全等方面工作经验者优先；

（4）熟练使用 Hive、Spark SQL、HBase，了解 Kafka、MQ、ES 等。

（5）熟悉大数据技术栈，有数据挖掘和数据仓库实践经验者优先。

3. 大数据 ETL 工程师

1）技能关键词

Hadoop、Hive SQL、ETL 数据处理、数据仓库建设、Shell 脚本和数据分析。

2）职责描述

（1）ETL 数据处理、开发和工作流调度设计。

（2）脚本部署与配置管理，工作流异常处理，日常管理、跑批、维护、监控。

（3）完成定向数据的采集与爬取、解析处理、入库等数日常工作。

3）任职要求

（1）大数据仓库项目开发经验，熟悉主流的大数据架构。

（2）具备数据仓库分层设计建模经验。

（3）熟悉 Linux 操作系统及命令，熟悉常用的 Shell 命令工具。

（4）熟悉 Java 相关知识，具备 Java 开发经验。

（5）精通 Oracle、Hive SQL 编程，有一定的查询性能优化经验。

（6）具有较好的故障排查和解决问题的能力，能快速分析系统相关的故障原因和提供解决方法。

（7）有 OLAP 应用开发经验优先。

（8）有大数据系统架构设计、数据分析挖掘经验者优先。

（9）热爱数据行业，对技术研究和应用抱有浓厚的兴趣，有强烈的上进心和求知欲，善于学习和运用新知识。

4. 流式计算工程师

1）技能关键词

Hadoop、Flink、Storm/JStorm、Spark Streaming、Java、Scala、Kafka。

2）岗位职责

（1）实时分析线上用户行为数据、找出异常行为用户。

（2）根据用户实时行为，实时更新用户画像标签权重。

（3）追踪行业主流计算技术进展，并结合到当前业务中。

（4）不断完善当前高并发服务架构体系。

3）任职要求

（1）熟悉当前主流流式计算框架 Flink、Storm/JStorm、Spark Streaming 原理及应用，有 Flink 实践经验者优先考虑。

（2）熟悉主流开发语言：Java、Go、Scala、Python、C/C++ 等，熟悉当前主流 Web Service 或 RPC 服务实现。

（3）熟悉当前主流 MQ：Kafka、RocketMQ、RabbitMQ 等。

（4）熟悉 Hadoop 2/3 生态系列技术：HBase、MR，ZooKeeper 或 ETCD 并有过一定实践。

（5）熟悉但不限于当前主流 NoSQL：MongoDB、HBase、Redis、Neo4J、TiDB 或 AeroSpike 等。

5. Spark 开发工程师

1）技能关键词

Kafka、Spark、Hadoop、Hive、HBase、Scala、Java。

2）岗位职责

（1）负责流式数据处理和离线处理的一站式开发。

（2）负责基于 Spark 的数据处理、为算法模型提供数据支持。

3）任职资格

（1）计算机相关专业本科及以上学历，有 2 年（含）以上开发经验。

（2）了解/熟悉各种大数据开源框架/中间件，如 Kafka、Spark、Hadoop、Hive、HBase、ZooKeeper 等。

（3）熟悉 Scala、Java 其中一种开发语言。

（4）做事耐心，有强烈的责任心，能够主动和同事沟通讨论问题，能承受一定的工作压力。

（5）思路清晰，具有优秀的问题定位和修复能力。

6. 算法总监

1）技能关键词

机器学习、数据挖掘、人工智能、图像识别、知识图谱、推荐算法、搜索引擎、深度学习、TensorFlow、落实算法、把控算法研发、带领算法团队和搭建优秀的算法团队。

2）岗位职责

（1）领导算法产品和研发团队，规划算法研发的方向，总体把控算法研发的工作进度。

（2）深刻理解产品业务需求，并依据产品需求落实算法与业务的结合。

（3）搭建优秀的算法团队，带领算法团队将技术水平提升至一流水平。

（4）主管产品应用中涉及的推荐系统、搜索引擎、人脸识别、对话机器人、知识图谱等算法工作。

3）职位要求

（1）研究方向为机器学习、人工智能、模式识别、图像识别等。

（2）熟练运用 C/C++、Python 或 Java 语言编程。

（3）有完整的项目设计开发及 10 人以上算法相关团队管理经验。

（4）熟悉机器学习理论并有相关项目经验者优先,模式识别与人工智能等相关专业者优先。

（5）能独立阅读英文文献并进行具体实现,有独立建立完整算法模型并最终实现模型落地的经验。

（6）有机器学习、数据挖掘、计算机视觉、机器人决策等相关项目实际经验者优先。

（7）热衷于创新,具有带领团队承担过有市场影响力的 AI 产品或开源项目的研发经验。

（8）熟悉深度学习框架 TensorFlow、Caffe、Mxnet、PyTorch 等一种或多种深度学习框架。

7. 推荐算法工程师

1）技能关键词

推荐算法、协同过滤、逻辑回归、GBDT、机器学习、深度学习、排序算法、Hadoop、Spark 和搜索算法。

2）工作职责

（1）负责推荐算法研发,通过算法优化提升整体推荐的点击率、转化率。

（2）针对场景特征,对用户、Item 信息建模抽象业务场景,制定有效的召回算法;同时从样本、特征、模型等维度不断优化预估排序算法。

3）任职要求

（1）具有扎实的机器学习基础,能够运用 LR、GBDT、FM 等传统模型解决实际的业务问题,有深度学习主流模型具体项目实践经验者优先。

（2）熟悉 Hadoop、Spark 等常用的大数据处理平台,熟悉 Python、C++、Scala 等至少一门编程语言。

（3）有推荐/广告/搜索相关的算法经验者优先。

（4）熟悉常用的自然语言处理、机器学习、数据挖掘算法,并有相关项目经验。

8. 自然语言处理工程师

1）技能关键词

NLP 算法、自然语言处理、实体识别、实体抽取、意图识别、文本意图分析、关键词提取、文本分类、情感分析、语义分析、命名实体识别、文本摘要和智能问答。

2）岗位职责

（1）负责相关 NLP 算法产品的设计、开发及优化，包括关键词提取、文本分类、情感分析、语义分析、命名体识别、文本摘要和智能问答等。

（2）NLP 基础工具运用和改进，包括分词、词性标注、命名实体识别、新词发现、句法、语义分析和识别等。

（3）领域意图识别、实体抽取、语义槽填充等。

（4）参与文本意图分析，包括文本分类和聚类，拼写纠错，实体识别与消歧，中心词提取，短文本理解等。

3）任职资格

（1）扎实的机器学习和自然语言处理基础。

（2）精通 C/C++、Java、Python 等编程语言的一种或多种，具备良好的编程能力。

（3）精通 TensorFlow、Mxnet、Caffe 等深度学习框架的一种或多种。

（4）思维严谨，具有突出的分析和归纳能力，优秀的沟通与团队协作能力。

（5）擅长大规模分布式系统、海量数据处理、实时分析等方面的算法设计、优化优先。

（6）在语义分析，智能问答领域发表过论文者优先。

（7）具有智能问答实践经验者优先。

9. 机器学习算法工程师

1）技能关键词

机器学习、机器学习算法、人工智能、TensorFlow、数据挖掘、贝叶斯方法、推荐算法、逻辑回归、GBDT、深度学习、文本分类和文本聚类。

2）工作职责

（1）为产品应用提出人工智能解决方案和模型。

（2）人工智能技术的工程化。

（3）对话场景下的意图识别、智能搜索、个性化推荐算法研究及实现。

3）任职要求

（1）有数据分析挖掘相关工作经验；参与过完整的数据采集、整理、分析和挖掘工作。

（2）有机器学习、深度学习、大规模机器学习平台、贝叶斯方法、强化学习、数据挖掘、统计分析和推荐等算法基础，深刻理解常用的概率统计、机器学习算法。

（3）有大规模分布式系统工程经验者优先。

（4）熟练掌握信息抽取、命名体识别、中文分词、文本分类/聚类等技术。

（5）能够熟练使用 Hadoop、Spark、ElasticSearch 等工具者优先。

（6）熟悉 TensorFlow 深度学习框架者优先。

10. 数据挖掘工程师

1）技能关键词

数据挖掘、R 语言编程、SPSS 工具和 Python。

2）岗位职责

（1）负责产品业务的数据分析等方面的数据挖掘工作。

（2）根据分析、诊断结果，建立数学模型并优化，撰写报告，为运营决策、产品方向确认、销售策略制定等提供数据支持。

3）任职要求

（1）有较强的数学功底和扎实的统计学、数据挖掘功底。

（2）精通常用数据挖掘工具软件 R、SPSS、Python 等工具，可代码级实现数据挖掘算法。

（3）有较强的业务敏感度，分析能力强。

（4）具备良好的职业素质与敬业精神，注重团队合作，擅长沟通表达。

（5）熟悉数据产品开发、推广，有数据挖掘项目实施经验者优先，有营销知识，理念和实践经验者优先，具备良好的代码风格。

（6）良好的沟通能力及处理困难问题的能力，对工业互联网行业充满热情。

11．深度学习工程师

1）技能关键词

深度学习、TensorFlow、Caffe、Mxnet、PyTorch、神经网络、CNN、RNN、GBDT、计算机视觉、对话机器人、人脸识别、图像识别和语音识别。

2）职位描述

（1）深度学习相关算法的调研和实现。

（2）将算法高效地实现到多种不同平台和框架上，并基于对平台和框架的内部机制的理解，持续对算法和模型进行优化。

（3）深度学习网络的优化和手机端应用。

（4）深度学习算法的研究和应用，包括图像分类、目标检测、跟踪和语义分割等。

（5）和产品进行对接。

3）职位要求

（1）有较强的编程能力和素养，熟悉算法设计，熟悉 C/C++、Python 等编程语言，熟悉 Linux 环境开发。

（2）具有较好的计算机视觉、模式识别和机器学习基础，精通深度学习，熟悉 Caffe、TensorFlow、Mxnet、PyTorch 等一种或多种深度学习框架。

（3）熟悉深度学习 CNN、RNN 相关理论。

（4）熟悉神经网络模型的设计、调参、优化方法；熟悉模型压缩、移动端性能优化者优先。

（5）有计算机视觉项目大规模样本训练、调优、应用经验者优先。

12．数据分析总监

1）技能关键词

指导和培训工程师、沟通管理能力、Tableau 可视化、SQL、Oracle、R、Python 和 SPSS。

2）岗位职责

（1）根据海量数据的洞察来撰写报告，为营销运营决策提供支持，并及时发现和分析实际业务中的问题，针对性地给出优化建议。

（2）参与业务需求调研，根据需求及行业特点设计大数据解决方案并跟进具体项目的实施。

（3）设计并实现对 BI 分析、数据产品开发、算法开发的系统性支持，保障数据挖掘建模和工程化。

（4）管理和执行数据项目，达成客户要求目标，满足 KPI 考核指标。

（5）熟悉行业发展情况，掌握最新数据分析技术，定期提供行业性报告。

3）任职要求

（1）具有数据分析、数据挖掘相关工作经验，有数据团队管理经验。

（2）熟练使用各种统计、分析、数据挖掘工具软件，如 Tableau、SQL、Oracle、R、Python、SAS 和 SPSS 等。

（3）有独立负责数据相关项目的管理经验，有独立开展研究型项目经验。

（4）有较强的文字和报告编写能力，具备良好的团队精神和客户服务意识。

13. 用户画像工程师

1）技能关键词

用户画像、精准营销、推荐系统、Java、Python 和 TensorFlow/Caffe/PyTorch。

2）职责描述

（1）基于海量用户行为数据构建和优化用户画像，产出用户标签，用于提升推荐、搜索效果，为运营提供数据支持。

（2）负责搭建完整的用户画像挖掘系统，包括数据处理、挖掘用户画像和准确性评估等。

（3）主导用户画像需求分析，把控用户画像的建设方向，设计和构建基于用户行为特征的平台化画像服务能力。

（4）统一数据标准，建立用户画像产品的评估机制和监控体系。

3）任职要求

（1）有应用机器学习进行用户画像、精准营销、推荐系统、业务建模和舆情系统相关项目经验者优先。

（2）具备扎实的数据结构、算法和开发能力基础，精通至少一种编程语言，如 C/C++、Java 和 Python 等。

（3）对数据和业务有较强敏感性，有数据挖掘项目经验及实际处理数据经验者优先。

（4）熟悉常用的数据挖掘算法和机器学习算法，有常见深度学习框架（如 TensorFlow、Caffe、PyTorch 等）使用经验，能够针对任务特点分析调优算法模型。

（5）优秀的沟通能力、执行力及团队合作精神。

14.　数据分析师

1）技能关键词

Hadoop、Hive、Tableau 可视化、数据挖掘/统计分析和 Python。

2）岗位职责

（1）收集业务数据，对数据进行处理和分析、数据可视化。

（2）对多种数据源进行分析、挖掘和建模，提交有效的分析报告。

（3）从数据分析中发现市场新动向和不同客户应用场景，提供决策支持。

3）任职资格

（1）熟悉大型数据库 Hadoop、Hive 等技术，熟悉 Python 语言。

（2）有海量数据处理经验，处理的数据规模在 TB 级别以上。

（3）有数据模型建立和运营经验、数据化运营经验和数据类产品规划经验。

（4）熟悉数据采集、统计分析、数据仓库、数据挖掘、Tableau 可视化、推荐系统等相关领域知识与算法。

（5）需要对其在统计数据处理中的关键技术有比较清晰的了解和认识。

（6）能独立编写商业数据分析报告，及时发现和分析隐含的变化和问题，并给出建议。

15.　数据报表工程师

1）技能关键词

报表开发、Tableau 数据可视化、SQL 语句和 Python。

2）岗位职责

（1）根据各业务部门需要，对相关数据进行清洗、分析、监控和评估，产出分析报告，对业务活动提出有效建议。

（2）针对可视化工具，如 Tableau，进行监控、优化、权限和性能管理，保证数据分析师和报表用户的正常使用及扩展。

（3）根据数据分析师和报表用户分析、使用和性能要求，梳理各类数据，协助优化数据结构，丰富数据库内容，提高数据质量，完善数据管理体系。

3）任职要求

（1）能力强，能根据工作需要，快速学习相应的工具和方法。

（2）熟悉 Tableau 数据可视化、SQL 应用，熟悉 R、Python 及数据库应用管理者优先。

16.　数据产品经理

1）技能关键词

大数据、算法、Axure、Visio、Office、业务数据需求分析和跨部门沟通协调能力。

2）岗位职责

（1）负责数据产品的规划与设计，业务数据需求分析、设计和落地。

（2）协调数据来源方和数据开发工程师，通过流程化、规范化的思路，让数据对接做到灵活、高效和准确。

（3）深入理解业务，协调数据开发团队完成工作。

3）岗位要求

（1）能够深刻理解业务，根据数据要求规范数据的应用场景，明确任务优先级，安排落地时间。

（2）善于梳理和总结或规范流程以便提出前瞻性解决方案。

（3）具备较强的工作主动性、跨团队与部门的沟通协调能力、抗压能力和数据思维能力。

（4）掌握各种原型设计工具（Axure、Visio 和 Office 等）。

了解了每个职位的技能要求后，我们就可以专注地掌握和学习相关核心技能，除此之外，我们有必要扩展一下知识面，了解其他职位的技能要求，不一定要精通。因为每个职位之间需要配合及协调才能完成一个系统工程，对其他职位的技能了解，有助于部门内同事间的沟通，甚至跨部门合作。下面我们总结一下每个职位之间协作配合的问题。

1.2.3　不同职位相互协调配合关系

除了大数据部门之间需要配合，位于部门里面的每个职位也需要和其他职位对接、配合才能完成一个系统产品。例如推荐系统产品，仅有算法工程师无法完成整个系统，而需要各个角色的工程师相配合才行。例如大数据平台工程师负责 Hadoop 集群和数据仓库，ETL工程师负责对数据仓库的数据进行处理和清洗，算法工程师负责核心算法，Web 开发工程师负责推荐 Web 接口对接各个部门，例如网站前端、App 客户端的接口调用等，后台开发工程师负责推荐位管理、报表开发和推荐效果分析等，架构师负责整体系统的架构设计等，所以推荐系统是一个需要多角色协同配合才能完成的系统。下面我们看看每个职位的职责和配合关系。

1. Hadoop 平台运维工程师

负责大数据基础环境设施的搭建和维护，一般不写代码。

2. 大数据平台工程师

公司小的时候一般需要把上面职位的活也干了，然后需要写代码，开发通用性的框架和服务，一级服务器运维管理等工作。

3. 大数据 ETL 工程师

使用上面职位搭建好的环境和平台工具，进行数据采集、具体业务处理、写代码和写SQL 语句。一个是为数据分析提供数据支持，另一个是为推荐算法工程师、机器学习工程师等算法类岗位提供数据。或者本身也做一部分数据分析的工作。

4. 流式计算工程师

主要使用 Flink、Storm 或 Spark Streaming 流计算框架做准实时计算。此职位需要和上面职位配合。

5．数据仓库工程师

一般用1、2、3和4职位处理好的数据，以 Hive 为主建数据模型、数据集市，建表及业务模型。同时为数据分析师提供支持。

6．Spark 工程师

用 Spark 工具做复杂的业务逻辑数据处理，为推荐算法工程师、机器学习工程师等算法类岗位提供数据。如果有能力也可以使用 Spark 的 MLlib 机器学习库做一部分的算法工作。

7．搜索工程师

使用大数据平台数据创建搜索索引，搜索算法优化。这样就需要大数据平台工程师提供的平台，数据仓库工程师提供的搜索数据集市，如果做个性化搜索还需要和推荐算法工程师配合。搜索结果的效果分析也需要把相关数据同步到大数据平台，并且需要数据分析师配合并提供一些报表数据。

8．推荐算法工程师

会用到上面的搜索技术，结合自身算法，用户行为分析，机器学习，优化排序。推荐结果的效果分析也需要把相关数据同步到大数据平台，并且需要数据分析师配合并提供一些报表数据。

9．用户画像工程师

大数据平台数据仓库的一个数据集市，同时可以给其他应用职位提供数据，如推荐、数据挖掘、搜索等。

10．自然语言处理工程师

主要处理文本类的算法，和用户行为数据打交道少一些。例如与搜索工程师、用户画像工程师、推荐算法工程师配合完成文本处理的相关工作。

11．机器学习工程师

使用大数据平台工程师提供的平台，以及数据仓库工程师和 ETL 工程师提供的数据支持，做机器学习、数据模型搭建，以及工程落地等工作。同时为 Web 开发工程师提供在线预测的模型。

12．数据挖掘工程师

和上面类似，工具偏 R，偏向数据分析。

13．深度学习工程师

主要使用 TensorFlow 深度学习框架，训练优化模型，为 Web 开发工程师提供预测模型，或提供接口服务。

14．数据分析师

BI 分析，可视化，出报表，数据处理，决策分析。为其他职位提供数据支持和效果分析。

15. Web 开发工程师偏后台接口

推荐算法工程师、机器学习工程师提供给 Web 开发工程师预测模型后,结合业务场景封装对外接口服务,经常和大数据部门之外的其他部门对接,完成接口联调测试之后配合测试人员测试,修复 bug 等。大数据部门和其他部门的合作及配合有几个方面,Web 开发经常和其他部门对接 Web 接口,数据采集部分也需要和 App 前端对接,数据统一门户报表需要提供给运营部门和管理层等。

16. 前端工程师

和 Web 后台开发工程师配合,UI 美化,大数据部门也有很多面向公司的 Web 后台系统。

17. 大数据产品经理

大数据产品经理是最近这些年诞生的新职位。负责数据产品设计、策略设计。针对数据分析师提供的数据来驱动产品设计,用数据说话。也做一些数据分析和数据类相关产品。

18. 大数据平台总监

管理和领导大数据平台部门,架构设计,跨部门沟通项目,汇报给大数据 VP,主要掌管 1、2、3、4、5 和 6 职位。

19. 算法总监

管理和领导算法部门,架构设计,算法模型设计,跨部门沟通项目需求,汇报给大数据 VP,掌管 7、8、9、10、11、12 和 13 职位。

20. 数据分析总监

大体任务是负责数据分析部门管理、业务需求调研、管理和执行数据项目、提供行业报告,掌管数据分析团队,为管理层和其他部门提供数据支持。

21. 大数据架构师、首席大数据架构师

可以独立成架构组,大数据系统的统一架构设计。也可在总监/VP 下面配合架构设计。

22. 大数据副总裁 VP

整个大数据部门负责人,管理整个部门,参与重要核心系统的架构设计。此职务需要跨部门沟通,向 CTO 汇报,也有的和 CTO 平行,可以直接向 CEO 汇报。

每个职位的工作人员随着工作经验的积累,必然面临着职位晋升发展的问题,如何选择晋升方向,决定了我们最终能达到一个什么样的薪资水平。有句话说得好,选择大于努力。大概意思就是你的方向选择得好,加上适当的努力,就能达到很高的境界,取得很大的成就。如果方向选错了,再努力往上发展也会遇到天花板。下面我们就讲解每个职位的晋升生涯规划和能达到什么样的一个薪资,其实大家最关心的还是选择哪个方向未来薪资最高。

1.2.4　各个职位的职业生涯规划和发展路径

从职业发展路径来看，一般可以分两个路线来走，一个是专业技术路线，也叫 T 序列；另一个是管理路线，也叫 M 序列，每个序列都分很多级别。T 序列一般职位从低到高是工程师、资深工程师、架构师/专家、高级架构师/高级专家、资深架构师/资深专家和首席架构师/首席专家/首席科学家等，当然每个公司的叫法可能不太一样，但大同小异。T 序列一般主攻技术，当然级别高了也会带团队，只是 T 序列带的团队人数比同级别的 M 序列带的人少而已。M 序列一般从低到高是工程师、资深工程师、Team Leader/主管、技术经理、高级技术经理、副总监、总监、高级总监、总经理、副总裁 VP 和 CTO。另外，不管你是走 T 序列还是走 M 序列，最终都有发展成为 CTO 的机会。职业生涯发展存在跨级跳跃式的晋升，这种情况一般是个人能力在同一个岗位时间比较长，并且能力有大幅提升，如果再碰上一个好的机会就能跨级飞跃一次。例如从资深工程师到总监的飞跃，从技术经理到技术 VP 的飞跃，从架构师到 CTO 的飞跃等。不管是否跨级，每次晋升都需要学习很多技能来提升自己，这个技能主要是技术本身的技能，当然走管理 M 序列的话，管理方面的技能也必须有提升。

1．Hadoop 平台运维工程师

Hadoop 平台运维工程师有很多是从传统运维工程师转过来的，没做过实际编程开发，如果往大数据这个方向走，必须学习开发与编程，往架构师、大数据平台经理和总监发展。

2．大数据平台工程师

可以往上发展为大数据架构师，如果走管理路线，也可以向大数据平台经理、总监发展。

3．大数据 ETL 工程师

往数据分析经理、总监方向发展，也可以往大数据平台经理、总监方向发展。

4．流式计算工程师

可以往大数据平台经理、总监方向发展，也可以向大数据架构师方向发展。

5．数据仓库工程师

可以往数据分析经理、总监方向发展。

6．Spark 工程师

可以往大数据平台经理、总监方向发展，也可以向大数据架构师方向发展。

7．搜索工程师

可以发展为搜索负责人/Leader，最好学习推荐算法，然后往搜索推荐部门总监发展，也可以做搜索架构师。

8．推荐算法工程师

可以往算法经理、总监或搜索推荐部门总监发展，也可以向推荐系统架构师方向发展。

9．用户画像工程师

可以往数据分析经理、总监方向发展，也可以往算法经理、总监方向发展。

10．自然语言处理工程师

可以往 NLP 算法 Leader、算法经理和总监方向发展。

11．机器学习工程师

可以往算法经理、总监方向发展，也可以往算法架构师方向发展。

12．数据挖掘工程师

可以往数据分析经理、总监方向发展。

13．深度学习工程师

可以往算法经理、总监方向发展。

14．数据分析师

往上发展为数据分析经理、数据分析总监。

15．Web 开发工程师偏后台接口

往上发展为工程的技术经理、技术总监，或者走 T 序列发展为架构师。

16．前端工程师

最好学习 Web 开发工程师偏后台接口的技能，走 Web 开发工程师偏后台接口的路线。当然也可以发展为前端架构师。

17．大数据产品经理

往上发展最好脱离大数据部门，上升到公司级的产品总监、产品 VP。

18．大数据平台总监

发展为大数据 VP。

19．算法总监

发展为大数据 VP。

20．数据分析总监

发展为大数据 VP。

21．大数据架构师、首席大数据架构师

发展为大数据 VP。

22．大数据副总裁 VP

在其他方面的技能提升自己，比如 Web 工程、前端、移动开发和网站架构等，之后发展为 CTO。

1.2.5　各个职位的市场平均薪资水平

职位薪资和工作年限、技术水平、学历、公司背景都有关系,所以对于同一个职位,没有一个固定的薪值,只能是一个大概的范围区间。再就是和市场供需情况也有关系,这些年大数据人才紧缺,更紧缺的是人工智能方面的人才,所以从整体行情来看,大数据的薪资比Web开发的薪资要高、人工智能的比大数据的要高。若干年之后根据物价、市场供需的变化,市场平均薪资情况也会发生一些变化。下面列出目前的职位市场平均薪资的一个大概区间,另外招聘网站往往显示的是年薪,因为年薪有的公司是发 12 个月,有的是发 16 个月,不统一,再就是有的公司年薪结构组成是 base 现金部分＋股权期权折现的价值部分之和,所以按年薪来计算不能清楚地反映实际薪资状况,所以我们按月薪的 base 现金部分来讲,并且这里指的是税前薪资、地区以北京为代表。以下是个人观点,仅供参考,不作为权威数据。

1. Hadoop 平台运维工程师

月薪 1.5w～2.5w。字母 w 代表万元的意思。这个职位一般比大数据平台工程师薪资稍微低一点,主要原因是运维的不一定具有开发项目代码的能力。当然个人能力很强的人除外。

2. 大数据平台工程师

2w～3w,大数据平台一般同时具备集群运维和项目编程开发的能力,薪资偏高一点。一般有 3 年相关工作经验的人员,月薪达到 2w 以上是比较轻松的。3w 是个分界点,突破3w 不太容易。

3. 大数据 ETL 工程师

2w～3w,薪资区间和大数据平台工程师差不多,但稍微低一点,主要原因是 ETL 工程师一般工程能力相对偏弱一些。这是整体来看,能力强的人薪资也是可以比大数据平台工程师薪资高的。ETL 工程师达到 2.5w 以上再涨就比较慢了。3w 也是一个薪资瓶颈点,突破 3w 不太容易。

4. 流式计算工程师

2w～3w,和大数据平台工程师差不多。

5. 数据仓库工程师

数据仓库工程师一般工程能力弱,薪资能到 2w 已经很不错,2.5w 算是很高了,突破3w 比较难。

6. Spark 工程师

2w～3w,和大数据平台工程师差不多。

7. 搜索工程师

2w～4w,搜索工程师薪资稍微偏高一点。一般工作 3 年,薪资达到 2w 比较轻松。如果有 5 年相关工作经验的话,薪资突破 3w 不是难事。如果有 8 年以上工作经验,薪资达到 4w 也是情理之中。最高的可以突破 5w。

8．推荐算法工程师

一般 2w～4w,推荐算法相对搜索来说更深入一些,比搜索工程师薪资稍微偏高一些。

9．用户画像工程师

2w～3w,用户画像工程师可以偏数据统计,也可以偏算法工程,薪资到 2w 比较轻松。如果在算法方面做得深入,薪资突破 3w 是有可能的。

10．自然语言处理工程师

2w～4w,这个职位是这几年新兴的职位,人才紧缺。薪资和推荐算法职位差不多。

11．机器学习工程师

2w～4w,薪资和推荐算法职位差不多。

12．数据挖掘工程师

2w～3w,一般的数据挖掘偏数据分析一些,薪资达到 2.5w 就不算低了。当然有些偏工程,突破 3w 也是情理之中。

13．深度学习工程师

这是最近几年新兴的职位,人才很缺。薪资 2～4w,突破 4w 不难。资深者可以达到 5w 以上。

14．数据分析师

1.5w～2.5w,数据分析是偏数据统计,整体来看薪资比机器学习工程师稍微低一点。做这方面工作的一般女性相对其他工程类岗位的人数偏多一些,因为整体上来看,做技术的男性比女性多很多。做数据分析的女性如果能占到一半,其实这个比例就已经很高了。数据分析优秀的人员和做机器学习的薪资差不多,突破 3w 不成问题。

15．Web 开发工程师偏后台接口

1w～2.5w,纯 Web 开发两万以内的比较常见,资深者可以突破 2.5w。如果很厉害,就可以当架构师了,3w 以上很轻松。

16．前端工程师

1w～2w,一般比 Web 后台薪资低一点,一般不超过 2w。

17．大数据产品经理

1.5w～2.5w,大数据产品经理是这几年新兴的职位,人才比较缺,不好招聘。以前大部分是做传统的产品。大数据产品经理往往是从传统的产品转岗过来,懂一些数据驱动和算法驱动的知识,所以薪资相对传统的产品经理薪资偏高一些。1.5w 是比较轻松的,资深者可以达到 2.5w。

18．大数据平台总监

3w～6w,总监的薪资一般最低起步价是 3w,5w 是比较正常的。6w 是个瓶颈点,不好突破。当然总监也是分级别的,有中级总监和高级总监。高级总监的薪资达到 6w 以上还是比较轻松的。

19．算法总监

3w～6w,和大数据平台总监相比还稍微高一点。

20．数据分析总监

3w～6w,和大数据平台总监相比,一般稍微低一点。

21．大数据架构师、首席大数据架构师

架构师和总监的薪资差不多,但也分级别。中级、高级、资深和首席。一般资深的架构师可能比总监高一些。首席架构师是最高的,能达到大数据副总裁 VP 的薪资水平。

22．大数据副总裁 VP

6w～10w,上面说到首席架构师和大数据 VP 的薪资差不多。这两个职位一般从技术上来讲首席架构师技术性要强于大数据 VP,大数据 VP 管理技能更强一些,但整体综合实力相当,两者的技术及知识面都很广,一般也都带团队,只是大数据 VP 带的人比较多。一般大数据 VP 这个职位的薪资是 6w 起步,8w 比较常见,突破 10w 亦不是问题。

本章我们对大数据部门的组织架构、各个职位的情况都有了一个比较深的认识,下面的章节我们将对常见的大数据算法类的系统架构深入讲解,以便更好地理解业务和产品。

## 第 2 章

大数据算法系统架构

大数据和算法类的系统和传统的业务系统有所不同,一个区别是多了离线计算框架部分,比如 Hadoop 集群上的数据处理部分、机器学习和深度学习的模型训练部分等,另一个区别就是大数据和算法类系统追求的是数据驱动、效果驱动,通过 AB 测试评估的方式,看看新策略是否得到了优化和改进,所以在系统架构上,需要考虑到怎么和离线计算框架去对接,怎么设计能方便我们快速迭代优化产品,除了这些,像传统业务系统那些该考虑的也照样需要考虑,例如高性能、高可靠性和高扩展性也都需要考虑进去。这就给架构师提出非常高的要求,一个是需要对大数据和算法充分了解,另一个是需要对传统的业务系统架构也非常熟悉。

本章列举几个常见的大数据算法的经典应用场景,同时对系统架构做一个深度解析,以便我们从整体上认识大数据和算法的应用。

针对不同行业,有共性,也有个性。针对不同行业都有对应的应用场景,同时也有很多应用场景贯穿于所有行业,虽然业务不太一样,但是核心技术和算法思想差不太多。下面我们分别来讲解应用场景和对应的系统架构。

2.1 经典应用场景

大数据无处不在,大数据应用于各个行业,包括金融、汽车、餐饮、电信、能源、体能和娱乐等在内的社会各行各业都已经融入了大数据的印迹。

1. 制造业

利用工业大数据提升制造业水平,包括产品故障诊断与预测、分析工艺流程、改进生产工艺,优化生产过程能耗、工业供应链分析与优化、生产计划与排程、物料品质监控、设备异常监控与预测、零件生命周期和预测、制程监控提前预警,以及良率保固分析等。

2. 金融行业

金融行业最核心的应用就是大数据风控,大数据风控即大数据风险控制,是指通过运用大数据构建模型的方法对借款人进行风险控制和风险提示。

传统的风控技术多由各机构自己的风控团队,以人工的方式进行经验控制,但随着互联网技术的不断发展,整个社会大力提速,传统的风控方式已逐渐不能支撑机构的业务扩展,而大数据对多维度、大量数据的智能处理,批量标准化的执行流程更能贴合信息发展时代风控业务的发展要求。越来越激烈的行业竞争,也正是现今大数据风控如此火热的重要原因。

大数据风控即大数据风险控制,是指通过运用大数据构建模型的方法对借款人进行风险控制和风险提示。

与原有人为对借款企业或借款人进行经验式风控不同,采集大量借款人或借款企业的各项指标进行数据建模的大数据风控更为科学有效。

针对借款人和借款企业的风险评估,数据类型维度可能不同,但使用的机器学习算法可以相同,例如我们都可以使用有监督学习的分类模型,分别建立各自的特征工程。针对个人消费信贷的数据类型维度可以有:

身份信息:身份证、银行卡、手机卡、学历、职业、社保、公积金;

借贷信息:注册信息、申请信息、共债信息、逾期信息;

消费信息:POS 消费、保险消费、淘宝消费、京东消费;

兴趣信息:App 偏好、浏览偏好、消费类型偏好;

出行信息:常出没区域、航旅出行、铁路出行;

公检法画像:失信被执行、涉诉、在逃、黄赌毒;

其他风险画像:航空及铁路黑名单、支付欺诈、恶意骗贷。

在个贷风控模型中,有多个环节可以使用模型来预测,实际操作上一般是机器+人工审核配合的方式,这种方式的优点一是减少个贷的风险,二是机器学习模型可以大大减少人的审核工作量。这几个环节包括反欺诈、身份核验、贷前审核、贷中监控及贷后催收等。

1)反欺诈环节

对申请借贷的用户群体进行反欺诈识别,识别能力主要依赖于风险名单、高危名单(在逃、黄赌毒、涉案)、法院失信被执行人等名单,另外还有虚拟手机号、风险 IP、风险地区等名单,通过名单进行反欺诈识别。再深入一点,可以在用户使用的设备端进行反欺诈识别,查看是否是风险设备,还可以通过群体关联,找出是否为团伙欺诈行为。例如申请集中在一个IP 地址、一个户籍地和通讯录里都有同一个人的联系方式等。

2)身份核验环节

进行借贷同行业身份核验。在反欺诈识别过程中,无风险用户在身份核验环节可以通过身份证核验接口来核验用户的姓名和身份证号是否正真实;通过活体识别,判断是否是用户本人在操作;通过运营商核验接口,核验用户的姓名、身份证和手机号是否一致,手机号是否为本人实名使用;通过银行卡核验,核验用户提供的银行卡是否为本人所有,防止贷款成功后贷款资金汇到他人账户。

3)贷前审核环节

授权信息获取,此环节针对身份核验通过的用户,进行有感知或无感知的必要信息获取,为后续模型评分准备好数据。无感知获取的数据包括多头借贷数据、消费金融画像数据、手机号状态和入网时长数据等;有感知(需要用户提供相关账户密码)获取的数据有运营商报告、社保公积金、职业信息、学历信息和央行征信等。借贷用户的分层及授信,针对已获取的用户相关数据,根据不同的算法模型输出针对用户申请环节的评分卡、借贷过程的行为评分卡、授信额度模型和资质分层等模型。不同机构对于不同环节的模型评分叫法不一样,目的都是围绕风险识别及用户资质评估。

4) 贷中监控环节

之前环节获取的数据大部分还可以用于贷后监控,监控贷前各项正常指标是否往不良方向转变,例如本来无多头借贷情况的,申请成功贷款后,如果发现该用户在别的地方有多笔借贷情况,这时可以将该用户列为重点关注对象,防止逾期。

5) 贷后催收环节

此时需要催收的客户主要针对失联部分客户,这部分客户在贷款时填写的电话号码已经不可用,需要通过大数据风控公司利用某些手段获得该客户实名或非实名在用的其他手机号码,提高催收人员的触达概率。

3. 汽车行业

汽车行业当前最热的应用无疑就是无人驾驶。无人驾驶汽车是智能汽车的一种,也称为轮式移动机器人,主要依靠车内的以计算机系统为主的智能驾驶仪来实现无人驾驶的目的。

无人驾驶汽车是通过车载传感系统感知道路环境,自动规划行车路线并控制车辆到达预定目标的智能汽车。它是利用车载传感器来感知车辆周围环境,并根据感知所获得的道路、车辆位置和障碍物信息,控制车辆的转向和速度,从而使车辆能够安全、可靠地在道路上行驶。

无人驾驶集自动控制、体系结构、人工智能和视觉计算等众多技术于一体,是计算机科学、模式识别和智能控制技术高度发展的产物,也是衡量一个国家科研实力和工业水平的一个重要标志,在国防和国民经济领域具有广阔的应用前景。

4. 互联网行业

互联网行业拥有海量的用户行为数据,基于这些宝贵的数据我们能做很多挖掘应用,例如千人千面的个性化推荐系统、个性化搜索、基于用户兴趣标签的用户画像系统和智能客服。

1) 个性化推荐系统

个性化推荐系统是互联网和电子商务发展的产物,它是建立在海量数据挖掘基础上的一种高级商务智能系统,向顾客提供个性化的信息服务和决策支持。近年来已经出现了许多非常成功的大型推荐系统实例,与此同时,个性化推荐系统也逐渐成为学术界的研究热点之一。个性化推荐系统由若干算法和业务规则综合而成,是一个系统工程,其核心是个性化推荐算法。算法分为离线算法、准实时算法和在线算法3部分,一个完整的推荐系统由子系统或算法有机地组合在一起：推荐数据仓库集市、ETL 数据处理、CF 协同过滤用户行为挖掘、ContentBase 文本挖掘算法、用户画像兴趣标签提取算法、基于用户心理学模型推荐、多策略融合算法、准实时在线学习推荐引擎、Redis 缓存处理、分布式搜索引擎、推荐 Rerank 二次重排序算法、在线 Web 实时推荐引擎服务、在线 AB 测试推荐效果评估、离线 AB 测试推荐效果评估和推荐位管理平台，这些我们在最后的工业级系统实战章节里会详细地讲述。

随着推荐技术的研究和发展，其应用领域也越来越多。例如，新闻推荐、商务推荐、娱乐推荐、学习推荐、生活推荐和决策支持等。推荐方法的创新性、实用性、实时性和简单性也越来越强。例如，上下文感知推荐、移动应用推荐和从服务推荐到应用推荐。下面分别分析几种技术的特点及应用案例。

（1）新闻推荐

新闻推荐包括传统新闻、博客、微博和 RSS 等新闻内容的推荐，一般有 3 个特点：①新闻的 item 时效性很强，更新速度快；②新闻领域里的用户更容易受流行和热门的 item 影响；③新闻领域推荐的另一个特点是新闻的展现问题。

（2）电子商务推荐

电子商务推荐算法可能会面临各种难题，例如：①大型零售商有海量的数据、以千万计的顾客，以及数以百万计登记在册的商品；②实时反馈需求，需要在 0.5 秒内反馈，还要产生高质量的推荐；③新顾客的信息有限，只能以少量购买信息或产品评级为基础；④老顾客信息丰富，可以以大量的购买信息和评级为基础；⑤顾客数据不稳定，每次的兴趣和关注内容差别较大，算法必须对新的需求及时响应。

解决电子商务推荐问题通常有 3 个途径：协同过滤、聚类模型和基于搜索的方法。

（3）娱乐推荐

音乐推荐系统的目标是基于用户的音乐口味向终端用户推送喜欢和可能喜欢但不了解的音乐，而音乐口味和音乐的参数设定受用户群特征和用户个性特征等不确定因素影响。例如，年龄、性别、职业、音乐受教育程度等的分析能帮助提升音乐推荐的准确度。部分因素可以通过使用类似 FOAF 的方法获得。

2）个性化搜索

个性化搜索可以认为是推荐和搜索的融合，有很多方式可以做到搜索的个性化，正常来讲，不管哪个用户输入相同的关键词，搜索结果是一样的，但是每个用户兴趣偏好不同，这样的搜索结果可能不是用户想要的结果。

要达到个性化的效果，例如我们可以基于推荐的 Rerank 二次重排序的机器学习算法来对基础的候选搜索结果做二次排序，在特征工程中加入用户画像个性化的一些特征进来，预测推荐结果被用户点击的概率值进行排序，这样达到个性化的效果。

另外一个简单的达到个性化效果的方法是将搜索结果根据用户兴趣进行实时迁移。这个个性化依赖于智能推荐引擎，每次搜索都会获取这个用户的个性化推荐结果来和搜索结果取交集。得到的结果整体上就是既和搜索关键词相关，又和用户兴趣相关。

3）用户画像系统

用户画像又称用户角色,其可作为一种勾画目标用户、联系用户诉求与设计方向的有效工具,用户画像在各领域得到了广泛的应用。我们在实际操作的过程中往往会以最为浅显和贴近生活的话语将用户的属性、行为与期待结合起来,作为实际用户的虚拟代表。用户画像所形成的用户角色并不是脱离产品和市场之外所构建出来的,形成的用户角色需要有代表性,能代表产品的主要受众和目标群体。

做产品应该怎么做用户画像?用户画像是真实用户的虚拟代表,首先它是基于真实的用户,但它不是基于一个具体的人,另外一个是根据用户目标的行为观点的差异来区分为不同类型,将它们迅速组织在一起,然后把新得出的类型提炼出来,形成一个类型的用户画像。一个产品大概需要 4～8 种类型的用户画像。

用户画像的 PERSONAL 8 要素:

（1）P 代表基本性（Primary）

指该用户角色是否基于对真实用户的情景访谈。

（2）E 代表同理性（Empathy）

指用户角色中包含姓名、照片和产品相关的描述,该用户角色是否为同理性。

（3）R 代表真实性（Realistic）

指对那些每天与顾客打交道的人来说,用户角色是否看起来像真实人物。

（4）S 代表独特性（Singular）

每个用户是否是独特的,彼此很少有相似性。

（5）O 代表目标性（Objectives）

该用户角色是否包含与产品相关的高层次目标,是否包含关键词来描述该目标。

（6）N 代表数量性（Number）

用户角色的数量是否足够少,以便设计团队能记住每个用户角色的姓名,以及其中的一个主要用户角色。

（7）A 代表应用性（Applicable）

设计团队是否能使用用户角色作为一种实用工具进行设计决策。

（8）L 代表长久性（Long）

用户标签的长久性。

4）智能客服

智能客服系统是在大规模知识处理基础上发展起来的一项面向行业应用的系统,适用大规模知识处理、自然语言理解、知识管理、自动问答和推理等技术行业,智能客服不仅为企业提供了细粒度知识管理技术,还为企业与海量用户之间的沟通建立了一种基于自然语言的快捷有效的技术手段,同时还能够为企业提供精细化管理所需的统计分析信息。

智能客服系统是人工智能技术商业化落地场景中最为成熟的一个应用场景,根据沟通类型又可以分为在线智能客服机器人和电话智能客服机器人。

智能客服系统集成了语音识别、语义理解、知识图谱和深度学习等多项智能交互技术,它能准确理解用户的意图或提问,再根据丰富的内容和海量知识图谱给予用户满意的回答,智能客服系统可覆盖金融、保险、汽车、房产、电商和政府等多个应用领域。

智能客服系统在售前和售后都发挥着作用,一个是提高售前转化率,另一个是降低售后客服成本。

提高售前转化率:智能客服机器人在售前接待中能够提高客户触达的及时性、精准性来促进售前营销转化率的提升。在客户触达方面,智能客服机器人支持全渠道客服接入,也支持客服人员通过主动发起会话的方式触达客户。在营销转化方面,智能客服机器人可以收集用户画像信息和用户互动数据,帮助企业根据用户画像建立差异化产品内容,以此进行精准营销,并根据用户访问渠道、点击率和购买率等互动数据调整营销运营策略,提高售前转化。

降低售后客服成本:在售后服务中,企业一般通过保障应答时间和解决率来保证客户满意度。在应答时间方面,智能客服机器人通过多并发接待、转人工时访客分流和人工接待中接待辅助等措施来尽可能减少应答时间,提高客户体验。在解决率方面,机器人具备自然语言处理技术且可以自动进行优化,人工客服在机器人智能接待后压力变小且可以获得接待辅助,两方面协同提高客户问题解决率。

5. 电信行业

电信行业大数据主要有五方面:

1)网络管理和优化

包括基础设施建设优化、网络运营管理和优化;

2)市场与精准营销

用户画像、关系链研究、精准营销、实时营销和个性化推荐;

3)客户关系管理

包括客服中心优化和客户生命周期管理;

4)企业运营管理

包括业务运营监控和经营分析;

5)数据商业化

指数据对外商业化,单独盈利。

在电信企业发展过程中有效应用大数据分析是为进一步提高电信企业服务水平与服务质量的需要,是为提高数据分析能力与时效性的需要,是为制定更加科学的发展目标、管理制度、影响方案的需要,更是为提高电信企业综合竞争水平的需要。

6. 能源行业

目前在能源行业中大数据主要应用于石油天然气全产业链、智能电网和风电行业。利用大数据的特点来提高企业效益,并更好地服务用户。通过能源大数据,企业可以优化库存,合理调配电力供给并对数据实时分析,给能源领域带来更先进的生产方式提供数据支持。

7. 物流行业

利用大数据优化物流网络,提高物流效率,降低物流成本。

8. 城市管理

可以利用大数据实现智能交通、环保监测、城市规划和智能安防。

9. 生物医学

大数据可以帮助我们实现流行病预测、智慧医疗和健康管理,同时还可以帮助我们解读DNA,了解更多的生命奥秘。

10. 体育娱乐

大数据可以帮助我们训练球队,决定投拍哪种题材的影视作品,以及预测比赛结果。

11. 安全领域

政府可以利用大数据技术构建起强大的国家安全保障体系,企业可以利用大数据抵御网络攻击,警察可以借助大数据预防犯罪。

12. 个人生活

大数据还可以应用于个人生活领域,利用与每个人相关联的"个人大数据",分析个人生活行为习惯,为其提供更加周到的个性化服务。

大数据的价值,远远不止于此,大数据对各行各业的渗透大大推动了社会生产和生活,未来必将产生重大而深远的影响。

2.2　应用系统架构设计

大数据和算法在每个行业都有适合自己业务特点的应用,很多应用具有普遍性,贯穿于所有的行业之中。下面介绍几个有代表性、通用的大数据和人工智能应用系统:个性化推荐系统、个性化搜索系统和用户画像系统。

1. 个性化推荐系统

首先推荐系统不等于推荐算法,更不等于协同过滤。推荐系统是一个完整的系统工程,从工程上来讲是由多个子系统有机地组合在一起,例如基于 Hadoop 数据仓库的推荐集市、ETL 数据处理子系统、离线算法、准实时算法、多策略融合算法、缓存处理、搜索引擎部分、二次重排序算法、在线 Web 引擎服务、AB 测试效果评估和推荐位管理平台等,每个子系统都扮演着非常重要的角色,当然大家肯定会说算法部分是核心,这个说法的确没错。推荐系统是偏算法的策略系统,但要达到一个非常好的推荐效果,只有算法是不够的。例如做算法依赖于训练数据,数据质量不好,或者数据处理没做好,再好的算法也发挥不出应有价值。算法上线了,如果不知道效果怎么样,后面的优化工作就无法进行,所以 AB 测试是评价推荐效果的关键,它指导着系统该何去何从。为了能够快速切换和优化策略,推荐位管理平台起着举足轻重的作用。推荐效果最终要应用到线上平台,在 App 或网站上毫秒级别地快速展示推荐结果,这就需要在线 Web 引擎服务来保证高性能的并发访问。总体来说,虽然算法是核心,但离不开每个子系统的配合,另外就是不同算法可以嵌入各个子系统中,算法可以贯穿到每个子系统。

从开发人员角色来讲,推荐系统仅有算法工程师角色的人是无法完成整个系统的,它需要各个角色的工程师相配合才行。例如大数据平台工程师负责 Hadoop 集群和数据仓库,ETL 工程师负责对数据仓库的数据进行处理和清洗,算法工程师负责核心算法,Web 开发工程师负责推荐 Web 接口对接各个部门,例如网站前端和 App 客户端的接口调用等,后台开发工程师负责推荐位管理、报表开发和推荐效果分析等,架构师负责整体系统的架构设计等,所以推荐系统是一个需要多角色协同配合才能完成的系统。

让我们先看一下推荐系统的架构图,然后再根据架构图详细描述各个模块的关系及工作流程,推荐系统架构如图 2.1 所示。

这个架构图包含了各个子系统或模块的协调配合、相互调用关系,从部门的组织架构上来看,推荐系统主要由大数据部门负责,或者由和大数据部门平行的搜索推荐部门来负责完成,其他前端部门、移动开发部门配合调用展示推荐结果来实现整个平台的衔接关系。同时这个架构流程图详细描绘了每个子系统具体是怎样衔接的,都做了哪些事。下面我们根据架构图从上到下来详细地讲解整个架构流程的细节。

1) 推荐数据仓库搭建、数据抽取部分

(1) 基于 MySQL 业务数据库,每天增量数据抽取到 Hadoop 平台,当然第一次的时候需要全量地来做初始化,数据转化工具可以用 Sqoop,它可以分布式地批量导入数据到 Hadoop 的 Hive。

(2) Flume 分布式日志收集可以从各个 Web 服务器实时收集用户行为、埋点数据等,一是可以指定 source 和 sink 并直接把数据传输到 Hadoop 平台;二是可以把数据一条一条地实时打到 Kafka 消息队列里,让 Flink/Storm/Spark Streaming 等流式框架去消费日志消息,然后又可以做很多准实时计算的处理,处理方式根据应用场景有多种,一种可以用这些实时数据做实时的流算法,例如我们在推荐里用它来做实时的协同过滤。什么叫实时的协同过滤呢? 例如 ItemBase,我算一个商品和哪些商品相似的推荐列表,一般是一天算一次,但这样的推荐结果可能不太新鲜,推荐结果不怎么变化,用户当天新的行为没有融合进来,但用这种实时数据就可以做到,把最新的用户行为融合进来,反馈用户最新的喜好及兴趣,那么每个商品的推荐结果是秒级别的,并在时刻变化着,这样便可以满足用户一个新鲜感。这就是实时协同过滤要做的工作;另外一种可以对数据做实时统计处理,例如网站的实时 PV、UV 等,除此以外还可以做很多其他的处理,如实时用户画像等,这要看你要让你的应用场景来做什么。

2) 大数据平台、数据仓库分层设计、处理

(1) Hadoop 基本上是各大公司大数据部门的标配,Hive 基本上是作为 Hadoop 的 HDFS 之上的数据仓库,根据不同的业务创建不同的业务表,如果是数据一般是分层地设

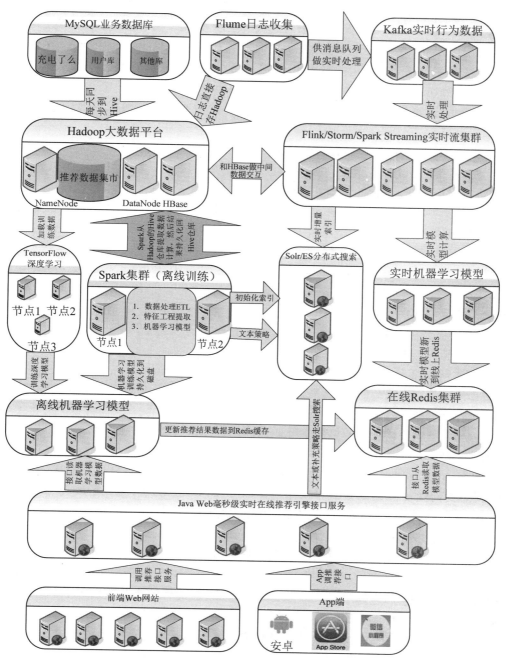

图 2.1 推荐系统架构图

计,例如可以分为 ods 层、mid 中间层、temp 临时层和数据集市层。

ods 层:操作数据存储(Operational Data Store,ODS)用来存放原始基础数据,例如维表、事实表可划分为四级：一级为原始数据层；二级为项目名称（kc 代表视频课程类项目，read 代表阅读类文章）；三级为表类型（dim 代表维度表，fact 代表事实表）；四级为表名。

mid 层：从 ods 层中 join 多表或某一段时间内的小表计算生成的中间表，在后续的集市层中频繁使用。用来一次生成多次使用，避免每次关联多个表重复计算。

temp 临时层：临时生成的数据统一放在这一层。系统默认有一个/tmp 目录，不要放在这一目录里，这个目录的很多数据是由 Hive 自己存放在这一临时层，我们不要跟它混放在一起。

数据集市层：存放搜索项目数据，集市数据一般是由中间层和 ods 层关联表计算所得，或使用 Spark 程序处理开发算出来的数据。例如用户画像集市、推荐集市和搜索集市等。

（2）Hadoop 这一平台的运维及监控往往由专门的大数据平台工程师负责，当然公司小的时候由大数据处理工程师兼任。毕竟当集群不是很大的时候，一旦集群运行稳定，后面单独维护和调优集群的工作量会比较小，除非是比较大的公司才需要专门的人员做运维、调优和源码的二次开发等。

（3）后面不管是基于 Spark 做机器学习，还是基于 Python 机器学习，还是基于 TensorFlow 深度学习都需要多数据做处理，这个处理可以是用 Hive 的 SQL 语句或者 Spark SQL 语句，也可以自己写 Hadoop 的 MR 代码、Spark 的 Scala 代码或 Python 代码等。总体来说，能用 SQL 完成处理的工作尽量用 SQL 来完成，实在实现不了，那就自己写代码。总之节省工作量优先考虑。

3）离线算法部分

推荐算法是一个综合的，是由多种算法有机有序地组合在一起才能发挥最好的推荐效果，不同算法可以根据场景来选择哪个算法框架，框架实现不了的，我们再自己造轮子，造算法。多数场景下是使用现成的机器学习框架，调用它们的 API 来完成算法的功能。主流的分布式框架有 Mahout、Spark、TensorFlow 和 xgboost 等。

（1）Mahout 是基于 Hadoop 的 MapReduce 计算来运算的，是最早和最成熟的分布式算法，例如我们做协同过滤算法可以用的 Itembase 的 CF 算法，用到的类是 org. apache. mahout. cf. taste. hadoop. similarity. item. ItemSimilarityJob，这个类是根据商品来推荐相似的商品集合，还有一个类是根据用户来推荐感兴趣的商品的。

（2）Spark 集群可以单独部署来运算，就是用 Standalone 模式，也可以用 Spark On Yarn 的方式，如果你有 Hadoop 集群，推荐还是用 Yarn 来管理，这样方便系统资源的统一调度和分配。Spark 的机器学习 MLlib 算法非常丰富，前面的章节我们讲了一个热门的算法，那么用在推荐系统里面的还有 Spark 的 ALS 协同过滤，做推荐列表的二次重排序算法的逻辑回归、随机森林、GBDT 等。这些机器学习模型一般都是每天训练一次，不是线上网站实时调取的，所以叫作离线算法。与此相对应的用 Flink/Storm/Spark Streaming 实时流集群可以做到秒级别的算法模型更新，那个叫准实时算法。在线 Web 服务引擎需要毫秒级别的快速实时响应，可以叫作实时算法引擎。

（3）深度学习离线模型对于推荐系统来讲可以用 MLP 来做二次重排序,如果对线上实时预测性能要求不高,可以替代逻辑回归、随机森林等,因为它做一次预测就需要 100 毫秒左右,相对比较慢。

（4）对于 Solr 或者 ES 这样的分布式搜索引擎,第一次可以用 Spark 来批量地创建索引。

（5）对于简单的文本算法,例如通过一篇文章去找相似文章,就可以拿文章的标题作为关键词从 Solr 或 ES 里搜索并找到前几个相似文章。再复杂一点,也可以拿标题和文章的正文以不同权重的方式去搜索。更复杂一点,可以自己写一个自定义函数,例如算标题、内容等的余弦相似度,或者在电商里面根据销量、相关度、新品等做一个自定义的综合相似打分等。

（6）离线计算的推荐结果可以更新到线上 Redis 缓存里,在线 Web 服务可以实时从 Redis 获取推荐结果数据,并进行实时推荐。

4）准实时算法部分——Flink/Storm/Spark Streaming 实时流集群

（1）Flink/Storm/Spark Streaming 实时消费用户行为数据,可以用来做秒级别的协同过滤算法,可以让推荐结果根据用户最近的行为偏好变化而实时更新模型,提高用户的新鲜感。计算的中间过程可以与 HBase 数据库交互。当然一些简单的当天实时 PV、UV 统计也可以用这些框架来处理。

（2）准实时计算的推荐结果可以实时更新线上 Redis 缓存,在线 Web 服务可以实时从 Redis 获取推荐结果数据。

5）在线 Java Web 推荐引擎接口服务

（1）在线 Java Web 推荐引擎接口预测服务,实时从 Redis 中获取用户最近的文章点击、收藏和分享等行为,不同行为以不同权重,加上时间衰竭因子,每个用户得到一个带权重的用户兴趣种子文章集合,然后用这些种子文章去关联 Redis 缓存计算好的 item 文章-to-文章数据,进行文章的融合得到一个候选文章集合,这个集合再用随机森林和神经网络对这些候选文章做 Rerank 二次排序得到最终的用户推荐列表并实时推荐给用户。当推荐列表数据不够或没有使用 Solr 搜索引擎时需要补够数据。

（2）App 客户端、网站可以直接调用在线 Java Web 推荐引擎接口预测服务来进行实时推荐并展示推荐结果。

从以上架构中我们能够看出来,一个完整的推荐系统涉及的技术框架非常多,从大数据平台 Hadoop 及生态圈 Hive、HBase,到 Mahout、Spark 分布式机器学习,再到深度学习训练模型,这些都属于离线计算框架,从离线计算框架到准实时计算 Flink/Storm/Spark Streaming,最后到上游的实时 Web 推荐引擎,加上高并发的缓存处理模块 Redis。基本上横贯了绝大多数大数据框架、机器学习、深度学习和业务 Web 系统开发,这对架构师来说是一个极大的挑战,不但知识面要广,而且也要有深度并理解到位。除了推荐系统,和它紧密相关的搜索引擎也是一个应用非常广的人工智能应用系统,在各大公司一般会设立一个搜索组来专门做这块,搜索可以分为传统搜索和个性化搜索。传统搜索可以简单理解为输入相同的关键词,每个用户看到的搜索结果是一样的。个性化搜索与此不同,每个用户看到的搜索结果是不一样的,个性化搜索会根据每个人的用户画像智能地匹配个性化的搜索结果。下面我们来看下个性化搜索的架构。

2. 个性化搜索

个性化搜索在目前的发展阶段不是要替换掉传统搜索,而是对传统搜索的一个补充。我们先看下它的架构,如图 2.2 所示。

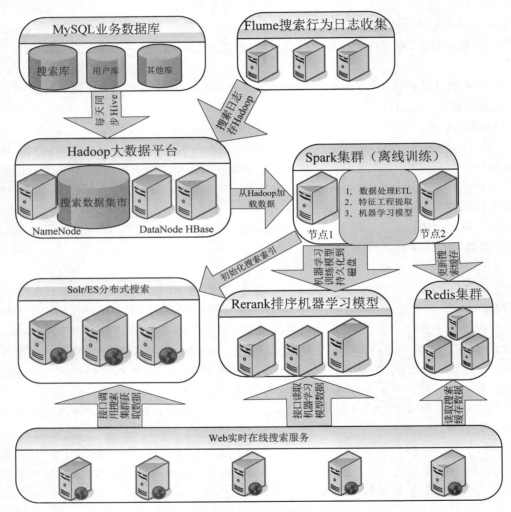

图 2.2 个性化搜索架构图

个性化搜索和个性化推荐是比较类似的,这个架构图包含了各个子系统或模块的协调配合、相互调用关系,从部门的组织架构上看,目前搜索一般独立成组,有的是在搜索推荐部门里面,实际上比较合理的安排、搜索应该是分配在大数据部门更好一些,因为依托于大数据部门的大数据平台和人工智能优势可以使搜索效果再上一个新的台阶。下面我们根据架构图从上到下来详细地讲一下整个架构流程的细节。

1）搜索数据仓库搭建、数据抽取部分

（1）和搜索相关的 MySQL 业务数据库每天将增量数据抽取到 Hadoop 平台，当然第一次需要全量地来做初始化，数据转化工具可以用 Sqoop，它可以分布式地批量导入数据到 Hadoop 的 Hive 里。

（2）收集和搜索相关的 Flume 分布式日志，可以从各个 Web 服务器实时收集，例如搜索用户行为、埋点数据等，可以指定 source 和 sink 并直接把数据传输到 Hadoop 平台。

2）大数据平台、搜索数据集市分层设计、处理

在大数据平台建设搜索相关的数据集市，分层设计，这与推荐大致相同。

3）离线算法部分

（1）基于 Spark 分布式平台来创建搜索的索引数据库，后续的增量索引一般靠消息队列的方式异步准实时更新。

（2）Spark 从 Hadoop 加载用户画像及商品画像的特征数据来训练基于分类模型的 Rerank 二次重排序算法模型，以此来预测被搜索的候选商品被点击的概率，因为特征工程里加入了用户个性化的特征工程，所以搜索整体排序呈现个性化的特点。如果想增加个性化的程度，可以适当把搜索的候选集合扩大一些。

（3）离线计算的部分结果可以更新到线上 Redis 缓存里，在线 Web 服务可以实时从 Redis 获取推荐结果数据，进行实时推荐。

4）在线 Web 搜索接口服务

（1）在线 Web 搜索接口服务先从 Solr/ES 搜索集群里面获取和关键词相关的搜索结果作为候选集合，然后从 Web 项目初始化加载好的 Rerank 二次重排序模型进行实时点击率预测，对搜索结果进行重排序，截取指定的前面的搜索结果进行展示。这个过程会读取一部分 Redis 缓存数据。

（2）App 客户端、网站可以直接调用在线 Web 搜索接口服务进行实时展示搜索结果。由于个性化搜索比普通搜索处理更复杂，所以在性能上会有所下降，但整体在可接受的范围内，一般可以单独开个搜索区域进行展示，不替换之前的传统搜索。

从架构中看，一个完整的个性化搜索涉及的技术框架也非常多，其中个性化的因素也涉及了用户画像系统，用户画像系统不仅仅可以用在推荐、搜索中，它是一个公司级别的通用系统，运营推广决策都会用到它。和其他部门的系统如何对接，同时适应多种应用场景就需要我们架构设计一个合理的系统，下面我们看一下用户画像系统架构。

3. 用户画像系统

我们先看一下它的架构，如图 2.3 所示。用户画像是一个非常通用并被普遍使用的系统，从我们的架构图中可以看出，从数据计算时效性上来讲可分为离线计算和实时计算。离线计算一般是每天晚上全量计算所有用户，或者按需把发生变化的那批用户的数据重新计算。离线计算主要是使用 Hive SQL 语句处理、Spark 数据处理，或者基于机器学习算法来

计算用户忠诚度模型、用户价值模型和用户心理模型等。实时计算指定的通过 Flume 实时日志收集用户行为数据并传输到 Kafka 消息队列,让流计算框架 Flink/Storm/Spark Streaming 等去实时处理用户数据,并触发实时计算模型,计算完成后把新增的用户画像数据更新到搜索索引。当个性化推荐、运营推广需要获取某个或某些用户画像数据的时候可以直接以毫秒级别从搜索索引里搜索出结果,并快速返回给调用方数据。这是从计算架构方面大概分了两条线:离线处理和实时处理。下面我们从上到下详细讲解每个架构模块。

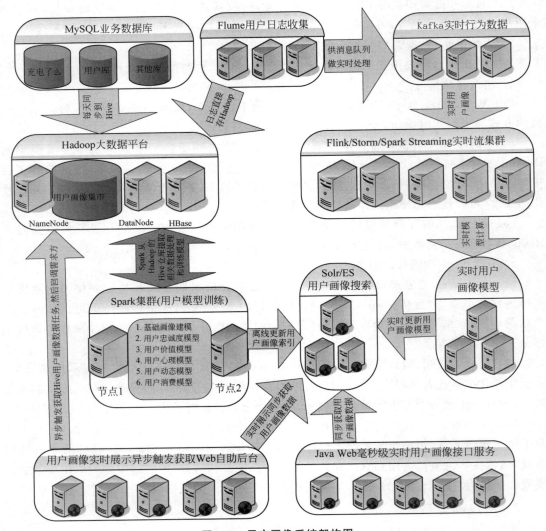

图 2.3　用户画像系统架构图

1)用户画像数据仓库搭建、数据抽取部分

(1)将和用户画像相关的 MySQL 业务数据库每天增量数据抽取到 Hadoop 平台,当然第一次需要全量地来做初始化,数据转化工具可以用 Sqoop,它可以分布式地批量导入数据到 Hadoop 的 Hive 里。

(2)收集和用户画像相关的 Flume 分布式日志,可以从各个 Web 服务器实时收集,例如用户行为、埋点数据等,可以指定 source 和 sink 并直接把数据传输到 Hadoop 平台。

2)大数据平台、用户画像集市分层设计、处理

在大数据平台建设用户画像相关的数据集市,分层设计,这与推荐、搜索相似。

3)离线计算部分

(1)Hive SQL 可以对一部分用户数据进行计算,得到一部分用户画像属性,如果是特别复杂的用户属性,例如需要用到机器学习的用户属性,我们可以用下面的 Spark 平台来处理。

(2)Spark 从 Hadoop 平台加载用户数据,一方面可以进行一部分数据处理,另一方面可以用机器学习模型来计算一些复杂的用户属性,例如用户忠诚度模型、用户价值模型、用户心理模型等,当然这些模型也不一定用机器学习来计算,用规则实现也是可以的。

(3)不管是用 Hive SQL 计算,还是用 Spark 来处理,最终的用户模型结果多会在 Hadoop 的 Hive 仓库保存一份,然后会单独写一个 Spark 任务把这个用户画像模型加载并更新到 Solr 或 ES 搜索索引里,供线上接口实时调用获取。另外,Hadoop 上面保存的这份 Hive 用户画像表的数据也会根据公司的其他部门的需求定制,按需异步地执行 Hive SQL,然后落地到本地文件,最后分发到需求方的服务器上,或者返回落地文件访问地址,让其他部门主动 wget 这个文件数据。

4)实时计算部分

(1)Flume 实时日志收集用户行为数据并传输到 Kafka 消息队列,让流计算框架 Flink/Storm/Spark Streaming 等去实时处理用户数据,并触发实时计算模型,计算完成后把新增的用户画像数据更新到搜索索引。实时计算是按需计算,哪个用户行为有变化才会触发计算,没有变化的用户行为数据不会被收集到消息队列里,自然也不会触发实时计算。

(2)如果有需要,当实时计算完成后,除了更新到 Solr 或 ES 索引,也可以更新到 HBase 里面,然后建一个 Hive 到 HBase 的映射表,这样就可以对 HBase 里的实时用户画像数据做统计分析。当然也可以使用 HBase Shell 脚本,但没有 Hive SQL 方便灵活。

5)Solr/ES 搜索引擎部分

这是毫秒级提供实时用户画像数据的核心,不但可以根据用户 ID 来查询,而且可以根据任意的定制查询字段来精确地筛选。另外,因为是搜索引擎,自然可以通过关键词来做一些模糊的相关度搜索。

6)Java Web 毫秒级实时用户画像接口服务

(1)因为我们用的 Solr/ES 搜索引擎是用 Java 开发的,所以建议 Web 接口也使用 Java 来做。

(2)这个 Web 接口是实时提供给需求方的,例如推荐接口获取某个用户画像的数据可以直接根据用户 ID 就能在几毫秒内把对应的用户画像数据实时返回。当然也可以根据其

他筛选条件或指定关键词搜索获取 topN 前面几个用户画像数据,注意这种方式不是把符合筛选条件的所有用户数据返回,一般只是返回前几十或几百个,最多一般一次返回几千个。如果太多,一个缺点是速度慢,另一个缺点是可能会把 Web 服务器,例如 Tomcat 宕机。

7)用户画像实时展示异步触发获取 Web 自助后台

(1)为什么说这是个 Web 自助后台呢?一般是这样的应用场景,运营团队要筛选一部分用户做广告投放,这个时候通过 Web 后台指定筛选条件,点击异步获取,然后这个异步获取会触发后台异步指定 Hive SQL 或者其他 Spark 处理程序、Spark SQL 等从用户画像集市里查询出对应的所有用户集合,这个用户集合会比较大,不是几千条,一般是几十万、几百万条量级,然后落地生成文件。异步计算完成后会返回一个文件地址,自助人员就可以把这个文件下载下来做后续的其他处理。

(2)什么叫实时展示异步触发呢?实时展示指的是筛选的那部分用户可以先实时调用搜索结果,先看一下前面一些样本数据如何,能返回多少个用户,这次推广能有多少用户触达筛选条件,因为调用搜索接口是毫秒级地在页面上分页展示数据,很快能看到大概的效果。如果是异步获取数据,一般计算时间会很长,比如最少几分钟、甚至几小时等。执行了这么久,不是自己想要的数据就白等待了,所以实时展示是快速验证所获取的数据是不是自己想要的数据,确定是自己所要的数据后再去异步大批量地获取数据。

用户画像系统架构基本上是这个架构,每个公司大同小异。用户画像系统是一个通用和核心的系统,如果在公司有预算的情况下,一般安排一个用户画像小组专门负责这部分的研发。

从上面几个系统的架构能看出,基于大数据的分布式人工智能应用系统,一般需要掌握核心的 Hadoop、Hive、HBase、Spark 等大数据平台和框架,分布式机器学习也是以它们为基础的,所以下面的章节专门讲解大数据基础核心框架。

## 第 3 章

大数据基础

分布式机器学习为什么需求大数据呢？一方面随着海量用户数据的积累,单机运算已经不能满足需求。基于海量数据,机器学习训练之前需要做数据预处理、特征工程等,需要在大数据平台上进行；另一方面是机器学习训练过程的中间结果集可能会数据膨胀,依然需要大数据平台来承载,也就是说为了高性能的数据处理、分布式计算等,分布式机器学习是以大数据平台为基础的,所以下面我们来讲一下常用的大数据技术。

本书源代码下载

3.1 Hadoop 大数据平台搭建

Hadoop 是一种分析和处理大数据的软件平台,是一个用 Java 语言实现的 Apache 开源软件框架,在大量计算机组成的集群中实现了对海量数据的分布式计算。Hadoop 是大数据平台的标配,不管哪个公司的大数据部门,基本以 Hadoop 为核心。下面我们详细讲解 Hadoop 的原理和常用的一些操作命令。

3.1.1 Hadoop 原理和功能介绍

Hadoop 是一个由 Apache 基金会开发的分布式系统基础架构。用户可以在不了解分布式底层细节的情况下开发分布式程序。充分利用集群的威力进行高速运算和存储。

Hadoop 实现了一个分布式文件系统(Hadoop Distributed File System,HDFS)。HDFS 有高容错性的特点,并且被设计并部署在低廉的(low-cost)硬件上,而且它提供高吞吐量(high throughput)来访问应用程序的数据,适合那些有着超大数据集(large data set)的应用程序。HDFS 放宽了 POSIX(relax)的要求,可以以流的形式访问(streaming access)文件系统中的数据。

Hadoop 最核心的框架设计有三大块：HDFS 分布式存储、MapReduce 计算引擎、Yarn 资源调度和管理。针对 Hadoop 这三大块核心,我们详细来讲一下。

1. HDFS 架构原理

HDFS 全称 Hadoop 分布式文件系统,其最主要的作用是作为 Hadoop 生态中各系统的存储服务。HDFS 为海量的数据提供了存储,可以认为它是一个分布式数据库,用来存储数据。HDFS 主要包含了 6 个服务:

1) NameNode

负责管理文件系统的 NameSpace 及客户端对文件的访问,NameNode 在 Hadoop 2 可以有多个,在 Hadoop 1 只能有一个,存在单点故障。HDFS 中的 NameNode 称为元数据节点,DataNode 称为数据节点。NameNode 维护了文件与数据块的映射表及数据块与数据节点的映射表,而真正的数据存储在 DataNode 上。NameNode 的功能如下:

(1) 维护和管理 DataNode 的主守护进程。

(2) 记录存储在集群中的所有文件的元数据,例如 Block 的位置、文件大小、权限和层次结构等,有两个文件与元数据关联。

(3) FsImage:包含自 NameNode 开始以来文件的 NameSpace 的完整状态。

(4) EditLogs:包含最近对文件系统进行的与最新 FsImage 相关的所有修改。它记录了发生在文件系统元数据上的每个更改。例如,如果一个文件在 HDFS 中被删除,那么 NameNode 就会立即在 EditLog 中记录这个操作。

(5) 定期从集群中的所有 DataNode 接收心跳信息和 Block 报告,以确保 DataNode 处于活动状态。

(6) 保留了 HDFS 中所有 Block 的记录及这些 Block 所在的节点。

(7) 负责管理所有 Block 的复制。

(8) 在 DataNode 失败的情况下,NameNode 会为副本选择新的 DataNode,平衡磁盘使用并管理到 DataNode 的通信流量。

(9) DataNode 则是 HDFS 中的从节点,与 NameNode 不同的是,DataNode 是一种商品硬件,它并不具有高质量或高可用性。DataNode 是一个将数据存储在本地文件 ext3 或 ext4 中的 Block 服务器。

2) DataNode

用于管理它所在节点上的数据存储:

(1) 这些是从属守护进行或在每台从属机器上运行的进程。

(2) 实际的数据存储在 DataNode 上。

(3) 执行文件系统客户端底层的读写请求。

(4) 定期向 NameNode 发送心跳报告及 HDFS 的整体健康状况,默认频率为 3 秒/次。

(5) 数据块(Block):通常在任何文件系统中,都将数据存储为 Block 集合。Block 是硬盘上存储数据的最不连续的位置。在 Hadoop 集群中,每个 Block 的默认大小为 128M(此处指 Hadoop 2. x 版本,Hadoop 1. x 版本为 64M),我们也可以通过如下配置 Block 的大小: dfs. block. size 或 dfs. blocksize=64M。

(6) 数据复制:HDFS 提供了一种将大数据作为数据块存储在分布式环境中的可靠方

法,即将这些 Block 复制以容错。默认的复制因子是 3,我们也可以通过如下配置并复制因子:

fs. replication＝3,每个 Block 被复制 3 次存储在不同的 DataNode 中。

3) FailoverController

故障切换控制器,负责监控与切换 NameNode 服务。

4) JournalNode

用于存储 EditLog;记录文件和数映射关系,操作记录,恢复操作。

5) Balancer

用于平衡集群之间各节点的磁盘利用率。

6) HttpFS

提供 HTTP 方式访问 HDFS 的功能。总地看来,NameNode 和 DataNode 是 HDFS 的核心,也是客户端操作数据需要依赖的两个服务。

2. MapReduce 计算引擎

MapReduce 计算引擎发布过两个版本,Hadoop 1 版本的时候叫 MRv1,Hadoop 2 版本的时候叫 MRv2。MapReduce 则为海量的数据提供了计算引擎,用里面的数据做运算,运算快。一声令下,多台机器团结合作进行运算,每台机器分一部分任务,同时并行运算。等所有机器分配的任务运算完,汇总报道,总任务全部完成。

1) MapReduce 1 架构原理

在 Hadoop 1. x 的时代,其核心是 JobTracker。

JobTracker:主要负责资源监控管理和作业调度。

(1) 监控所有 TaskTracker 与 Job 的健康状况,一旦发现失败就将相应的任务转移到其他节点。

(2) 与此同时,JobTracker 会跟踪任务的执行进度、资源使用量等信息,并将这些信息报告给任务调度器,而任务调度器会在资源出现空闲时选择合适的任务使用这些资源。

TaskTracker:JobTracker 与 Task 之间的桥梁。

(1) 从 JobTracker 接收并执行各种命令:运行任务、提交任务、Kill 任务和重新初始化任务。

(2) 周期性地通过心跳机制,将节点健康情况和资源使用情况、各个任务的进度和状态等汇报给 JobTracker。

MapReduce 1 框架的主要局限:

(1) JobTracker 是 MapReduce 的集中处理点,存在单点故障,可靠性差。

(2) JobTracker 完成了太多的任务,造成了过多的资源消耗,当 MapReduce Job 非常多的时候,会造成很大的内存开销,这也增加了 JobTracker 失效的风险,这便是业界普遍总结出旧版本 Hadoop 的 MapReduce 只能支持上限为 4000 节点的主机,扩展性能差。

(3) 可预测的延迟:这是用户非常关心的。小作业应该尽可能快地被调度,而当前基于 TaskTracker→JobTracker ping(heart beat)的通信方式代价和延迟过大,比较好的方式是 JobTracker → TaskTracker ping,这样 JobTracker 可以 主动扫描有作业运行的

TaskTracker。

2）MapReduce 2 架构原理

Hadoop 2 版本之后有 Yarn，而 Hadoop 1 版本的时候还没有 Yarn。MapReduce 2 用 Yarn 来管理，下面我们来讲一下 Yarn 资源调度。

3. Yarn 资源调度和管理

1）ResourceManager

ResourceManager（RM）是资源调度器，包含两个主要的组件：定时调用器（Scheduler）及应用管理器（ApplicationManager，AM）。

（1）定时调度器：根据容量、队列等限制条件，将系统中的资源分配给各个正在运行的应用。这里的调度器是一个"纯调度器"，因为它不再负责监控或者跟踪应用的执行状态等，此外，它也不再负责因应用执行失败或者硬件故障而需要重新启动的失败任务。调度器仅根据各个应用的资源需求进行调度，这是通过抽象概念"资源容器"完成的，资源容器（Resource Container）将内存、CPU、磁盘和网络等资源封装在一起，从而限定每个任务使用的资源量。总而言之，定时调度器负责向应用程序分配资源，它不做监控及应用程序的状态跟踪，并且它不保证由于应用程序本身或硬件出错而重新启动执行失败的应用程序。

（2）应用管理器：主要负责接收作业，协助获取第一个容器用于执行 AM 和提供重启失败的 AM container 服务。

2）NodeManager

NodeManager 简称 NM，是每个节点上的框架代理，主要负责启动应用所需的容器，监控资源（内存、CPU、磁盘和网络等）的使用情况并将之汇报给定时调度器。

3）ApplicationMaster

每个应用程序的 ApplicationMaster 负责从 Scheduler 申请资源，并跟踪这些资源的使用情况及监控任务进度。

4）Container

Container 是 Yarn 中资源的抽象，它将内存、CPU、磁盘和网络等资源封装在一起。当 AM 向 RM 申请资源时，RM 为 AM 返回的资源便是用 Container 表示的。

了解了 Hadoop 的原理和核心组件，我们讲解如何安装、部署和搭建分布式集群。

3.1.2　Hadoop 安装部署

Hadoop 拥有 Apache 社区版和第三方发行版 CDH，Apache 社区版的优点是完全开源并可免费使用社区活跃文档，其资料翔实。缺点是版本管理比较混乱，各种版本层出不穷，很难选择，并且在选择生态组件时需要大量考虑兼容性问题、版本匹配问题、组件冲突问题和编译问题等。集群的部署、安装及配置复杂，需要编写大量配置文件分发到每台节点，容易出错，效率低。集群运维复杂，需要安装第三方软件辅助。CDH 版是由第三方 Cloudera 公司基于社区版本做了一些优化和改进，稳定性更强一些。CDH 版分免费版和商业版。

CDH 版的安装可以使用 Cloudera Manager(CM)通过管理界面的方式来安装,非常简单。
Cloudera Manager 是 Cloudera 公司开发的一款大数据集群安装部署利器,这款利器具有集
群自动化安装、中心化管理、集群监控和报警等功能,使得安装集群从几天的时间缩短为几
小时以内,运维人员从数十人降低到几人之内,极大地提高了集群管理的效率。

　　不管是 CDH 版还是 Apache 社区版,我们都是使用 tar 包来手动部署,所有的环境需要
我们一步步来操作,Hadoop 的每个配置文件也需要我们手工配置,通过这种方式安装的优
势是比较灵活,集群服务器也不需要连外网,但这种方式对开发人员的要求比较高,对各种
开发环境和配置文件都需要了解清楚。不过这种方式更方便我们了解 Hadoop 的各个模块
和工作原理。

　　下面我们使用这种方式来手动地安装分布式集群,我们的例子是部署 5 台服务器,用两
个 NameNode 节点做 HA,5 个 DataNode 节点,两个 NameNode 节点也同时作为 DataNode
使用。一般当服务器数量不多的时候,为了尽量地充分利用服务器的资源,NameNode 节点
可以同时是 DataNode。

　　安装步骤如下:

1. 创建 Hadoop 用户

1) useradd hadoop

```
＃设密码
passwd hadoop
＃命令
usermod － g hadoop hadoop
```

2) vi/root/sudo

```
＃添加一行
hadoop ALL = (ALL) NOPASSWD:ALL
chmod u + w /etc/sudoers
```

3) 编辑/etc/sudoers 文件

```
＃也就是输入命令
vi /etc/sudoers
＃进入编辑模式,找到这一行
root ALL = (ALL) ALL
＃在它的下面添加
hadoop ALL = (ALL) NOPASSWD:ALL
＃这里的 hadoop 是你的用户名,然后保存并退出
```

4) 撤销文件的写权限

```
＃也就是输入命令
chmod u － w /etc/sudoers
```

2. 设置环境变量

```
# 编辑/etc/profile 文件
vim /etc/profile
```

输入以下配置,如代码 3.1 所示。

【代码 3.1】 环境变量

```
export JAVA_HOME = /home/hadoop/software/jdk1.8.0_121
export SPARK_HOME = /home/hadoop/software/spark21
export SCALA_HOME = /home/hadoop/software/scala - 2.11.8
export SQOOP_HOME = /home/hadoop/software/sqoop
export HADOOP_HOME = /home/hadoop/software/hadoop2
export PATH = $ PATH: $ HADOOP_HOME/bin
export PATH = $ PATH: $ HADOOP_HOME/sbin
export HADOOP_MAPARED_HOME = $ {HADOOP_HOME}
export HADOOP_COMMON_HOME = $ {HADOOP_HOME}
export HADOOP_HDFS_HOME = $ {HADOOP_HOME}
export YARN_HOME = $ {HADOOP_HOME}
export HADOOP_CONF_DIR = $ {HADOOP_HOME}/etc/hadoop
export HIVE_HOME = /home/hadoop/software/hadoop2/hive
export PATH = $ JAVA_HOME/bin: $ HIVE_HOME/bin: $ SQOOP_HOME/bin: $ PATH
export CLASSPATH = . : $ JAVA_HOME/lib/dt. jar: $ JAVA_HOME/lib/tools. jar
export PATH USER LOGNAME MAIL HOSTNAME HISTSIZE HISTCONTROL
export FLUME_HOME = /home/hadoop/software/flume
export PATH = $ PATH: $ FLUME_HOME/bin
export HBASE_HOME = /home/hadoop/software/hbase - 0.98.8 - hadoop2
export PATH = $ PATH: $ HBASE_HOME/bin
export SOLR_HOME = /home/hadoop/software/solrcloud/solr - 6.4.2
export PATH = $ PATH: $ SOLR_HOME/bin
export M2_HOME = /home/hadoop/software/apache - maven - 3.3.9
export PATH = $ PATH: $ M2_HOME/bin
export PATH = $ PATH:/home/hadoop/software/apache - storm - 1.1.0/bin
export OOZIE_HOME = /home/hadoop/software/oozie - 4.3.0
export SQOOP_HOME = /home/hadoop/software/sqoop - 1.4.6 - cdh5.5.2
export PATH = $ PATH: $ SQOOP_HOME/bin
# 按:wq 保存,保存后环境变量还没有生效,执行以下命令才会生效
source /etc/profile
# 然后修改 Hadoop 的安装目录为 Hadoop 用户所有
chown - R hadoop:hadoop /data1/software/hadoop
```

3. 设置 local 无密码登录

```
su - hadoop
cd ~/.ssh # 如果没有.ssh 则 mkdir ~/.ssh
ssh - keygen - t rsa
cd ~/.ssh
```

```
cat id_rsa.pub >> authorized_keys
sudo chmod 644 ~/.ssh/authorized_keys
sudo chmod 700 ~/.ssh
#然后重启 sshd 服务
sudo /etc/rc.d/init.d/sshd restart
```

有些情况下会遇到下面所示报错，可以用下面所示的方法来解决。
常见错误：

```
ssh - keygen - t rsa
Generating public/private rsa key pair.
Enter file in which to save the key (/home/hadoop/.ssh/id_rsa):
Could not create directory '/home/hadoop/.ssh'.
Enter passphrase (empty for no passphrase):
Enter same passphrase again:
open /home/hadoop/.ssh/id_rsa failed: Permission denied.
Saving the key failed: /home/hadoop/.ssh/id_rsa.
```

解决办法：

在 root 用户下操作 yum remove selinux *

4. 修改/etc/hosts 主机名和 IP 地址的映射文件

```
sudo vim /etc/hosts
#增加
172.172.0.11    data1
172.172.0.12    data2
172.172.0.13    data3
172.172.0.14    data4
172.172.0.15    data5
```

5. 设置远程无密码登录

使用 Hadoop 用户：

每台机器先本地无密钥部署一遍，因为我们搭建的是双 NameNode 节点，需要从这两个服务器上把 authorized_keys 文件复制到其他机器上，主要目的是使 NameNode 节点可以直接访问 DataNode 节点。

把双 NameNode HA 的 authorized_keys 复制到 slave 上。

从 NameNode1 节点上复制：

```
scp authorized_keys hadoop@data2:~/.ssh/authorized_keys_from_data1
scp authorized_keys hadoop@data3:~/.ssh/authorized_keys_from_data1
scp authorized_keys hadoop@data4:~/.ssh/authorized_keys_from_data1
scp authorized_keys hadoop@data5:~/.ssh/authorized_keys_from_data1
```

然后从 NameNode2 节点上复制：

```
scp authorized_keys hadoop@data1:~/.ssh/authorized_keys_from_data2
scp authorized_keys hadoop@data3:~/.ssh/authorized_keys_from_data2
scp authorized_keys hadoop@data4:~/.ssh/authorized_keys_from_data2
scp authorized_keys hadoop@data5:~/.ssh/authorized_keys_from_data2
```

6. 每台都关闭机器的防火墙

```
#关闭防火墙
sudo /etc/init.d/iptables stop
#关闭开机启动
sudo chkconfig iptables off
```

7. jdk 安装

因为 Hadoop 是基于 Java 开发的,所以我们需要安装 jdk 环境:

```
cd /home/hadoop/software/
#上传
rz jdk1.8.0_121.gz
tar xvzf jdk1.8.0_121.gz
```

然后修改环境变量并指定到这个 jdk 目录就算安装完成了:

```
vim /etc/profile
export JAVA_HOME = /home/hadoop/software/jdk1.8.0_121
source /etc/profile
```

8. Hadoop 安装

Hadoop 安装就是将一个 tar 包放上去并解压缩后再进行各个文件的配置。

```
#上传 hadoop - 2.6.0 - cdh5.tar.gz 到/home/hadoop/software/
tar xvzf hadoop - 2.6.0 - cdh5.tar.gz
mv hadoop - 2.6.0 - cdh5 hadoop2
cd /home/hadoop/software/hadoop2/etc/hadoop


vi hadoop - env.sh
#修改 JAVA_HOME 值
export JAVA_HOME = /home/hadoop/software/jdk1.8.0_121
vi yarn - env.sh
#修改 JAVA_HOME 值
export JAVA_HOME = /home/hadoop/software/jdk1.8.0_121
```

修改 Hadoop 的主从节点文件,slaves 是从节点,masters 是主节点。需要说明的是一个主节点也可以同时是从节点,也就是说这个节点可以同时是 NameNode 节点和 DataNode 节点。

```
vim slaves
```

添加这 5 台机器的节点：

```
data1
data2
data3
data4
data5
vim masters
```

添加两个 NameNode 节点：

```
data1
data2
```

下面来修改 Hadoop 的配置文件：

1）编辑 core-site. xml 文件

core-site. xml 文件用于定义系统级别的参数，如 HDFS URL、Hadoop 的临时目录等。这个文件主要是修改 fs. defaultFS 节点，改成 hdfs：//ai，ai 是双 NameNode HA 的虚拟域名，hadoop. tmp. dir 节点也非常重要，如果不配置，Hadoop 重启后可能会有问题。

然后就是配置 ZooKeeper 的地址 ha. zookeeper. quorum。

```
< configuration >
< property >
< name > fs. defaultFS </name >
< value > hdfs：//ai </value >
</property >
< property >
< name > ha. zookeeper. quorum </name >
< value > data1：2181,data2：2181,data3：2181,data4：2181,data5：2181 </value >
</property >
< property >
< name > dfs. cluster. administrators </name >
< value > hadoop </value >
</property >
< property >
< name > io. file. buffer. size </name >
< value > 131072 </value >
</property >
< property >
< name > hadoop. tmp. dir </name >
< value >/home/hadoop/software/hadoop/tmp </value >
< description > Abase for other temporary directories. </description >
</property >
< property >
< name > hadoop. proxyuser. hduser. hosts </name >
< value > * </value >
```

```
</property>
<property>
<name>hadoop.proxyuser.hduser.groups</name>
<value>*</value>
</property>
</configuration>
```

2）编辑 hdfs-site.xml 文件

hdfs-site.xml 文件用来配置名称节点和数据节点的存放位置、文件副本的个数和文件的读取权限等。

dfs.nameservices 设置双 NameNode HA 的虚拟域名。

dfs.ha.namenodes.ai 指定两个节点名称。

dfs.namenode.rpc-address.ai.nn1 指定 HDFS 访问节点 1。

dfs.namenode.rpc-address.ai.nn2 指定 HDFS 访问节点 2。

dfs.namenode.http-address.ai.nn1 指定 HDFS 的 Web 访问节点 1。

dfs.namenode.http-address.ai.nn2 指定 HDFS 的 Web 访问节点 2。

dfs.namenode.name.dir 定义 DFS 的名称节点在本地文件系统的位置。

dfs.datanode.data.dir 定义 DFS 数据节点存储数据块时存储在本地文件系统的位置。

dfs.replication 默认的块复制数量。

dfs.Webhdfs.enabled 设置是否通过 HTTP 协议读取 HDFS 文件，如果选是，则集群安全性较差。

```
vim hdfs-site.xml
<configuration>
<property>
<name>dfs.nameservices</name>
<value>ai</value>
</property>
<property>
<name>dfs.ha.namenodes.ai</name>
<value>nn1,nn2</value>
</property>
<property>
<name>dfs.namenode.rpc-address.ai.nn1</name>
<value>data1:9000</value>
</property>
<property>
<name>dfs.namenode.rpc-address.ai.nn2</name>
<value>data2:9000</value>
</property>
<property>
<name>dfs.namenode.http-address.ai.nn1</name>
<value>data1:50070</value>
```

```
  </property>
  <property>
    <name>dfs.namenode.http-address.ai.nn2</name>
    <value>data2:50070</value>
  </property>
  <property>
    <name>dfs.namenode.shared.edits.dir</name>
    <value>qjournal://data1:8485;data2:8485;data3:8485;data4:8485;data5:8485/aicluster
    </value>
  </property>
  <property>
    <name>dfs.client.failover.proxy.provider.ai</name>
    <value>org.apache.hadoop.hdfs.server.namenode.ha.ConfiguredFailoverProxyProvider</value>
  </property>
  <property>
    <name>dfs.ha.fencing.methods</name>
    <value>sshfence</value>
  </property>
  <property>
    <name>dfs.ha.fencing.ssh.private-key-files</name>
    <value>/home/hadoop/.ssh/id_rsa</value>
  </property>
  <property>
    <name>dfs.journalnode.edits.dir</name>
    <value>/home/hadoop/software/hadoop/journal/data</value>
  </property>
  <property>
    <name>dfs.ha.automatic-failover.enabled</name>
    <value>true</value>
  </property>
  <property>
    <name>dfs.namenode.name.dir</name>
    <value>file:/home/hadoop/software/hadoop/dfs/name</value>
  </property>
  <property>
    <name>dfs.datanode.data.dir</name>
    <value>file:/home/hadoop/software/hadoop/dfs/data</value>
  </property>
  <property>
    <name>dfs.replication</name>
    <value>3</value>
  </property>
  <property>
    <name>dfs.Webhdfs.enabled</name>
    <value>true</value>
  </property>
  <property>
```

```
< name > dfs. permissions </name >
< value > true </value >
</property >
< property >
< name > dfs. client. block. write. replace - datanode - on - failure. enable </name >
< value > true </value >
</property >
< property >
< name > dfs. client. block. write. replace - datanode - on - failure. policy </name >
< value > NEVER </value >
</property >
< property >
< name > dfs. datanode. max. xcievers </name >
< value > 4096 </value >
</property >
< property >
< name > dfs. datanode. balance. bandwidthPerSec </name >
< value > 104857600 </value >
</property >
< property >
< name > dfs. qjournal. write - txns. timeout. ms </name >
< value > 120000 </value >
</property >
</configuration >
```

3）编辑 mapred-site. xml 文件

主要修改 mapreduce. jobhistory. address 和 mapreduce. jobhistory. webapp. address 两个节点，配置历史服务器地址，通过历史服务器查看已经运行完的 MapReduce 作业记录，例如用了多少个 Map、用了多少个 Reduce、作业提交时间、作业启动时间和作业完成时间等信息。默认情况下，Hadoop 历史服务器是没有启动的，我们可以通过下面的命令来启动 Hadoop 历史服务器：

```
$ sbin/mr - jobhistory - daemon. sh start historyserver
```

这样就可以在相应机器的 19888 端口上打开历史服务器的 Web UI 界面，查看已经运行完成的作业情况。历史服务器可以单独在一台机器上启动，参数配置如下：

```
vim mapred - site. xml
    < configuration >
    < property >
        < name > mapreduce. framework. name </name >
        < value > yarn </value >
    </property >
    < property >
        < name > mapreduce. jobhistory. address </name >
        < value > data1 :10020 </value >
```

```
        </property>
        <property>
            <name>mapred.child.env</name>
            <value>LD_LIBRARY_PATH=/usr/lib64</value>
        </property>
        <property>
            <name>mapreduce.jobhistory.Webapp.address</name>
            <value>data1:19888</value>
        </property>
        <property>
            <name>mapred.child.Java.opts</name>
            <value>-Xmx3072m</value>
        </property>
        <property>
            <name>mapreduce.task.io.sort.mb</name>
            <value>1000</value>
        </property>
        <property>
            <name>mapreduce.jobtracker.expire.trackers.interval</name>
            <value>1600000</value>
        </property>
        <property>
            <name>mapreduce.tasktracker.healthchecker.script.timeout</name>
            <value>1500000</value>
        </property>
        <property>
            <name>mapreduce.task.timeout</name>
            <value>88800000</value>
        </property>
        <property>
            <name>mapreduce.map.memory.mb</name>
            <value>8192</value>
        </property>
        <property>
            <name>mapreduce.reduce.memory.mb</name>
            <value>8192</value>
        </property>
        <property>
        <name>mapreduce.reduce.Java.opts</name>
        <value>-Xmx6144m</value>
        </property>
</configuration>
```

4）编辑 yarn-site.xml 文件

主要对 Yarn 资源调度的配置，核心配置参数如下：

```
yarn.resourcemanager.address
```

　　参数解释：ResourceManager 对客户端暴露地址。客户端通过该地址向 RM 提交应用程序和杀死应用程序等。

　　默认值：$ {yarn.resourcemanager.hostname}:8032
yarn.resourcemanager.scheduler.address

　　参数解释：ResourceManager 对 ApplicationMaster 暴露访问地址。ApplicationMaster 通过该地址向 RM 申请资源、释放资源等。

　　默认值：$ {yarn.resourcemanager.hostname}:8030
yarn.resourcemanager.resource-tracker.address

　　参数解释：ResourceManager 对 NodeManager 暴露地址。NodeManager 通过该地址向 RM 汇报心跳和领取任务等。

　　默认值：$ {yarn.resourcemanager.hostname}:8031
yarn.resourcemanager.admin.address

　　参数解释：ResourceManager 对管理员暴露访问地址。管理员通过该地址向 RM 发送管理命令等。

　　默认值：$ {yarn.resourcemanager.hostname}:8033
yarn.resourcemanager.Webapp.address

　　参数解释：ResourceManager 对外暴露 Web UI 地址。用户可通过该地址在浏览器中查看集群各类信息。

　　默认值：$ {yarn.resourcemanager.hostname}:8088
yarn.resourcemanager.scheduler.class

　　参数解释：启用的资源调度器主类。目前可用的有 FIFO、Capacity Scheduler 和 Fair Scheduler。

　　默认值：
org.apache.hadoop.yarn.server.resourcemanager.scheduler.capacity.CapacityScheduler
yarn.resourcemanager.resource-tracker.client.thread-count

　　参数解释：处理来自 NodeManager 的 RPC 请求的 Handler 数目。

　　默认值：50
yarn.resourcemanager.scheduler.client.thread-count

　　参数解释：处理来自 ApplicationMaster 的 RPC 请求的 Handler 数目。

　　默认值：50
yarn.scheduler.minimum-allocation-mb/ yarn.scheduler.maximum-allocation-mb

　　参数解释：单个可申请的最小/最大内存资源量。例如设置为 1024 和 3072,则运行 MapReduce 作业时,每个 Task 最少可申请 1024MB 内存,最多可申请 3072MB 内存。

默认值:1024/8192

```
yarn.scheduler.minimum-allocation-vcores/yarn.scheduler.maximum-allocation-vcores
```

参数解释:单个可申请的最小/最大虚拟 CPU 个数。例如设置为 1 和 4,则运行 MapReduce 作业时,每个 Task 最少可申请 1 个虚拟 CPU,最多可申请 4 个虚拟 CPU。

默认值:1/32

```
yarn.resourcemanager.nodes.include-path/yarn.resourcemanager.nodes.exclude-path
```

参数解释:NodeManager 黑白名单。如果发现若干个 NodeManager 存在问题,例如故障率很高,任务运行失败率高,则可以将之加入黑名单中。注意,这两个配置参数可以动态生效。(调用一个 refresh 命令即可)

默认值:""

```
yarn.resourcemanager.nodemanagers.heartbeat-interval-ms
```

参数解释:NodeManager 心跳间隔。

默认值:1000(单位为毫秒)

一般需要修改的地方在下面的配置中加粗了。这个配置文件是 Yarn 资源调度器最核心的配置,下面的代码是一个实例配置。有一个需要注意的配置技巧,分配的内存和 CPU 一定要配套,需要根据你的服务器情况,计算最小分配内存来分配 CPU 等。如果这个计算不准确,可能会造成 Hadoop 进行任务资源分配的时候 CPU 资源用尽了,但内存还剩很多,但对于 Hadoop 来讲,只要 CPU 或内存有一个占满,后面的任务就不能再分配了,所以设置不好会造成 CPU 和内存资源的浪费。

另外一个需要注意的地方是将 yarn.nodemanager.webapp.address 节点复制到每台 Hadoop 服务器上后需记得把节点值的 IP 地址改成本机。如果这个地方忘了改,就可能会出现 NodeManager 启动不了的问题。

```
vim yarn-site.xml
<configuration>
<property>
<name>yarn.nodemanager.Webapp.address</name>
<value>172.172.0.11:8042</value>
</property>
<property>
<name>yarn.resourcemanager.resource-tracker.address</name>
<value>data1:8031</value>
</property>
<property>
<name>yarn.resourcemanager.scheduler.address</name>
<value>data1:8030</value>
</property>
<property>
<name>yarn.resourcemanager.scheduler.class</name>
```

```
< value > org. apache. hadoop. yarn. server. resourcemanager. scheduler. capacity. CapacityScheduler
</value >
</property >
< property >
< name > yarn. resourcemanager. address </name >
< value > data1:8032 </value >
</property >
< property >
< name > yarn. nodemanager. local - dirs </name >
< value > $ {hadoop. tmp. dir}/nodemanager/local </value >
</property >
< property >
< name > yarn. nodemanager. address </name >
< value > 0. 0. 0. 0:8034 </value >
</property >
< property >
< name > yarn. nodemanager. remote - app - log - dir </name >
< value > $ {hadoop. tmp. dir}/nodemanager/remote </value >
</property >
< property >
< name > yarn. nodemanager. log - dirs </name >
< value > $ {hadoop. tmp. dir}/nodemanager/logs </value >
</property >
< property >
< name > yarn. nodemanager. aux - services </name >
< value > mapreduce_shuffle </value >
</property >
< property >
< name > yarn. nodemanager. aux - services. mapreduce. shuffle. class </name >
< value > org. apache. hadoop. mapred. ShuffleHandler </value >
</property >
< property >
< name > mapred. job. queue. name </name >
< value > $ {user. name}</value >
</property >
< property >
< name > yarn. nodemanager. resource. memory - mb </name >
< value > 116888 </value >
</property >
< property >
< name > yarn. scheduler. minimum - allocation - mb </name >
< value > 5120 </value >
</property >
< property >
< name > yarn. scheduler. maximum - allocation - mb </name >
< value > 36688 </value >
</property >
```

```
< property >
< name > yarn. scheduler. maximum - allocation - vcores </name >
< value > 8 </value >
</property >
< property >
< name > yarn. nodemanager. resource. cpu - vcores </name >
< value > 50 </value >
</property >
< property >
< name > yarn. scheduler. minimum - allocation - vcores </name >
< value > 2 </value >
</property >
< property >
< name > yarn. nm. liveness - monitor. expiry - interval - ms </name >
< value > 700000 </value >
</property >
< property >
< name > yarn. nodemanager. health - checker. interval - ms </name >
< value > 800000 </value >
</property >
< property >
< name > yarn. nm. liveness - monitor. expiry - interval - ms </name >
< value > 900000 </value >
</property >
< property >
< name > yarn. resourcemanager. container. liveness - monitor. interval - ms </name >
< value > 666000 </value >
</property >
< property >
< name > yarn. nodemanager. localizer. cache. cleanup. interval - ms </name >
< value > 688000 </value >
</property >
</configuration >
```

5) 编辑 capacity-scheduler. xml 文件

在前面讲的 yarn-site. xml 配置文件中,我们配置的调度器是容量调度器,就是这个节点指定的配置 yarn. resourcemanager. scheduler. class,容量调度器是 Hadoop 默认的调度器,另外还有公平调度器,下面将分别讲解,看看它们有什么区别。

(1) 公平调度器

公平调度器的核心理念是随着时间的推移平均分配工作,这样每个作业都能平均地共享到资源。结果只需较少时间执行的作业能够较早访问 CPU,而那些需要较长时间执行的作业需要较长时间才能结束。这样的执行方式可以在 Hadoop 作业之间形成交互,而且可以让 Hadoop 集群对提交的多种类型作业做出更快的响应。公平调度器是由 Facebook 开发出来的。

Hadoop 的实现会创建一个作业组池,将作业放在其中供调度器选择。每个池会分配一组作业共享以平衡池中作业的资源(更多的共享意味着作业执行所需的资源更多)。默认情况下,所有池的共享资源相等,但可以进行配置,根据作业类型提供更多或更少的共享资源。如果需要的话,还可以限制同时活动的作业数,以尽量减少拥堵,让工作及时完成。

为了保证公平,每个用户被分配一个池。在这样的方式下,无论一个用户提交多少作业,他分配的集群资源都与其他用户一样多(与他提交的工作数无关)。无论分配到池的共享资源有多少,如果系统未加载,那么作业收到的共享资源不会被使用(在可用作业之间分配)。

调度器会追踪系统中每个作业的计算时间。调度器还会定期检查作业接收到的计算时间和在理想的调度器中应该收到的计算时间的差距,并会使用该结果来确定任务的亏空。调度器作业接着会保证亏空最多的任务最先执行。

在 mapred-site. xml 文件中配置公平共享。该文件会定义对公平调度器行为的管理。一个 xml 文件(即 mapred. fairscheduler. allocation. file 属性)定义了每个池的共享资源的分配。为了优化作业大小,我们可以设置 mapread. fairscheduler. sizebasedweight 将共享资源分配给作业作为其大小的函数。还有一个类似的属性可以通过调整作业的权重让更小的作业在 5 分钟之后运行得更快(mapred. fairscheduler. weightadjuster)。我们还可以用很多其他的属性来调优节点上的工作负载(例如某个 TaskTracker 能管理的 maps 和 reduces 数目)并确定是否执行抢占。

(2)容量调度器

容量调度器的原理与公平调度器有些相似,但也有一些区别。首先,容量调度器用于大型集群,它们有多个独立用户和目标应用程序。由于这个原因,容量调度器能提供更大的控制和能力,提供用户之间最小容量并保证在用户之间共享多余的容量。容量调度器是由 Yahoo! 开发出来的。

在容量调度器中,创建的是队列而不是池,每个队列的 map 和 reduce 插槽数都可以配置。每个队列都会分配一个有保证的容量(集群的总容量是每个队列容量之和)。

队列处于监控之下,如果某个队列未使用分配的容量,那么这些多余的容量会被临时分配到其他队列中。由于队列可以表示一个人或大型组织,那么所有的可用容量都可以由其他用户重新使用。

与公平调度器的另一个区别是可以调整队列中作业的优先级。一般来说,具有高优先级的作业访问资源比低优先级作业更快。Hadoop 路线图包含了对抢占的支持(临时替换出低优先级作业,让高优先级作业先执行),但该功能尚未实现。

还有一个区别是对队列进行严格的访问控制(假设队列绑定到一个人或组织)。这些访问控制是按照每个队列进行定义的。对于将作业提交到队列的能力和查看修改队列中作业的能力都有严格限制。

容量调度器可在多个 Hadoop 配置文件中配置。队列在 hadoop-site. xml 中定义,在 capacity-scheduler. xml 中配置,在 mapred-queue-acls. xml 中配置 ACL。单个的队列属性

包括容量百分比(集群中所有的队列容量少于或等于100)、最大容量(队列多余容量使用的限制)及队列是否支持优先级。更重要的是可以在运行时调整队列优先级,从而可以在集群的使用过程中改变或避免中断的情况。

我们的实例用的是容量调度器,看以下配置参数:

`mapred.capacity-scheduler.queue.<queue-name>.capacity`:

设置容量调度器中各个 queue 的容量,这里指的是占用集群的 slots 的百分比,需要注意的是,所有 queue 的配置项加起来必须小于或等于100,否则会导致 JobTracker 启动失败。

`mapred.capacity-scheduler.queue.<queue-name>.maximum-capacity`:

设置容量调度器中各个 queue 最大可以占有的容量,默认为−1,表示最大可以占有集群 100％的资源,这样和设置为 100 的效果是一样的。

`mapred.capacity-scheduler.queue.<queue-name>.minimum-user-limit-percent`:

当 queue 中多个用户出现 slots 竞争的时候,可以限制每个用户的 slots 资源的百分比。例如,当 minimum-user-limit-percent 设置为 25％时,如果 queue 中有多余的 4 个用户同时提交 job,那么容量调度器保证每个用户占有的 slots 不超过 queue 中 slots 数的 25％,默认为 100 表示不对用户作限制。

`mapred.capacity-scheduler.queue.<queue-name>.user-limit-factor`:

设置 queue 中用户可占用 queue 容量的系数,默认为 1,表示 queue 中每个用户最多只能占有 queue 的容量(即 mapred.capacity-scheduler.queue.<queue-name>.capacity),因此需要注意的是,如果 queue 中只有一个用户提交 job,且希望此用户在集群不繁忙的时候可扩展到 mapred.capacity-scheduler.queue.<queue-name>.maximum-capacity 指定的 slots 数,则必须相应地调大 user-limit-factor 系数。

`mapred.capacity-scheduler.queue.<queue-name>.supports-priority`:

设置容量调度器中各个 queue 是否支持 job 优先级,不用过多解释。

`mapred.capacity-scheduler.maximum-system-jobs`:

设置容量调度器中各个 queue 中全部可初始化后并发执行的 job 数,需要注意的是各个 queue 会按照自己占有集群 slots 资源的比例(即 mapred.capacity-scheduler.queue.<queue-name>.capacity)决定每个 queue 最多同时并发执行的 job 数。例如,假设 maximum-system-jobs 为 20 个,而 queue1 占集群 10％的资源,那么意味着 queue1 最多可同时并发运行 2 个 job,如果碰巧是运行时间比较长的 job,那么将直接导致其他新提交的 job 被 Job Tracker 阻塞而不能进行初始化。

`mapred.capacity-scheduler.queue.<queue-name>.maximum-initialized-active-tasks`:

设置 queue 中所有并发运行 job 包含的 task 数的上限值,如果超过此限制,则新提交到该 queue 中的 job 会被排队并缓存到磁盘上。

```
mapred.capacity-scheduler.queue.<queue-name>.maximum-initialized-active-tasks-per-user:
```

设置 queue 中每个特定用户并发运行 job 包含的 task 数的上限值,如果超过此限制,则该用户新提交到该 queue 中的 job 会被排队并缓存到磁盘上。

```
mapred.capacity-scheduler.queue.<queue-name>.init-accept-jobs-factor:
```

设置每个 queue 中可容纳接收的 job 总数(maximum-system-jobs×queue-capacity)的系数,举个例子,如果 maximum-system-jobs 为 20,queue-capacity 为 10%,init-accept-jobs-factor 为 10,则当 queue 中 job 总数达到 $10×(20×10\%)=20$ 时,新的 job 将被 JobTracker 拒绝提交。

下面的配置实例配置了 Hadoop 和 Spark 两个队列,Hadoop 队列分配了 92% 的资源,参见 yarn.scheduler.capacity.root.hadoop.capacity 配置,Spark 队列分配了 8% 的资源,参见 yarn.scheduler.capacity.root.spark.capacity 配置:

```
vim capacity-scheduler.xml
<configuration>
    <property>
        <name>yarn.scheduler.capacity.maximum-applications</name>
        <value>10000</value>
    </property>
    <property>
        <name>yarn.scheduler.capacity.maximum-am-resource-percent</name>
        <value>0.1</value>
    </property>
    <property>
        <name>yarn.scheduler.capacity.resource-calculator</name>
    <value>org.apache.hadoop.yarn.util.resource.DominantResourceCalculator</value>
    </property>
    <property>
        <name>yarn.scheduler.capacity.node-locality-delay</name>
        <value>-1</value>
    </property>
    <property>
        <name>yarn.scheduler.capacity.root.queues</name>
        <value>hadoop,spark</value>
    </property>
    <property>
    <name>yarn.scheduler.capacity.root.hadoop.capacity</name>
    <value>92</value>
    </property>
```

```
< property >
< name > yarn. scheduler. capacity. root. hadoop. user - limit - factor </name >
< value > 1 </value >
</property >
< property >< name > yarn. scheduler. capacity. root. hadoop. maximum - capacity </name >
< value > - 1 </value >
</property >
< property >< name > yarn. scheduler. capacity. root. hadoop. state </name >
< value > RUNNING </value >
</property >
< property >< name > yarn. scheduler. capacity. root. hadoop. acl_submit_applications </name >
< value > hadoop </value >
</property >
< property >
< name > yarn. scheduler. capacity. root. hadoop. acl_administer_queue </name >
< value > hadoop hadoop </value >
</property >
<! -- sparkquene -- >
< property >
< name > yarn. scheduler. capacity. root. spark. capacity </name >
< value > 8 </value >
</property >
< property >
< name > yarn. scheduler. capacity. root. spark. user - limit - factor </name >
< value > 1 </value >
</property >
< property >
< name > yarn. scheduler. capacity. root. spark. maximum - capacity </name >
< value > - 1 </value >
</property >
< property >
< name > yarn. scheduler. capacity. root. spark. state </name >
< value > RUNNING </value >
</property >
< property >
< name > yarn. scheduler. capacity. root. spark. acl_submit_applications </name >
< value > hadoop </value >
</property >
< property >
< name > yarn. scheduler. capacity. root. spark. acl_administer_queue </name >
< value > hadoop hadoop </value >
</property >
<! -- end -- >
</configuration >
```

以上把 Hadoop 的配置文件都配置好了,然后把这台服务器 Hadoop 的整个目录复制到其他机器上就可以了。记得有个地方需要修改,yarn-site. xml 里 yarn. nodemanager.

webapp. address 需将每台 Hadoop 服务器上的 IP 地址改成本机地址。如果这个地方忘了改，就可能出现 Node Manager 启动不了的问题。

```
scp - r /home/hadoop/software/hadoop2 hadoop@data2:/home/hadoop/software/
scp - r /home/hadoop/software/hadoop2 hadoop@data3:/home/hadoop/software/
scp - r /home/hadoop/software/hadoop2 hadoop@data4:/home/hadoop/software/
scp - r /home/hadoop/software/hadoop2 hadoop@data5:/home/hadoop/software/
```

另外还有个地方需要优化，默认情况下，如果 Hadoop 运行多个 reduce 可能会报错：

```
Failed on local exception: Java. io. IOException: Couldn't set up IO streams; Host Details : local
host
```

解决办法：集群所有节点增加如下配置：

```
# 在文件中增加
    sudo vi /etc/security/limits.conf
    hadoop soft nproc 100000
    hadoop hard nproc 100000
```

重启整个集群的每个节点，重启 Hadoop 集群即可。

到现在为止环境安装一切准备就绪，下面我们就开始对 Hadoop 的 HDFS 分布式文件系统格式化，就像我们买了新计算机后磁盘需要格式化才能用一样。由于我们的实例采用 NameNode HA 双节点模式，它是依靠 ZooKeeper 来实现的，所以我们现在需要先安装好 ZooKeeper 才行。在每台服务器上启动 ZooKeeper 服务：

```
/home/hadoop/software/zookeeper - 3.4.6/bin/zkServer. sh restart
```

在 NameNode1 上的 data1 服务器初始化 ZooKeeper：

```
hdfs zkfc - formatZK
```

分别在 5 台 Hadoop 集群上启动 journalnode 服务，执行命令：

```
hadoop - daemon. sh start journalnode
```

在 NameNode1 上的 data1 服务器格式化 HDFS：

```
hdfs namenode - format
```

然后启动这台机器上的 NameNode 节点服务：

```
hadoop - daemon. sh start namenode
```

在第二个 NameNode 上执行 data2：

```
hdfs namenode - bootstrapStandby
hadoop - daemon. sh start namenode
```

最后我们启动 Hadoop 集群：

start-all.sh

启动集群过程如下：

This script is Deprecated. Instead use start-dfs.sh and start-yarn.sh
Starting namenodes on [datanode1 datanode2]
datanode2: starting namenode, logging to /home/hadoop/software/hadoop2/logs/hadoop-hadoop-
namenode-datanode2.out
datanode1: starting namenode, logging to /home/hadoop/software/hadoop2/logs/hadoop-hadoop-
namenode-datanode1.out
datanode2: Java HotSpot(TM) 64-Bit Server VM warning: UseCMSCompactAtFullCollection is
deprecated and will likely be removed in a future release.
datanode2: Java HotSpot(TM) 64-Bit Server VM warning: CMSFullGCsBeforeCompaction is
deprecated and will likely be removed in a future release.
datanode1: Java HotSpot(TM) 64-Bit Server VM warning: UseCMSCompactAtFullCollection is
deprecated and will likely be removed in a future release.
datanode1: Java HotSpot(TM) 64-Bit Server VM warning: CMSFullGCsBeforeCompaction is
deprecated and will likely be removed in a future release.
172.172.0.12: starting datanode, logging to /home/hadoop/software/hadoop2/logs/hadoop-
hadoop-datanode-datanode2.out
172.172.0.11: starting datanode, logging to /home/hadoop/software/hadoop2/logs/hadoop-
hadoop-datanode-datanode1.out
172.172.0.14: starting datanode, logging to /home/hadoop/software/hadoop2/logs/hadoop-
hadoop-datanode-datanode4.out
172.172.0.13: starting datanode, logging to /home/hadoop/software/hadoop2/logs/hadoop-
hadoop-datanode-datanode3.out
172.172.0.15: starting datanode, logging to /home/hadoop/software/hadoop2/logs/hadoop-
hadoop-datanode-datanode5.out
Starting journal nodes [172.172.0.11 172.172.0.12 172.172.0.13 172.172.0.14 172.172.0.15]
172.172.0.14: starting journalnode, logging to /home/hadoop/software/hadoop2/logs/hadoop-
hadoop-journalnode-datanode4.out
172.172.0.11: starting journalnode, logging to /home/hadoop/software/hadoop2/logs/hadoop-
hadoop-journalnode-datanode1.out
172.172.0.13: starting journalnode, logging to /home/hadoop/software/hadoop2/logs/hadoop-
hadoop-journalnode-datanode3.out
172.172.0.15: starting journalnode, logging to /home/hadoop/software/hadoop2/logs/hadoop-
hadoop-journalnode-datanode5.out
172.172.0.12: starting journalnode, logging to /home/hadoop/software/hadoop2/logs/hadoop-
hadoop-journalnode-datanode2.out
Starting ZK Failover Controllers on NN hosts [datanode1 datanode2]
datanode1: starting zkfc, logging to /home/hadoop/software/hadoop2/logs/hadoop-hadoop-zkfc-
datanode1.out
datanode2: starting zkfc, logging to /home/hadoop/software/hadoop2/logs/hadoop-hadoop-zkfc-
datanode2.out
starting yarn daemons
starting resourcemanager, logging to /home/hadoop/software/hadoop2/logs/yarn-hadoop-
resourcemanager-datanode1.out

172.172.0.15: starting nodemanager, logging to /home/hadoop/software/hadoop2/logs/yarn－
hadoop－nodemanager－datanode5.out
172.172.0.14: starting nodemanager, logging to /home/hadoop/software/hadoop2/logs/yarn－
hadoop－nodemanager－datanode4.out
172.172.0.12: starting nodemanager, logging to /home/hadoop/software/hadoop2/logs/yarn－
hadoop－nodemanager－datanode2.out
172.172.0.13: starting nodemanager, logging to /home/hadoop/software/hadoop2/logs/yarn－
hadoop－nodemanager－datanode3.out
172.172.0.11: starting nodemanager, logging to /home/hadoop/software/hadoop2/logs/yarn－
hadoop－nodemanager－datanode1.out

如果是停止集群则用这个命令：stop-all.sh

停止集群过程如下：

This script is Deprecated. Instead use stop－dfs.sh and stop－yarn.sh
Stopping namenodes on [datanode1 datanode2]
datanode1: stopping namenode
datanode2: stopping namenode
172.172.0.12: stopping datanode
172.172.0.11: stopping datanode
172.172.0.15: stopping datanode
172.172.0.13: stopping datanode
172.172.0.14: stopping datanode
Stopping journal nodes [172.172.0.11 172.172.0.12 172.172.0.13 172.172.0.14 172.172.0.15]
172.172.0.11: stopping journalnode
172.172.0.13: stopping journalnode
172.172.0.12: stopping journalnode
172.172.0.15: stopping journalnode
172.172.0.14: stopping journalnode
Stopping ZK Failover Controllers on NN hosts [datanode1 datanode2]
datanode2: stopping zkfc
datanode1: stopping zkfc
stopping yarn daemons
stopping resourcemanager
172.172.0.13: stopping nodemanager
172.172.0.12: stopping nodemanager
172.172.0.15: stopping nodemanager
172.172.0.14: stopping nodemanager
172.172.0.11: stopping nodemanager
no proxyserver to stop

启动成功后在每个节点上会看到对应 Hadoop 进程，NameNode1 主节点上看到的进程如下：

5504 ResourceManager
4912 NameNode
5235 JournalNode
5028 DataNode

```
5415 DFSZKFailoverController
90 QuorumPeerMain
5628 NodeManager
```

ResourceManager 就是 Yarn 资源调度的进程。NameNode 是 HDFS 的 NameNode 主节点。JournalNode 是 JournalNode 节点。DataNode 是 HDFS 的 DataNode 从节点和数据节点。DFSZKFailoverController 是 Hadoop 中 HDFS NameNode HA 实现的中心组件，它负责整体的故障转移控制等。它是一个守护进程，通过 main（）方法启动，继承自 ZKFailoverController。QuorumPeerMain 是 ZooKeeper 的进程。NodeManager 是 Yarn 在每台服务器上的节点管理器，是运行在单个节点上的代理，它管理 Hadoop 集群中单个计算节点，功能包括与 ResourceManager 保持通信、管理 Container 的生命周期、监控每个 Container 的资源使用（内存、CPU 等）情况、追踪节点健康状况、管理日志和不同应用程序用到的附属服务等。

NameNode2 主节点 2 上的进程如下：

```
27232 NameNode
165 QuorumPeerMain
27526 DFSZKFailoverController
27408 JournalNode
27313 DataNode
27638 NodeManager
```

这样便会少很多进程，因为做主节点的 HA 也会有一个 NameNode 进程，如果没有，说明这个节点的 NameNode 挂了，我们需要重启它，并需要查看挂掉的原因。

下面是其中一台 DataNode 上的进程，却没有 NameNode 进程了：

```
114 QuorumPeerMain
17415 JournalNode
17320 DataNode
17517 NodeManager
```

我们除了能看到集群每个节点的进程，还能根据进程判断哪个集群节点有问题，但这样不是很方便，这需要我们每台服务器逐个来看。Hadoop 提供了 Web 界面，可以非常方便地查看集群的状况。一个是 Yarn 的 Web 界面，在 ResourceManager 进程所在的那台机器上访问，也就是 Yarn 的主进程，访问地址是 http://namenodeip：8088/，端口是 8088，当然这个是默认端，可以通过配置文件来改，不过一般不与其他端口冲突的话是不需要修改的；另一个是两个 NameNode 的 Web 界面，端口是 50070，能非常方便查看 HDFS 集群状态，包括总空间、使用空间和剩余空间，这样每台服务器节点情况便一目了然，访问地址是：http://namenodeip：50070/。我们来看一下这两个界面，Yarn 的 Web 界面如图 3.1 所示。NameNode 的 Web 界面如图 3.2 所示。

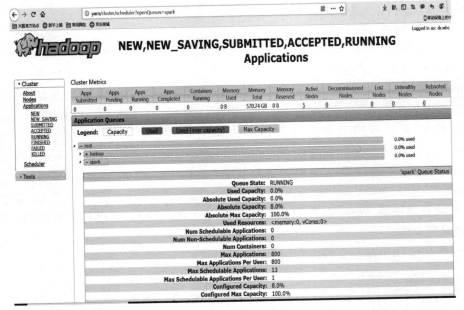

图 3.1　Yarn 的 Web 界面截图

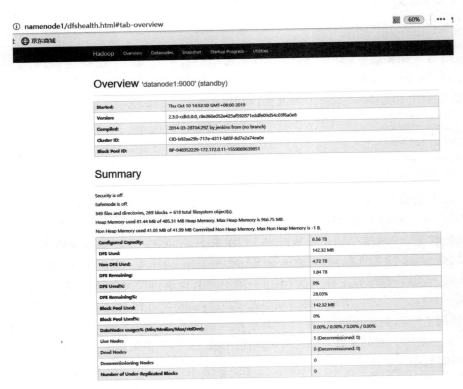

图 3.2　NameNode 的 Web 界面截图

3.1.3　Hadoop 常用操作命令

Hadoop 操作命令主要分 Hadoop 集群启动维护命令、HDFS 文件操作命令、Yarn 资源调度相关命令,我们来分别讲解一下。

1. Hadoop 集群启动维护

```
#整体启动 Hadoop 集群
start - all.sh
#整体停止 Hadoop 集群
stop - all.sh
#单独启动 NameNode 服务
hadoop - daemon.sh start namenode
#单独启动 DataNode 服务
hadoop - daemon.sh start datanode
#在某台机器上单独启动 NodeManager 服务
yarn - daemon.sh start nodemanager
#单独启动 HistoryServer
mr - jobhistory - daemon.sh start historyserver
```

2. HDFS 文件操作命令

操作使用 hadoop dfs 或者 hadoop fs 命令都可以,简化操作时间,建议使用 hadoop fs 命令。

1) 列出 HDFS 下的文件

```
hadoop fs - ls /
hadoop fs - ls /ods/kc/dim/ods_kc_dim_product_tab/
```

2) 查看文件的尾部的记录

```
hadoop fs - tail /ods/kc/dim/ods_kc_dim_product_tab/product.txt
```

3) 上传本地文件到 Hadoop 的 HDFS 上

```
hadoop fs - put product.txt /ods/kc/dim/ods_kc_dim_product_tab/
```

4) 把 Hadoop 上的文件下载到本地系统中

```
hadoop fs - get /ods/kc/dim/ods_kc_dim_product_tab/product.txt product.txt
```

5) 删除文件和删除目录

```
hadoop fs - rm /ods/kc/dim/ods_kc_dim_product_tab/product.txt
hadoop fs - rmr /ods/kc/dim/ods_kc_dim_product_tab/
```

6) 查看文件

```
#谨慎使用,尤其当文件内容太长时
hadoop fs - cat /ods/kc/dim/ods_kc_dim_product_tab/product.txt
```

7）建立目录

```
hadoop fs - mkdir /ods/kc/dim/ods_kc_dim_product_tab/(目录/目录名)
#只能一级一级地建目录,建完一级才能建下一级。如果 - mkdir - p价格, - p参数会自动把不存
#在的文件夹都创建上
```

8）本集群内复制文件

```
hadoop fs - cp 源路径
```

9）跨集群对拷,适合做集群数据迁移使用

```
hadoop distcp hdfs://master1/ods/ hdfs://master2/ods/
```

10）通过 Hadoop 命令把多个文件的内容合并起来

```
# hadoop fs - getmerge 位于 HDFS 中的原文件(里面有多个文件)合并后的文件名(本地)
```

例如：

```
hadoop fs - getmerge /ods/kc/dim/ods_kc_dim_product_tab/ * all.txt
```

3. Yarn 资源调度相关命令

1）application
使用语法：

```
yarn application [options]          #打印报告,申请和杀死任务
 - appStates < States >            # 与 - list 一起使用,可根据输入的逗号分隔应用程序状态列
                                    # 表来过滤应用程序。有效的应用程序状态可以是以下之一:ALL,
                                    # NEW,NEW_SAVING,SUBMITTED,ACCEPTED, # RUNNING,FINISHED,
                                    # FAILED,KILLED
 - appTypes < Types >              # 与 - list 一起使用,可以根据输入的逗号分隔应用程序类型列
                                    # 表来过滤应用程序
 - list                            #列出 RM 中的应用程序。支持使用 - appTypes 来根据应用程序
                                    #类型过滤应用程序,并支持使用 - appStates 来根据应用程序
                                    #状态过滤应用程序
 - kill < ApplicationId >          #终止应用程序
 - status < ApplicationId >        #打印应用程序的状态
```

2）applicationattempt
使用语法：

```
yarn applicationattempt [options]   #打印应用程序尝试的报告
 - help                            #帮助
 - list < ApplicationId >          #获取到应用程序尝试的列表,其返回值 Application-
                                    # Attempt - Id 等于< Application Attempt Id >
 - status < Application Attempt Id > #打印应用程序尝试的状态
```

3）classpath

使用语法：

yarn classpath   #打印需要得到 Hadoop 的 jar 和所需要的 lib 包路径

4）container

使用语法：

yarn container［options］   #打印 Container(s)的报告
 – help   #帮助
 – list〈Application Attempt Id〉   #应用程序尝试的 Containers 列表
 – status〈ContainerId〉   #打印 Container 的状态

5）jar

使用语法：

yarn jar〈jar〉［mainClass］args…   #运行 jar 文件,用户可以将写好的 Yarn 代码打包成
                                      # jar 文件,用这个命令去运行它

6）logs

使用语法：

yarn logs – applicationId〈application ID〉［options］
                                      #转存 Container 的日志
 – applicationId〈application ID〉   #指定应用程序 ID,应用程序的 ID 可以在 yarn.
                                      # resourcemanager. webapp. address 配置的路径
                                      #查看(即:ID)
 – appOwner〈AppOwner〉   #应用的所有者(如果没有指定就是当前用户)应用程序
                                      # 的 ID 可以在 yarn. resourcemanager. webapp. address
                                      #配置的路径查看(即:User)
 – containerId〈ContainerId〉   #Container Id
 – help   #帮助
 – nodeAddress〈NodeAddress〉   #节点地址的格式:nodename:port(端口是配置文件中:
                                      # yarn. nodemanager. Webapp. address 参数指定)

7）node

使用语法：

yarn node［options］   #打印节点报告
 – all   #所有的节点,不管是什么状态的
 – list   #列出所有 RUNNING 状态的节点。支持 – states 选
                                      #项过滤指定的状态,节点的状态包含 NEW,RUNNING,
                                      # UNHEALTHY,DECOMMISSIONED,LOST,REBOOTED。
                                      #支持 – all 显示所有的节点
 – states〈States〉   #和 – list 配合使用,用逗号分隔节点状态,只显示这
                                      #些状态的节点信息
 – status〈NodeId〉   #打印指定节点的状态

8）queue

使用语法：

```
yarn queue [options]                    # 打印队列信息
 - help                                  # 帮助
 - status                                # < QueueName >打印队列的状态
```

9）daemonlog

使用语法：

```
yarn daemonlog - getlevel < host:httpport >< classname >
yarn daemonlog - setlevel < host:httpport >< classname >< level >
 - getlevel < host:httpport >< classname >
```
    # 打印运行在< host:port >的守护进程的日志级别。
    # 这个命令内部会连接 http://< host:port >/
    # logLevel?log = < name >
```
 - setlevel < host:httpport >< classname >< level >
```
    # 设置运行在< host:port >的守护进程的日志级别。
    # 这个命令内部会连接 http://< host:port >/
    # logLevel?log = < name >

10）nodemanager

使用语法：

```
yarn nodemanager                        # 启动 NodeManager
```

11）proxyserver

使用语法：

```
yarn proxyserver                        # 启动 Web proxy server
```

12）resourcemanager

使用语法：

```
yarn resourcemanager [ - format - state - store]
```
                                        # 启动 ResourceManager
```
 - format - state - store
```
    # RMStateStore 的格式。如果过去的应用程序不再需要，
    # 则清理 RMStateStore，RMStateStore 仅仅在 ResourceManager
    # 没有运行的时候才运行 RMStateStore

13）rmadmin

使用语法：

    # 运行 Resourcemanager 管理客户端
```
yarn rmadmin [ - refreshQueues]
            [ - refreshNodes]
            [ - refreshUserToGroupsMapping]
            [ - refreshSuperUserGroupsConfiguration]
```

```
[ - refreshAdminAcls]
[ - refreshServiceAcl]
[ - getGroups [username]]
[ - transitionToActive [ -- forceactive] [ -- forcemanual] < serviceId >]
[ - transitionToStandby [ -- forcemanual] < serviceId >]
[ - failover [ -- forcefence] [ -- forceactive] < serviceId1 > < serviceId2 >]
[ - getServiceState < serviceId >]
[ - checkHealth < serviceId >]
[ - help [cmd]]
```

- refreshQueues　　　　 #重载队列的 ACL、状态和调度器特定的属性,ResourceManager 将重载
　　　　　　　　　　　　 # mapred - queues 配置文件
- refreshNodes　　　　　 #动态刷新 dfs. hosts 和 dfs. hosts. exclude 配置,无须重启 NameNode dfs. hosts:
　　　　　　　　　　　　 #列出了允许连入 NameNode 的 DataNode 清单(IP 或者机器名)dfs. hosts. exclude:
　　　　　　　　　　　　 #列出了禁止连入 NameNode 的 DataNode 清单(IP 或者机器名)重新读取 hosts 和
　　　　　　　　　　　　 # exclude 文件,更新允许连到 NameNode 或那些需要退出或入编的 DataNode 的集合
- refreshUserToGroupsMappings　　　　 #刷新用户到组的映射
- refreshSuperUserGroupsConfiguration　 #刷新用户组的配置
- refreshAdminAcls　　　　　　　　　 #刷新 ResourceManager 的 ACL 管理
- refreshServiceAcl　　　　　　　　　 # ResourceManager 重载服务级别的授权文件
- getGroups [username]　　　　　　　 #获取指定用户所属的组
- transitionToActive [- forceactive] [- forcemanual] < serviceId >
　　　　　　　　　　　　　　　　　　 #尝试将目标服务转为 Active 状态。如果使用了
　　　　　　　　　　　　　　　　　　 # - forceactive 选项,不需要核对非 Active 节点。
　　　　　　　　　　　　　　　　　　 #如果采用了自动故障转移,这个命令不能使用。
　　　　　　　　　　　　　　　　　　 #虽然你可以重写 - forcemanual 选项,但需要谨
　　　　　　　　　　　　　　　　　　 #慎操作
- transitionToStandby [- forcemanual] < serviceId >
　　　　　　　　　　　　　　　　　　 #将服务转为 Standby 状态。如果采用了自动
　　　　　　　　　　　　　　　　　　 #故障转移,这个命令不能使用。虽然你可以重
　　　　　　　　　　　　　　　　　　 #写 - forcemanual 选项,但需要谨慎操作
- failover [- forceactive] < serviceId1 > < serviceId2 >
　　　　　　　　　　　　　　　　　　 #启动从 serviceId1 到 serviceId2 的故障转移。
　　　　　　　　　　　　　　　　　　 #如果使用了 - forceactive 选项,即使服务没有
　　　　　　　　　　　　　　　　　　 #准备,也会尝试故障转移到目标服务。如果采用
　　　　　　　　　　　　　　　　　　 #了自动故障转移,这个命令不能使用
- getServiceState < serviceId >　　　 #返回服务的状态(注:ResourceManager 不是 HA 的
　　　　　　　　　　　　　　　　　　 #时候,是不能运行该命令的)
- checkHealth < serviceId >　　　　　 #请求服务器执行健康检查,如果检查失败,RMAdmin
　　　　　　　　　　　　　　　　　　 #将用一个非零标示退出(注:Resource Manager 不是
　　　　　　　　　　　　　　　　　　 # HA 的时候,是不能运行该命令的)
- help [cmd]　　　　　　　　　　　　 #显示指定命令的帮助,如果没有指定,则显示命令的
　　　　　　　　　　　　　　　　　　 #帮助

14) scmadmin

使用语法:

yarn scmadmin [options]　　　　　　 #运行共享缓存管理客户端

```
 - help                               # 查看帮助
 - runCleanerTask                     # 运行清理任务
```

15) sharedcachemanager

使用语法:

```
yarn sharedcachemanager              # 启动共享缓存管理器
```

16) timelineserver

使用语法:

```
yarn timelineserver                  # 启动 timelineserver
```

到目前为止 Hadoop 平台搭建好了,里面本身是没有数据的,所以下一步的工作就是建设数据仓库,而数据仓库是以 Hive 为主流的,所以下面我们来讲解 Hive。

3.2 Hive 数据仓库实战

Hive 作为大数据平台 Hadoop 之上的主流应用,一般公司都是用它作为公司的数据仓库,分布式机器学习的训练数据和数据处理也经常用它来处理,下面介绍它的常用功能。

3.2.1 Hive 原理和功能介绍

Hive 是建立在 Hadoop 之上的数据仓库基础构架。它提供了一系列工具,可以用来进行数据提取、转化和加载(ETL),这是一种可以存储、查询和分析存储在 Hadoop 中的大规模数据的机制。Hive 是基于 Hadoop 的一个数据仓库工具,可以将结构化的数据文件映射为一张数据库表,并提供简单的 SQL 查询功能,Hive 定义了简单的类 SQL 查询语言,称为 HQL,它允许熟悉 SQL 的用户查询数据。

Hive 可以将 SQL 语句转换为 MapReduce 任务进行运行,其优点是学习成本低,可以通过类 SQL 语句快速实现简单的 MapReduce 统计,不必开发专门的 MapReduce 应用,十分适合数据仓库的统计分析。同时,这个 Hive 也允许熟悉 MapReduce 的开发者开发自定义的 mapper 和 reducer 来处理内建的 mapper 和 reducer 无法完成的复杂分析工作,例如 UDF 函数。

简单来讲,Hive 从表面看来,你可以把它当成类似 MySQL 差不多的东西,就是一个数据库而已。按本质来讲,它也并不是数据库。其实它就是一个客户端工具而已,数据是在 Hadoop 的 HDFS 分布式文件系统上存着,只是它提供一种方便的方式让你很轻松从 HDFS 查询数据和更新数据。Hive 既然是一个客户端工具,就不需要启动什么服务,只需解压就能用。操作方式通过写类似 MySQL 的 SQL 语句对 HDFS 操作,提交 SQL 后,Hive 会把 SQL 解析成 MapReduce 程序去执行,分布式多台机器并行地执行。当数据存入 HDFS 后,大部分统计工作可以通过写 Hive SQL 的方式来完成,大大提高了工作效率。

3.2.2　Hive 安装部署

Hive 的安装部署非常简单,因为它本身是 Hadoop 的一个客户端,而不是一个集群服务,所以把安装包解压后修改配置就可以用。在哪台机器上登录 Hive 客户端就在哪台机器上部署,不用在每台服务器上都部署。安装过程如下:

```
#上传 hive.tar.gz 到/home/hadoop/software/hadoop2
¥ cd /home/hadoop/software/hadoop2
tar xvzf hive.tar.gz
cd hive/conf
mv hive－env.sh.template hive－env.sh
mv hive－default.xml.template hive－site.xml
vim ../bin/hive－config.sh
#增加
export JAVA_HOME = /home/hadoop/software/jdk1.8.0_121
export HIVE_HOME = /home/hadoop/software/hadoop2/hive
export HADOOP_HOME = /home/hadoop/software/hadoop2
```

修改以下配置字节点,主要是配置 Hive 的元数据存储用 MySQL,因为默认的是 Derby 文件数据库,实际公司用的时候都是改成用 MySQL 数据库。

```
vim hive－site.xml
< property >
< name > Javax.jdo.option.ConnectionURL </name >
< value > jdbc:mysql://192.168.1.166:3306/chongdianleme_hive?createDatabaseIfNotExist = true </value >
</property >
< property >
< name > Javax.jdo.option.ConnectionDriverName </name >
< value > com.mysql.jdbc.Driver </value >
</property >
< property >
< name > Javax.jdo.option.ConnectionUserName </name >< value > root </value >
</property >
    < property >
            < name > Javax.jdo.option.ConnectionPassword </name >
            < value > 123456 </value >
        </property >
    < property >
< name > hive.metastore.schema.verification </name >
< value > false </value >
< description >
</description >
</property >
```

因为 Hive 默认配置并没有把 MySQL 的驱动 jar 包集成进去,所以需要我们手动上传

mysql-connector-Java-*.*-bin.jar 到/home/hadoop/software/hadoop2/hive/lib 目录下,
Hive 客户端启动的时候会自动加载这个目录下的所有 jar 包。

部署就这么简单,我们在 Linux 客户端输入 Hive 并按回车键就可以进到控制台命令窗
口,后面就可以建表、查询数据和更新数据等操作了。下面我们看一下 Hive 的常用 SQL
操作。

3.2.3　Hive SQL 操作

Hive 查询数据、更新数据前需要先建表,有了表之后我们可以往表里写入数据,之后才
可以用 Hive 执行查询和更新等操作。

1. 建表操作

```
#建 Hive 表脚本
create EXTERNAL table IF NOT EXISTS ods_kc_fact_clicklog_tab(userid string, kcid string, time
string)
ROW FORMAT DELIMITED FIELDS
TERMINATED BY '\t'
stored as textfile
location '/ods/kc/fact/ods_kc_fact_clicklog/';
#EXTERNAL 关键词的意思是创建外部表,目的是当你 drop table 的时候外部表数据不会被删除,
#只会删除表结构,表结构又叫作元数据.想恢复表结构只需要把这个表再创建一次就可以,
#表里面的数据还存在,所以为了保险并防止误操作,一般 Hive 数据仓库建外部表
TERMINATED BY '\t'                                        #列之间分隔符
location '/ods/kc/fact/ods_kc_fact_clicklog/';           #数据存储路径
```

建表就这么简单,但建表之前得先建数据库,数据库的创建命令如下:

```
create database chongdianleme;
```

然后选择这个数据库:

```
use chongdianleme;
```

Hive 建表的字段类型分为基础数据类型和集合数据类型。
基础数据类型:

Hive 类型	说明	Java 类型	实例
1). tinyint	1byte 有符号的整数	byte	20
2). smalint	2byte 有符号的整数	short	20
3). int	4byte 有符号的整数	int	20
4). bigint	8byte 有符号的整数	long	20
5). boolean	布尔类型 true 或 false	boolean	true
6). float	单精度	float	3.217
7). double	双精度	double	3.212

8）. string	字符序列，单双即可	string	'chongdianleme'
9）. timestamp	时间戳，精确的纳秒	timestamp	'158030219188'
10）. binary	字节数组	byte[]	

集合数据类型：

Hive 类型	说明	Java 类型	实例
1）. struct	对象类型，可以通过字段名. 元素名来访问	object	struct('name','age')
2）. map	一组键值对的元组	map	map('name','zhangsan','age','23')
3）. array	数组	array	array('name','age')
4）. union	组合		

```
# 输入 hive 并按回车键，执行创建表命令
# 创建数据库命令
create database chongdianleme;
# 使用这个数据库
use chongdianleme;
# ods 层事实表用户查看点击课程日志
create EXTERNAL table IF NOT EXISTS ods_kc_fact_clicklog_tab(userid string,kcid string,time string)
ROW FORMAT DELIMITED FIELDS
TERMINATED BY '\t'
stored as textfile
location '/ods/kc/fact/ods_kc_fact_clicklog_tab/';

# ods 层维表课程商品表
create EXTERNAL table IF NOT EXISTS ods_kc_dim_product_tab(kcid string,kcname string,price float ,issale string)
ROW FORMAT DELIMITED FIELDS
TERMINATED BY '\t'
stored as textfile
location '/ods/kc/dim/ods_kc_dim_product_tab/';
```

2. 查询数据表

1）查询课程日志表前几条记录

```
select * from ods_kc_fact_clicklog_tab limit 6;
```

2）导入一些数据到课程日志表

因为表里开始没有数据，我们需要先将数据导入进去。有多种导入方式，例如：

（1）用 Sqoop 工具从 MySQL 导入。

（2）直接把文本文件放到 Hive 对应的 HDFS 目录下。

```
cd /home/hadoop/chongdianleme
```

```
#rz 上传
#通过 Hadoop 命令上传本地文件到 Hive 表对应的 hdfs 目录
hadoop fs – put kclog.txt /ods/kc/fact/ods_kc_fact_clicklog_tab/

#查看一下此目录,可以看到在这个 Hive 表目录下有数据了
$ hadoop fs – ls /ods/kc/fact/ods_kc_fact_clicklog_tab/
Found 1 items
– rw – r – – r – – 3 hadoop supergroup 590 2019 – 05 – 29 02:16 /ods/kc/fact/ods_kc_fact_clicklog_
tab/kclog.txt

#通过 Hadoop 的 tail 命令我们可以查看此目录下文件的最后几条记录
$ hadoop fs – tail /ods/kc/fact/ods_kc_fact_clicklog_tab/kclog.txt
u001    kc61800001    2019 – 06 – 02 10:01:16
u001    kc61800002    2019 – 06 – 02 10:01:17
u001    kc61800003    2019 – 06 – 02 10:01:18
u002    kc61800006    2019 – 06 – 02 10:01:19
u002    kc61800007    2019 – 06 – 02 10:01:20

#然后上传课程商品表
cd /home/hadoop/chongdianleme
#rz 上传
hadoop fs – put product.txt /ods/kc/dim/ods_kc_dim_product_tab/
#查看记录
hadoop fs – tail /ods/kc/dim/ods_kc_dim_product_tab/product.txt
```

3）简单的查询课程日志表 SQL 语句

```
#查询前几条
select * from ods_kc_fact_clicklog_tab limit 6;
#查询总共有多少条记录
select count(1) from ods_kc_fact_clicklog_tab;
#查看有多少用户
select count(distinct userid) from ods_kc_fact_clicklog_tab;
#查看某个用户的课程日志
select * from ods_kc_fact_clicklog_tab where userid = 'u001';
#查看大于或等于某个时间的日志
select * from ods_kc_fact_clicklog_tab where time > = '2019 – 06 – 02 10:01:19';
#查看在售,并且价格大于 2000 元的日志
select * from ods_kc_dim_product where issale = '1' and price > 2000;
#查看在售或者价格大于 2000 元的日志
select * from ods_kc_dim_product where issale = '1' or price > 2000;
```

4）以\001 分隔符建表

以\001 分割是 Hive 建表中常用的规范,之前用的\t 分隔符容易被用户输入,数据行里如果存在\t 分隔符,会和 Hive 表里的\t 分隔符混淆,这样这一行数据便会多出几列,造成列错乱。

```
#ods 层维表用户查看点击课程日志事实表
create EXTERNAL table IF NOT EXISTS ods_kc_fact_clicklog(userid string, kcid string, time
string)
ROW FORMAT DELIMITED FIELDS
TERMINATED BY '\001'
stored as textfile
location '/ods/kc/fact/ods_kc_fact_clicklog/';
#ods 层维表用户查看点击课程基本信息维度表
create EXTERNAL table IF NOT EXISTS ods_kc_dim_product(kcid string,kcname string,price float ,
issale string)
ROW FORMAT DELIMITED FIELDS
TERMINATED BY '\001'
stored as textfile
location '/ods/kc/dim/ods_kc_dim_product/';
```

5) 基于 SQL 查询结果集合来更新数据表

把查询 SQL 语句的结果集合导出到另外一张表,用 insert overwrite table

这是更新数据表的常用方式,通过 insert overwrite table 可以把指定的查询结果集合插入这个表,插入前先把表清空。如果不加 overwrite 关键词,则不会清空,而是在原来的数据上追加。

```
# 先查询 ods_kc_fact_clicklog 这个表有没有记录
select * from chongdianleme.ods_kc_fact_clicklog limit 6;
# 把查询结果导入以\001 分割的表,课程日志表
insert overwrite table chongdianleme. ods_kc_fact_clicklog select userid, kcid, time from
chongdianleme.ods_kc_fact_clicklog_tab;
# 再查看导入的结果
select * from chongdianleme.ods_kc_fact_clicklog limit 6;
# 课程商品表
insert overwrite table chongdianleme.ods_kc_dim_product select kcid,kcname,price,issale from
chongdianleme.ods_kc_dim_product_tab;
# 查看课程商品表
select * from chongdianleme.ods_kc_dim_product limit 36;
select * from ods_kc_dim_product where price > 2000;
```

6) join 关联查询——自然连接

join 关联查询可以把多个表以某个字段作为关联,同时获得多个表的字段数据,关联不上的数据将会丢弃。

```
# 查询在售课程的用户访问日志
select a.userid, a.kcid, b.kcname, b.price, a.time from chongdianleme.ods_kc_fact_clicklog a
join chongdianleme.ods_kc_dim_product b on a.kcid = b.kcid where b.issale = 1;
```

7) left join 关联查询——左连接

left join 关联查询和自然连接的区别,左边的表没有关联上的数据记录不会丢弃,只是对应的右表那些记录是空值而已。

```
# 查询在售课程的用户访问日志
select a. userid, a. kcid, b. kcname, b. price, a. time, b. kcid from chongdianleme. ods_kc_fact_
clicklog a left join chongdianleme. ods_kc_dim_product b on a. kcid = b. kcid where b. kcid is
null;
```

8）full join 关联查询——完全连接

full join 关联查询不管有没有关联上，所有的数据记录都不会丢弃，关联不上只是显示为空而已。

```
# 查询在售课程的用户访问日志
select a. userid, a. kcid, b. kcname, b. price, a. time, b. kcid from chongdianleme. ods_kc_fact_
clicklog a full join chongdianleme. ods_kc_dim_product b on a. kcid = b. kcid;
```

9）导入关联表 SQL 结果到新表

```
# 创建要导入的表数据
create EXTERNAL table IF NOT EXISTS ods_kc_fact_etlclicklog(userid string, kcid string, time
string)
ROW FORMAT DELIMITED FIELDS
TERMINATED BY '\001'
stored as textfile
location '/ods/kc/fact/ods_kc_fact_etlclicklog/';
```

把查询集合的结果更新到刚才创建的表里 ods_kc_fact_etlclicklog，先清空，再导入。如果不想清空而是想追加数据则把 overwrite 关键词去掉就可以了。

```
insert overwrite table chongdianleme. ods_kc_fact_etlclicklog select a. userid, a. kcid, a. time
from chongdianleme. ods_kc_fact_clicklog a join chongdianleme. ods_kc_dim_product b on a. kcid =
b. kcid where b. issale = 1;
```

上面的 SQL 语句都是在 Hive 客户端操作的，执行 SQL 语句所需时间根据数据量和复杂程度不同而不同，如果不触发 MapReduce 计算只需要几毫秒，如果触发了最快也得几秒左右。一般情况下执行几分钟或几个小时很正常。对于执行时间长的 SQL 语句，客户端的计算机如果断电或网络中断，SQL 语句的执行可能也会中断，没有完全执行完整个 SQL 语句，所以在这种情况下我们可以用一个 Shell 脚本把需要执行的 SQL 语句都放在里面，以后就可以用 nohup 后台的方式去执行这个脚本。

3. 通过 Shell 脚本执行 Hive 的 SQL 语句来实现 ETL

```
# 创建 demohive. sql 文件
# 把下面两条 SQL 语句加进去，每个 SQL 语句后面记得加分号
insert overwrite table chongdianleme. ods_kc_fact_etlclicklog select a. userid, a. kcid, a. time
from chongdianleme. ods_kc_fact_clicklog a join chongdianleme. ods_kc_dim_product b on a. kcid =
b. kcid where b. issale = 1;
insert overwrite table chongdianleme. ods_kc_dim_product select kcid, kcname, price, issale from
chongdianleme. ods_kc_dim_product_tab;
```

```
#创建 demoshell.sh 文件
#加入:echo "通过 Shell 脚本执行 Hive SQL 语句"
/home/hadoop/software/hadoop2/hive/bin/hive - f /home/hadoop/chongdianleme/demohive.sql;
sh demoshell.sh
#或者
sudo chmod 755 demoshell.sh
./demoshell.sh
```

以 nohup 后台进程方式执行 Shell 脚本,防止 xshell 客户端由于断网或者下班后关机或关闭客户端而导致 SQL 执行一部分便退出。

```
#创建 nohupdemoshell.sh 文件
# echo "-- nohup 后台方式执行脚本,断网、关机或客户端关闭无须担忧执行脚本中断";
nohup /home/hadoop/chongdianleme/demoshell.sh >>/home/hadoop/chongdianleme/log.txt 2 > &1 &
#执行可能报错
nohup: 无法运行命令'/home/hadoop/chongdianleme/demoshell.sh':        #权限不够
#因为此脚本是不可执行文件
sudo chmod 755 demoshell.sh
sudo chmod 755 nohupdemoshell.sh
```

然后输入 tail -f log.txt 就可以看到实时执行日志。

实际上我们用 Hive 做 ETL 数据处理都可以用这种方式,通过 Shell 脚本来执行 Hive SQL,并且是定时触发,定时触发有几种方式,最简单的方式用 Linux 系统自带的 crontab 调度,但 crontab 调度不支持复杂的任务依赖。这个时候我们可以用 Azkaban、Oozie 来调度。互联网公司使用最普遍的调度方式是 Azkaban 调度。

4. crontab 调度定时执行脚本

这是 Linux 自带的本地系统调度工具,简单好用,通过 crontab 表达式定时触发一个 Shell 脚本。

```
#crontab 调度举例
crontab - e
16 1,2,23 * * * /home/hadoop/chongdianleme/nohupdemoshell.sh
最后保存,重启 cron 服务.
sudo service cron restart
```

5. Azkaban 调度

Azkaban 是一套简单的任务调度服务,整体包括三部分:webserver、dbserver 和 executorserver。Azkaban 是 Linkedin 的开源项目,开发语言为 Java。Azkaban 是由 Linkedin 开源的一个批量工作流任务调度器,用于在一个工作流内以一个特定的顺序运行一组工作和流程。Azkaban 定义了一种 KV 文件格式来建立任务之间的依赖关系,并提供一个易于使用的 Web 用户界面维护和跟踪你的工作流。

Azkaban 实际应用中经常有这些场景:每天有一个大任务,这个大任务可以分成 A,B,C 和 D 4 个小任务,A,B 任务之间没有依赖关系,C 任务依赖 A,B 任务的结果,D 任务依赖

C 任务的结果。一般的做法是,开两个终端同时执行 A,B,两个都执行完了再执行 C,最后执行 D。这样的话,整个执行过程都需要人工参加,并且得盯着各任务的进度,但是我们的很多任务都是在深更半夜执行的,可以通过写脚本设置 crontab 来执行。其实,整个过程类似于一个有向无环图(DAG)。每个子任务相当于大任务中的一个流,任务的起点可以从没有度的节点开始执行,任何没有通路的节点可以同时执行,例如上述的 A,B。总而言之,我们需要的是一个工作流的调度器,而 Azkaban 就是能解决上述问题的一个调度器。

6. Oozie 调度

Oozie 是管理 Hadoop 作业的工作流调度系统,Oozie 的工作流是一系列操作图,Oozie 协调作业是通过时间(频率)及有效数据触发当前的 Oozie 工作流程,Oozie 是针对 Hadoop 开发的开源工作流引擎,专门针对大规模复杂工作流程和数据管道设计。Oozie 围绕两个核心:工作流和协调器,前者定义任务的拓扑和执行逻辑,后者负责工作流的依赖和触发。

这节我们讲的是 Hive 常用 SQL,Hive SQL 能满足多数应用场景,但有的时候需要和自己的业务代码做混合编程来实现复杂的功能,这就需要自定义开发 Java 函数,也就是我们下面要讲解的 UDF 函数。

3.2.4 UDF 函数

Hive SQL 一般可以满足多数应用场景,但是有的时候通过 SQL 实现比较复杂,用一个函数实现会大大简化 SQL 的逻辑,再就是通过自定义函数能够和业务逻辑结合在一起实现更复杂的功能。

1. Hive 类型

Hive 中有 3 种 UDF:

1)用户定义函数(User-Defined Function,UDF)

UDF 操作作用于单个数据行,并且产生一个数据行作为输出。大多数函数属于这一类,例如数学函数和字符串函数。简单来说,UDF 返回对应值,一对一。

2)用户定义聚集函数(User-Defined Aggregate Function,UDAF)

UDAF 接收多个输入数据行,并产生一个输出数据行。像 COUNT 和 MAX 这样的函数就是聚集函数。简单来说,UDAF 返回聚类值,多对一。

3)用户定义表生成函数(User-Defined Table-generating Function,UDTF)

UDTF 操作作用于单个数据行,并且产生多个数据行而生成一个表作为输出。简单来说,UDTF 返回拆分值,一对多。

在实际工作中 UDF 用得最多,下面我们重点讲解第一种 UDF 函数,也就是用户定义函数。

2. UDF 自定义函数

Hive 的 SQL 给数据挖掘工作者带来了很多便利,海量数据通过简单的 SQL 语句就可以完成分析,但有时候 Hive 提供的函数功能满足不了业务需要,这就需要我们自己写 UDF 函数来辅助完成。UDF 函数其实就是一个简单的函数,执行过程就是在 Hive 将 UDF 函数转换成 MapReduce 程序后,执行 Java 方法,类似于在 MapReduce 执行过程中加入一个插件,方便扩展。UDF 只能实现一进一出的操作,如果需要实现多进一出,则需要实现 UDAF。Hive 可以允许用户编写自己定义的函数 UDF,并在查询中使用。我们自定义开发 UDF 函数的时候继承 org. apache. hadoop. hive. ql. exec. UDF 类即可,代码如下:

```
package com.chongdianleme.hiveudf.udf;
import org.apache.hadoop.hive.ql.exec.UDF;
//自定义类继承 UDF
public class HiveUDFTest extends UDF {
        //字符串统一转大写字符串示例
    public String evaluate (String str){
        if(str == null || str.toString().isEmpty()){

            return new String();
        }
        return new String(str.trim().toUpperCase());
    }
}
```

下面看一下怎么部署,部署也分临时部署方式和永久生效部署方式,我们分别来讲解。

3. 临时部署测试

部署脚本代码如下:

```
#把程序打包并放到目标机器上
#进入 Hive 客户端,添加 jar 包
hive > add jar /home/hadoop/software/task/HiveUDFTest.jar;
#创建临时函数
hive > CREATE TEMPORARY FUNCTION ups AS 'hive.HiveUDFTest';
add jar /home/hadoop/software/task/udfTest.jar;
create temporary function row_toUpper as 'com.chongdianleme.hiveudf.udf.HiveUDFTest';
```

4. 永久全局方式部署

线上永久配置方式,部署脚本代码如下:

```
cd /home/hadoop/software/hadoop2/hive
#创建 auxlib 文件夹
cd auxlib
#在/home/hadoop/software/hadoop2/hive/auxlib 上传 udf 函数的 jar 包.Hive SQL 执行
#时会自动扫描/data/software/hadoop/hive/auxlib 下的 jar 包
cd /home/hadoop/software/hadoop2/hive/bin
#显示隐藏文件
ls -a
#编辑 vi .hiverc 文件加入
```

```
create temporary function row_toUpper as 'com.chongdianleme.hiveudf.udf.HiveUDFTest';
```

之后输入 Hive 命令登录客户端就可以了,客户端会自动扫描并加载所有的 UDF 函数。以上我们讲的 Hive 常用 SQL 和 UDF,以及怎么用 Shell 脚本触发执行 SQL,怎么去做定时的调度。在实际工作中,并不是盲目随意地去建表,一般都会制定一个规范,大家遵守这个规范去执行。这个规范就是我们下面要讲的数据仓库规范和模型设计。

3.2.5　Hive 数据仓库模型设计

数据仓库模型设计就是要制定一个规范,这个规范一般是做数据仓库的分层设计。我们要搭建数据仓库,把握好数据质量,对数据进行清洗、转换。要更好地区分哪个是原始数据,哪个是清洗后的数据,我们最好做一个数据分层,方便我们快速地找到想要的数据。另外,有些高频的数据不需要每次都重复计算,只需要计算一次并放在一个中间层里,供其他业务模块复用,这样节省时间,同时也减少服务器资源的消耗。数据仓库分层设计还有其他很多好处,下面举一个实例看看如何分层。

数据仓库,英文名称为 Data Warehouse,可简写为 DW 或 DWH。数据仓库是为企业所有级别的决策制定过程提供所有类型数据支持的战略集合。它是单个数据存储,出于分析性报告和决策支持目的而创建。为需要业务智能的企业提供指导业务流程改进、监视时间、成本、质量及控制。

我们再看一下什么是数据集市,数据集市(Data Mart),也叫数据市场,数据集市就是满足特定的部门或者用户需求,按照多维的方式进行存储,包括定义维度、需要计算的指标、维度的层次等,生成面向决策分析需求的立方体数据。从范围上来说,数据是从企业范围的数据库、数据仓库,或者是更加专业的数据仓库中抽取出来的。数据中心的重点就在于它迎合了专业用户群体在分析、内容、表现及易用方面的特殊需求。数据中心的用户希望数据是由他们熟悉的术语来表现的。

上面我们说的是数据仓库和数据集市的概念,简单来说,在 Hadoop 平台上的整个 Hive 的所有表构成了数据仓库,这些表是分层设计的,我们可以分为 4 层:ods 层、mid 层、tp 临时层和数据集市层。其中数据集市可以看作数据仓库的一个子集,一个数据集市往往是针对一个项目的,例如推荐的叫推荐集市,做用户画像的项目叫用户画像集市。ods 是基础数据层,也是原始数据层,是最底层的,数据集市是偏最上游的数据层。数据集市的数据可以直接供项目使用,不用再多地去加工了。

数据仓库的分层体现在 Hive 数据表名上,Hive 存储对应的 HDFS 目录最好和表名一致,这样根据表名也能快速地找到目录,当然这不是必需的。一般大数据平台都会创建一个数据字典平台,在 Web 的界面上能够根据表名找到对应的表解释,例如表的用途、字段表结构、每个字段代表什么意思、存储目录等,而且能查询到表和表之间的血缘关系。说到血缘关系在数据仓库里经常会提起这一关系。我们在下面会单独讲一小节。下面用实例讲解推荐的数据仓库。

首先我们需要和部门所有的人制定一个建表规范,大家统一遵守这个规则。

1. 建表规范

以下建表规范仅供参考,可以根据每个公司的实际情况来制定。

1）统一创建外部表

外部表的好处是当你不小心删除了这个表,数据还会保留下来,如果是误删除,会很快地找回来,只需要把建表语句再创建一遍即可。

2）统一分4级,以下画线分割

分为几个级别没有明确的规定,一般分为4级的情况比较多。

3）列之间分隔符统一'\001'

用\001分割的目的是为了避免因为数据也存在同样的分隔符而造成列的错乱问题。因为\001分割符是用户不容易输入的,之前用的\t分隔符容易被用户输入,数据行里如果存在\t分隔符,会和Hive表里的\t分隔符混淆,这样这一行数据会多出几列,造成列错乱。

4）location指定目录统一以/结尾

指定目录统一以/结尾代表最后是一个文件夹,而不是一个文件。一个文件夹下面可以有很多文件,如果数据特别大,适合拆分成多个小文件。

5）stored类型统一textfile

每个公司实际情况不太一样,textfile是文本类型文件,好处是方便查看内容,不好的地方是占用空间较大。

6）表名和location指定目录保持一致

表名和location指定目录保持一致的主要目的是为了方便见到表名就马上可以知道对应的数据存储目录在哪里,方便检索和查找。

```
# 下面列举一个建表的例子给大家做一个演示
create EXTERNAL table IF NOT EXISTS ods_kc_dim_product(kcid string,kcname string,price float ,
issale string)
ROW FORMAT DELIMITED FIELDS
TERMINATED BY '\001'
stored as textfile
location '/ods/kc/dim/ods_kc_dim_product/';
```

2. 数据仓库分层设计规范

上面我们建表的时候已经说了数据仓库分为4级,也就是说我们的数据仓库分为4层,即操作数据存储原始数据的ods层、mid层、tp临时层和数据集市层,下面一一讲解。

1）ods层

操作数据存储ODS（Operational Data Store）用来存放原始基础数据,例如维表、事实表。以下画线分为4级:

（1）原始数据层;

（2）项目名称（kc代表视频课程类项目,Read代表阅读类文章）;

（3）表类型（dim 为维度表，fact 为事实表）；

（4）表名。

举几个例子：

```
#原始数据_视频课程_事实表_课程访问日志表
create EXTERNAL table IF NOT EXISTS ods_kc_fact_clicklog(userid string, kcid string, time
string)
ROW FORMAT DELIMITED FIELDS
TERMINATED BY '\001'
stored as textfile
location '/ods/kc/fact/ods_kc_fact_clicklog/';
#ods 层维度表,课程基本信息表
create EXTERNAL table IF NOT EXISTS ods_kc_dim_product(kcid string,kcname string,price float ,
issale string)
ROW FORMAT DELIMITED FIELDS
TERMINATED BY '\001'
stored as textfile
location '/ods/kc/dim/ods_kc_dim_product/';
```

这里涉及新的概念，什么是维度表和事实表？

事实表：

在多维数据仓库中，保存度量值的详细值或事实的表称为"事实表"。事实数据表通常包含大量的行。事实数据表的主要特点是包含数字数据（事实），并且这些数字信息可以汇总，以提供有关单位作为历史的数据，每个事实数据表包含一个由多个部分组成的索引，该索引包含作为外键的相关性维度表的主键，而维度表包含事实记录的特性。事实数据表不应该包含描述性的信息，也不应该包含除数字度量字段及事实与维度表中对应项的相关索引字段之外的任何数据。

维度表：

维度表可以看作用户用来分析数据的窗口，维度表中包含事实数据表中事实记录的特性，有些特性提供描述性信息，有些特性指定如何汇总事实数据表数据，以便为分析者提供有用的信息，维度表包含帮助汇总数据的特性的层次结构。例如，包含产品信息的维度表通常包含将产品分为食品、饮料和非消费品等若干类的层次结构，这些产品中的每一类进一步多次细分，直到各产品达到最低级别。在维度表中，每个表都包含独立于其他维度表的事实特性，例如，客户维度表包含有关客户的数据。维度表中的列字段可以将信息分为不同层次的结构级。维度表包含了维度的每个成员的特定名称。维度成员的名称称为"属性"（Attribute）。

在我们的推荐场景中，例如这个课程访问日志表 ods_kc_fact_clicklog，数据都是用户访问课程的大量日志，针对每条记录也没有一个实际意义的主键，同一个用户有多条课程访问记录，同一个课程也会被多个用户访问，这个表就是事实表。在课程基本信息表 ods_kc_dim_product 中，每个课程都有一个唯一的课程主键，课程具有唯一性。每个课程都有基本属性。这个表就是维度表。

2）mid 层

mid 层是从 ods 层中 join 多表或某一段时间内的小表计算生成的中间表,在后续的集市层中频繁被使用。用来一次生成多次使用,避免每次关联多个表重复计算。

从 ods 层提取数据到集市层常用 SQL 方式:

```
#把某个 select 的查询结果集覆盖到某个表,相当于 truncate 和 insert 的操作
insert overwrite table chongdianleme.ods_kc_fact_etlclicklog select a.userid,a.kcid,a.time
from chongdianleme.ods_kc_fact_clicklog a join chongdianleme.ods_kc_dim_product b on a.kcid =
b.kcid where b.issale = 1;
```

3）tp 临时层

temp 临时层简称 tp,临时生成的数据统一放在这一层。系统默认有一个/tmp 目录,不要将数据放在这一目录里,这个目录很多数据是 Hive 本身存放在这一临时层的,我们不要跟它混在一起。

```
#建表举例
create EXTERNAL table IF NOT EXISTS tp_kc_fact_clicklogtotemp(userid string,kcid string,time
string)
ROW FORMAT DELIMITED FIELDS
TERMINATED BY '\001'
stored as textfile
location '/tp/kc/fact/tp_kc_fact_clicklogtotemp/';
```

4）数据集市层

例如,用户画像集市、推荐集市和搜索集市等。数据集市层用于存放搜索项目数据,集市数据一般是由中间层和 ods 层关联表计算所得,或使用 Spark 程序处理、开发并算出来的数据。

```
#用户画像集市建表举例
create EXTERNAL table IF NOT EXISTS personas_kc_fact_userlog(userid string,kcid string,name
string,age string,sex string)
ROW FORMAT DELIMITED FIELDS
TERMINATED BY '\001'
stored as textfile
location '/personas/kc/fact/personas_kc_fact_userlog/';
```

从开发人员的角色来划分,此工作是由专门的数据仓库工程师来负责,当然如果预算有限,也可以由大数据 ETL 工程师来负责。

Hive 非常适合离线的数据处理分析,但有些场景需要对数据做实时处理,而 HBase 数据库特别适合处理实时数据,下面我们来讲解 HBase。

3.3 HBase 实战

HBase 经常用来存储实时数据,例如 Storm/Flink/Spark Streaming 消费用户行为日志数据进行处理后存储到 HBase,我们通过 HBase 的 API 也能够毫秒级地实时查询。如果

是对 HBase 做非实时的离线数据统计,我们可以通过 Hive 建一个到 HBase 的映射表,然后写 Hive SQL 来对 HBase 的数据进行统计分析,并且这种方式可以方便地和其他的 Hive 表做关联查询,或者做更复杂的统计,所以从交互形势上 HBase 满足了实时和离线的应用场景,在互联网公司应用得也非常普遍。

3.3.1　HBase 原理和功能介绍

HBase 是一个分布式的、面向列的开源数据库,该技术来源于 Fay Chang 所撰写的论文"Bigtable:一个结构化数据的分布式存储系统"。就像 Bigtable 利用了 Google 文件系统(File System)所提供的分布式数据存储一样,HBase 在 Hadoop 之上提供了类似于 Bigtable 的能力。HBase 是 Apache 的 Hadoop 项目的子项目。HBase 不同于一般的关系数据库,它是一个适合于非结构化数据存储的数据库。另外的不同点是 HBase 基于列而不是基于行的存储模式。

1. HBase 特性

1)HBase 构建在 HDFS 之上

HBase 是一个构建在 HDFS 上的分布式列存储系统,可以通过 Hive 的方式来查询 HBase 数据。

2)HBase 是 key/value 系统

HBase 是基于 Google Bigtable 模型开发的,是典型的 key/value 系统。

3)HBase 用于海量结构化数据存储

HBase 是 Apache Hadoop 生态系统中的重要一员,主要用于海量结构化数据存储。

4)分布式存储

HBase 将数据按照表、行和列进行存储。与 Hadoop 一样,HBase 目标主要依靠横向扩展,通过不断增加廉价的商用服务器来增加计算和存储能力。

5)HBase 表和列都大

HBase 表的特点是大,一个表可以有数十亿行,上百万列。

6)无模式

每行都有一个可排序的主键和任意多的列,列可以根据需要动态地增加,同一张表中不同的行可以有截然不同的列,这是 MySQL 关系数据库做不到的。

7)面向列

面向列(族)的存储和权限控制,列(族)独立检索;空(null)列并不占用存储空间,表可以设计得非常稀疏。

8)数据多版本

每个单元中的数据可以有多个版本,默认 3 个版本,是单元格插入时的时间戳。

2. HBase 的架构核心组件

HBase 架构的核心组件有 Client、Hmaster、HRegionServer 和 ZooKeeper 集群协调系统

等,最核心的是 HMaster 和 HRegionServer,HMaster 是 HBase 的主节点,HRegionServer 是从节点。HBase 必须依赖于 ZooKeeper 集群。

1)Client

访问 HBase 的接口,并维护 Cache 来加快对 HBase 的访问,例如 Region 的位置信息。

2)HMaster

(1)管理 HRegionServer,实现其负载均衡。

(2)管理和分配 HRegion,例如在 HRegion split 时分配新的 HRegion;在 HRegionServer 退出时迁移其内的 HRegion 到其他 HRegionServer 上。

(3)实现 DDL 操作(Data Definition Language,namespace 和 table 的增删改,column family 的增删改等)。

(4)管理 namespace 和 table 的元数据(实际存储在 HDFS 上)。

(5)权限控制(ACL)。

3)HRegionServer

(1)存放和管理本地 HRegion。

(2)读写 HDFS,管理 Table 中的数据。

(3)Client 直接通过 HRegionServer 读写数据(从 HMaster 中获取元数据,找到 RowKey 所在的 HRegion/HRegionServer 后)。

4)ZooKeeper 集群协调系统

(1)存放整个 HBase 集群的元数据及集群的状态信息。

(2)实现 HMaster 主从节点的 failover。

HBase Client 通过 RPC 方式和 HMaster、HRegionServer 通信,一个 HRegionServer 可以存放 1000 个 HRegion,底层 Table 数据存储在 HDFS 中,而 HRegion 所处理的数据尽量和数据所在的 DataNode 在一起,实现数据的本地化。

3.3.2　HBase 数据结构和表详解

HBase 数据表由行键、列族组成,行键可以认为是数据库的主键,一个列族下面可以有多个列,并且列可以动态地增加,这是 HBase 的优势,本身就是一个列式存储的数据库,这点和 MySQL 关系数据库不一样,MySQL 一旦列固定了,就不能动态增加了。这点 HBase 非常灵活,可以根据业务需要动态地创建一个列。下面我们看一下表结构都由什么组成。

1. 行键 Row Key

主键用来检索记录的主键,访问 HBase Table 中的行。

2. 列族 ColumnFamily

Table 在水平方向由一个或者多个 ColumnFamily 组成,一个 ColumnFamily 可以由任意多个 Column 组成,即 ColumnFamily 支持动态扩展,无须预先定义 Column 的数量及类型,所有 Column 均以二进制格式存储,用户需要自行进行类型转换。

3. 列 column

由 HBase 中的列族 ColumnFamily ＋ 列的名称(cell)组成列。

4. 单元格 cell

HBase 中通过 row 和 columns 确定列,一个存储单元称为 cell。

5. 版本 version

每个 cell 都保存着同一份数据的多个版本,版本通过时间戳来索引,默认 3 个版本。

下面是一个 HBase 数据结构表实例,如表 3.1 所示。

表 3.1　HBase 表结构说明

rowkey(行键)	name(名称,单个列的列族)	kcsaleinfo(课程出售信息,多个列的列族)	
	kcname(课程名称)	price	issale
kc61800001	机器学习	6998 元	1.0 version(版本) 2.0 3.0

此例表中有一条数据,rowkey 主键是 kc61800001,两个列族,一个是 name,它只有一个列 kcname;另一个是 kcsaleinfo,有两个列 price 和 issale。这是一个具体的例子,下面我们看看 HBase 如何安装部署。

3.3.3　HBase 安装部署

HBase 相对 Hadoop 来说安装比较简单,由于它依赖 ZooKeeper 集群,所以安装 HBase 之前需要事先安装好 ZooKeeper 集群。下面我们看一下 HBase 的安装步骤。

1. 先修改 Hadoop 的配置

```
# 修改 etc/hadoop/hdfs - site.xml 里面的 xcievers 参数,至少为 4096
vim etc/hadoop/hdfs - site.xml
< property >
< name > dfs. datanode. max. xcievers </name >
< value > 4096 </value >
</property >
```

完成后,重启 Hadoop 的 HDFS 系统。

2. HBase 修改部分

```
# 上传并解压 hbase 的 tar 包,修改 3 个配置文件
hbase/conf/hbase - env. sh
hbase/conf/hbase - site. xml
hbase/conf/regionservers
```

1）修改 hbase-env.sh 文件配置

```
vim hbase/conf/hbase - env.sh
#注意:HBASE_MANAGES_ZK 为 true 是 HBase 托管的 ZooKeeper.我们使用自己的 5 台 ZooKeeper,
#需要设置为 false
export JAVA_HOME = /usr/local/Java/jdk
export HBASE_MANAGES_ZK = false
export HBASE_HEAPSIZE = 8096
```

HBase 对于内存要求很高,在硬件允许的情况下配足够多的内存供它使用。HBASE_
HEAPSIZE 默认 1GB,当数据量大的时候宕机频率很高。改成 8GB 基本上就很稳定了。

2）修改配置文件 hbase-site.xml

```
vim /home/hadoop/software/hbase/conf/hbase - site.xml
#另外就是 NameNode HA 模式需要把 Hadoop 的 hdfs - site.xml 复制到 hbase/conf 下,否则
#报错,ai 找不到主机名
< configuration >
< property >
< name > hbase.rootdir </name >
< value > hdfs://ai/hbase/</value >
</property >
< property >
< name > hbase.cluster.distributed </name >
< value > true </value >
</property >
< property >
< name > hbase.zookeeper.property.clientPort </name >
< value > 2181 </value >
</property >
< property >
< name > hbase.zookeeper.quorum </name >
< value > data1,data2,data3,data4,data5 </value >
</property >
< property >
< name > hbase.master.maxclockskew </name >
< value > 200000 </value >
</property >
< property >
< name > hbase.tmp.dir </name >
< value >/home/hadoop/software/hbase - 0.98.8 - hadoop2/tmp </value >
</property >
< property >
< name > zookeeper.session.timeout </name >
< value > 1200000 </value >
</property >
< property >
< name > hbase.regionserver.handler.count </name >
```

```
< value > 50 </value >
</property >
< property >
< name > hbase. client. write. buffer </name >
< value > 8388608 </value >
</property >
</configuration >
```

3）修改配置文件 regionservers

vim hbase/conf/regionservers

加入节点的主机名：

```
data1
data2
data3
data4
data5
```

HBase 配置文件都修改好了，scp 到其他节点：

scp – r hbase hadoop@data2：/home/hadoop/software/

在任意一台启动 HBase：

/home/hadoop/software/hbase/bin/start – hbase. sh

然后看一下启动情况：

登录 hbase shell，输入 status 查看集群状态。

单独启动一个 HMaster 进程：bin/hbase-daemon. sh start master

停止：bin/hbase-daemon. sh stop master

单独启动一个 HRegionServer 进程：bin/hbase-daemon. sh start regionserver

停止：bin/hbase-daemon. sh stop regionserver

Hbase 的启动常见错误：

```
org. apache. hadoop. hbase. TableExistsException: hbase:namespace
    at org. apache. hadoop. hbase. master. handler. CreateTableHandler. prepare (CreateTableHandler.
Java:133)
    at org. apache. hadoop. hbase. master. TableNamespaceManager. createNamespaceTable (TableNam-
espaceManager. Java:232)
    at org. apache. hadoop. hbase. master. TableNamespaceManager. start (TableNamespaceManager.
Java:86)
    at org. apache. hadoop. hbase. master. HMaster. initNamespace(HMaster. Java:1063)
    at org. apache. hadoop. hbase. master. HMaster. finishInitialization(HMaster. Java:942)
    at org. apache. hadoop. hbase. master. HMaster. run(HMaster. Java:613)
    at Java. lang. Thread. run(Thread. Java:745)
```

错误原因：

ZooKeeper 里的/hbase 目录已经存在。

解决：登录 ZooKeeper 并删除/hbase 目录，HBase 启动的时候会自动创建这个目录。

```
/home/hadoop/software/zookeeper-3.4.6/bin/zkCli.sh -server 172.172.0.11:2181
[zk: 172.172.0.11:2181(CONNECTED) 0] ls /
[configs, zookeeper, overseer, aliases.json, live_nodes, collections, overseer_elect,
security.json,
hadoop-ha, clusterstate.json, hbase]
#删除目录:
rmr /hbase
```

3. HBase 的 Web 界面

HBase 的 Web 界面，默认是 60010 端口：http://ip:60010/

从这个 Web 界面可以比较方便地看到有几个 RegionServer 节点，以及每个节点内存消耗情况，还有其他很多信息。如果少了 RegionServer 节点，我们可以认为那个节点出问题了，需要我们手动地去启动 RegionServer 服务并查看问题的原因。HBase 的 Web 界面如图 3.3 所示。

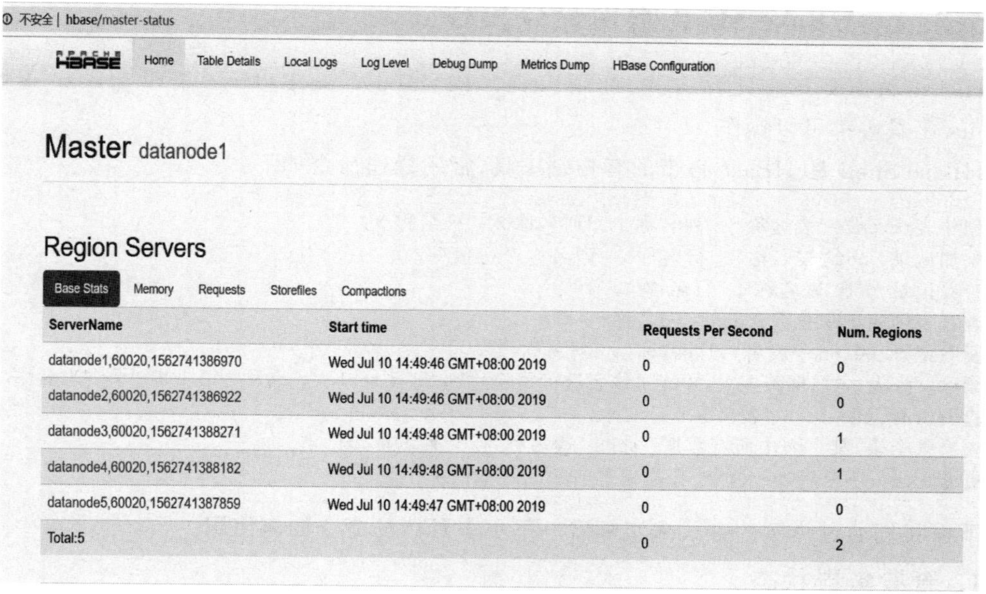

不安全 | hbase/master-status
Home
Table Details
Local Logs
Log Level
Debug Dump
Metrics Dump
HBase Configuration
Master datanode1
Region Servers
Base Stats
Memory
Requests
Storefiles
Compactions
ServerName
Start time
Requests Per Second
Num. Regions
datanode1,60020,1562741386970
Wed Jul 10 14:49:46 GMT+08:00 2019
0
0
datanode2,60020,1562741386922
Wed Jul 10 14:49:46 GMT+08:00 2019
0
0
datanode3,60020,1562741388271
Wed Jul 10 14:49:48 GMT+08:00 2019
0
1
datanode4,60020,1562741388182
Wed Jul 10 14:49:48 GMT+08:00 2019
0
1
datanode5,60020,1562741387859
Wed Jul 10 14:49:47 GMT+08:00 2019
0
0
Total:5
0
2

图 3.3 HBase 的 Web 界面

通过内存消耗情况 Tab 页，能方便地知道每个节点 Heap 内存消耗情况，如果使用的 Used Heap 将要超过 Max Heap，我们需要关注是否需要修改配置而把 Max Heap 调大，说明现有的配置已经不够用了。另外，需要查看程序是否可以进行优化来减小内存的消耗。HBase 内存消耗的 Web 界面如图 3.4 所示。

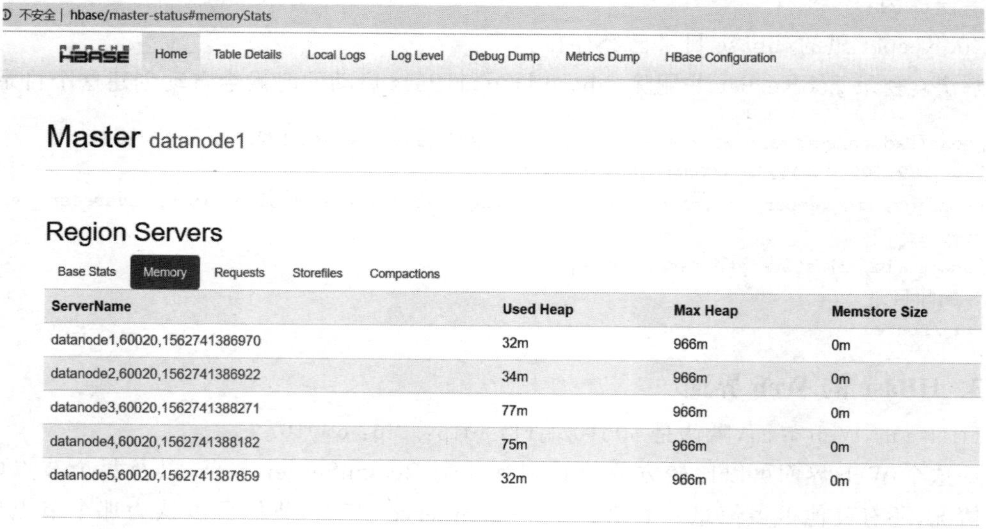

图 3.4　HBase 内存消耗的 Web 界面

3.3.4　HBase Shell 常用命令操作

HBase 数据交互有几种方式，调用 Java API、HBase Shell、Hive 集成 HBase 查询和 Phoenix 工具等都可以操作。

HBase Shell 是 HBase 自带的客户端工具，常用操作命令如下：

创建表：create '表名称', '列名称 1','列名称 2','列名称 N'
添加记录：put '表名称', '行名称', '列名称:', '值'
查看记录：get '表名称', '行名称'
查看表中的记录总数：count '表名称'
删除记录：delete '表名','行名称', '列名称'
删除一张表：先要屏蔽该表，才能对该表进行删除，第一步 disable '表名称'；第二步 drop '表名称'
查看所有记录：scan "表名称"
查看某个表，某个列中所有数据：scan "表名称", ['列名称:']
更新记录：还是用 put 命令，会覆盖之前的老版本记录

下面我们通过举例的方式来实际看一下更多具体的命令如何使用。

1. 查看集群状态

```
hbase(main):002:0 > status
5 servers, 0 dead, 0.4000 average load
```

2. 查看 HBase 版本

```
version
```

3. 创建一个表

```
#格式：create 表名,列族 1,列族 2…列族 N
create 'chongdianleme_kc','kcname','saleinfo'
```

运行结果：

```
hbase(main):106:0 > create 'chongdianleme_kc','kcname','saleinfo'
0 row(s) in 0.3710 seconds
= > Hbase::Table - chongdianleme_kc
```

4. 查看表描述

```
describe 'chongdianleme_kc'
hbase(main):002:0 > describe 'chongdianleme_kc'
Table chongdianleme_kc is ENABLED
COLUMN FAMILIES DESCRIPTION
{NAME = > 'kcname', BLOOMFILTER = > 'ROW', VERSIONS = > '1', IN_MEMORY = > 'false', KEEP_DELETED_
CELLS = > 'FALSE', DATA_BLOCK_ENCODING = > 'NONE', TTL = > 'F
OREVER', COMPRESSION = > 'NONE', MIN_VERSIONS = > '0', BLOCKCACHE = > 'true', BLOCKSIZE = >
'65536', REPLICATION_SCOPE = > '0'}
{NAME = > 'saleinfo', BLOOMFILTER = > 'ROW', VERSIONS = > '1', IN_MEMORY = > 'false', KEEP_
DELETED_CELLS = > 'FALSE', DATA_BLOCK_ENCODING = > 'NONE', TTL = >
'FOREVER', COMPRESSION = > 'NONE', MIN_VERSIONS = > '0', BLOCKCACHE = > 'true', BLOCKSIZE = >
'65536', REPLICATION_SCOPE = > '0'}
2 row(s) in 0.1610 seconds
```

5. 删除一个列族

```
#先关闭,再更新,然后再打开
disable 'chongdianleme_kc'
alter'chongdianleme_kc',NAME = >'kcname',METHOD = >'delete'
enable 'chongdianleme_kc'
hbase(main):004:0 > alter'chongdianleme_kc',NAME = >'kcname',METHOD = >'delete'
Updating all regions with the new schema…
1/1 regions updated.
Done.
0 row(s) in 1.2900 seconds
```

6. 列出所有表

```
list
hbase(main):108:0 > list
TABLE
chongdianleme_kc
1 row(s) in 0.0060 seconds
["chongdianleme_kc"]
```

7. 删除一个表

```
#先关闭,再删除
disable 'chongdianleme_kc'
drop 'chongdianleme_kc'
```

如果直接 drop 会提示并报错：

```
hbase(main):010:0> drop 'chongdianleme_kc'
ERROR: Table chongdianleme_kc is enabled. Disable it first.'
Here is some help for this command:
Drop the named table. Table must first be disabled:
  hbase> drop 't1'
  hbase> drop 'ns1:t1'
```

8. 查询表是否存在

```
exists 'chongdianleme_kc'
```

9. 判断表是否 enable

```
is_enabled 'chongdianleme_kc'
```

10. 判断表是否 disable

```
is_disabled 'chongdianleme_kc'
```

11. 插入数据

```
#在列族中插入数据,格式:put 表名,行键 id,列族名:列名,值
create 'chongdianleme_kc','kcname','saleinfo'

put 'chongdianleme_kc','kc61800001','kcname:name','大数据开发'
put 'chongdianleme_kc','kc61800001','saleinfo:price','2888'
put 'chongdianleme_kc','kc61800001','saleinfo:issale','1'

put 'chongdianleme_kc','kc61800002','kcname:name','Java 教程'
put 'chongdianleme_kc','kc61800002','saleinfo:price','199'
put 'chongdianleme_kc','kc61800002','saleinfo:issale','0'

put 'chongdianleme_kc','kc61800003','kcname:name','Python 编程教程'
put 'chongdianleme_kc','kc61800003','saleinfo:price','99'
put 'chongdianleme_kc','kc61800003','saleinfo:issale','1'

put 'chongdianleme_kc','kc61800006','kcname:name','深度学习'
put 'chongdianleme_kc','kc61800006','saleinfo:price','3999'
put 'chongdianleme_kc','kc61800006','saleinfo:issale','1'
```

```
put 'chongdianleme_kc', 'kc61800007', 'kcname:name', '推荐系统'
put 'chongdianleme_kc', 'kc61800007', 'saleinfo:price', '2999'
put 'chongdianleme_kc', 'kc61800007', 'saleinfo:issale', '1'

put 'chongdianleme_kc', 'kc61800008', 'kcname:name', '机器学习'
put 'chongdianleme_kc', 'kc61800008', 'saleinfo:price', '2800'
put 'chongdianleme_kc', 'kc61800008', 'saleinfo:issale', '1'

put 'chongdianleme_kc', 'kc61800009', 'kcname:name', 'TensorFlow 教程'
put 'chongdianleme_kc', 'kc61800009', 'saleinfo:price', '888'
put 'chongdianleme_kc', 'kc61800009', 'saleinfo:issale', '1'

put 'chongdianleme_kc', 'kc61800010', 'kcname:name', '安卓开发教程'
put 'chongdianleme_kc', 'kc61800010', 'saleinfo:price', '88'
put 'chongdianleme_kc', 'kc61800010', 'saleinfo:issale', '0'

put 'chongdianleme_kc', 'kc20000099', 'kcname:name', 'Go 语言'
put 'chongdianleme_kc', 'kc20000099', 'saleinfo:price', '99'
put 'chongdianleme_kc', 'kc20000099', 'saleinfo:issale', '0'
```

12. 获取一个 id 的所有数据

```
get 'chongdianleme_kc', 'kc61800001'
hbase(main):185:0 * get 'chongdianleme_kc', 'kc61800001'
COLUMN CELL
kcname:name timestamp = 1562812596745, value = \xE5\xA4\xA7\xE6\x95\xB0\xE6\x8D\xAE\xE5\xBC\x80\xE5\x8F\x91
saleinfo:issale timestamp = 1562812596808, value = 1
saleinfo:price timestamp = 1562812596787, value = 2888
3 row(s) in 0.0330 seconds
```

13. 获取一个 id，一个列族的所有数据

```
get 'chongdianleme_kc', 'kc61800001', 'saleinfo'
hbase(main):186:0 > get 'chongdianleme_kc', 'kc61800001', 'saleinfo'
COLUMN CELL
saleinfo:issale timestamp = 1562812596808, value = 1
saleinfo:price timestamp = 1562812596787, value = 2888
2 row(s) in 0.0100 seconds
```

14. 获取一个 id，一个列族中一个列的所有数据

```
get 'chongdianleme_kc', 'kc61800001', 'saleinfo:price'
hbase(main):187:0 > get 'chongdianleme_kc', 'kc61800001', 'saleinfo:price'
COLUMN CELL
saleinfo:price timestamp = 1562812596787, value = 2888
```

1 row(s) in 0.0100 seconds

15. 更新一条记录

＃给 rowId 重新 put 即可
＃默认保留最近 3 个版本的数据，更新后展示最新版本的数据，但之前两个版本的数据还是能够查询
＃到，只是默认不显示出来而已
put 'chongdianleme_kc', 'kc61800001', 'saleinfo:price', '6000'

16. 通过 timestamp 来获取指定版本的数据

＃先看一下这条数据时间戳 get 'chongdianleme_kc','kc61800001','saleinfo:price'
＃然后查找指定这个时间的数据
get 'chongdianleme_kc','kc61800001',{COLUMN = >'saleinfo:price',TIMESTAMP = > 1562809654418}
get 'chongdianleme_kc','kc61800001',{COLUMN = >'saleinfo:price', VERSIONS = > 3}

17. 全表扫描

```
scan 'chongdianleme_kc'
hbase(main):188:0 > scan 'chongdianleme_kc'
ROW COLUMN + CELL
kc20000099 column = kcname:name, timestamp = 1562812597085, value = go\xE8\xAF\xAD\xE8\xA8\x80
kc20000099 column = saleinfo:issale, timestamp = 1562812597107, value = 0
kc20000099 column = saleinfo:price, timestamp = 1562812597097, value = 99
kc61800001 column = kcname:name, timestamp = 1562812596745, value = \xE5\xA4\xA7\xE6\x95\xB0\
xE6\x8D\xAE\xE5\xBC\x80\xE5\x8F\x91
kc61800001 column = saleinfo:issale, timestamp = 1562812596808, value = 1
kc61800001 column = saleinfo:price, timestamp = 1562812596787, value = 2888
kc61800002 column = kcname:name, timestamp = 1562812596827, value = Java\xE6\x95\x99\xE7\xA8\x8B
kc61800002 column = saleinfo:issale, timestamp = 1562812596851, value = 0
kc61800002 column = saleinfo:price, timestamp = 1562812596839, value = 199
kc61800003 column = kcname:name, timestamp = 1562812596866, value = python\xE7\xBC\x96\xE7\
xA8\x8B\xE6\x95\x99\xE7\xA8\x8B
kc61800003 column = saleinfo:issale, timestamp = 1562812596890, value = 1
kc61800003 column = saleinfo:price, timestamp = 1562812596877, value = 99
kc61800006 column = kcname:name, timestamp = 1562812596906, value = \xE6\xB7\xB1\xE5\xBA\xA6\
xE5\xAD\xA6\xE4\xB9\xA0
kc61800006 column = saleinfo:issale, timestamp = 1562812596926, value = 1
kc61800006 column = saleinfo:price, timestamp = 1562812596917, value = 3999
kc61800007 column = kcname:name, timestamp = 1562812596944, value = \xE6\x8E\xA8\xE8\x8D\x90\
xE7\xB3\xBB\xE7\xBB\x9F
kc61800007 column = saleinfo:issale, timestamp = 1562812596963, value = 1
kc61800007 column = saleinfo:price, timestamp = 1562812596954, value = 2999
kc61800008 column = kcname:name, timestamp = 1562812596978, value = \xE6\x9C\xBA\xE5\x99\xA8\
xE5\xAD\xA6\xE4\xB9\xA0
kc61800008 column = saleinfo:issale, timestamp = 1562812596998, value = 1
kc61800008 column = saleinfo:price, timestamp = 1562812596988, value = 2800
```

```
kc61800009 column = kcname:name, timestamp = 1562812597012, value = TensorFlow\xE6\x95\x99\
xE7\xA8\x8B
kc61800009 column = saleinfo:issale, timestamp = 1562812597031, value = 1
kc61800009 column = saleinfo:price, timestamp = 1562812597022, value = 888
kc61800010 column = kcname:name, timestamp = 1562812597047, value = \xE5\xAE\x89\xE5\x8D\x93\
xE5\xBC\x80\xE5\x8F\x91\xE6\x95\x99\xE7\xA8\x8B
kc61800010 column = saleinfo:issale, timestamp = 1562812597068, value = 0
kc61800010 column = saleinfo:price, timestamp = 1562812597056, value = 88
9 row(s) in 0.0320 seconds
```

18. 删除 id 为 kc61800001 的值的 'saleinfo：price' 字段

```
delete 'chongdianleme_kc', 'kc61800001', 'saleinfo:price'
hbase(main):189:0 > delete 'chongdianleme_kc', 'kc61800001', 'saleinfo:price'
0 row(s) in 0.0390 seconds
```

19. 删除整行

```
deteleall 'chongdianleme_kc', 'kc61800001'
```

20. 查询表中有多少行

```
count 'chongdianleme_kc'
hbase(main):190:0 > count 'chongdianleme_kc'
9 row(s) in 0.0250 seconds
9
```

21. 将整张表清空

```
# 实际执行过程:HBase 先将表 disable,然后 drop,最后重建表来实现 truncate 的功能
truncate 'chongdianleme_kc'
```

3.3.5 HBase 客户端类 SQL 工具 Phoenix

Phoenix 是构建在 HBase 上的一个 SQL 层,能让我们用标准的 JDBC API 而不是 HBase 客户端 API 来创建表,插入数据和对 HBase 数据进行查询。Phoenix 完全使用 Java 编写,作为 HBase 内嵌的 JDBC 驱动。Phoenix 查询引擎会将 SQL 查询转换为一个或多个 HBase Scan,并编排执行以生成标准的 JDBC 结果集。简单来说有点像 Hive SQL 解析成 MapReduce。这比使用 HBase Shell 命令方便多了。

1. Phoenix 安装部署

1)解压安装 Phoenix

Phoenix 是一个压缩包,是一个客户端,首先需要解压缩出来。

2）复制依赖的 jar 包

```
＃复制 phoenix 安装目录下的
phoenix - core - 4.6.0 - HBase - 0.98.jar
phoenix - 4.6.0 - HBase - 0.98 - client.jar
phoenix - 4.6.0 - HBase - 0.98 - server.jar
＃到各个 hbase 的 lib 目录下
```

3）配置文件修改

将 HBase 的配置文件 hbase-site. xml 放到 phoenix-4. 6. 0-bin/bin/目录下，替换 Phoenix 原来的配置文件。

4）权限修改

```
＃切换到 phoenix - 4.6.0 - HBase - 0.98/bin/ 下
cd phoenix - 4.6.0 - HBase - 0.98/bin/
＃修改 psql.py 和 sqlline.py 的权限为 777
chmod 777 psql.py
chmod 777 sqlline.py
```

5）登录 phoenix 客户端控制台进行操作

在 phoenix-4. 6. 0-bin/bin/下输入命令：

```
./sqlline.py localhost
```

启动客户端控制台。

2. Phoenix SQL

1）创建表

```
create table test (id varchar primary key, name varchar, age integer );
```

HBase 是区分大小写的，Phoenix 默认把 SQL 语句中的小写转换成大写，再建表，如果不希望转换，需要将表名和字段名等使用引号。HBase 默认 Phoenix 表的主键对应到 ROW，column family 名为 0，也可以在建表的时候指定 column family，创建表后使用 HBase Shell 也可以看到此表。

2）插入数据

```
upsert into test(id, name, age) values('000001', 'liubei', 43);
```

3）查询

```
select * from chongdianleme_kc;
select count(1) from chongdianleme_kc;
select cmtid, count(1) as num from chongdianleme_kc group by issale order by num desc;
```

和 Phoenix SQL 客户端类似的还有 Presto、Impala 和 Spark SQL 等，只是 Phoenix 是专门针对 HBase 的。

3.3.6　Hive 集成 HBase 查询数据

Hive 集成 HBase 查询数据,通过 Hive 建一个到 HBase 的映射表,然后写 Hive SQL 来对 HBase 的数据进行统计分析,并且这种方式可以方便地和其他的 Hive 表做关联查询,或者做更复杂的统计。

1. 安装部署

```
#首先编辑 $HIVE_HOME/conf/hive-site.xml,添加如下
<property>
<name>hive.zookeeper.quorum</name>
<value>datanode1,datanode2,datanode3,datanode4,datanode5</value>
</property>
#然后将 $HBASE_HOME/lib 下的如下 jar 包复制到 $HIVE_HOME/auxlib 目录下
hbase-client-0.98.1-hadoop2.jar
hbase-common-0.98.1-hadoop2.jar
hbase-hadoop-compat-0.98.1-hadoop2.jar
hbase-protocol-0.98.1-hadoop2.jar
hbase-server-0.98.1-hadoop2.jar
htrace-core-2.04.jar

#环境搭建好了就可以创建 Hive 表了
#如果 HBase 表字段存储的是 long 行的字节码则 Hive 表必须使用 bigint
#登录 Hive 客户端建议设置以下参数
set hbase.client.scanner.caching = 3000;
set mapred.map.tasks.speculative.execution = false;
set mapred.reduce.tasks.speculative.execution = false;
```

2. 创建课程商品 Hive 表并映射到 HBase 表

```
#需要多一个 row_key 字段,指定 Hive 字段到 HBase 字段的映射,字段名字可以不同
create external table if not exists chongdianleme_kc(
row_key string,
kcname string,
price string,
issale string
)
STORED BY 'org.apache.hadoop.hive.hbase.HBaseStorageHandler'
WITH SERDEPROPERTIES (
"hbase.columns.mapping" = "
kcname:name,
saleinfo:price,
saleinfo:issale
")
TBLPROPERTIES("hbase.table.name" = "chongdianleme_kc");
```

登录 Hive 的客户端便可以查询 chongdianleme_kc 表的数据了。使用这种方式来查询 HBase 数据比较方便。

3.3.7　HBase 升级和数据迁移

HBase 在使用过程中由于版本更新有时需要升级，升级之前 HBase 已经有数据了，这时候需要把之前的数据迁移到新版本上，下面给出一种数据迁移的方式，步骤如下：

1. 备份 HBase 表数据

```
＃进入 hbase/bin 目录下，导出 HBase 数据到 Hadoop 的 HDFS
./hbase org.apache.hadoop.hbase.mapreduce.Driver export chongdianleme_kc hdfs://ai/hbase_
backup/chongdianleme_kc
```

2. 备份 HBase 在 HDFS 上的目录

```
hadoop fs - mv /hbase /hbase_backup_old
```

3. 将 ZooKeeper 中的 HBase 数据删除

```
＃登录/home/hadoop/software/zookeeper/bin/zkCli.sh - server localhost
ls /
rmr /hbase
```

4. 升级导入备份的 HDFS 数据

```
＃注意导入前需建好 HBase 表
./hbase org.apache.hadoop.hbase.mapreduce.Driver import chongdianleme_kc hdfs://ai/hbase_
backup/chongdianleme_kc
```

这种迁移方式的好处是可以保证不同版本的兼容性。

3.4　Sqoop 数据 ETL 工具实战

Sqoop 是一个数据处理的工具，用来从别的数据库导入数据到 Hadoop 平台，也可以从 Hadoop 导出到其他数据库平台，在搭建大数据平台数据仓库的时候，这是被经常使用的一个工具。

3.4.1　Sqoop 原理和功能介绍

Sqoop 是一个用来将 Hadoop 和关系型数据库中的数据相互转移的工具，可以将一个关系型数据库（例如：MySQL，Oracle，Postgres 等）中的数据导入 Hadoop 的 HDFS 中，也可以将 HDFS 的数据导入关系型数据库中。

Sqoop 是一个数据处理工具客户端 jar 包,不需要启动单独的服务进程。在 Sqoop 迁移数据的时候会将 Sqoop 的脚本命令转换成 Hadoop 分布式计算引擎 MapReduce 程序,以分布式的方式并行导入导出数据。例如从 MySQL 导入 Hive,它可以把 MySQL 数据根据某个字段拆分成多份数据并行往 Hadoop 上写数据,性能比较高。主要特点是利用了 Hadoop 的分布式计算引擎原理。

因为它本身是一个客户端,所以不需要每台服务器都安装,在哪台服务器用就在哪台服务器上安装,安装非常简单,解压了就能用,步骤如下:

```
# 上传 sqoop - 1. * - cdh. * *.tar.gz 到
/home/hadoop/software/
# 解压后将名字改为和环境变量的目录名称一致,不配置环境变量而用绝对目录也可以
mv sqoop - 1. * . - cdh * sqoop
# 如果配置环境变量,直接输入 sqoop 命令
vim /etc/profile
# 加入
export SQOOP_HOME = /home/hadoop/software/sqoop
# 然后输入 :wq 保存,让环境变量生效
source /etc/profile
# 把 mysql - connector - Java - *.jar 复制到 /home/hadoop/software/sqoop/lib 中
# 如果导出导入用到了这个 jar 包,则会自动从这个目录扫描找到它
```

3.4.2 Sqoop 常用操作

Sqoop 最常用的操作就是从关系数据库 MySQL 导出数据到 Hadoop,再就是从 Hadoop 导出数据到 MySQL,输入 sqoop help 就可以看到它的命令参数:

```
Available commands:
  codegen               //生成代码与数据库中的记录进行交互
  create - hive - table  //创建 hive 表
  eval                  //执行一个 SQL 语句并显示结果
  export                //导出 rdbms 数据到 hdfs 上
  help                  //使用 sqoop 命令的帮助
  import                //导入 rdbms 数据到 hdfs 上
  import - all - tables  //导入 rdbms 指定数据库所有的表数据到 hdfs 上
  job                   //sqoop 的作业,可创建作业、执行作业和删除作业
  list - databases      //通过 sqoop 的这个命令列出 jdbc 连接地址中所有的数据库
  list - tables         //通过 sqoop 的这个命令列出 jdbc 连接地址数据库中所有的表
  merge                 //合并增量数据
  metastore             //运行 sqoop 的元存储
  version               //查看 sqoop 的版本
```

我们用实例演示一下具体的操作命令:

```
# 首先创建 MySQL 数据库和表结构
# 在 MySQL 创建充电了么 utf8 格式数据库
```

```
CREATE DATABASE chongdianleme DEFAULT CHARACTER SET utf8 COLLATE utf8_general_ci;
# 创建课程日志表
CREATE TABLE 'ods_kc_fact_clicklog' (
    'userid' varchar(36) NOT NULL,
    'kcid' varchar(100) NOT NULL,
    'time' varchar(100) NOT NULL
) ENGINE = InnoDB DEFAULT CHARSET = utf8;
# 如果课程表存在, 先删除
DROP TABLE IF EXISTS 'ods_kc_dim_product';
# 创建课程表
CREATE TABLE 'ods_kc_dim_product' (
    'kcid' varchar(36) NOT NULL,
    'kcname' varchar(100) NOT NULL,
    'price' float DEFAULT '0',
    'issale' varchar(1) NOT NULL,
    PRIMARY KEY ('kcid')
) ENGINE = InnoDB DEFAULT CHARSET = utf8;
```

下面分别演示导出 Hadoop 数据到 MySQL 和从 MySQL 导入 Hadoop。

1. 导出 Hadoop 数据到 MySQL

1）在不带主键的情况下，增量导入课程日志数据到 MySQL，相当于追加数据

```
# 脚本命令如下：
sqoop export -- connect " jdbc:mysql://106.12.200.196:3306/chongdianleme? useUnicode =
true&characterEncoding = utf8&allowMultiQueries = true" -- username root -- password
chongdianleme888 - m 8 -- table ods_kc_fact_clicklog -- export - dir /ods/kc/fact/ods_kc_
fact_clicklog/ -- input - fields - terminated - by '\001';
# -- table 是要导入 MySQL 的表名
# -- export - dir 是要从哪个 HDFS 目录导出
# -- input - fields - terminated - by HDFS 目录数据的列分隔符
# - m 指定跑几个 map, 这个不需要 reduce, 只用 map 就行

# 最后看一下 MySQL 是不是把数据导出成功了
select * from ods_kc_fact_clicklog;
```

2）在有主键的情况下，用 update＋insert 方式导出数据

上面的追加数据因为没有主键，所以追加数据不会报错。如果有主键，当主键重复了肯定会报错，所以在这种情况下应该是已经存在这个主键就更新这条记录，不存在就插入。

```
sqoop export -- connect " jdbc:mysql://106.12.200.196:3306/chongdianleme? useUnicode =
true&characterEncoding = utf8&allowMultiQueries = true" -- username root -- password
chongdianleme888 - m 8 -- table ods_kc_dim_product -- export - dir /ods/kc/dim/ods_kc_dim_
product/ -- input - fields - terminated - by '\001' -- update - key kcid -- update - mode
allowinsert;

# 解决中文乱码问题, 在数据库名字后面加上
```

```
?useUnicode = true&characterEncoding = utf8&allowMultiQueries = true"

# -- table 是要导入 MySQL 的表名
# -- export - dir 是要从哪个 HDFS 目录导出
# -- input - fields - terminated - by HDFS 目录数据的列分隔符
# - m 指定跑几个 map,这个不需要 reduce,只用 map 就行
# -- update - key 指定更新 mysql 表的主键
# -- update - mode allowinsert 有新的数据是否允许插入,默认不插入,只更新

# 看一下 MySQL 数据
select * from ods_kc_dim_product;
```

2. 从 MySQL 导入数据到 Hadoop

```
# 首先创建 Hive 表
create EXTERNAL table IF NOT EXISTS ods_kc_dim_product_import(kcid string,kcname string,price
float ,issale string)
ROW FORMAT DELIMITED FIELDS
TERMINATED BY '\001'
stored as textfile
location '/ods/kc/dim/ods_kc_dim_product_import/';
```

Hive 的数据还是存储在 HDFS 上,我们可以将数据直接导入 Hive 存储的指定目录下,也可以用指定 Hive 表名的方式导入。

1) 全量导入

```
# 导入前,先把 HDFS 上的数据删除,然后按如下脚本导入
sqoop import -- connect " jdbc: mysql://106. 12. 200. 196:3306/chongdianleme? useUnicode =
true&characterEncoding = utf8&allowMultiQueries = true" -- username root -- password
'chongdianleme888' -- query 'SELECT kcid, kcname, price, issale FROM ods_kc_dim_product where
price > 1000 and $ CONDITIONS' -- split - by kcid - m 8 -- target - dir /ods/kc/dim/ods_kc_dim_
product_import/ -- delete - target - dir -- fields - terminated - by '\001';

# -- query 可以是任意 SQL 语句,可关联多个表,但列和 HDFS 要对应上. $ CONDITIONS 是固定语法,
必须有
# -- split - by 跑分布式多个 map 的时候,根据 MySQL 表的哪个字段来拆分多块数据
# - m 跑几个 map
# -- target - dir 存到 HDFS 的那个目录下
# -- delete - target - dir 导入前删除 HDFS 上之前的数据
-- fields HDFS 或 Hive 表的字段分隔符
# 最后看一下导入的数据
select * from ods_kc_dim_product_import;
```

2) 增量导入

```
# 指定 append 参数来追加数据
sqoop import -- connect " jdbc: mysql://106. 12. 200. 196:3306/chongdianleme? useUnicode =
```

```
true&characterEncoding = utf8&allowMultiQueries = true" -- username root -- password
'chongdianleme888' -- query 'SELECT kcid, kcname, price, issale FROM ods_kc_dim_product where
price <= 1000 and $ CONDITIONS' -- split - by kcid -m 8 -- target - dir /ods/kc/dim/ods_kc_dim
_product_import/ -- append -- fields - terminated - by '\001';
# -- query 可以是任意 SQL 语句,可关联多个表,但列和 HDFS 要对应上. $ CONDITIONS 是固定语
#法,必须有
# -- split - by 跑分布式多个 map 的时候,根据 MySQL 表的哪个字段来拆分多块数据
# -m 跑几个 map
# -- target - dir 存到 HDFS 的那个目录下
# -- append 追加方式
# -- fields HDFS 或 Hive 表的字段分隔符
#看一下导入的 Hive 数据表
select * from ods_kc_dim_product_import;
```

以上我们列举了 MySQL 和 Hadoop 之间的导入导出常用命令,基本覆盖了常用的使用场景。对于一些复杂的数据处理任务,脚本满足不了的,一般是写程序自定义开发大数据平台做数据处理,Spark 是常用的框架,当然 Spark 不仅仅可以做数据处理,还有很多强大的功能,例如 Spark Streaming 的实时流处理应用、Spark SQL 的即时查询、MLlib 的机器学习和 GraphX 的图计算等,Spark 是一个完整的生态,下面我们讲解一下 Spark,同时也为我们后面章节讲解 Spark 分布式机器学习打基础。

3.5 Spark 基础

Spark 是用于大规模数据处理的统一分析引擎,一个可以实现快速通用的集群计算平台。它是由加州大学伯克利分校 AMP 实验室开发的通用内存并行计算框架,用来构建大型的、低延迟的数据分析应用程序。它扩展了广泛使用的 MapReduce 计算模型。高效地支撑更多计算模式,包括交互式查询和流处理。Spark 的一个主要特点是能够在内存中进行计算,及时依赖磁盘进行复杂的运算,Spark 依然比 MapReduce 更加高效。Spark 同时也是一个分布式机器学习平台。

3.5.1 Spark 原理和介绍

Apache Spark 是专为大规模数据处理而设计的快速通用的计算引擎。Spark 拥有 Hadoop MapReduce 所具有的优点,但不同于 MapReduce 的是 Job 中间输出结果可以保存在内存中,从而不再需要读写 HDFS,因此 Spark 能更好地适用于数据挖掘与机器学习等需要迭代的 MapReduce 算法。

Spark 是一种与 Hadoop 相似的开源集群计算环境,但是两者之间还存在一些不同之处,这些不同之处使 Spark 在某些工作负载方面表现得更加优越,换句话说,Spark 启用了内存分布数据集,除了能够提供交互式查询外,它还可以优化迭代工作负载。Spark 是用 Scala 语言实现的,它将 Scala 用作其应用程序框架。与 Hadoop 不同,Spark 和 Scala 能够

紧密集成,其中的 Scala 可以像操作本地集合对象一样轻松地操作分布式数据集。尽管创建 Spark 是为了支持分布式数据集上的迭代作业,但实际上它是对 Hadoop 的补充,可以在 Hadoop 文件系统中并行运行,通过名为 Mesos 的第三方集群框架可以支持此行为。Spark 可用来构建大型的、低延迟的数据分析应用程序。

可以简单总结这么几点,Spark 是一个分布式内存计算框架;Spark 是一个计算引擎但没有存储功能;Spark 可以单机和分布式运行,有三种方式:Standalone 单独集群部署、Spark on Yarn 部署和 Local 本地模式。

Spark 平台是继 Hadoop 平台之后推出的分布式计算引擎,它刚出现的时候更多地是为了解决 Hadoop 的 MapReduce 计算问题,因为 Hadoop MapReduce 计算引擎是基于磁盘,而 Spark 基于内存,所以计算效率得到大大提升,下面我们从几个方面来对比 Spark 和 Hadoop。

1. Spark 和 Hadoop 框架比较

Spark 是分布式内存计算平台,它是用 Scala 语言编写,基于内存的快速、通用、可扩展的大数据分析引擎。Hadoop 是分布式管理、存储、计算的生态系统,包括 HDFS(存储)、MapReduce(计算)和 Yarn(资源调度)。

2. Spark 和 Hadoop 原理方面的比较

1)编程模型比较

Hadoop 和 Spark 都是并行计算,两者都可以用 MR 模型进行计算,但 Spark 不仅有 MR,还有更多算子,并且 API 更丰富。

2)作业

Hadoop 的一个作业称为一个 Job,每个 Job 里面分为 Map Task 和 Reduce Task 阶段,每个 Task 都在自己的进程中运行,当 Task 结束时,进程也会随之结束,当然 Hadoop 也可以只有 Map,而没有 Reduce。Spark 有对应的 Map 和 Reduce,但 Spark 的 ReduceByKey 和 Hadoop 的 Reduce 含义不一样,与 Hadoop 的 Reduce 比较相似的 Spark 函数是 GroupByKey。

3)任务提交

Spark 用户提交的任务称为 Application,一个 Application 对应一个 SparkContext,Application 中存在多个 Job,每触发一次 Action 操作就会产生一个 Job。这些 Job 可以并行或串行执行,每个 Job 中有多个 Stage,Stage 是 Shuffle 过程中 DAGScheduler 通过 RDD 之间的依赖关系划分 Job 而来的,每个 Stage 里面有多个 Task,组成 TaskSet,由 TaskScheduler 分发到各个 Executor 中执行,Executor 的生命周期是和 Application 一样的,即使没有 Job 运行也是存在的,所以 Task 可以快速启动并读取内存以便进行计算。

3. Spark 和 Hadoop 详细比较

1)执行效率

Spark 对标于 Hadoop 中的计算模块 MR,但是速度和效率比 MR 要快得多。Spark 是由于 Hadoop 中 MR 效率低下而产生的高效率快速计算引擎,批处理速度比 MR 快近 10

倍,内存中的数据分析速度比 Hadoop 快近 100 倍(源自官网描述);实际应用中快不了这么多,一般快两三倍的样子,而官网描述的 100 倍是特殊场景。

2)文件管理系统

Spark 没有提供文件管理系统,所以它必须和其他的分布式文件系统进行集成才能运作。Spark 只是一个计算分析框架,专门用来对分布式存储的数据进行计算处理,它本身并不能存储数据。

3)Spark 操作用 Hadoop 的 HDFS

Spark 可以使用 Hadoop 的 HDFS 或者其他云数据平台进行数据存储,但是一般使用HDFS。

4)数据操作

Spark 可以使用基于 HDFS 的 HBase 数据库,也可以使用 HDFS 的数据文件,还可以通过 jdbc 连接使用 MySQL 数据库数据。Spark 可以对数据库数据进行修改和删除,而HDFS 只能对数据进行追加和全表删除。

5)设计模式

Spark 处理数据的设计模式与 MR 不一样,Hadoop 是从 HDFS 读取数据,通过 MR 将中间结果写入 HDFS,然后再重新从 HDFS 读取数据进行 MR,再刷写到 HDFS,这个过程涉及多次落盘操作,多次磁盘 IO 操作,效率并不高,而 Spark 的设计模式是读取集群中的数据后,在内存中存储和运算,直到全部数据运算完毕后,再存储到集群中。

6)磁盘和分布式内存

Spark 中 RDD 一般存放在内存中,如果内存不够存放数据,会同时使用磁盘存储数据。通过 RDD 之间的血缘连接、数据存入内存后切断血缘关系等机制,Spark 可以实现灾难恢复,当数据丢失时可以恢复数据,这一点与 Hadoop 类似,Hadoop 基于磁盘读写,天生数据具备可恢复性。

4. Spark 的优势

1)RDD 分布式弹性数据集

Spark 基于 RDD,数据并不存放在 RDD 中,只是通过 RDD 进行转换,通过装饰者设计模式,数据之间形成血缘关系和类型转换。

2)编程语言优势

Spark 用 Scala 语言编写,相比用 Java 语言编写的 Hadoop 程序更加简洁。

3)提供的算子更丰富

相比 Hadoop 中对于数据计算只提供了 Map 和 Reduce 两个操作,Spark 提供了丰富的算子,它可以通过 RDD 转换算子和 RDD 行动算子,实现很多复杂算法操作,这些复杂的算法在 Hadoop 中需要自己编写,而在 Spark 中通过 Scala 语言封装好后,直接用就可以了。

4)RDD 的多个算子转换,快速迭代式内存计算优势

Hadoop 中对于数据的计算,一个 Job 只有一个 Map 和 Reduce 阶段,对于复杂的计算,需要使用多次 MR,这样带来大量的磁盘 I/O 开销,效率不高,而在 Spark 中,一个 Job 可以

包含多个 RDD 的转换算子,在调度时可以生成多个 Stage,实现更复杂的功能。

5) 中间结果集在内存,计算更快

Hadoop 的中间结果存放在 HDFS 中,每次 MR 都需要刷写和调用,而 Spark 中间结果优先存放在内存中,当内存不够用再存放在磁盘中,不存入 HDFS,避免了大量的 IO 和刷写及读取操作。

6) 对于迭代式流式数据的处理能力比较强

Hadoop 适合处理静态数据,而对于迭代式流式数据的处理能力差,Spark 通过在内存中缓存处理数据的方式提高了处理流式数据和迭代式数据的能力,于是就有了 Spark Streaming 流式计算,类似于 Storm 和 Fink。

5. Spark 基本概念

1) RDD

RDD 是弹性分布式数据集(Resilient Distributed Dataset)的简称,它是分布式内存的一个抽象概念并提供了一种高度受限的共享内存模型。

2) DAG

DAG 是有向无环图(Directed Acyclic Graph)的简称,反映与 RDD 之间的依赖关系。

3) Driver Program

Driver Program 是控制程序,负责为 Application 构建 DAG 图。

4) Cluster Manager

Cluster Manager 是集群资源管理中心,负责分配计算资源。

5) Worker Node

Worker Node 是工作节点,负责完成具体计算。

6) Executor

Executor 是运行在工作节点上的一个进程,负责运行 Task,并为应用程序存储数据。

7) Application

Application 是用户编写的 Spark 应用程序,一个 Application 包含多个 Job。

8) Job

作业,一个 Job 包含多个 RDD 及作用于相应 RDD 上的各种操作。

9) Stage

阶段,是作业的基本调度单位,一个作业会分为多组任务,每组任务被称为"阶段"。

10) Task

任务,运行在 Executor 上的工作单元,是 Executor 中的一个线程。

总结:Application 由多个 Job 组成,Job 由多个 Stage 组成,Stage 由多个 Task 组成。Stage 是作业调度的基本单位。

6. Spark 运行流程

1) Application 首先被 Driver 构建 DAG 图并分解成 Stage;

2）Driver 向 Cluster Manager 申请资源；

3）Cluster Manager 向某些 Work Node 发送征召信号；

4）被征召的 Work Node 启动 Executor 进程响应征召，并向 Driver 申请任务；

5）Driver 分配 Task 给 Work Node；

6）Executor 以 Stage 为单位执行 Task，期间 Driver 进行监控；

7）Driver 收到 Executor 任务完成的信号后向 Cluster Manager 发送注销信号；

8）Cluster Manager 向 Work Node 发送释放资源信号；

9）Work Node 对应 Executor 停止运行。

7. RDD 数据结构

RDD 是记录只读分区的集合，是 Spark 的基本数据结构。RDD 代表一个不可变、可分区和里面的元素可并行计算的集合。一般有两种方式可以创建 RDD，第一种是读取文件中的数据生成 RDD，第二种则是通过将内存中的对象并行化得到 RDD，如代码 3.2 所示。

【**代码 3.2**】 Spark 创建 RDD

```
//通过读取文件生成 RDD,可以是文件也可以是目录,如果是目录则会自动加载目录下所有文件
val rdd = sc.textFile("hdfs://chongdianleme/ods/dim/data")
//通过将内存中的对象并行化得到 RDD
val numArray = Array(1,2,3,4,5)
val rdd = sc.parallelize(numArray)
//或者 val rdd = sc.makeRDD(numArray)
```

创建 RDD 之后，可以使用各种操作对 RDD 进行编程。对 RDD 的操作有两种类型，即 Transformation 操作和 Action 操作。转换操作是从已经存在的 RDD 创建一个新的 RDD，而行动操作是在 RDD 上进行计算后返回结果到 Driver。Transformation 操作都具有 Lazy 特性，即 Spark 不会立刻进行实际的计算，只会记录执行的轨迹，只有在触发 Action 操作的时候它才会根据 DAG 图真正执行。操作确定了 RDD 之间的依赖关系。RDD 之间的依赖关系有两种类型，即窄依赖和宽依赖。窄依赖时，父 RDD 的分区和子 RDD 的分区关系是一对一或者多对一的关系；宽依赖时，父 RDD 的分区和子 RDD 的分区关系是一对多或者多对多的关系。与宽依赖关系相关的操作一般具有 Shuffle 过程，即通过一个 Partitioner 函数将父 RDD 中每个分区上 Key 的不同记录分发到不同的子 RDD 分区。依赖关系确定了 DAG 切分成 Stage 的方式。切割规则为从后往前，遇到宽依赖就切割 Stage。RDD 之间的依赖关系形成一个 DAG 有向无环图，DAG 会提交给 DAGScheduler，DAGScheduler 会把 DAG 划分成相互依赖的多个 Stage，划分 Stage 的依据就是 RDD 之间的宽窄依赖。遇到宽依赖就划分 Stage，每个 Stage 包含一个或多个 Task 任务，然后将这些 Task 以 TaskSet 的形式提交给 TaskScheduler 运行。

Spark 生态系统以 SparkCore 为核心，能够读取传统文件（如文本文件）、HDFS、AmazonS3、Alluxio 和 NoSQL 等数据源，利用 Standalone、Yarn 和 Mesos 等资源调度管理，完成应用程序分析与处理。这些应用程序来自 Spark 的不同组件，如 Spark Shell 或

Spark Submit 交互式批处理方式、Spark Streaming 实时流处理应用、Spark SQL 即时查询、采样近似查询引擎 BlinkDB 的权衡查询、MLbase/MLlib 机器学习、GraphX 图处理。

Spark 机器学习实现的算法非常多,接下来我们介绍 Spark 机器学习 MLlib,后面的章节会再详细地讲解。

3.5.2 Spark MLlib 机器学习介绍

Spark 机器学习是基于 SparkCore 框架之上的,所以多是分布式运行,在分布式机器学习领域 Spark 是一个主流的框架,应用非常普遍。并且实现的算法非常全面,从分类、聚类、回归、降维、最优化和神经网络等都有,而且 API 代码调用非常简单易用,对于加载训练数据集的格式也非常统一,例如分类的一份训练数据可以同时用在多个分类算法上,不用做额外的处理,这样大大节省了开发者的时间,方便开发者快速对比各个算法之间的效果。下面我们列举一下 Spark 实现了哪些算法,随着版本的更新,还在不断地加入新的算法。

1. 分类

SVM(支持向量机)

Naive Bayes(贝叶斯)

Decision tree(决策树)

Random Forest(随机森林)

Gradient-Boosted Decision Tree(GBDT)(梯度提升树)

2. 回归

Logistic regression(逻辑回归,也可以分类)

Linear regression(线性回归)

Isotonic regression(保序回归,和时间序列算法类似,可以做销量预测)

3. 推荐

Collaborative filtering(协同过滤)

Alternating Least Squares (ALS)(交替最小二乘法)

Frequent pattern mining(频繁项集挖掘)

FP-growth(频繁模式树)

Apriori(算法)

4. Clustering(聚类算法)

K-means(K 均值)

Gaussian mixture(高斯混合模型)

Power Iteration Clustering (PIC)(快速迭代聚类)

Latent Dirichlet Allocation (LDA)(潜在狄利克雷分配模型)

Streaming K-means(流 K 均值)

5. Dimensionality reduction（降维算法）

Singular Value Decomposition （SVD）（奇异值分解）

Principal Component Analysis （PCA）（主成分分析）

6. Feature extraction and transformation（特征提取转换）

TF-IDF（词频/反文档频率）

Word2Vec（词向量）

StandardScaler（标准归一化）

Normalizer（正规化）

Feature selection（特征选取）

ElementwiseProduct（元素智能乘积）

PCA（主成分分析）

7. Optimization （developer）（最优化算法）

Stochastic gradient descent（随机梯度下降）

Limited-memory BFGS （L-BFGS）（拟牛顿法）

8. 神经网络

MLP 智能感知机——前馈神经网络

3.5.3 Spark GraphX 图计算介绍

GraphX 是 Spark 的一个重要子项目,它利用 Spark 作为计算引擎,实现了大规模图计算功能,并提供了类似 Pregel 的编程接口。GraphX 的出现将 Spark 生态系统变得更加完善和丰富,同时以其与 Spark 生态系统其他组件很好的融合,以及强大的图数据处理能力,在工业界得到了广泛的应用。

GraphX 是常用图算法在 Spark 上的并行化实现,同时提供了丰富的 API 接口。图算法是很多复杂机器学习算法的基础,在单机环境下有很多应用案例。在大数据环境下,当图的规模大到一定程度后,单机就很难解决大规模的图计算,需要将算法并行化,在分布式集群上进行大规模图处理。目前,比较成熟的方案有 GraphX 和 GraphLab 等大规模图计算框架。现在可以和 GraphX 组合使用的分布式图数据库是 Neo4J。Neo4J 是一个高性能的、非关系的、具有完全事务特性的和鲁棒的图数据库。另一个数据库是 Titan,Titan 是一个分布式的图形数据库,特别为存储和处理大规模图形而优化。二者均可作为 GraphX 的持久化层,存储大规模图数据。

Graphx 的主要接口:

基本信息接口（numEdges,num Vertices,degrees(in/out) ）

聚合操作 （mapVertices,mapEdges,mapTriplets）

转换接口 （mapReduceTriplets,collectNeighbors）

结构操作（reverse，subgraph，mask，groupEdges）

缓存操作（cache，unpersistVertices）

GraphX 每个图由 3 个 RDD 组成，如表 3.2 所示。

表 3.2　GraphX 图

名称	对应 RDD	包含的属性
Vertices	VertexRDD	ID、点属性
Edges	EdgeRDD	源顶点的 ID，目标顶点的 ID，边属性
Triplets	EdgeTriplet	源顶点 ID，源顶点属性，边属性，目标顶点 ID，目标顶点属性

Triplets 其实是对 Vertices 和 Edges 做了 join 操作点分割、边分割。

GraphX 图计算算法经典应用有基于最大连通图的社区发现、基于三角形计数的关系衡量和基于随机游走的用户属性传播。

3.5.4　Spark Streaming 流式计算介绍

Spark Streaming 是 Spark 核心 API 的一个扩展，可以实现高吞吐量的、具备容错机制的实时流数据的处理。支持从多种数据源获取数据，包括 Kafka、Flume、Twitter、ZeroMQ、Kinesis 及 TCPsockets，从数据源获取数据之后，可以使用诸如 map、reduce、join 和 window 等高级函数进行复杂算法的处理。最后还可以将处理结果存储到文件系统、数据库和现场仪表盘。在"OneStackrulethemall"的基础上，还可以使用 Spark 的其他子框架，如集群学习、图计算等对流数据进行处理。

Spark 的各个子框架都是基于核心 Spark 的，Spark Streaming 在内部的处理机制是接收实时流的数据，并根据一定的时间间隔拆分成一批批的数据，然后通过 SparkEngine 处理这些批数据，最终得到处理后的一批批结果数据。

对应的批数据，在 Spark 内核里对应一个 RDD 实例，因此，对应流数据的 DStream 可以看作一组 RDD，即 RDD 的一个序列。通俗点理解的话，在流数据被分成一批一批后，通过一个先进先出的队列，SparkEngine 从该队列中依次取出一个个批数据，把批数据封装成一个 RDD，然后进行处理，这是一个典型的生产者消费者模型，对应的是生产者消费者模型的问题，即如何协调生产速率和消费速率之间的关系。

3.5.5　Scala 编程入门和 Spark 编程[1]

Scala 是一门多范式的编程语言，一种类似 Java 的编程语言，设计初衷是为了实现可伸缩的语言，并集成面向对象编程和函数式编程的各种特性。Scala 编程语言抓住了很多开发者的眼球。如果你粗略浏览 Scala 的网站，会觉得 Scala 是一种纯粹的面向对象编程语言，而又无缝地结合了命令式编程和函数式编程风格。Scala 有几项关键特性表明了它的面向对象的本质。例如，Scala 中的每个值都是一个对象，包括基本数据类型（即布尔值、数字等）

在内,连函数也是对象。另外,类可以被子类化,而且 Scala 还提供了基于 mixin 的组合(mixin-based composition)。与仅支持单继承的语言相比,Scala 具有更广泛意义上的类重用。Scala 允许在定义新类的时候重用"一个类中新增的成员定义(即相较于其父类的差异之处)"。Scala 称之为 mixin 类组合。Scala 还包含了若干函数式语言的关键概念,包括高阶函数(Higher-Order Function)、局部套用(Currying)、嵌套函数(Nested Function)和序列解读(Sequence Comprehensions)等。

Scala 是静态类型的,这就允许它提供泛型类、内部类甚至多态方法(Polymorphic Method)。另外值得一提的是,Scala 被特意设计成能够与 Java 和. NET 进行互操作。Scala 当前版本还不能在. NET 上运行,但按照计划将来可以在. NET 上运行。Scala 可以与 Java 互操作。它用 scalac 这个编译器把源文件编译成 Java 的 class 文件(即在 JVM 上运行的字节码)。你可以从 Scala 中调用所有的 Java 类库,也同样可以从 Java 应用程序中调用 Scala 的代码。用 David Rupp 的话来说,它也可以访问现存的数之不尽的 Java 类库,这让(潜在地)Java 类库迁移到 Scala 更加容易,从而 Scala 得以使用为 Java1. 4、5. 0 或者 6. 0 编写的巨量的 Java 类库和框架,Scala 会经常性地针对这几个版本的 Java 类库进行测试。Scala 可能也可以在更早版本的 Java 上运行,但没有经过正式的测试。Scala 以 BSD 许可发布,并且数年前就已经被认为相当稳定了。

说了这么多,我们还没有回答一个问题,"为什么我要使用 Scala?"Scala 的设计始终贯穿着一个理念:

创造一种更好地支持组件的语言(*The Scala Programming Language*,Donna Malayeri),也就是说软件应该由可重用的部件构造而成。Scala 旨在提供一种编程语言,它能够统一和一般化分别来自面向对象和函数式两种不同风格的关键概念。借着这个目标与设计,Scala 得以提供一些出众的特性,包括:

- 面向对象风格
- 函数式风格
- 更高层的并发模型

Scala 把 Erlang 风格的基于 actor 的并发带进了 JVM。开发者可以利用 Scala 的 actor 模型在 JVM 上设计具伸缩性的并发应用程序,它会自动获得多核心处理器带来的优势,而不必依照复杂的 Java 线程模型来编写程序。

- 轻量级的函数语法
  高阶
  嵌套
  局部套用(Currying)
  匿名
- 与 XML 集成
  可在 Scala 程序中直接书写 XML
  可将 XML 转换成 Scala 类

- 与 Java 无缝地互操作

Scala 的风格和特性已经吸引了大量的开发者,例如 Debasish Ghosh 就觉得：我已经把玩了 Scala 好一阵子,可以说我绝对享受这个语言的创新之处。总而言之,Scala 是一种函数式面向对象语言,它融汇了许多前所未有的特性,而同时又运行于 JVM 之上。随着开发者对 Scala 的兴趣日增,以及越来越多的工具支持,Scala 语言无疑将成为你手上一件必不可少的工具。

目前很多优秀的开源框架,如 Spark、Flink 都是基于 Scala 语言开发的,在大数据领域 Scala 语言越来越被普遍地使用。由于本书涵盖知识点较多,我们只对 Scala 的一些简单常用语法做介绍,更高级的功能可以参见专门的 Scala 编程书籍。

1. Scala 基础编程

1）Hello world 入门例子

Hello world 是每个编程语言的经典入门例子,Scala 也是一样。首先在文件里声明一个 object 类型的类,这里不能用 class,object 是能直接找到 main 函数入口的,而 class 则不行。和 Java 一样,Scala 是以 main 函数作为主入口。函数前面用 def 声明。main 函数里面的参数先写参数名,后面跟着一个冒号,冒号后面是参数类型。函数的返回值不是必须指定的,它会自己推断。在函数体里面直接打印出来 Hello, world!,执行语句后面不用加分号,这点与 Java 不同。在 Java 中要是不加分号就会报错,如代码 3.3 所示。

【代码 3.3】 Hello World

```scala
object HelloWorld {
 def main(args: Array[String])
{
    println("Hello, world!")
  }
}
```

2）定义变量 val 和 var,val 是不可变变量,而 var 是可变变量

声明 val 是不可变的变量,如果后面强行赋值就会报错。var 是可变的变量,后面可以重新赋一个新值,如代码 3.4 所示。

【代码 3.4】 定义变量

```scala
scala > val msg = "Hello,World"
msg: String = Hello,World

scala > val msg2:String = "Hello again,world"
msg2: String = Hello again,world
＃定义 var
var i = 0
＃可以
i = i + 1
i += 1
```

＃但是不能 i++

3）定义函数

函数前面用 def 声明，函数里面的参数先写参数名，后面跟着一个冒号，冒号后面是参数类型。函数的返回值不是必须指定的，它会自己推断，但也可以自己指定，例如代码 3.5 中指定返回值为 Int 整数类型，函数后面加个冒号，后面跟着返回值类型接口。有一点需要说明，如果指定了函数返回值就必须有返回值。如果不指定就比较灵活，可以有返回值，也可以没有，程序自己推断，如代码 3.5 所示。

【代码 3.5】 定义函数

```
def max(x:Int,y:Int) : Int =
{
    if (x > y) x
    else y
}
```

4）定义类

类是面向对象的，和 Java 的类差不多。类里面可以声明属性和函数，如代码 3.6 所示。

【代码 3.6】 定义类

```
class ChecksumAccumulator{
    private var sum = 0
    def add(b:Byte) :Unit = sum += b
    def checksum() : Int = ～ (sum & 0xFF) +1
}
```

可以看到 Scala 类定义和 Java 类定义非常类似，也是以 class 开始，和 Java 不同的是 Scala 的默认修饰符为 public，也就是如果不带有访问范围的修饰符 public、protected 和 private，Scala 默认定义为 public。Scala 代码无须使用";"结尾，也不需要使用 return 返回值，函数的最后一行的值就作为函数的返回值。

5）基本类型

Scala 与 Java 有着相同的数据类型，和 Java 的数据类型的内存布局完全一致，精度也完全一致。其中比较特殊的类型有 Unit，表示没有返回值；Nothing 表示没有值，是所有类型的子类型，创建一个类就一定有一个子类是 Nothing；Any 是所有类型的超类；AnyRef 是所有引用类型的超类；注意最大的类是 Object。

上面列出的数据类型都是对象，也就是说 Scala 没有 Java 中的原生类型。Scala 是可以对数字等基础类型调用方法的。例如数字 1 可以调方法，使用 1.方法名。

如上所示，可见到所有类型的基类与 Any。Any 之后分为两个类型 AnyVal 与 AnyRef。其中 AnyVal 是所有数值类型的父类型，AnyRef 是所有引用类型的父类型。

与其他语言稍微有点不同的是，Scala 还定义了底类型。其中 Null 类型是所有引用类型的底类型，及所有 AnyRef 的类型的空值都是 Null，而 Nothing 是所有类型的底类型，对应 Any 类型。Null 与 Nothing 都表示空。

在基础类型中只有 String 是继承自 AnyRef 的,与 Java 相同,Scala 中的 String 也是内存不可变对象,这就意味着,所有的字符串操作都会产生新的字符串。其他的基础类型如 Int 等都是 Scala 包装的类型,例如 Int 类型对应的是 Scala.Int,它只是 Scala 包会被每个源文件自动引用。

标准类库中的 Option 类型用样例类来表示可能存在、也可能不存在的值。样例子类 Some 包装了某个值,例如 Some("Fred");而样例对象 None 表示没有值,这比使用空字符串的意图更加清晰,比使用 Null 来表示缺少某值的做法更加安全(避免了空指针异常)。

下面列出了 Scala 支持的数据类型:

Byte：8 位有符号补码整数,数值区间为 -128~127

Short：16 位有符号补码整数,数值区间为 -32768~32767

Int：32 位有符号补码整数,数值区间为 -2147483648~2147483647

Long：64 位有符号补码整数,数值区间为 -9223372036854775808~9223372036854775807

Float：32 位,IEEE 754 标准的单精度浮点数

Double：64 位 IEEE 754 标准的双精度浮点数

Char：16 位无符号 Unicode 字符,区间值为 U+0000~U+FFFF

String：字符序列

Boolean：true 或 false

Unit：表示无值,和其他语言中 void 等同。用作不返回任何结果的方法的结果类型。Unit 只有一个实例值,写成()

Null：null 或空引用

Nothing：在 Scala 的类层级的最底端,它是任何其他类型的子类型

Any：所有其他类的超类

AnyRef：Scala 里所有引用类(referenceclass)的基类

上面列出的数据类型都是对象,也就是说 Scala 没有 Java 中的原生类型。Scala 是可以对数字等基础类型调用方法的。

6) If 表达式

If 是如果,else 是否则,两个分支,比较好理解,如代码 3.7 所示。

【代码 3.7】　If 表达式

```
var filename = "default.txt"
if(!args.isEmpty)
    filename = args(0)
else "default.txt"
```

Scala 语言的 if 的基本功能和其他语言没有什么不同,它根据条件执行两个不同的分支。

7）While 循环

While 指定一个条件来循环，当括号内的条件为真的时候退出循环。为 true 时叫作真，为 false 时叫作假，如代码 3.8 所示。

【代码 3.8】 While 循环

```
def gcdLoop (x: Long, y:Long) : Long = {
    var a = x
    var b = y
    while( a!= 0) {
        var temp = a
        a = b % a
        b = temp
    }
    b
}
```

Scala 的 while 循环和其他语言如 Java 功能一样，它含有一个条件和一个循环体，但是没有 break 和 continue。

8）For 循环

For 循环有如下 3 种方式，如代码 3.9 所示。

【代码 3.9】 For 循环

```
//第一种方式
for (arg <- args)
println(arg)
//第二种方式
args.foreach(println)
//第三种方式
for (i <- 0 to 2)
print(greetStrings(i))
```

9）Try catch finally 异常处理

异常处理机制，如代码 3.10 所示。

【代码 3.10】 Try catch finally 异常处理

```
import Java.io.FileReader
import Java.io.FileNotFoundException
import Java.io.IOException
try {
 val f = new FileReader("input.txt")
 // Use and close file
} catch {
 case ex: FileNotFoundException =>         // Handle missing file
 case ex: IOException =>                    // Handle other I/O error
}
```

```
finally
{
    f.close()
}
```

执行步骤是先执行 try 方法体里的代码,如果有异常就会执行 catch 里面的代码,最后才会执行 finally 里的代码。

10) Match 表达式,类似 Java 的 switch…case 语句

if else 分值只有如果、否则两个分值,如果有多个分支的时候使用 match case 表达式,很好理解,如代码 3.11 所示。

【代码 3.11】 Match 表达式

```
var myVar = "theValue";
var myResult =
    myVar match {
        case "someValue" => myVar + " A";
        case "thisValue" => myVar + " B";
        case "theValue" => myVar + " C";
        case "doubleValue" => myVar + " D";
    }
println(myResult);
```

上面对 Scala 编程做了简单的介绍,Scala 是一个基础的语言,Spark 编程在 Scala 语言基础上封装了很多现成的函数,供开发者使用,减小开发的工作量,并且使代码更加简洁。Spark 的优势之一就在于提供了大量常用的 API 函数,满足了很多应用场景,从而大大提高了开发效率。下面我们介绍 Spark 编程常用的 API 函数。

2. Spark 广播变量和累加器

通常情况下,当向 Spark 操作(如 map,reduce)传递一个函数时,它会在一个远程集群节点上执行,并会使用函数中所有变量的副本。这些变量被复制到所有的机器上,远程机器上没有被更新的变量会向驱动程序回传。在任务之间使用通用的、支持读写的共享变量是低效的。尽管如此,Spark 提供了两种有限类型的共享变量:广播变量和累加器。

1) 广播变量

广播变量允许程序员将一个只读的变量缓存到每台机器上,而不用在任务之间传递变量。广播变量可被用于有效地给每个节点一个大输入数据集的副本。Spark 还尝试使用高效的广播算法来分发变量,进而减少通信的开销。Spark 的动作通过一系列的步骤执行,这些步骤由分布式的 shuffle 操作分开。Spark 自动地广播每个步骤的每个任务所需的通用数据。这些广播数据被序列化地缓存,并在运行任务之前被反序列化出来。这意味着当我们需要在多个阶段的任务之间使用相同的数据时,或者在以反序列化形式缓存数据是十分重要的时候,显式地创建广播变量才有用。

它在所有节点的内存里缓存一个值,和 Hadoop 里面的分布式缓存 DistributeCache 类

似,如代码 3.12 所示。

【代码 3.12】 广播变量

```scala
val arr1 = (0 until 1000000).toArray
for (i <- 0 until 3) {
  val startTime = System.nanoTime
  val barr1 = sc.broadcast(arr1)
  val observedSizes = sc.parallelize(1 to 10, slices).map(_ => barr1.value.size)
  observedSizes.collect().foreach(i => println(i))
}
# 都打印
1000000
```

2) 累加器

累加器是仅仅被相关操作累加的变量,因此可以在并行中被有效地支持。它可以被用来实现计数器和求总和的功能。Spark 原生地支持数字类型的累加器,编程者可以添加新支持的类型。如果在创建累加器时指定了名字,就可以在 Spark 的 UI 界面看到它。这有利于理解每个执行阶段的进程(对于 Python 还不支持)。

累加器通过对一个初始化了的变量 v 调用 SparkContext.accumulator(v)来创建。在集群上运行的任务可以通过 add 或者"+="方法在累加器上进行累加操作。但是,它们不能读取它的值。只有驱动程序能够通过累加器的 value 方法读取它的值。

它们只能被"加"起来,就像计数器或者是"求和"。和 Hadoop 的 getCounter 类 hadoop:context.getCounter(Counters.USERS).increment(1);功能相似,如代码 3.13 所示。

【代码 3.13】 累加器

```scala
Spark: val accum = sc.accumulator[Int](0,"accumJobCountInvalid")
accum += 1
```

3. Spark 转换操作

transformation 的意思是得到一个新的 RDD,方式很多,例如从数据源生成一个新的 RDD,从 RDD 生成一个新的 RDD。

1) map(func)

对调用 map 的 RDD 数据集中的每个 element 都使用 func,然后返回一个新的 RDD,这个返回的数据集是分布式的数据集。

2) filter(func)

对调用 filter 的 RDD 数据集中的每个元素都使用 func,然后返回一个包含使 func 为 true 的元素构成的 RDD。

3) flatMap(func)

和 map 差不多,但是 flatMap 生成的是扁平化结果。

4）mapPartitions(func)

和 map 很像，但是 map 是针对每个 element，而 mapPartitions 是针对每个 partition。

5）mapPartitionsWithSplit(func)

和 mapPartitions 很像，但是 func 作用在其中一个 split 上，所以 func 中应该有 index。

6）sample(withReplacement,faction,seed)

对数据进行抽样。

7）union(otherDataset)

返回一个新的 dataset，包含源 dataset 和给定 dataset 的元素的集合。

8）distinct([numTasks])

返回一个新的 dataset，这个 dataset 含有的是源 dataset 中的 distinct 的 element。

9）groupByKey(numTasks)

返回(K,Seq[V])，也就是 Hadoop 中 reduce 函数接收的 key-valuelist。

10）reduceByKey(func,[numTasks])

就是用一个给定的 reducefunc 再作用在 groupByKey 产生的(K,Seq[V])，例如求和、求平均数。

11）sortByKey([ascending],[numTasks])

按照 key 来进行排序，是升序还是降序，ascending 是 boolean 类型。

12）join(otherDataset,[numTasks])

当有两个 KV 的 dataset(K,V)和(K,W)，返回的是(K,(V,W))的 dataset，numTasks 为并发的任务数。

13）cogroup(otherDataset,[numTasks])

当有两个 KV 的 dataset(K,V)和(K,W)时，返回的是(K,Seq[V],Seq[W])的 dataset，numTasks 为并发的任务数。

14）cartesian(otherDataset)

笛卡儿积就是 m×n，自然连接。

4. Spark Action 操作

action 意思是得到一个值，或者一个结果（直接将 RDDcache 保存到内存中），所有的 transformation 都采用懒策略，就是说如果只是将 transformation 提交是不会执行计算的，计算只有在 action 被提交的时候才被触发。

1）reduce(func)

聚集，但是传入的函数是两个输入参数并返回一个值，这个函数必须是满足交换律和结合律的。

2）collect()

一般在使用 filter 或者结果足够小的时候用 collect 封装并返回一个数组。

3）count()

返回的是 dataset 中 element 的个数。

4）first()

返回的是 dataset 中的第一个元素。

5）take(n)

返回前 n 个 elements，这个是 driverprogram 返回的。

6）takeSample(withReplacement,num,seed)

抽样返回一个 dataset 中的 num 个元素，随机种子 seed。

7）saveAsTextFile(path)

把 dataset 写到一个 textfile 中，或者 HDFS 中，或者 HDFS 支持的文件系统中，Spark 把每条记录都转换为一行记录，然后写到 file 中。

8）saveAsSequenceFile(path)

只能用在 key-value 对上，然后生成 SequenceFile 写到本地或者 Hadoop 文件系统中。

9）countByKey()

返回的是 key 对应的个数的一个 map，作用于一个 RDD。

10）foreach(func)

对 dataset 中的每个元素都使用 func。

5．Spark 经典 WordCount 例子

对于 Spark 来讲，单词计数是非常简单的例子，虽然看起来简单，但真正理解起来并不容易，如代码 3.14 所示。

【**代码 3.14**】 WordCount 例子

```
sc.textFile("/input").flatMap(_.split(" ").map((_, 1)).reduceByKey(_ + _).saveAsTextFile
("/output")
```

计算过程的逻辑是这样的，首先通过 textFile 方法从指定的文章目录 input 加载数据，不管 input 下有多少个文件，它都会一行一行地读进来，并且这个 input 目录可以有多个文件。加载进来后，数据就分布到内存 RDD 里面了，之后 flatMap 会遍历 RDD 里面的每一行记录并进行处理，因为单词是以空格分割的，我们用 split 函数拆分成多个单词使其成为一个单词数组，_.split 前面的下画线指的是 RDD 里面的每一个元素，因为这里的 RDD 是一行行的记录，所以一个元素就是一行 String 的记录字符串，然后通过 flatMap 会打平这个数据，通过后面的.map 变量的就是一个个的单词，不再是一行记录。map 方法通过一个二元组(_,1)返回单词和计数 1，返回形成一个新的 RDD，之后通过 reduceByKey 把每个单词的计数相加求和，就得到了每个单词的计数了，最后通过 saveAsTextFile 输出到一个文件。

我们讲了 Scala 和 Spark 的编程基础后，下面通过一个项目案例来整体地看一下从编程到分布式部署的完整过程，因为 Spark 分布式机器学习打包和部署与这个过程是一样的，这也是为我们后面讲 Spark 分布式机器学习打基础。

3.5.6 Spark 项目案例实战和分布式部署

前面讲到 HBase 可以通过 JavaAPI 的方式操作 HBase 数据库,由于 Java 和 Scala 可以互相调用,本节使用 Scala 语言通过 Spark 平台来实现分布式操作 HBase 数据库,打包并部署到 Spark 集群上面。这样我们对 Spark＋Scala 项目开发就会有一个完整的认识和实际工作场景的体会。

我们首先创建一个 Spark 工程,然后创建一个 HbaseJob 的 object 类文件,项目的功能是从 HBase 批量读取课程商品表数据,然后存储到 Hadoop 的 HDFS 上,如代码 3.15 所示。

【代码 3.15】 HbaseJob.scala

```scala
package com.chongdianleme.mail
import org.apache.hadoop.hbase.HBaseConfiguration
import org.apache.hadoop.hbase.client.{Result, Get, HConnectionManager}
import org.apache.hadoop.hbase.util.{ArrayUtils, Bytes}
import org.apache.spark._
import scopt.OptionParser
import scala.collection.mutable.ListBuffer
/**
 * Created by 充电了么 App - 陈敬雷
   * Spark 分布式操作 HBase 实战
   * 网站：www.chongdianleme.com
   * 充电了么 App——专业上班族职业技能提升的在线教育平台
 */
object HbaseJob {
case class Params(
//输入目录的数据就是课程 ID,每行记录只有一个课程 ID,后面根据课程 ID 作为 rowKey 从
//Hbase 里查询数据
inputPath: String = "file:///D:\\chongdianleme\\Hbase 项目\\input",
                   outputPath: String = "file:///D:\\chongdianleme\\Hbase 项目\\output",
                   table: String = "chongdianleme_kc",
                   minPartitions: Int = 1,
                   mode: String = "local"
)

def main(args: Array[String]) {
val defaultParams = Params()
val parser = new OptionParser[Params]("HbaseJob") {
      head("HbaseJob: 解析参数.")
      opt[String]("inputPath")
        .text(s"inputPath 输入目录, default: ${defaultParams.inputPath}}")
        .action((x, c) => c.copy(inputPath = x))
      opt[String]("outputPath")
        .text(s"outputPath 输出目录, default: ${defaultParams.outputPath}")
```

```
        .action((x, c) => c.copy(outputPath = x))
      opt[Int]("minPartitions")
        .text(s"minPartitions , default: ${defaultParams.minPartitions}")
        .action((x, c) => c.copy(minPartitions = x))
      opt[String]("table")
        .text(s"table table, default: ${defaultParams.table}")
        .action((x, c) => c.copy(table = x))
      opt[String]("mode")
        .text(s"mode 运行模式, default: ${defaultParams.mode}")
        .action((x, c) => c.copy(mode = x))
      note("""|For example, the following command runs this app on a HbaseJob dataset:
        """.stripMargin)
    }
    parser.parse(args, defaultParams).map { params => {
println("参数值:" + params)
readFilePath(params.inputPath, params.outputPath, params.table, params.minPartitions, params.
mode)
    }
    }getOrElse {
      System.exit(1)
    }
println("充电了么 App——Spark 分布式批量操作 HBase 实战 -- 计算完成!")
}
def readFilePath(inputPath: String, outputPath: String, table: String, minPartitions: Int, mode:
String) = {
val sparkConf = new SparkConf().setAppName("HbaseJob")
    sparkConf.setMaster(mode)
val sc = new SparkContext(sparkConf)
//加载数据文件
val data = sc.textFile(inputPath, minPartitions)

    data.mapPartitions(batch(_, table)).saveAsTextFile(outputPath)
    sc.stop()
  }
def batch(keys: Iterator[String], hbaseTable: String) = {
val lineList = ListBuffer[String]()
import scala.collection.JavaConversions._
val conf = HBaseConfiguration.create()
//每批数据创建一个 HBase 连接,多条数据操作共享这个连接
val connection = HConnectionManager.createConnection(conf)
//获取表
val table = connection.getTable(hbaseTable)
    keys.foreach(rowKey => {
try {
//根据 rowKey 主键也就是课程 ID 查询数据
val get = new Get(rowKey.getBytes())
//指定需要获取的列族和列
```

```
    get.addColumn("kcname".getBytes(), "name".getBytes())
        get.addColumn("saleinfo".getBytes(), "price".getBytes())
        get.addColumn("saleinfo".getBytes(), "issale".getBytes())
val result = table.get(get)
var nameRS = result.getValue("kcname".getBytes(),"name".getBytes())
var kcName = "";
if(nameRS != null&&nameRS.length > 0){
        kcName = new String(nameRS);
        }
val priceRS = result.getValue("saleinfo".getBytes, "price".getBytes)
var price = ""
if (priceRS != null && priceRS.length > 0)
        price = new String(priceRS)
val issaleRS = result.getValue("saleinfo".getBytes, "issale".getBytes)
var issale = ""
if (issaleRS != null && issaleRS.length > 0)
        issale = new String(issaleRS)
        lineList += rowKey + "\001" + kcName + "\001" + price + "\001" + issale
    } catch {
case e: Exception => e.printStackTrace()
        }
    })
//每批数据操作完毕,别忘了关闭表和数据库连接
table.close()
    connection.close()
    lineList.toIterator
  }
}
```

代码开发完成后,我们看看怎样部署到 Spark 集群上去运行,运行的方式和我们的 Spark 集群怎样部署有关,Spark 集群部署有 3 种方式: Standalone 单独集群部署、Spark on Yarn 部署和 Local 本地模式,前两种都是分布式部署,后面的一种是单机方式。一般大数据部门都有 Hadoop 集群,所以推荐 Spark on Yarn 部署,这样更方便服务器资源的统一管理和分配。

Spark on Yarn 部署非常简单,主要是把 Spark 包解压就可以用了,在每台服务器上存放一份,并且放在相同的目录下。步骤如下:

1) 配置 Scala 环境变量

＃解压 Scala 包,然后存放到 vim /etc/profile 目录
export SCALA_HOME = /home/hadoop/software/scala - 2.11.8

2) 解压 tar xvzf spark- * -bin-hadoop * .tgz,在每台 hadoop 服务器上存放在同一个目录下

不用任何配置值,用 spark-submit 提交就行。

Spark 环境部署好之后,把我们操作 HBase 的项目编译并打包,一个是项目本身的 jar,另一个是项目依赖的 jar 集合,分别上传到任意一台服务器就可以,不要每台服务器都传,在哪台服务器运行就在哪台服务器上上传,依赖的 jar 包放在目录/home/hadoop/chongdianleme/chongdianleme-spark-task-1.0.0/lib/下,项目本身的 jar 包存放在目录/home/hadoop/chongdianleme/下,然后通过 spark-submit 提交如下脚本即可。

```
hadoop fs - rmr /ods/kc/dim/ods_kc_dim_hbase/;
/home/hadoop/software/spark21/bin/spark - submit - - jars $ ( echo /home/hadoop/
chongdianleme/chongdianleme - spark - task - 1.0.0/lib/ * .jar | tr ''',') -- master yarn --
queue hadoop -- num - executors 1 -- driver - memory 1g -- executor - memory 1g -- executor -
cores 1 -- class com.chongdianleme.mail.HbaseJob /home/hadoop/chongdianleme/hbase - task.jar
-- inputPath /mid/kc/dim/mid_kc_dim_kcidlist/ - outputPath /ods/kc/dim/ods_kc_dim_hbase/
-- table chongdianleme_kc -- minPartitions 6 -- mode yarn
```

其中 hadoop fs -rmr /ods/kc/dim/ods_kc_dim_hbase/; 是为了在下次执行这个任务时避免输出目录已经存在,我们先把输出目录删除,执行完之后输出目录会重新生成。

脚本参数说明:

--jars:你的程序所依赖的所有 jar 存放的目录。

--master:指定在哪里运算,如果在 Hadoop 的 Yarn 上运算则写 Yarn,如果以本地方式运算则写 Local。

--queue:如果是 Yarn 方式,就指定分配到哪个队列的资源上。

--num-executors:指定运行几个 Task。

--driver.maxResultSize:driver 的最大内存设置,默认为 1GB,比较小。超过了会内存溢出(Out of Memory,OOM),可以根据情况设置大一些。

--executor-memory:为每个 Task 分配内存。

--executor-cores:每个 Task 分配几个虚拟 CPU。

--class:你的程序的入口类,后面跟 jar 包,再后面是 Java 或 Scala 的 main 函数的业务参数。

这就是我们从编程、编译、打包和如何部署到服务器进行分布式运行的完整过程,后面章节讲解的 Spark 分布式机器学习也是通过这种方式打包和部署的。

## 第 4 章

Docker 容器

Docker 容器是一个开源的应用容器引擎,可以简单地认为是一个轻量级的虚拟机,由于它启动快、资源占用小、资源利用高和快速构建标准化运行环境等优势,被互联网公司广泛使用,在求职面试的时候经常被作为技能的加分项。我们后面章节用到的服务器环境很多也是基于 Docker 搭建的,例如 TensorFlow、Mxnet 深度学习环境、人脸识别及对话机器人,另外我们前面的 Hadoop 大数据平台都可以使用 Docker 来搭建,这样做的一个很大好处就是大大简化了部署,能够非常快速地复制到其他机器上,使用起来也非常方便。下面我们详细讲解一下,我们应该把它作为一个基本功来掌握。

4.1　Docker 介绍

我们先了解什么是 Docker,然后再讲解相关的基本概念,如镜像、容器和仓库等。

4.1.1　能用 Docker 做什么

Docker 容器是一个开源的应用容器引擎,让开发者可以打包它们的应用,以及可以将依赖包移植到一个可移植的容器中,然后发布到任何流行的 Linux 机器上,也可以实现虚拟化,容器是完全使用沙箱机制的,相互之间不会有任何接口。Docker 属于 Linux 容器的一种封装,提供简单易用的容器使用接口,而 Linux 容器是 Linux 发展出的另一种虚拟化技术,简单来讲,Linux 容器不是模拟一个完整的操作系统,而是对进程进行隔离,相当于是在正常进程的外面套了一个保护层。对于容器里面的进程来说,它接触到的各种资源都是虚拟的,从而实现与底层系统的隔离。Docker 将应用程序与该程序的依赖打包在一个文件里面。运行这个文件,就会生成一个虚拟容器。程序在这个虚拟容器里运行就好像在真实的物理机上运行一样。有了 Docker 就不用担心环境问题。总体来说,Docker 的接口相当简单,用户可以方便地创建和使用容器,把自己的应用放入容器。容器还可以进行版本管理、复制、分享和修改,这就像管理普通的代码一样。

Docker 相比于传统虚拟化方式具有更多的优势:

（1）Docker 启动快速，属于秒级别。虚拟机通常需要几分钟时间去启动。

（2）Docker 需要的资源更少。Docker 在操作系统级别进行虚拟化，Docker 容器和内核交互，几乎没有性能损耗，性能优于通过 Hypervisor 层与内核层的虚拟化。

（3）Docker 更轻量。Docker 的架构可以共用一个内核与共享应用程序库，所占内存极小。同样的硬件环境，Docker 运行的镜像数远多于虚拟机数量，对系统的利用率非常高。

（4）与虚拟机相比，Docker 隔离性更弱。Docker 属于进程之间的隔离，虚拟机可实现系统级别隔离。

（5）Docker 的安全性也更弱，Docker 的租户 Root 和宿主机 Root 等同，一旦容器内的用户从普通用户权限提升为 Root 权限，它就直接具备了宿主机的 Root 权限，进而可进行无限制的操作。

（6）虚拟机租户 Root 权限和宿主机的 Root 虚拟机权限是分离的，并且虚拟机利用如 Intel 的 VT-d 和 VT-x 的 ring-1 硬件隔离技术。

（7）硬件隔离技术可以防止虚拟机突破和彼此交互，而容器至今还没有任何形式的硬件隔离，这使得容器容易受到攻击。

（8）可管理性。Docker 的集中化管理工具还不算成熟。各种虚拟化技术都有成熟的管理工具，例如 VMware vCenter 提供完备的虚拟机管理功能。

（9）高可用和可恢复性。Docker 对业务的高可用支持是通过快速重新部署实现的。

（10）虚拟化具备负载均衡，高可用，容错，迁移和数据保护等经过生产实践检验的成熟保障机制，VMware 可承诺虚拟机 99.999％高可用，保证业务连续性。

（11）快速创建、删除。虚拟化创建是分钟级别的，Docker 容器创建是秒级别的，Docker 的快速迭代性决定了无论是开发、测试还是部署都可以节约大量时间。

（12）交付、部署。虚拟机可以通过镜像实现环境交付的一致性，但镜像分发无法体系化。Docker 在 Dockerfile 中记录了容器构建过程，可在集群中实现快速分发和快速部署。

4.1.2　Docker 容器基本概念

Docker 中包括 3 个基本的概念：

镜像（Image）；

容器（Container）；

仓库（Repository）。

镜像是 Docker 运行容器的前提，仓库是存放镜像的场所，可见镜像更是 Docker 的核心。

1. 镜像

Docker 的镜像概念类似于虚拟机里的镜像，是一个只读的模板，一个独立的文件系统，包括运行容器所需的数据，可以用来创建新的容器。例如，一个镜像可以包含一个完整的 Ubuntu 操作系统环境，里面仅安装了 MySQL 或用户需要的其他应用程序。Docker 的镜像实际上由一层一层的文件系统组成,这种层级的文件系统被称为 UnionFS。镜像可以基于 Dockerfile 构建,Dockerfile 是一个描述文件,里面包含若干条命令,每条命令都会对基础文件系统创建新的层次结构。Docker 提供了一个很简单的机制来创建镜像或者更新现有的镜像,用户甚至可以从其他人那里下载一个已经做好的镜像来直接使用。镜像是只读的,可以理解为静态文件。

2. 容器

Docker 利用容器来运行应用。Docker 容器是由 Docker 镜像创建的运行实例。Docker 容器类似虚拟机,可以支持的操作包括启动、停止和删除等。每个容器间是相互隔离的,容器会运行特定的应用,包含特定应用的代码及所需的依赖文件。可以把容器看作一个简易版的 Linux 环境(包括 Root 用户权限、进程空间、用户空间和网络空间等)和运行在其中的应用程序。相对于镜像来说容器是动态的,容器在启动的时候创建一层可写层作为最上层。

3. 仓库

Docker 仓库是集中存放镜像文件的场所。镜像构建完成后,可以很容易地在当前宿主上运行。但是,如果需要在其他服务器上使用这个镜像,就需要一个集中的存储、分发镜像的服务,仓库注册服务器(Docker Registry)就是这样的服务。有时候人们会把仓库和仓库注册服务器混为一谈,并不严格区分。Docker 仓库的概念与 Git 类似,注册服务器可以理解为 GitHub 这样的托管服务。实际上,一个仓库注册服务器中可以包含多个仓库,每个仓库可以包含多个标签(Tag),每个标签对应一个镜像。所以说,镜像仓库是 Docker 用来集中存放镜像文件的地方,类似于我们之前常用的代码仓库。通常,一个仓库会包含同一个软件不同版本的镜像,而标签就常用于对应该软件的各个版本。

我们可以通过<仓库名>:<标签>的格式来指定具体是这个软件哪个版本的镜像。如果不给出标签,将以 Latest 作为默认标签。

仓库又可以分为两种形式:

公有仓库(Public);

私有仓库(Private)。

公有仓库是开放给用户使用并允许用户管理镜像的仓库服务。

一般这类公开服务允许用户免费上传、下载公开的镜像,并可能提供收费服务供用户管理私有镜像。除了使用公开服务外,用户还可以在本地搭建私有仓库注册服务器。Docker 官方提供了仓库注册服务器镜像,可以直接作为私有仓库服务使用。当用户创建了自己的镜像之后就可以使用 Push 命令将它上传到公有或者私有仓库,这样下次在另外一台机器上使用这个镜像时,只需要从仓库上 Pull 下来就可以了。我们把 Docker 的一些常见概念,如镜像、容器和仓库做了详细的阐述,也从传统虚拟化方式的角度阐述了 Docker 的优势。

Docker 使用 C/S 结构,即客户端/服务器体系结构。Docker 客户端与 Docker 服务器进行交互,Docker 服务端负责构建、运行和分发 Docker 镜像。Docker 客户端和服务端可以运行在一台机器上,也可以通过 RESTful、Stock 或网络接口与远程 Docker 服务端进行通信。

默认情况下 Docker 会在 Docker 中央仓库寻找镜像文件。这种利用仓库管理镜像的设计理念类似于 Git ,当然这个仓库可以通过修改配置来指定,甚至可以创建我们自己的私有仓库。

4.2 Docker 容器部署

本节我们讲解 Docker 本身如何安装部署,以及容器部署的相关常用命令。

4.2.1 基础环境安装

Docker 安装比较简单,安装完成后一定要修改存储目录,因为默认是安装到系统盘,一般线上服务器的系统盘只有几十 GB 大小,如果不修改,很快就会把系统盘占满。我们看一下安装过程。

1. Docker 安装

Shell 安装脚本代码如下:

```
yum install - y epel - release
yum install docker - io                    # 安装 Docker
# 配置文件 /etc/sysconfig/docker
chkconfig docker on                        # 加入开机启动
service docker start                       # 启动 Docker 服务
# 基本信息查看
# 查看 Docker 的版本号,包括客户端、服务端和依赖的 Go 等
docker version
# 查看系统(Docker)层面信息,包括管理的 Images, Containers 数等
docker info
```

2. 修改 Docker 存储路径

修改 Docker 存储路径位置到 data,默认到系统盘,改到你的数据盘目录。脚本代码如下:

```
vim /usr/lib/systemd/system/docker.service
# graph 参数配置你的数据盘路径
ExecStart = /usr/bin/dockerd
              -- graph /data/tools/docker
# 修改完成后 reload 配置文件
systemctl daemon - reload
# 重启 Docker 服务
systemctl restart docker.service
```

3. 搭建 Docker 固定 IP 网络

Docker 安装部署后,需要搭建 Docker 的 IP 网络,因为后面基于 Docker 创建的容器都是指定这个网络段的一个 IP 地址。这个 IP 地址段是一个虚拟的网络,安装脚本代码如下:

```
yum install - y bridge - utils
docker network create -- subnet = 172.172.0.0/28 docker - br0
# 如果发现 Docker 网络系统搭建起来后找不到了,可能是磁盘挂载的问题,/data 和/mnt 配置可能不一致
# 通过 docker network ls 查看本地服务器上的 Docker 网络
[root@cjl jx]# docker network ls
NETWORK ID          NAME            DRIVER          SCOPE
b69a80905cc5        bridge          bridge          local
79fd9c922f08        docker-br0      bridge          local
3ce47b2be1c2        host            host            local
c3b80b923061        none            null            local
```

4.2.2 Docker 常用命令

Docker 安装部署后,我们就需要一些相关命令来做相关的事情。下面我们列举一些比较常用的命令。

1. docker version

显示 Docker 版本信息:

```
[root@instance - w6q5hfys ~]# docker version
Client:
 Version:          1.13.1
 API version:       1.26
 Package version: docker - 1.13.1 - 75.git8633870.el7.centos.x86_64
 Go version:        go1.9.4
 Git commit:        8633870/1.13.1
 Built:             Fri Sep 28 19:45:08 2018
 OS/Arch:           linux/amd64
Server:
 Version:          1.13.1
 API version:       1.26 (minimum version 1.12)
 Package version: docker - 1.13.1 - 75.git8633870.el7.centos.x86_64
 Go version:        go1.9.4
 Git commit:        8633870/1.13.1
 Built:             Fri Sep 28 19:45:08 2018
 OS/Arch:           linux/amd64
 Experimental: false
```

2. docker info

显示 Docker 系统信息,包括镜像和容器数。

```
[root@instance-w6q5hfys ~]# docker version
Client:
 Version:         1.13.1
 API version:     1.26
 Package version: docker-1.13.1-75.git8633870.el7.centos.x86_64
 Go version:      go1.9.4
 Git commit:      8633870/1.13.1
 Built:           Fri Sep 28 19:45:08 2018
 OS/Arch:         linux/amd64
Server:
 Version:         1.13.1
 API version:     1.26 (minimum version 1.12)
 Package version: docker-1.13.1-75.git8633870.el7.centos.x86_64
 Go version:      go1.9.4
 Git commit:      8633870/1.13.1
 Built:           Fri Sep 28 19:45:08 2018
 OS/Arch:         linux/amd64
 Experimental:    false
[root@instance-w6q5hfys ~]# docker info
Containers: 1
 Running: 0
 Paused: 0
 Stopped: 1
Images: 1
Server Version: 1.13.1
Storage Driver: overlay2
 Backing Filesystem: extfs
 Supports d_type: true
 Native Overlay Diff: true
Logging Driver: journald
Cgroup Driver: systemd
Plugins:
 Volume: local
 Network: bridge host macvlan null overlay
Swarm: inactive
Runtimes: docker-runc runc
Default Runtime: docker-runc
Init Binary: /usr/libexec/docker/docker-init-current
containerd version: (expected: aa8187dbd3b7ad67d8e5e3a15115d3eef43a7ed1)
runc version: 5eda6f6fd0c2884c2c8e78a6e7119e8d0ecedb77 (expected: 9df8b306d01f59d3a8029-
be411de015b7304dd8f)
init version: fec3683b971d9c3ef73f284f176672c44b448662 (expected: 949e6facb77383876aeff8a-
6944dde66b3089574)
Security Options:
 seccomp
  WARNING: You're not using the default seccomp profile
  Profile: /etc/docker/seccomp.json
```

Kernel Version: 3.10.0 - 862.11.6.el7.x86_64
Operating System: CentOS Linux 7 (Core)
OSType: linux
Architecture: x86_64
Number of Docker Hooks: 3
CPUs: 1
Total Memory: 1.936 GiB
Name: instance - w6q5hfys
ID: 75BJ:KYQE:H373:CE4P:IWVK:S2YJ:YPDM:BLP6:DXIK:5MIW:XE4M:ZPB6
Docker Root Dir: /var/lib/docker
Debug Mode (client): false
Debug Mode (server): false
Registry: https://index.docker.io/v1/
Experimental: false
Insecure Registries:
 127.0.0.0/8
Live Restore Enabled: false
Registries: docker.io (secure)

3. docker search

docker search [options "o">] term
docker search - s 10 django

从 Docker Hub 中搜索符合条件的镜像。

--automated：只列出 automated build 类型的镜像；

--no-trunc：可显示完整的镜像描述；

-s 10：列出收藏数不小于 10 的镜像。

举例：

docker search - s 10 django
[root@instance - w6q5hfys ~]# docker search - s 10 django
Flag -- stars has been deprecated, use -- filter = stars = 3 instead
INDEX NAME DESCRIPTION STARS OFFICIAL AUTOMATED
docker.io docker.io/django Django is a free Web application framework... 860 [OK]
docker.io docker.io/dockerfiles/django - uwsgi - nginx Dockerfile and configuration files to buil… 174 [OK]
docker.io docker.io/camandel/django - wiki wiki engine based on django framework 29 [OK]
docker.io docker.io/alang/django This image can be used as a starting point... 26 [OK]
docker.io docker.io/micropyramid/django - crm Opensourse CRM developed on django framewo... 18 [OK]
docker.io docker.io/praekeltfoundation/django - bootstrap Dockerfile for quickly running Django proj… 11 [OK]
docker.io docker.io/appsecpipeline/django - defectdojo Defect Dojo a security vulnerability manag… 10

4. docker pull

```
docker pull [ - a "o">] [user/ "o">]name[:tag "o">]
docker pull laozhu/telescope:latest
```

从 Docker Hub 中拉取或者更新指定镜像。

-a：拉取所有 tagged 镜像。

```
＃拉取最新镜像
docker pull garethflowers/svn - server
[root@ instance - w6q5hfys ～]＃docker pull garethflowers/svn - server
Using default tag: latest
Trying to pull repository docker. io/garethflowers/svn - server ...
latest: Pulling from docker. io/garethflowers/svn - server
bdf0201b3a05: Pull complete
4bae6ca1e4a0: Pull complete
c13ab2789d28: Pull complete
Digest:
sha256:62cdd515b2bbdbd9f8ff2a0d0e3e1294cfdf80b2b39606ee3475e7210b1daf30
Status: Downloaded newer image for docker. io/garethflowers/svn - server:latest
```

5. docker login

登录仓库：

```
root@moon:～＃docker login
Username: username
Password: ＊ ＊ ＊ ＊
Email: user@domain.com
Login Succeeded
＃按步骤输入在 Docker Hub 注册的用户名、密码和邮箱即可完成登录。
[root@ instance - w6q5hfys ～]＃docker login
Login with your Docker ID to push and pull images from Docker Hub. If you don't have a Docker ID,
head over to https://hub.docker.com to create one.
Username:
```

6. docker logout

运行后从指定服务器登出，默认为官方服务器。

7. docker images

```
docker images [options "o">] [name]
```

列出本地所有镜像。其中 [name] 对镜像名称进行关键词查询。

-a：列出所有镜像（含过程镜像）；

-f：过滤镜像，如：-f ['dangling＝true'] 只列出满足 dangling＝true 条件的镜像；

--no-trunc：可显示完整的镜像 ID；

-q：仅列出镜像 ID；

--tree：以树状结构列出镜像的所有提交历史。

```
[root@ instance - w6q5hfys ～]# docker images
REPOSITORY TAG IMAGE ID CREATED SIZE
docker. io/garethflowers/svn - server latest a38966c9817a 3 months ago 13. 7 MB
mysql 5. 6 cea0d0c97c4f 22 months ago 299 MB
```

8. docker ps

列出所有运行中的容器。

-a：列出所有容器(含沉睡镜像)；

--before＝"nginx"：列出在某一容器之前创建的容器,接收容器名称和 ID 作为参数；

--since＝"nginx"：列出在某一容器之后创建的容器,接收容器名称和 ID 作为参数；

-f〔exited＝＜int＞〕列出满足 exited＝＜int＞条件的容器；

-l：仅列出最新创建的一个容器；

--no-trunc：显示完整的容器 ID；

-n＝4：列出最近创建的 4 个容器；

-q：仅列出容器 ID；

-s：显示容器大小。

```
[root@ instance - hht3x24d ～]# docker ps
CONTAINER ID IMAGE COMMAND CREATED STATUS PORTS NAMES
fae392a9fdb2 mysql:5.6 "docker - entrypoint..." 2 weeks ago Up 2 weeks 172.16.0.5:3306 - > 3306/
tcp mysql - test3306
```

9. docker rmi

```
docker rmi [options "o">] < image > "o">[image...]
docker rmi nginx: latest postgres: latestpython: latest
```

从本地移除一个或多个指定的镜像。

-f：强行移除该镜像,即使其正被使用；

--no-prune：不移除该镜像的过程镜像,默认移除。

10. docker rm

```
docker rm [options "o">] < container > "o">[container...]
docker rm nginx - 01 nginx - 02 db - 01 db - 02
sudo docker rm - l /Webapp/redis
```

-f：强行移除该容器,即使其正在运行；

-l：移除容器间的网络连接,而非容器本身；

-v：移除与容器关联的空间。

11．docker history

docker history "o">[options] < image >

查看指定镜像的创建历史。

--no-trunc：显示完整的提交记录；

-q：仅列出提交记录 ID。

```
[root@instance－hht3x24d ～]# docker images
REPOSITORY TAG IMAGE ID CREATED SIZE
mysql 5.6 cea0d0c97c4f 22 months ago 299 MB
[root@instance－hht3x24d ～]# docker history cea0d0c97c4f
IMAGE CREATED CREATED BY SIZE COMMENT
cea0d0c97c4f 22 months ago /bin/sh － c #(nop) CMD ["mysqld"] 0 B
< missing > 22 months ago /bin/sh － c #(nop) EXPOSE 3306/tcp 0 B
< missing > 22 months ago /bin/sh － c #(nop) ENTRYPOINT ["docker－ent... 0 B
< missing > 22 months ago /bin/sh － c ln － s usr/local/bin/docker－entr... 34 B
< missing > 22 months ago /bin/sh － c #(nop) COPY file:b4e423a0d95974... 5.74 kB
< missing > 22 months ago /bin/sh － c #(nop) VOLUME [/var/lib/mysql] 0 B
< missing > 22 months ago /bin/sh － c sed － Ei 's/^(bind－address|log)/... 1.12 kB
< missing > 22 months ago /bin/sh － c { echo mysql－community－server... 137 MB
< missing > 22 months ago /bin/sh － c echo "deb http://repo.mysql.com... 55 B
< missing > 22 months ago /bin/sh － c #(nop) ENV MYSQL_VERSION = 5.6.3... 0 B
< missing > 22 months ago /bin/sh － c #(nop) ENV MYSQL_MAJOR = 5.6 0 B
< missing > 22 months ago /bin/sh － c set － ex; key = 'A4A9406876FCBD3C... 20.8 kB
< missing > 22 months ago /bin/sh － c apt－get update && apt－get insta... 33.6 MB
< missing > 22 months ago /bin/sh － c mkdir /docker－entrypoint－initdb.d 0 B
< missing > 22 months ago /bin/sh － c set － x && apt－get update && ap... 4.52 MB
< missing > 22 months ago /bin/sh － c #(nop) ENV GOSU_VERSION = 1.7 0 B
< missing > 22 months ago /bin/sh － c groupadd － r mysql && useradd － r... 330 kB
< missing > 22 months ago /bin/sh － c #(nop) CMD ["bash"] 0 B
< missing > 22 months ago /bin/sh － c #(nop) ADD file:d7333b3e0bc6479... 123 MB
```

12．docker start│stop│restart

docker start│stop "p">│restart [options "o">] < container > "o">[container...]

启动、停止和重启一个或多个指定容器。

-a：待完成；

-i：启动一个容器并进入交互模式；

-t 10：停止或者重启容器的超时时间（单位为秒），超时后系统将杀死进程。

```
[root@instance－61vt9570 ～]# docker start ba916ed45c0f
ba916ed45c0f
[root@instance－61vt9570 ～]# docker ps
CONTAINER ID IMAGE COMMAND CREATED STATUS PORTS NAMES
```

```
ba916ed45c0f mysql:5.6 "docker - entrypoint..." 5 weeks ago Up 7 seconds 172.16.0.4:3306 - >
3306/tcp chongdianleme - mysql
```

13. docker kill

```
docker kill   "o">[options "o">] < container >  "o">[container...]
```

杀死一个或多个指定容器进程。

-s "KILL"：自定义发送至容器的信号。

```
[root@ instance - 61vt9570 ～] # docker kill ba916ed45c0f
ba916ed45c0f
[root@ instance - 61vt9570 ～] # docker ps
CONTAINER ID IMAGE COMMAND CREATED STATUS PORTS NAMES
[root@ instance - 61vt9570 ～] # docker ps - a
CONTAINER ID IMAGE COMMAND CREATED STATUS PORTS NAMES
ba916ed45c0f mysql:5. 6 " docker - entrypoint..." 5 weeks ago Exited (137) 13 seconds ago
chongdianleme - mysql
```

14. docker events

```
docker events [options "o">]
docker events -- since = "s2">"20141020"
docker events -- until = "s2">"20120310"
```

从服务器拉取个人动态,可选择时间区间。

15. docker save

```
docker save - i "debian. tar"
docker save > "debian. tar"
```

将指定镜像保存成 tar 归档文件,是 docker load 的逆操作。保存后再加载(saved-loaded)的镜像不会丢失提交历史和层,可以回滚。

-o "debian. tar"指定保存的镜像归档。

镜像另存为文件(后面可以指定容器和镜像,如果指定容器,则导出容器对应的镜像文件):

```
docker save - o mysql5.6.37. tar mysql: 5.6
```

16. docker load

```
docker load [options]
docker load < debian. tar
docker load - i "debian. tar"
```

从 tar 镜像归档中载入镜像,是 docker save 的逆操作。保存后再加载(saved-loaded)的镜像不会丢失提交的历史和层,可以回滚。

-i "debian. tar"指定载入的镜像归档。

从文件创建镜像:

```
cd /data/jx
docker load < mysql5.6.37.tar
```

17. docker export

```
docker export < container >
docker export nginx - 01 > export.tar
```

将指定的容器保存成 tar 归档文件,是 docker import 的逆操作。导出后导入(exported-imported)的容器会丢失所有的提交历史,无法回滚。

只能指定容器,不能指定镜像。

18. docker import

```
docker import url| -   "o">[repository[: tag "o">]]
cat export.tar   "p">| docker import - imported - nginx: latest
docker import http://example.com/export.tar
```

将打包的 container 载入进来使用 docker import,例如:

```
docker import postgres - export.tar postgres: latest
docker import hadoop - datanode1_image.tar hadoop - datanode1: v1.0
```

从归档文件(支持远程文件)创建一个镜像,是 export 的逆操作,可为导入镜像打上标签。导出后导入(exported-imported)的容器会丢失所有的提交历史,无法回滚。

下面总结一下 docker save 和 docker export 的区别:

1) docker save

docker save 保存的是镜像(image),docker export 保存的是容器(container)。

2) docker load

docker load 用来载入镜像包,docker import 用来载入容器包,但两者都会恢复为镜像。

3) docker load

docker load 不能对载入的镜像重命名,而 docker import 可以为镜像指定新名称。

4) docker load

docker load 不能载入容器包。

5) docker import

docker import 可以载入镜像包。

6) export

export 导出当前时刻容器的包,在基于镜像创建容器并安装了很多环境包后,如果想把最新的环境保存下来,必须用 docker export,而 docker save 保存不了创建容器后最新安装的环境包。

19. docker top

docker top < running_container >　"o">[ps options]

查看一个正在运行容器进程，支持 ps 命令参数。

```
[root@ instance - 61vt9570 ～] # docker top ba916ed45c0f
UID PID PPID C STIME TTY TIME CMD
polkitd 130263 130246 1 10:54 ? 00:00:00 mysqld
[root@ instance - 61vt9570 ～] # ps － ef │grep 130263
polkitd 130263 130246 0 10:54 ? 00:00:00 mysqld
[root@ instance - 61vt9570 ～] # kill － 9 130263
[root@ instance - 61vt9570 ～] # ps － ef │grep 130263
root 130532 128237 0 10:56 pts/0 00:00:00 grep －－ color = auto 130263
[root@ instance - 61vt9570 ～] # docker ps
CONTAINER ID IMAGE COMMAND CREATED STATUS PORTS NAMES
[root@ instance - 61vt9570 ～] #
```

20. docker inspect

```
docker instpect nginx: latest
docker inspect nginx － container
```

检查镜像或者容器的参数，默认返回 JSON 格式。

-f：指定返回值的模板文件。

```
[root@ instance - 61vt9570 ～] # docker inspect ba916ed45c0f
[
    {
        "Id":
"ba916ed45c0fe84c4edd1ea99f0e8b395aaaa25d0d9b286b23bc0327edd5f31f",
        "Created": "2019 - 06 - 23T03:57:30.609941311Z",
        "Path": "docker - entrypoint. sh",
        "Args": [
            "mysqld"
        ],
        "State": {
            "Status": "running",
            "Running": true,
            "Paused": false,
            "Restarting": false,
            "OOMKilled": false,
            "Dead": false,
            "Pid": 130691,
            "ExitCode": 0,
            "Error": "",
```

```
            "StartedAt": "2019 - 08 - 04T02:58:25.697592161Z",
            "FinishedAt": "2019 - 08 - 04T02:56:29.794839864Z"
        },
        "Image":
"sha256:cea0d0c97c4fd901dc879edf62df86f5f56710472ed068cae0ccd63406ae8763",
        "ResolvConfPath":
"/data/tools/docker/containers/
ba916ed45c0fe84c4edd1ea99f0e8b395aaaa25d0d9b286b23bc0327edd5f31f/resolv.conf",
        "HostnamePath":
"/data/tools/docker/containers/
ba916ed45c0fe84c4edd1ea99f0e8b395aaaa25d0d9b286b23bc0327edd5f31f/hostname",
        "HostsPath":
"/data/tools/docker/containers/
ba916ed45c0fe84c4edd1ea99f0e8b395aaaa25d0d9b286b23bc0327edd5f31f/hosts",
        "LogPath": "",
        "Name": "/chongdianleme - mysql",
        "RestartCount": 0,
        "Driver": "overlay2",
        "MountLabel": "",
        "ProcessLabel": "",
        "AppArmorProfile": "",
        "ExecIDs": null,
        "HostConfig": {
            "Binds": [
                "/data/gz/mysql - test - conf1/conf.d:/etc/mysql/conf.d",
                "/data/gz/mysql - test1:/var/lib/mysql"
            ],
            "ContainerIDFile": "",
            "LogConfig": {
                "Type": "journald",
                "Config": {}
            },
            "NetworkMode": "docker - br0",
            "PortBindings": {
                "3306/tcp": [
                    {
                        "HostIp": "172.16.0.4",
                        "HostPort": "3306"
                    }
                ]
            },
            "RestartPolicy": {
                "Name": "no",
                "MaximumRetryCount": 0
            },
            "AutoRemove": false,
            "VolumeDriver": "",
```

```
    "VolumesFrom": null,
    "CapAdd": null,
    "CapDrop": null,
    "Dns": [],
    "DnsOptions": [],
    "DnsSearch": [],
    "ExtraHosts": null,
    "GroupAdd": null,
    "IpcMode": "",
    "Cgroup": "",
    "Links": null,
    "OomScoreAdj": 0,
    "PidMode": "",
    "Privileged": false,
    "PublishAllPorts": false,
    "ReadonlyRootfs": false,
    "SecurityOpt": null,
    "UTSMode": "",
    "UsernsMode": "",
    "ShmSize": 67108864,
    "Runtime": "docker - runc",
    "ConsoleSize": [
        0,
        0
    ],
    "Isolation": "",
    "CpuShares": 0,
    "Memory": 0,
    "NanoCpus": 0,
    "CgroupParent": "",
    "BlkioWeight": 0,
    "BlkioWeightDevice": null,
    "BlkioDeviceReadBps": null,
    "BlkioDeviceWriteBps": null,
    "BlkioDeviceReadIOps": null,
    "BlkioDeviceWriteIOps": null,
    "CpuPeriod": 0,
    "CpuQuota": 0,
    "CpuRealtimePeriod": 0,
    "CpuRealtimeRuntime": 0,
    "CpusetCpus": "",
    "CpusetMems": "",
    "Devices": [],
    "DiskQuota": 0,
    "KernelMemory": 0,
    "MemoryReservation": 0,
    "MemorySwap": 0,
```

```
            "MemorySwappiness": −1,
            "OomKillDisable": false,
            "PidsLimit": 0,
            "Ulimits": null,
            "CpuCount": 0,
            "CpuPercent": 0,
            "IOMaximumIOps": 0,
            "IOMaximumBandwidth": 0
        },
        "GraphDriver": {
            "Name": "overlay2",
            "Data": {
                "LowerDir": "/data/tools/docker/overlay2/ecd2cf249e4c745ed17a7a415ce1a-
6602bfbfe0361e7ab55e896f35f94cd6a9a − init/diff:/data/tools/docker/overlay2/43c516e3d1de0-
ee17913558e9bf5ad81544aab886fe26c1878830cbf3482e208/diff:/data/tools/docker/overlay2/581-
0b9f3a65fddca230e7512730c22a54d1e3e38b45707c514e42ca44b5813ae/diff:/data/tools/docker/ov-
erlay2/fe21cf8d703ed50f7af5601e1e9e36835721322a247cfca7bf762142d6de17cd/diff:/data/tool-
s/docker/overlay2/a73c5a5f6615a8aaf5b0cd6da3eefc2a44f70ed33a526410a9f3ba704273ed57/dif-
f:/data/tools/docker/overlay2/4f45c0c85d1777cab36132a540f38f5f6dc0213c055c1403ec32dfa2d2-
d26740/diff:/data/tools/docker/overlay2/adfd7037a909f0844f163b879d5b3f659426bd2f701d38a1-
726f22b7f9ec2fab/diff:/data/tools/docker/overlay2/73056625adf64351af5db705a585bba734a8fe-
dbf7ab5d0d6fd4a2278fee85e7/diff:/data/tools/docker/overlay2/1e3de7dda22ecabd5db0957495fd-
e8ca535004019602a2b4991849c3cab55e60/diff:/data/tools/docker/overlay2/c635e7b6022615cdd3-
22c9968f81debfab44173aa53250afea891a5f068e65a2/diff:/data/tools/docker/overlay2/69653fb9-
7a99f4eb9e04296506ad59578880c6ae492a899b095eb6980834eafd/diff:/data/tools/docker/overlay-
2/9f1a545c55508c196ab008ed0dcae84aa5c7a502611a18ceae8d4108524379a5/diff",
                "MergedDir":
"/data/tools/docker/overlay2/ecd2cf249e4c745ed17a7a415ce1a6602bfbfe0361e7ab55e896f35f94c-
d6a9a/merged",
                "UpperDir":
"/data/tools/docker/overlay2/ecd2cf249e4c745ed17a7a415ce1a6602bfbfe0361e7ab55e896f35f94c-
d6a9a/diff",
                "WorkDir":
"/data/tools/docker/overlay2/ecd2cf249e4c745ed17a7a415ce1a6602bfbfe0361e7ab55e896f35f94c-
d6a9a/work"
            }
        },
        "Mounts": [
            {
                "Type": "bind",
                "Source": "/data/gz/mysql − test − conf1/conf.d",
                "Destination": "/etc/mysql/conf.d",
                "Mode": "",
                "RW": true,
                "Propagation": "rprivate"
            },
            {
```

```json
                    "Type" : "bind",
                    "Source" : "/data/gz/mysql - test1",
                    "Destination" : "/var/lib/mysql",
                    "Mode" : "",
                    "RW" : true,
                    "Propagation" : "rprivate"
                }
        ],
        "Config" : {
            "Hostname" : "ba916ed45c0f",
            "Domainname" : "",
            "User" : "",
            "AttachStdin" : false,
            "AttachStdout" : true,
            "AttachStderr" : true,
            "ExposedPorts" : {
                "3306/tcp" : {}
            },
            "Tty" : false,
            "OpenStdin" : false,
            "StdinOnce" : false,
            "Env" : [
                "MYSQL_ROOT_PASSWORD = chongdianleme888",
                "PATH = /usr/local/sbin:/usr/local/bin:/usr/sbin:/usr/bin:/sbin:/bin",
                "GOSU_VERSION = 1.7",
                "MYSQL_MAJOR = 5.6",
                "MYSQL_VERSION = 5.6.37 - 1debian8"
            ],
            "Cmd" : [
                "mysqld"
            ],
            "ArgsEscaped" : true,
            "Image" : "mysql:5.6",
            "Volumes" : {
                "/var/lib/mysql" : {}
            },
            "WorkingDir" : "",
            "Entrypoint" : [
                "docker - entrypoint.sh"
            ],
            "OnBuild" : null,
            "Labels" : {}
        },
        "NetworkSettings" : {
            "Bridge" : "",
            "SandboxID" :
"8a242668d48e578bb10d6ca966a3ef1a591ff0a58f7037f8a247b18674347e3e",
```

```
            "HairpinMode": false,
            "LinkLocalIPv6Address": "",
            "LinkLocalIPv6PrefixLen": 0,
            "Ports": {
                "3306/tcp": [
                    {
                        "HostIp": "172.16.0.4",
                        "HostPort": "3306"
                    }
                ]
            },
            "SandboxKey": "/var/run/docker/netns/8a242668d48e",
            "SecondaryIPAddresses": null,
            "SecondaryIPv6Addresses": null,
            "EndpointID": "",
            "Gateway": "",
            "GlobalIPv6Address": "",
            "GlobalIPv6PrefixLen": 0,
            "IPAddress": "",
            "IPPrefixLen": 0,
            "IPv6Gateway": "",
            "MacAddress": "",
            "Networks": {
                "docker-br0": {
                    "IPAMConfig": {
                        "IPv4Address": "172.172.0.17"
                    },
                    "Links": null,
                    "Aliases": [
                        "ba916ed45c0f"
                    ],
                    "NetworkID":
"20b5fe9cc110735bc6eaadf06f97341e5bdcabdec14e9564a3b546ac954672b5",
                    "EndpointID":
"052279bd7a6f65349e824d7bf6e140d04fd435cd3b0a37d26eab9fa7689e8253",
                    "Gateway": "172.172.0.1",
                    "IPAddress": "172.172.0.17",
                    "IPPrefixLen": 24,
                    "IPv6Gateway": "",
                    "GlobalIPv6Address": "",
                    "GlobalIPv6PrefixLen": 0,
                    "MacAddress": "02:42:ac:ac:00:11"
                }
            }
        }
    }
]
```

21. docker pause

暂停某一容器的所有进程。

```
[root@instance－61vt9570 ～]#docker pause ba916ed45c0f
ba916ed45c0f
[root@instance－61vt9570 ～]#docker ps
CONTAINER ID IMAGE COMMAND CREATED STATUS PORTS NAMES
ba916ed45c0f mysql:5.6 "docker－entrypoint..." 5 weeks ago Up 2 minutes (Paused) 172.16.0.4:
3306－>3306/tcp chongdianleme－mysql
```

22. docker unpause

```
docker unpause <container>
```

恢复某一容器的所有进程。

```
[root@instance－61vt9570 ～]#docker unpause ba916ed45c0f
ba916ed45c0f
[root@instance－61vt9570 ～]#docker ps
CONTAINER ID IMAGE COMMAND CREATED STATUS PORTS NAMES
ba916ed45c0f mysql:5.6 "docker－entrypoint..." 5 weeks ago Up 3 minutes 172.16.0.4:3306－>
3306/tcp chongdianleme－mysql
[root@instance－61vt9570 ～]#
```

23. docker tag

```
docker tag [options "o">] <image>[: tag "o">] [repository/ "o">][username/]name "o">[: tag]
```

标记本地镜像，将其归入某一仓库。

-f：覆盖已有标记。

上传私有仓库的步骤如下：

1）登录：docker login -u admin -p chongdianleme12345

2）tag 实际上还没有上传：docker tag longhronshens/mycat-docker 192.168.0.106：10600/local-images/mycat-docker：chenjinglei

3）正式上传：docker push 192.168.0.106：10600/local-images/mycat-docker：chenjinglei

24. docker push

```
docker push name[: tag "o">]
docker push laozhu/nginx: latest
```

将镜像推送至远程仓库，默认为 Docker Hub。

正式上传：docker push 192.168.0.106：10600/local-images/mycat-docker：chenjinglei

25．docker logs

docker logs [options "o">] < container >
docker logs - f - t -- tail = "s2">"10" insane_babbage

获取容器运行时的输出日志。

-f：跟踪容器日志的最近更新；

vt：显示容器日志的时间戳；

--tail＝"10"：仅列出最新的 10 条容器日志。

```
[root@instance-61vt9570 ~]# docker logs ba916ed45c0f
2019-08-04 02:25:50 0 [Warning] TIMESTAMP with implicit DEFAULT value is deprecated. Please
use -- explicit_defaults_for_timestamp server option (see documentation for more details).
2019-08-04 02:25:50 0 [Note] mysqld (mysqld 5.6.37) starting as process 1 ...
2019-08-04 02:54:22 0 [Warning] TIMESTAMP with implicit DEFAULT value is deprecated. Please
use -- explicit_defaults_for_timestamp server option (see documentation for more details).
2019-08-04 02:54:22 0 [Note] mysqld (mysqld 5.6.37) starting as process 1 ...
2019-08-04 02:58:26 0 [Warning] TIMESTAMP with implicit DEFAULT value is deprecated. Please
use -- explicit_defaults_for_timestamp server option (see documentation for more details).
2019-08-04 02:58:26 0 [Note] mysqld (mysqld 5.6.37) starting as process 1 ...
```

26．docker run

docker run [options "o">] < image > ["nb"> command]   "o">[arg…]

启动一个容器，在其中运行指定命令。

-a stdin：指定标准输入输出内容类型，可选 STDIN/STDOUT/STDERR 3 项；

-d：后台运行容器，并返回容器 ID；

-i：以交互模式运行容器，通常与-t 同时使用；

-t：为容器重新分配一个伪输入终端，通常与-i 同时使用；

--name＝"nginx-lb"：为容器指定一个名称；

--dns 8.8.8.8：指定容器使用的 DNS 服务器，默认和宿主一致；

--dns-search example.com：指定容器 DNS 搜索域名，默认和宿主一致；

-h "mars"：指定容器的 hostname；

-e username＝"ritchie"：设置环境变量；

--env-file＝[]：从指定文件读入环境变量；

--cpuset＝"0—2" or --cpuset＝"0,1,2"绑定容器到指定 CPU 运行；

-c：待完成；

-m：待完成；

--net＝"bridge"：指定容器的网络连接类型，支持 bridge /host / none container：
< name|id > 4 种类型；

--link＝[]：待完成；

--expose＝[]：待完成。

创建 Hadoop 容器例子如下。hostname 是指定主机名，add-host 是把映射自动加到 /etc/hosts 里面，如果不这么加，容器重启后会丢失，-v 是指定磁盘挂载，磁盘挂载的意思是把物理机的磁盘目录映射到容器里的虚拟机目录，后面在容器里面的操作占用的那个磁盘实际不消耗容器本身的磁盘空间，因为默认的容器磁盘只有 10GB 大小，很小，不够用：

```
docker run -- privileged = true - it - d -- net docker - br0 -- ip 172.172.0.11 -- hostname
datanode1 -- add - host datanode2:172.172.0.12 -- add - host datanode3:172.172.0.13 -- add -
host datanode4:172.172.0.14 -- add - host datanode5:172.172.0.15 -- name hadoop - datanode1
- v /data/gz/hadoop - datanode1/:/home/hadoop/ hadoop - datanode1:v1.0 /bin/bash
♯ 以这种方式进入容器之后退出不会停止容器
docker exec - it hadoop - datanode1 env LANG = zh_CN.UTF - 8 LC_ALL = zh_CN.UTF - 8 LANGUAGE = zh_
CN.UTF - 8 /bin/bash
```

## 第 5 章

Mahout 分布式机器学习平台

Mahout 是基于 Hadoop 大数据平台之上最早的分布式机器学习平台,计算的时候使用 Hadoop 的 MapReduce 计算引擎,除了分布式实现,有些算法也有单机版本,满足在没有搭建 Hadoop 平台的前提下也可以使用 Mahout。Mahout 提供的机器学习算法非常丰富,分类、聚类、推荐协同过滤、关联规则、隐马尔科夫、时间序列、遗传算法和序列模式挖掘等,本章介绍 Mahout 平台原理及常用机器学习算法实战。

5.1 Mahout 挖掘平台

Mahout 的分布式计算建立在 Hadoop 的 MapReduce 计算引擎基础之上,开发语言使用 Java 来实现,由于其本身是一个算法库,运行的时候使用 MapReduce 完成任务,并且是在 Hadoop 平台之上运行的,所以安装部署比较简单。

5.1.1 Mahout 原理和介绍

Mahout 是建立在 Hadoop 的 MapReduce 计算引擎基础之上的一个算法库,集成了很多算法。Apache Mahout 是 Apache Software Foundation(ASF)旗下的一个开源项目,提供一些可扩展的机器学习领域经典算法,旨在帮助开发人员更加方便快捷地创建智能应用程序。Mahout 项目目前已经存在多个公共发行版本。Mahout 包含许多机器学习算法,包括分类、聚类、推荐协同过滤、关联规则、隐马尔科夫、时间序列、遗传算法和序列模式挖掘等。Mahout 通过使用 Apache Hadoop 库,可以有效地扩展到 Hadoop 集群。

Mahout 的开发语言是 Java 语言,其分布式的实现借助于 Hadoop 的 MapReduce 计算引擎来实现,所以编程模型也是基于 Hadoop 的 MR 模型,并不是自己单独实现的一套分布式算法。

Mahout 的分布式实现提供了非常友好的脚本,可以不用写 Java 代码调用它的 API,直接用它提供的参数传值就可以,然后通过一个 Shell 脚本执行某个算法的 main 函数入口类,最后指定参数名和参数值并提交给 Hadoop 平台上去运行就可以了。提交之后 Hadoop

平台会把 Mahout 的项目 jar 包和依赖的第三方 jar 传到 Hadoop 的分布式文件系统 HDFS 的临时目录,集群的所有节点在运行 Mahout 的时候会用到这个临时目录。

Mahout 很多算法支持通过参数配置的方式来选择究竟是在 Hadoop 上分布式地来运行,还是以 local 方式本地单机来运行,这点 Mahout 的接口非常人性化和方便,对于不会 Java 编程的人员,只要掌握了算法的核心思想和对应的参数便可以使用 Mahout 分布式挖掘平台。基本上会使用简单的 Shell 脚本就可以了,所以这点对非技术开发人员是一个福音,不会编程照样也可以做分布式的机器学习训练任务。当然前提还是需要掌握 Hadoop 的一些相关知识和脚本命令。另外,最好掌握 Hive SQL 及一些数据处理的技能,这样可以对后续的模型训练结果做一些分析等。

5.1.2　Mahout 安装部署

因为 Mahout 是使用 Java 开发的,所以只能在 JDK 环境运行,JDK 的安装比较简单,下载对应的 JDK 版本,然后解压出来,最后修改一下 /etc/profile 文件并设置 JAVA_HOME 环境变量即可。修改环境变量后需要执行 source /etc/profile 命令才会正式生效。

JDK 安装脚本代码如下:

```
cd /home/hadoop/software/
#上传 rz jdk1.8.0_121.gz
tar xvzf jdk1.8.0_121.gz
#然后修改环境变量并指定到这个 JDK 所在的目录就算安装好了
vim /etc/profile
export JAVA_HOME = /home/hadoop/software/jdk1.8.0_121
#让环境变量生效
source /etc/profile
```

因为 Mahout 是基于 Hadoop 平台的,所以要想运行 Mahout 必须先安装 Hadoop 平台,Hadoop 平台在前面讲大数据基础的时候已经讲过了,这里不再重复。有一点需要说明,Mahout 只需要在提交算法任务脚本上安装即可,Mahout 本身是一个压缩包,从官网下载对应的编译并打包好的包,解压就可以了。官网地址是: www. apache. org。

打好的包在 http://www. apache. org/dist/mahout/0. 13. 0/apache-mahout-distribution-0. 13. 0. tar. gz。这样便可以配置环境变量,但不是必需的,如果不配置,在提交脚本时指定绝对目录就可以了。

```
HADOOP_CONF_DIR = /home/hadoop/software/hadoop2/conf
MAHOUT_HOME = /home/hadoop/software/mahout - distribution - 0.13
```

修改完成后记得用 source/etc/profile 使环境变量生效。Mahout 只需要在提交脚本那台服务器上安装即可,当然如果为了方便,在每台服务器上都安装也是可以的。

5.2 Mahout 机器学习算法

Mahout 算法库的一个特点是非常丰富,另外一个特点是非常稳定。和 Spark 分布式平台相比有它自己的优势,虽然在迭代性的算法方面其性能可能稍微差一点,但整体来看其性能在可接受范围内,有的算法在性能上没有太大明显差别。对于超大训练数据集,Mahout 在稳定性上表现得更好一些。

5.2.1 Mahout 算法概览

Mahout 可实现的算法很多,常见的算法都覆盖到了,和 Spark 的机器学习库可以互补一下,因为有些在 Spark 里没有实现的算法却在 Mahout 里实现了,并且有些同样的算法在 Mahout 里面更稳定一些,尤其在超大数据集训练的时候。下面列举 Mahout 中实现的算法,如表 5.1 所示。

表 5.1 Mahout 算法库

算 法 大 类	算法英文名称	算法中文名称
分类算法(有监督学习)	Logistic Regression	逻辑回归
	Bayesian	贝叶斯
	SVM	支持向量机
	Perceptron	感知器算法
	Neural Network	神经网络
	Decision Tree	决策树(ID3,C4.5 算法)
	Random Forests	随机森林
	k-Nearest Neighbor,kNN	k-最近邻法
	Restricted Boltzmann Machines	受限玻耳兹曼机
	Online Passive Aggressive	在线被动攻击
聚类算法(无监督学习)	Canopy Clustering	Canopy 聚类
	K-means Clustering	K 均值算法
	Fuzzy K-means	模糊 K 均值
	Expectation Maximization	EM 聚类(期望最大化聚类)
	Mean Shift Clustering	均值漂移聚类
	MinHash	MinHash 聚类
	Hierarchical Clustering	层次聚类
	Dirichlet Process Clustering	狄里克雷过程聚类
	Latent Dirichlet Allocation	潜在狄利克雷分配模型
	Spectral Clustering	谱聚类
关联规则挖掘	Parallel FP Growth Algorithm	并行 FP Growth 算法
	Apriori	Apriori 关联规则算法

续表

算 法 大 类	算法英文名称	算法中文名称
推荐/协同过滤	UserCF	基于用户协同过滤
	ItemCF	基于物品协同过滤
	SlopeOne	SlopeOne 协同过滤
隐马尔科夫模型	Hidden Markov Models(HMM)	隐马尔科夫模型
时间序列算法	Time series analysis	时间序列分析
遗传算法	Biological Evolution Algorithm	遗传算法(如 TSP 问题,蚁群算法)属于启发式搜索算法
序列模式挖掘	GSP	GSP 算法
	PrefixSpan	PrefixSpan 算法
降维	Singular Value Decomposition(SVD)	奇异值分解
	Principal Components Analysis(PCA)	主成分分析
	Independent Component Analysis(ICA)	独立成分分析
	Gaussian Discriminative Analysis(GDA)	高斯判别分析
	Local Sensitive Hash(LSH)	局部敏感哈希
	SimHash	SimHash 哈希算法
	MinHash	MinHash 哈希算法
向量相似度计算	Row Similarity Job	计算列间相似度
	Vector Distance Job	计算向量间距离

以上是算法概览,下面我们重点讲解一些常用算法。

5.2.2　潜在狄利克雷分配模型[2]

潜在狄利克雷分配模型(Latent Dirichlet Allocation,LDA)是一种文档主题生成模型,也称为一个 3 层贝叶斯概率模型,包含词、主题和文档 3 层结构。所谓生成模型,就是说,我们认为一篇文章的每个词都是通过"以一定概率选择了某个主题,并从这个主题中以一定概率选择某个词语"这样一个过程得到。文档到主题服从多项式分布,主题到词服从多项式分布。

LDA 是一种非监督机器学习技术,可以用来识别大规模文档集(document collection)或语料库(corpus)中潜藏的主题信息。它采用了词袋(bag of words)的方法,这种方法将每一篇文档视为一个词频向量,从而将文本信息转化为易于建模的数字信息,但是词袋方法没有考虑词与词之间的顺序,这简化了问题的复杂性,同时也为模型的改进提供了契机。每一篇文档代表了一些主题所构成的一个概率分布,而每一个主题又代表了很多单词所构成的一个概率分布。

LDA 的一个经典应用场景就是做关键词提取,例如给定一篇文章或者多篇文章,然后提取出核心的关键词标签。当然用 K-means 算法也可以做,但是用 LDA 的效果要好一些。此外做关键词提取效果不错的还有 TextRank 算法。

1. LDA 生成过程

对于语料库中的每篇文档，LDA 定义了如下生成过程（generative process）：

1）对每一篇文档，从主题分布中抽取一个主题；

2）从上述被抽到的主题所对应的单词分布中抽取一个单词；

3）重复上述过程直至遍历文档中的每一个单词。

语料库中的每一篇文档与 T（通过反复试验等方法事先给定）个主题的一个多项分布（multinomial distribution）相对应，将该多项分布记为 θ。每个主题又与词汇表（vocabulary）中的 V 个单词的一个多项分布相对应，将这个多项分布记为 φ。

2. LDA 整体流程

先定义一些字母的含义：文档集合 D，主题（topic）集合 T。

D 中每个文档 d 看作一个单词序列 $<w1,w2,\cdots,wn>$，wi 表示第 i 个单词，设 d 有 n 个单词（LDA 里面称之为 wordbag，实际上每个单词的出现位置对 LDA 算法无影响）。

D 中涉及的所有不同单词组成一个大集合 VOCABULARY（简称 VOC），LDA 以文档集合 D 作为输入，希望训练出两个结果向量（设聚成 k 个 topic，VOC 中共包含 m 个词）。

对每个 D 中的文档 d，对应到不同 topic 的概率 $\theta d<pt1,\cdots,ptk>$，其中，pti 表示 d 对应 T 中第 i 个 topic 的概率。计算方法是直观的，$pti=nti/n$，其中 nti 表示 d 中对应第 i 个 topic 的词的数目，n 是 d 中所有词的总数。

对每个 T 中的 topic，生成不同单词的概率 $\varphi t<pw1,\cdots,pwm>$，其中，$pwi$ 表示 t 生成 VOC 中第 i 个单词的概率。计算方法同样很直观，$pwi=Nwi/N$，其中 Nwi 表示对应到 topic t 的 VOC 中第 i 个单词的数目，N 表示所有对应到 topic 的单词总数。

LDA 的核心公式如下：

$$p(w|d)=p(w|t)\times p(t|d)$$

直观地看这个公式，就是以 topic 作为中间层，可以通过当前的 θd 和 φt 给出文档 d 中出现单词 w 的概率。其中 $p(t|d)$ 利用 θd 计算得到，$p(w|t)$ 利用 φt 计算得到。

实际上，利用当前的 θd 和 φt，我们可以为一个文档中的一个单词计算它对应任意一个 topic 时的 $p(w|d)$，然后根据这些结果来更新这个词应该对应的 topic。最后，如果这个更新改变了这个单词所对应的 topic，就会反过来影响 θd 和 φt。

3. LDA 学习过程（方法之一）

在 LDA 算法开始时，先随机地给 θd 和 φt 赋值（对所有的 d 和 t），然后不断重复上述过程，最终收敛到的结果就是 LDA 的输出。再详细说一下这个迭代的学习过程。

1）针对一个特定的文档 ds 中的第 i 单词 wi，如果令该单词对应的 topic 为 tj，可以把上述公式改写为：

$$pj(wi|ds)=p(wi|tj)\times p(tj|ds)$$

2）现在我们可以枚举 T 中的 topic，得到所有的 $pj(wi|ds)$，其中 j 取值 $1\sim k$，然后可以根据这些概率值结果为 ds 中的第 i 个单词 wi 选择一个 topic。最简单的想法是取令

pj（wi｜ds）最大的 tj（注意，这个式子里只有 j 是变量），即 $\text{argmax}[j]pj$（wi｜ds）。

　　3）如果 ds 中的第 i 个单词 wi 在这里选择了一个与原先不同的 topic，就会对 θd 和 φt 有影响了（根据前面提到过的这两个向量的计算公式可以很容易知道）。它们的影响又会反过来影响对上面提到的 p（w｜d）的计算。对 D 中所有的 d 中的所有 w 进行一次 p（w｜d）的计算并重新选择 topic 看作一次迭代。这样进行 n 次循环迭代之后，就会收敛到 LDA 所需要的结果了。

4. Mahout 中 LDA 算法实战

　　Mahout 里的算法封装得非常友好，我们通过 Mahout Shell 脚本命令给 main 函数入口类传对应参数值就可以了。因为是文本聚类，所以做聚类之前需要做数据预处理，需要把文本向量化为数值，向量化有 tf 和 tfidf 两种文档向量方式，一般 tfidf 效果要更好一些。实战步骤如下：

　　1）第一步建立 VSM 向量空间模型

　　必须先把文档传到 HDFS 上，文档可以是一个或多个记事本文件，脚本代码如下：

```
hadoop fs - mkdir /sougoumini
hadoop fs - put /usr/local/data/sougoumini/ * /sougoumini/
# 必须在 HDFS 上操作，转化为序列化文件
mahout seqdirectory - c UTF - 8 - i /sougoumini/ - o /sougoumini - seqfiles - ow
# 向量化
mahout seq2sparse - i /sougoumini - seqfiles/ - o /sougoumini - vectors - ow
```

　　2）向量化后生成 tf 和 tfidf 两种文档向量，之后我们对 tfidf 向量文档聚类

　　脚本代码如下：

```
mahout cvb - i /sougoumini - vectors /tfidf - vectors - o /sougoumini - vectors
/reuters - lda - clusters - k 6 - x 2 - dict /sougoumini - vectors
/reuters - vectors/dictionary.file - 0 - mt /temp/temp_mt19 - ow -- num_reduce_tasks 1
```

　　3）使用 ClusterDumper 工具查看聚类结果

　　脚本代码如下：

```
mahout clusterdump -- input /vsm1/reuters - kmeans - clusters/clusters - 2 - final -- pointsDir
/vsm1/reuters - kmeans - clusters/clusteredPoints -- output /usr/local/data/2 - final.txt - b
10 - n 10 - sp 10
:VL - 0{n = 215
    Top Terms:
        said                        => 1.650650113898381
        mln                         => 1.2404630316002174
        dlrs                        => 1.1149336368806901
        pct                         => 1.014962779688844
        reuter                      => 0.9934475309359484
:VL - 1{n = 1 c
    Top Terms:
```

```
nil                          => 89.56243896484375
wk                           => 68.45630645751953
prev                         => 62.29991912841797
```

5.2.3 MinHash 聚类

MinHash 是 LSH 的一种，可以用来快速估算两个集合的相似度。MinHash 由 Andrei Broder 提出，最初用于在搜索引擎中检测重复网页。它可以应用于大规模聚类问题，也可以用来作为降维处理。

1. 相似性度量

Jaccard index[2]是用来计算相似性的，也就是距离的一种度量标准。假如有集合 A、B，那么 $J(A,B) = (A\ intersection\ B)/(A\ union\ B)$，也就是说，集合 A、B 的 Jaccard 系数等于 A、B 中共同拥有的元素数与 A、B 总共拥有的元素数的比例。很显然，Jaccard 系数值区间为[0,1]。MinHash 就是基于 Jaccard 相似性度量的。

2. Mahout 的 MinHash 实战

输入和输出都是序列化文件，不是文本文件，但可以通过 debugOutput 参数配置输出是否是序列化文件，脚本代码如下：

```
mahout minhash -- input /vsm1/reuters - vectors/tfidf - vectors -- output
/minhash/output -- minClusterSize 2 -- minVectorSize 3 -- hashType LINEAR
-- numHashFunctions 20 -- keyGroups 3 -- numReducers 1 - ow
```

5.2.4 K-means 聚类

K-means 算法是最为经典的基于划分的聚类方法，是十大经典数据挖掘算法之一。K-means 算法的基本思想是：以空间中 k 个点为中心进行聚类，对最靠近它们的对象归类。通过迭代的方法，逐次更新各聚类中心的值，直至得到最好的聚类结果。

假设要把样本集分为 c 个类别，算法描述如下：

（1）适当选择 c 个类的初始中心。

（2）在第 k 次迭代中，对任意一个样本，求其到 c 各中心的距离，将该样本归到距离最短的中心所在的类。

（3）利用均值等方法更新该类的中心值。

（4）对于所有的 c 个聚类中心，如果利用（2）、（3）的迭代法更新后，值保持不变，则迭代结束，否则继续迭代。

该算法的最大优势在于简洁和快速。算法的关键在于初始中心的选择和距离公式。

流程：首先从 n 个数据对象任意选择 k 个对象作为初始聚类中心，而对于剩下的其他对象则根据它们与这些聚类中心的相似度（距离），分别将它们分配给与其最相似的（聚类中心所代表的）聚类，然后再计算每个所获新聚类的聚类中心（该聚类中所有对象的均值），不断重复这一过程直到标准测度函数开始收敛为止。一般采用均方差作为标准测度函数。K-means聚类具有以下特点：各聚类本身尽可能地紧凑，而各聚类之间尽可能地分开。

如果是传统的数值数据，非文本聚类用下面这个命令，脚本代码如下：

```
mahout org.apache.mahout.clustering.syntheticcontrol.kmeans.Job -- input kmeans/synthetic_
control.data -- numClusters 3 - t1 3 - t2 6 -- maxIter 3 -- output kmeans/output

CL - 599{n = 33 c = [35.005, 31.595, 32.656, 31.101, 24.290, 26.711, 26.244, 32.574, 31.684,
30.029, 27.724, 33.982, 17.919, 12.614, 11.802, 5.604, 9.054, 10.826, 14.925, 11.531,
9.899, 11.571, 11.890, 13.940, 7.930, 16.103, 13.347, 9.840, 9.479, 13.375, 10.540, 12.813,
11.850, 11.619, 14.426, 9.362, 9.454, 15.434, 11.620, 14.355, 9.465, 10.402, 12.028,
13.881, 12.241, 11.294]
r = [0.670, 0.657, 0.703, 0.044, 0.229, 2.317, 1.453, 1.207, 0.454, 2.319, 0.468, 0.865,
1.282, 4.213, 2.007, 0.911, 3.297, 0.077, 4.621, 2.784, 0.490, 0.134, 0.561, 3.848, 3.840,
0.044, 9.096, 0.020, 0.892, 0.675, 4.591, 5.825, 3.153, 3.555, 0.626, 2.363, 0.989, 1.211,
0.954, 1.729, 0.017, 3.514, 2.652, 1.533, 6.176, 2.388, 2.405, 2.780, 1.271, 1.666, 1.154,
0.244, 2.544, 3.553, 0.381, 4.611, 1.886, 2.138, 0.543, 1.142]]}
```

Point：该聚类下所有点。

$n = 33$代表该cluster有33个点，$c = [\dots]$代表该cluster的中心向量点，$r = [\dots]$代表cluster的半径。

如果不是实数，则做文本的聚类，此时需要把文本转成向量，和LDA的处理过程类似。

1. 建立VSM向量空间模型

脚本代码如下：

```
# 将数据存储成 to 序列文件 SequenceFile
seqdirectory -- input /vsm/input -- output /vsm/reutersoutput
# 将 SequenceFile 文件中的数据,基于 Lucene 的工具进行向量化
seq2sparse -- input /vsm/reutersoutput -- output /vsm/clusterinput
```

2. 聚类

再用Mahout K-means进行聚类，输入参数为tf-vectors目录下的文件，如果整个过程没错，就可以看到输出结果目录clusters-N，脚本代码如下：

```
mahout org.apache.mahout.clustering.kmeans.KMeansDriver -- input /vsm/clusterinput/tf -
vectors/ -- numClusters 3 -- maxIter 3 -- output /vsm/clusteroutputnew6
```

3. 查看聚类结果

最后可以用Mahout提供的结果查看命令mahout clusterdump来分析聚类结果，脚本代码如下：

```
mahout clusterdump -- input /vsm/clusteroutputnew6/clusters - 3 - final -- pointsDir /vsm/
```

```
clusteroutputnew6/clusteredPoints -- output /usr/local/data/newclusters-3-final.txt
```

5.2.5 Canopy 聚类

Canopy 聚类算法是一个将对象分组到类的简单、快速、精确的方法。每个对象用多维特征空间里的一个点来表示。这个算法使用一个快速近似距离度量和两个距离阈值 T1>T2 来处理。基本的算法是从一个点集合开始并且随机删除一个,创建一个包含这个点的 Canopy,并在剩余的点集合上迭代。对于每个点,如果它距离第一个点的距离小于 T1,那么这个点就加入这个聚集中。

1. Mahout 的 Canopy 聚类

脚本代码如下:

```
mahout canopy -i /vsm1/reuters-vectors/tfidf-vectors -o /vsm1/reuters-canopy-centroids
-dm org.apache.mahout.common.distance.EuclideanDistanceMeasure -t1 100 -t2 200 -ow
```

2. Canopy＋K-means 聚类

Canopy 经常和 K-means 聚类一起使用,和 K-means 相比的优势是不用自己制定 K 值,也就是不用硬性地指定聚多少个分类。Canopy＋K-means 聚类脚本代码如下:

```
mahout kmeans -i /vsm1/reuters-vectors/tfidf-vectors -o /vsm1/reuters-kmeans-clusters
-dm org.apache.mahout.common.distance.TanimotoDistanceMeasure -c /vsm1/reuters-canopy-
centroids/clusters-0-final -cd 0.1 -ow -x 5 -cl
```

5.2.6 MeanShift 均值漂移聚类

K-means 可以看作 MeanShift 的一个特例。K-means 需要指定 K 参数,而 MeanShift 不需要,它和 Canopy 类似,需要指定迭代次数和 T1,T2,其他的用法和 K-means 类似,MeanShift 常被用在图像识别中的目标跟踪、数据聚类和分类等场景,K-means 的核函数使用了 Epannechnikov 核函数,MeanShift 使用了 Gaussian(高斯)核函数。

MeanShift 算法可以看作使多个随机中心点向着密度最大的方向移动,最终得到多个最大密度中心。可以看成初始有多个随机初始中心,每个中心都有一个半径为 bandwidth 的圆,我们要做的就是求解一个向量,使得圆心一直往数据集密度最大的方向移动,也就是每次迭代的时候,都是找到圆里面点的平均位置作为新的圆心位置,直到满足某个条件不再迭代,这时候的圆心也就是密度中心。

对多维数据集进行 MeanShift 聚类过程如下:

(1) 在未被标记的数据点中随机选择一个点作为中心(center)。

(2) 找出离 center 距离在 bandwidth 之内的所有点,记作集合 M,认为这些点属于簇 c。同时,把这些求内点属于这个类的概率加 1,这个参数将用于最后步骤的分类。

(3) 以 center 为中心点,计算从 center 开始到集合 M 中每个元素的向量,将这些向量相加,得到向量 shift。

(4) center＝center＋shift。即 center 沿着 shift 的方向移动,移动距离是‖shift‖。

(5) 重复步骤 2、3、4,直到 shift 的大小很小(就是迭代到收敛),记住此时的 center。注意,在这个迭代过程中遇到的点都应该归类到簇 c。

(6) 如果在收敛时当前簇 c 的 center 与其他已经存在的簇 c2 中心的距离小于阈值,那么把 c2 和 c 合并。否则,把 c 作为新的聚类,增加 1 类。

(7) 重复 1、2、3、4、5,直到所有的点都被标记访问。

(8) 分类:根据每个类,对每个点的访问频率取访问频率最高的那个类,作为当前点集的所属类。

简单地说,MeanShift 就是沿着密度上升的方向寻找同属一个簇的数据点。

下面看一下 MeanShift 均值漂移聚类在 Mahout 里的实战脚本。对于文本聚类的应用第一步和 K-means 一样,也是建立 VSM 向量空间模型。

训练命令脚本代码如下:

```
mahout org.apache.mahout.clustering.syntheticcontrol.meanshift.Job - i /user/root/synthetic
_control.data - o /minshift -- maxIter 3 -- t1 100 -- t2 3600 - ow
```

训练完成后查看聚类结果,脚本代码如下:

```
mahout clusterdump -- input /minshift/clusters - 1 - final -- pointsDir /minshift/
clusteredPoints -- output /usr/local/data/minshift/clusterdump.txt
```

5.2.7　Fkmeans 模糊聚类

Fkmeans 模糊聚类就是软聚类。软聚类的意思就是同一个点可以同时属于多个聚类,计算结果集合比较大,因为同一点可以在多个聚类出现。

模糊 C 均值聚类(FCM),即众所周知的模糊 ISODATA,是用隶属度确定每个数据点属于某个聚类的程度的一种聚类算法。1973 年,Bezdek 提出了该算法,作为早期硬 C 均值聚类(HCM)方法的一种改进。

FCM 把 n 个向量 $xi(i=1,2,\cdots,n)$ 分为 c 个模糊组,并求每组的聚类中心,使得非相似性指标的价值函数达到最小。FCM 使得每个给定数据点用值在 0,1 间的隶属度来确定其属于各个组的程度。

Fkmeans 比 K-means 多了-m 参数,也就是柔软度。

Mahout 训练命令脚本代码如下:

```
mahout fkmeans - i /vsm1/reuters - vectors/tfidf - vectors - o /vsm1/reuters - fuzzykmeans -
clusters - dm org.apache.mahout.common.distance.TanimotoDistanceMeasure - ow - x 2 - cl - k
21 - c /vsm1/fuzzykmeanssuijidian - m 20
```

-c 用 fkmeans 随机生成中心点,但必须指定中心点的空目录,不指定会报错:需要指定聚类个数。

5.2.8　贝叶斯分类算法[3]

贝叶斯分类算法是统计学的一种分类方法,它是一类利用概率统计知识进行分类的算法。在许多场合,朴素贝叶斯分类算法可以与决策树和神经网络分类算法相媲美,该算法能运用到大型数据库中,而且方法简单、分类准确率高,并且速度快。

贝叶斯方法是以贝叶斯原理为基础,使用概率统计的知识对样本数据集进行分类。由于其有着坚实的数学基础,贝叶斯分类算法的误判率是很低的。贝叶斯方法的特点是结合先验概率和后验概率,既避免了只使用先验概率的主观偏见,又避免了单独使用样本信息的过拟合现象。贝叶斯分类算法在数据集较大的情况下表现出较高的准确率,同时算法本身也比较简单。

朴素贝叶斯方法是在贝叶斯算法的基础上进行了相应的简化,即假定给定目标值时属性之间相互条件独立。也就是说没有哪个属性变量对于决策结果来说占有着较大的比重,也没有哪个属性变量对于决策结果占有着较小的比重。虽然这个简化方式在一定程度上降低了贝叶斯分类算法的分类效果,但是在实际的应用场景中,极大地简化了贝叶斯方法的复杂性。

文本分类是朴素贝叶斯方法的经典应用场景,也是在文本分类任务中效果非常好的算法之一,并且训练比较快速。分类是数据分析和机器学习领域的一个基本问题。文本分类已广泛应用于网络信息过滤、信息检索和信息推荐等多个方面。数据驱动分类器学习一直是近年来的热点,方法很多,例如神经网络、决策树、支持向量机和朴素贝叶斯等。相对于其他精心设计的更复杂的分类算法,朴素贝叶斯分类算法是学习效率和分类效果较好的分类器。直观的文本分类算法,也是最简单的贝叶斯分类器,具有很好的可解释性,朴素贝叶斯算法的特点是假设所有特征的出现相互独立并互不影响,每一特征同等重要,但事实上这个假设在现实世界中并不成立:首先,相邻的两个词之间的必然联系,不能独立;其次,对一篇文章来说,其中的某一些代表词就确定了它的主题,不需要通读整篇文章、查看所有词,所以需要采用合适的方法进行特征选择,这样朴素贝叶斯分类器才能达到更高的分类效率。

Mahout 的贝叶斯分类算法实战脚本代码如下:

```
# 将 20newsgroups 数据转化为序列化格式的文件
# 20newsgroups 数据(文本数据,解压 20news - bydate.tar.gz.文件夹名就是分类名)需要
# 放到分布式上/tmp/mahout - work - root/20news - all,命令 hadoop fs - put
# /tmp/mahout - work - root/20news - all/ * /tmp/mahout - work - root/20news - all
mahout seqdirectory - i /tmp/mahout - work - root/20news - all - o /tmp/mahout - work - root/
20news - seq - ow
# 将序列化格式的文本文件转化为向量
mahout seq2sparse - i /tmp/mahout - work - root/20news - seq - o /tmp/mahout - work - root/
20news - vectors - lnorm - nv - wt tfidf
# 将向量数据随机拆分成两份 80～20,分别用于训练集合测试集
```

```
mahout split - i /tmp/mahout - work - root/20news - vectors/tfidf - vectors -- trainingOutput /
tmp/mahout - work - root/20news - train - vectors -- testOutput /tmp/mahout - work - root/20news
- test - vectors -- randomSelectionPct 40 -- overwrite -- sequenceFiles - xm sequential
#训练贝叶斯网络
mahout trainnb - i /tmp/mahout - work - root/20news - train - vectors - el - o /tmp/mahout - work
- root/model - li /tmp/mahout - work - root/labelindex - ow
#用训练数据作为测试集,产生的误差为训练误差
mahout testnb - i tmp/mahout - work - root/20news - train - vectors - m tmp/mahout - work - root/
model - l tmp/mahout - work - root/labelindex - ow - o tmp/mahout - work - root/20news - testing
#用测试集测试,产生的误差为测试误差
mahout testnb - i /tmp/mahout - work - root/20news - test - vectors - m /tmp/mahout - work -
root/model - l /tmp/mahout - work - root/labelindex - ow - o /tmp/mahout - work - root/20news
- testing
```

总结:首先建立 VSM 向量空间模型,这一步和聚类是完全一样的。之后将向量化的文件/tmp/mahout-work-root/20news-vectors/tfidf-vectors 作为训练模型即可。训练完成后,将模型存放在分布式 HDFS 上。下一步便可以使用模型进行预测了。预测某一个文件属于哪个分类。documenWeight 返回的值是测试文档属于某类的概率的大小,即所有属性在某类下的 frequency×featureweight 之和,值得注意的是 sumLabelWeight 是类别下权重之和。与在其他类下的和值进行比较,取出最大值的 label,该文档就属于此类,并输出。

贝叶斯原理是后验概率＝先验概率×条件概率,此处没有乘先验概率,直接输出为最佳 label,是因为所用的 20 个新闻的数据在每类中的文档数大致一样(先验概率几乎一样)。

5.2.9　SGD 逻辑回归分类算法[4]

Logistic 回归又称 Logistic 回归分析,是一种广义的线性回归分析模型,常用于数据挖掘、疾病自动诊断和经济预测等领域。例如,探讨引发疾病的危险因素,并根据危险因素预测疾病发生的概率等。以胃癌病情分析为例,选择两组人群,一组是胃癌组,另一组是非胃癌组,两组人群必定具有不同的体征与生活方式等。因此因变量为"是否胃癌",值为"是"或"否",自变量就可以包括很多了,如年龄、性别、饮食习惯和幽门螺杆菌感染等。自变量既可以是连续的,也可以是分类的,然后通过 Logistic 回归分析可以得到自变量的权重,从而大致了解到底哪些因素是胃癌的危险因素。同时根据该权值及危险因素可以预测一个人患癌症的可能性。

Logistic 回归是一种广义线性回归(generalized linear model),因此与多重线性回归分析有很多相同之处。它们的模型形式基本上相同,都具有 w'x＋b,其中 w 和 b 是待求参数,其区别在于它们的因变量不同,多重线性回归直接将 w'x＋b 作为因变量,即 y＝w'x＋b,而 Logistic 回归则通过函数 L 将 w'x＋b 对应一个隐状态 p,p＝L(w'x＋b),然后根据 p 与 1－p 的大小决定因变量的值。如果 L 是 Logistic 函数,就是 Logistic 回归,如果 L 是多项式函数就是多项式回归。

Logistic 回归的因变量可以是二分类的,也可以是多分类的,但是二分类的 Logistic 回

归更为常用,也更加容易解释,多分类可以使用 softmax 方法进行处理。实际中最为常用的就是二分类的 logistic 回归。

Logistic 回归模型的适用条件:

(1) 因变量为二分类的分类变量或某事件的发生率,并且是数值型变量,但是需要注意,重复计数现象指标不适用于 Logistic 回归。

(2) 残差和因变量都要服从二项分布。二项分布对应的是分类变量,所以不是正态分布,进而不是用最小二乘法,而是最大似然法来解决方程估计和检验问题。

(3) 自变量和 Logistic 概率是线性关系。

(4) 各观测对象间相互独立。

原理:如果直接将线性回归的模型扣到 Logistic 回归中,会造成方程两边取值区间不同和普遍的非直线关系。因为 Logistic 中因变量为二分类变量,某个概率作为方程的因变量估计值取值范围为 0~1,但是方程右边取值范围是无穷大或者无穷小,所以才引入 Logistic 回归。

Logistic 回归实质:发生概率除以没有发生概率再取对数。就是这个不太烦琐的变换改变了取值区间的矛盾和因变量、自变量间的曲线关系。究其原因,是发生和未发生的概率成为比值,这个比值就是一个缓冲,将取值范围扩大,再进行对数变换,使整个因变量改变。不仅如此,这种变换往往使得因变量和自变量之间呈线性关系,这是根据大量实践而总结得出的,所以 Logistic 回归从根本上解决如果因变量不是连续变量怎么办的问题。还有,Logistic 应用广泛的原因是许多现实问题跟它的模型相吻合。例如一件事情是否发生跟其他数值型自变量的关系。

注意:如果自变量为字符型,就需要进行重新编码。一般如果自变量有 3 个水平就非常难对付,所以,如果自变量有更多水平就太复杂。这里只讨论自变量只有 3 个水平,非常麻烦,需要再设两个新变量。共有 3 个变量,第一个变量编码 1 为高水平,其他水平为 0;第二个变量编码 1 为中间水平,0 为其他水平;第三个变量,所有水平都为 0。实在是麻烦,而且不容易理解。最好不要这样做,也就是最好自变量都为连续变量。

spss 操作:进入 Logistic 回归主对话框,通用操作不赘述。

此时我们会发现没有自变量这个说法,只有协变量,其实在这里协变量就是自变量。旁边的块可以设置很多模型。

"方法"栏:这个根据词语理解不容易明白,需要说明。共有 7 种方法,但是都是有规律可循的。

"向前"和"向后":向前是事先用一步一步的方法筛选自变量,也就是先设立门槛。称作"前"。而向后,是先把所有的自变量都选进来,然后再筛选自变量。也就是先不设置门槛,等全部自变量进来了再一个一个地淘汰。

"LR"和"Wald",LR 指的是极大偏似然估计的似然比统计量概率值,名称有一点长,但是其中重要的词语就是似然。Wald 指 Wald 统计量概率值。

"条件"指条件参数似然比统计量概率值。

"进入"就是将所有自变量都选进来,不进行任何筛选。

将所有的关键词组合在一起就是 7 种方法,分别是"进入""向前 LR""向前 Wald""向后 LR""向后 Wald""向后条件""向前条件"。

一旦选定协变量,也就是自变量,"分类"按钮就会被激活。其中,当选择完分类协变量以后,"更改对比"选项组就会被激活。一共有 7 种更改对比的方法。

"指示符"和"偏差",都是选择最后一个和第一个个案作为对比标准,也就是这两种方法能够激活"参考类别"栏。"指示符"是默认选项。"偏差"表示分类变量每个水平和总平均值进行对比,总平均值的上下界就是"最后一个"和"第一个"在"参考类别"的设置。

"简单"也能激活"参考类别"设置。表示对分类变量各个水平和第一个水平或者最后一个水平的均值进行比较。

"差值"对分类变量各个水平都和前面的水平进行作差比较。第一个水平除外,因为不能作差。

"Helmert"跟"差值"正好相反,是每一个水平和后面水平进行作差比较。最后一个水平除外,仍然是因为不能作差。

"重复"表示对分类变量各个水平进行重复对比。

"多项式"对每一个水平按分类变量顺序进行趋势分析,常用的趋势分析方法有线性和二次式。

SGD(Stochastic Gradient Descent)是随机梯度下降的意思,是逻辑回归的一种实现方式,当然还有其他的方式,例如 LBFGS。我们会在后面的章节 Spark 分布式机器学习里讲解 LBFGS。逻辑回归其实是一个分类算法而不是回归算法,通常利用已知的自变量来预测一个离散型因变量的值(像二进制值 0/1,是/否,真/假)。简单来说,它就是通过拟合一个逻辑函数(logic function)来预测一个事件发生的概率,所以它预测的是一个概率值,自然,它的输出值应该在0~1。假设你的一个朋友让你回答一道题。可能的结果只有两种:你答对了或没有答对。为了研究你最擅长的题目领域,你做了各种领域的题目。那么这个研究的结果可能是这样的:如果是一道十年级的三角函数题,你有 70% 的可能性解出它,但如果是一道五年级的历史题,你会的概率可能只有 30%。逻辑回归就是给你这样的概率结果。

Logistic 回归简单分析:

优点:计算代价不高,易于理解和实现。

缺点:容易欠拟合,分类精度可能不高。

适用数据类型:数值型和标称型数据。

下面我们看一下 Mahout 的 SGD 逻辑回归算法的实战脚本代码,代码如下:

```
# 训练模型
mahout trainlogistic -- passes 1 -- rate 1 -- lambda 0.5 -- input /usr/local/data/sgd/donut.
csv -- features 21 -- output /usr/local/data/sgd/donut.model -- target color -- categories 2
-- predictors x y xx xy yy a b c -- types n n
```

♯测试模型
```
mahout runlogistic -- input /usr/local/data/sgd/donut.csv -- model /usr/local/data/sgd/
donut.model -- auc -- scores -- confusion
```

5.2.10 随机森林分类算法

决策森林,顾名思义,就是由多个决策树组成森林,然后用这个森林进行分类,非常适合用 MapReduce 实现,进行并行处理。决策森林又称为随机森林,这是因为不同于常规的决策树(ID3,C4.5),决策森林中每棵树的每个节点在选择该点的分类特征时并不是从所有的输入特征里选择一个最好的,而是从所有的 M 个输入特征里随机的选择 m 个特征,然后从这 m 个特征里选择一个最好的,这样比较适合那种输入特征数量特别多的应用场景,在输入特征数量不多的情况下,我们可以取 $m=M$,然后针对目标特征类型的不同,取多个决策树的平均值(目标特征类型为数字类型(numeric))或大多数投票(目标特征类型为类别(category))。

随机森林是以决策树作为基础模型的集成算法,属于 Bagging 词袋方式的集成算法,Bagging 的方式算是比较简单的,可训练多个模型,利用每个模型进行投票,每个模型的权重都一样,对于分类问题,取总票数最多作为分类;对于回归,取平均值。利用多个弱分类器集成一个性能高的分类器。典型代表是随机森林。随机森林在训练每个模型的时候,增加随机的因素对特征和样本进行随机抽样,然后把各棵树训练的结果集成融合起来。随机森林可以进行并行训练多棵树。

随机森林是机器学习模型中用于分类和回归的最成功的模型之一。通过组合大量的决策树来降低过拟合的风险。与决策树一样,随机森林处理分类特征,并扩展到多类分类设置,不需要特征缩放,并且能够捕获非线性和特征交互。

随机森林分别训练一系列的决策树,所以训练过程是并行的。因算法中加入了随机过程,所以每个决策树又有少量区别。通过合并每棵树的预测结果来减少预测的方差,提高在测试集上的性能表现。

随机性体现:

(1)每次迭代时,对原始数据进行二次抽样来获得不同的训练数据。

(2)对于每个树节点,考虑不同的随机特征子集来进行分裂。

除此之外,决策时的训练过程和单独决策树训练过程相同。对新实例进行预测时,随机森林需要整合其各个决策树的预测结果。回归和分类问题的整合方式略有不同。分类问题采取投票制,每个决策树投票给一个类别,获得最多投票的类别为最终结果。对于回归问题,每棵树得到的预测结果为实数,最终的预测结果为各棵树预测结果的平均值。

随机森林在 Mahout 和 Spark 里都有实现,以下是在 Mahout 里的训练脚本,在 Spark 里面需要调用 API 编程实现,脚本代码如下:

```
mahout org.apache.mahout.classifier.df.BreimanExample -d /forest/glass.data -ds /forest/
glass.info -i 10 -t 100
```

-i：表示迭代的次数；

-t：表示每棵决策树的节点的个数。

BreimanExample 默认会构造两个森林，一个取 $m=1$，另一个取 $m=\log(M+1)$。之所以这么做是为了说明即使 m 值很小，整个森林的分类结果也会挺好。

5.2.11　关联规则之频繁项集挖掘算法[5]

关联规则是形如 X→Y 的蕴涵式，其中 X 和 Y 分别称为关联规则的先导（antecedent 或 left-hand-side，LHS）和后继（consequent 或 right-hand-side，RHS）。其中关联规则 XY 存在支持度和信任度。

在描述有关关联规则的一些细节之前，先来看一个有趣的故事，"尿布与啤酒"的故事。在一家超市里，有一个有趣的现象：尿布和啤酒赫然摆在一起出售，但是这个奇怪的举措使尿布和啤酒的销量双双增加了。这不是一个笑话，而是发生在美国沃尔玛连锁店超市的真实案例，并一直为商家所津津乐道。沃尔玛拥有世界上最大的数据仓库系统，为了能够准确了解顾客在其门店的购买习惯，沃尔玛对其顾客的购物行为进行购物篮分析，想知道顾客经常一起购买的商品有哪些。沃尔玛数据仓库里集中了其各门店的详细原始交易数据。在这些原始交易数据的基础上，沃尔玛利用数据挖掘方法对这些数据进行分析和挖掘。一个意外的发现是："跟尿布一起购买最多的商品竟是啤酒！"经过大量实际调查和分析，揭示了一个隐藏在"尿布与啤酒"背后的美国人的一种行为模式：在美国，一些年轻的父亲下班后经常要到超市去买婴儿尿布，而他们中有 30%～40% 的人同时也为自己买一些啤酒。产生这一现象的原因是：美国的太太们常叮嘱她们的丈夫下班后为小孩买尿布，而丈夫们在买尿布后又随手带回了他们喜欢的啤酒。

关联规则最初提出的动机是针对购物篮分析（Market Basket Analysis）问题提出的。假设分店经理想更多地了解顾客的购物习惯。特别是想知道哪些商品顾客可能会在一次购物时同时购买。为回答该问题，可以对商店的顾客购买零售数量进行购物篮分析。该过程通过发现顾客放入"购物篮"中的不同商品之间的关联，分析顾客的购物习惯。这种关联的发现可以帮助零售商了解哪些商品频繁地被顾客同时购买，从而帮助他们开发更好的营销策略。

1993 年，Agrawal 等人首先提出关联规则概念，同时给出了相应的挖掘算法 AIS，但是性能较差。1994 年，他们建立了项目集格空间理论，并依据上述两个定理，提出了著名的 Apriori 算法，至今 Apriori 算法仍然作为关联规则挖掘的经典算法被广泛讨论，以后诸多的研究人员对关联规则的挖掘问题进行了大量的研究。

关联规则挖掘过程主要包含两个阶段：

第一阶段必须先从资料集合中找出所有的高频项目组（Frequent Itemsets），第二阶段再由这些高频项目组中产生关联规则（Association Rules）。

$$\text{support}(A \Rightarrow B) = P(A \cup B) \tag{5-1}$$

关联规则挖掘的第一阶段必须从原始资料集合中找出所有高频项目组（Large

Itemsets)。高频的意思是指某一项目组出现的频率相对于所有记录而言必须达到某一水平。一项目组出现的频率称为支持度(Support),以一个包含 A 与 B 两个项目的 2-itemset 为例,我们可以经由式(5-1)求得包含{A,B}项目组的支持度,若支持度大于或等于所设定的最小支持度(Minimum Support)门槛值时,则{A,B}称为高频项目组。一个满足最小支持度的 k-itemset,则称为高频 k-项目组(Frequent k-itemset),一般表示为 Large k 或 Frequent k。算法并从 Large k 的项目组中再产生 Large k+1,直到无法再找到更长的高频项目组为止。

$$confidence(A \Rightarrow B) = P(B \mid A) = \frac{R(A \cup B)}{P(A)} \tag{5-2}$$

关联规则挖掘的第二阶段是要产生关联规则(Association Rules)。从高频项目组产生关联规则是利用前一步骤的高频 k-项目组来产生规则,在最小置信度(Minimum Confidence)的条件门槛下,若一规则所求得的置信度满足最小置信度,称此规则为关联规则。例如:经由高频 k-项目组{A,B}所产生的规则 AB,其置信度可经由式(5-2)求得,若置信度大于或等于最小置信度,则称 AB 为关联规则。

举一个案例进行分析,就沃尔玛案例而言,使用关联规则挖掘技术对交易资料库中的纪录进行资料挖掘。首先必须要设定最小支持度与最小置信度两个门槛值,在此假设最小支持度 min_support=5%且最小置信度 min_confidence=70%,因此该超市需求的关联规则将必须同时满足以上两个条件。若经过挖掘过程所找到的关联规则「尿布,啤酒」满足下列条件,则可接受「尿布,啤酒」的关联规则。用公式可以描述 Support(尿布,啤酒)≥5%且 Confidence(尿布,啤酒)≥70%。其中,Support(尿布,啤酒)≥5%在此应用范例中的意义为:在所有的交易纪录资料中,至少有 5%的交易呈现尿布与啤酒这两项商品被同时购买的交易行为。Confidence(尿布,啤酒)≥70%在此应用范例中的意义为:在所有包含尿布的交易纪录资料中,至少有 70%的交易会同时购买啤酒。因此,今后若有某消费者出现购买尿布的行为时,超市将可推荐该消费者同时购买啤酒。这个商品推荐的行为则是根据「尿布,啤酒」关联规则,因为就该超市过去的交易记录而言,支持了"大部分购买尿布的交易,会同时购买啤酒"的消费行为。

从上面的介绍还可以看出,关联规则挖掘通常比较适用于记录中的指标取离散值的情况。如果原始数据库中的指标值取连续的数据,则在关联规则挖掘之前应该进行适当地数据离散化(实际上就是将某个区间的值对应于某个值),数据的离散化是数据挖掘前的重要环节,离散化的过程是否合理将直接影响关联规则的挖掘结果。

在 Mahout 里有两种实现方式,Apriori 算法和 fpGrowth 算法。

1. Apriori 算法

Apriori 算法使用候选项集找频繁项集。Apriori 算法是一种最有影响的挖掘布尔关联规则频繁项集的算法。其核心是基于两阶段频集思想的递推算法。该关联规则在分类上属于单维、单层、布尔关联规则。在这里,所有支持度大于最小支持度的项集称为频繁项集,简称频集。

该算法的基本思想是：首先找出所有的频集，这些项集出现的频繁性至少和预定义的最小支持度一样，然后由频集产生强关联规则，这些规则必须满足最小支持度和最小可信度，接着使用第1步找到的频集产生期望的规则，产生只包含集合的项的所有规则，其中每一条规则的右部只有一项，这里采用的是中规则的定义。一旦这些规则被生成，那么只有那些大于用户给定的最小可信度的规则才被留下来。为了生成所有频集，使用了递推的方法。

Apriori算法采用了逐层搜索的迭代方法，算法简单明了，没有复杂的理论推导，也易于实现，但其有一些难以克服的缺点：

（1）对数据库的扫描次数过多。

（2）Apriori算法会产生大量的中间项集。

（3）采用唯一支持度。

（4）算法的适应面窄。

2. fpGrowth 算法

针对Apriori算法的固有缺陷，J. Han等提出了不产生候选挖掘频繁项集的方法——FP-tree频集算法。采用分而治之的策略，在经过第一遍扫描之后，把数据库中的频集压缩进一棵频繁模式树（FP-tree），同时依然保留其中的关联信息，随后再将FP-tree分化成一些条件库，每个库和一个长度为1的频集相关，然后再对这些条件库分别进行挖掘。当原始数据量很大的时候，也可以结合划分的方法，使得一个FP-tree可以放入主存中。实验表明，fpGrowth对不同长度的规则都有很好的适应性，同时在效率上较之Apriori算法有巨大的提高。

下面我们看一下Mahout的fpGrowth频繁项集挖掘实战脚本。

1）准备用户浏览商品的行为记录数据

脚本代码如下：

```
＃上传日志记录
hadoop fs - put /usr/local/data/bap/电商浏览商品记录.txt /bap
＃数据每行都是商品ID,以英文逗号分隔.
格式为:11020,36327,190492
"[ ,\t] * [,|\t][ ,\t] * "
```

2）频繁项集挖掘计数

脚本代码如下：

```
mahout fpg - i /fpginput - o /fpgpatterns - k 10 - method mapreduce - s 2 - g 2
```

指令的含义在Mahout的网站上有详细说明，简要说明下，-i 表示输入，-o 表示输出，-k 10 表示找出和某个 item 相关的前 10 个频繁项，-method mapreduce 表示使用 mapreduce 来运行这个作业，-regex '[\ ]'表示每个 transaction 里用空白来间隔 item，-s2 表示只统计最少出现 2 次的项。

3）查看结果

脚本代码如下：

```
mahout seqdumper -- input /fpgpatterns/frequentpatterns/part-r-00000 -- output /usr/
local/data/fpgjieguo/frequentpatterns
Key class: class org. apache. hadoop. io. Text Value Class: class org. apache. mahout. fpm.
pfpgrowth. convertors. string. TopKStringPatterns
Key: 100181: Value: ([100181],4), ([52284, 128713, 100181],2)
Key: 100182: Value: ([100182],10)
```

关联规则可以看成协同过滤算法的一种，和其他的协同过滤算法一样，可以实现在电商场景里的看了又看、买了又买等核心应用场景，它的最经典应用是购物篮分析和在电商网站应用的推荐位，例如"购买此商品的用户还同时购买"。计算原理是一样的，只是使用的用户行为数据不同而已，购买此商品的用户还同时购买使用的订单数据，这个订单数使用的同一个订单 ID 下的商品集合，看了又看使用的用户浏览商品的数据，买了又买使用的也是订单数据，只是这个订单数据使用的是同一个用户 UserID 下购买的商品集合。下面我们来讲解一下协同过滤算法。

5.2.12　协同过滤算法

协同过滤（Collaborative Filtering，简称 CF）作为经典的推荐算法之一，在电商推荐系统中扮演着非常重要的角色，例如经典的推荐看了又看、买了又买、看了又买、购买此商品的用户还相同购买等都是使用了协同过滤算法。尤其当你的网站积累了大量的用户行为数据时，基于协同过滤的算法从实战经验上对比其他算法效果是最好的。基于协同过滤在电商网站上用到的用户行为有用户浏览商品行为、加入购物车行为和购买行为等，这些行为是最为宝贵的数据资源。例如拿浏览行为来做的协同过滤推荐结果叫看了又看，全称是看过此商品的用户还看了哪些商品。拿购买行为来计算的叫买了又买，全称叫买过此商品的用户还买了。如果同时拿浏览记录和购买记录来算的，并且浏览记录在前，购买记录在后，叫看了又买，全称是看过此商品的用户最终购买。如果是购买记录在前，浏览记录在后，叫买了又看，全称叫买过此商品的用户还看了。在电商网站中，这几个是经典的协同过滤算法的应用。

1. 推荐系统的意义

推荐系统为什么会出现？随着互联网的发展，人们正处于一个信息爆炸的时代。相比于过去的信息匮乏，面对现阶段海量的信息数据，对信息的筛选和过滤成为衡量一个系统好坏的重要指标。一个具有良好用户体验的系统会将海量信息进行筛选、过滤，将用户最关注最感兴趣的信息展现在用户面前。这大大提高了系统工作的效率，也节省了用户筛选信息的时间。搜索引擎的出现在一定程度上解决了信息筛选问题，但还远远不够。搜索引擎需要用户主动提供关键词来对海量信息进行筛选。当用户无法准确描述自己的需求时，搜索引擎的筛选效果将大打折扣，而用户将自己的需求和意图转化成关键词的过程并不是一个轻松的过程。在此背景下推荐系统出现了,推荐系统的任务就是解决上述的问题,并联系用户和信息,一方面帮助用户发现对自己有价值的信息,另一方面让信息能够展现在对他感兴趣的人群中,从而实现信息提供商与用户的双赢。

推荐系统的意义:

(1) 增加产品销售量。

(2) 销售更多类别的产品。推荐系统可以推荐给用户可能本来不会去留意的其他类别的商品。

(3) 提高用户满意度。

(4) 提高用户忠诚度。

(5) 更好地理解用户需求。

(6) 找到一些优秀的产品。

(7) 找到全部优秀的产品;某些场景(例如一些医疗或财务的应用)需要找到全部的合适的产品。

(8) 对产品做注解,例如在电视推荐系统中说明哪些节目值得观看。

(9) 推荐系列产品。

(10) 推荐打包产品。

(11) 只看不买,这种场景下仍然可以推荐出匹配用户兴趣的产品。

(12) 找到可信的推荐系统:有时候用户不相信系统的推荐,有些系统可以提供一些功能让用户去测试它们的推荐结果。

(13) 改善用户资料:通过推荐系统可以知道更多用户的喜好。

(14) 自我表达:有些用户喜欢表达自己对产品的看法。

(15) 帮助他人。

(16) 影响他人。

(17) 缩短用户购买路径,增强用户体验。

2. 推荐系统的大概开发流程

1) 数据抽取、清洗、转换和加载

为何需要数据清洗? 是因为存在着大量的"脏"数据、不完整性(数据结构的设计人员、数据采集设备和数据录入人员)数据、缺少感兴趣的属性的数据、感兴趣的属性缺少部分属性值的数据、仅仅包含聚合的数据,没有详细信息的数据、噪声数据(采集数据的设备、数据录入人员、数据传输)、包含错误信息的数据、存在着部分偏离期望值的孤立点数据、不一致性(数据结构的设计人员、数据录入人员)数据、数据结构不一致性的数据、Label 不一致性的数据,以及数据值的不一致性的数据等。

2) 数据挖掘、算法开发

3) 导出计算结果到 MySQL

4) 开发推荐对外接口

开发 HTTP 协议的接口,以 JSON 交互,前端调用方式主要是 Java 的同步调度和 ajax

的 js 异步调用。

3. 协同过滤原理

1）什么是协同过滤

协同过滤是利用集体智慧的一个典型方法。要理解什么是协同过滤，首先想一个简单的问题，如果你现在想看场电影，但你不知道具体看哪部，你会怎么做？大部分的人会问问周围的朋友，看看最近有什么好看的电影推荐，而我们一般更倾向于从口味比较类似的朋友那里得到推荐，这就是协同过滤的核心思想。换句话说，就是借鉴和你相关人群的观点来进行推荐，很好理解。

2）协同过滤的实现

要实现协同过滤的推荐算法，要进行以下 3 个步骤：收集数据、找到相似用户和物品和进行推荐。

3）收集数据

这里的数据指的是用户的历史行为数据，例如用户的购买历史、关注、收藏行为或者发表了某些评论和给某个物品打了多少分等，这些都可以用来作为数据供推荐算法使用，并服务于推荐算法。需要特别指出的是不同的数据准确性不同，粒度也不同，在使用时需要考虑到噪声所带来的影响。

4）找到相似用户和物品

这一步也很简单，其实就是计算用户间及物品间的相似度。以下是几种计算相似度的方法：欧几里得距离、Cosine 相似度、Tanimoto 系数、TFIDF 和对数似然估计等。

5）进行推荐

在知道了如何计算相似度后，就可以进行推荐了。在协同过滤中，有两种主流方法：基于用户的协同过滤（UserCF）和基于物品的协同过滤（ItemCF）。

UserCF 的基本思想相当简单，基于用户对物品的偏好找到相邻邻居用户，然后将邻居用户喜欢的物品推荐给当前用户。计算上，就是将一个用户对所有物品的偏好作为一个向量来计算用户之间的相似度，找到 K 邻居后，根据邻居的相似度权重及他们对物品的偏好，预测当前用户没有偏好的未涉及物品，计算得到一个排序的物品列表作为推荐。下面给出了一个例子，对于用户 A，根据用户的历史偏好，这里只计算得到一个邻居-用户 C，然后将用户 C 喜欢的物品 D 推荐给用户 A。

ItemCF 原理和 UserCF 原理类似，只是在计算邻居时采用物品本身，而不是从用户的角度，即基于用户对物品的偏好找到相似的物品，然后根据用户的历史偏好，推荐相似的物品给他。从计算的角度看，就是将所有用户对某个物品的偏好作为一个向量来计算物品之间的相似度，得到物品的相似物品后，根据用户历史的偏好预测当前用户还没有表示偏好的物品，计算得到一个排序的物品列表作为推荐。对于物品 A，根据所有用户的历史偏好，喜欢物品 A 的用户都喜欢物品 C，得出物品 A 和物品 C 比较相似，而用户 C 喜欢物品 A，那么可以推断出用户 C 可能也喜欢物品 C。

6）计算复杂度

ItemCF 和 UserCF 是基于协同过滤推荐的两个最基本的算法，UserCF 很早以前就提出来了，ItemCF 从 Amazon 的论文和专利发表之后（2001 年左右）开始流行，大家都觉得 ItemCF 从性能和复杂度上比 UserCF 更优，其中的一个主要原因就是对于一个在线网站用户的数量往往大大超过物品的数量，同时物品的数据相对稳定，因此计算物品的相似度不但计算量较小，同时也不必频繁更新，但我们往往忽略了这种情况只适用于提供商品的电子商务网站，对于新闻、博客或者微内容的推荐系统，情况往往是相反的，物品的数量是海量的，同时也是更新频繁的，所以单从复杂度的角度来比较，这两个算法在不同的系统中各有优势，推荐引擎的设计者需要根据自己应用的特点选择更加合适的算法。

7）适用场景

在 item 相对少且比较稳定的情况下，使用 ItemCF，在 item 数据量大且变化频繁的情况下，使用 UserCF。

协同过滤在 Mahout 里的实现有两种方式，一种是单机版，另一种是分布式集群版。单机版也是 Mahout 最早的 Taste 推荐引擎，分布式版本是基于 Hadoop MapReduce 计算引擎的。我们分别看一下在 Mahout 里的实战，不管是单机版还是分布式版本，需要计算的输入数据格式是一样的，都是 userid\t itemid\t preference\n，也就是用户 ID、物品 ID 和用户对商品的评分这 3 列，中间以\t 分割。如果是布尔型的协同过滤，只有用户 ID 和物品 ID，这是隐含评分方式，用户对物品只有喜欢和不喜欢两种。

4. 单机版协同过滤

使用方法引用 Mahout 几个 jar 包，调用它的 API 方法即可。如果数据量在一千多万条，只需要几十秒便可以搞定了，效率还是非常高的，在数据量不是很大的情况下，一般单机版便可以完成，基本在几千万这个数量级可以不用分布式的版本。

单机版本实现的算法非常多，下面列举几种方式，代码如下。

1）Item-item 实现 Java 代码

根据物品来推荐相似的物品，使用打分数据。

```
FileDataModel dataModel = new FileDataModel(new File("intro.csv"));
// 创建 ItemSimilarity 相似度类
ItemSimilarity itemSimilarity = new LogLikelihoodSimilarity(dataModel);
// 创建 ItemBasedRecommender 类
ItemBasedRecommender recommender = new GenericItemBasedRecommender(dataModel, itemSimilarity);
// 为每一个物品推荐相似的物品集合
List < RecommendedItem > simItems = recommender.mostSimilarItems(101, 20);
for (RecommendedItem item : simItems) {
System.out.println(item);
}
```

2）更加高效的布尔型的 Item-item 实现

根据物品来推荐相似物品，隐式评分，布尔型的 itemBase 输入是 userid 和 itemid，也就是没有评分一列。

```
FileDataModel dataModel = new FileDataModel(new File("intro.csv"));
// 创建 ItemSimilarity 相似度类
ItemSimilarity itemSinilarity = new LogLikelihoodSimilarity(dataModel);
// 创建 GenericBooleanPrefItemBasedRecommender 类
GenericBooleanPrefItemBasedRecommender recommender = new GenericBooleanPrefItemBasedRecommender
(dataModel, itemSimilarity);
// 为每一个物品推荐相似的物品集合
List < RecommendedItem > simItems = recommender.mostSimilarItems(101, 20);
for (RecommendedItem item : simItems) {
System.out.println(item);
}
```

3）user-item 实现

根据用户来推荐物品集合，输入数据带评分。

```
FileDataModel dataModel = new FileDataModel(new File("intro.csv"));
// 创建物品 ItemSimilarity 相似度类
ItemSimilarity itemSimilarity = new LogLikelihoodSimilarity(dataModel);
// 创建 ItemBasedRecommender 类
ItemBasedRecommender recommender = new GenericItemBasedRecommender(dataModel, itemSimilarity);
// 为每个用户推荐前 20 个物品集合
List < RecommendedItem > simItems = recommender.recommend(1, 20);
for (RecommendedItem item : simItems) {
System.out.println(item);
}
```

4）布尔型的 user-item 实现

根据用户来推荐物品集合，隐式评分。输入数据没有评分一列。

```
FileDataModel dataModel = new FileDataModel(new File("intro.csv"));
// 创建 ItemSimilarity 相似度类
ItemSimilarity itemSimilarity = new LogLikelihoodSimilarity(dataModel);
// 创建 GenericBooleanPrefItemBasedRecommender 类
GenericBooleanPrefItemBasedRecommender recommender = new GenericBooleanPrefItemBasedRecommender
(dataModel, itemSimilarity);
// 为每个用户推荐前 20 个物品集合
List < RecommendedItem > simItems = recommender.recommend(1, 20);
for (RecommendedItem item : simItems) {
System.out.println(item);
}
```

5）基于聚类的 user-item 实现

根据用户来推荐物品，聚类方式。

```
FileDataModel dataModel = new FileDataModel(new File("intro.csv"));
```

```
UserSimilarity similarity = new LogLikelihoodSimilarity(dataModel);
ClusterSimilarity clusterSimilarity = new FarthestNeighborClusterSimilarity(similarity);
TreeClusteringRecommender recommender = new TreeClusteringRecommender(dataModel,
clusterSimilarity, 10);
List < RecommendedItem > simItems = recommender.recommend(1, 20);
for (RecommendedItem item : simItems) {
System.out.println("cl" + item);
}
```

5. 分布式协同过滤[6]

分布式协同过滤基于 Hadoop 的 MapReduce 计算引擎实现，支持基于评分和布尔型，通过 booleanData 参数可以设置。输入数格式和单机版是一样的。

运行脚本代码如下：

```
/home/hadoop/bin/hadoop jar /home/hadoop/mahout - distribution/mahout - core - job.jar org.
apache.mahout.cf.taste.hadoop.similarity.item.ItemSimilarityJob - Dmapred.input.dir = /ods/
fact/recom/log - Dmapred.output.dir = /mid/fact/recom/out -- similarityClassname SIMILARITY_
LOGLIKELIHOOD -- tempDir /temp/fact/recom/outtemp -- booleanData true -- maxSimilaritiesPerItem 36
```

ItemSimilarityJob 常用参数详解：

-Dmapred.input.dir/ods/fact/recom/log：输入路径

-Dmapred.output.dir＝/mid/fact/recom/out：输出路径

--similarityClassname SIMILARITY_LOGLIKELIHOOD：计算相似度用的函数，这里是对数似然估计

CosineSimilarity：余弦距离

CityBlockSimilarity：曼哈顿相似度

CooccurrenceCountSimilarity：共生矩阵相似度

LoglikelihoodSimilarity：对数似然相似度

TanimotoCoefficientSimilarity：谷本系数相似度

EuclideanDistanceSimilarity：欧氏距离相似度

--tempDir /user/hadoop/recom/recmoutput/papmahouttemp：临时输出目录

--booleanData true：是否是布尔型的数据

--maxSimilaritiesPerItem 36：针对每个 item 推荐多少个 item

输入数据的格式，第一列 userid，第二列 itemid，第三列可有可无，是评分，没有第三列的话默认值为 1.0 分，布尔型的只有 userid 和 itemid，如下所示：

```
12049056        189881
18945802        195146
17244856        199481
17244856        195138
```

输出文件内容格式，第一列 itemid，第二列根据 itemid 推荐出来的 itemid，第三列是

item-item 的相似度值：

195368	195386	0.9459389382339966
195368	195411	0.9441653614997916
195372	195418	0.9859069433977356
195381	195391	0.9435764760714111
195382	195409	0.9435604861919421
195385	195398	0.9709127607436726
195388	195391	0.9686122649284616

ItemSimilarityJob 使用心得：

（1）当每次计算完并再次计算时，必须要手动删除输出目录和临时目录，这样太麻烦。于是对其源码做简单改动，增加 delOutPutPath 参数，设置为 true，这样设置后每次运行便会自动删除输出和临时目录。方便了不少。

（2）Reduce 数量只能是 Hadoop 集群默认值。Reduce 数量对计算时间影响很大。为了提高性能，缩短计算时间，增加 numReduceTasks 参数，一个多亿条的数据如果只有一个 reduce 则需要半小时，如果有 12 个 reduce 则只需要 19 分钟，这里的测试集群是在 3～5 台集群的情况下。

（3）如果业务部门有这样的需求，例如看了又看，买了又买要加百分比，Mahout 协同过滤实现不了这样的需求。这是 Mahout 本身计算 item-item 相似度方法所致。另外它只能对单一数据源进行分析，例如看了又看只分析浏览记录，买了又买只分析购买记录。如果同时对浏览记录和购买记录作关联分析，例如看了又买，实现这个只能自己来开发 Mapreduce 程序了。

上面是根据物品来推荐相似的物品集合，如果想为某个用户直接算出推荐哪些物品集合，Mahout 也有对应的分布式实现，可以使用 RecommenderJob 类，脚本代码如下：

```
hadoop jar $ MAHOUT_HOME/mahout - examples - job. jar org. apache. mahout. cf. taste. hadoop. item.
RecommenderJob - Dmapred. input. dir = input/input. txt - Dmapred. output. dir = output --
similarityClassname SIMILARITY_LOGLIKELIHOOD -- tempDir tempout -- booleanData true
```

RecommenderJob 的 user-item 原理的大概步骤如下：

（1）计算项目 id 和项目 id 之间的相似度的共生矩阵。

（2）计算用户喜好向量。

（3）计算相似矩阵和用户喜好向量的乘积，进而向用户推荐。

对于源码实现部分，RecommenderJob 实现的前面步骤就是用的上面基于物品来推荐物品的类 ItemSimilarityJob，只是后面的步骤多了为用户推荐物品的步骤，我们看一下整个过程。

Mahout 支持 2 种 M/R 的 jobs 实现 itemBase 的协同过滤：

1）ItemSimilarityJob

2）RecommenderJob

下面我们对 RecommenderJob 进行分析，版本是 mahout-distribution-0.7。

源码包位置：org. apache. mahout. cf. taste. hadoop. item. RecommenderJob。

RecommenderJob 前几个阶段和 ItemSimilarityJob 是一样的，不过 ItemSimilarityJob 计算出 item 的相似度矩阵就结束了，而 RecommenderJob 会继续使用相似度矩阵，对每个 user 计算出应该推荐给他的 top N 个 items。RecommenderJob 的输入也是 userID,itemID [,preferencevalue]格式的。JobRecommenderJob 主要由以下一系列的 Job 组成：

1）PreparePreferenceMatrixJob（同 ItemSimilarityJob）

输入：(userId,itemId,pref)

① itemIDIndex 将 Long 型的 itemID 转成一个 int 型的 index；

② toUserVectors 将输入的(userId,itemId,pref)转成 user 向量 USER_VECTORS (userId,VectorWritable < itemId,pref >)；

③ toItemVectors 使用 USER_VECTORS 构建 item 向量 RATING_MATRIX (itemId,VectorWritable < userId,pref <)。

2）RowSimilarityJob（同 ItemSimilarityJob）

（1）normsAndTranspose 计算每个 item 的 norm，并转成 user 向量。

输入：RATING_MATRIX。

① 使用 similarity. normalize 处理每个 item 向量，使用 similarity. norm 计算每个 item 的 norm，写到 HDFS；

② 根据 item 向量进行转置，即输入：item-(user,pref)，输出：user-(item,pref)。这一步的目的是将同一个 user 喜欢的 item 对找出来，因为只有两个 item 有相同的 user 喜欢，我们才认为它们是相交的，下面才有对它们计算相似度的必要。

（2）pairwiseSimilarity 计算 item 对之间的相似度。

输入：(1)②计算出的 user 向量 user-(item,pref)。

map：CooccurrencesMapper。

使用一个两层循环，对 user 向量中两两 item，以 itemM 为 key，所有 itemM 之后的 itemN 与 itemM 的 similarity. aggregate 计算值组成的向量为 value。

reduce：SimilarityReducer。

① 叠加相同的两个 item 在不同用户之间的 aggregate 值，得到 itemM－((item M+1, aggregate M+1),(item M+2,aggregate M+2),(item M+3,aggregate M+3)…)。

② 然后计算 itemM 和之后所有 item 之间的相似度。相似度计算使用 similarity. similarity，第一个参数是两个 item 的 aggregate 值，后两个参数是两个 item 的 norm 值，norm 值在上一个 Job 已经得到。结果是以 itemM 为 key，所有 itemM 之后的 itemN 与 itemM 相似度组成的向量为 value，即 itemM－((item M+1, simi M+1),(item M+2, simi M+2),(item M+3,simi M+ 3)…)。到这里我们实际上得到了相似度矩阵的斜半部分。

（3）asMatrix 构造完整的相似度矩阵（上面得到的只是一个斜半部分）。

输入：(2)②reduce 输出的以 itemM 为 key，所有 itemM 之后的 itemN 与之相似度组

成的向量。

map：UnsymmetrifyMapper。

① 反转，根据 item M—(item M+1,simiM+1)记录 item M+1—(item M,simi M+1)。

② 使用一个优先队列求出 itemM 的 top maxSimilaritiesPerRow(可设置参数)个相似
item，例如 maxSimilaritiesPerRow ＝2 时，可能输出：

itemM－((item M＋1,simi M＋1),(item M＋3,simi M＋3))

reduce：MergeToTopKSimilaritiesReducer。

③ 对相同的 item M，合并上面两种向量，这样就形成了完整的相似度矩阵，itemM—
((item 1,simi 1),(item 2,simi 2))…,(item N,simi N))。

④ 使用 Vectors.topKElements 对每个 item 求 top maxSimilaritiesPerRow(可设置参
数)个相似 item。可见 map(2)中的求 topN 是对这一步的一个预先优化。最终输出的是
itemM—((item A,simi A),(item B,simi B))…,(item N,simi N))，A 到 N 的个数是
maxSimilaritiesPerRow。

至此 RowSimilarityJob 结束。下面就进入了和 ItemSimilarityJob 不同的地方。

3) prePartialMultiply1 ＋ prePartialMultiply2 ＋ partialMultiply

这 3 个 job 的工作是将(1)②生成的 user 向量和(2)②reduce 生成的相似度矩阵使用相
同的 item 作为 key 聚合到一起，实际上是为下面会提到的矩阵乘法做准备。
VectorOrPrefWritable 是两种 value 的统一结构，它包含了相似度矩阵中某个 item 的一列
和 user 向量中对应这个 item 的(userID,prefValue)。

```
public final class VectorOrPrefWritable implements Writable {
    private Vector vector;
    private long userID;
    private float value;
}
```

(1) prePartialMultiply1。

输入：(2)②reduce 生成的相似度矩阵。

以 item 为 key，相似度矩阵的一行包装成一个 VectorOrPrefWritable 为 value。矩阵
相乘应该使用列，但是对于相似度矩阵，行和列是一样的。

(2) prePartialMultiply2。

输入：(1)②生成的 USER_VECTORS。

对 user，以每个 item 为 key，userID 和对应这个 item 的 prefValue 包装成一个
VectorOrPrefWritable 为 value。

(3) partialMultiply。

以 3)(1)和 3)(2)的输出为输入，聚合到一起，生成 item 为 key，VectorAndPrefsWritable 为
value。VectorAndPrefsWritable 包含了相似度矩阵中某个 item 一列和一个 List < Long >

userIDs,一个 List < Float > values。

```
public final class VectorAndPrefsWritable implements Writable {
    private Vector vector;
    private List < Long > userIDs;
    private List < Float > values;
}
```

4) itemFiltering

用户设置过滤某些 user,需要将 user/item pairs 也转成(itemID,VectorAndPrefsWritable)的形式。

5) aggregateAndRecommend

一切就绪后,下面就开始计算推荐向量了。推荐计算公式如下:

```
Prediction(u,i) = sum(all n from N: similarity(i,n) * rating(u,n)) / sum(all n from N: abs
(similarity(i,n)))
u = a user
i = an item not yet rated by u
N = all items similar to i
```

可以看到,分子部分就是一个相似度矩阵和 user 向量的矩阵乘法。对于这个矩阵乘法,实现代码和传统的矩阵乘法不一样,其伪代码:

```
assign R to be the zero vector
for each column i in the co - occurrence matrix
multiply column vector i by the ith element of the user vector
add this vector to R
```

假设相似度矩阵的大小是 N,则以上代码实际上是针对某个 user 的所有 item,将这个 item 在相似度矩阵中对应列和 user 针对这个 item 的 prefValue 相乘,得到 N 个向量后,再将这些向量相加,就得到了针对这个用户的 N 个 item 的推荐向量。要实现这些,首先要把某个 user 针对所有 item 的 prefValue 及这个 item 在相似度矩阵中对应列聚合到一起。下面看一下如何实现。

输入:3)(3)和 4)的输出

map:PartialMultiplyMapper

将(itemID,VectorAndPrefsWritable)形式转成以 userID 为 key,以 PrefAndSimilarity-ColumnWritable 为 value。PrefAndSimilarityColumnWritable 包含了这个 user 针对一个 item 的 prefValue 和 item 在相似度矩阵中的那列,其实还是使用 VectorAndPrefsWritable 中的 vector 和 value。

```
public final class PrefAndSimilarityColumnWritable implements Writable {
    private float prefValue;
    private Vector similarityColumn;
}
```

```
reduce:AggregateAndRecommendReducer
```

收集到属于这个 user 的所有 PrefAndSimilarityColumnWritable 后，下面就是进行矩阵相乘的工作。

根据是否设置 booleanData，有以下两种操作：

1）reduceBooleanData

只是单纯地将所有的 PrefAndSimilarityColumnWritable 中的 SimilarityColumn 相加，没有用到 item-pref。

2）reduceNonBooleanData

用到 item-pref 的计算方法，分子部分是矩阵相乘的结果，根据上面的伪代码，它是将每个 PrefAndSimilarityColumnWritable 中的 SimilarityColumn 和 prefValue 相乘，生成多个向量后再将这些向量相加，而分母是所有的 SimilarityColumn 的和，代码如下：

```
for (PrefAndSimilarityColumnWritable prefAndSimilarityColumn : values) {
    Vector simColumn = prefAndSimilarityColumn.getSimilarityColumn();
    float prefValue = prefAndSimilarityColumn.getPrefValue();
    //分子部分，每个 SimilarityColumn 和 item-pref 的乘积生成多个向量，然后将这些向量相加
    numerators = numerators == null
        ? prefValue == BOOLEAN_PREF_VALUE ? simColumn.clone() : simColumn.times
(prefValue)
        : numerators.plus(prefValue == BOOLEAN_PREF_VALUE ? simColumn : simColumn.times
(prefValue));
    simColumn.assign(ABSOLUTE_VALUES);
    //分母是所有的 SimilarityColumn 的和
    denominators = denominators == null ? simColumn : denominators.plus(simColumn);
}
```

两者相除，就得到了反映推荐可能性的数值。之后 writeRecommendedItems 使用一个优先队列取 top 推荐，并且将 index 转成真正的 itemID，最终完成。

在以上分析中，similarity 是一个 VectorSimilarityMeasure 接口实现，它是一个相似度算法接口，主要方法有：

```
(1)Vector normalize(Vector vector);
(2)double norm(Vector vector);
(3)double aggregate(double nonZeroValueA, double nonZeroValueB);
(4)double similarity(double summedAggregations, double normA, double normB, int numberOfColumns);
(5)boolean consider(int numNonZeroEntriesA, int numNonZeroEntriesB, double maxValueA, double
maxValueB,double threshold);
```

众多的相似度算法就是实现了这个接口，例如 TanimotoCoefficientSimilarity 的 similarity 实现如下：

```
public double similarity(double dots, double normA, double normB, int numberOfColumns) {
    return dots / (normA + normB - dots);
}
```

5.2.13 遗传算法

遗传算法是计算机科学人工智能领域中用于解决最优化的一种搜索启发式算法,是进化算法的一种。这种启发式算法通常用来生成有用的解决方案来优化和搜索问题。进化算法最初是借鉴了进化生物学中的一些现象而发展起来的,这些现象包括遗传、突变、自然选择及杂交等。

遗传算法广泛应用在生物信息学、系统发生学、计算科学、工程学、经济学、化学、制造、数学、物理、药物测量学和其他领域之中。

遗传算法通常实现方式为计算机模拟。对于一个最优化问题,一定数量的候选解(称为个体)的抽象表示(称为染色体)的种群向更好的解进化。传统上,解用二进制表示(即 0 和 1 的串),但也可以用其他表示方法。进化从完全随机个体的种群开始,之后一代一代发生。在每一代中,整个种群的适应度被评价,从当前群中随机地选择多个个体(基于它们的适应度),通过自然选择和突变产生新的生命种群,该种群在算法的下一次迭代中成为当前种群。

遗传算法和蚁群算法类似,属于启发式搜索算法。两者都可以用来解决经典的旅行商问题(Traveling-Salesman Problem,TSP)。设有 n 个互相可直达的城市,某推销商准备从其中的 A 城出发,周游各城市一遍,最后又回到 A 城。要求为该旅行商规划一条最短的旅行路线。另外在电商的应用,例如仓储拣货路径优化和路线规划问题等都有应用。

Mahout 有一套进化算法的并行框架,但具体实现需要自己写实现方法。

本章我们对 Mahout 分布式机器学习平台及常用算法做了介绍和讲解,Mahout 是最早的基于 Hadoop 平台的分布式算法平台,实现的算法丰富全面,并且在海量训练数据集下表现比较稳定。后来出现了 Spark 平台,并且也有 MLlib 机器学习库。那么 Mahout 和 Spark 之间有什么区别呢?

Apache Mahout 与 Spark MLlib 均是 Apache 下的项目,都是机器学习算法库,并且现在 Mahout 已经不再接受 MapReduce 的作业了,也向 Spark 转移。那两者有什么关系呢?我们在应用过程中该作何取舍?既然已经有了 Mahout,为什么还会再有 MLlib 的盛行呢?MLlib 基于 Spark 平台之上,主要基于内存计算,是可以脱离 Hadoop 平台的。Mahout 使用的 Hadoop 的 MapReduce 计算引擎,是必须依赖 Hadoop 并且无法脱离。在迭代性的计算方面,基于内存计算比基于 MapReduce 要快很多,因为 MapReduce 要频繁地从磁盘到内存切换,效率比较低,但对于非迭代性的计算差别不是太明显。Mahout 已经不再开发和维护新的基于 MR 的算法,会转向支持 Scala,同时支持多种分布式引擎,包括 Spark 和 H20。另外,Mahout 和 Spark ML 并不是竞争关系,Mahout 是 MLlib 的补充。

Spark 之所以在机器学习方面具有得天独厚的优势,有以下几点原因:

(1) 机器学习算法一般有很多个步骤迭代计算,机器学习的计算需要在多次迭代后获得足够小的误差或者足够收敛才会停止,迭代时如果使用 Hadoop 的 MapReduce 计算框架,每次计算都要完成读/写磁盘及任务的启动等工作,这会导致非常大的 I/O 和 CPU 消耗，而 Spark 基于内存的计算模型天生就擅长迭代计算，多个步骤计算直接在内存中完成，只有在必要时才会操作磁盘和网络，所以说 Spark 才是机器学习的理想的平台。

（2）从通信的角度讲，如果使用 Hadoop 的 MapReduce 计算框架，JobTracker 和 TaskTracker 之间由于是通过 heartbeat 的方式来进行通信和传递数据，会导致非常慢的执行速度，而 Spark 具有出色而高效的 Akka 和 Netty 通信系统，通信效率极高。

MLlib 是 Spark 对常用的机器学习算法的实现库，同时包括相关的测试和数据生成器。Spark 的设计初衷就是为了支持一些迭代的 Job，这正好符合很多机器学习算法的特点。MLlib 基于 RDD，天生就可以与 Spark SQL、GraphX、Spark Streaming 无缝集成，以 RDD 为基石，几个子框架可联手构建大数据计算中心！下面的章节我们开始讲解 Spark 分布式机器学习。

## 第 6 章

Spark 分布式机器学习平台

Spark 作为优秀的分布式内存计算引擎,尤其是 Spark 的生态非常完善,从 Spark Streaming 流计算、Spark SQL、Spark MLlib 机器学习,到 Graphxt 图计算等无所不能。从开发语言的支持及本身框架的开发语言 Scala,到 Java、Python、R 语言都支持,计算速度也非常快,因此备受互联网公司的青睐。本章就 Spark MLlib 机器学习模块对整体概貌做个介绍,并对 MLlib 里面经典的机器学习算法,如推荐算法交替最小二乘法、逻辑回归、随机森林、梯度提升决策树、支持向量机、贝叶斯、决策树、序列模式挖掘 PrefixSpan 等进行详细的讲解并配套源码级的编程实战。

6.1　Spark 机器学习库

本节将详细介绍 Spark MLlib 机器学习算法的整体概貌。

6.1.1　Spark 机器学习简介

首先简单了解一下 Spark 框架,再着手理解 MLlib 机器学习库。

1. Spark 介绍[7]

Spark 是加州大学伯克利分校的 AMP 实验室所开源的类 Hadoop MapReduce 的通用并行框架,Spark 拥有 Hadoop MapReduce 所具有的优点,但不同于 MapReduce 的是,Job 中间输出结果可以保存在内存中,从而不再需要读写 HDFS,因此 Spark 能更好地适用于数据挖掘与机器学习等需要迭代的 MapReduce 算法。

Spark 是一种与 Hadoop 相似的开源集群计算环境,但是两者之间还存在一些不同之处,这些不同之处使 Spark 在某些工作负载方面表现得更加优秀,换句话说,Spark 启用了内存分布数据集,除了能够提供交互式查询外,它还可以优化迭代工作负载。

Spark 是在 Scala 语言中实现的,它将 Scala 用作其应用程序框架语言。与 Hadoop 不同,Spark 和 Scala 能够紧密集成,其中的 Scala 可以像操作本地集合对象一样轻松地操作分布式数据集。

尽管创建 Spark 是为了支持分布式数据集上的迭代作业,但是实际上它是对 Hadoop 的补充,可以在 Hadoop 文件系统中并行运行,通过名为 Mesos 的第三方集群框架可以支持此行为。Spark 可用来构建大型的、低延迟的数据分析应用程序。总结为以下三点:

（1）分布式内存计算:多台服务器在内存上分布式计算。

（2）计算引擎,没有存储功能:只是用来计算,不像 Hadoop 有 HDFS 存储功能,Spark 存储可以借助 HDFS 存储。

（3）部署模式:单独 Standalone 集群部署、Spark on Yarn 部署和 local 本地模式 3 种灵活部署方式。

2. Spark 和 Hadoop 的比较

1）框架比较

Spark 是分布式内存计算平台并用 Scala 语言编写,基于内存的快速、通用、可扩展的大数据分析引擎。

Hadoop 是分布式管理、存储、计算的生态系统,包括 HDFS(存储)、MapReduce(计算)、Yarn(资源调度)。

2）原理方面的比较

（1）Hadoop 和 Spark 都是并行计算,两者都可以用 MR 模型进行计算,但 Spark 不仅有 MR,还有更多算子,并且 API 丰富。

（2）Hadoop 的一个作业称为一个 Job,每个 Job 里面分为 Map Task 和 Reduce Task 阶段,每个 Task 都在自己的进程中运行,当 Task 结束时,进程也会随之结束,当然 Hadoop 可以只有 Map,而没有 Reduce。

（3）Spark 用户提交的任务称为 Application,一个 Application 对应一个 SparkContext,Application 中存在多个 Job,每触发一次 Action 操作就会产生一个 Job。这些 Job 可以并行或串行执行,每个 Job 中有多个 Stage,Stage 是 Shuffle 过程中 DAGScheduler 通过 RDD 之间的依赖关系划分 Job 而来的,每个 Stage 里面有多个 Task,组成 Taskset,由 TaskScheduler 分发到各个 Executor 中执行,Executor 的生命周期是和 Application 一样的,即使没有 Job 运行也是存在的,所以 Task 可以快速启动并读取内存以便进行计算。

3）详细比较

（1）Spark 对标于 Hadoop 中的计算模块 MR,但是速度和效率比 MR 要快得多。官网说快 100 倍,实际应用中快不了这么多。

（2）Spark 没有提供文件管理系统,所以它必须和其他的分布式文件系统进行集成才能运作,它只是一个计算分析框架,专门用来对分布式存储的数据进行计算处理,它本身并不能存储数据。

（3）Spark 可以使用 Hadoop 的 HDFS 或者其他云数据平台进行数据存储,但是一般使用 HDFS。

（4）Spark 可以使用基于 HDFS 的 HBase 数据库,也可以使用 HDFS 的数据文件,还可以通过 jdbc 连接使用 MySQL 数据库数据。Spark 可以对数据库数据进行修改和删除，而 HDFS 只能对数据进行追加和全表删除。

（5）Spark 处理数据的设计模式与 MR 不一样，Hadoop 是从 HDFS 读取数据，通过 MR 将中间结果写入 HDFS。然后再重新从 HDFS 读取数据进行 MR，再刷写到 HDFS，这个过程涉及多次落盘操作，多次磁盘 IO 操作，效率并不高，而 Spark 的设计模式是读取集群中的数据后，在内存中存储和运算，直到全部数据运算完毕后，再存储到集群中。

（6）Spark 是由于 Hadoop 中 MR 效率低下而开发的高效率快速计算引擎，批处理速度比 MR 快近 10 倍，内存中的数据分析速度比 Hadoop 快近 100 倍（源自官网描述）；实际应用中一般快两三倍，而官网描述的 100 倍是极端的特殊场景。

（7）Spark 中 RDD 一般存放在内存中，如果内存不够存放数据，会同时使用磁盘存储数据。通过 RDD 之间的血缘连接、数据存入内存后切断血缘关系等机制，可以实现灾难恢复，当数据丢失时可以恢复数据，这一点与 Hadoop 类似，Hadoop 基于磁盘读写，天生数据具备可恢复性。

4）Spark 的优势

（1）Spark 基于 RDD，数据并不存放在 RDD 中，只是通过 RDD 进行转换，通过装饰者设计模式，数据之间形成血缘关系和类型转换。

（2）Spark 用 Scala 语言编写，相比用 Java 语言编写的 Hadoop 程序更加简洁。

（3）相比 Hadoop 中对于数据计算只提供了 Map 和 Reduce 两个操作，Spark 提供了丰富的算子，它可以通过 RDD 转换算子和 RDD 行动算子，实现很多复杂算法操作，这些复杂的算法在 Hadoop 中需要自己编写，而在 Spark 中直接通过 Scala 语言封装好后，直接用就可以了。

（4）Hadoop 中对于数据的计算，一个 Job 只有一个 Map 和 Reduce 阶段，对于复杂的计算，需要使用多次 MR，这样涉及落盘和磁盘 IO，效率不高，而在 Spark 中，一个 Job 可以包含多个 RDD 的转换算子，在调度时可以生成多个 Stage，实现更复杂的功能。

（5）Hadoop 的中间结果存放在 HDFS 中，每次 MR 都需要刷写和调用，而 Spark 中间结果优先存放在内存中，当内存不够用再存放在磁盘中，不存入 HDFS，避免了大量的 IO 和刷写及读取操作。

（6）Hadoop 适合处理静态数据，而对于迭代式流式数据的处理能力差。Spark 通过在内存中缓存处理数据，提高了处理流式数据和迭代式数据的能力，于是就有了 Spark Streaming 流式计算，类似于 Storm 和 Flink。

5）Hadoop、Spark、Spark Streaming、Storm、Flink 应用场景比较

Hadoop 是大数据平台的基础，拥有存储引擎和计算引擎。Spark 替代了 Hadoop 的 MapReduce 计算引擎，Spark Streaming 和 Storm 都是做流准实时计算场景的，严格来讲 Spark Streaming 不是真正的流处理框架，虽然也可以用作流处理框架，但是它的数据不是实时的，而是分段的，也就是你要定义进入数据的时间间隔，而 Storm 是真正实时的。Flink 是后来新出的框架，Apache Flink 是用于统一流和批处理的框架。Flink 在运行时本地支持

两个域,由于并行任务之间的流水线数据传输,包括流水线 Shuffle,记录立即从生产任务发送到接收任务(在收集用于网络传输的缓冲器之后),可以选择使用阻塞数据传输执行批处理作业。Apache Spark 也是一个支持批处理和流处理的框架,与 Flink 的批处理 API 看起来非常相似,并且解决了与 Spark 类似的用例,但内部不同。对于流式处理,两个系统采用非常不同的方法(小批量与流式处理),这使得它们适用于不同类型的应用程序。笔者认为比较 Spark 和 Flink 是有效和有用的,但是 Spark 不是 Flink 最类似的流处理引擎。回到原来的问题,Apache Storm 是一个没有批处理能力的数据流处理器。事实上,Flink 的流水线引擎内部看起来有点类似于 Storm,即 Flink 的并行任务的接口类似于 Storm 的螺栓。Storm 和 Flink 共同的目的是通过流水线数据传输实现低延迟流处理,但是与 Storm 相比,Flink 提供了更高级的 API。Flink 的 DataStream API 不是用一个或多个读取器和收集器实现螺栓功能,而是提供 Map、GroupBy、Window 和 Join 等功能。当使用 Storm 时,必须手动实现很多此功能。另外的区别是处理语义。Storm 保证至少一次处理,而 Flink 只提供一次。给出这些处理保证的实现方式相差很大。虽然 Storm 使用记录级确认,但 Flink 使用 Chandy-Lamport 算法的变体。简而言之,数据源定期向数据流中注入标记。每当运算符接收到这样的标记时,它检查其内部状态。当所有数据流接收到标记时,标记(以及之前已处理的所有记录)都已提交。在有故障的情况下,所有源操作者在他们看到最后提交的标记时重置它们的状态,并且继续处理。这种标记检查点方法比 Storm 的记录级确认更轻。这个 slide set 和相应的 talk 讨论了 Flink 的流处理方法,包括容错、检查点和状态处理。Storm 还提供了一个称为 Trident 的一次性的高级 API。然而,Trident 是基于迷你批次,因此更类似于 Spark 和 Flink。Flink 的可调延迟是指 Flink 将记录从一个任务发送到另一个任务的方式。笔者之前讲过,Flink 使用流水线数据传输,并在记录生成后立即转发。为了提高效率,这些记录被收集在缓冲器中,该缓冲器在满载或满足特定时间阈值时通过网络发送。此阈值控制记录的延迟,因为它指定记录将保留在缓冲区而不发送到下一个任务的较大时间量。然而,它不能用于给出关于记录从进入离开程序所花费的时间的硬保证,因为这还取决于任务内的处理时间和网络传输的数量等。

6.1.2　算法概览

我们对 Spark 本身框架有个了解后,现在我们对 MLlib 的机器学习库做一个简单介绍。

1. 分类算法(基于监督的学习算法)

SVM(支持向量机)

Naive Bayes(贝叶斯)

Decision trees(决策树)

Random Forest(随机森林)

Gradient-Boosted Decision Tree(GBDT)(梯度提升树)

2. 回归

Logistic regression(逻辑回归,也可以分类)

Linear regression(线性回归)

Isotonic regression(保序回归,可以做销量预测)

3. 推荐

Collaborative filtering(协同过滤)

Alternating Least Squares (ALS)(交替最小二乘法)

Frequent pattern mining(频繁项集挖掘)

FP-growth(频繁模式树)

PrefixSpan(序列模式挖掘)

4. Clustering(聚类算法,也就是无监督的算法)

K-means(K 均值)

Gaussian mixture(高斯混合模型)

Power Iteration Clustering(PIC)(快速迭代聚类(PIC))

Latent Dirichlet Allocation(LDA)(潜在狄利克雷分配模型)

Streaming K-means(流 K 均值)

5. Dimensionality reduction(降维算法)

Singular Value Decomposition (SVD)(奇异值分解)

Principal Component Analysis (PCA)(主成分分析)

6. Feature extraction and transformation(特征提取转换)

TF-IDF(词频/反文档频率)

Word2Vec (词向量)

StandardScaler(标准归一化)

Normalizer(正规化)

Feature selection(特征选取)

ElementwiseProduct(元素智能乘积)

PCA(主成分分析)

7. Optimization(最优化算法)

Stochastic gradient descent(随机梯度下降)

Limited-memory BFGS(L-BFGS)(拟牛顿法)

8. 神经网络

MLP(智能感知机——前馈神经网络)

以上是 Spark MLlib 机器学习目前可供使用的算法,算法还在不算更新增加中,覆盖常用的分类、聚类、推荐、回归、降维算法、特征提取、最优化、神经网络等算法,并且数据集的输入都非常统一,同一个数据源可以不用切换数据格式用到其他的类似算法上,例如分类算法,输入数据格式基本上是一样的,大大简化了开发的工作量。从这点上看 Spark 本身开发语言 Scala 的简洁性,并且机器学习算法使用上都非常简单易用,方便开发者快速上手。

6.2 各个算法介绍和编程实战

本节对 Spark MLlib 机器学习库的每个算法做详细的介绍,并且结合源码配套做一个编程实战。

6.2.1 推荐算法交替最小二乘法[8]

协同过滤作为经典的推荐算法,在电商推荐系统中扮演着非常重要的角色,例如经典的推荐短语看了又看、买了又买、看了又买、相同购买等都是使用了协同过滤算法。ALS 是交替最小二乘(Alternating Least Squares)的简称。在机器学习的上下文中 ALS 特指使用交替最小二乘求解的一个协同推荐算法。本节就从 ALS 介绍 Spark ALS 模型参数、为所有用户推荐商品、为单个用户推荐商品、为单个商品推荐用户、为所有商品推荐用户和相似商品推荐等几个方面详解算法原理和编程实战。

1. 交替最小二乘法介绍

在机器学习的上下文中 ALS 特指使用交替最小二乘求解的一个协同推荐算法。它通过观察到的所有用户给产品的打分,来推断每个用户的喜好并向用户推荐适合的产品。ALS 是 Alternating Least Squares 的缩写,意为交替最小二乘法,而 ALS-WR 是 Alternating-Least-Squares with Weighted-λ-Regularization 的缩写,意为加权正则化交替最小二乘法。该方法常用于基于矩阵分解的推荐系统中。例如将用户(user)对商品(item)的评分矩阵分解为两个矩阵:一个是用户对商品隐含特征的偏好矩阵,另一个是商品所包含的隐含特征的矩阵。在这个矩阵分解的过程中,评分缺失项得到了填充,也就是说可以基于这个填充的评分来给用户推荐商品了。

Spark MLlib 实现 ALS 的关键点:通过合理的分区设计和 RDD 缓存来减少节点间的数据交换。首先,Spark 会将每个用户的评分数据 U 和每个物品的评分数据 V 按照一定的分区策略分区存储,如下图:U1 和 U2 在 P1 分区,U3 在 P2 分区,V1 和 V2 在 Q1 分区。Spark MLlib 的 ALS 分区设计如图 6.1 所示。

ALS 求解过程中,如通过 U 求 V,在每一个分区中 U 和 V 通过合理的分区设计使得在同一个分区中计算过程可以在分区内进行,无须从其他节点传输数据,生成这种分区结构分两步:

第一步:在 P1 中将每一个 U 发送给需要它的 Q,将这种关系存储在该块中,称作 OutBlock;第二步:在 Q1 中需要知道每一个 V 和哪些 U 有关联及其对应的打分,这部分数据不仅包含原始打分数据,还包含从每个用户分区收到的向量排序信息,称作 InBlock。

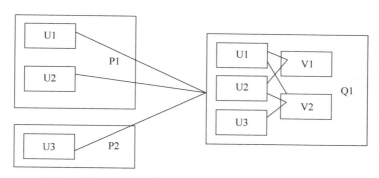

图 6.1 Spark MLlib 的 ALS 分区设计（图片来源于 CSDN）

所以,从 U 求解 V,我们需要通过用户的 OutBlock 信息把用户向量发送给物品分区,然后通过物品的 InBlock 信息构建最小二乘问题并求解。同理,从 V 求解 U,我们需要物品的 OutBlock 信息和用户的 InBlock 信息。对于 OutBlock 和 InBlock 只需扫描一次以便建立好信息并缓存,在以后的迭代计算过程中可以直接计算,大大减少了节点之间的数据传输。

总结一下：ALS 算法的核心就是将稀疏评分矩阵分解为用户特征向量矩阵和产品特征向量矩阵的乘积；交替使用最小二乘法逐步计算用户/产品特征向量,使得差平方和最小；通过用户/产品特征向量的矩阵来预测某个用户对某个产品的评分。这是大概原理的介绍,下面详细介绍 Spark ALS 的参数解释。

2. Spark ALS 模型参数详解

MLlib 当前支持基于模型的协同过滤,其中用户和商品通过一小组隐语义因子进行表达,并且这些因子也用于预测缺失的元素。为此,我们实现了 ALS 学习这些隐性语义因子。在 MLlib 中的实现有如下的参数：

numBlocks：用于并行化计算的分块个数(设置为−1 为自动配置)。

rank：模型中隐语义因子的个数,也就是平时的特征向量的长度。

maxIter：iterations 是迭代的次数。

lambda：ALS 的正则化参数。

implicitPrefs：决定是用显性反馈 ALS 的版本还是用隐性反馈数据集的版本,如果是隐性反馈则需要将其参数设置为 true。

alpha：一个针对隐性反馈 ALS 版本的参数,这个参数决定了偏好行为强度的基准。

itemCol：deal 的字段名字,需要跟表中的字段名字相同。

nonnegative：是否使用非负约束,默认不使用 false。

predictionCol：预测列的名字

ratingCol：评论字段的列名字,要跟表中的数据字段一致。

userCol：用户字段的名字,同样要跟表中的数据字段保持一致。

3. 为所有用户推荐商品

也就是一次性把所有向用户推荐什么商品全部计算出来,我们通过参数指定向每个用户推荐几个商品,我们下面讲解完整的源码,如代码 6.1 所示。

【代码 6.1】 AlsUser. scala

```scala
package com.chongdianleme.mail
//import 引用相关的类库
import org.apache.spark.{SparkConf, SparkContext}
import org.apache.spark.mllib.recommendation.{ALS, Rating}
import scopt.OptionParser
import scala.collection.mutable.{ArrayBuffer}

/**
  * 给用户推荐商品类
  */
object AlsUser {
//定义 main 函数的入口参数
case class Params(
                    inputPath: String = "file:///D:\\chongdianleme\\chongdianleme - spark -
task\\data\\als\\input\\充电了么 App 购买课程日志.txt",
                    outputPath: String = "file:///D:\\chongdianleme\\chongdianleme -
spark - task\\data\\als\\output\\",
                    rank: Int = 166,
                    numIterations: Int = 5,
                    lambda: Double = 0.01,
                    alpha: Double = 0.03,
                    topCount: Int = 36,
                    mode: String = "local"
)

def main(args: Array[String]) {
val defaultParams = Params()
val parser = new OptionParser[Params]("ChongdianlemeALSJob") {
      head("als: params.")
      opt[String]("inputPath")
        .text(s"inputPath, default: ${defaultParams.inputPath}}")
        .action((x, c) => c.copy(inputPath = x))
      opt[String]("outputPath")
        .text(s"outputPath, default: ${defaultParams.outputPath}}")
        .action((x, c) => c.copy(outputPath = x))
      opt[Int]("rank")
        .text(s"rank, default: ${defaultParams.rank}}")
        .action((x, c) => c.copy(rank = x))
      opt[Int]("numIterations")
        .text(s"numIterations, default: ${defaultParams.numIterations}}")
        .action((x, c) => c.copy(numIterations = x))
      opt[Int]("topCount")
        .text(s"topCount, default: ${defaultParams.topCount}}")
        .action((x, c) => c.copy(topCount = x))
```

```
        opt[Double]("lambda")
            .text(s"lambda, default: ${defaultParams.lambda}}")
            .action((x, c) => c.copy(lambda = x))
        opt[Double]("alpha")
            .text(s"alpha, default: ${defaultParams.alpha}}")
            .action((x, c) => c.copy(alpha = x))
        opt[String]("mode")
            .text(s"mode, default: ${defaultParams.mode}}")
            .action((x, c) => c.copy(mode = x))
        note(
  """
                |For example, the following command runs this app on a ChongdianlemeALSJob dataset:
                |
            """.stripMargin)
    }
    parser.parse(args,
        defaultParams).map { params => {
println("params:" +
        params)
run(
        params.
            inputPath, params.outputPath,
         params.rank, params.numIterations, params.topCount, params.alpha, params.lambda,
params.mode)
    }
    } getOrElse {
        System.exit(1)
    }
}


def run (input: String, output: String, rank: Int, numIterations: Int, recommendNum: Int,
alpha: Double, lambda: Double, mode: String) = {
val sparkConf = new SparkConf()
    sparkConf.setAppName("Chongdianleme-alsJob")
if (mode.equals("local"))
    sparkConf.setMaster(mode)
val sc = new SparkContext(sparkConf)
//加载数据文件
val data = sc.textFile(input)
//加载数据并把数据格式转化成 Rating 的 RDD
val ratings = data.map(_.split("\t") match { case Array(user, item) =>
    Rating(user.toInt, item.toInt, 1.0)
    })
val trainStart = System.currentTimeMillis()
//训练隐含模型,忽略评分.相当于布尔型的协同过滤,用户对某个商品要么喜欢,要么不喜欢,这种
//方式在电商平台更常用,并且简单有效
val model = ALS.trainImplicit(ratings, rank, numIterations, lambda, alpha)
```

```scala
val trainEnd = System.currentTimeMillis()
val trainTime = s"训练时间:${(trainEnd - trainStart)}毫秒"
//为所有用户推荐前几个商品集合,猜您喜欢,某用户最喜欢的前几个商品
val allProductsForUsers = model.recommendProductsForUsers(recommendNum)
val out = allProductsForUsers.flatMap { case (userid, list) => {
val result = ArrayBuffer[String]()
    list.foreach { case Rating(user, product, rate) => {
val line = userid + "\t" + product + "\t" + rate
println("1、allProductsForUsers = " + line)
      result += line
    }
    }
    result
  }
  }
  out.saveAsTextFile(output)
val predictEnd = System.currentTimeMillis()
val genTime = s"生成推荐列表时间:${(predictEnd - trainEnd)}毫秒"
println(trainTime)
println(genTime)
```

4. 为单个用户推荐商品

也就是根据需要向没指定的用户通过参数指定的方式推荐几个商品,而不用计算所有用户,这种场景适用于我们单独跟踪某一个用户的喜好,下面是源码,关键代码是调用 model. recommendProducts(1,20)方法,1 是用户 id,20 是为用户推荐前 20 个最可能喜欢的商品,代码如下:

```scala
//为单个用户推荐商品
val productsPerUser = model.recommendProducts(1, 10)
productsPerUser.foreach { case Rating(user, product, rate) => {
println("2、productsPerUser - user:" + user + " product:" + product + " rate:" + rate)
}
}
```

5. 为单个商品推荐用户

为单个商品推荐用户是为单个用户推荐商品的反向,在实际工作中,用户 id 和商品 id 的概念和意义是可以互换的。为单个商品推荐用户可以理解为对某个商品最可能感兴趣的前几个用户。下面是源码,关键代码是调用 model. recommendUsers(100001,20)方法,100001 是商品 id,20 是对此商品最可能感兴趣的前 20 个用户,代码如下:

```scala
//为单个商品推荐用户,对某个商品最感兴趣的前几个用户
val usersPerItem = model.recommendUsers(100001, 20)
usersPerItem.foreach { case Rating(user, product, rate) => {
println("3、usersPerItem == user:" + user + " product:" + product + " rate:" + rate)
}
}
```

6. 为所有商品推荐前几个用户

和上面的推荐类似,只是批量地计算出为所有商品推荐前几个用户,处理后一般是将数据放在 Hadoop 的分布式文件系统上,之后可以自己写一个 Spark 任务单独处理,把推荐结果刷新到线上 Redis 缓存里面。调用 recommendUsersForProducts 方法,例如将参数 recommendNum 设置为 20 就是为每个商品推荐最可能感兴趣的前 20 个用户,代码如下:

```scala
//为所有商品推荐前几个用户集合,可理解为对某个商品最感兴趣的前几个用户
val allUsersForProducts = model.recommendUsersForProducts(recommendNum)
allUsersForProducts.flatMap { case (product_id, list) => {
val result = ArrayBuffer[String]()
  list.foreach { case Rating(user, product, rate) => {
val line = "4、allUsersForProducts = " + product_id + "\t" + user + "\t" + rate
println(line)
  }
  }
  result
}
}.count()
```

7. 相似商品推荐

相似商品推荐就是为商品推荐商品,也就是推荐与此商品相似的商品有哪些,什么叫相似呢? 相似分基于内容的相似和基于用户行为的相似,内容相似,例如说商品分类和属性相似等。用户行为的相似,例如说看过 A 商品的用户多数还看了 B 商品,是通过用户行为间接地反映集体智慧的相关性。Spark ALS 里面并没有具体的相似商品的实现,需要我们自己写代码实现。主要思想是使用前面训练完的 Model 模型的 productFeatures 商品特征来计算商品和商品之间的余弦距离作为相似度的分值,分值越大代表两个商品之间的相似性越高。这个相似度也可以称为相关度。下面让我们看看实现此推荐的代码,如代码 6.2 所示。

【代码 6.2】　AlsItem.scala

```scala
val sc = new SparkContext(sparkConf)
val data = sc.textFile(input)
//加载数据并把数据格式转化成 Rating 的 RDD
val ratings = data.map(_.split("\t") match { case Array(user, item) =>
Rating(user.toInt, item.toInt, 1.0)
})
val trainStart = System.currentTimeMillis()
//训练隐含模型,忽略评分
val model = ALS.trainImplicit(ratings, rank, numIterations, lambda, alpha)
val trainEnd = System.currentTimeMillis()
val time1 = s"训练时间: ${(trainEnd - trainStart) / (1000 * 60)}分钟"
//val itemIds = data.map(_.split("\t") match { case Array(user, item) => item.toInt}).
//distinct().toArray()
```

```scala
val productFeatures = model.productFeatures
val idFactorMap = productFeatures.collectAsMap()
val sim = productFeatures.flatMap { case (id, factor) =>
val topList = new ListBuffer[String]()
val leftVector = new DoubleMatrix(factor)
val resultMap = collection.mutable.Map[Int, Double]()
  idFactorMap.foreach { case (rightId, rightFactor) => {
val rightVector = new DoubleMatrix(rightFactor)
val ratio = cosineSimilarity(rightVector, leftVector)
    resultMap.getOrElseUpdate(rightId, ratio)
  }
  }
val sorted = resultMap.toList.sortBy( - _._2)
val topItems = sorted.take(recommendNum)
  topItems.foreach { case (rightItemId, ratio) =>
    topList += id + "\t" + rightItemId + "\t" + ratio
  }
  topList
}
sim.saveAsTextFile(output)
/**
  * 计算余弦相似度
  * @param vec1
  * @param vec2
  * @return 返回相似度分值
  */
def cosineSimilarity(vec1:DoubleMatrix,vec2:DoubleMatrix): Double =
{
  vec1.dot(vec2)/(vec1.norm2() * vec2.norm2())
}
```

6.2.2　逻辑回归

逻辑回归作为快速高效的分类算法经常用在例如广告点击率 CTR 预估,以及推荐列表重排序的二次 Rerank 排序里面,本节就详细介绍其算法,并用 Spark 的 MLlib 类库进行详细的编程实战。

1. 逻辑回归算法介绍

逻辑回归其实是一个分类算法而不是回归算法。通常是利用已知的自变量来预测一个离散型因变量的值(像二进制值 0/1,是/否,真/假)。简单来说,它是通过拟合一个逻辑函数(logic function)来预测一个事件发生的概率,所以它预测的是一个概率值,显然它的输出值应该在 0~1。假设你的一个朋友让你回答一道题,可能的结果只有两种:你答对了或没有答对。为了研究你最擅长的题目领域,你做了各种领域的题目,那么这个研究的结果可能是这样的:如果是一道十年级的三角函数题,你有 70% 的可能性能解出它,但如果是一道五年级的历史题,你会的概率可能只有 30%。逻辑回归就是给你这样的概率结果。

Logistic 回归简单分析:

优点:计算代价不高,易于理解和实现;

缺点:容易欠拟合,分类精度可能不高;

适用数据类型:数值型和标称型数据。

2. SGD 逻辑回归

SGD(Stochastic Gradient Descent)随机梯度下降方式的逻辑回归特点是,随机从训练集选取数据训练,算法本身不归一化数据,需要自己提前先做归一化再去做训练,支持 L1,L2 正则化,不支持多分类,也就是只支持二分类。

要想训练逻辑回归模型,我们需要先准备训练数据,Spark 源码包里面有个多分类 spark-2.4.3\data\mllib\sample_multiclass_classification_data. txt 的数据集,我们拿这个数据集做下处理,把数据转换成我们需要的数据格式。我们看一下 sample_multiclass_classification_data. txt 文件的样例数据格式,第一列是标签值,代表这条数据是哪个分类的数据,后面的列是特征数据,冒号前面代表的是第几个特征,冒号后面代表的是特征值:

```
1 1: - 0.222222 2:0.5 3: - 0.762712 4: - 0.833333
1 1: - 0.555556 2:0.25 3: - 0.864407 4: - 0.916667
1 1: - 0.722222 2: - 0.166667 3: - 0.864407 4: - 0.833333
1 1: - 0.722222 2:0.166667 3: - 0.694915 4: - 0.916667
0 1:0.166667 2: - 0.416667 3:0.457627 4:0.5
1 1: - 0.833333 3: - 0.864407 4: - 0.916667
2 1: - 1.32455e - 07 2: - 0.166667 3:0.220339 4:0.0833333
2 1: - 1.32455e - 07 2: - 0.333333 3:0.0169491 4: - 4.03573e - 08
1 1: - 0.5 2:0.75 3: - 0.830508 4: - 1
0 1:0.611111 3:0.694915 4:0.416667
0 1:0.222222 2: - 0.166667 3:0.423729 4:0.583333
1 1: - 0.722222 2: - 0.166667 3: - 0.864407 4: - 1
1 1: - 0.5 2:0.166667 3: - 0.864407 4: - 0.916667
2 1: - 0.222222 2: - 0.333333 3:0.0508474 4: - 4.03573e - 08
2 1: - 0.0555556 2: - 0.833333 3:0.0169491 4: - 0.25
2 1: - 0.166667 2: - 0.416667 3: - 0.0169491 4: - 0.0833333
```

我们现在用 SGD 逻辑回归训练数据,加载训练数据方式用 MLUtils. loadLabeledPoints (sc,input)方法,需要的数据格式如下,第一列是类的标签值,逗号后面的都是特征值,多个特征以空格分割:

```
1, - 0.222222 0.5 - 0.762712 - 0.833333
1, - 0.555556 0.25 - 0.864407 - 0.916667
1, - 0.722222 - 0.166667 - 0.864407 - 0.833333
1, - 0.722222 0.166667 - 0.694915 - 0.916667
0,0.166667 - 0.416667 0.457627 0.5
1, - 0.5 0.75 - 0.830508 - 1
```

```
0,0.222222 − 0.166667 0.423729 0.583333
1, − 0.722222 − 0.166667 − 0.864407 − 1
1, − 0.5 0.166667 − 0.864407 − 0.916667
```

下面我们看一下从多分类提取二值分类数据的代码，如代码 6.3 所示。

【代码 6.3】 BinaryClassLabelDataJob.scala

```scala
package com.chongdianleme.mail
import org.apache.spark._
import scopt.OptionParser

/**
  * Created by chongdianleme 陈敬雷
  * 官网:http://chongdianleme.com/
  * SGD 逻辑回归二值分类训练数据的准备
  */
object BinaryClassLabelDataJob {

case class Params(
                   inputPath: String = "file:///D:\\chongdianleme\\chongdianleme − spark
− task\\data\\sample_multiclass_classification_data.txt",
                   outputPath: String = "file:///D:\\chongdianleme\\chongdianleme −
spark − task\\data\\二值分类训练数据\\",
                   mode: String = "local"
)

def main(args: Array[String]) {
val defaultParams = Params()
val parser = new OptionParser[Params]("etlJob") {
      head("etlJob: 解析参数.")
      opt[String]("inputPath")
        .text(s"inputPath 输入目录, default: ${defaultParams.inputPath}")
        .action((x, c) => c.copy(inputPath = x))
      opt[String]("outputPath")
        .text(s"outputPath 输入目录, default: ${defaultParams.outputPath}")
        .action((x, c) => c.copy(outputPath = x))
      opt[String]("mode")
        .text(s"mode 运行模式, default: ${defaultParams.mode}")
        .action((x, c) => c.copy(mode = x))
      note(
"""
          |For example, the following command runs this app on a mixjob dataset:
          |
        """.stripMargin)
    }
    parser.parse(args, defaultParams).map { params => {
println("参数值:" + params)
```

```
        println("trainLogicRegressionwithLBFGS!")
        etl(params.inputPath,
              params.outputPath,
              params.mode
            )
        }
      } getOrElse {
        System.exit(1)
      }
    }


    /**
      * 处理分类训练数据,把 sample_multiclass_classification_data.txt
      * 里面的数据转换成这种格式的
      *
      * @param input sample_multiclass_classification_data.txt 数据,第一列是标签值,代表这
条数据是哪个分类的数据,后面的列是特征数据,冒号前面代表的是第几个特征,冒号后面代表的是
特征值:
      *         1 1:-0.222222 2:0.5 3:-0.762712 4:-0.833333
      *         1 1:-0.555556 2:0.25 3:-0.864407 4:-0.916667
      *         1 1:-0.722222 2:-0.166667 3:-0.864407 4:-0.833333
      *         1 1:-0.722222 2:0.166667 3:-0.694915 4:-0.916667
      *         0 1:0.166667 2:-0.416667 3:0.457627 4:0.5
      *         1 1:-0.833333 3:-0.864407 4:-0.916667
      *         2 1:-1.32455e-07 2:-0.166667 3:0.220339 4:0.0833333
      *         2 1:-1.32455e-07 2:-0.333333 3:0.0169491 4:-4.03573e-08
      * @param outputPath 处理转换后的格式如下:
      * 第一列是类的标签值,逗号后面的都是特征值,多个特征以空格分割:
      *         1,-0.222222 0.5 -0.762712 -0.833333
      *         1,-0.555556 0.25 -0.864407 -0.916667
      *         1,-0.722222 -0.166667 -0.864407 -0.833333
      *         1,-0.722222 0.166667 -0.694915 -0.916667
      *         0,0.166667 -0.416667 0.457627 0.5
      *         1,-0.5 0.75 -0.830508 -1
      *         0,0.222222 -0.166667 0.423729 0.583333
      *         1,-0.722222 -0.166667 -0.864407 -1
      *         1,-0.5 0.166667 -0.864407 -0.916667
      * @param mode 运行模式
      */
def etl(input: String,
          outputPath: String,
          mode: String): Unit = {
val startTime = System.currentTimeMillis()
val sparkConf = new SparkConf().setAppName("etlJob")
      sparkConf.setMaster(mode)
//首先用 SparkContext 方法实例化
val sc = new SparkContext(sparkConf)
```

```
//加载多分类的 demo 数据
sc.textFile(input)
        .filter(line =>{
val arr = line.split(" ")
//只要 5 个固定特征数据列,如果少了一个或多一个特征,训练的时候会报错,用 MLUtils.
//loadLabeledPoints(sc,input)方法加载数据的情况下
        //因为只需要二值分类,我们只提取类标签为 0 和 1 的样本数据
arr.length == 5&&(arr(0).equals("0")||arr(0).equals("1"))
        })
        .map(line => {
val arr = line.split(" ")
val sb = new StringBuilder
var i = 0;
        arr.foreach(feature => {
if (i == 0)
        sb.append(feature + ",")
else {
var fArr = feature.split(":")
        sb.append(fArr(1) + " ")
        }
        i = i + 1
})
//把处理后的数据拼接成一行并返回
sb.toString().trim
    })
//处理后的数据存成一个文件
.saveAsTextFile(outputPath)
    sc.stop()
  }
}
```

训练数据准备好以后,就可以使用 SGD 逻辑回归训练模型了,我们看一下实现代码,以及如何训练模型,如代码 6.4 所示。

【代码 6.4】 LogicRegressionWithSGD.scala

```
package com.chongdianleme.mail

import com.github.fommil.netlib.BLAS
import org.apache.spark._
import org.apache.spark.mllib.classification.{LogisticRegressionWithLBFGS, LogisticRegressionWithSGD}
import org.apache.spark.mllib.evaluation.{BinaryClassificationMetrics, MulticlassMetrics}
import org.apache.spark.mllib.feature.StandardScaler
import org.apache.spark.mllib.regression.LabeledPoint
import org.apache.spark.mllib.util.MLUtils
import scopt.OptionParser
import scala.collection.mutable.ArrayBuffer
```

```
/**
  * Created by chongdianleme 陈敬雷
  * 官网:http://chongdianleme.com/
  * SGD ——随机梯度下降逻辑回归
  * SGD:随机从训练集选取数据训练,不归一化数据,需要专门在外面进行归一化,支持 L1,L2 正
  * 则化,不支持多分类
  */
object LogicRegressionWithSGD {
case class Params(
                   inputPath: String = "file:///D:\\chongdianleme\\chongdianleme - spark -
task\\data\\二值分类训练数据\\",
                   outputPath:String = "file:///D:\\chongdianleme\\chongdianleme - spark -
task\\data\\gsdout\\",
                   mode: String = "local",
                   stepSize:Double = 8,
                   niters:Int = 8
)
def main(args: Array[String]) {
val defaultParams = Params()
val parser = new OptionParser[Params]("TrainLogicRegressionJob") {
        head("TrainLogicRegressionWithSGDJob: 解析参数.")
        opt[String]("inputPath")
          .text(s"inputPath 输入目录, default: ${defaultParams.inputPath}}")
          .action((x, c) => c.copy(inputPath = x))
        opt[String]("outputPath")
          .text(s"outputPath 输入目录, default: ${defaultParams.outputPath}}")
          .action((x, c) => c.copy(outputPath = x))
        opt[String]("mode")
          .text(s"mode 运行模式, default: ${defaultParams.mode}")
          .action((x, c) => c.copy(mode = x))
        opt[Double]("stepSize")
          .text(s"stepSize 步长, default: ${defaultParams.stepSize}")
          .action((x, c) => c.copy(stepSize = x))
        opt[Int]("niters")
          .text(s"niters 迭代次数, default: ${defaultParams.niters}")
          .action((x, c) => c.copy(niters = x))
        note(
"""

            |For example, the following command runs this app on a TrainLogicRegressionJob dataset:
            |
        """.stripMargin)
    }
    parser.parse(args, defaultParams).map { params => {
println("参数值:" + params)
trainLogicRegressionWithSGD(params.inputPath,
        params.outputPath,
        params.mode,params.stepSize,params.niters
```

```
        )
    }
  } getOrElse {
    System.exit(1)
  }
}
/**
    *  以 SGD 随机梯度下降方式训练数据,得到权重和截距
    *  @param input 输入目录,格式如下
    * 第一列是类的标签值,逗号后面的是特征值,多个特征以空格分割:
    *          1, -0.222222 0.5 -0.762712 -0.833333
    *          1, -0.555556 0.25 -0.864407 -0.916667
    *          1, -0.722222 -0.166667 -0.864407 -0.833333
    *          1, -0.722222 0.166667 -0.694915 -0.916667
    *          0,0.166667 -0.416667 0.457627 0.5
    *          1, -0.5 0.75 -0.830508 -1
    *          0,0.222222 -0.166667 0.423729 0.583333
    *          1, -0.722222 -0.166667 -0.864407 -1
    *          1, -0.5 0.166667 -0.864407 -0.916667
    *  @param stepSize 步长
    *  @param niters 迭代次数
    * /
def trainLogicRegressionWithSGD ( input :  String, outputPath: String, mode: String, stepSize:
Double, niters:Int) : Unit = {
val startTime = System.currentTimeMillis()
//SparkConf 配置实例化
val sparkConf = new SparkConf().setAppName("trainLogicRegressionWithSGD")
//运行模式,在 local 本地运行,在 Hadoop 的 Yarn 上分布式运行等
sparkConf.setMaster(mode)
val sc = new SparkContext(sparkConf)
//加载训练数据
val data = MLUtils.loadLabeledPoints(sc,input)
//对数据进行随机的切分,70% 作为训练集,30% 作为测试集
val splitsData = data.randomSplit(Array(0.7,0.3))
val (trainningData, testData) = (splitsData(0), splitsData(1))
//SGD 算法本身不支持归一化,需要我们在训练之前先做好归一化处理,当然不归一化也是可以训练
//的,只是归一化后效果和准确率等会更好一些
val vectors = trainningData.map(lp => lp.features)
val scaler = new StandardScaler(withMean = true, withStd = true).fit(vectors)
//val scaler = new StandardScaler().fit(vectors)
val scaledData = trainningData. map ( lp = > LabeledPoint ( lp. label, scaler. transform ( lp.
features)))
    scaledData.cache()
//开始训练数据
val model = LogisticRegressionWithSGD.train(scaledData,niters, stepSize)
val trainendTime = System.currentTimeMillis()
//训练完成,打印各个特征权重,这些权重可以放到线上缓存中,供接口使用
```

```scala
println("Weights: " + model.weights.toArray.mkString("[", ", ", "]"))
//训练完成,打印截距,截距可以放到线上缓存中,供接口使用
println("Intercept: " + model.intercept)
//把权重和截距刷新到线上缓存或文件中,用于线上模型的加载,进而基于这个模型来预测
val wi = model.weights.toArray.mkString(",") + ";" + model.intercept
//加载测试数据,预测模型准确性
val parsedData = testData
val scoreAndLabels = parsedData.map { point =>
val prediction = model.predict(scaler.transform(point.features))
    (prediction, point.label)
  }
// Get evaluation metrics.二值分类通用指标 ROC 曲线面积
val metrics = new BinaryClassificationMetrics(scoreAndLabels)
val auROC = metrics.areaUnderROC()
//打印 ROC 模型的 ROC 曲线值,越大越精准,ROC 曲线下方的面积(Area Under the ROC Curve, AUC)提
//供了评价模型平均性能的另一种方法.如果模型是完美的,那么它的 AUC = 1;如果模型是个简单
//的随机猜测模型,那么它的 AUC = 0.5;如果一个模型好于另一个,则它的曲线下方面积相对较大
println("Area under ROC = " + auROC)
//准确度
val metricsPrecision = new MulticlassMetrics(scoreAndLabels)
val precision = metricsPrecision.precision
println("precision = " + precision)
val predictEndTime = System.currentTimeMillis()
val time1 = s"训练时间:${(trainendTime - startTime) / (1000 * 60)}分钟"
val time2 = s"预测时间:${(predictEndTime - trainendTime) / (1000 * 60)}分钟"
//打印 AUC 的值,值越大,效果越好
val auc = s"AUC:$auROC"
val ps = s"precision$precision"
val out = ArrayBuffer[String]()
    out += ("逻辑归回 SGD:",time1,time2,auc,ps)
    sc.parallelize(out,1).saveAsTextFile(outputPath)
    sc.stop()
  }
def getScore(dataMatrix: Array[Double],
                weightMatrix: Array[Double],
                intercept: Double) = {
val n = weightMatrix.size
val dot = BLAS.getInstance().ddot(n, weightMatrix, 1, dataMatrix, 1)
val margin = dot + intercept
val score = 1.0 / (1.0 + math.exp(-margin))
    score
  }
}
```

SGD 回归只能做二值分类,如果想做多分类,我们可以用 LBFGS,下面我们详细讲解一下。

3. LBFGS 逻辑回归

LBFGS(Large BFGS 由布罗依丹(Broyden)、弗莱彻(Fletcher)、戈德福布(Goldforb)和香诺(Shanno)4 个人名首字母组成)拟牛顿法逻辑回归,特点是所有的数据都会参与训练,算法融入方差归一化和均值归一化。支持 L1,L2 正则化,支持多分类。当然也支持二分类。通过设置参数 setNumClasses 来指定几个分类。

首先我们要训练的数据,和上面的 SGD 一样,也是需要准备特定格式的数据。同样我们还是用上面 sample_multiclass_classification_data. txt 文件作为原始数据进行处理,处理后的数据格式和上面的 SGD 是一样的,只是这次保留 3 个类标签,以便体现多分类的例子演示,让我们看一下数据处理的代码,如代码 6.5 所示。

【代码 6.5】 MulticlassLabelDataJob. scala

```
/**
  * 处理多分类训练数据,把 sample_multiclass_classification_data.txt
  * 里面的数据转换成这种格式
  *
  * @param input sample_multiclass_classification_data.txt 数据,第一列是标签值,代表这条
  * 数据是哪个分类的数据,后面的列是特征数据,冒号前面代表的是第几个特征,冒号后面代表的是
  * 特征值:
  *        1 1:-0.222222 2:0.5 3:-0.762712 4:-0.833333
  *        1 1:-0.555556 2:0.25 3:-0.864407 4:-0.916667
  *        1 1:-0.722222 2:-0.166667 3:-0.864407 4:-0.833333
  *        1 1:-0.722222 2:0.166667 3:-0.694915 4:-0.916667
  *        0 1:0.166667 2:-0.416667 3:0.457627 4:0.5
  *        1 1:-0.833333 3:-0.864407 4:-0.916667
  *        2 1:-1.32455e-07 2:-0.166667 3:0.220339 4:0.0833333
  *        2 1:-1.32455e-07 2:-0.333333 3:0.0169491 4:-4.03573e-08
  * @param outputPath 处理转换后的格式如下:
  * 第一列是类的标签值,逗号后面的都是特征值,多个特征以空格分割:
  *        1,-0.222222 0.5 -0.762712 -0.833333
  *        1,-0.555556 0.25 -0.864407 -0.916667
  *        1,-0.722222 -0.166667 -0.864407 -0.833333
  *        1,-0.722222 0.166667 -0.694915 -0.916667
  *        0,0.166667 -0.416667 0.457627 0.5
  *        1,-0.5 0.75 -0.830508 -1
  *        0,0.222222 -0.166667 0.423729 0.583333
  *        1,-0.722222 -0.166667 -0.864407 -1
  *        1,-0.5 0.166667 -0.864407 -0.916667
  * @param mode 运行模式
  */
def multiclassLabelDataETL(input: String,
                                    outputPath: String,
                                    mode: String): Unit = {
val startTime = System.currentTimeMillis()
//实例化 SparkConf
```

```
val sparkConf = new SparkConf().setAppName("etlJob")
  sparkConf.setMaster(mode)
//首先 SparkContext 实例化
val sc = new SparkContext(sparkConf)
//加载数据文件 sample_multiclass_classification_data.txt
  //只提取特征列数为 4,加上分类标签为 5 的特征数据
sc.textFile(input)
    .filter(_.split(" ").length == 5)
    .map(line => {
val arr = line.split(" ")
val sb = new StringBuilder
var i = 0;
    arr.foreach(feature => {
if (i == 0)
        sb.append(feature + ",")
else {
var fArr = feature.split(":")
        sb.append(fArr(1) + " ")
    }
    i = i + 1
})
    sb.toString().trim
  }).saveAsTextFile(outputPath)
  sc.stop()
}
```

将数据处理成我们想要的多分类数据格式后,就开始训练数据了,对于 LBFGS 来讲,训练数据可以不用自己做归一化处理,当然做了归一化处理也没有关系。还有,和 SGD 相比,训练的参数更少、更简单,不用设置 stepSize 步长和 niters 迭代次数。有个 setNumClasses 方法需要设置训练数据中有几个分类标签,训练过程如代码 6.6 所示。

【代码 6.6】 LogicRegressionWithLBFGS.scala

```
package com.chongdianleme.mail
import com.github.fommil.netlib.BLAS
import org.apache.spark._
import org.apache.spark.mllib.classification.{LogisticRegressionWithLBFGS, LogisticRegre-
ssionWithSGD}
import org.apache.spark.mllib.evaluation.{MulticlassMetrics, BinaryClassificationMetrics}
import org.apache.spark.mllib.feature.StandardScaler
import org.apache.spark.mllib.regression.LabeledPoint
import org.apache.spark.mllib.util.MLUtils
import scopt.OptionParser
import scala.collection.mutable.ArrayBuffer

/**
  * Created by chongdianleme 陈敬雷
```

```scala
 *  官网:http://chongdianleme.com/
 *  LBFGS——拟牛顿法逻辑回归
 *  所有的数据都会参与训练,算法融入方差归一化和均值归一化.支持 L1,L2 正则化,支持多分类
 */
object LogicRegressionWithLBFGS {
case class Params(
                    inputPath: String = "file:///D:\\chongdianleme\\chongdianleme - spark
 - task\\data\\特征多分类训练数据",
                    outputPath: String = "file:///D:\\chongdianleme\\chongdianleme -
spark - task\\data\\LBFGSout\\",
                    mode: String = "local"
)
def main(args: Array[String]) {
val defaultParams = Params()
val parser = new OptionParser[Params]("TrainLogicRegressionJob") {
     head("TrainLogicRegressionJob: 解析参数.")
     opt[String]("inputPath")
       .text(s"inputPath 输入目录, default: ${defaultParams.inputPath}}")
       .action((x, c) => c.copy(inputPath = x))
     opt[String]("outputPath")
       .text(s"outputPath 输入目录, default: ${defaultParams.outputPath}}")
       .action((x, c) => c.copy(outputPath = x))
     opt[String]("mode")
       .text(s"mode 运行模式, default: ${defaultParams.mode}")
       .action((x, c) => c.copy(mode = x))
     note(
"""

         |For example, the following command runs this app on a LBFGS dataset:
         |
       """.stripMargin)
   }
   parser.parse(args, defaultParams).map { params => {
println("参数值:" + params)
println("trainLogicRegressionwithLBFGS!")
trainLogicRegressionwithLBFGS(params.inputPath,
         params.outputPath,
         params.mode
       )
   }
   } getOrElse {
     System.exit(1)
   }
 }
/**
 *  拟牛顿法方式训练数据,得到的模型,主要是权重和截距,然后可以
 *  再把权重和截距存储到缓存、数据库或文件中,供线上 Web 服务初始化的时候加载权重和截
 *  距,进而预测特征数据是哪个标签
```

```
 *   @param input 输入目录,格式如下
 * 第一列是类的标签值,逗号后面的是特征值,多个特征以空格分割:
 *          1, - 0.222222 0.5 - 0.762712 - 0.833333
 *          1, - 0.555556 0.25 - 0.864407 - 0.916667
 *          1, - 0.722222 - 0.166667 - 0.864407 - 0.833333
 *          1, - 0.722222 0.166667 - 0.694915 - 0.916667
 *          0, 0.166667 - 0.416667 0.457627 0.5
 *          1, - 0.5 0.75 - 0.830508 - 1
 *          0, 0.222222 - 0.166667 0.423729 0.583333
 *          1, - 0.722222 - 0.166667 - 0.864407 - 1
 *          1, - 0.5 0.166667 - 0.864407 - 0.916667
 *   @param mode 运行模式
 */
def trainLogicRegressionwithLBFGS(input : String,
                                  outputPath:String,
                                  mode:String): Unit = {
val startTime = System.currentTimeMillis()
val sparkConf = new SparkConf().setAppName("trainLogicRegressionwithLBFGS")
    sparkConf.setMaster(mode)
//首先使用 SparkContext 实例化
val sc = new SparkContext(sparkConf)
//用 loadLabeledPoints 加载训练数据
val data = MLUtils.loadLabeledPoints(sc,input)
//把训练数据随机拆分成两份,70% 作为训练集,30% 作为测试集
    //当然也可以按 80% 为训练集、20% 为测试集这么拆分
val splitsData = data.randomSplit(Array(0.7,0.3))
val (trainningData, testData) = (splitsData(0), splitsData(1))
//把训练数据归一化处理,这样效果会更好一点,当然对于 LBFGS 来说这不是必需的
val vectors = trainningData.map(lp = > lp.features)
val scaler = new StandardScaler(withMean = true,withStd = true).fit(vectors)
//val scaler = new StandardScaler().fit(vectors)
val scaledData  = trainningData.map(lp = > LabeledPoint(lp.label, scaler.transform(lp.
features)))
    scaledData.cache()
val model = new LogisticRegressionWithLBFGS()
      .setNumClasses(3)//二值分类设置为 2 就行,三个分类设置为 3
.run(trainningData)
val trainendTime = System.currentTimeMillis()
//训练完成,打印各个特征权重,这些权重可以放到线上缓存中,供接口使用
println("Weights: " + model.weights.toArray.mkString("[", ", ", "]"))
//训练完成,打印截距,截距可以放到线上缓存中,供接口使用
println("Intercept: " + model.intercept)
//把权重和截距刷新到线上缓存、数据库中等
val wi = model.weights.toArray.mkString(",") + ";" + model.intercept
//后续处理可以把权重和截距数据存储到线上缓存,或者文件中,供线上 Web 服务加载模型使用
//预测精准性
val weights = model.weights
```

```scala
val intercept = model.intercept
val predictionAndLabels = testData.map { case LabeledPoint(label, features) =>
val prediction = model.predict(scaler.transform(features))
    (prediction, label)
  }
// 获取评估指标
val metrics = new MulticlassMetrics(predictionAndLabels)
//效果评估指标:准确度
val precision = metrics.precision
println("Precision = " + precision)
val metricsAUC = new BinaryClassificationMetrics(predictionAndLabels)
//效果评估指标:AUC,值越大越好
val auROC = metricsAUC.areaUnderROC()
println("auROC:" + auROC)
val predictEndTime = System.currentTimeMillis()
val time1 = s"训练时间:${(trainendTime - startTime) / (1000 * 60)}分钟"
val time2 = s"预测时间:${(predictEndTime - trainendTime) / (1000 * 60)}分钟"
val auc = s"AUC:$auROC"
val ps = s"precision:$precision"
val out = ArrayBuffer[String]()
    out += ("逻辑归回 LBFGS:",time1,time2,auc,ps)
    sc.parallelize(out,1).saveAsTextFile(outputPath)
  }
}
```

4. 逻辑回归在 Web 线上系统的实时预测

不管是 SGD,还是 LBFGS,模型训练好了以后,如何在 Web 线下系统高并发地快速预测呢?这个预测需要的时间是几毫秒级别,因为线上必须用于快速反应,当并发很大的时候,对预测的性能要求很高。那么我们可以用 BLAS 基础线性代数子程序库来实时地高效预测数据特征属于正标签的概率值,0～1 的小数,数值越大概率越高。例如在广告系统 CTR 中点击率概率预估的时候,就可以用这种方式,代码如下:

```scala
/**
  * 用 BLAS 基础线性代数子程序库来实时地高效预测数据特征属于正标签的概率值
  * @param dataMatrix 数据特征
  * @param weightMatrix 权重
  * @param intercept 截距
  * @return 预测数据特征属于正标签的概率值,0～1 的小数,数值越大概率越高
  */
def getScore(dataMatrix: Array[Double],
             weightMatrix: Array[Double],
             intercept: Double) = {
val n = weightMatrix.size
val dot = BLAS.getInstance().ddot(n, weightMatrix, 1, dataMatrix, 1)
val margin = dot + intercept
```

```
val score = 1.0 / (1.0 + math.exp( - margin))
  score
}
```

以上我们讲解的是逻辑回归的两种实现方式,SGD 和 LBFGS。逻辑回归算法在广告点击率预估,以及推荐系统的二次 Rerank 排序中用得非常普遍,用于预测广告被点击可能性的概率,分值高的被排在列表的前面。下面讲解一下决策树算法。

6.2.3 决策树[9]

决策树(Decision Tree)是在已知各种情况发生概率的基础上,通过构成决策树来求取净现值的期望值大于或等于零的概率,评价项目风险,判断其可行性的决策分析方法,是直观运用概率分析的一种图解法。由于这种决策分支画成的图形很像一棵树的枝干,故称决策树。在机器学习中,决策树是一个预测模型,它代表的是对象属性与对象值之间的一种映射关系。Entropy 表示系统的凌乱程度,使用算法 ID3,C4.5 和 C5.0 生成树算法使用熵。这一度量是基于信息学理论中熵的概念。决策树是一种树形结构,其中每个内部节点表示一个属性上的测试,每个分支代表一个测试输出,每个叶节点代表一种类别。分类树(决策树)是一种十分常用的分类方法。它是一种监管学习,所谓监管学习就是给定一堆样本,每个样本都有一组属性和一个类别,这些类别是事先确定的,那么通过学习得到一个分类器,这个分类器能够对新出现的对象给出正确的分类。这样的机器学习被称为监督学习。

1. 决策树的组成

□——决策点,是对几种可能方案的选择,即最后选择的最佳方案。如果决策属于多级决策,则决策树的中间可以有多个决策点,以决策树根部的决策点为最终决策方案。○——状态节点,代表备选方案的经济效果(期望值),通过各状态节点的经济效果的对比,按照一定的决策标准就可以选出最佳方案。由状态节点引出的分支称为概率枝,概率枝的数目表示可能出现的自然状态数目,每个分支上要注明该状态出现的概率。△——结果节点,将每个方案在各种自然状态下取得的损益值标注于结果节点的右端。

2. 决策树的画法

机器学习中,决策树是一个预测模型,它代表的是对象属性与对象值之间的一种映射关系。树中每个节点表示某个对象,而每个分叉路径则代表的某个可能的属性值,而每个叶结点则对应从根节点到该叶节点所经历的路径所表示的对象的值。决策树仅有单一输出,若有复数输出,可以建立独立的决策树以处理不同输出。数据挖掘中决策树是一种经常要用到的技术,可以用于分析数据,同样也可以用来做预测。从数据产生决策树的机器学习技术叫作决策树学习,通俗地说就是决策树。

一个决策树包含 3 种类型的节点:决策节点,通常用矩形框来表示;机会节点,通常用圆圈来表示;终结点,通常用三角形来表示。

决策树学习也是资料探勘中一个普通的方法。在这里,每个决策树都表述了一种树状结构,它由它的分支来对该类型的对象依靠属性进行分类。每个决策树可以依靠对源数据库的分割进行数据测试。这个过程可以递归式地对树进行修剪。当不能再进行分割或一个单独的类可以被应用于某一分支时,递归过程就完成了。另外,随机森林分类器将许多决策树结合起来以提升分类的正确率。决策树同时也可以依靠计算条件概率来构造。决策树如果依靠数学的计算方法可以取得更加理想的效果。数据库如下所示。

$$(x,y) = (x1, x2, x3, \cdots, xk, y)$$

相关的变量 y 表示我们尝试去理解,分类或者更一般化的结果。其他的变量 $x1$, $x2$, $x3$ 等则是帮助我们达到目的的变量。

3. 决策树的剪枝

剪枝是决策树停止分支的方法之一,剪枝有预先剪枝和后剪枝两种。预先剪枝是在树的生长过程中设定一个指标,当达到该指标时就停止生长,这样做容易产生"视界局限",就是一旦停止分支,使得节点 N 成为叶节点,就断绝了其后继节点进行"好"的分支操作的任何可能性。不严格地说这些已停止的分支会误导学习算法,导致产生的树不纯度降差最大的地方过分靠近根节点。后剪枝中树首先要充分生长,直到叶节点都有最小的不纯度值为止,因而可以克服"视界局限",然后对所有相邻的成对叶节点考虑是否消去它们,如果消去能引起令人满意的不纯度增长,那么执行消去操作,并令它们的公共父节点成为新的叶节点。这种"合并"叶节点的做法和节点分支的过程恰好相反,经过剪枝后叶节点常常会分布在很宽的层次上,树也变得非平衡。后剪枝技术的优点是克服了"视界局限"效应,而且无须保留部分样本用于交叉验证,所以可以充分利用全部训练集的信息,但后剪枝的计算量代价比预剪枝方法大得多,特别是在大样本集中,不过对于小样本的情况,后剪枝方法还是优于预剪枝方法的。

4. 决策树的优点

决策树易于理解和实现,人们在学习过程中不需要使用者了解很多的背景知识,这同时是它能够直接体现数据的特点,只要通过解释后都有能力去理解决策树所表达的意义。对于决策树,数据的准备往往是简单或者是不必要的,而且能够同时处理数据型和常规型属性,在相对短的时间内能够对大型数据源做出可行且效果良好的结果。易于通过静态测试来对模型进行评测,可以测定模型可信度。如果给定一个观察的模型,那么根据所产生的决策树很容易推出相应的逻辑表达式。

5. 决策树的缺点

(1) 对连续性的字段比较难预测。

(2) 对有时间顺序的数据,需要很多预处理的工作。

(3) 当类别太多时,错误可能就会增加得比较快。

(4) 一般在算法分类的时候,只是根据一个字段来分类。

6. 算法步骤

C4.5 算法继承了 ID3 算法的优点,并在以下几方面对 ID3 算法进行了改进:

（1）用信息增益率来选择属性，克服了用信息增益选择属性时偏向选择取值多的属性的不足。

（2）在树构造过程中进行剪枝。

（3）能够完成对连续属性的离散化处理。

（4）能够对不完整数据进行处理。

C4.5算法有如下优点：产生的分类规则易于理解，准确率较高。其缺点是在构造树的过程中，需要对数据集进行多次顺序扫描和排序，因而导致算法的低效。此外，C4.5只适合于能够驻留于内存的数据集，当训练集大得无法在内存中容纳时程序无法运行。

具体算法步骤如下：

（1）创建节点N。

（2）如果训练集为空，则返回节点N标记为Failure。

（3）如果训练集中的所有记录都属于同一个类别，则将该类别标记为节点N。

（4）如果候选属性为空，则返回N作为叶节点，标记为训练集中最普通的类。

（5）for each 候选属性 attribute_list。

（6）if 候选属性是连续的 then。

（7）对该属性进行离散化。

（8）选择候选属性 attribute_list 中具有最高信息增益率的属性D。

（9）标记节点N为属性D。

（10）for each 属性D的一致值d。

（11）由节点N长出一个条件为D=d的分支。

（12）设s是训练集中D=d的训练样本的集合。

（13）if s为空

（14）加上一个树叶，标记为训练集中最普通的类。

（15）else 加上一个有 C4.5(R−{D},C,s)返回的点。

分类与回归树（Classification And Regression Tree，CART）是一种非常有趣并且十分有效的非参数分类和回归方法，它通过构建二叉树达到预测目的。

CART模型最早由Breiman等人提出，已经在统计领域和数据挖掘技术中普遍使用。它采用与传统统计学完全不同的方式构建预测准则，它是以二叉树的形式给出，易于理解、使用和解释。由CART模型构建的预测树在很多情况下比常用的以统计方法构建的代数学预测准则更加准确，且数据越复杂、变量越多则算法的优越性就越显著。模型的关键是预测准则准确地构建。

分类和回归首先利用已知的多变量数据构建预测准则，进而根据其他变量值对一个变量进行预测。在分类中，人们往往先对某一客体进行各种测量，然后利用一定的分类准则确定该客体归属哪一类。例如，给定某一化石的鉴定特征，预测该化石属哪一科、哪一属，甚至哪一种。另外一个例子是，已知某一地区的地质和物化探信息，预测该区是否有矿。回归则与分类不同，它被用来预测客体的某一数值，而不是客体的归类。例如，给定某一地区的矿产资源特征，预测该区的资源量。

7. Spark 的决策树算法

决策树是一种分类算法，类似于我们写程序过程中的 if-else 判断语句，但是在判断的过程中又加入了一些信息论的熵的概念，以及基尼系数的概念。Spark 中既有决策树的分类算法，又有决策树的回归算法，也就是根据实际应用场景来选择使用分类或回归任务，Spark 的决策树其实是随机森林的一棵树，随机森林算法是将多棵决策树组合成一片森林，Spark 在调用决策数的类时，其实是调用了随机森林的构造函数。

下面讲解一下什么是数据特征，特征分为连续特征和离散特征。先看一下什么是离散特征，例如是否拥有房产，特征值只有两种情况是或否，这种就为离散特征或者是名称特征。例如年龄为 12,13,16,19,30,32,45,21,78,90,50。你第一眼看去，这不是连续的，取值不连续不就是离散的吗？对，你说得没错，从信号的角度来看这就是离散数据，但是这样的话就是一个年龄为一个类别，我们仅仅以年龄就可以确定最后的结果，这样好吗？显然是片面的，那就要想办法把它变为离散的数据，从理论上来讲，我们可以以每一个数据作为一个分割点，小于这个数据作为一类，大于这个数据作为另一类。对于少量的数据这样分割没问题，但是对于百万条，甚至亿条级别的数据显然是不可取的。在 Spark 中采用了一种采样的策略。对于离散无序数据，例如老、中和少。有几种分割方法：老、中|少；老|中、少；老|少、中。仅此 3 种，也就是 $2^{(M-1)}-1$ 种。对于离散有序数据例如：老、中和少。有老|中、少；老、中|少，仅此两种情况，也就是 $M-1$ 种情况。对于连续数据，本质上是有无数种分割情况，但是 Spark 采用了一种采样策略。先对一个特征下的所有数据进行排序，然后人为地设定一个划分区间，划分区间确定了，也就是确定了划分点，二者是减一关系，当然这个划分区间也就是你后期调参数的一个重要特征。以下面几个数据为例：

12,14,16,11,43,32,45,56,54,89,76

首先进行排序：11,12,12,16,32,43,45,54,56,76,89。

其次设定划分区间，例如为 3，就是说 3 个数据作为一组，相应的划分点也就出来了。12,43,56,89 分别作为划分点，然后计算它们每个作为划分点的信息增益，选择增益最大的一个点作为最终的划分点。看起来就这么简单，但是实现起来并不是那么容易。

下面我们还是拿上面讲的逻辑回归的训练数据来运行决策树算法的 Demo，训练过程如代码 6.7 所示。

【代码 6.7】 DecisionTreeJob. scala

```
package com.chongdianleme.mail
import org.apache.spark._
import SparkContext._
import org.apache.spark.mllib.evaluation.{BinaryClassificationMetrics, MulticlassMetrics}
import org.apache.spark.mllib.linalg.Vectors
import org.apache.spark.mllib.regression.LabeledPoint
import org.apache.spark.mllib.util.MLUtils
import org.apache.spark.mllib.tree.DecisionTree
```

```scala
import org.apache.spark.mllib.tree.configuration.Algo
import org.apache.spark.mllib.tree.impurity.Entropy
import org.apache.spark.mllib.tree.model.{DecisionTreeModel, RandomForestModel}
import scopt.OptionParser
import scala.collection.mutable.ArrayBuffer
/**
  * Created by 陈敬雷
  * 决策树算法 Demo
  * 这个例子是用来做分类任务的
  */
object DecisionTreeJob {
case class Params(
                    inputPath: String = "file:///D:\\chongdianleme\\chongdianleme-spark
-task\\data\\二值分类训练数据\\",
                    outputPath: String = "file:///D:\\chongdianleme\\chongdianleme-
spark-task\\data\\DecisionTreeOut\\",
                    modelPath:String = "file:///D:\\chongdianleme\\chongdianleme-spark
-task\\data\\DecisionTreeModel\\",
                    mode: String = "local",
                    maxTreeDepth:Int = 20//指定树的深度,在 Spark 实现里面最大的深度不超
                                        //过 30
)
def main(args: Array[String]) {
val defaultParams = Params()
val parser = new OptionParser[Params]("TrainDecisionTree") {
    head("TrainDecisionTreeJob: 解析参数.")
    opt[String]("inputPath")
      .text(s"inputPath 输入目录, default: ${defaultParams.inputPath}}")
      .action((x, c) => c.copy(inputPath = x))
    opt[String]("outputPath")
      .text(s"outputPath 输入目录, default: ${defaultParams.outputPath}}")
      .action((x, c) => c.copy(outputPath = x))
    opt[String]("modelPath")
      .text(s"modelPath 训练模型数据的持久化存储目录, default: ${defaultParams.modelPath}}")
      .action((x, c) => c.copy(modelPath = x))
    opt[String]("mode")
      .text(s"mode 运行模式, default: ${defaultParams.mode}")
      .action((x, c) => c.copy(mode = x))
    opt[Int]("maxTreeDepth")
      .text(s"maxTreeDepth, default: ${defaultParams.maxTreeDepth}")
      .action((x, c) => c.copy(maxTreeDepth = x))
    note(
"""

      |For example, TrainDecisionTree dataset:
      |
      """.stripMargin)
    }
```

```
    parser.parse(args, defaultParams).map { params => {
println("参数值:" + params)
trainDecisionTree(params.inputPath, params.outputPath,
        params.modelPath,
        params.mode,
        params.maxTreeDepth
      )
    }
  } getOrElse {
    System.exit(1)
  }
}
/**
  * 决策树算法,可用于监督学习的分类
  * @param input 输入目录,格式如下
  * 第一列是类的标签值,逗号后面的是特征值,多个特征以空格分割:
  *        1,-0.222222 0.5 -0.762712 -0.833333
  *        1,-0.555556 0.25 -0.864407 -0.916667
  *        1,-0.722222 -0.166667 -0.864407 -0.833333
  *        1,-0.722222 0.166667 -0.694915 -0.916667
  *        0,0.166667 -0.416667 0.457627 0.5
  *        1,-0.5 0.75 -0.830508 -1
  *        0,0.222222 -0.166667 0.423729 0.583333
  *        1,-0.722222 -0.166667 -0.864407 -1
  *        1,-0.5 0.166667 -0.864407 -0.916667
  * @param mode 运行模式
  */
def trainDecisionTree ( input : String, outputPath: String, modelPath: String, mode: String,
maxTreeDepth:Int): Unit = {
val startTime = System.currentTimeMillis()
val sparkConf = new SparkConf().setAppName("trainDecisionTreeJob")
    sparkConf.setMaster(mode)
    sparkConf.set("spark.sql.warehouse.dir", "file:///C:/warehouse/temp/")
val sc = new SparkContext(sparkConf)
//加载训练数据
val data = MLUtils.loadLabeledPoints(sc,input)
//缓存
data.cache()
//训练数据,随机拆分数据,80%作为训练集,20%作为测试集
val splits = data.randomSplit(Array(0.8, 0.2))
val (trainingData, testData) = (splits(0), splits(1))
//按照设置的参数来训练数据,训练完成后,得到一个模型,模型可以持久化成文件,后面再根据文件
//来加载初始化模型,不用每次都训练
val model = DecisionTree.train(trainingData,Algo.Classification, Entropy,maxTreeDepth)
val trainendTime = System.currentTimeMillis()
//加载测试数据,预测模型准确性
val scoreAndLabels = testData.map { point =>
```

```scala
//在 Web 项目里面也是用 model.predict 预测特征最大分配给哪个分类标签的概率
val prediction = model.predict(point.features)
        (prediction, point.label)
    }
// 二值分类通用指标 ROC 曲线面积
val metrics = new BinaryClassificationMetrics(scoreAndLabels)
//AUC 评价指标
val auROC = metrics.areaUnderROC()
//打印 ROC 模型的 ROC 曲线值,越大越精准,ROC 曲线下方的面积(Area Under the ROC Curve, AUC)
//提供了评价模型平均性能的另一种方法。如果模型是完美的,那么它的 AUC = 1;如果模型是个
//简单的随机猜测模型,那么它的 AUC = 0.5;如果一个模型好于另一个,则它的曲线下方面积相对
//较大
println("Area under ROC = " + auROC)
//准确度评价指标
val metricsPrecision = new MulticlassMetrics(scoreAndLabels)
val precision = metricsPrecision.precision
println("precision = " + precision)
val predictEndTime = System.currentTimeMillis()
val time1 = s"训练时间:${(trainendTime - startTime) / (1000 * 60)}分钟"
val time2 = s"预测时间:${(predictEndTime - trainendTime) / (1000 * 60)}分钟"
val auc = s"AUC:$auROC"
val ps = s"precision$precision"
val out = ArrayBuffer[String]()
    out += ("决策树:",time1,time2,auc,ps)
    sc.parallelize(out,1).saveAsTextFile(outputPath)
//model 模型可以存储到文件里面
model.save(sc, modelPath)
//然后在需要预测的项目里,直接加载这个模型文件,来直接初始化模型,不用每次都训练
val loadModel = DecisionTreeModel.load(sc,modelPath)
    sc.stop()
//查看训练模型文件里的内容
readParquetFile(modelPath + "data/*.parquet", 8000)
  }
/**
    * 读取 Parquet 文件
    * @param pathFile 文件路径
    * @param n 读取前几行
    */
def readParquetFile(pathFile:String,n:Int): Unit =
  {
val sparkConf = new SparkConf().setAppName("readParquetFileJob")
    sparkConf.setMaster("local")
    sparkConf.set("spark.sql.warehouse.dir", "file:///C:/warehouse/temp/")
val sc = new SparkContext(sparkConf)
val sqlContext = new org.apache.spark.sql.SQLContext(sc)
val parquetFile = sqlContext.parquetFile(pathFile)
println("开始读取文件" + pathFile)
```

```
    parquetFile.take(n).foreach(println)
println("读取结束")
    sc.stop()
  }
}
```

模型训练完成后，得到一个模型，模型可以持久化成文件，后面再根据文件来加载初始化模型，不用每次都训练，这种预测非常适合在 Web 项目中实时对特征样本数据进行预测，例如用在广告点击率预估中，也就是在 Web 项目初始化的时候，同时把模型文件加载到内存中，然后在内存里对用户的每一次页面展示进行实时预测，预测每个广告样本特征数据是哪个分类，例如预测是被点击或者不被点击，或者预测广告被点击的可能性的概率值。

训练数据可以非常大，但训练好的模型存成的文件是非常小的，因为模型文件只存储参数、权重等信息，不实际存储训练数据，一般只有几 KB 大小。把文件加载到模型内存里，占用空间也是非常小的。让我们看一下模型文件到底是什么样？里面都有哪些数据？

持久化后生成两个文件夹，一个是 metadata 文件夹，其下面有一个 part-00000 文件，此文件存的是在训练模型时设置的参数，只有一行，如下所示。

```
{"class":"org.apache.spark.mllib.tree.DecisionTreeModel","version":"1.0","algo":
"Classification","numNodes":3}
```

第二个文件夹是 data，存的是特征类的数据，下面有两个文件. part-r-00000-a387e4aa-f08f-4a7c-9f08-3132531e22fd.snappy.parquet.crc 和 part-r-00000-a387e4aa-f08f-4a7c-9f08-3132531e22fd.snappy.parquet，用记事本打开会有一部分显示为乱码：让我们一睹它的"风采"：

.part-r-00000-a387e4aa-f08f-4a7c-9f08-3132531e22fd.snappy.parquet.crc 文件内容就一行:crc 嫂 H 乳(麾卻 c 镂尊送 6 :塌

.crc 文件是循环校验文件。part-r-00000-a387e4aa-f08f-4a7c-9f08-3132531e22fd.snappy.parquet 文件用记事本打开会是乱码，正确的方式是我们可以用上面的 readParquetFile 方法查看里面的内容，如下：

```
[0,1,[0.0,0.5142857142857142],0.9994110647387553,false,[2,-0.694915,0,WrappedArray()],
2,3,0.9994110647387553]
[0,2,[1.0,1.0],0.0,true,null,null,null,null]
[0,3,[0.0,1.0],0.0,true,null,null,null,null]
```

如果强制用记事本打开是这样的：

```
PAR1
spark_schema % treeId % nodeId
5predict
```

% predict

%

___

prob
% impurity % isLeaf 5split % feature
% threshold %
featureType 5
categories5

___

list
% element %
leftNodeId %
rightNodeId
% infoGain ? %

___

treeIdhp& <

___

&x %
nodeIdZ^&x <

___

___

&?
5

___

(predictpredict??&?<?   &?
5

___

(predict

___

prob??&?<??&?
%

___

impurity??&?<?璞峰?   &? % isLeaf8 < &?< &?5
(splitfeatureVZ&?<

___

___

&?
5 (split   thresholdnr&?<剥蛳?婵剥蛳?婵

___

&?5 (split
featureTypeVZ&?<

___

___

&?
% Hsplit
categories

---

listelementDH&?< 6&?5
leftNodeIdVZ&?<

&?5
rightNodeIdVZ&?<

&?
5 infoGainnr&?<?璞峰??璞
峰?

?) org. apache. spark. sql. parquet. row. metadata? { " type":" struct"," fields": [{ " name":
"treeId"," type":" integer"," nullable": false," metadata": { }}, { " name":" nodeId"," type":
" integer"," nullable": false," metadata":{ }}, { " name":" predict"," type": { " type":" struct",
"fields":[{ " name":" predict"," type":" double"," nullable": false," metadata": { }}, { " name":
"prob"," type":" double"," nullable":false," metadata":{ }}]}," nullable":true," metadata":{ }},
{"name":" impurity"," type":" double"," nullable": false," metadata": { }}, { " name":" isLeaf",
"type":"boolean"," nullable": false," metadata": { }}, { " name":" split"," type": { " type":
"struct","fields":[{ " name":" feature"," type":" integer"," nullable": false," metadata":{ }},
{"name":" threshold"," type":" double"," nullable": false," metadata": { }}, { " name":
"featureType"," type":" integer"," nullable": false," metadata": { }}, { " name":" categories",
"type":{ " type":" array"," elementType":" double"," containsNull": false}," nullable": true,
"metadata":{ }}]}," nullable": true," metadata":{ }}, { " name":" leftNodeId"," type":" integer",
"nullable":true," metadata": { }}, { " name":" rightNodeId"," type":" integer"," nullable": true,
"metadata":{ }}, { " name":" infoGain"," type":" double"," nullable": true," metadata": { }}]};
parquet – mr (build 32c46643845ea8a705c35d4ec8fc654cc8ff816d) ? PAR1

 从文件大小也能看到,持久化的模型文件只有几 KB,很小,它不是把整个训练数据都存起来。下面讲到的算法模型,例如随机森林、GBDT 等也都可以用这种方式打开查看模型文件里的内容。这里就不再一一讲述。

 决策树是随机森林其中的一棵树,多棵决策树就组成了随机森林算法,随机森林可以看成一个集成算法,下面我们就详细讲解一下随机森林算法。

6.2.4　随机森林[10,11,12]

随机森林是一个集成算法,多棵决策树就组成了一个森林,下面具体讲解一下这个算法和应用的源码。

1. 随机森林算法介绍

随机森林是以决策树作为基础模型的集成算法。随机森林是机器学习模型中用于分类和回归的最成功的模型之一。通过组合大量的决策树来降低过拟合的风险。与决策树一样,随机森林处理分类特征,扩展到多类分类设置,不需要特征缩放,并且能够捕获非线性和特征交互。随机森林分别训练一系列的决策树,所以训练过程是并行的。因算法中加入随机过程,所以每棵决策树又有少量区别。随机森林通过合并每棵树的预测结果来减少预测的方差,提高在测试集上的性能表现。

随机性体现:

1)在每次迭代时,对原始数据进行二次抽样来获得不同的训练数据。

2)对于每个树节点,考虑不同的随机特征子集来进行分裂。

除此之外,决策时的训练过程和单独决策树训练过程相同。对新实例进行预测时,随机森林需要整合其各棵决策树的预测结果。回归和分类问题整合的方式略有不同。分类问题采取投票制,每棵决策树投票给一个类别,获得最多投票的类别为最终结果。回归问题每棵树得到的预测结果为实数,最终的预测结果为各棵树预测结果的平均值。Spark 的随机森林算法支持二分类、多分类,以及回归的随机森林算法,适用于连续特征及类别特征。

2. 随机森林应用场景

分类任务:

(1)广告系统的点击率预测。

(2)推荐系统的二次 Rerank 排序。

(3)金融行业可以用随机森林做贷款风险评估。

(4)保险行业可以用随机森林做险种推广预测。

(5)医疗行业可以用随机森林生成辅助诊断处置模型。

回归任务:

(1)预测一个孩子的身高。

(2)电商网站的商品销量预测。

随机森林是由多棵决策树组成,决策树能做的任务随机森林也都能做,并且效果更好。

3. Spark 随机森林训练和预测过程

随机森林分别训练一组决策树,因此训练可以并行完成。该算法将随机性注入训练过程,以使每棵决策树略有不同。结合每棵树的预测可以减少预测的方差,提高测试数据的性能。

1)训练

注入训练过程的随机性包括:在每次迭代时对原始数据集进行二次采样,以获得不同的训练集(例如,bootstrapping)。

考虑在每棵树节点处分割不同的随机特征子集。除了这些随机化之外,决策树训练的方式与单棵决策树的方式相同。

2）预测

要对新实例进行预测,随机森林必须整合各棵决策树的预测。对于分类和回归,这种整合的方式不同。

分类:多数票原则。每棵树的预测都算作一个类的投票。预计该标签是获得最多选票的类别。

回归:平均。每棵树预测一个真实的值。预测标签是各棵树预测的平均值。

4. Spark 随机森林模型参数详解

随机森林的参数比较多,我们在实际工作中经常会调整参数值,让模型达到一个最优的状态,除了调参的方法,还有我们可以通过手工改进每个特征的计算公式,增加数据特征,不断地优化模型。参数调优是在实际工作中不可或缺的一个必要环节,让我们看一下都有哪些参数:

checkpointInterval:

类型:整数型。

含义:设置检查点间隔（≥1）,或不设置检查点（−1）。

featureSubsetStrategy:

类型:字符串型。

含义:每次分裂候选特征数量。

featuresCol:

类型:字符串型。

含义:特征列名。

impurity:

类型:字符串型。

含义:计算信息增益的准则（不区分大小写）。

labelCol:

类型:字符串型。

含义:标签列名。

maxBins:

类型:整数型。

含义:连续特征离散化的最大数量,以及选择每个节点分裂特征的方式。

maxDepth:

类型:整数型。

含义:树的最大深度（≥0）。

决策树最大深度 max_depth,默认可以不输入,如果不输入的话,决策树在建立子树的时候不会限制子树的深度。一般来说,数据少或者特征少的时候可以不管这个值。如果在模型样本量多,特征也多的情况下,推荐限制这个最大深度,具体的取值取决于数据的分布。

常用的取值在 $10 \sim 100$。

参数效果：值越大,决策树越复杂,越容易过拟合。

minInfoGain：

类型：双精度型。

含义：分裂节点时所需最小信息增益。

minInstancesPerNode：

类型：整数型。

含义：分裂后自节点最少包含的实例数量。

numTrees：

类型：整数型。

含义：训练的树的数量。

predictionCol：

类型：字符串型。

含义：预测结果列名。

probabilityCol：

类型：字符串型。

含义：类别条件概率预测结果列名。

rawPredictionCol：

类型：字符串型。

含义：原始预测。

seed：

类型：长整型。

含义：随机种子。

subsamplingRate：

类型：双精度型。

含义：学习一棵决策树使用的训练数据比例,范围为$[0,1]$。

thresholds：

类型：双精度数组型。

含义：多分类预测的阈值,以调整预测结果在各个类别的概率。

上面的参数有的对准确率影响很大,有的比较小。其中 maxDepth(最大深度)这个参数对精准度影响很大,但设置过高容易过拟合,应该根据实际情况设置一个合理的值,但一般不超过 20。

5. Spark 随机森林源码实战

训练数据格式和上面讲的决策树的数据格式是一样的,随机森林可以用来做二值分类,也可以做多分类,还可以用它来做回归。用来做回归的应用场景,例如做销量预测,也能起到非常好的效果,虽然做销量预测用时间序列算法比较多,但随机森林的效果不逊色于时间序列,这得在参数调优和特征工程调优上下功夫。下面的代码演示了如何训练数据模型,并根据模型预测特征属于哪个分类,并且演示模型如何做持久化和加载的完整过程,训练过程如代码 6.8 所示。

【代码 6.8】 RandomForestJob. scala

```scala
package com.chongdianleme.mail
import org.apache.spark._
import org.apache.spark.mllib.evaluation.{MulticlassMetrics, BinaryClassificationMetrics}
import org.apache.spark.mllib.tree.model.RandomForestModel
import org.apache.spark.mllib.util.MLUtils
import scopt.OptionParser
import org.apache.spark.mllib.tree.RandomForest
import scala.collection.mutable.ArrayBuffer
/ **
 * Created by 充电了么 App 陈敬雷
 * 官网:http://chongdianleme.com/
 * 随机森林是决策树的集成算法。随机森林包含多棵决策树来降低过拟合的风险。随机森林同样
 * 具有易解释性、可处理类别特征、易扩展到多分类问题、不需特征缩放等性质。
 * 随机森林支持二分类、多分类,以及回归,适用于连续特征,以及类别特征。
 * 随机森林的分类可以用在广告点击率预测,推荐系统 Rerank 二次排序
 * 随机森林的回归可以用来预测电商网站的销量任务等
 * /
object RandomForestJob {

case class Params(
                    inputPath: String = "file:///D:\\chongdianleme\\chongdianleme - spark
 - task\\data\\二值分类训练数据\\",
                      outputPath: String = "file:///D:\\chongdianleme\\chongdianleme -
spark - task\\data\\RandomForestOut\\",
                    modelPath: String = "file:///D:\\chongdianleme\\chongdianleme - spark
 - task\\data\\RandomForestModel\\",
                    mode: String = "local",                //单机还是分布式运行
numTrees: Int = 8,                                          //设置几棵树
featureSubsetStrategy: String = "all",                     //每次分裂候选特征数量
numClasses: Int = 2,                        //用于几个分类,二值分类设置为 2,三值分类设置为 3
impurity: String = "gini",                                 //纯度计算,推荐 gini
maxDepth: Int = 8,                                         //树的最大深度
maxBins: Int = 100                                         //特征最大装箱数,推荐 100
)

def main(args: Array[String]) {
val defaultParams = Params()
val parser = new OptionParser[Params]("RandomForestJob") {
      head("RandomForestJob: 解析参数.")
      opt[String]("inputPath")
        .text(s"inputPath 输入目录, default: ${defaultParams.inputPath}")
```

```scala
          .action((x, c) => c.copy(inputPath = x))
        opt[String]("outputPath")
          .text(s"outputPath 输出目录, default: ${defaultParams.outputPath}}")
          .action((x, c) => c.copy(outputPath = x))
        opt[String]("modelPath")
          .text(s"modelPath 模型输出, default: ${defaultParams.modelPath}}")
          .action((x, c) => c.copy(modelPath = x))
        opt[String]("mode")
          .text(s"mode 运行模式, default: ${defaultParams.mode}")
          .action((x, c) => c.copy(mode = x))
        opt[Int]("numTrees")
          .text(s"numTrees, default: ${defaultParams.numTrees}")
          .action((x, c) => c.copy(numTrees = x))
        opt[Int]("numClasses")
          .text(s"numClasses, default: ${defaultParams.numClasses}")
          .action((x, c) => c.copy(numClasses = x))
        opt[Int]("maxDepth")
          .text(s"maxDepth, default: ${defaultParams.maxDepth}")
          .action((x, c) => c.copy(maxDepth = x))
        opt[Int]("maxBins")
          .text(s"maxBins, default: ${defaultParams.maxBins}")
          .action((x, c) => c.copy(maxBins = x))
        opt[String]("featureSubsetStrategy")
          .text(s"featureSubsetStrategy, default: ${defaultParams.featureSubsetStrategy}")
          .action((x, c) => c.copy(featureSubsetStrategy = x))
        opt[String]("impurity")
          .text(s"impurity, default: ${defaultParams.impurity}")
          .action((x, c) => c.copy(impurity = x))
        note(
"""

          |For example, RandomForestJob dataset:
          |
        """.stripMargin)
      }
      parser.parse(args, defaultParams).map { params => {
  println("参数值:" + params)
  trainRandomForest(params.inputPath,
        params.outputPath, params.mode, params.numTrees,
        params.featureSubsetStrategy, params.numClasses, params.impurity,
        params.maxDepth, params.maxBins, params.modelPath
      )
    }
  } getOrElse {
    System.exit(1)
    }
  }
```

```
def trainRandomForest(inputPath: String, outputPath: String,
                       mode: String, numTrees: Int,        //用几棵树来训练
featureSubsetStrategy: String = "all",
                       numClasses: Int = 2,      //分类个数和训练数据的分类数保持一致
impurity: String = "gini",                                 //不纯度计算,推荐 gini
maxDepth: Int = 8,                                         //树的最大深度 8
maxBins: Int = 100,                                        //特征最大装箱数,推荐 100
modelPath: String
): Unit = {
val startTime = System.currentTimeMillis()
val sparkConf = new SparkConf().setAppName("trainRandomForest")
    sparkConf.setMaster(mode)
    sparkConf.set("spark.sql.warehouse.dir", "file:///C:/warehouse/temp/")
val sc = new SparkContext(sparkConf)
//加载训练数据
val data = MLUtils.loadLabeledPoints(sc, inputPath)
    data.cache()
//训练数据,随机拆分数据 80% 作为训练集,20% 作为测试集
val splits = data.randomSplit(Array(0.8, 0.2))
val (trainingData, testData) = (splits(0), splits(1))
val categoricalFeaturesInfo = Map[Int, Int]()
//训练模型,将 80% 数据作为训练集,分类个数为 2,此 demo 例子是以二值分类例子来训练的
    //但它可以支持多分类,多分类通过 numClasses 参数设定
var tempModel = RandomForest.trainClassifier(trainingData, numClasses, categoricalFeaturesInfo,
    numTrees, featureSubsetStrategy, impurity, maxDepth, maxBins)
//训练好的模型可以持久化到文件、Web 服务或者其他预测项目里,直接加载这个模型文件到内存
//里面,进行直接预测,不用每次都训练
tempModel.save(sc, modelPath)
//加载刚才存储的这个模型文件到内存里面,进行后面的分类预测,这个例子是在演示如果做模型
//的持久化和加载
val model = RandomForestModel.load(sc, modelPath)
val trainendTime = System.currentTimeMillis()
//用测试集来评估模型的效果
val predictData = testData
val testErr = predictData.map { point =>
//基于模型来预测数据特征属于哪个分类标签
val prediction = model.predict(point.features)
if (point.label == prediction) 1.0 else 0.0
}.mean()
println("Test Error = " + testErr)
val scoreAndLabels = predictData.map { point =>
val prediction = model.predict(point.features)
    (prediction, point.label)
    }
// 二值分类通用指标 ROC 曲线面积 AUC
val metrics = new BinaryClassificationMetrics(scoreAndLabels)
val auROC = metrics.areaUnderROC()
```

```scala
//打印 ROC 模型的 ROC 曲线值,越大越精准,ROC 曲线下方的面积(Area Under the ROC Curve, AUC)
//提供了评价模型平均性能的另一种方法.如果模型是完美的,那么它的 AUC = 1;如果模型是个简
//单的随机猜测模型,那么它的 AUC = 0.5;如果一个模型好于另一个,则它的曲线下方面积相对
//较大
println("Area under ROC = " + auROC)
//模型评估指标:准确度
val metricsPrecision = new MulticlassMetrics(scoreAndLabels)
val precision = metricsPrecision.precision
println("precision = " + precision)
val predictEndTime = System.currentTimeMillis()
val time1 = s"训练时间:${(trainendTime - startTime) / (1000 * 60)}分钟"
val time2 = s"预测时间:${(predictEndTime - trainendTime) / (1000 * 60)}分钟"
val auc = s"AUC:$auROC"
val ps = s"precision$precision"
val out = ArrayBuffer[String]()
    out += ("随机森林算法 Demo 演示:", time1, time2, auc, ps)
    sc.parallelize(out, 1).saveAsTextFile(outputPath)
    sc.stop()
//查看训练模型文件里的内容
readParquetFile(modelPath + "data/*.parquet", 8000)
  }

/**
  * 读取 Parquet 文件
  *
  * @param pathFile 文件路径
  * @param n       读取前几行
  */
def readParquetFile(pathFile: String, n: Int): Unit = {
val sparkConf = new SparkConf().setAppName("readParquetFileJob")
    sparkConf.setMaster("local")
    sparkConf.set("spark.sql.warehouse.dir", "file:///C:/warehouse/temp/")
val sc = new SparkContext(sparkConf)
val sqlContext = new org.apache.spark.sql.SQLContext(sc)
val parquetFile = sqlContext.parquetFile(pathFile)
println("开始读取文件" + pathFile)
    parquetFile.take(n).foreach(println)
println("读取结束")
    sc.stop()
  }
}
```

上面讲的随机森林算法是由多棵决策树组成的,是一个集成算法,属于 Bagging 词袋模型,我们看一看它是如何工作的。

1)工作原理

基于 Bagging 的随机森林是决策树集合。在随机森林中,我们收集了许多决策树(被称

为"森林"）。为了根据属性对新对象进行分类,每棵树都给出分类,然后对这些树的结果进行"投票",最终选择投票得数最多的那一类别。

每棵树按以下方法构建:

如果取 N 例训练样本来训练每棵树,则随机抽取 1 例样本,再随机地进行下一次抽样。每次抽样得到的 N 个样本作为一棵树的训练数据。如果存在 M 个输入变量(特征值),则指定一个数字 m(远小于 M),使得在每个节点处随机地从 M 中选择 m 个特征,并使用这 m 个特征来对节点进行最佳分割。在森林生长过程中,m 的值保持不变。每棵树都尽可能地自由生长,没有进行修剪。

2) 随机森林的优势

该算法可以解决两类问题,即分类和回归,并可在这两个方面进行不错的估计。

最令我兴奋的随机森林的好处之一是它具有处理更高维度的大数据集的能力。它可以处理数千个输入变量并识别最重要的变量,因此它被视为降维方法之一。此外,模型可以输出变量的重要性,这可是一个非常方便的功能(在一些随机数据集上)。它还有一种估算缺失数据的有效方法,并在大部分数据丢失时保持准确性。它具有平衡不平衡的数据集中的错误的方法。

上述功能可以扩展到未标记的数据中,从而导致无监督的聚类、数据视图和异常值检测。随机森林涉及输入数据的采样,替换称为自举采样。这里有三分之一的数据不用于培训,可用于测试,这些数据被称为袋外样品。对这些袋外样品的估计误差称为袋外误差。通过 Out of bag 进行误差估计的研究,证明了袋外估计与使用与训练集相同大小的测试集一样准确。因此,使用 out-of-bag 误差估计消除了对预留测试集的需要。

3) 随机森林的缺点

它确实在分类方面做得很好,但不如回归问题做得好,因为它没有给出精确的连续性预测。在回归的情况下,它不会超出训练数据的范围进行预测,并且它们可能过度拟合特别嘈杂的数据集。随机森林可以感觉像统计建模者的黑盒子方法,但你几乎无法控制模型的作用。你最多可以尝试不同的参数和随机种子! 在实际使用中人们还发现 Spark 随机森林有一个问题,Spark 默认的随机森林的二值分类预测只返回 0 和 1,却不能返回概率值。例如预测广告被点击的概率,如果都是 1 的话,哪个应该排在前面,哪个应该排在后面呢? 我们需要更严谨地排序,返回值必须是一个连续的小数值。因此,需要对原始的 Spark 随机森林算法做二次开发,让它能返回一个支持概率的数值。

改源码一般来说会比较复杂,因为在改之前,必须得能看懂它的源码。否则你不知道从哪儿下手。看懂后,找到最需要修改的函数后,尽可能较小地改动来实现你的业务功能,以免改动较多产生别的 bug。下面我们讲一下如果做二次开发,使随机森林能满足我们的需求。

6. Spark 随机森林源码二次开发

Spark 随机森林改成支持返回概率值只需要改动一个类 treeEnsembleModels. scala 即可。

修改原来的两个函数,如代码 6.9 所示。

【代码 6.9】 treeEnsembleModels_old.scala

```scala
/**
  * 使用训练的模型预测单个数据的特征值
  *
  * @param features 为单个数据点的数组向量
  * @return 为训练模型的预测类别
  */
def predict(features: Vector): Double = {
  (algo, combiningStrategy) match {
    case (Regression, Sum) =>
      predictBySumming(features)
    case (Regression, Average) =>
      predictBySumming(features)                          //总和的权重
    case (Classification, Sum) =>                         //二值分类
      val prediction = predictBySumming(features)
      //需要完成:GBT 的预测标签是 +1 或 -1。需要更好的方法来存储这些信息。
      if (prediction > 0.0) 1.0 else 0.0
    case (Classification, Vote) =>
      predictByVoting(features)
    case _ =>
      throw new IllegalArgumentException(
        "TreeEnsembleModel given unsupported (algo, combiningStrategy) combination: " +
          s"($algo, $combiningStrategy).")
  }
}


/**
  * 基于(加权)多数票对单个数据点进行分类。
  */
private def predictByVoting(features: Vector): Double = {
  val votes = mutable.Map.empty[Int, Double]
  trees.view.zip(treeWeights).foreach { case (tree, weight) =>
    val prediction = tree.predict(features).toInt
    votes(prediction) = votes.getOrElse(prediction, 0.0) + weight
  }
  votes.maxBy(_._2)._1
}
```

修改后的两个函数,如代码 6.10 所示。

【代码 6.10】 treeEnsembleModels_new.scala

```scala
def predictChongDianLeMe(features: Vector): Double = {
  (algo, combiningStrategy) match {
    case (Regression, Sum) =>
      predictBySumming(features)
```

```scala
        case (Regression, Average) =>
          predictBySumming(features)                              //总的权重和
        case (Classification, Sum) =>                             //二值分类
          val prediction = predictBySumming(features)
          //需要完成:GBT的预测标签是+1或-1。需要更好的方法来存储这些信息
          if (prediction > 0.0) 1.0 else 0.0
        case (Classification, Vote) =>
          //我们用的是基于投票的分类算法,关键改这里.用我们自己实现的投票算法
          predictByVotingChongDianLeMe(features)
        case _ =>
          throw new IllegalArgumentException(
            "TreeEnsembleModel given unsupported (algo, combiningStrategy) combination: " +
              s"($algo, $combiningStrategy).")
      }
    }


    private def predictByVotingChongDianLeMe(features: Vector): Double = {
      val votes = mutable.Map.empty[Int, Double]
      trees.view.zip(treeWeights).foreach { case (tree, weight) =>
        val prediction = tree.predict(features).toInt
        votes(prediction) = votes.getOrElse(prediction, 0.0) + weight
      }
      //通过 filter 筛选找到投票结果后投赞成票的树的记录
      val zVotes = votes.filter(p => p._1 == 1)
      var zTrees = 0.0
      if (zVotes.size > 0) {
        zTrees = zVotes.get(1).get
      }
      //返回投赞成票的树的数量 zTrees,我们训练设置树的个数是总数 total,zTrees * 1.0/total =
//概率,就是广告被点击的一个概率小数值
      zTrees
    }
```

这样我们就修改完代码,预测函数返回的是投赞成票的树的数量 zTrees,如果在调用端的时候改成概率值,训练设置树的个数是总数 total,zTrees * 1.0/total = 概率,就是广告被点击的一个概率小数值。当然也可以不改成小数,按这个 zTrees 的赞成票数量来排序也是可以的。修改完之后需要对项目编译打包。Spark 的工程非常大,如果想把源码环境都调好了,不是那么容易。实际上需要解决很多问题才能把环境搞好。另外一个就是修改完代码,如果之前没做过打包的话,也得摸索下。将编译打好的 jar 包替换掉线上集群对应的 jar 包即可。

7. 随机森林和 GBDT 的联系和区别

上面讲的随机森林是基于 Bagging 的词袋模型,同样在 Spark 里面由多棵树组成的集成算法。还有 GradientBoostedTrees 算法,GradientBoostedTrees 可以简称为 GBDT,它也是集成算法,属于 Boosting 集成算法,但它和 Bagging 有什么区别呢?

Bagging 的实现方式算是比较简单的,需要训练多个模型,并利用每个模型进行投票,每个模型的权重都一样,对于分类问题,取总票数最多作为分类,对于回归,取平均值。利用多个弱分类器,集成一个性能高的分类器,典型代表是随机森林。随机森林在训练每个模型时,增加随机的因素,对特征和样本进行随机抽样,然后把各棵树训练的结果集成并融合起来。随机森林可以并行训练多棵树。

Boosting 的实现方式也是训练多个决策树模型,是一种迭代的算法模型,在训练过程中更加关注错分的样本,对于越是容易错分的样本,后续的模型训练越要花更多精力去关注,提高上一次分错的数据权重,越在意那些分错的数据。在集成融合时,每次训练的模型权重也会不一样,最终通过加权的方式融合成最终的模型。Adaboost、GBDT 采用的都是 Boosting 的思想。

知道了它们之间的区别,下面我们就详细介绍 Spark 里的 GBDT 算法。

6.2.5　梯度提升决策树[13,14]

梯度提升决策树也是一个集成算法,采用 Boosting 的思想,下面讲解一下这个算法和应用的源码。

1. 梯度提升决策树算法介绍

梯度提升决策树是一种决策树的集成算法,它通过反复迭代训练决策树来最小化损失函数。与决策树类似,梯度提升树具有可处理类别特征、易扩展到多分类问题、不需特征缩放等性质。Spark.ml 通过使用现有 decision tree 工具来实现。梯度提升决策树依次迭代训练一系列的决策树。在一次迭代中,算法使用现有的集成来对每个训练实例的类别进行预测,然后将预测结果与真实的标签值进行比较。算法通过重新标记,来赋予预测结果不好的实例更高的权重,所以在下次迭代中,决策树会对先前的错误进行修正。

对实例标签进行重新标记的机制由损失函数来指定。每次迭代过程中,梯度迭代树在训练数据上进一步减少损失函数的值。Spark.ml 为分类问题提供一种损失函数(Log Loss),为回归问题提供两种损失函数(平方误差与绝对误差)。Spark.ml 支持二分类,以及回归的 GBDT 算法,适用于连续特征,以及类别特征。注意梯度提升树目前不支持多分类问题。

2. GBDT 算法构建决策树的步骤

(1) 表示给定一个初始值。

(2) 表示建立 M 棵决策树(迭代 M 次)。

(3) 表示对函数估计值 $F(x)$ 进行 Logistic 变换。

(4) 表示对于 K 个分类进行下面的操作(其实这个 for 循环也可以理解为向量的操作,每一个样本点 xi 都对应了 K 种可能的分类 yi,所以 yi、$F(xi)$ 和 $p(xi)$ 都是一个 K 维的向量,这样或许容易理解一点)。

(5) 表示求得残差减少的梯度方向。

（6）表示根据每一个样本点 x，与其残差减少的梯度方向，得到一棵由 J 个叶子节点组成的决策树。

（7）当决策树建立完成后，通过这个公式，可以得到每一个叶子节点的增益（这个增益在预测的时候用到）。

每个增益的组成其实也是一个 K 维的向量，表示如果在决策树预测的过程中，如果某一个样本点掉入了这个叶子节点，则其对应的 K 个分类的值是多少。例如，GBDT 得到了 3 棵决策树，一个样本点在预测的时候，也会掉入 3 个叶子节点上，其增益分别为（假设为 3 分类的问题）：(0.5, 0.8, 0.1)，(0.2, 0.6, 0.3)，(0.4, 0.3, 0.3)，那么这样最终得到的分类为第二个，因为选择分类 2 的决策树是最多的。

（8）将当前得到的决策树与之前的那些决策树合并起来，作为新的一个模型。

3．GBDT 和随机森林的比较

GBDT 和随机森林都是基于决策树的高级算法，都可以用来做分类和回归，那么什么时候用 GBDT？什么时候用随机森林呢？

随机森林采取有放回的抽样构建的每棵树基本是一样的，多棵树形成森林，采用投票机制决定最终的结果。GBDT 通常只有第一个树是完整的，当预测值和真实值有一定差距时（残差），下一棵树的构建会用到上一棵树最终的残差作为当前树的输入。GBDT 每次关注的不是预测错误的样本，没有对错一说，而只有离标准相差的远近。

因为二者构建树的差异，随机森林采用有放回的抽样进行构建决策树，所以随机森林相对于 GBDT 来说对异常数据不是很敏感，但是 GBDT 不断地关注残差，导致最后的结果会非常准确，不会出现欠拟合的情况，但是异常数据会干扰最后的决策。综上所述：如果数据中异常值较多，那么采用随机森林，否则采用 GBDT。

4．GBDT 和 SVM

GBDT 和 SVM 是最接近于神经网络的算法，神经网络每增加一层则计算量呈几何级增加，神经网络在计算的时候倒着推，每得到一个结果，增加一些成分的权重，神经网络内部就是通过不同的层次来训练，然后增加比较重要的特征，降低那些没有用并对结果影响很小的维度的权重，这些过程在运行的时候都是内部自动完成。如果 GBDT 内部核函数是线性回归（逻辑回归），并且这些回归离散化和归一化做得非常好，那么就可以赶得上神经网络。GBDT 底层是由线性组合来给我们做分类或者拟合，如果层次太深，或者迭代次数太多，就可能出现过拟合，例如原来用一条线分开的两种数据，我们使用多条线来分类。

5．相关参数详解

和随机森林的参数相比大多数参数比较相似。

checkpointInterval：

类型：整数型。

含义：设置检查点间隔（≥1），或不设置检查点（−1）。

featuresCol：

类型：字符串型。

含义：特征列名。

impurity：

类型：字符串型。

含义：计算信息增益的准则(不区分大小写)。

labelCol：

类型：字符串型。

含义：标签列名。

lossType：

类型：字符串型。

含义：损失函数类型。

maxBins：

类型：整数型。

含义：连续特征离散化的最大数量，以及选择每个节点分裂特征的方式。

maxDepth：

类型：整数型。

含义：树的最大深度($\geqslant 0$)。

maxIter：

类型：整数型。

含义：迭代次数($\geqslant 0$)。

minInfoGain：

类型：双精度型。

含义：分裂节点时所需最小信息增益。

minInstancesPerNode：

类型：整数型。

含义：分裂后自节点最少包含的实例数量。

predictionCol：

类型：字符串型。

含义：预测结果列名。

rawPredictionCol：

类型：字符串型。

含义：原始预测。

seed：

类型：长整型。

含义：随机种子。

subsamplingRate：

类型：双精度型。

含义：学习一棵决策树使用的训练数据比例，范围为[0,1]。

stepSize：

类型：双精度型。

含义：每次迭代优化步长。

6. GBDT 在 Spark 里面的源码实战

GBDT 的训练数据格式和上面讲的决策树、随机森林都一样，GBDT 做分类任务只能是二值分类，还可以用它来做回归，下面的代码演示了二值分类的场景，如何训练数据模型，以及根据模型预测特征属于哪个分类，并且演示了模型如何做持久化和加载的完整过程，训练过程如代码 6.11 所示。

【代码 6.11】 GradientBoostedTreesJob. scala

```scala
package com.chongdianleme.mail
import org.apache.spark._
import org.apache.spark.mllib.evaluation.{BinaryClassificationMetrics, MulticlassMetrics}
import org.apache.spark.mllib.util.MLUtils
import scopt.OptionParser
import org.apache.spark.mllib.tree.GradientBoostedTrees
import org.apache.spark.mllib.tree.configuration.BoostingStrategy
import org.apache.spark.mllib.tree.model.{GradientBoostedTreesModel, RandomForestModel}

import scala.collection.mutable.ArrayBuffer
/**
  * Created by 充电了么 App——陈敬雷
  * 官网：http://chongdianleme.com/
  * 梯度提升决策树是一种决策树的集成算法，它通过反复迭代训练决策树来最小化损失函数。与
决策树类似，梯度提升决策树具有可处理类别特征、易扩展到多分类问题、不需特征缩放等性质。
Spark.ml 通过使用现有 decision tree 工具来实现。
  */
object GradientBoostedTreesJob {
case class Params(
                   inputPath: String = "file:///D:\\chongdianleme\\chongdianleme - spark
- task\\data\\二值分类训练数据\\",
                   outputPath: String = "file:///D:\\chongdianleme\\chongdianleme -
spark - task\\data\\GBDTOut\\",
                   modelPath: String = "file:///D:\\chongdianleme\\chongdianleme - spark
- task\\data\\GBDTModel\\",
                   mode: String = "local",
                   numIterations: Int = 8
)
def main(args: Array[String]) {
val defaultParams = Params()
val parser = new OptionParser[Params]("GBDTJob") {
```

```
        head("GBDTJob: 解析参数.")
        opt[String]("inputPath")
          .text(s"inputPath 输入目录, default: ${defaultParams.inputPath}")
          .action((x, c) => c.copy(inputPath = x))
        opt[String]("outputPath")
          .text(s"outputPath 输入目录, default: ${defaultParams.outputPath}")
          .action((x, c) => c.copy(outputPath = x))
        opt[String]("mode")
          .text(s"mode 运行模式, default: ${defaultParams.mode}")
          .action((x, c) => c.copy(mode = x))
        opt[Int]("numIterations")
          .text(s"numIterations 迭代次数, default: ${defaultParams.numIterations}")
          .action((x, c) => c.copy(numIterations = x))
        note(
"""

          |For example, a GBDT dataset:
        """.stripMargin)
      }
      parser.parse(args, defaultParams).map { params => {
println("参数值:" + params)
trainGBDT(params.inputPath, params.outputPath, params.modelPath, params.mode, params.
numIterations)
      }
    } getOrElse {
      System.exit(1)
    }
  }


/**
    * 训练 GBDT 模型,以及如何持久化模型和加载,查看模型
    * @param inputPath 输入目录,格式如下
    *         第一列是类的标签值,逗号后面的是特征值,多个特征以空格分割:
    *         1, -0.222222 0.5 -0.762712 -0.833333
    *         1, -0.555556 0.25 -0.864407 -0.916667
    *         1, -0.722222 -0.166667 -0.864407 -0.833333
    *         1, -0.722222 0.166667 -0.694915 -0.916667
    *         0, 0.166667 -0.416667 0.457627 0.5
    *         1, -0.5 0.75 -0.830508 -1
    *         0, 0.222222 -0.166667 0.423729 0.583333
    *         1, -0.722222 -0.166667 -0.864407 -1
    *         1, -0.5 0.166667 -0.864407 -0.916667
    * @param mode 运行模式
    * @numIterations 迭代次数
    */
def trainGBDT(inputPath: String, outputPath: String, modelPath: String, mode: String,
numIterations: Int): Unit = {
val startTime = System.currentTimeMillis()
```

```scala
val sparkConf = new SparkConf().setAppName("GBDTJob")
    sparkConf.set("spark.sql.warehouse.dir", "file:///C:/warehouse/temp/")
    sparkConf.setMaster(mode)
val sc = new SparkContext(sparkConf)
//加载训练数据
val data = MLUtils.loadLabeledPoints(sc, inputPath)
    data.cache()
//训练数据,随机拆分数据80%作为训练集,20%作为测试集
val splits = data.randomSplit(Array(0.8, 0.2))
val (trainingData, testData) = (splits(0), splits(1))
//设置是分类任务还是回归任务
val boostingStrategy = BoostingStrategy.defaultParams("Classification")
//设置迭代次数
boostingStrategy.numIterations = numIterations
//训练模型,拿80%数据作为训练集
val tempModel = GradientBoostedTrees.train(trainingData, boostingStrategy)
//训练好的模型可以持久化到文件、Web服务或者其他预测项目里,直接加载这个模型文件到内存
//里,进行直接预测,不用每次都训练
tempModel.save(sc, modelPath)
//加载刚才存储的这个模型文件到内存里,进行后面的分类预测,这个例子是在演示如何做模型的
//持久化和加载
val model = GradientBoostedTreesModel.load(sc, modelPath)
val trainendTime = System.currentTimeMillis()
//用测试集来评估模型的效果
val predictData = testData
val testErr = predictData.map { point =>
//基于模型来预测数据特征属于哪个分类标签
val prediction = model.predict(point.features)
if (point.label == prediction) 1.0 else 0.0
}.mean()
println("Test Error = " + testErr)
val scoreAndLabels = predictData.map { point =>
val prediction = model.predict(point.features)
    (prediction, point.label)
}
// 二值分类通用指标 ROC 曲线面积 AUC
val metrics = new BinaryClassificationMetrics(scoreAndLabels)
val auROC = metrics.areaUnderROC()
//打印ROC模型的ROC曲线值,越大越精准,ROC曲线下方的面积(Area Under the ROC Curve, AUC)提
//供了评价模型平均性能的另一种方法.如果模型是完美的,那么它的AUC = 1;如果模型是个简单
//的随机猜测模型,那么它的AUC = 0.5;如果一个模型好于另一个,则它的曲线下方面积相对较大
println("Area under ROC = " + auROC)
//模型评估指标:准确度
val metricsPrecision = new MulticlassMetrics(scoreAndLabels)
val precision = metricsPrecision.precision
println("precision = " + precision)
val predictEndTime = System.currentTimeMillis()
```

```
val time1 = s"训练时间：${(trainendTime - startTime) / (1000 * 60)}分钟"
val time2 = s"预测时间：${(predictEndTime - trainendTime) / (1000 * 60)}分钟"
val auc = s"AUC: $ auROC"
val ps = s"precision $ precision"
val out = ArrayBuffer[String]()
    out += ("GBDT:", time1, time2, auc, ps)
    sc.parallelize(out, 1).saveAsTextFile(outputPath)
    sc.stop()
//查看训练模型文件里的内容
readParquetFile(modelPath + "data/*.parquet", 8000)
  }
/**
   * 读取 Parquet 文件
   * @param pathFile 文件路径
   * @param n        读取前几行
   */
def readParquetFile(pathFile: String, n: Int): Unit = {
val sparkConf = new SparkConf().setAppName("readParquetFileJob")
    sparkConf.setMaster("local")
    sparkConf.set("spark.sql.warehouse.dir", "file:///C:/warehouse/temp/")
val sc = new SparkContext(sparkConf)
val sqlContext = new org.apache.spark.sql.SQLContext(sc)
val parquetFile = sqlContext.parquetFile(pathFile)
println("开始读取文件" + pathFile)
    parquetFile.take(n).foreach(println)
println("读取结束")
    sc.stop()
  }
}
```

我们再看一下输出模型文件里的元数据文件 metadata\part-00000：

{"class":"org.apache.spark.mllib.tree.model.GradientBoostedTreesModel","version":"1.0",
"metadata":{"algo":"Classification","treeAlgo":"Regression","combiningStrategy":"Sum",
"treeWeights":[1.0,0.1,0.1,0.1,0.1,0.1,0.1,0.1]}}
#模型数据文件
data\part-r-00000-0afdd117-8344-46fa-afde-e458b82ec041.snappy.parquet：
[0,1,[-0.0136986301369863,-1.0],0.99981234753237,false,[2,-0.694915,0,WrappedArray
()],2,3,0.99981234753237]
[0,2,[1.0,-1.0],0.0,true,null,null,null,null]
[0,3,[-1.0,-1.0],0.0,true,null,null,null,null]
[1,1,[-0.0065316669601160615,-1.0],0.22730672322449866,false,[3,-0.666667,0,
WrappedArray()],2,3,0.2273067232244987]
[1,2,[0.4768116880884702,-1.0],0.0,true,null,null,null,null]
[1,3,[-0.47681168808847024,-1.0],-1.0,true,null,null,null,null]
[2,1,[-0.00600265179510577,-1.0],0.19197758263847012,false,[3,-0.666667,0,
WrappedArray()],2,3,0.19197758263847012]

[2,2,[0.43819358104272055, - 1.0], 2.4671622769447922E - 17, false, [2, - 1.0, 0, WrappedArray
()],4,5,2.4671622769447922E - 17]
[2,4,[0.4381935810427206, - 1.0],0.0, true, null, null, null, null]
[2,5,[0.4381935810427206, - 1.0],0.0, true, null, null, null, null]
[2,3,[- 0.4381935810427205, - 1.0], 2.400482215405744E - 17, false, [1, - 0.833333, 0,
WrappedArray()],6,7,4.800964430811488E - 17]
[2,6,[- 0.4381935810427206, - 1.0],0.0, true, null, null, null, null]
[2,7,[- 0.4381935810427206, - 1.0], - 1.0, true, null, null, null, null]
[3,1,[- 0.005549995620336956, - 1.0], 0.16411546098332652, false, [3, - 0.666667, 0,
WrappedArray()],2,3,0.1641154609833265]
[3,2,[0.40514968028459825, - 1.0], 4.9343245538895844E - 17, false, [2, - 0.898305, 0,
WrappedArray()],4,5,8.018277400070575E - 17]
[3,4,[0.40514968028459836, - 1.0], - 4.4408920985006264E - 17, false, [2, - 1.0, 0,
WrappedArray()],8,9,2.2204460492503138E - 17]
[3,8,[0.4051496802845983, - 1.0],0.0, true, null, null, null, null]
[3,9,[0.4051496802845984, - 1.0], - 8.326672684688674E - 17, true, null, null, null, null]
[3,5,[0.4051496802845983, - 1.0], - 1.0, true, null, null, null, null]
[3,3,[- 0.4051496802845983, - 1.0], - 1.0, true, null, null, null, null]
[4,1,[- 0.00515868673746988, - 1.0], 0.14178899630129063, false, [3, - 0.666667, 0,
WrappedArray()],2,3,0.14178899630129066]
[4,2,[0.37658413183529915, - 1.0], - 2.4671622769447922E - 17, false, [0, - 0.333333, 0,
WrappedArray()],4,5,2.929755203871941E - 17]
[4,4,[0.3765841318352991, - 1.0], - 2.6122894697062506E - 17, true, null, null, null, null]
[4,5,[0.3765841318352994, - 1.0], - 1.0, true, null, null, null, null]
[4,3,[- 0.3765841318352991, - 1.0], - 7.201446646217232E - 17, false, [2, 0.932203, 0,
WrappedArray()],6,7,3.8257685308029047E - 17]
[4,6,[- 0.37658413183529915, - 1.0], - 9.868649107779169E - 17, false, [0, - 0.111111, 0,
WrappedArray()],12,13,1.232595164407831E - 32]
[4,12,[- 0.3765841318352991, - 1.0],0.0, true, null, null, null, null]
[4,13,[- 0.3765841318352992, - 1.0], - 1.1460366705808067E - 16, true, null, null, null, null]
[4,7,[- 0.3765841318352994, - 1.0], - 1.0, true, null, null, null, null]
[5,1,[- 0.004817325884671358, - 1.0], 0.12364491760237696, false, [2, - 0.694915, 0,
WrappedArray()],2,3,0.12364491760237692]
[5,2,[0.35166478958101005, - 1.0],0.0, true, null, null, null, null]
[5,3,[- 0.35166478958100994, - 1.0], 7.201446646217232E - 17, false, [0, - 0.666667, 0,
WrappedArray()],6,7,7.201446646217232E - 17]
[5,6,[- 0.35166478958101005, - 1.0],0.0, true, null, null, null, null]
[5,7,[- 0.35166478958101005, - 1.0],0.0, true, null, null, null, null]
[6,1,[- 0.004517121185689067, - 1.0], 0.10871455691943718, false, [2, - 0.694915, 0,
WrappedArray()],2,3,0.10871455691943725]
[6,2,[0.3297498465552993, - 1.0], - 1.0, true, null, null, null, null]
[6,3,[- 0.3297498465552993, - 1.0], - 1.0, true, null, null, null, null]
[7,1,[- 0.004251195144106789, - 1.0], 0.09629113329666061, false, [2, - 0.694915, 0,
WrappedArray()],2,3,0.09629113329666061]
[7,2,[0.31033724551979563, - 1.0], - 3.700743415417188E - 17, false, [2, - 1.0, 0, WrappedArray
()],4,5,1.2335811384723961E - 17]
[7,4,[0.3103372455197956, - 1.0],0.0, true, null, null, null, null]

```
[7,5,[0.31033724551979563, −1.0], −1.0,true,null,null,null,null]
[7,3,[−0.3103372455197955, −1.0],3.600723323108616E−17,false,[3,0.75,0,WrappedArray
( )],6,7,7.50150692314295E−17]
[7,6,[−0.31033724551979563, −1.0], −3.289549702593056E−17,true,null,null,null,null]
[7,7,[−0.3103372455197956, −1.0], −1.0,true,null,null,null,null]
```

这节我们提到了 GBDT 和 SVM 的区别,那么什么是 SVM 呢? 下面我们就详细讲解一下 SVM 算法。

6.2.6　支持向量机

支持向量机是 Cortes 和 Vapnik 于 1995 年首先提出的,它在解决小样本、非线性及高维模式识别中表现出许多特有的优势,并能够推广应用到函数拟合等其他机器学习问题中。

1. SVM 算法介绍[15]

支持向量机方法是建立在统计学习理论的 VC 维理论和结构风险最小原理基础上的,根据有限的样本信息在模型的复杂性(即对特定训练样本的学习精度,Accuracy)和学习能力(即无错误地识别任意样本的能力)之间寻求最佳折中,以期获得最好的推广能力(或称泛化能力)。

以上是经常被有关 SVM 学术文献引用的介绍,接下来逐一分解并解释。

Vapnik 是统计机器学习的大牛,这想必都不用说,他出版的 *Statistical Learning Theory* 是一本完整阐述统计机器学习思想的名著。在该书中详细地论证了统计机器学习区别于传统机器学习的本质就在于统计机器学习能够精确地给出学习效果,能够解答需要的样本数等一系列问题。与统计机器学习的精密思维相比,传统的机器学习基本上属于摸着石头过河,用传统的机器学习方法构造分类系统完全成了一种技巧,一个人做的结果可能很好,而另一个人用差不多的方法做出来的结果却很差,这是由于缺乏指导和原则。

所谓 VC 维是对函数类的一种度量,可以简单地理解为问题的复杂程度,VC 维越高,一个问题就越复杂。正是因为 SVM 关注的是 VC 维,后面我们可以看到,SVM 解决问题的时候,和样本的维数是无关的(甚至样本是上万维的都可以,这使得 SVM 很适合用来解决文本分类的问题,当然有这样的能力也是因为引入了核函数)。结构风险最小听上去文绉绉,其实说的也无非是下面这回事。

机器学习本质上就是一种对问题真实模型的逼近(我们选择一个我们认为比较好的近似模型,这个近似模型就叫作一个假设),但毫无疑问,真实模型一定是不知道的(如果知道了,我们干吗还要机器学习? 直接用真实模型解决问题不就可以了? 对吧?)既然真实模型不知道,那么我们选择的假设与问题真实解之间究竟有多大差距,我们没法得知。例如我们认为宇宙诞生于 150 亿年前的一场大爆炸,这个假设能够描述很多我们观察到的现象,但它与真实的宇宙诞生之间还相差多少? 谁也说不清,因为我们压根就不知道真实的宇宙诞生到底是什么时候。

这个与问题真实解之间的误差,就叫作风险(更严格地说,误差的累积叫作风险)。我们选择了一个假设之后(更直观点说,我们得到了一个分类器以后),真实误差无从得知,但我们可以用某些可以掌握的量来逼近它。最直观的想法就是使用分类器在样本数据上的分类的结果与真实结果(因为样本是已经标注过的数据,是准确的数据)之间的差值来表示。这个差值叫作经验风险 Remp(w)。以前的机器学习方法都把经验风险最小化作为努力的目标,但后来发现很多分类函数能够在样本集上轻易达到 100%的正确率,在真实分类时却一塌糊涂(即所谓的推广能力差,或泛化能力差)。此时的情况便是选择了一个足够复杂的分类函数(它的 VC 维很高),能够精确地记住每一个样本,但对样本之外的数据一律分类错误。回头看看经验风险最小化原则后我们就会发现,此原则适用的大前提是经验风险要确实能够逼近真实风险才行(行话叫一致),但实际上能逼近吗?答案是不能,因为样本数相对于现实世界要分类的文本数来说简直九牛一毛,经验风险最小化原则只保证在这占很小比例的样本上做到没有误差,当然不能保证在更大比例的真实文本上也没有误差。

统计学习因此而引入了泛化误差界的概念,就是指真实风险应该由两部分内容刻画,一是经验风险,代表了分类器在给定样本上的误差;二是置信风险,代表了我们在多大程度上可以信任分类器在未知文本上分类的结果。很显然,第二部分是没有办法精确计算的,因此只能给出一个估计的区间,也使得整个误差只能计算上界,而无法计算准确的值(所以叫作泛化误差界,而不叫泛化误差)。

置信风险与两个量有关,一是样本数量,显然给定的样本数量越大,我们的学习结果越有可能正确,此时置信风险越小;二是分类函数的 VC 维,显然 VC 维越大,推广能力越差,置信风险会变大。

泛化误差界的公式为:

$$R(w) \leqslant Remp(w) + \Phi(n/h)$$

公式中 R(w)就是真实风险,Remp(w)就是经验风险,$\Phi(n/h)$就是置信风险。统计学习的目标从经验风险最小化变为了寻求经验风险与置信风险的和最小,即结构风险最小。

SVM 正是这样一种努力最小化结构风险的算法。SVM 其他的特点就比较容易理解了。小样本,并不是说样本的绝对数量少(实际上,对任何算法来说,更多的样本几乎能带来更好的效果),而是说与问题的复杂度比起来 SVM 算法要求的样本数是相对比较少的。

非线性是指 SVM 擅长应付样本数据线性不可分的情况,主要通过松弛变量(也叫作惩罚变量)和核函数技术来实现,这一部分是 SVM 的精髓,以后会详细讨论。多说一句,关于文本分类这个问题究竟是不是线性可分的,尚没有定论,因此不能简单地认为它是线性可分的而作简化处理,在水落石出之前,只好先把它当成是线性不可分的(反正线性可分也不过是线性不可分的一种特例而已,我们向来不怕方法过于通用)。

高维模式识别是指样本维数很高,例如文本的向量表示,如果没有经过另一系列文章(《文本分类入门》)中提到过的降维处理,出现几万维的情况很正常,其他算法基本就没有能力应付了,但 SVM 可以,主要是因为 SVM 产生的分类器很简洁,用到的样本信息很少(仅仅用到那些称之为"支持向量"的样本,此为后话),使得即使样本维数很高,也不会给存储和计算带来大麻烦。

2. Spark 的 SVM 源码实战

MLlib 只实现了线性 SVM,采用分布式随机梯度下降算法,没有非线性(核函数),也没有多分类和回归。线性二分类的优化过程类似于逻辑回归。我们看下源码实战,训练数据也是和上面讲过的逻辑回归、决策树、GBDT 和随机森林一样,训练过程如代码 6.12 所示。

【代码 6.12】　SVMJob. scala

```scala
package com.chongdianleme.mail
import org.apache.spark._
import org.apache.spark.mllib.classification.{SVMModel, SVMWithSGD}
import org.apache.spark.mllib.evaluation.{BinaryClassificationMetrics, MulticlassMetrics}
import org.apache.spark.mllib.feature.StandardScaler
import org.apache.spark.mllib.regression.LabeledPoint
import org.apache.spark.mllib.util.MLUtils
import scopt.OptionParser
import scala.collection.mutable.ArrayBuffer
/**
  * Created by 充电了么 App——陈敬雷
  * 官网:http://chongdianleme.com/
  * 支持向量机方法是建立在统计学习理论的 VC 维理论和结构风险最小原理基础上的,根据有限
的样本信息在模型的复杂性(即对特定训练样本的学习精度,Accuracy)和学习能力(即无错误地识别
任意样本的能力)之间寻求最佳折中,以期获得最好的推广能力
  */
object SVMJob {
case class Params(
                    inputPath: String = "file:///D:\\chongdianleme\\chongdianleme - spark
 - task\\data\\二值分类训练数据\\",
                    outputPath: String  = "file:///D:\\chongdianleme\\chongdianleme -
spark - task\\data\\SVMOut\\",
                    modelPath: String = "file:///D:\\chongdianleme\\chongdianleme - spark
 - task\\data\\SVMModel\\",
                    mode: String = "local",
                    numIterations: Int = 8
)
def main(args: Array[String]) {
val defaultParams = Params()
val parser = new OptionParser[Params]("svmJob") {
      head("svmJob: 解析参数.")
      opt[String]("inputPath")
        .text(s"inputPath 输入目录, default: ${defaultParams.inputPath}}")
        .action((x, c) => c.copy(inputPath = x))
      opt[String]("outputPath")
        .text(s"outputPath 输入目录, default: ${defaultParams.outputPath}}")
        .action((x, c) => c.copy(outputPath = x))
      opt[String]("modelPath")
        .text(s"modelPath 模型输出, default: ${defaultParams.modelPath}}")
```

```scala
          .action((x, c) => c.copy(modelPath = x))
        opt[String]("mode")
          .text(s"mode 运行模式, default: ${defaultParams.mode}")
          .action((x, c) => c.copy(mode = x))
        opt[Int]("numIterations")
          .text(s"numIterations 迭代次数, default: ${defaultParams.numIterations}")
          .action((x, c) => c.copy(numIterations = x))
        note(
"""

          |SVM dataset:
        """.stripMargin)
    }
    parser.parse(args, defaultParams).map { params => {
println("参数值:" + params)
trainSVM(params.inputPath, params.outputPath, params.modelPath, params.mode, params.numIterations
        )
    }
    } getOrElse {
      System.exit(1)
    }
  }
/**
  * SVM 支持向量机:SGD 随机梯度下降方式训练数据,得到权重和截距
  * @param inputPath 输入目录,格式如下
  * 第一列是类的标签值,逗号后面的是特征值,多个特征以空格分割:
  *      1, -0.222222 0.5 -0.762712 -0.833333
  *      1, -0.555556 0.25 -0.864407 -0.916667
  *      1, -0.722222 -0.166667 -0.864407 -0.833333
  *      1, -0.722222 0.166667 -0.694915 -0.916667
  *      0, 0.166667 -0.416667 0.457627 0.5
  *      1, -0.5 0.75 -0.830508 -1
  *      0, 0.222222 -0.166667 0.423729 0.583333
  *      1, -0.722222 -0.166667 -0.864407 -1
  *      1, -0.5 0.166667 -0.864407 -0.916667
  * @param modelPath 模型持久化存储路径
  * @param numIterations 迭代次数
  */
def trainSVM(inputPath: String, outputPath: String, modelPath: String, mode: String, numIterations:
Int): Unit = {
val startTime = System.currentTimeMillis()
val sparkConf = new SparkConf().setAppName("svmJob")
    sparkConf.set("spark.sql.warehouse.dir", "file:///C:/warehouse/temp/")
    sparkConf.setMaster(mode)
val sc = new SparkContext(sparkConf)
//加载训练数据
val data = MLUtils.loadLabeledPoints(sc, inputPath)
//训练数据,随机拆分数据 80% 作为训练集,20% 作为测试集
```

```scala
val splitsData = data.randomSplit(Array(0.8, 0.2))
val (trainningData, testData) = (splitsData(0), splitsData(1))
//把训练数据归一化处理
val vectors = trainningData.map(lp => lp.features)
val scaler = new StandardScaler(withMean = true, withStd = true).fit(vectors)
val scaledData = trainningData.map(lp => LabeledPoint(lp.label, scaler.transform(lp.features)))
//训练模型,80%数据作为训练集
val saveModel = SVMWithSGD.train(scaledData, numIterations)
//训练好的模型可以持久化到文件、Web服务或者其他预测项目里,直接加载这个模型文件到内存
//里,进行直接预测,不用每次都训练
saveModel.save(sc, modelPath)
//加载刚才存储的这个模型文件到内存里,进行后面的分类预测,这个例子是在演示如何做模型的
//持久化和加载
val model = SVMModel.load(sc, modelPath)
val trainendTime = System.currentTimeMillis()
//训练完成,打印各个特征权重,这些权重可以放到线上缓存中,供接口使用
println("Weights: " + model.weights.toArray.mkString("[", ", ", "]"))
//训练完成,打印截距,截距可以放到线上缓存中,供接口使用
println("Intercept: " + model.intercept)
//后续处理可以把权重和截距数据存储到线上缓存或者文件中,供线上Web服务加载模型使用
//存储到线上的代码自己根据业务情况来完成
//用测试集来评估模型的效果
val scoreAndLabels = testData.map { point =>
//基于模型来预测归一化后的数据特征属于哪个分类标签
val prediction = model.predict(scaler.transform(point.features))
    (prediction, point.label)
    }
//二值分类通用指标ROC曲线面积AUC
val metrics = new BinaryClassificationMetrics(scoreAndLabels)
val auROC = metrics.areaUnderROC()
//打印ROC模型的ROC曲线值,越大越精准,ROC曲线下方的面积(Area Under the ROC Curve, AUC)
//提供了评价模型平均性能的另一种方法.如果模型是完美的,那么它的AUC = 1;如果模型是个简单的
//随机猜测模型,那么它的AUC = 0.5;如果一个模型好于另一个,则它的曲线下方面积相对较大
println("Area under ROC = " + auROC)
//模型评估指标:准确度
val metricsPrecision = new MulticlassMetrics(scoreAndLabels)
val precision = metricsPrecision.precision
println("precision = " + precision)
val predictEndTime = System.currentTimeMillis()
val time1 = s"训练时间: ${(trainendTime - startTime) / (1000 * 60)}分钟"
val time2 = s"预测时间: ${(predictEndTime - trainendTime) / (1000 * 60)}分钟"
val auc = s"AUC: $auROC"
val ps = s"precision $precision"
val out = ArrayBuffer[String]()
    out += ("SVM支持向量机:", time1, time2, auc, ps)
    sc.parallelize(out, 1).saveAsTextFile(outputPath)
```

```
    sc.stop()
//查看训练模型文件里的内容
readParquetFile(modelPath + "data/*.parquet", 8000)
  }
/**
   * 读取 Parquet 文件
   *
   * @param pathFile 文件路径
   * @param n       读取前几行
   */
def readParquetFile(pathFile: String, n: Int): Unit = {
val sparkConf = new SparkConf().setAppName("readParquetFileJob")
    sparkConf.setMaster("local")
    sparkConf.set("spark.sql.warehouse.dir", "file:///C:/warehouse/temp/")
val sc = new SparkContext(sparkConf)
val sqlContext = new org.apache.spark.sql.SQLContext(sc)
val parquetFile = sqlContext.parquetFile(pathFile)
println("开始读取文件" + pathFile)
    parquetFile.take(n).foreach(println)
println("读取结束")
    sc.stop()
  }
}
```

输出模型的元数据文件 metadata\part-00000 内容是：

{"class":"org.apache.spark.mllib.classification.SVMModel","version":"1.0","numFeatures":4,"numClasses":2}

数据特征文件 data\part-r-00000-3d4289a2-87db-40b7-8527-405d695bc40c.snappy.parquet 内容是：

[[-0.8075443157837446,0.5504273214257117,-0.939435606798764,-0.9348288072712773],0.0,0.0]

SVM 一般认为在做文本分类的时候效果是最好的，但在性能和效率方面则没有贝叶斯高，贝叶斯解决文本分类问题性价比高，虽然准确率不是最好的，但整体看是非常不错的，计算性能很高。下面我们详细讲解一下贝叶斯算法。

6.2.7　朴素贝叶斯[16,17]

朴素贝叶斯法是基于贝叶斯定理与特征条件独立假设的分类方法，在文本分类任务中应用非常普遍，我们详细介绍一下。

1. 朴素贝叶斯算法介绍

朴素贝叶斯法是基于贝叶斯定理与特征条件独立假设的分类方法。简单来说，朴素贝叶斯分类器假设样本每个特征与其他特征都不相关。举个例子,如果一种水果具有红、圆和直径大概为 10 厘米等特征,该水果可以被判定为苹果。尽管这些特征相互依赖或者有些特征由其他特征决定,然而朴素贝叶斯分类器认为这些属性在判定该水果是否为苹果的概率分布上是独立的。尽管带着这些朴素思想和过于简单化的假设,但朴素贝叶斯分类器在很多复杂的现实情形中仍能够取得相当好的效果。朴素贝叶斯分类器的一个优势在于只需要根据少量的训练数据估计出必要的参数(离散型变量是先验概率和类条件概率,连续型变量是变量的均值和方差)。朴素贝叶斯的思想基础是这样的:对于给出的待分类项,求解在此项条件下各个类别出现的概率,在没有其他可用信息下,我们会选择条件概率最大的类别作为此待分类项应属的类别。

2. 朴素贝叶斯中文文本分类特征工程处理

文本分类是指将一篇文章归到事先定义好的某一类或者某几类,在数据平台的一个典型应用场景是通过抓取用户浏览过的页面内容,识别出用户的浏览偏好,从而丰富该用户的画像。我们现在使用 Spark MLlib 提供的朴素贝叶斯(Naive Bayes)算法,完成对中文文本的分类过程。主要包括中文分词、文本表示(TF-IDF)、模型训练和分类预测等。

对于中文文本分类而言,需要先对文章进行分词,我使用中文分析工具 IKAnalyzer、HanLP 和 ansj 分词都可以。分好词后,我们需要把文本转换成算法可理解的数字,一般我们用 TF-IDF 的值作为特征值,也可以用简单的词频 TF 作为特征值,每一个词都作为一个特征,但需要将中文词语转换成 Double 型来表示,通常使用该词语的 TF-IDF 值作为特征值,Spark 提供了全面的特征抽取及转换 API,非常方便,详见 http://spark.apache.org/docs/latest/ml-features.html,这里介绍一下 TF-IDF 的 API:

例如,训练语料/tmp/lxw1234/1.txt:

0,苹果官网苹果宣布

1,苹果梨香蕉

逗号分隔的第一列为分类编号,0 为科技,1 为水果,代码如下:

```
case class RawDataRecord(category: String, text: String)
val conf = new SparkConf().setMaster("yarn-client")
val sc = new SparkContext(conf)
val sqlContext = new org.apache.spark.sql.SQLContext(sc)
import sqlContext.implicits._
```

//将原始数据映射到 DataFrame 中,字段 category 为分类编号,字段 text 为分好的词,
//以空格分隔,代码如下:

```
var srcDF = sc.textFile("/tmp/lxw1234/1.txt").map {
    x =>
        var data = x.split(",")
        RawDataRecord(data(0),data(1))
```

```
}.toDF()
srcDF.select("category", "text").take(2).foreach(println)
```

［0，苹果官网苹果宣布］

［1，苹果梨香蕉］

//将分好的词转换为数组，代码如下：

```
var tokenizer = new Tokenizer().setInputCol("text").setOutputCol("words")
var wordsData = tokenizer.transform(srcDF)
wordsData.select( $ "category", $ "text", $ "words").take(2).foreach(println)
```

［0，苹果官网苹果宣布，WrappedArray(苹果，官网，苹果，宣布)］

［1，苹果梨香蕉，WrappedArray(苹果，梨，香蕉)］

//将每个词转换成 Int 型，并计算其在文档中的词频(TF)，代码如下：

```
var hashingTF =
new HashingTF().setInputCol("words").setOutputCol("rawFeatures").setNumFeatures(100)
var featurizedData = hashingTF.transform(wordsData)
```

这里将中文词语转换成 INT 型的 Hashing 算法，类似于 Bloomfilter，上面的 setNumFeatures(100)表示将 Hash 分桶的数量设置为 100 个，这个值默认为 2 的 20 次方，即 1048576，可以根据你的词语数量来调整，一般来说，这个值越大，不同的词被计算为一个 Hash 值的概率就越小，数据也更准确，但需要消耗更大的内存，这和 Bloomfilter 是一个道理。

```
featurizedData.select( $ "category", $ "words", $ "rawFeatures").take(2).foreach(println)
[0,WrappedArray(苹果, 官网, 苹果, 宣布),(100,[23,81,96],[2.0,1.0,1.0])]
[1,WrappedArray(苹果, 梨, 香蕉),(100,[23,72,92],[1.0,1.0,1.0])]
```

结果中，"苹果"用 23 来表示，在第一个文档中，词频为 2，在第二个文档中词频为 1。

```
//计算 TF - IDF 值
var idf = new IDF().setInputCol("rawFeatures").setOutputCol("features")
var idfModel = idf.fit(featurizedData)
var rescaledData = idfModel.transform(featurizedData)
rescaledData.select( $ "category", $ "words", $ "features").take(2).foreach(println)
[0,WrappedArray(苹果, 官网, 苹果, 宣布), (100, [ 23, 81, 96], [0. 0, 0. 4054651081081644,
0.4054651081081644])]
[1, WrappedArray (苹果, 梨, 香蕉), (100, [ 23, 72, 92], [0. 0, 0. 4054651081081644,
0.4054651081081644])]
```

因为一共只有两个文档，且都出现了"苹果"，因此该词的 TF-IDF 值为 0。

最后一步，将上面的数据转换成贝叶斯算法所需要的格式，然后就可以训练模型了。下面我们看一下训练的代码。

3. Spark 朴素贝叶斯算法源码实战

朴素贝叶斯法训练的特征数据要求必须是非负数，之前随机森林、逻辑回归用的数据可以有负数特征，这次我们的训练数据换用文档 spark-2.4.3\data\mllib\sample_libsvm_data.txt 的数据，训练过程如代码 6.13 所示。

【代码 6.13】 NaiveBayesJob.scala

```scala
package com.chongdianleme.mail
import com.chongdianleme.mail.SVMJob.readParquetFile
import org.apache.spark._
import org.apache.spark.mllib.classification.NaiveBayes
import org.apache.spark.mllib.evaluation.{BinaryClassificationMetrics, MulticlassMetrics}
import org.apache.spark.mllib.util.MLUtils
import scopt.OptionParser
import scala.collection.mutable.ArrayBuffer
/**
  * Created by 充电了么 Appp——陈敬雷
  * 官网:http://chongdianleme.com/
  * 朴素贝叶斯法是基于贝叶斯定理与特征条件独立假设的分类方法
  */
object NaiveBayesJob {
case class Params(
                    inputPath: String = "file:///D:\\chongdianleme\\chongdianleme - spark - task\\data\\sample_libsvm_data.txt\\",
                    outputPath: String = "file:///D:\\chongdianleme\\chongdianleme - spark - task\\data\\NaiveBayesOut\\",
                    modelPath: String = "file:///D:\\chongdianleme\\chongdianleme - spark - task\\data\\NaiveBayesModel\\",
                    mode: String = "local"
)
def main(args: Array[String]) {
val defaultParams = Params()
val parser = new OptionParser[Params]("naiveBayesJob") {
      head("naiveBayesJob: 解析参数.")
      opt[String]("inputPath")
        .text(s"inputPath 输入目录, default: ${defaultParams.inputPath}")
        .action((x, c) => c.copy(inputPath = x))
      opt[String]("outputPath")
        .text(s"outputPath 输入目录, default: ${defaultParams.outputPath}")
        .action((x, c) => c.copy(outputPath = x))
      opt[String]("modelPath")
        .text(s"modelPath 模型输出, default: ${defaultParams.modelPath}")
        .action((x, c) => c.copy(modelPath = x))
      opt[String]("mode")
        .text(s"mode 运行模式, default: ${defaultParams.mode}")
        .action((x, c) => c.copy(mode = x))
      note(
        """
          |naiveBayes dataset:
```

```
          """.stripMargin)
      }
      parser.parse(args, defaultParams).map { params => {
println("参数值:" + params)
trainNaiveBayes(params.inputPath, params.outputPath, params.modelPath, params.mode)
      }
      } getOrElse {
        System.exit(1)
      }
    }
  }
```

```
/**
  * 贝叶斯模型训练
  * @param inputPath 输入目录,格式如下
  * 第一列是类的标签值,后面的是特征值,多个特征以空格分割:
  * 0 128:51 129:159 130:253 131:159 132:50 155:48 156:238 157:252 158:252 159:252 160:237
182:54 183:227 184:253 185:252 186:239 187:233 188:252 189:57 190:6 208:10 209:60 210:224
211:252 212:253 213:252 214:202 215:84 216:252 217:253 218:122 236:163 237:252 238:252 239:
252 240:253 241:252 242:252 243:96 244:189 245:253 246:167 263:51 264:238 265:253 266:253
267:190 268:114 269:253 270:228 271:47 272:79 273:255 274:168 290:48 291:238 292:252 293:
252 294:179 295:12 296:75 297:121 298:21 301:253 302:243 303:50 317:38 318:165 319:253 320:
233 321:208 322:84 329:253 330:252 331:165 344:7 345:178 346:252 347:240 348:71 349:19 350:
28 357:253 358:252 359:195 372:57 373:252 374:252 375:63 385:253 386:252 387:195 400:198
401:253 402:190 413:255 414:253 415:196 427:76 428:246 429:252 430:112 441:253 442:252 443:
148 455:85 456:252 457:230 458:25 467:7 468:135 469:253 470:186 471:12 483:85 484:252 485:
223 494:7 495:131 496:252 497:225 498:71 511:85 512:252 513:145 521:48 522:165 523:252 524:
173 539:86 540:253 541:225 548:114 549:238 550:253 551:162 567:85 568:252 569:249 570:146
571:48 572:29 573:85 574:178 575:225 576:253 577:223 578:167 579:56 595:85 596:252 597:252
598:252 599:229 600:215 601:252 602:252 603:252 604:196 605:130 623:28 624:199 625:252 626:
252 627:253 628:252 629:252 630:233 631:145 652:25 653:128 654:252 655:253 656:252 657:141
658:37
  * 1 159:124 160:253 161:255 162:63 186:96 187:244 188:251 189:253 190:62 214:127 215:251
216:251 217:253 218:62 241:68 242:236 243:251 244:211 245:31 246:8 268:60 269:228 270:251
271:251 272:94 296:155 297:253 298:253 299:189 323:20 324:253 325:251 326:235 327:66 350:32
351:205 352:253 353:251 354:126 378:104 379:251 380:253 381:184 382:15 405:80 406:240 407:
251 408:193 409:23 432:32 433:253 434:253 435:253 436:159 460:151 461:251 462:251 463:251
464:39 487:48 488:221 489:251 490:251 491:172 515:234 516:251 517:251 518:196 519:12 543:
253 544:251 545:251 546:89 570:159 571:255 572:253 573:253 574:31 597:48 598:228 599:253
600:247 601:140 602:8 625:64 626:251 627:253 628:220 653:64 654:251 655:253 656:220 681:24
682:193 683:253 684:220
  * @param modelPath 模型持久化存储路径
  */
def trainNaiveBayes(inputPath : String, outputPath:String, modelPath:String, mode:String): Unit
= {
val startTime = System.currentTimeMillis()
val sparkConf = new SparkConf().setAppName("naiveBayesJob")
    sparkConf.set("spark.sql.warehouse.dir", "file:///C:/warehouse/temp/")
    sparkConf.setMaster(mode)
```

```
val sc = new SparkContext(sparkConf)
//加载训练数据,SVM 格式的数据,贝叶斯要求数据特征必须是非负数
val data = MLUtils.loadLibSVMFile(sc, inputPath)
//训练数据,随机拆分数据 80 % 作为训练集,20 % 作为测试集
val splitsData = data.randomSplit(Array(0.8, 0.2))
val (trainningData, testData) = (splitsData(0), splitsData(1))
//训练模型,用 80 % 数据作为训练集
val model = NaiveBayes.train(trainningData)
//模型持久化存储到文件
model.save(sc, modelPath)
val trainendTime = System.currentTimeMillis()
//用测试集来评估模型的效果
val scoreAndLabels = testData.map { point =>
//基于模型来预测归一化后的数据特征属于哪个分类标签
val prediction = model.predict(point.features)
        (prediction, point.label)
    }
//二值分类通用指标 ROC 曲线面积 AUC
val metrics = new BinaryClassificationMetrics(scoreAndLabels)
val auROC = metrics.areaUnderROC()
//打印 ROC 模型——ROC 曲线值,越大越精准,ROC 曲线下方的面积(Area Under the ROC Curve, AUC)提
//供了评价模型平均性能的另一种方法.如果模型是完美的,那么它的 AUC = 1;如果模型是个简单
//的随机猜测模型,那么它的 AUC = 0.5;如果一个模型好于另一个,则它的曲线下方面积相对较大
println("Area under ROC = " + auROC)
//模型评估指标:准确度
val metricsPrecision = new MulticlassMetrics(scoreAndLabels)
val precision = metricsPrecision.precision
println("precision = " + precision)
val predictEndTime = System.currentTimeMillis()
val time1 = s"训练时间:${(trainendTime - startTime) / (1000 * 60)}分钟"
val time2 = s"预测时间:${(predictEndTime - trainendTime) / (1000 * 60)}分钟"
val auc = s"AUC:$auROC"
val ps = s"precision$precision"
val out = ArrayBuffer[String]()
    out += ("贝叶斯算法:", time1, time2, auc, ps)
    sc.parallelize(out, 1).saveAsTextFile(outputPath)
    sc.stop()
//查看训练模型文件里的内容
readParquetFile(modelPath + "data/ * .parquet", 8000)
  }
}
```

朴素贝叶斯算法假设数据集属性之间是相互独立的,因此算法的逻辑性十分简单,并且算法较为稳定,当数据呈现不同的特点时,朴素贝叶斯的分类性能不会有太大的差异。换句话说就是朴素贝叶斯算法的健壮性比较好,对于不同类型的数据集不会呈现出太大的差异性。当数据集属性之间的关系相对比较独立时,朴素贝叶斯分类算法会有较好的效果。朴

素贝叶斯属于分类算法,下面讲解另外一种算法——序列模式挖掘。

6.2.8 序列模式挖掘 PrefixSpan[18,19,20]

PrefixSpan 是用来做频繁项集挖掘的,是一种关联算法,与 Apriori 和 fpGrowth 不同,它的项集要求是有序的。下面我们详细讲一下。

1. 序列模式挖掘简介

当初提出序列模式挖掘是为了找出用户几次购买行为之间的关系。我们也可以理解成找出那些经常出现的序列组合构成的模式。它与关联规则的挖掘是不一样的,序列模式挖掘的对象及结果都是有序的,即数据集中的项在时间和空间上是有序排列的,这个有序的排列正好可以理解成大多数人的行为序列(例如:购买行为),输出的结果也是有序的,而关联规则的挖掘是与此不同的。

关联规则的挖掘容易让我们想到那个"尿布与啤酒"的故事,它主要是为了挖掘出两个事物间的联系,首先这两个事物之间是没有时间和空间的联系的,可以理解成它们之间是无序的。例如:泡面—火腿在我们的生活中大多数人在买泡面后会选择买火腿,但是每个人购买的顺序是不一样的,就是说这两个事物在时空上是没有联系的,找到的只是搭配规律,这就是关联规则挖掘(这只是我个人的理解,如果有不同理解的可以探讨)。

序列模式挖掘所挖掘出来的数据是有序的。我们考虑一个用户多次在超市购物的情况,那么这些不同时间点的交易记录就构成了一个购买序列,例如:用户 1 在第一次购买了商品 A,第二次购买了商品 B 和 C,那么我们就生成了一个用户 1 的购物序列 A-B、C。那么 N 个用户的购买序列就形成了一个规模为 N 的数据集,这样我们就可以找到像"尿不湿—婴儿车"这样存在因果关系的规律,因此序列模式挖掘相对于关联规则挖掘可以挖掘出更加深刻的数据。

2. 序列模式挖掘的基本概念

序列模式挖掘的定义为:给定一个序列数据库和最小支持度,找出所有支持度大于最小支持度的序列模式。我们通过下面的例子来加深理解。

序列(Sequence):一个序列就是一个完整的信息流。

例如 U_ID 1 在 8 月 1 号购买了商品 A 和 B,在 8 月 10 号的时候购买了商品 B,在 8 月 31 号的时候购买了商品 A 和 B。因此 U_ID 1 的序列为:A、B-B-A、B。

项(Item):序列中最小的单位。例如上面的 A 就是一个项。

事件(Event):通常由时间戳标记,标记各事件之间的时间关系。

上面的 T_ID 就是表示时间戳,可以看出用户购买的先后顺序。

k 频繁序列(k-frequent sequence):如果频繁序列的项目数为 k,则成为 k 频繁序列。就是某个序列的支持度 Support 指在整个序列集中该序列出现的次数。对于序列 x 和 y,x 中的每一个事件都被包含于 y 中的某个事件,则称 x 是 y 的子序列(Sub sequence)。

E-AC 是序列 AB-E-ACD 的子序列,但是 E-AB 不是,因为顺序也要相同,序列是有顺序的序列。如果用户1,2,3，4都购买过商品 A,那么商品 A 的支持度为4(虽然用户1购买过两次商品 A。但是我们在计算支持度的时候该商品只要出现在该用户的数据集中大于或等于一次,那么该商品的支持度为1)。如果它满足最小支持度,那么它可以成为1阶频繁序列。只有用户2购买过商品 C,因此商品 C 的支持度为1,如果在买过商品 B 后下次购买 A 的用户有用户1,3,4,那么序列B-A的支持度为3,因为含有2个项,如果它满足最小支持度,那么它可以成为2阶频繁序列。像这样我们可以找到所有的序列及它们的支持度。我们设置最小支持度为75%,在这个例子里面就是 $4*75\% = 3$。也就是找出所有满足支持度为3的序列。

3. PrefixSpan 的基本概念

PrefixSpan 算法采用分治的思想,不断产生序列数据库的多个更小的投影数据库,然后在各个投影数据库上进行序列模式挖掘。PrefixSpan 算法的相关定义:

前缀(Prefix):设每个元素中的所有项目按照字典序排列。例如,序列<(ab)>是序列<(abd)(acd)>的一个前缀,序列<(ad)>则不是前缀。我们可以理解成在单独的一个括号中序列定义为前缀时中间是不可以有间隔的。

后缀(Postfix):每一个序列对于它的前缀都含有一个后缀,如果该序列不包含这个前缀,那么它对应的后缀为空集,例如,对于序列<(ab)(acd)>,其子序列<(b)>的后缀为<(_acd)>。我们可以理解成后缀不包含前缀,后缀是由原序列中从前缀最后一项第一次出现的位置之后的项所组成的序列。

投影(Projection):给定序列 α 和 β,如果 β 是 α 的子序列,则 α 关于 β 的投影 α' 必须满足:β 是 α' 的前缀,α' 是 β 满足上述条件的最大子序列,例如,对于序列 α =<(ab)(acd)>,其子序列 β = <(b)>的投影是 α' = <(b)(acd)>(我们也可以表示为 α' = <(_b)(acd)>)。<(ab)>的投影是原序列<(ab)(acd)>。我们可以理解成投影是由前缀和后缀所组成的。

投影数据库(Projection database):设 α 为序列数据库 S 中的一个序列模式,则 α 的投影数据库为 S 中所有以 α 为前缀的序列相对于 α 的后缀,记为 S|α。在实际的运用中,大多数人喜欢将后缀所组成的数据库当作投影数据库。这和它原本的定义是有一些小出入的,但是对算法的本质是没有任何影响的。在后续讲解中如果我们提到投影数据库,就是指后缀数据库。

4. PrefixSpan 算法流程

下面我们对 PrefixSpan 算法的流程做一个归纳总结。

输入:序列数据集 S 和支持度阈值 αα。

输出:所有满足支持度要求的频繁序列集。

(1)找出所有长度为1的前缀和对应的投影数据库;

(2)对长度为1的前缀进行计数,将支持度低于阈值 αα 的前缀所对应的项从数据集 S 中删除,同时得到所有的频繁为1的项序列,i=1;

(3)对于每个长度为 i 并满足支持度要求的前缀进行递归挖掘:

① 找出前缀所对应的投影数据库。如果投影数据库为空,则递归返回。

② 统计对应投影数据库中各项的支持度计数。如果所有项的支持度计数都低于阈值 αα,则递归返回。

③ 将满足支持度计数的各个单项和当前的前缀进行合并,得到若干新的前缀。

④ 令 i＝i＋1,前缀为合并单项后的各个前缀,分别递归执行第 3 步。

5. PrefixSpan 算法优劣势

PrefixSpan 算法由于不用产生候选序列,且投影数据库缩小得很快,内存消耗比较稳定,作频繁序列模式挖掘的时候效果很高。比起其他的序列挖掘算法例如 GSP,FreeSpan 有较大优势,因此在生产环境中是常用的算法。

PrefixSpan 运行时最大消耗在递归的构造投影数据库中。如果序列数据集较大,项数种类较多,算法运行速度会有明显下降,因此有一些 PrefixSpan 的改进版算法用在优化构造投影数据库,例如使用伪投影计数。

6. Spark 的 PrefixSpan 源码实战

要训练 PrefixSpan 模型,首先要准备训练数据,我们这次的例子是抽取多个文章中的每一个句子作为一行数据,然后对句子做中文分词,每个词之间以空格分割,这样每个词就做一个项了,多个词就组成一个项集,如果项集出现频率大于最低设置的支持度,就称为频繁项集。我们看一下数据格式,PrefixSpan 训练文本数据如下所示。

在本篇文章作者将讨论机器学习概念以及如何使用 Spark MLlib 来进行预测分析后面将会使用一个例子展示 Spark MLlib 在机器学习领域的强悍
Spark 机器学习 API 包含两个 package spark mllib 和 spark ml
spark mllib 包含基于弹性数据集 RDD 的原始 Spark 机器学习 API 它提供的机器学习技术有相关性分类和回归协同过滤聚类和数据降维
spark ml 提供建立在 DataFrame 的机器学习 API DataFrame 是 Spark SQL 的核心部分这个包提供开发和管理机器学习管道的功能可以用来进行特征提取转换选择器和机器学习算法比如分类和回归和聚类
本篇文章聚焦在 Spark MLlib 上并讨论各个机器学习算法
机器学习是从已经存在的数据进行学习来对将来进行数据预测它是基于输入数据集创建模型做数据驱动决策
数据科学是从海里数据集结构化和非结构化数据中抽取知识为商业团队提供数据洞察以及影响商业决策和路线图数据科学家的地位比以前用传统数值方法解决问题的人要重要
下面简单的了解下各机器学习模型并进行比较
监督学习模型监督学习模型对已标记的训练数据集训练出结果然后对未标记的数据集进行预测
监督学习又包含两个子模型回归模型和分类模型
非监督学习模型非监督学习模型是用来从原始数据无训练数据中找到隐藏的模式或者关系因而非监督学习模型是基于未标记数据集的
半监督学习模型半监督学习模型用在监督和非监督机器学习中做预测分析其既有标记数据又有未标记数据典型的场景是混合少量标记数据和大量未标记数据半监督学习一般使用分类和回归的机器学习方法
增强学习模型增强学习模型通过不同的行为来寻找目标回报函数最大化
下面给各个机器学习模型举个例子

非监督学习社交网络语言预测

半监督学习图像分类语音识别

开发机器学习项目时数据预处理清洗和分析的工作是非常重要的与解决业务问题的实际的学习模型和算法一样重要

典型的机器学习解决方案的一般步骤

这就是我们待训练的原始数据样本,需要对这个原始格式的数据做转换处理,最终要的格式是 RDD[Array[Array[String]]]训练数据,我们训练的结果就是看看哪些词和前面的词经常一起出现,如果经常一起出现说明是一个通顺的句子。假如给定几个词组成的项集从来没有出现,我们可以初步认为是一个病句,或者语句不通顺。换句话说可以用基于大量文章的句子语料预测出一个项集序列是否成为一个合理句子的概率。这种模型在自然语言处理中叫作 n-gram 语言模型。

n-gram 是一种统计语言模型,用来根据前$(n-1)$个 item 来预测第 n 个 item。在应用层面,这些 item 可以是音素(语音识别应用)、字符(输入法应用)、词(分词应用)或碱基对(基因信息)。一般来讲,可以从大规模文本或音频语料库生成 n-gram 模型。习惯上,1-gram 叫 unigram,2-gram 称为 bigram,3-gram 称为 trigram。还有 4-gram、5-gram 等,不过 $n>5$ 的应用很少见。2-gram 项集有两个项,3-gram 项集有 3 个项,以此类推。

n-gram 语言模型的思想,可以追溯到信息论大师香农的研究工作,他提出一个问题:给定一串字母,如"for ex",下一个最大可能出现的字母是什么。从训练语料数据中,我们可以通过使用极大似然估计的方法,得到 N 个概率分布:是 a 的概率为 0.4,是 b 的概率为 0.0001,是 c 的概率是……当然,别忘记约束条件:所有 N 个概率分布的总和为 1。

PrefixSpan 算法如代码 6.14 所示。

【代码 6.14】　PrefixSpanJob.scala

```scala
package com.chongdianleme.mail
import com.chongdianleme.mail.SVMJob.readParquetFile
import org.apache.spark._
import org.apache.spark.mllib.fpm.PrefixSpan
import scopt.OptionParser
/**
  * Created by 充电了么 App——陈敬雷
  * 官网:http://chongdianleme.com/
  * PrefixSpan 序列模式挖掘算法
  */
object PrefixSpanJob {
case class Params(
                    inputPath: String = "file:///D:\\chongdianleme\\chongdianleme - spark
   - task\\data\\PrefixSpan 训练文本数据\\",
                      outputPath: String = "file:///D:\\chongdianleme\\chongdianleme -
spark - task\\data\\PrefixSpanOut\\",
                      modelPath: String = "file:///D:\\chongdianleme\\chongdianleme - spark
   - task\\data\\PrefixSpanModel\\",
```

```scala
                            minSupport:Double = 0.01,    //最小支持度,支持度(support)是 D 中事务
                                                         //同时包含 X、Y 的百分比,[[c],[d]], 5 ,总
                                                         //记录数 9,5/9 = 0.55
maxPatternLength:Int = 3,                                //最大序列长度
mode: String = "local"
)
def main(args: Array[String]) {
val defaultParams = Params()
val parser = new OptionParser[Params]("PrefixSpanJob") {
      head("PrefixSpanJob: 解析参数.")
      opt[String]("inputPath")
        .text(s"inputPath 输入目录, default: ${defaultParams.inputPath}}")
        .action((x, c) => c.copy(inputPath = x))
      opt[String]("outputPath")
        .text(s"outputPath 输入目录, default: ${defaultParams.outputPath}}")
        .action((x, c) => c.copy(outputPath = x))
      opt[String]("modelPath")
        .text(s"modelPath 模型输出, default: ${defaultParams.modelPath}}")
        .action((x, c) => c.copy(modelPath = x))
      opt[Double]("minSupport")
        .text(s"minSupport, default: ${defaultParams.minSupport}}")
        .action((x, c) => c.copy(minSupport = x))
      opt[Int]("maxPatternLength")
        .text(s"maxPatternLength, default: ${defaultParams.maxPatternLength}}")
        .action((x, c) => c.copy(maxPatternLength = x))
      opt[String]("mode")
        .text(s"mode 运行模式, default: ${defaultParams.mode}")
        .action((x, c) => c.copy(mode = x))
      note(
"""

          |PrefixSpan dataset:
        """.stripMargin)
    }
    parser.parse(args, defaultParams).map { params => {
println("打印参数:" + params)
val sparkConf = new SparkConf().setAppName("PrefixSpanJob")
      sparkConf.set("spark.sql.warehouse.dir", "file:///C:/warehouse/temp/")
      sparkConf.setMaster(params.mode)
val sc = new SparkContext(sparkConf)
val inputData = sc.textFile(params.inputPath)
//把待训练的数据处理成 PrefixSpan 需要的格式
val trainData = inputData.map{
        sentence =>{
//对每个句子的分词分成一个数组
val words = sentence.split(" ")
//最终要返回的是 RDD[Array[Array[String]]]格式数据
val result = for (word <- words) yield Array(word)
```

```
                result
            }
        }.cache()
    val prefixSpan = new PrefixSpan()
            .setMinSupport(params.minSupport)        //支持度(support)是 D 中事务同时包含 X、Y 的百
                                                     //分比,[[c],[d]],5,总记录数 9,5/9 = 0.55
    .setMaxPatternLength(params.maxPatternLength) //最大序列长度
    .setMaxLocalProjDBSize(32000000L)
    //训练模型
    val model = prefixSpan.run(trainData)
    //模型持久化
    model.save(sc,params.modelPath)
    //遍历有序的频繁项集并将其存储到 Hadoop 的分布式文件系统里
    model.freqSequences.map{
            freqSequence =>
    val key = freqSequence.sequence.map(_.mkString("",":","")).mkString("",":","")
    val patternLength = key.split(":").length
    val support = freqSequence.freq
    //输出项集、序列长度、支持度 3 列以\001 分割
    key + "\001" + patternLength + "\001" + support
        }.saveAsTextFile(params.outputPath)
        sc.stop()
    //查看训练模型文件里的内容
    readParquetFile(params.modelPath + "data/ * .parquet", 8000)
        }
    } getOrElse {
        System.exit(1)
    }
  }
}
```

输出模型的元数据 PrefixSpanModel\metadata\part-00000 内容比较简单：

```
{"class":"org.apache.spark.mllib.fpm.PrefixSpanModel","version":"1.0"}
```

输出模型的数据文件 PrefixSpanModel\data\part-r- * .snappy.parquet，文件内容太长，我只列出前面几行：

```
[WrappedArray(WrappedArray(非), WrappedArray(的)),3]
[WrappedArray(WrappedArray(非), WrappedArray(的), WrappedArray(的)),3]
[WrappedArray(WrappedArray(非), WrappedArray(的), WrappedArray(机器学习)),1]
[WrappedArray(WrappedArray(非), WrappedArray(的), WrappedArray(模型)),1]
[WrappedArray(WrappedArray(非), WrappedArray(的), WrappedArray(学习)),2]
[WrappedArray(WrappedArray(非), WrappedArray(的), WrappedArray(数据)),1]
[WrappedArray(WrappedArray(非), WrappedArray(的), WrappedArray(和)),1]
[WrappedArray(WrappedArray(非), WrappedArray(的), WrappedArray(监督)),2]
[WrappedArray(WrappedArray(非), WrappedArray(的), WrappedArray(是)),2]
```

```
[WrappedArray(WrappedArray(非), WrappedArray(的), WrappedArray(分类)),1]
[WrappedArray(WrappedArray(非), WrappedArray(的), WrappedArray(用)),1]
[WrappedArray(WrappedArray(非), WrappedArray(的), WrappedArray(回归)),1]
[WrappedArray(WrappedArray(非), WrappedArray(的), WrappedArray(非)),1]
[WrappedArray(WrappedArray(非), WrappedArray(的), WrappedArray(基于)),1]
[WrappedArray(WrappedArray(非), WrappedArray(的), WrappedArray(未)),2]
[WrappedArray(WrappedArray(非), WrappedArray(的), WrappedArray(标记)),2]
[WrappedArray(WrappedArray(非), WrappedArray(的), WrappedArray(数据集)),1]
[WrappedArray(WrappedArray(非), WrappedArray(的), WrappedArray(使用)),1]
[WrappedArray(WrappedArray(非), WrappedArray(的), WrappedArray(半)),1]
[WrappedArray(WrappedArray(非), WrappedArray(的), WrappedArray(一般)),1]
[WrappedArray(WrappedArray(非), WrappedArray(的), WrappedArray(方法)),2]
[WrappedArray(WrappedArray(非), WrappedArray(的), WrappedArray(重要)),1]
[WrappedArray(WrappedArray(非), WrappedArray(的), WrappedArray(地位)),1]
[WrappedArray(WrappedArray(非), WrappedArray(的), WrappedArray(场景)),1]
[WrappedArray(WrappedArray(非), WrappedArray(的), WrappedArray(以前)),1]
[WrappedArray(WrappedArray(非), WrappedArray(的), WrappedArray(数值)),1]
[WrappedArray(WrappedArray(非), WrappedArray(的), WrappedArray(大量)),1]
[WrappedArray(WrappedArray(非), WrappedArray(的), WrappedArray(或者)),1]
[WrappedArray(WrappedArray(非), WrappedArray(的), WrappedArray(传统)),1]
[WrappedArray(WrappedArray(非), WrappedArray(的), WrappedArray(关系)),1]
[WrappedArray(WrappedArray(非), WrappedArray(的), WrappedArray(要)),1]
[WrappedArray(WrappedArray(非), WrappedArray(的), WrappedArray(比)),1]
[WrappedArray(WrappedArray(非), WrappedArray(的), WrappedArray(因而)),1]
[WrappedArray(WrappedArray(非), WrappedArray(的), WrappedArray(模式)),1]
[WrappedArray(WrappedArray(非), WrappedArray(的), WrappedArray(解决问题)),1]
```

这是模型结果，我们再看一看频繁项集的输出结果，只列出一部分：

非:的:关系 31

非:的:要 31

非:的:比 31

非:的:因而 31

非:的:模式 31

非:的:解决问题 31

非:的:人 31

非:的:混合 31

非:的:少量 31

非:机器学习 21

非:机器学习:的 31

非:机器学习:机器学习 31

非:机器学习:学习 31

非:机器学习:数据 31

非:机器学习:和 31

非:机器学习:监督 31

非:机器学习:是 31

由此可以看到 PrefixSpan 的项集组成，前面的词和后面的词组成的项集，在原始的句子中虽然能保证后面分词项肯定是在前面分词项后面,但是不一定是紧挨着。这个问题就导致在 n-gram 语言模型中检测分词序列是一个句子的概率就不太合适了,所以我们自己可以实现一个比较简单的轻量级的序列模式算法,能够有效地保证频繁项集里面的词,后面的词肯定是和前面的词挨着的。其实和 Word Count 代码有些类似,如代码 6.15 所示。

【代码 6.15】 ChongDianLeMePrefixSpanJob.scala

```scala
package com.chongdianleme.mail
import org.apache.spark._
import scopt.OptionParser
import scala.collection.mutable
/ **
    * Created by 充电了么 App——陈敬雷
    * 官网:http://chongdianleme.com/
    * 轻量级序列模式挖掘算法,保证频繁项集后面的项和前面的项在原始文章句子中紧挨着。
    * /
object ChongDianLeMePrefixSpanJob {
case class Params(
                    inputPath: String = "file:///D:\\chongdianleme\\chongdianleme - spark -
task\\data\\PrefixSpan训练文本数据\\",
                    outputPath:String = "file:///D:\\chongdianleme\\chongdianleme -
spark - task\\data\\ChongDianLeMePrefixSpanOut\\",
                    minSupport: Int = 1,
                    patternLength: Int = 3,
                    mode: String = "local"
)
def main(args: Array[String]) {
val defaultParams = Params()
val parser = new OptionParser[Params]("ChongDianLeMePrefixSpanJob") {
    head("ChongDianLeMePrefixSpanJob: 解析参数.")
    opt[String]("inputPath")
      .text(s"inputPath 输入目录, default: ${defaultParams.inputPath}")
      .action((x, c) => c.copy(inputPath = x))
    opt[String]("outputPath")
      .text(s"outputPath 输入目录, default: ${defaultParams.outputPath}")
      .action((x, c) => c.copy(outputPath = x))
    opt[Int]("minSupport")
      .text(s"minSupport, default: ${defaultParams.minSupport}")
      .action((x, c) => c.copy(minSupport = x))
    opt[Int]("patternLength")
      .text(s"patternLength, default: ${defaultParams.patternLength}")
      .action((x, c) => c.copy(patternLength = x))
    opt[String]("mode")
      .text(s"mode 运行模式, default: ${defaultParams.mode}")
      .action((x, c) => c.copy(mode = x))
    note(
      """
```

```scala
        |ChongDianLeMePrefixSpanJob dataset:
      """.stripMargin)
    }
    parser.parse(args, defaultParams).map { params => {
println("参数值:" + params)
val sparkConf = new SparkConf().setAppName("ChongDianLeMePrefixSpanJob")
    sparkConf.setMaster(params.mode)
val sc = new SparkContext(sparkConf)
//加载训练数据
val inputData = sc.textFile(params.inputPath)
//处理数据,拼接项集,把多个项集放到一个 List 中,再用 flatMap 打平。
val trainData = inputData.flatMap {
      sentence => {
val words = sentence.split(" ")
val items = mutable.ArrayBuilder.make[String]
for (i <- 0 until words.length if ((i + params.patternLength - 1) < words.length))
{
val end = i + params.patternLength - 1
val item = mutable.ArrayBuilder.make[String]
for (j <- i to end) {
          item += words(j)
        }
        items += item.result().mkString(":")
      }
val result = items.result()
      result
    }
  }.map(item => (item, 1L))
    .reduceByKey(_ + _)                    //项集计数统计
.filter(_._2 >= params.minSupport)         //筛选大于最低支持度的频繁项集
.map {
case (item, count) => {
//输出频繁项集和对应出现频率
item + "\001" + count
      }
    }
    .saveAsTextFile(params.outputPath)
    sc.stop()
  }
} getOrElse {
    System.exit(1)
  }
  }
}
```

再让我们看一看输出结果,下面只列出一部分结果:

监督:学习:模型 7
隐藏:的:模式 1
Spark:机器学习:API2
在:监督:和 1
工作:是:非常 1
地位:比:以前 1
选择:器:和 1
它:是:基于 1
混合:少量:标记 1
机器学习:领域:的 1
因而:非:监督 1
spark:mllib:和 1
将:讨论:机器学习 1
的:机器学习:API1
知识:为商业团队:提供 1

　　这样看起来就通顺很多了。这是由于在 n-gram 语言模型中要求的序列是非常严格的,但在其他应用场景,例如电商的商品推荐系统要求却没有这么严格。在基于带时序的关联商品推荐中,如果使用用户购买商品的先后顺序训练的话,为某个商品推荐的结果不一定非得要求推荐出来的商品紧挨着前面的商品,只需要推荐出来的商品的购买时间大于被推荐的商品的购买时间就可以了。这种基于时序的推荐系统用 Spark 自带的 PrefixSpan 训练模型就非常合适,性能还非常高。

　　对于这种用多篇文章分词后组成的句子训练数据集,也可以用在 Word2vec 词向量模型中,Word2vec 词向量可以用来在大规模的训练语料中找出任意一个词的相关词,这个相关词一般是这个词的近义词。下面我们就详细讲解一下 Word2vec 算法。

6.2.9　Word2vec 词向量模型[21,22]

　　2013 年,谷歌开源了一款用于词向量计算的工具——Word2vec,引起了工业界和学术界的关注。首先,Word2vec 可以在百万数量级的词典和上亿条数据集上进行高效地训练;其次,该工具得到的训练结果——词向量(word embedding)可以很好地度量词与词之间的相似性。随着深度学习在自然语言处理中应用的普及,很多人误以为 Word2vec 是一种深度学习算法,其实 Word2vec 算法的背后是一个浅层神经网络。另外需要强调的一点是,Word2vec 是一个计算 Word vector 的开源工具。当我们在说 Word2vec 算法或模型的时候,其实指的是其背后用于计算 Word vector 的 CBOW 模型和 Skip-gram 模型。很多人以为 Word2vec 指的是一个算法或模型,这也是一种谬误。接下来将从统计语言模型出发,尽可能详细地介绍 Word2vec 工具背后算法模型的来龙去脉。

1. 简介

　　Word2vec 是一群用来产生词向量的相关模型。这些模型为浅而双层的神经网络,用来训练以重新构建语言学之词文本。网络以词表现,并且需猜测相邻位置的输入词,在

Word2vec 中词袋模型假设下，词的顺序是不重要的。训练完成之后，Word2vec 模型可用来将每个词映射到一个向量，并可用来表示词与词之间的关系，该向量为神经网络之隐藏层。

随着计算机应用领域的不断扩大，自然语言处理受到人们的高度重视。机器翻译、语音识别，以及信息检索等应用对计算机的自然语言处理能力提出了越来越高的要求。为了使计算机能够处理自然语言，首先需要对自然语言进行建模。自然语言建模方法经历了从基于规则的方法到基于统计方法的转变。从基于统计的建模方法得到的自然语言模型称为统计语言模型。有许多统计语言建模技术，包括 n-gram、神经网络，以及 log_linear 模型等。在对自然语言进行建模的过程中会出现维数灾难、词语相似性、模型泛化能力，以及模型性能等问题。寻找上述问题的解决方案是推动统计语言模型不断发展的内在动力。在对统计语言模型进行研究的背景下，谷歌公司在 2013 年开放了 Word2vec 这一款用于训练词向量的软件工具。Word2vec 可以根据给定的语料库，通过优化后的训练模型快速而有效地将一个词语表达成向量形式，为自然语言处理领域的应用研究提供了新的工具。Word2vec 依赖 Skip-grams 或连续词袋（CBOW）来建立神经词嵌入。Word2vec 为托马斯·米科洛夫（Tomas Mikolov）在谷歌带领的研究团队创造。

1）词袋模型

词袋模型（Bag-of-words model）是个在自然语言处理和信息检索（IR）下被简化的表达模型。在此模型下，像是句子或是文件这样的文字可以用一个袋子装着这些词的方式表现，这种表现方式不考虑文法以及词的顺序。最近词袋模型也被应用在计算机视觉领域。词袋模型被广泛应用在文件分类领域，词出现的频率可以用来当作训练分类器的特征。关于"词袋"这个用词的由来可追溯到泽里格·哈里斯于 1954 年发表在 Distributional Structure 的文章。

2）Skip-gram 模型

Skip-gram 模型是一个简单却非常实用的模型。在自然语言处理中，语料的选取是一个相当重要的问题：第一，语料必须充分。一方面词典的词量要足够大，另一方面要尽可能多地包含反映词语之间关系的句子，例如，只有"鱼在水中游"这种句式在语料中尽可能地多，模型才能够学习到该句中的语义和语法关系，这和人类学习自然语言是同一个道理，重复的次数多了，也就会模仿了；第二，语料必须准确。也就是说所选取的语料能够正确反映该语言的语义和语法关系，这一点似乎不难做到，例如在中文里，《人民日报》的语料比较准确，但是，更多的时候，并不是语料的选取引发了对准确性问题的担忧，而是处理的方法。n 元模型中，因为窗口大小的限制，导致超出窗口范围的词语与当前词之间的关系不能被正确地反映到模型之中，如果单纯扩大窗口大小又会增加训练的复杂度。

2. 统计语言模型

在深入 Word2vec 算法的细节之前，我们首先回顾一下自然语言处理中的一个基本问题：如何计算一段文本序列在某种语言下出现的概率？之所以称其为一个基本问题，是因为它在很多 NLP 任务中都扮演着重要的角色。例如，在机器翻译的问题中，如果我们知道了目标语言中每句话的概率，就可以从候选集合中挑选出最合理的句子作为翻译结果返回。

统计语言模型给出了这一类问题的一个基本解决框架。对于一段文本序列：

$$S = w1, w2, \cdots, wT$$

它的概率可以表示为：

$$P(S) = P(w1, w2, \cdots, wT) = \prod t = 1 T p(wt \mid w1, w2, \cdots, wt-1)$$

即将序列的联合概率转化为一系列条件概率的乘积。这样问题就变成了如何去预测这些给定 previous words 下的条件概率：

$$p(wt \mid w1, w2, \cdots, wt-1)$$

由于其巨大的参数空间，这样一个原始的模型在实际中并没有什么用。我们更多是采用其简化版本——n-gram 模型：

$$p(wt \mid w1, w2, \cdots, wt-1) \approx p(wt \mid wt-n+1, \cdots, wt-1)$$

常见的如 bigram 模型(n=2)和 trigram 模型(n=3)。事实上，由于模型复杂度和预测精度的限制，我们很少会考虑 n>3 的模型。我们可以用最大似然法去求解 ngram 模型的参数，等价于去统计每个 ngram 的条件词频。为了避免统计中出现的零概率问题(一段从未在训练集中出现过的 ngram 片段会使得整个序列的概率为 0)，人们基于原始的 ngram 模型进一步发展出了 back-off trigram 模型(用低阶的 bigram 和 unigram 代替零概率的 trigram)和 interpolated trigram 模型(将条件概率表示为 unigram、bigram、trigram 三者的线性函数)。

3. Distributed Representation

不过，ngram 模型仍有其局限性。首先，由于参数空间的爆炸式增长，它无法处理更长程的 context(n>3)；其次，它没有考虑词与词之间内在的联系性。例如，考虑"the cat is walking in the bedroom"这句话。如果我们在训练语料中看到了很多类似"the dog is walking in the bedroom"或是"the cat is running in the bedroom"这样的句子，那么，即使我们没有见过这句话，也可以从"cat"和"dog"("walking"和"running")之间的相似性，推测出这句话的概率，参照文献[3]。然而，ngram 模型做不到。这是因为 ngram 本质上是将词当作一个个孤立的原子单元(atomic unit)去处理的。这种处理方式对应到数学上的形式是一个个离散的 one-hot 向量(除了一个词典索引的下标对应的方向上是 1，其余方向上都是 0)。例如，对于一个大小为 5 的词典：{"I", "love", "nature", "language", "processing"}，"nature"对应的 one-hot 向量为：$[0,0,1,0,0]$。显然，one-hot 向量的维度等于词典的大小。这在动辄上万甚至百万词典的实际应用中，面临着巨大的维度灾难问题(The Curse of Dimensionality)。于是，人们就自然而然地想到，能否用一个连续的稠密向量去刻画一个 word 的特征呢？这样我们不仅可以直接刻画词与词之间的相似度，还可以建立一个从向量到概率的平滑函数模型，使得相似的词向量可以映射到相近的概率空间上。这个稠密连续向量也被称为 word 的 distributed representation。事实上，这个概念在信息检索 (Information Retrieval)领域早就被广泛地使用了。只不过在 IR 领域里，这个概念被称为向量空间模型(Vector Space Model，以下简称 VSM)。VSM 是基于一种 Statistical Semantics Hypothesis：语言的统计特征隐藏着语义的信息(Statistical pattern of human word usage can be used to figure out what people mean）。例如，两篇具有相似词分布的文档可以被认为有着相近的主题。这个 Hypothesis 有很多衍生版本。其中比较广为人知的两个版本是 Bag of Words Hypothesis 和 Distributional Hypothesis。前者是说一篇文档的词频（而不是词序）代表了文档的主题。后者是说上下文环境相似的两个词有着相近的语义。后面我们会看到 Word2vec 算法也是基于 Distributional 的假设。那么 VSM 是如何将稀疏离散的 one-hot 词向量映射为稠密连续的 Distributional Representation 的呢？简单来说，基于 Bag of Words Hypothesis 我们可以构造一个 term-document 矩阵 A：矩阵的行 Ai，：对应着词典里的一个 word。矩阵的列 A：，j 对应着训练语料里的一篇文档。矩阵里的元素 Ai,j 代表着 wordwi 在文档 Dj 中出现的次数（或频率）。那么我们就可以提取行向量作为 word 的语义向量（不过，在实际应用中，我们更多的是用列向量作为文档的主题向量）。类似地，我们可以基于 Distributional Hypothesis 构造一个 word-context 矩阵。此时，矩阵的列变成了 context 里的 word，矩阵的元素也变成了一个 context 窗口里 word 的共现次数。注意，这两类矩阵的行向量所计算的相似度有着细微的差异：term-document 矩阵会将经常出现在同一篇 document 里的两个 word 赋予更高的相似度，而 word-context 矩阵会给那些有着相同 context 的两个 word 赋予更高的相似度。后者相对于前者是一种更高阶的相似度，因此在传统的信息检索领域中得到了更加广泛的应用。不过，这种 co-occurrence 矩阵仍然存在着数据稀疏性和维度灾难的问题。为此，人们提出了一系列对矩阵进行降维的方法（如 LSI/LSA 等）。这些方法大都是基于 SVD 的思想，将原始的稀疏矩阵分解为两个低秩矩阵乘积的形式。

4. Word Embedding

Word Embedding 最早出现于 Bengio 在 2003 年发表的开创性文章中。Word Embedding 通过嵌入一个线性的投影矩阵（projection matrix），将原始的 one-hot 向量映射为一个稠密的连续向量，并通过一个语言模型的任务去学习这个向量的权重。这一思想后来被广泛应用于包括 Word2vec 在内的各种 NLP 模型中。

Word Embedding 的训练方法大致可以分为两类：一类是无监督或弱监督的预训练；另一类是端对端（end to end）的有监督训练。

无监督或弱监督的预训练以 Word2vec 和 auto-encoder 为代表。这一类模型的特点是不需要大量的人工标记样本就可以得到质量还不错的 Embedding 向量，不过因为缺少了任务导向，可能和我们要解决的问题还有一定的距离。因此，我们往往会在得到预训练的 Embedding 向量后，用少量人工标注的样本去 fine-tune 整个模型。

相比之下，端对端的有监督模型在最近几年里越来越受到人们的关注。与无监督模型相比，端对端的模型在结构上往往更加复杂。同时，也因为有着明确的任务导向，端对端模型学习到的 Embedding 向量也往往更加准确。例如，通过一个 Embedding 层和若干个卷积层连接而成的深度神经网络用以实现对句子的情感分类，这样便可以学习到语义更丰富的词向量表达。

Word Embedding 的另一个研究方向是在更高层次上对 Sentence 的 Embedding 向量

进行建模。

我们知道,word 是 sentence 的基本组成单位。一个最简单也是最直接得到 sentence embedding 的方法是将组成 sentence 的所有 word 的 Embedding 向量全部加起来——类似于 CBOW 模型。显然,这种简单粗暴的方法会丢失很多信息。另一种方法借鉴了 Word2vec 的思想——将 sentence 或是 paragraph 视为一个特殊的 word,然后用 CBOW 模型或是 Skip-gram 进行训练。这种方法的问题在于,对于一篇新文章,总是需要重新训练一个新的 Sentence2vec。此外,同 Word2vec 一样,这个模型缺少有监督的训练导向。个人感觉比较靠谱的是第三种方法——基于 Word Embedding 的端对端的训练。sentence 本质上是 word 的序列。因此,在 Word Embedding 的基础上,我们可以连接多个 RNN 模型或是卷积神经网络,对 Word Embedding 序列进行编码,从而得到 Sentence Embedding。

5. Spark 的 Word2vec 源码实战

要训练的数据格式的每行记录可以是一篇文章,也可以是一个句子,分词后以空格分割,中文分词工具推荐 HanLP,功能非常强大。可以对整篇文章切分句子,分词也有好几种方式。训练成模型后,就可以根据模型找到和某个词相似的词,并且模型可以持久化存储到磁盘上,下次用的时候不用重新训练,直接把模型文件加载到内存变量里,实时查找相似词即可。我们这次的训练数据还是用上面讲到的 PrefixSpan 训练数据,如代码 6.16 所示。

【代码 6.16】　Word2VecJob.scala

```scala
package com.chongdianleme.mail
import com.chongdianleme.mail.SVMJob.readParquetFile
import org.apache.spark.SparkConf
import org.apache.spark.SparkContext
import org.apache.spark.mllib.feature.{Word2Vec, Word2VecModel}
import scopt.OptionParser
/**
  * Created by 充电了么 App——陈敬雷
  * 官网:http://chongdianleme.com/
  * Word2vec 是一群用来产生词向量的相关模型.这些模型为浅而双层的神经网络,用来训练以重
新建构语言学之词文本.网络以词表现,并且需猜测相邻位置的输入词,在 Word2vec 中词袋模型假设
下,词的顺序是不重要的.训练完成之后,Word2vec 模型可用来映射每个词到一个向量,可用来表示
词与词之间的关系,该向量为神经网络的隐藏层。
  */
object Word2VecJob {
case class Params(
                        inputPath: String = "file:///D:\\chongdianleme\\chongdianleme - spark -
    task\\data\\PrefixSpan训练文本数据\\",
                        outputPath: String = "file:///D:\\chongdianleme\\chongdianleme -
    spark - task\\data\\Word2VecOut\\",
                        modelPath: String = "file:///D:\\chongdianleme\\chongdianleme - spark -
    task\\data\\Word2VecModel\\",
```

```scala
                                mode: String = "local",
                                warehousePath: String = "file:///c:/tmp/spark-warehouse",
                                numPartitions: Int = 16
)
  def main(args: Array[String]): Unit = {
  val defaultParams = Params()
  val parser = new OptionParser[Params]("Word2VecJob") {
      head("Word2VecJob: 解析参数.")
      opt[String]("inputPath")
        .text(s"inputPath 输入目录, default: ${defaultParams.inputPath}")
        .action((x, c) => c.copy(inputPath = x))
      opt[String]("outputPath")
        .text(s"outputPath 输出目录, default: ${defaultParams.outputPath}")
        .action((x, c) => c.copy(outputPath = x))
      opt[String]("modelPath")
        .text(s"modelPath 模型输出, default: ${defaultParams.modelPath}")
        .action((x, c) => c.copy(modelPath = x))
      opt[String]("mode")
        .text(s"mode 运行模式, default: ${defaultParams.mode}")
        .action((x, c) => c.copy(mode = x))
      opt[String]("warehousePath")
        .text(s"warehousePath , default: ${defaultParams.warehousePath}")
        .action((x, c) => c.copy(warehousePath = x))
      opt[Int]("numPartitions")
        .text(s"numPartitions , default: ${defaultParams.numPartitions}")
        .action((x, c) => c.copy(numPartitions = x))
      note(
"""

            |For example, Word2Vec
        """.stripMargin)
    }
      parser.parse(args, defaultParams).map { params => {
  println("参数值:" + params)
  word2vec(params.inputPath,
          params.outputPath,
          params.mode,
          params.modelPath,
          params.warehousePath,
          params.numPartitions
      )
    }
    } getOrElse {
      System.exit(1)
    }
  }
  /**
    * 训练模型
```

```
    * @param inputPath 输入数据格式的每行记录可以是一篇文章,也可以是一个句子,分词后以
空格分割
    * @param outputPath
  * @param mode
  * @param modelPath 持久化存储目录
    * @param warehousePath                    //临时目录
    * @param numPartitions                    //用多少 Spark 的 Partition,用来提高并行程度,
                                              //以便更快地训练完,但会消耗更多的服务器资源
    */
def word2vec(inputPath : String,
                outputPath:String,
                mode:String,
                modelPath:String,
                warehousePath:String,
                numPartitions:Int): Unit =
  {
val sparkConf = new SparkConf().setAppName("word2vec")
    sparkConf.set("spark.sql.warehouse.dir", warehousePath)
    sparkConf.setMaster(mode)
//设置 maxResultSize 最大内存,因为 Word2vector 源码中有 collect 操作,会占用较大内存
sparkConf.set("spark.driver.maxResultSize","8g")
val sc = new SparkContext(sparkConf)
//训练格式可以是每篇文章分词后以空格分割,或者每行以句子分割
val input = sc.textFile(inputPath).map(line => line.split(" ").toSeq)
val word2vec = new Word2Vec()
    word2vec.setNumPartitions(numPartitions)
    word2vec.setLearningRate(0.1)//学习率
word2vec.setMinCount(0)
//训练模型
val model = word2vec.fit(input)
try {
//有的词可能不在词典中,所以我们要加 try catch 处理这种异常
val synonyms = model.findSynonyms("数据", 6)
for((synonym, cosineSimilarity) <- synonyms) {
println(s"相似词: $ synonym 相似度: $ cosineSimilarity")
        }
    } catch {
case e: Exception => e.printStackTrace()
    }
//训练好的模型可以持久化存到文件、Web 服务或者其他预测项目里,直接加载这个模型文件到内存
//里,进行直接预测,不用每次都训练
model.save(sc,modelPath)
//加载刚才存储的这个模型文件到内存里
Word2VecModel.load(sc,modelPath)
    sc.stop()
//查看训练模型文件里的内容
readParquetFile(modelPath + "data/*.parquet", 8000)
```

```
    }
}
```

输出模型元数据文件 Word2VecModel\metadata\part-00000 内容如下：

{"class":"org.apache.spark.mllib.feature.Word2VecModel","version":"1.0","vectorSize":100,"numWords":188}

输出的模型数据文件 Word2VecModel\data\part * . snappy. parquet 部分内容如下：

[机器学习,WrappedArray(− 0.1597609, − 0.11078763, − 0.02499925, − 0.012702009, − 0.036652792,
− 0.15355268, − 0.07302176, − 0.15425527, − 0.14065692, 0.04496444, 0.012993949, 0.051876586,
− 0.06301855, − 0.11614135, 0.07337147, − 0.09410153, − 0.085492596, 0.12803486,
− 0.010239733, 0.14446576, − 0.14285004, − 0.0042851, − 0.0049244724, 0.111072645,
− 0.04051523, − 0.1163604, − 0.17613667, − 0.1291381, 0.014214324, − 0.10200317,
0.2201898, 0.15239272, 0.30995995, 0.08823493, − 0.051727265, 0.012188642, 0.13230054,
0.20719367, − 0.058893353, 0.04760401, − 0.16544113, 0.13653618, 0.3807133, − 0.12615186,
− 0.009617504, 0.024119247, 0.030234225, 0.021074811, 0.12004349, 0.079731405, − 0.071679845,
− 0.05365406, 0.14228852, 0.1293838, − 0.16235334, − 0.08419241, 0.11407066, − 0.25280592,
0.2460568, − 0.04476409, − 0.14705762, − 0.068205915, 0.11863908, 0.036968447, 0.1001905,
− 0.219535, − 0.22975412, − 0.08404292, 0.072326675, 0.11072699, 0.017927673, 0.061318424,
− 0.21051064, − 0.06274927, − 0.11570038, 0.32594448, 0.009800292, 0.14515013, 0.023675848,
− 0.22253837, 0.10365041, − 0.19638601, 0.13398895, − 0.25081837, 0.076984555, 0.03666395,
0.041625284, − 0.08422145, − 0.039996266, 0.15617162, 0.014926849, 0.29374793, − 0.04432942,
− 0.029168911, 0.018549854, − 0.06836509, 0.056561492, − 0.0556978, 0.1685634, 0.023033954)]
[比如,WrappedArray(− 0.014648012, − 0.015176533, − 0.0056266114, − 0.0069790646,
0.0012241261, − 0.01692714, − 0.002436205, − 0.008632833, − 0.0067325695, 0.008532431,
− 0.0025477298, 0.0038654758, − 0.011023475, − 0.0010199914, 0.005159828, 0.002206743,
0.0014196131, 0.0043794126, − 0.006536843, 0.0059821988, − 0.016085248, 0.0075919395,
− 0.006356282, 0.008083406, − 0.0047867345, − 0.0137766255, − 0.018617805, − 0.0063503175,
− 0.007338327, − 0.0051277955, 0.01551519, 0.01772073, 0.02756959, 0.0056204377,
− 0.005477224, − 6.1536964E − 4, 0.014871987, 0.008680461, 8.8751956E − 4, 0.007861436,
− 0.02227362, 0.0040295236, 0.026559262, − 0.0061480133, − 0.006638657, − 0.008103351,
0.0012113878, 0.008060979, 0.0155995, 0.008202165, 0.0028249603, − 0.01015931, 0.02799926,
0.019640774, − 0.013093639, − 0.003352382, 0.0074575185, − 0.0059324456, 0.020157693,
− 8.3859987E − 4, − 0.02107924, − 0.01010997, 0.0059777983, 0.0060017444, 0.007405291,
− 0.01310101, − 0.018389449, − 0.00815757, 0.0045953495, 0.0026576228, − 0.0024003861,
0.009866058, − 0.023833137, 0.0015509189, − 0.006955388, 0.021375446, 0.007143156,
0.021256851, − 0.0026357945, − 0.01670295, 0.013708066, − 0.009006704, 0.01260899,
− 0.029489892, 0.012833764, 0.01551727, 1.5154883E − 4, − 0.0040180534, 0.0034852426,
0.012353547, 0.0020083666, 0.024114762, − 0.008628404, − 0.0010156023, 0.0041161175,
− 0.005570561, 0.0061870795, − 0.002737381, 0.014275679, 0.0060581747)]

Word2vec 可以看作一个浅层的神经网络，下面我接着讲解 Spark 的多层感知器神经网络，用于分类任务。

6.2.10 多层感知器神经网络[23,24]

MLP(Multi-Layer Perceptron)，即多层感知器，是一种趋向结构的人工神经网络，映射一组输入向量到一组输出向量。MLP可以被看作一个有向图,由多个节点层组成,每一层全连接到下一层。除了输入节点,每个节点都是一个带有非线性激活函数的神经元(或称处理单元)。一种被称为反向传播算法的监督学习方法常被用来训练MLP。MLP是感知器的推广,克服了感知器无法实现对线性不可分数据识别的缺点。

1. 激活函数

若每个神经元的激活函数都是线性函数,那么任意层数的MLP都可被简化成一个等价的单层感知器。实际上,MLP本身可以使用任何形式的激活函数,譬如阶梯函数或逻辑乙形函数(logistic sigmoid function),但为了使用反向传播算法进行有效学习,激活函数必须限制为可微函数。由于具有良好可微性,很多乙形函数,尤其是双曲正切函数(Hyperbolic tangent)及逻辑乙形函数被采用为激活函数。

2. 应用

常被MLP用来进行学习的反向传播算法,在模式识别的领域中算是标准监督学习算法,并在计算神经学及并行分布式处理领域中持续成为被研究的课题。MLP已被证明是一种通用的函数近似方法,可以被用来拟合复杂的函数或解决分类问题。MLP在20世纪80年代的时候曾是相当流行的机器学习方法,拥有广泛的应用场景,譬如语音识别、图像识别和机器翻译等,但自90年代以来MLP遇到来自更为简单的支持向量机的强劲竞争。近来,由于深层学习的成功,MLP又重新得到了关注。

3. Spark中基于神经网络的MLPC的使用

多层感知器是一种多层的前馈神经网络模型,所谓前馈型神经网络指其从输入层开始只接收前一层的输入,并把计算结果输出到后一层,并不会给前一层有所反馈,整个过程可以使用有向无环图来表示。该类型的神经网络由3层组成,分别是输入层(Input Layer)、一个或多个隐层(Hidden Layer)和输出层(Output Layer),MLPC采用了反向传播(Back Propagation,BP)算法,BP算法的学习目的是对网络的连接权值进行调整,使得调整后的网络对任一输入都能得到所期望的输出。BP算法名称里的反向传播指的是该算法在训练网络的过程中逐层反向传递误差,逐一修改神经元间的连接权值,以使网络对输入信息经过计算后所得到的输出能达到期望的误差。

Spark的多层感知器隐层神经元使用sigmoid函数作为激活函数,输出层使用的是softmax函数。MLPC可调的几个重要参数如下:

featuresCol:输入数据DataFrame中指标特征列的名称。

labelCol:输入数据DataFrame中标签列的名称。

layers:这个参数的类型是一个整型数组类型,第一个元素需要和特征向量的维度相等,最后一个元素需要和训练数据的标签数相等,如2分类问题就写2。中间的元素有多少个就代表神经网络有多少个隐层,元素的取值代表了该层的神经元的个数。例如val layers＝(5,6,5,2)。

maxIter:优化算法求解的最大迭代次数,默认值是100。

predictionCol：预测结果的列名称。

训练数据我们直接用 Spark 的 data 文件夹自带的 sample_multiclass_classification_ data.txt 数据即可，Spark 的多层感知器分类可用于多值分类器，如代码 6.17 所示。

【代码 6.17】 MultilayerPerceptronJob.scala

```scala
package com.chongdianleme.mail
import com.chongdianleme.mail.SVMJob.readParquetFile
import org.apache.spark.ml.classification.{ MultilayerPerceptronClassificationModel,
MultilayerPerceptronClassifier}
import org.apache.spark.ml.evaluation.MulticlassClassificationEvaluator
import org.apache.spark.ml.linalg.Vector
import org.apache.spark.sql.SparkSession
import scopt.OptionParser
import scala.collection.mutable.ArrayBuffer
/**
  * Created by 充电了么 App——陈敬雷
  * 官网:http://chongdianleme.com/
  * 多层感知器是一种趋向结构的人工神经网络,映射一组输入向量到一组输出向量.MLP 可以被看
作一个有向图,由多个节点层组成,每一层全连接到下一层.除了输入节点,每个节点都是一个带有
非线性激活函数的神经元(或称处理单元).一种被称为反向传播算法的监督学习方法常被用来训练
MLP.MLP 是感知器的推广,克服了感知器无法实现对线性不可分数据识别的缺点.
  * /
object MultilayerPerceptronJob {
case class LableFeature(label: Double, features: Vector)
case class Params(
                    inputPath: String = "file:///D:\\chongdianleme\\chongdianleme - spark
- task\\data\\sample_multiclass_classification_data.txt",
                     outputPath: String = "file:///D:\\chongdianleme\\chongdianleme -
spark - task\\data\\MultilayerPerceptronOut\\",
                    modelPath: String = "file:///D:\\chongdianleme\\chongdianleme - spark
- task\\data\\MultilayerPerceptronModel\\",
                    warehousePath: String = "file:///c:/tmp/spark - warehouse",
                    featureCount: Int = 4, //数据特征有几个
intermediate1: Int = 166,                  //设置两个隐藏层,这是第一个隐藏层,节点数为 166
intermediate2: Int = 136,                  //这是第二个隐藏层,节点数为 136
classCount: Int = 3,                       //输出层,也就是分类标签数.这次我们是三值多分类
mode: String = "local"
)
def main(args: Array[String]): Unit = {
val defaultParams = Params()
val parser = new OptionParser[Params]("MultilayerPerceptronJob") {
    head("MultilayerPerceptronJob: 解析参数.")
    opt[String]("inputPath")
      .text(s"inputPath 输入目录, default: ${defaultParams.inputPath}}")
      .action((x, c) => c.copy(inputPath = x))
    opt[String]("modelPath")
```

```scala
        .text(s"modelPath , default: ${defaultParams.modelPath}}")
        .action((x, c) => c.copy(modelPath = x))
      opt[String]("outputPath")
        .text(s"outputPath, default: ${defaultParams.outputPath}}")
        .action((x, c) => c.copy(outputPath = x))
      opt[String]("warehousePath")
        .text(s"warehousePath , default: ${defaultParams.warehousePath}}")
        .action((x, c) => c.copy(warehousePath = x))
      opt[Int]("featureCount")
        .text(s"featureCount , default: ${defaultParams.featureCount}}")
        .action((x, c) => c.copy(featureCount = x))
      opt[Int]("intermediate1")
        .text(s"intermediate1 , default: ${defaultParams.intermediate1}}")
        .action((x, c) => c.copy(intermediate1 = x))
      opt[Int]("intermediate2")
        .text(s"intermediate2 , default: ${defaultParams.intermediate2}}")
        .action((x, c) => c.copy(intermediate2 = x))
      opt[Int]("classCount")
        .text(s"classCount , default: ${defaultParams.classCount}}")
        .action((x, c) => c.copy(classCount = x))
      opt[String]("mode")
        .text(s"mode 运行模式, default: ${defaultParams.mode}")
        .action((x, c) => c.copy(mode = x))
      note(
"""

        |For example, :MultilayerPerceptron
      """.stripMargin)
    }
    parser.parse(args, defaultParams).map { params => {
println("参数值:" + params)
trainMLP(params.inputPath, params.outputPath, params.modelPath, params.warehousePath, params.
mode,
        params.featureCount, params.intermediate1, params.intermediate2, params.classCount)
    }
    } getOrElse {
      System.exit(1)
    }
  }
}
/**
  * 多层感知器神经网络分类——多值分类
  *
  * @param inputPath 输入数据格式,用 Spark 的 data 文件夹自带的 sample_multiclass_
classification_data.txt 数据:
  *          1 1:-0.222222 2:0.5 3:-0.762712 4:-0.833333
  *          1 1:-0.555556 2:0.25 3:-0.864407 4:-0.916667
  *          1 1:-0.722222 2:-0.166667 3:-0.864407 4:-0.833333
  *          1 1:-0.722222 2:0.166667 3:-0.694915 4:-0.916667
```

```
*            0 1:0.166667 2: − 0.416667 3:0.457627 4:0.5
*            1 1: − 0.833333 3: − 0.864407 4: − 0.916667
*            2 1: − 1.32455e − 07 2: − 0.166667 3:0.220339 4:0.0833333
* @param outputPath
* @param modelPath 模型持久化存储到文件
* @param warehousePath 临时目录
* @param mode 运行模式 local 或分布式
* @param featureCount 数据特征个数
* @param intermediate1 第一个隐藏层的节点数
* @param intermediate2 第二个隐藏层的节点数
* @param classCount 输出层,分类标签数
*/
def trainMLP ( inputPath: String, outputPath: String, modelPath: String, warehousePath: String,
mode:String,
                  featureCount:Int, intermediate1:Int, intermediate2:Int,classCount:Int):
Unit =
  {
val startTime = System.currentTimeMillis()
//创建 Spark 对象
val spark = SparkSession
      .builder
.config("spark.sql.warehouse.dir", warehousePath)
      .appName("MultilayerPerceptronClassifierJob")
      .master(mode)
      .getOrCreate()
//读取训练数据,指定为 libsvm 格式
val data = spark.read.format("libsvm").load(inputPath)
//训练数据,随机拆分数据 80% 作为训练集,20% 作为测试集
val splits = data.randomSplit(Array(0.8, 0.2), seed = 1234L)
val (trainingData, testData) = (splits(0), splits(1))
//神经网络图层设置,输入层 4 个节点,两个隐藏层 intermediate1 和 intermediate2,输出层 3 个节
//点,也就是 3 个分类
val layers = Array[Int](featureCount, intermediate1,intermediate2, classCount)
// 建立 MLPC 训练器并设置参数
val trainer = new MultilayerPerceptronClassifier()
      .setLayers(layers)
      .setBlockSize(128)
      .setSeed(1234L)
      .setMaxIter(188)
//数据和设置一切准备就绪,开始训练数据
val model = trainer.fit(trainingData)
val trainendTime = System.currentTimeMillis()
//训练好的模型可以持久化存到文件、Web 服务或者其他预测项目里,直接加载这个模型文件到内存
//里,进行直接预测,不用每次都训练
model.save(modelPath)
//加载刚才存储的这个模型文件到内存里
val loadModel = MultilayerPerceptronClassificationModel.load(modelPath)
```

```
//基于加载的模型进行预测,这只是演示模型怎么持久化和加载的过程
val predictResult = loadModel.transform(testData)
//基于训练好的模型预测特征数据
val result = model.transform(testData)
//计算预测的准确度
val predictionAndLabels = result.select("prediction", "label")
//多值分类准确率计算工具
val evaluator = new MulticlassClassificationEvaluator()
    .setMetricName("accuracy")
val accuracy = evaluator.evaluate(predictionAndLabels)
//把准确度打印出来
println("Accuracy: " + accuracy)
val predictEndTime = System.currentTimeMillis()
val time1 = s"训练时间:${(trainendTime - startTime) / (1000 * 60.0)}分钟"
val time2 = s"预测时间:${(predictEndTime - trainendTime) / (1000 * 60.0)}分钟"
val precision = s"多值分类准确率:$accuracy"
val out = ArrayBuffer[String]()
    out += ("MLP 神经网络分类:", time1, time2, precision)
println(out)
    spark.stop()
//查看训练模型文件里的内容
readParquetFile(modelPath + "data/*.parquet", 8000)
  }
}
```

模型输出的元数据文件 MultilayerPerceptronModel\metadata\part-00000 内容如下:

{"class":"org.apache.spark.ml.classification.MultilayerPerceptronClassificationModel",
"timestamp":1567673947182,"sparkVersion":"2.4.3","uid":"mlpc_198b1e116391","paramMap":
{"featuresCol":"features","predictionCol":"prediction","labelCol":"label"}}

模型数据文件 MultilayerPerceptronModel\data\part*.snappy.parquet 部分内容
如下:

[WrappedArray(4, 166, 136, 3),[2.0387064418832193, -2.5090203076238367, -0.2315724886429008,
1.5604691395407548, -1.3466965382735423, -0.08162865549688315, -1.5158038603594508,
-1.136690631236573
♯后面的内容太长就不全贴出来了。

多层感知器神经网络也是神经网络的一种,属于一种前馈神经网络,后面的章节我们全面讲解神经网络算法。

## 第 7 章

分布式深度学习实战

深度学习是机器学习领域中一个新的研究方向，它被引入机器学习使其更接近于最初的目标——人工智能。深度学习是学习样本数据的内在规律和表示层次，这些在学习过程中获得的信息对诸如文字、图像和声音等数据的解释有很大的帮助。它的最终目标是让机器能够像人一样具有分析学习能力，能够识别文字、图像和声音等数据。深度学习是一个复杂的机器学习算法，在语音和图像识别方面取得的效果远远超过先前相关技术。深度学习在人脸识别、语音识别、对话机器人、搜索技术、数据挖掘、机器学习、机器翻译、自然语言处理、多媒体学习、推荐和个性化技术，以及其他相关领域都取得了很多成果。深度学习使机器模仿视听和思考等人类的活动，解决了很多复杂的模式识别难题，使得人工智能相关技术取得了很大进步。

深度学习是一种基于对数据进行表征学习的机器学习方法，近些年不断发展并广受欢迎。同时也有很多的开源框架和开源库，下面选 16 种在 GitHub 中最受欢迎的深度学习开源平台和开源库进行介绍。

TensorFlow

TensorFlow 最初由谷歌的机器智能研究机构中谷歌大脑小组的研究人员和工程师开发的。这个框架旨在方便研究人员对机器学习的研究，并简化从研究模型到实际生产的迁移过程。

链接：

https://github.com/tensorflow/tensorflow

Keras

Keras 是用 Python 编写的高级神经网络的 API，能够和 TensorFlow、CNTK 或 Theano 配合使用。

链接：

https://github.com/keras-team/keras

Caffe

Caffe 是一个重在表达性、速度和模块化的深度学习框架，它由 Berkeley Vision and

Learning Center(伯克利视觉和学习中心)和社区贡献者共同开发。

链接：

https://github.com/BVLC/caffe

Microsoft Cognitive Toolkit

Microsoft Cognitive Toolkit(以前叫作 CNTK)是一个统一的深度学习工具集,它将神经网络描述为一系列通过有向图表示的计算步骤。

链接：

https://github.com/Microsoft/CNTK

PyTorch

PyTorch 是与 Python 相融合的具有强大的 GPU 支持的张量计算和动态神经网络的框架。

链接：

https://github.com/pytorch/pytorch

Apache MXNet

Apache MXNet 是为了提高效率和灵活性而设计的深度学习框架。它允许使用者将符号编程和命令式编程混合使用,从而最大限度地提高效率和生产力。

链接：

https://github.com/apache/incubator-mxnet

DeepLearning4J

DeepLearning4J 和 ND4J、DataVec、Arbiter,以及 RL4J 一样,都是 Skymind Intelligence Layer 的一部分。它是用 Java 和 Scala 编写的开源的分布式神经网络库,并获得了 Apache 2.0 的认证。

链接：

https://github.com/deeplearning4j/deeplearning4j

Theano

Theano 可以高效地处理用户定义、优化,以及计算有关多维数组的数学表达式,但是在 2017 年 9 月 Theano 宣布在 1.0 版发布后不会再有进一步的重大进展。不过不要失望, Theano 仍然是一个非常强大的库,足以支撑你进行深度学习方面的研究。

链接：

https://github.com/Theano/Theano

TFLearn

TFLearn 是一种模块化且透明的深度学习库,它建立在 TensorFlow 之上,旨在为 TensorFlow 提供更高级别的 API,以方便和加快实验研究,并保持完全的透明性和兼容性。

链接：

https://github.com/tflearn/tflearn

Torch

Torch 是 Torch7 中的主要软件包,其中定义了用于多维张量的数据结构和数学运算。此外,它还提供许多用于访问文件、序列化任意类型的对象等的实用软件。

链接:

https://github.com/torch/torch7

Caffe2

Caffe2 是一个轻量级的深度学习框架,具有模块化和可扩展性等特点。它在原来的 Caffe 的基础上进行改进,提高了它的表达性、速度和模块化。

链接:

https://github.com/caffe2/caffe2

PaddlePaddle

PaddlePaddle(平行分布式深度学习)是一个易于使用的高效、灵活和可扩展的深度学习平台。它最初是由百度科学家和工程师们开发的,旨在将深度学习应用于百度的众多产品中。

链接:

https://github.com/PaddlePaddle/Paddle

DLib

DLib 是包含机器学习算法和工具的现代化 C++ 工具包,用来基于 C++ 开发复杂的软件从而解决实际问题。

链接:

https://github.com/davisking/dlib

Chainer

Chainer 是基于 Python 用于深度学习模型中的独立的开源框架,它提供灵活、直观、高性能的手段来实现全面的深度学习模型,包括最新出现的递归神经网络(recurrent neural networks)和变分自动编码器(variational auto-encoders)。

链接:

https://github.com/chainer/chainer

Neon

Neon 是 Nervana 开发的基于 Python 的深度学习库。它易于使用,同时性能也处于最高水准。

链接:

https://github.com/NervanaSystems/neon

Lasagne

Lasagne 是一个轻量级的库,可用于在 Theano 上建立和训练神经网络。

链接:

https://github.com/Lasagne/Lasagne

在这些深度学习框架中,TensorFlow 是目前最为主流的深度学习框架,备受大家的喜爱。MXNet 作为 Apache 开源项目,GPU 训练性能也非常不错。本章就重点围绕 TensorFlow 和 MXNet 讲解其原理和相关神经网络算法。

7.1　TensorFlow 深度学习框架

TensorFlow 作为最流行的深度学习框架,表达了高层次的机器学习计算,大幅简化了第一代系统,并且具备更好的灵活性和可延展性,下面我们就详细讲解原理和安装的过程。

7.1.1　TensorFlow 原理和介绍[25]

TensorFlow 是最为流行的深度学习框架,同时支持在 CPU 和 GPU 上运行,支持单机和分布式训练,下面我们介绍 TensorFlow 的原理。

1. TensorFlow 介绍

TensorFlow 是一个采用数据流图(data flow graphs)并用于数值计算的开源软件库。节点(nodes)在图中表示数学操作,图中的线(edges)则表示在节点间相互联系的多维数据数组,即张量(tensor)。它灵活的架构让你可以在多种平台上展开计算,例如台式计算机中的一个或多个 CPU(或 GPU)、服务器和移动设备等。TensorFlow 最初是由谷歌大脑小组(隶属于谷歌机器智能研究机构)的研究员和工程师们开发出来的,用于机器学习和深度神经网络方面的研究,但这个系统的通用性使其也可广泛用于其他计算领域。

2. 核心概念:数据流图

数据流图用"节点"和"线"的有向图来描述数学计算。"节点"一般用来表示施加的数学操作,但也可以表示数据输入(feedin)的起点/输出(push out)的终点,或者是读取/写入持久变量(persistent variable)的终点。"线"表示"节点"之间的输入/输出关系。这些数据"线"可以输运"size 可动态调整"的多维数据数组,即"张量"。张量从图中流过的直观图像是这个工具取名为"TensorFlow"的原因。一旦输入端的所有张量准备好,节点将被分配到各种计算设备完成异步并行地执行运算。更详细的介绍可以查看 TensorFlow 中文社区:http://www.tensorfly.cn/。

TensorFlow 主要是由计算图、张量,以及模型会话 3 个部分组成。

1) 计算图

在编写程序时,我们都是一步一步计算的,每计算完一步就可以得到一个执行结果。在 TensorFlow 中,首先需要构建一个计算图,然后按照计算图启动一个会话,在会话中完成变量赋值、计算,以及得到最终结果等操作。因此,可以说 TensorFlow 是一个按照计算图设计的逻辑进行计算的编程系统。

TensorFlow 的计算图可以分为两个部分:

(1) 构造部分,包含计算流图;

（2）执行部分，TensorFlow 通过 session 执行图中的计算。

构造部分又分为两部分：

（1）创建源节点；

（2）源节点输出并传递给其他节点做运算。

TensorFlow 默认图：TensorFlowPython 库中有一个默认图（defaultgraph）。节点构造器（op 构造器）可以增加节点。

2）张量

在 TensorFlow 中，张量是对运算结果的引用，运算结果多以数组的形式存储，与 numpy 中数组不同的是张量还包含 3 个重要属性，即名字、维度和类型。张量的名字是张量的唯一标识符，通过名字可以发现张量是如何计算出来的。例如"add：0"代表的是计算节点"add"的第一个输出结果。维度和类型与数组类似。

3）模型会话

用来执行构造好的计算图，同时会话拥有和管理程序运行时的所有资源。当计算完成之后，需要通过关闭会话来帮助系统回收资源。

在 TensorFlow 中使用会话有两种方式。第一种需要明确调用会话生成函数和关闭会话函数，代码如下：

```
import tensorflow as tf
# 创建 session
session = tf.Session()
# 获取运算结果
session.run()
# 关闭会话，释放资源
session.close()
```

第二种可以使用 with 的方式，代码如下：

```
with tf.Session() as session:
    session.run()
```

两种方式不同之处是第二种限制了 session 的作用域，即 session 这个参数只适用于 with 语句下面的语句，同时语句结束后自动释放资源，而第一种方式 session 则作用于整个程序文件，需要用 close 来释放资源。

3. TensorFlow 分布式原理

TensorFlow 的实现分为单机实现和分布式实现。在单机模式下，计算图会按照程序间的依赖关系按顺序执行。在分布式实现中，需要实现的是对 client、master、worker 和 device 管理。client 也就是客户端，它通过会话运行（session run）的接口与 master 和 worker 相连。master 则负责管理所有 worker 的执行计算子图（execute subgraph）。worker 由一个或多个计算设备 device 组成，如 CPU 和 GPU 等。具体过程如图 7.1 所示。

在分布式实现中，TensorFlow 有一套专门的节点分配策略。此策略是基于代价模型

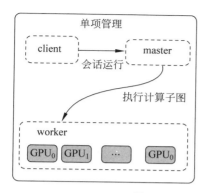 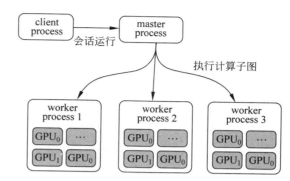

图 7.1　TensorFlow 分布式架构图（图片来源于博客园）

的，代价模型会估算每个节点的输入、输出的 tensor 大小，以及所需的计算时间，然后分配每个节点的计算设备。前面我们介绍了 TensorFlow 原理，下面我们介绍它的安装和部署过程。

7.1.2　TensorFlow 安装部署

TensorFlow 可以在 CPU 上运行，也可以在显卡 GPU 上运行，最大的区别就在于性能，在 GPU 上的运算性能可以比在 CPU 上快几十倍甚至几百倍，但显卡的价格比较贵，可以根据公司和业务的实际情况决定买什么样的显卡。GPU 方式的安装部署也比 CPU 方式安装复杂很多。下面我们分别讲一下。

1. CPU 方式安装 TensorFlow

TensorFlow 是基于 Python 的，所以需要先安装 Python 环境，下面我们先安装 python3.5 环境。

（1）安装 Python 环境的脚本代码

```
# 下载 python3.5 的源码包并编译
wget https://www.python.org/ftp/python/3.5.3/python-3.5.3.tgz
tar xvzf python-3.5.3.tgz
cd python-3.5.3
./configure --prefix=/usr/local --enable-shared
make
make install
ln -s /usr/local/bin/python3.5 /usr/bin/python3
# 在运行 Python 之前需要配置库
echo /usr/local/lib >> /etc/ld.so.conf.d/local.conf
ldconfig
# 查看 Python 版本是否安装成功
python3 --version
python 3.5.3
```

```
# 安装 pip3
apt - get install python3 - pip
pip3 install -- upgrade pip
```

（2）安装 TensorFlow

有两种方式，一个是在线安装，另一个是离线安装。

在线安装比较简单，脚本代码如下：

```
pip3 install - upgrade tensorflow
```

离线安装需要提前把安装包下载下来，然后在本地安装即可。脚本代码如下：

```
pip3 install /home/hadoop/tensorflow - 1. x. x - cp35 - cp35m - linux_x86_64. whl
```

这是在 CPU 上运行的安装方式，实际上直接安装 GPU 版本的安装包也可以在 CPU 上运行，因为 TensorFlow 自己会检测系统是否安装了显卡驱动等，不过如果没有安装则自动切换到 CPU 上来运行，所以我们一般安装 GPU 版本就可以了，开始测试用 CPU，等什么时间买了显卡后就不用再重新安装一遍 GPU 版的 TensorFlow 了，一步到位。

GPU 方式安装如下，多了一个-gpu 后缀，脚本代码如下：

```
# 在线安装
pip3 install -- upgrade tensorflow - gpu
# 离线安装
pip3 install tensorflow_gpu - 1. x. x - cp35 - cp35m - linux_x86_64. whl
```

（3）检查 TensorFlow 是否可用

输入 python3 回车进入控制台，运行下面代码，如果不报错并能输出就表示安装成功了：

```
import tensorflow as tf
hello = tf.constant('Hello, TensorFlow!')
sess = tf.Session()
sess.run(hello)
```

2. GPU 显卡方式安装 TensorFlow

上面已经介绍了安装 GPU 版本的 TensorFlow，如果没有安装 GPU 显卡和驱动便自动在 CPU 上来运行，但如果想要在显卡上运行，就需要安装显卡驱动、cuda、cuDNN 深度学习加速库等，下面看下具体安装过程。

（1）安装显卡驱动。

从 http://www.nvidia.cn/Download/index.aspx?lang＝cn 下载显卡驱动，安装脚本代码如下：

```
# 进行安装驱动
sh/home/hadoop/NVIDIA - Linux - x86_64 - 375.66. run -- kernel - source - path = /usr/src/
kernels/3.10.0 - 514.26.1. el7. x86_64 - k $(uname - r) -- dkms - s
# 如果不知道内核是哪个版本,用 uname 命令查看
```

```
uname - r
3.10.0 - 693.2.2.el7.x86_64
#想卸载的话用这个命令
sh /home/hadoop/NVIDIA - Linux - x86_64 - 375.66.run - uninstall
#安装完成后核实有没有安装好
nvidia - smi
#动态显示显存情况命令
watch - n 1 nvidia - smi
```

（2）安装 cuda。

从 https://developer.nvidia.com/cuda-downloads 下载,安装脚本代码如下:

```
#在 vim /usr/lib/modprobe.d/dist - blacklist.conf 中添加两行内容
blacklist nouveau
options nouveau modeset = 0
#把驱动加入黑名单中: vim /etc/modprobe.d/blacklist.conf 在后面加入
blacklist nouveau
#如果已经是 configuration: driver = nvidia latency = 0 就不要给当前镜像做备份了
#接着给当前镜像做备份
mv /boot/initramfs - $ (uname - r).img /boot/initramfs - $ (uname - r).img.bak
#建立新的镜像
dracut /boot/initramfs - $ (uname - r).img $ (uname - r)
#重新启动,机器会重启
init 6
#准备工作就绪,开始安装 cuda
sh /home/chongdianleme/cuda_8.0.61_375.26_linux.run
#卸载方式
#在/usr/local/cuda/bin 目录下,有 cuda 自带的卸载工具 uninstall_cuda_7.5.pl
cd /usr/local/cuda - 8.0/bin
./uninstall_cuda_8.0.pl
#安装过程中如果有类似报错,这样来解决
Enter CUDA Samples Location
[ default is /root ]:
/home/CUDASamples/
/home/cuda/
Missing gcc. gcc is required to continue.
Missing recommended library: libGLU.so
Missing recommended library: libXi.so
Missing recommended library: libXmu.so
Missing recommended library: libGL.so
Error: cannot find Toolkit in /usr/local/cuda - 8.0
#解决报错脚本
yum install freeglut3 - dev build - essential libx11 - dev libxmu - dev libxi - dev libgl1 - mesa
- glx libglu1 - mesa libglu1 - mesa - dev
yum install libglu1 - mesa libxi - dev libxmu - dev libglu1 - mesa - dev
yum install freeglut3 - dev build - essential libx11 - dev libxmu - dev libxi - dev libgl1 - mesa
- glx libglu1 - mesa libglu1 - mesa - dev
```

```
#接下来安装 cuda 的补丁
sh /home/chongdianleme/cuda_8.0.61.2_linux.run
#默认安装目录:/usr/local/cuda-8.0
#配置一下环境变量
vim /etc/profile
#最后增加
export PATH = /usr/local/cuda-8.0/bin:$ PATH
export LD_LIBRARY_PATH = /usr/local/cuda-8.0/lib64:$ LD_LIBRARY_PATH
#查看有没有安装好,没报错并能显示版本号就说明安装成功了
nvcc - version
#用这个命令也可以做个测试
/usr/local/cuda/extras/demo_suite/deviceQuery
```

(3) cuDNN 深度学习加速库安装。

从 https://developer.nvidia.com/rdp/cudnn-download 下载 cudnn-8.0-Linux-x64-v5.1.tgz,下载前需要在 nvidia 官方网站注册,下载之后解压缩并安装,脚本代码如下所示,注意一定加-C 参数:

```
cd /home/software/
tar - xvf cudnn-8.0-linux-x64-v5.1.tgz - C /usr/local
```

到此安装就算完成了,运行一下 TensorFlow 程序,试试吧,通过这个命令 watch-n 1 nvidia-smi 可以实时看到显卡内存使用情况。

7.2 MXNet 深度学习框架

Apache MXNet 是一个深度学习框架,旨在提高效率和灵活性。它允许混合符号和命令式编程,最大限度地提高效率和生产力。MXNet 的核心是一个动态依赖调度程序,可以动态地自动并行化符号和命令操作。最重要的图形优化层使符号执行更快,内存效率更高。MXNet 便携且轻巧,可有效扩展到多个 GPU 和多台机器。MXNet 支持 Python、R、Julia、Scala、Go 和 JavaScript 等多种语言,具有轻量级、便携式、灵活、分布式和动态等优势,所以很多公司也在用它。下面我们就详细讲解一下。

7.2.1 MXNet 原理和介绍[26]

MXNet 是亚马逊(Amazon)选择的深度学习库。它拥有类似于 Theano 和 TensorFlow 的数据流图,为多 GPU 配置提供了良好的配置,有着类似于 Lasagne 和 Blocks 更高级别的模型构建块,并且可以在你可以想象的任何硬件上运行(包括手机)。对 Python 的支持只是其冰山一角——MXNet 同样提供了 R、Julia、C++、Scala、Matlab 和 JavaScript 的接口。

1. MXNet 特点

MXNet 是一个全功能、灵活可编程和高扩展性的深度学习框架。所谓深度学习,顾名

思义,就是使用深度神经网络进行的机器学习。神经网络本质上是一门语言,我们通过它可以描述应用问题的理解。例如,卷积神经网络可以表达空间相关性的问题,使用循环神经网络可以表达时间连续性方面的问题。MXNet 支持深度学习模型中的最先进技术,当然包括卷积神经网络,以及循环神经网络中比较有代表性的长期短期记忆网络。根据问题的复杂性和信息如何从输入到输出一步一步提取,我们通过将不同大小、不同层按照一定的原则连接起来,最终形成完整的深层神经网络。MXNet 有 3 个特点,便携、高效和扩展性。

首先看第一个特点,便携指方便携带、轻便,以及可移植。MXNet 支持丰富的编程语言,如常用的 C++、Python、Matlab、Julia、JavaScript 和 Go 等。同时支持各种各样的操作系统版本,MXNet 可以实现跨平台移植,支持的平台包括 Linux、Windows、iOS 和 Android 等。

第二个特点,高效指的是 MXNet 对于资源利用的效率,而资源利用效率中很重要的一点是内存的效率,因为在实际的运算当中,内存通常是一个非常重要的瓶颈,尤其对于 GPU、嵌入式设备而言,内存显得更为宝贵。神经网络通常需要大量的临时内存空间,例如每层的输入、输出变量,每个变量需要独立的内存空间,这会带来高额度的内存开销。如何优化内存开销对于深度学习框架而言是非常重要的事情。MXNet 在这方面做了特别的优化,有数据表明在运行多达 1000 层的深层神经网络任务时,MXNet 只需要消耗 4GB 的内存。阿里也与 Caffe 做过类似的比较,也验证了这项特点。

第三个特点,扩展性在深度学习中是一个非常重要的性能指标。更高效的扩展可以让训练新模型的速度得到显著提高,或者可以在相同的时间内大幅度提高模型复杂性。扩展性指两方面,首先是单机扩展性,其次是多机扩展性。MXNet 在单机扩展性和多机扩展性方面都有非常优秀的表现,所以扩展性是 MXNet 最大的一项优势,也是最突出的特点。

2. MXNet 编程模式

对于一个优秀的深度学习系统,或者一个优秀的科学计算系统,最重要的是如何设计编程接口,它们都采用一个特定领域的语言,并将其嵌入主语言当中。例如 NumPy 将矩阵运算嵌入 Python 当中。嵌入一般分为两种,其中一种嵌入较浅,每种语言按照原来的意思去执行,叫命令式编程,NumPy 和 Torch 都属于浅深入,即命令式编程;另一种则是使用更深的嵌入方式,提供了一整套针对具体应用的迷你语言,通常称为声明式编程。用户只需要声明做什么,具体执行交给系统去完成。这类编程模式包括 Caffe、Theano 和 TensorFlow 等。目前使用的系统大部分都采用上面所讲的两种编程模式中的一种,两种编程模式各有优缺点,所以 MXNet 尝试将两种模式无缝地结合起来。在命令式编程上 MXNet 提供张量运算,而声明式编程中 MXNet 支持符号表达式。用户可以自由地混合它们来快速实现自己的想法。例如我们可以用声明式编程来描述神经网络,并利用系统提供的自动求导来训练模型。另外,模型的迭代训练和更新模型法则可能涉及大量的控制逻辑,因此我们可以用命令式编程来实现。同时我们用它来方便地调式和与主语言交互数据。

3. MXNet 编程模式

MXNet 架构从上到下分别为各种主从语言的嵌入、编程接口(矩阵运算 NDArray、符号表达式 SymbolicExpression 和分布式通信 KVStore),还有两种编程模式的统一系统实现,其中包括依赖引擎,还有用于数据通信的通信接口,以及 CPU、GPU 等各硬件的支持,除此以外还有对 Android、iOS 等多种操作系统跨平台的支持。在 3 种主要编程接口(矩阵运算 NDArray、符号表达式 SymbolicExpression 和分布式通信 KVStore)中,我们将重点介绍 KVStore。

KVStore 是 MXNet 提供的一个分布式的 key-value 存储,用来进行数据交换。KVStore 在本质上是基于参数服务器来实现数据交换的。通过引擎来管理数据的一致性,参数服务器的实现变得相当简单,同时 KVStore 的运算可以无缝地与其他部分结合在一起。使用一个两层的通信结构。第一层服务器管理单机内部的多个设备之间的通信。第二层服务器则管理机器之间通过网络的通信。第一层服务器在与第二层通信前可能合并设备之间的数据来降低网络带宽消耗。同时考虑到机器内和外通信带宽和延时的不同性,可以对其使用不同的一致性模型。例如第一层用强的一致性模型,而第二层则使用弱的一致性模型来减少同步开销。在第三部分会介绍 KVStore 对于实际通信性能的影响。

7.2.2 MXNet 安装部署

MXNet 也同时支持 CPU 和显卡 GPU 方式,基础环境和 TensorFlow 一样都是安装 Python 和 pip3。剩下需要的安装部分非常简单。我们分别讲解一下。

1. CPU 安装方式

用 pip 命令安装即可,脚本代码如下:

```
pip3 install mxnet
```

2. GPU 安装方式

用下面 pip 命令安装即可,与 CPU 安装方式相比后面多了一个-cu80,脚本代码如下:

```
pip3 install mxnet – cu80
```

需要说明一点,和 TensorFlow 不同,如果你的系统没安装显卡驱动、cuda、cuDNN 深度学习加速库等,程序运行就会报错,不会智能地自动切换到 CPU 运行。

7.3 神经网络算法

神经网络,尤其是深度神经网络在过去的数年里已经在图像分类、语音识别和自然语言处理中取得了突破性的进展。在实践中的应用已经证明了它可以作为一种十分有效的技术手段应用在大数据相关领域中。深度神经网络通过众多简单线性变换可以层次性地进行非线性变换,这对于数据中的复杂关系能够很好地进行拟合,即对数据特征进行深层次的挖掘,因此作为一种技术手段,深度神经网络对于任何领域都是适用的。神经网络的算法也有好多种,从最早的多层感知器算法,到之后的卷积神经网络、循环神经网络、长短期记忆神经网络,以及在此基础神经网络算法之上衍生的端到端神经网络、生成对抗网络和深度强化学习等,可以做很多有趣的应用。下面我们就分别讲解各个算法。

7.3.1 多层感知器算法[27,28]

我们在上一章讲解 Spark 的时候已经介绍过 MLP,原理都是一样的,这次我们用 TensorFlow 来实现 MLP 算法,解决分类应用场景中的问题。

1. TensorFlow 多层感知器实现原理

说到分类问题,我们可以用 Softmax 回归来实现。Softmax 回归可以算是多分类问题 logistic 回归,它和神经网络的最大区别是没有隐含层。理论上只要隐含节点足够多,即使只有一个隐含层的神经网络也可以拟合任意函数,同时隐含层越多,越容易拟合复杂结构。为了拟合复杂函数需要的隐含节点的数目,基本上随着隐含层的数量增多呈指数下降的趋势,也就是说层数越多神经网络所需要的隐含节点可以越少。层数越深,概念越抽象,需要背诵的知识点就越少。在实际应用中深层神经网络会遇到许多困难,如过拟合、参数调试和梯度弥散等。

过拟合是机器学习中的一个常见问题,是指模型预测准确率在训练集上升高,但是在测试集上的准确率反而下降,这通常意味着模型的泛化能力不好,过度拟合了训练集。针对这个问题,Hinton 教授领导的团队提出了 Dropout 解决办法,在使用 CNN 训练图像数据时效果尤其好,其大体思路是在训练时将神经网络某一层的输出节点数据随机丢失一部分,这种做法实质上等于生成了许多新的随机样本,此法通过增大样本量、减少特征数量来防止过拟合。

参数调试问题尤其是调试 SGD 的参数,以及对 SGD 设置不同的学习率(learning rate),最后得到的结果可能差异巨大。神经网络的优化通常不是一个简单的凸优化问题,它处处充满了局部最优。有理论表示,神经网络可能有很多个局部最优解可以达到比较好的分类效果,而全局最优很可能造成过拟合。对于 SGD,我们希望一开始设置学习率大一些,加速收敛,在训练的后期又希望学习率小一些,这样可以低速进入一个局部最优解。不同的机器学习问题的学习率设置也需要有针对性地调试,像 Adagrad、Adam 和 Adadelta 等自适应的方法可以减轻调试参数的负担。对于这些优化算法,我们通常使用其默认的参数设置就可以得到比较好的效果。

梯度弥散(Gradient Vanishment)是另一个影响深层神经网络训练效果的问题,在 ReLU 激活函数出现之前,神经网络训练是使用 Sigmoid 作为激活函数的。非线性的 Sigmoid 函数在信号的特征空间映射上对中央区的信号增益较大,对两侧区的信号增益较小。当神经网络层数较多时,Sigmoid 函数在反向传播中梯度值会逐渐减小,在到达前面几层前梯度值就变得非常小了,在神经网络训练的时候,前面几层的神经网络参数几乎得不到训练更新。直到 ReLU,以及 $y = \max(0, x)$ 的出现才比较完美地解决了梯度弥散的问题。信号在超过某个阈值时,神经元才会进入兴奋和激活的状态,否则会处于抑制状态。ReLU 可以很好地反向传递梯度,经过多层的梯度反向传播,梯度依旧不会大幅度减小,因此非常适合深层神经网络的训练。ReLU 对比于 Sigmoid 有以下几个特点：单侧抑制、相对宽阔的兴奋边界和稀疏激活性。目前，ReLU 及其变种 EIU、PReLU 和 RReLU 已经成为最主流的激活函数。实践中在大部分情况下（包括 MLP、CNN 和 RNN），如果将隐含层的激活函数从 Sigmoid 替换为 ReLU 可以带来训练速度和模型准确率的提升。当然神经网络的输出层一般是 Sigmoid 函数，因为它最接近概率输出分布。

作为最典型的神经网络，多层感知器结构简单且规则，并且在隐层设计得足够完善时，可以拟合任意连续函数，利用 TensorFlow 来实现 MLP 更加形象，使得使用者对要搭建的神经网络的结构有一个更加清醒的认识，接下来将对用 TensorFlow 搭建 MLP 模型的方法进行一个简单的介绍，并实现 MNIST 数据集的分类任务。

2. TensorFlow 手写数字识别分类任务 MNIST 分类

作为在数据挖掘工作中处理得最多的任务，分类任务占据了机器学习的半壁江山，而一个网络结构设计良好（即隐层层数和每个隐层神经元个数选择恰当）的多层感知器在分类任务上也有着非常优异的性能，下面我们以 MNIST 手写数字数据集作为演示，在上一篇中我们利用一层输入层＋softmax 搭建的分类器在 MNIST 数据集的测试集上达到 93％ 的精度，下面我们使用加上一层隐层的网络，以及一些 tricks 来看看能够提升多少精度。

1）网络结构

这里我们搭建的多层前馈网络由 784 个输入层神经元、200 个隐层神经元和 10 个输出层神经元组成，而为了减少梯度弥散现象，我们设置 ReLU（非线性映射函数）为隐层的激活函数，如图 7.2 所示。

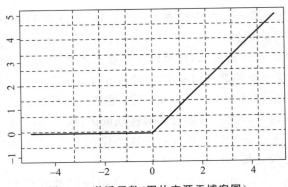

图 7.2　激活函数（图片来源于博客园）

这种激活函数更接近生物神经元的工作机制，即在达到阈值之前持续抑制，在超越阈值之后开始兴奋，而对于输出层，因为对数据做了 one_hot 处理，所以依然使用 Softmax 进行处理。

2）Dropout

过拟合是机器学习，尤其是神经网络任务中经常发生的问题，即我们的学习器将训练集的独特性质当作全部数据集的普遍性质，使得学习器在训练集上的精度非常高，但在测试集上的精度非常低（这里假设训练集与测试集数据分布一致），而除了随机梯度下降的一系列方法外（如上一篇中我们提到的在每轮训练中使用全体训练集中一个小尺寸的训练来进行本轮的参数调整），我们可以使用类似的思想，将神经网络某一层的输出节点数据随机丢弃一部分，即令这部分被随机选中的节点输出值为 0，这样做等价于生成很多新样本，通过增大样本量，减少特征数量来防止过拟合，Dropout 也算是一种 bagging 方法，可以将每次丢弃节点输出视为对特征的一次采样，相当于我们训练了一个 ensemble 的神经网络模型，对每个样本都做特征采样，并构成一个融合的神经网络。

3）学习效率

因为神经网络的训练通常不是一个凸优化问题，它充满了很多局部最优，因此我们通常不会采用标准的梯度下降算法，而是采用一些有更大可能跳出局部最优的算法，如 SGD，而 SGD 本身也不稳定，其结果也会在最优解附近波动，且设置不同的学习效率可能会导致我们的网络落入截然不同的局部最优之中，对于 SGD，我们希望在开始训练时学习率被设置得大一些，以加速收敛的过程，而后期学习率被设置得低一些，以更稳定地落入局部最优解，因此常使用 Adagrad 和 Adam 等自适应的优化方法，可以在其默认参数上取得较好的效果。

下面就结合上述策略，利用 TensorFlow 搭建我们的多层感知器来对 MNIST 手写数字数据集进行训练。

先使用朴素的风格来搭建网络，还是照例从 TensorFlow 自带的数据集中提取出 MNIST 数据集，代码如下：

```
import tensorflow as tf
from tensorflow.examples.tutorials.mnist import input_data
'''导入 MNIST 手写数据'''
mnist = input_data.read_data_sets('MNIST_data/', one_hot = True)
'''接着使用交互环境下会话的方式,将生成的第一个会话作为默认会话:'''

'''注册默认的 session,之后的运算都会在这个 session 中进行'''
sess = tf.InteractiveSession()
```

接着初始化输入层与隐层间的 784×300 个权值、隐层神经元的 300 个 bias、隐层与输出层之间的 300×10 个权值和输出层的 10 个 bias，其中为了避免在隐层的 ReLU 激活时陷入 0 梯度的情况，对输入层和隐层间的权值初始化为均值 0，标准差为 0.2 的正态分布随机数，对其他参数初始化为 0，代码如下：

```
'''定义输入层神经元个数'''
in_units = 784

'''定义隐层神经元个数'''
h1_units = 300

'''为输入层与隐层神经元之间的连接权重初始化持久的正态分布随机数,这里权重为 784 × 300,300
```

是隐层的尺寸'''
```
W1 = tf.Variable(tf.truncated_normal([in_units, h1_units], mean = 0, stddev = 0.2))
```

'''为隐层初始化 bias, 尺寸为 300'''
```
b1 = tf.Variable(tf.zeros([h1_units]))
```

'''初始化隐层与输出层间的权重, 尺寸为 300×10'''
```
W2 = tf.Variable(tf.zeros([h1_units, 10]))
```

'''初始化输出层的 bias'''
```
b2 = tf.Variable(tf.zeros([10]))
```

'''接着我们定义自变量、隐层神经元 Dropout 中的保留比例 keep_prob 的输入部件:'''

'''定义自变量的输入部件, 尺寸为任意行×784 列'''
```
x = tf.placeholder(tf.float32, [None, in_units])
```

'''为 Dropout 中的保留比例设置输入部件'''
```
keep_prob = tf.placeholder(tf.float32)
```

'''接着定义隐层 ReLU 激活部分的计算部件、隐层 Dropout 部分的操作部件、输出层 Softmax 的计算部件, 代码如下'''

'''定义隐层求解部件'''
```
hidden1 = tf.nn.relu(tf.matmul(x, W1) + b1)
```

'''定义隐层 Dropout 操作部件'''
```
hidden1_drop = tf.nn.dropout(hidden1, keep_prob)
```

'''定义输出层 Softmax 计算部件'''
```
y = tf.nn.softmax(tf.matmul(hidden1_drop, W2) + b2)
```

'''还有样本真实分类标签的输入部件及 loss_function 部分的计算组件'''

'''定义训练 label 的输入部件'''
```
y_ = tf.placeholder(tf.float32, [None, 10])
```

'''定义均方误差计算部件, 这里注意要压成一维'''
```
loss_function = tf.reduce_mean(tf.reduce_sum((y_ - y) ** 2, reduction_indices = [1]))
```

这样我们的网络结构和计算部分全部搭建完成了, 接下来至关重要的一步就是定义优化器的组件, 它会完成自动求导并调整参数的工作, 这里我们选择自适应的随机梯度下降算法 Adagrad 作为优化器, 学习率尽量设置得小一些, 否则可能会导致网络的测试精度维持在一个很低的水平不变, 即在最优解附近来回振荡却难以接近最优解, 代码如下:

'''定义优化器组件, 这里采用 AdagradOptimizer 作为优化算法, 这是变种的随机梯度下降算法'''

```
train_step = tf.train.AdagradOptimizer(0.18).minimize(loss_function)
```

接下来就到了正式的训练过程了，我们激活当前会话中所有计算部件，并定义训练步数为 15000 步，每一轮迭代选择一个批量为 100 的训练批来进行训练，Dropout 的 keep_prob 设置为 0.76，并在每 50 轮训练完成后将测试集输入当前的网络中计算预测精度，注意在正式预测时 Dropout 的 keep_prob 应设置为 1.0，即不进行特征的丢弃，代码如下：

```
'''激活当前 session 中的全部部件'''
tf.global_variables_initializer().run()

'''开始迭代训练过程，最大迭代次数为 3001 次'''
for i in range(15000):
    '''为每一轮训练选择一个尺寸为 100 的随机训练批'''
    batch_xs, batch_ys = mnist.train.next_batch(100)
    '''将当前轮迭代选择的训练批作为输入数据输入 train_step 中进行训练'''
    train_step.run({x: batch_xs, y_: batch_ys, keep_prob:0.76})
    '''每 500 轮打印一次当前网络在测试集上的训练结果'''
    if i % 50 == 0:
        print('第',i,'轮迭代后:')
        '''构造 bool 型变量用于判断所有测试样本与其真实类别的匹配情况'''
        correct_prediction = tf.equal(tf.argmax(y, 1), tf.argmax(y_, 1))
        '''将 bool 型变量转换为 float 型并计算均值'''
        accuracy = tf.reduce_mean(tf.cast(correct_prediction, tf.float32))
        '''激活 accuracy 计算组件并传入 MNIST 的测试集自变量、标签及 Dropout 保留概率，这里因为
是预测，所以设置为全部保留'''
        print(accuracy.eval({x: mnist.test.images,
                             y_: mnist.test.labels,
                             keep_prob: 1.0}))
```

经过全部迭代后，我们的多层感知器在测试集上达到了 0.9802 的精度。事实上在训练到 10000 轮左右的时候我们的多层感知器就已经达到这个精度了，说明此时的网络已经稳定在当前的最优解中，后面的训练过程只是在这个最优解附近微弱地振荡而已，所以实际上可以设置更小的迭代轮数。

MLP 属于相对浅层的神经网络，下面我们讲解深层的卷积神经网络。

7.3.2　卷积神经网络[29,30]

卷积神经网络（CNN）是一类包含卷积计算且具有深度结构的前馈神经网络，是深度学习的代表算法之一。卷积神经网络具有表征学习（representation learning）能力，能够按其阶层结构对输入信息进行平移不变分类（shift-invariant classification），因此也被称为"平移不变人工神经网络（Shift-Invariant Artificial Neural Networks，SIANN）"。对卷积神经网络的研究始于 20 世纪 80 至 90 年代，时间延迟网络和 LeNet-5 是最早出现的卷积神经网络。在 21 世纪，随着深度学习理论的提出和数值计算设备的改进，卷积神经网络得到了快

速发展,并被应用于计算机视觉和自然语言处理等领域。卷积神经网络仿真生物的视知觉(visual perception)机制构建,可以进行监督学习和非监督学习,其隐含层内的卷积核参数共享和层间连接的稀疏性使得卷积神经网络能够以较小的计算量对格点化(grid-like topology)特征,例如像素和音频,进行学习、有稳定的效果且对数据没有额外的特征工程(feature engineering)要求。

1. CNN 的引入

在人工的全连接神经网络中,每相邻两层之间的每个神经元之间都是有边相连的。当输入层的特征维度变得很高时,全连接网络需要训练的参数就会增大很多,计算速度就会变得很慢,例如一张黑白的手写数字图片,输入层的神经元就有 784 个,如图 7.3 所示。

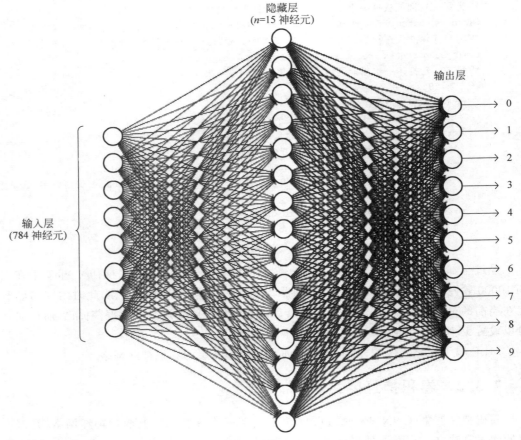

图 7.3 全连接神经网络(图片来源于 CSDN)

若在中间只使用一层隐藏层,参数就有 784×15=11760 多个。这很容易看出使用全连接神经网络处理图像中的需要训练参数过多的问题。

而在卷积神经网络中,卷积层的神经元只与前一层的部分神经元节点相连,即它的神经元间的连接是非全连接的,且同一层中某些神经元之间的连接权重是共享的(即相同的),这样便大量地减少了需要训练参数的数量。

卷积神经网络的结构一般包含这几个层:

输入层:用于数据的输入;

卷积层:使用卷积核进行特征提取和特征映射;

激励层:由于卷积也是一种线性运算,因此需要增加非线性映射;

池化层:进行下采样,对特征图稀疏处理,减少数据运算量;

全连接层:通常在 CNN 的尾部进行重新拟合,减少特征信息的损失;

输出层:用于输出结果。

当然中间还可以使用一些其他的功能层:

归一化层:在 CNN 中对特征的归一化;

切分层:对某些(图片)数据进行分区域单独学习;

融合层:对独立进行特征学习的分支进行融合。

2. CNN 的层次结构

1) 输入层

在 CNN 的输入层中,(图片)数据输入的格式与全连接神经网络的输入格式(一维向量)不太一样。CNN 输入层的输入格式保留了图片本身的结构。

对于黑白的二维神经元,如图 7.4 所示。

而对于 RGB 格式的矩阵,如图 7.5 所示。

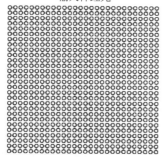

图 7.4　黑白二维神经元(图片来源于 CSDN)　　图 7.5　RGB 格式矩阵(图片来源于 CSDN)

2) 卷积层

在卷积层中有两个重要的概念,感受视野(Local Receptive Fields)和共享权值(Shared Weights)。

假设输入的是一个个相连的神经元,这个 5×5 的区域就称为感受视野,如图 7.6 所示。

输入神经元

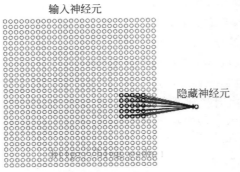

隐藏神经元

图 7.6 感受视野(图片来源于 CSDN)

可类似地看作隐藏层中的神经元具有一个固定大小的感受视野去感受上一层的部分特征。在全连接神经网络中,隐藏层中神经元的感受视野足够大乃至可以看到上一层的所有特征,而在卷积神经网络中,隐藏层中神经元的感受视野比较小,只能看到上一次的部分特征,上一层的其他特征可以通过平移感受视野来得到同一层的其他神经元,并由同一层其他神经元来看,如图 7.7 所示。

输入神经元   第一隐藏层

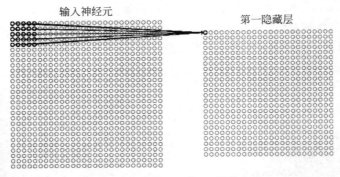

图 7.7 输入神经元和第一隐藏层(图片来源于 CSDN)

设移动的步长为 1:从左到右扫描,每次移动 1 格,扫描完成之后,再向下移动一格,再次从左到右扫描。具体过程如图 7.8 所示。

可看出卷积层的神经元只与前一层的部分神经元节点相连,每一条相连的线对应一个权重。一个感受视野带有一个卷积核,我们将感受视野中的权重或其他值、步长和边界扩充值的大小由用户来定义。卷积核的大小由用户来定义,即定义感受视野的大小。卷积核的权重,以及矩阵的值便是卷积神经网络的参数,为了有一个偏移项,卷积核可附带一个偏移项,它们的初值可以随机生成,通过训练进行优化,因此在感受视野扫描时可以计算出下一层神经元的值,对下一层的所有神经元来说,它们从不同的位置去探测上一层神经元的特征。

我们将通过一个带有卷积核的感受视野扫描生成的下一层神经元矩阵称为一个 feature map(特征映射图),图像的特征映射图生成过程如图 7.9 所示。

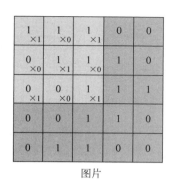

图片

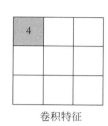

卷积特征

图 7.8 神经元移动过程(图片来源于 CSDN)

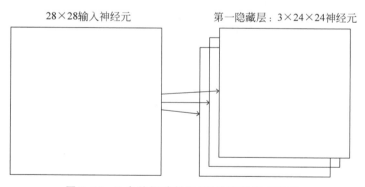

图 7.9 特征映射图生成过程
(图片来源于 GitHub)

因此在同一个特征映射图上的神经元使用的卷积核是相同的,因此这些神经元共享权重,共享卷积核中的权值和附带的偏移。一个特征映射图对应一个卷积核,如果我们使用 3 个不同的卷积核,就可以输出 3 个特征映射图:(感受视野:5×5,步长:1),如图 7.10 所示。

28×28输入神经元 第一隐藏层:3×24×24神经元

图 7.10 3 个特征映射图(图片来源于 CSDN)

因此在 CNN 的卷积层我们需要训练的参数大大地减少。假设输入的是二维神经元,这时卷积核的大小不只用长和宽来表示,还有深度,感受视野也相应地有了深度,如图 7.11 所示。

感受视野卷积核的深度和感受视野的深度相同,都由输入数据来决定,长和宽可由自己来设定,数目也可以由自己来设定,一个卷积核依然对应一个特征映射图。

3)激励层

激励层主要对卷积层的输出进行一个非线性映射,因为卷积层的计算还是一种线性计算。使用的激励函数一般为 ReLU 函数,卷积层和激励层通常合并在一起称为"卷积层"。

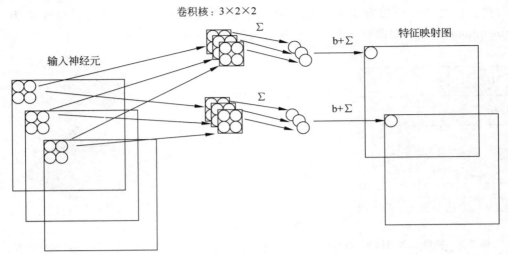

图 7.11　卷积核（图片来源于 CSDN）

4）池化层

当输入经过卷积层时，如果感受视野比较小，那么步长（stride）也比较小，但得到的特征映射图还是比较大，我们可以通过池化层来对每一个特征映射图进行降维操作，输出的深度还是不变的，依然为特征映射图的个数。池化层也有一个池化视野（filter）（注：池化视野为个人叫法）来对特征映射图矩阵进行扫描，对池化视野中的矩阵值进行计算，一般有两种计算方式：

Max pooling：取池化视野矩阵中的最大值；

Average pooling：取池化视野矩阵中的平均值。

扫描的过程中同样会涉及扫描步长，扫描方式同卷积层一样，先从左到右扫描，结束则向下移动步长大小，然后再从左到右扫描，如图 7.12 所示。

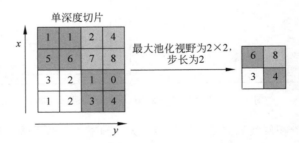

图 7.12　池化层扫描过程（图片来源于 CSDN）

其中池化视野为 2×2，步长为 2。最后可将 3 个 24×24 的特征映射图采样得到 3 个 24×24 的特征矩阵，如图 7.13 所示。

5）归一化层

（1）批量归一化。

批量归一化（Batch Normalization，BN）实现了在神经网络层的中间进行预处理的操

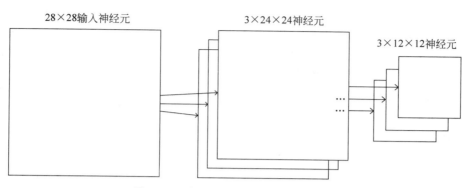

28×28输入神经元　　　　　3×24×24神经元

3×12×12神经元

图 7.13　特征矩阵（图片来源于 CSDN）

作，即在上一层的输入归一化处理后再进入网络的下一层，这样可有效地防止梯度弥散，以此加速网络训练。

批量归一化具体的算法如图 7.14 所示。

输入：小批量 x 的值：$\mathcal{B}=\{x_1...m\}$；

要学习的参数：γ, β

输出：$\{y_i = \mathrm{BN}_{\gamma,\beta}(x_i)\}$

$$\mu_{\mathcal{B}} \leftarrow \frac{1}{m}\sum_{i=1}^{m} x_i \qquad //\text{小批量平均值}$$

$$\sigma_{\mathcal{B}}^2 \leftarrow \frac{1}{m}\sum_{i=1}^{m}(x_i - \mu_{\mathcal{B}})^2 \qquad //\text{小批量差异}$$

$$\hat{x}_i \leftarrow \frac{x_i - \mu_{\mathcal{B}}}{\sqrt{\sigma_{\mathcal{B}}^2 + \varepsilon}} \qquad //\text{归一化}$$

$$y_i \leftarrow \gamma\hat{x}_i + \beta \equiv \mathrm{BN}_{\gamma,\beta}(x_i) \qquad //\text{缩放和平移}$$

图 7.14　特征矩阵（图片来源于 CSDN）

每次训练时，取 batch_size 大小的样本进行训练，在 BN 层中，将一个神经元看作一个特征，batch_size 个样本在某个特征维度会有 batch_size 个值，然后在每个神经元同样可以通过训练进行优化。在卷积神经网络中进行批量归一化时，一般对未进行 ReLU 激活的特征映射图进行批量归一化，输出后再作为激励层的输入可达到调整激励函数偏导的作用。一种做法是将特征映射图中的神经元作为特征维度和参数，这样做的话参数的数量会变得很多；另一种做法是把一个特征映射图看作一个特征维度，一个特征映射图上的神经元共享这个特征映射图参数，计算均值和方差则是在 batch_size 个训练样本的每一个特征映射图维度上的均值和方差。注意，这里指的是一个样本的特征映射图数量，特征映射图跟神经元一样也有一定的排列顺序。

批量归一化算法的训练过程和测试过程也有区别。在训练过程中，我们每次都会将 batch_size 数目大小的训练样本放入 CNN 网络中进行训练，在 BN 层中自然可以得到计算输出所需要的均值和方差。而在测试过程中,我们往往只会向 CNN 网络中输入一个测试样本,这时在 BN 层计算的均值和方差均为 0,因为只有一个样本输入,因此 BN 层的输入也会出现很大的问题,从而导致 CNN 网络输出的错误,所以在测试过程中,我们需要借助训练集中所有样本在 BN 层归一化时每个维度上的均值和方差,当然为了计算方便,我们可以在 batch_num 次训练过程中,将每一次在 BN 层归一化时每个维度上的均值和方差进行相加,最后再进行求一次均值即可。

（2）近邻归一化。

近邻归一化(Local Response Normalization,LRN)的归一化方法主要发生在不同的、相邻的卷积核(经过 ReLU 之后)的输出之间,即输入是发生在不同的经过 ReLU 之后的特征映射图中。

与 BN 的区别是 BN 依据 mini-batch 数据,近邻归一仅需要自己来决定,BN 训练中有学习参数。BN 归一化主要发生在不同的样本之间,而 LRN 归一化主要发生在不同的卷积核的输出之间。

6）切分层

在一些应用中需要对图片进行切割,独立地对某一部分区域进行单独学习。这样可以对特定部分通过调整感受视野的方式进行力度更大的学习。

7）融合层

融合层可以对切分层进行融合,也可以对不同大小的卷积核所学习到的特征进行融合。例如在 GoogleLeNet 中,使用多种分辨率的卷积核对目标特征进行学习,通过 padding 使得每一个特征映射图的长和宽都一致,之后再将多个特征映射图在深度上拼接在一起,如图 7.15 所示。

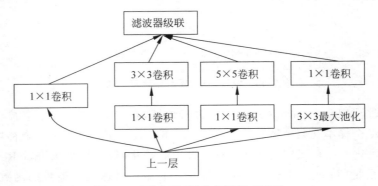

图 7.15　融合层(图片来源于 CSDN)

融合的方法有几种,一种是特征矩阵之间的拼接级联,另一种是在特征矩阵进行运算。

8）全连接层和输出层

全连接层主要对特征进行重新拟合,减少特征信息的丢失,而输出层主要准备做好最后目标结果的输出。VGG 的结构图如图 7.16 所示。

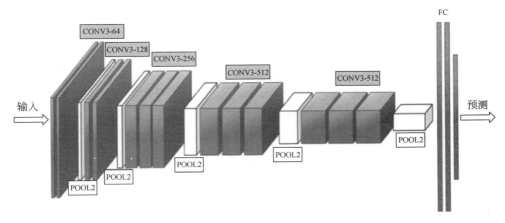

图 7.16 VGG 结构图（图片来源于 CSDN）

3. 典型的卷积神经网络

1）LeNet-5 模型

第一个成功应用于数字识别的卷积神经网络模型（卷积层自带激励函数，下同），如图 7.17 所示。

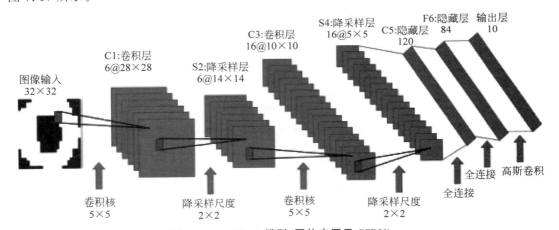

图 7.17 LeNet-5 模型（图片来源于 CSDN）

卷积层的卷积核边长都是 5，步长都为 1。池化层的窗口边长都为 2，步长也都为 2。

2）AlexNet 模型

具体结构图，如图 7.18 所示。

从 AlexNet 的结构可发现，经典的卷积神经网络结构通常为：AlexNet 卷积层的卷积核边长为 5 或 3，池化层的窗口边长为 3。具体参数如图 7.19 所示。

3）VGGNet 模型

VGGNet 模型和 AlexNet 模型在结构上没太大变化，在卷积层部位增加了多个卷积层。AlexNet 和 VGGNet 模型的对比如图 7.20 所示。

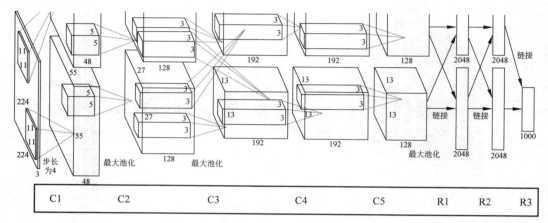

图 7.18　AlexNet 模型（图片来源于 CSDN）

```
完整(简化)的AlexNet结构:
[227x227x3] INPUT
[55x55x96] CONV1: 96 11x11 filters at stride 4, pad 0
[27x27x96] MAX POOL1: 3x3 filters at stride 2
[27x27x96] NORM1: Normalization layer
[27x27x256] CONV2: 256 5x5 filters at stride 1, pad 2
[13x13x256] MAX POOL2: 3x3 filters at stride 2
[13x13x256] NORM2: Normalization layer
[13x13x384] CONV3: 384 3x3 filters at stride 1, pad 1
[13x13x384] CONV4: 384 3x3 filters at stride 1, pad 1
[13x13x256] CONV5: 256 3x3 filters at stride 1, pad 1
[6x6x256] MAX POOL3: 3x3 filters at stride 2
[4096] FC6: 4096 neurons
[4096] FC7: 4096 neurons
[1000] FC8: 1000 neurons (class scores)
```

图 7.19　AlexNet 参数（图片来源于 CSDN）

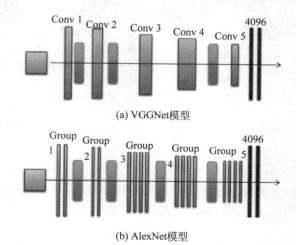

(a) VGGNet模型

(b) AlexNet模型

图 7.20　VGGNet 和 AlexNet 模型（图片来源于 CSDN）

VGGNet 模型参数如图 7.21 所示。其中 CONV3-64 表示卷积核的长和宽均为 3,个数有 64 个;POOL2 表示池化窗口的长和宽都为 2,其他类似。

```
INPUT: [224x224x3]        memory: 224*224*3=150K  params: 0        (not counting biases)
CONV3-64: [224x224x64]  memory: 224*224*64=3.2M  params: (3*3*3)*64 = 1,728
CONV3-64: [224x224x64]  memory: 224*224*64=3.2M  params: (3*3*64)*64 = 36,864
POOL2: [112x112x64]  memory: 112*112*64=800K  params: 0
CONV3-128: [112x112x128]  memory: 112*112*128=1.6M  params: (3*3*64)*128 = 73,728
CONV3-128: [112x112x128]  memory: 112*112*128=1.6M  params: (3*3*128)*128 = 147,456
POOL2: [56x56x128]  memory: 56*56*128=400K  params: 0
CONV3-256: [56x56x256]  memory: 56*56*256=800K  params: (3*3*128)*256 = 294,912
CONV3-256: [56x56x256]  memory: 56*56*256=800K  params: (3*3*256)*256 = 589,824
CONV3-256: [56x56x256]  memory: 56*56*256=800K  params: (3*3*256)*256 = 589,824
POOL2: [28x28x256]  memory: 28*28*256=200K  params: 0
CONV3-512: [28x28x512]  memory: 28*28*512=400K  params: (3*3*256)*512 = 1,179,648
CONV3-512: [28x28x512]  memory: 28*28*512=400K  params: (3*3*512)*512 = 2,359,296
CONV3-512: [28x28x512]  memory: 28*28*512=400K  params: (3*3*512)*512 = 2,359,296
POOL2: [14x14x512]  memory: 14*14*512=100K  params: 0
CONV3-512: [14x14x512]  memory: 14*14*512=100K  params: (3*3*512)*512 = 2,359,296
CONV3-512: [14x14x512]  memory: 14*14*512=100K  params: (3*3*512)*512 = 2,359,296
CONV3-512: [14x14x512]  memory: 14*14*512=100K  params: (3*3*512)*512 = 2,359,296
POOL2: [7x7x512]  memory: 7*7*512=25K  params: 0
FC: [1x1x4096]  memory: 4096  params: 7*7*512*4096 = 102,760,448
FC: [1x1x4096]  memory: 4096  params: 4096*4096 = 16,777,216
FC: [1x1x1000]  memory: 1000  params: 4096*1000 = 4,096,000
```

图 7.21 VGGNet 模型参数(图片来源于 CSDN)

4) GoogleNet 模型

GoogleNet 模型使用了多个不同分辨率的卷积核,最后再对它们得到的特征映射图按深度融合在一起,结构如图 7.22 所示。

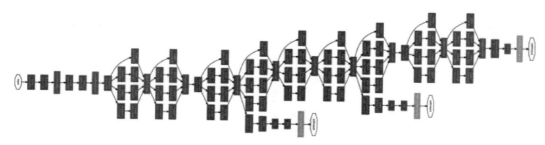

图 7.22 GoogleNet 模型(图片来源于 CSDN)

其中,有一些主要的模块称为 Inception module,如图 7.23 所示。

在 Inception module 中使用了很多卷积核来达到减小特征映射图厚度的效果,从而使一些训练参数的减少。

GoogleNet 还有一个特点就是它是全卷积结构(FCN)的,网络的最后没有使用全连接层,这样一方面可以减少参数的数目,不容易过拟合;另一方面也带来了一些空间信息的丢失。代替全连接层的是全局平均池化(Global Average Pooling,GAP)的方法,其思想是:为每一个类别输出一个特征映射图,再取每一个特征映射图上的平均值作为最后的 Softmax 层的输入。

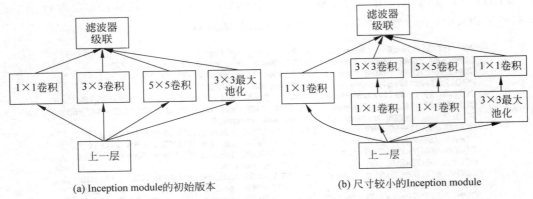

(a) Inception module的初始版本　　　　　(b) 尺寸较小的Inception module

图 7.23　Inception module（图片来源于 CSDN）

5）ResNet 模型

在前面的 CNN 模型中，模型都是将输入一层一层地传递下去，当层次比较深时，模型不容易训练。在 ResNet 模型中，它将从低层所学习到的特征和从高层所学习到的特征进行一个融合（加法运算），这样当反向传递时，导数传递得更快，从而减少梯度弥散的现象。注意：F(x)的 shape 需要等于 x 的 shape，这样才可以进行相加。ResNet 模型如图 7.24 所示。

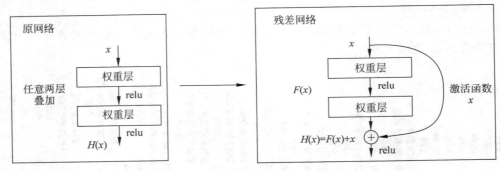

图 7.24　ResNet 模型（图片来源于 CSDN）

4. TensorFlow 卷积神经网络 CNN 代码实战

1）主要的函数说明

（1）卷积层。

```
tf.nn.conv2d(input, filter, strides, padding, use_cudnn_on_gpu = None, data_format = None,
name = None)
```

data_format：表示输入的格式，有两种格式分别为："NHWC"和"NCHW"，默认为"NHWC"格式。

input：输入是一个四维格式的（图像）数据，数据的 shape 由 data_format 决定，当 data_format 为"NHWC"时输入数据的 shape 表示为[batch, in_height, in_width, in_channels]，

分别表示训练时一个 batch 的图片数量、图片高度、图片宽度和图像通道数。而当 data_format 为"NCHW"时输入数据的 shape 表示为[batch,in_channels,in_height,in_width]。

filter：卷积核是一个四维格式的数据，shape 表示为[height,width,in_channels,out_channels]，分别表示卷积核的高、宽、深度（与输入的 in_channels 应相同）和输出特征映射图的个数（即卷积核的个数）。

strides：表示步长。一个长度为 4 的一维列表，每个元素跟 data_format 互相对应，表示在 data_format 每一维上的移动步长。当输入的默认格式为"NHWC"时，则 strides＝[batch,in_height,in_width,in_channels]，其中 batch 和 in_channels 要求一定为 1，即只能在一个样本的一个通道的特征图上进行移动，in_height 和 in_width 表示卷积核在特征图的高度和宽度上移动的步长。

padding：表示填充方式。"SAME"表示采用填充的方式，简单地理解为以 0 填充边缘，当 stride 为 1 时，输入和输出的维度相同；"VALID"表示采用不填充的方式，多余的进行丢弃。

（2）池化层。

```
tf.nn.max_pool( value, ksize,strides,padding,data_format = 'NHWC',name = None)
```

或者

```
tf.nn.avg_pool(...)
```

value：表示池化的输入。一个四维格式的数据，数据的 shape 由 data_format 决定，在默认情况下 shape 为[batch,height,width,channels]。

ksize：表示池化窗口的大小。一个长度为 4 的一维列表，一般为[1,height,width,1]，因不想在 batch 和 channels 上做池化，则将其值设为 1。

（3）Batch Normalization 层。

```
batch_normalization(x,mean,variance,offset,scale,variance_epsilon,name = None)
```

mean 和 variance 通过 tf.nn.moments 进行计算：

batch_mean,batch_var＝tf.nn.moments(x,axes＝[0,1,2],keep_dims＝True)，注意 axes 的输入。对于以特征映射图为维度的全局归一化，若特征映射图的 shape 为[batch,height,width,depth]，则将 axes 赋值为[0,1,2]。

x 为输入的特征映射图四维数据，offset、scale 为一维 Tensor 数据，shape 等于特征映射图的深度 depth。

2）代码示例

搭建卷积神经网络实现 sklearn 库中的手写数字识别，搭建的卷积神经网络结构如图 7.25 所示。

CNN 手写数字识别，如代码 7.1 所示。

【代码 7.1】　cnn.py

```
import tensorflow as tf
```

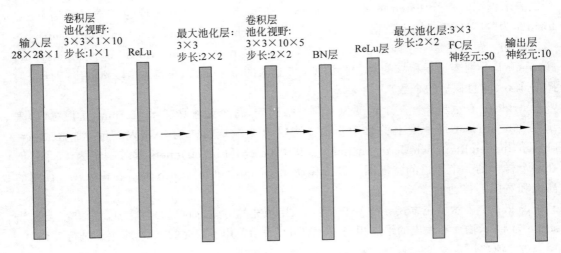

图 7.25　卷积神经网络结构(图片来源于 CSDN)

```
from sklearn.datasets import load_digits
import numpy as np
digits = load_digits()
X_data = digits.data.astype(np.float32)
Y_data = digits.target.astype(np.float32).reshape(-1,1)
print X_data.shape
print Y_data.shape
 (1797, 64)
(1797, 1)
from sklearn.preprocessing import MinMaxScaler
scaler = MinMaxScaler()
X_data = scaler.fit_transform(X_data)

from sklearn.preprocessing import OneHotEncoder
Y = OneHotEncoder().fit_transform(Y_data).todense()           #one-hot 编码
matrix([[ 1., 0., 0., ..., 0., 0., 0.],
        [ 0., 1., 0., ..., 0., 0., 0.],
        [ 0., 0., 1., ..., 0., 0., 0.],
        ...,
        [ 0., 0., 0., ..., 0., 1., 0.],
        [ 0., 0., 0., ..., 0., 0., 1.],
        [ 0., 0., 0., ..., 0., 1., 0.]])
#转换为图片格式(batch,height,width,channels)
X = X_data.reshape(-1,8,8,1)
batch_size = 8 #使用 MBGD 算法,设定 batch_size 为 8
def generatebatch(X,Y,n_examples, batch_size):
    for batch_i in range(n_examples // batch_size):
        start = batch_i * batch_size
```

```
            end = start + batch_size
            batch_xs = X[start:end]
            batch_ys = Y[start:end]
            yield batch_xs, batch_ys #生成每一个batch
tf.reset_default_graph()
#输入层
tf_X = tf.placeholder(tf.float32,[None,8,8,1])
tf_Y = tf.placeholder(tf.float32,[None,10])
#卷积层+激活层
conv_filter_w1 = tf.Variable(tf.random_normal([3, 3, 1, 10]))
conv_filter_b1 = tf.Variable(tf.random_normal([10]))
relu_feature_maps1 = tf.nn.relu(\
            tf.nn.conv2d(tf_X, conv_filter_w1, strides = [1, 1, 1, 1], padding = 'SAME') +
conv_filter_b1)
#池化层
max_pool1 = tf.nn.max_pool(relu_feature_maps1,ksize = [1,3,3,1],strides = [1,2,2,1],
padding = 'SAME')
print max_pool1
Tensor("MaxPool:0", shape = (?, 4, 4, 10), dtype = float32)
#卷积层
conv_filter_w2 = tf.Variable(tf.random_normal([3, 3, 10, 5]))
conv_filter_b2 = tf.Variable(tf.random_normal([5]))
conv_out2 = tf.nn.conv2d(relu_feature_maps1, conv_filter_w2,strides = [1, 2, 2, 1], padding
= 'SAME') + conv_filter_b2
print conv_out2
Tensor("add_4:0", shape = (?, 4, 4, 5), dtype = float32)
#BN层+激活层
batch_mean, batch_var = tf.nn.moments(conv_out2, [0, 1, 2], keep_dims = True)
shift = tf.Variable(tf.zeros([5]))
scale = tf.Variable(tf.ones([5]))
epsilon = 1e - 3
BN_out = tf.nn.batch_normalization(conv_out2, batch_mean, batch_var, shift, scale, epsilon)
print BN_out
relu_BN_maps2 = tf.nn.relu(BN_out)
Tensor("batchnorm/add_1:0", shape = (?, 4, 4, 5), dtype = float32)
#池化层
max_pool2 = tf.nn.max_pool(relu_BN_maps2,ksize = [1,3,3,1],strides = [1,2,2,1],padding =
'SAME')
print max_pool2
Tensor("MaxPool_1:0", shape = (?, 2, 2, 5), dtype = float32)
#将特征图进行展开
max_pool2_flat = tf.reshape(max_pool2, [ - 1, 2 * 2 * 5])
#全连接层
fc_w1 = tf.Variable(tf.random_normal([2 * 2 * 5,50]))
fc_b1 = tf.Variable(tf.random_normal([50]))
fc_out1 = tf.nn.relu(tf.matmul(max_pool2_flat, fc_w1) + fc_b1)
#输出层
```

```
out_w1 = tf.Variable(tf.random_normal([50,10]))
out_b1 = tf.Variable(tf.random_normal([10]))
pred = tf.nn.softmax(tf.matmul(fc_out1,out_w1) + out_b1)
loss = - tf.reduce_mean(tf_Y * tf.log(tf.clip_by_value(pred,1e-11,1.0)))
train_step = tf.train.AdamOptimizer(1e-3).minimize(loss)
y_pred = tf.arg_max(pred,1)
bool_pred = tf.equal(tf.arg_max(tf_Y,1),y_pred)
accuracy = tf.reduce_mean(tf.cast(bool_pred,tf.float32))          # 准确率
with tf.Session() as sess:
    sess.run(tf.global_variables_initializer())
    for epoch in range(1000):                                     # 迭代 1000 个周期
        for batch_xs,batch_ys in generatebatch(X,Y,Y.shape[0],batch_size):
# 每个周期进行 MBGD 算法
            sess.run(train_step,feed_dict = {tf_X:batch_xs,tf_Y:batch_ys})
        if(epoch % 100 == 0):
            res = sess.run(accuracy,feed_dict = {tf_X:X,tf_Y:Y})
            print (epoch,res)
    res_ypred = y_pred.eval(feed_dict = {tf_X:X,tf_Y:Y}).flatten()
# 只能预测一批样本,不能预测一个样本
    print res_ypred
 (0, 0.36338341)
(100, 0.96828049)
(200, 0.99666113)
(300, 0.99554813)
(400, 0.99888706)
(500, 0.99777406)
(600, 0.9961046)
(700, 0.99666113)
(800, 0.99499166)
(900, 0.99888706)
[0 1 2 ..., 8 9 8]
```

在第 100 次个 batch_size 迭代时,准确率就快速接近收敛了,这得归功于批量归一化的作用! 需要注意的是,这个模型还不能用来预测单个样本,因为在进行 BN 层计算时,单个样本的均值和方差都为 0,在这种情况下,会得到相反的预测效果,解决方法详见 BN 层,代码如下:

```
from sklearn.metrics import accuracy_score
print accuracy_score(Y_data,res_ypred.reshape(-1,1))
0.998887033945
```

CNN 和 RNN 都是基础的核心算法,CNN 在计算机视觉方面应用比较普遍,例如图像分类、人脸识别等,而 RNN 更擅长处理序列化数据,在自然语言处理中应用得比较普遍,例如机器翻译、语言模型和对话机器人等。下面我们就详细讲解一下 RNN。

7.3.3　循环神经网络[31,32,33]

循环神经网络(Recurrent Neural Network,RNN)是一类以序列数据为输入,在序列的演进方向进行递归(recursion)且所有节点(循环单元)按链式连接的递归神经网络。人们对循环神经网络的研究始于 20 世纪 80 至 90 年代,并在 21 世纪初发展为深度学习算法之一,其中双向循环神经网络(Bidirectional RNN,Bi-RNN)和长短期记忆网络(Long Short-Term Memory networks,LSTM)是常见的循环神经网络。

循环神经网络具有记忆性、参数共享,并且图灵完备(Turing completeness)等特点,因此在对序列的非线性特征进行学习时具有一定优势。循环神经网络在自然语言处理,例如语音识别、语言建模和机器翻译等领域有应用,也被用于各类时间序列预报。引入了卷积神经网络构筑的循环神经网络可以处理包含序列输入的计算机视觉问题。

1. RNN 应用场景

RNN 主要用于自然语言处理。可以用来处理和预测序列数据,广泛地用于语音识别、语言模型、机器翻译、文本生成(生成序列)、看图说话、文本(情感)分析、智能客服、对话机器人、搜索引擎和个性化推荐等。RNN 最擅长处理与时间序列相关的问题,对于一个序列数据,可以将序列上不同时刻的数据依次输入循环神经网络的输入层,而输出可以是对序列的下一个时刻的预测,也可以是对当前时刻信息的处理结果。

2. 为什么有了 CNN,还要 RNN

在传统神经网络(包括 CNN)中输入和输出都是互相独立的,但有些任务,后续的输出和之前的内容是相关的。例如:我是中国人,我的母语是_____。这是一道填空题,需要依赖之前的输入,所以 RNN 引入"记忆"这一概念,也就是输出需要依赖之前的输入序列,并把关键输入记住。"循环"2 字来源于其每个元素都执行相同的任务,它并非刚性地记忆所有固定长度的序列,而是通过隐藏状态来存储之前时间步的信息。

3. RNN 结构

循环神经网络源自 1982 年由萨拉莎·萨萨斯瓦姆(Saratha Sathasivam)提出的霍普菲尔德网络。RNN 的主要用途是处理和预测序列数据。在全连接的前馈神经网络和卷积神经网络模型中,网络结构都是从输入层到隐藏层再到输出层的,层与层之间是全连接或部分连接的,但每层之间的节点是无连接的,如图 7.26 所示。

图 7.26 所示的是一个典型的循环神经网络。对于循环神经网络,一个非常重要的概念就是时刻。循环神经网络会对于每一个时刻的输入结合当前模型的状态给出一个输出。从图 7.26 中可以看到,循环神经网络的主体结构 A 的输入除了来自输入层 X_t,还有一个循环的边来提供当前时刻的状态。在每一个时

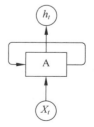

图 7.26　循环神经网络
(图片来源于程序员开发之家)

刻,循环神经网络的模块 A 会读取 t 时刻的输入 X_t,并输出一个值 h_t,同时 A 的状态会从当前步传递到下一步,因此循环神经网络理论上可以被看作同一神经网络结构被无限复制的结果,但出于优化的考虑,目前循环神经网络无法做到真正的无限循环,所以现实中一般会将循环体展开,于是可以得到如图 7.27 所示的展示结构。

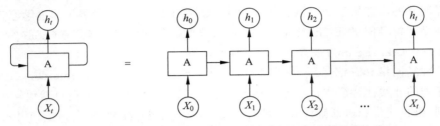

图 7.27　循环神经网络之循环结构(图片来源于程序员开发之家)

从图 7.27 中可以更加清楚地看到循环神经网络在每一个时刻都有一个输入 X_t,然后根据循环神经网络当前的状态 A_t,提供一个输出 h_t,而循环神经网络的结构特征可以很容易得出它最擅长解决的问题是与数据序列相关的。循环神经网络也是在处理这类问题时最自然的神经网络结构。对于一个序列数据,可以将这个序列上不同时刻的数据依次传入循环神经网络的输入层,而输出可以是对序列的下一个时刻的预测,也可以是对当前时刻信息的处理结果(例如语音识别结果)。循环神经网络要求每一个时刻都有一个输入,但是不一定每一个时刻都有输出。

4. RNN 网络

如之前所介绍,循环神经网络可以被看作同一神经网络结构在时间序列上被复制多次的结果,这个复制多次的结构被称为循环体。如何设计循环体的网络结构是循环神经网络解决实际问题的关键。和卷积神经网络中每层神经元的参数是共享的类似,在循环神经网络中,循环体网络结构中的参数(权值和偏置)在不同时刻也是共享的,如图 7.28 所示。

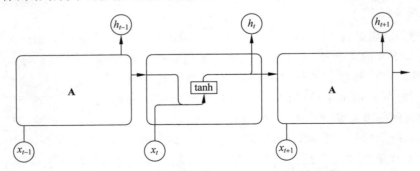

图 7.28　SimpleRNN(图片来源于程序员开发之家)

图 7.28 展示了一个使用最简单的循环体结构的循环神经网络,在这个循环体中只使用了一个类似全连接层的神经网络结构。下面将通过如图 7.28 所示的神经网络来介绍循环

神经网络前向传播的完整流程。循环神经网络的状态是通过一个向量来表示的,这个向量的维度也称为神经网络隐藏层的大小,假设其为 h。从图 7.28 中可以看出,循环体中的神经网络的输入有两部分,一部分为上一时刻的状态,另一部分为当前时刻的输入样本。对于时间序列数据来说,每一时刻的输入样本可以是当前时刻的数据,而对于语言模型来说,输入样本可以是当前单词对应的单词向量。

假设输入向量的维度为 x,那么图 7.28 中循环体的全连接层神经网络的输入大小为 $h+x$。也就是将上一时刻的状态与当前时刻的输入拼接成一个大的向量作为循环体中神经网络的输入。因为该神经网络的输出为当前时刻的状态,于是输出层的节点个数也为 h,循环体中的参数个数为 $(h+x)*h+h$ 个(因为有 h 个元素的输入向量和 x 个元素的输入向量,及 h 个元素的输出向量,可以简单理解为输入层有 $h+x$ 个神经元,输出层有 h 个神经元,从而形成一个全连接的前馈神经网络,有 $(h+x)*h$ 个权值,有 h 个偏置),如图 7.29 所示。

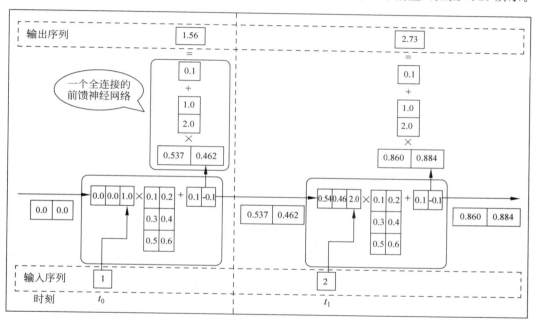

图 7.29　两个时刻的 RNN 网络(图片来源于程序员开发之家)

如图 7.29 所示,此图具有两个时刻的 RNN 网络,其中 t_0 和 t_1 的权值和偏置是相同的,只是输入不同而已,同时由于输入向量是一维的,而输入状态为二维的,合并起来的向量是三维的,其中在每个循环体的状态输出是二维的,然后经过一个全连接的神经网络计算后,最终输出是一维向量结构。

5. RNN 梯度爆炸、梯度消失

循环神经网络在进行反向传播时也面临梯度消失或者梯度爆炸的问题,这种问题表现在时间轴上。如果输入序列的长度很长,人们很难进行有效的参数更新。通常来说梯度爆

炸更容易处理，因为在梯度爆炸时，我们的程序会收到 NaN 错误。我们也可以设置一个梯度阈值，当梯度超过这个阈值的时候可以直接截取。

梯度消失更难检测，而且也更难处理。总的来说，我们有 3 种方法应对梯度消失问题：

1）合理的初始化权重值

初始化权重，使每个神经元尽可能不要取极大或极小值，以躲开梯度消失的区域。

2）ReLU 代替 sigmoid 和 tanh

使用 ReLU 代替 sigmoid 和 tanh 作为激活函数。

3）使用其他结构的 RNN

例如长短时记忆网络和门控循环单元，这是最流行的做法。

6. RNN 的问题

循环神经网络工作的关键点是使用历史的信息来帮助当前的决策。例如使用之前出现的单词来加强对当前文字的理解。循环神经网络可以更好地利用传统神经网络结构所不能建模的信息，但同时这也带来了更大的技术挑战——长期依赖（long-term dependencies）问题。

在有些问题中，模型仅仅需要短期内的信息来执行当前的任务。例如预测短语"大海的颜色是蓝色"中最后一个单词"蓝色"时，模型并不需要记忆这个短语之前更长的上下文信息——因为这一句话已经包含了足够信息来预测最后一个词。在这样的场景中，相关的信息和待预测词的位置之间的间隔很小，循环神经网络可以比较容易地利用先前信息。

同样也会有一些上下文场景比较复杂的情况，例如当模型试着去预测段落"某地开设了大量工厂，空气污染十分严重……这里的天空都是灰色的"的最后一个词语时，仅仅根据短期依赖无法很好地解决这种问题。因为只根据最后一小段，最后一个词语可以是"蓝色的"或者"灰色的"，但如果模型需要预测具体是什么颜色，就需要考虑先前提到但离当前位置较远的上下文信息。因此当前预测位置和相关信息之间的文本间隔就有可能变得很大。当这个间隔不断增大时，类似图 7.28 所示的简单循环神经网络有可能丧失学习到距离如此远的信息的能力。或者在复杂语言场景中，有用信息的间隔有大有小、长短不一，循环神经网络的性能也会受到影响。

7. 代码实现简单的 RNN

简单的 RNN 代码如下：

```python
import numpy as np

# 定义 RNN 的参数。
X = [1,2]
state = [0.0, 0.0]
w_cell_state = np.asarray([[0.1, 0.2], [0.3, 0.4]])
w_cell_input = np.asarray([0.5, 0.6])
b_cell = np.asarray([0.1, -0.1])
w_output = np.asarray([[1.0], [2.0]])
```

```
b_output = 0.1

#执行前向传播过程。
for i in range(len(X)):
    before_activation = np.dot(state, w_cell_state) + X[i] * w_cell_input + b_cell
    state = np.tanh(before_activation)
    final_output = np.dot(state, w_output) + b_output
    print ("before activation: ", before_activation)
    print ("state: ", state)
    print ("output: ", final_output)
```

LSTM 解决了 RNN 不支持长期依赖的问题,使其大幅度提升记忆时长。RNN 被成功应用的关键就是 LSTM。下面我们就讲解 LSTM。

7.3.4 长短期记忆神经网络[34,35]

长短期记忆网络是一种时间循环神经网络,此神经网络是为了解决一般的 RNN 存在的长期依赖问题而专门设计出来的,所有的 RNN 都具有一种重复神经网络模块的链式形式。在标准 RNN 中,这个重复的结构模块只有一个非常简单的结构,例如一个 tanh 层。

1. LSTM 介绍

长短期记忆网络正是为了解决上述 RNN 的依赖问题而设计出来的,即为了解决 RNN 有时依赖的间隔短,有时依赖的间隔长的问题,其中循环神经网络被成功应用的关键就是 LSTM。在很多的任务上,采用 LSTM 结构的循环神经网络比标准的循环神经网络的表现更好。LSTM 结构是由塞普·霍克赖特(Sepp Hochreiter)和朱尔根·施密德胡伯(Jürgen Schemidhuber)于 1997 年提出的,它是一种特殊的循环神经网络结构。

2. LSTM 结构

LSTM 的设计就是为了精确解决 RNN 的长短记忆问题,其中在默认情况下 LSTM 可以记住长时间依赖的信息,而不是让 LSTM 努力去学习记住长时间的依赖,如图 7.30 所示。

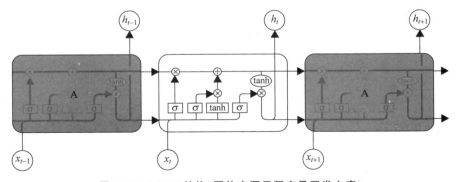

图 7.30　LSTM 结构(图片来源于程序员开发之家)

所有循环神经网络都有一个重复结构的模型形式,在标准的 RNN 中重复的结构是一个简单的循环体,如图 7.28 所示的 A 循环体,而 LSTM 的循环体是一个拥有 4 个相互关联的全连接前馈神经网络的复制结构,如图 7.30 所示。

现在可以先不必了解 LSTM 细节,只需先明白图 7.31 所示的符号语义。

图 7.31　符号语义(图片来源于程序员开发之家)

Neural Network Layer:该图表示一个神经网络层;

Pointwise Operation:该图表示一种操作,如加号表示矩阵或向量的求和而乘号表示向量的乘法操作;

Vector Transfer:每一条线表示一个向量,从一个节点输出到另一个节点;

Concatenate:该图表示两个向量的合并,即由两个向量合并为一个向量,如有 X_1 和 X_2 两向量合并后为 $[X_1, X_2]$ 向量;

Copy:该图表示一个向量复制了两个向量,并且两个向量值相同。

3. LSTM 分析

LSTM 设计的关键是神经元的状态,如图 7.32 所示的顶部的水平线。神经元的状态类似传送带,按照传送方向从左端向右端传送,在传送过程中基本不会改变状态,而只是进行一些简单的线性运算:加或减操作。神经元通过线性操作能够小心地管理神经元的状态信息,将这种管理方式称为门操作(gate)。

门操作能够随意地控制神经元状态信息的流动,如图 7.33 所示,它由一个 sigmoid 激活函数的神经网络层和一个点乘运算组成。sigmoid 层的输出要么是 1 要么是 0,若是 0 则不能让任何数据通过,若是 1 则意味着任何数据都能通过。

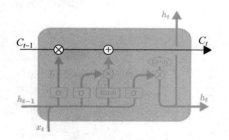

图 7.32　C-line(图片来源于程序员开发之家)　　　图 7.33　gate(图片来源于程序员开发之家)

LSTM 由 3 个门来管理和控制神经元的状态信息:

1)遗忘门

LSTM 的第一步是决定要从上一个时刻的状态中丢弃什么信息,其是由一个 sigmoid

全连接的前馈神经网络的输出管理,将这种操作称为遗忘门(forget get layer),如图 7.34 所示。这个全连接的前馈神经网络的输入是 h_{t-1} 和 x_t 组成的向量,输出是向量 f_t。向量 f_t 是由 1 和 0 组成,1 表示能够通过,而 0 表示不能通过。

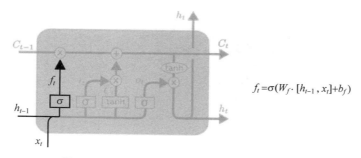

$$f_t = \sigma(W_f \cdot [h_{t-1}, x_t] + b_f)$$

图 7.34　focus-f(图片来源于程序员开发之家)

2)输入门

第二步决定哪些输入信息要保存到神经元的状态中,这里又有两队前馈神经网络,如图 7.35 所示。首先是一个 sigmoid 层的全连接前馈神经网络,称为输入门(input gate layer),其决定了哪些值将被更新;其次是一个 tanh 层的全连接前馈神经网络,其输出是一个向量 C_t,C_t 向量可以被添加到当前时刻的神经元状态中,最后根据两个神经网络的结果创建一个新的神经元状态。

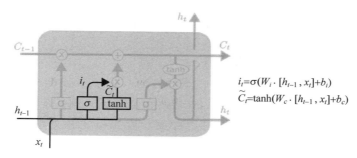

$$i_t = \sigma(W_i \cdot [h_{t-1}, x_t] + b_i)$$
$$\widetilde{C}_t = \tanh(W_c \cdot [h_{t-1}, x_t] + b_c)$$

图 7.35　focus-i(图片来源于程序员开发之家)

3)状态控制

第三步就可以更新上一时刻的状态 C_{t-1} 为当前时刻的状态 C_t 了。上述第一步的遗忘门计算了一个控制向量,此时可通过这个向量过滤一部分 C_{t-1} 状态,如图 7.36 所示的乘法操作。上述第二步的输入门根据输入向量计算新状态,此时可以通过这个新状态和 C_{t-1} 状态更新一个新的状态 C_t,如图 7.36 所示的加法操作。

4)输出门

最后一步计算神经元的输出向量 h_t,此时的输出是根据上述第三步的 C_t 状态进行计算的,即根据一个 sigmoid 层的全连接前馈神经网络过滤一部分 C_t 状态作为当前时刻神经元的输出,如图 7.37 所示。这个计算过程是:首先通过 sigmoid 层生成一个过滤向量,然后

通过一个 tanh 函数计算当前时刻的 C_t 状态向量(即将向量每个值的范围变换到 $[-1,1]$),
接着通过 sigmoid 层的输出向量过滤 tanh 函数而获得结果,即为当前时刻神经元的输出。

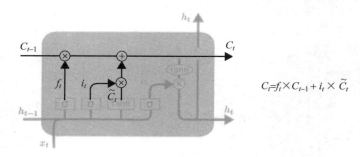

$$C_t = f_t \times C_{t-1} + i_t \times \widetilde{C}_t$$

图 7.36　focus-C(图片来源于程序员开发之家)

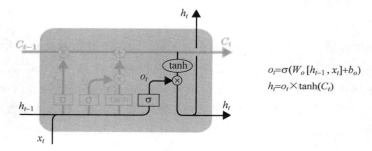

$$o_t = \sigma(W_o[h_{t-1}, x_t] + b_o)$$
$$h_t = o_t \times \tanh(C_t)$$

图 7.37　focus-o(图片来源于程序员开发之家)

4. LSTM 实现语言模型代码实战

下面实现一个语言模型,它是 NLP 中比较重要的一部分,给出上文的语境后,可以预测下一个单词出现的概率。如果是中文的话,需要做中文分词。什么是语言模型?统计语言模型是一个单词序列上的概率分布,对于一个给定长度为 m 的序列,它可以为整个序列生成一个概率 $P(w\_1, w\_2, \cdots, w\_m)$。其实就是想办法找到一个概率分布,它可以表示任意一个句子或序列出现的概率。

目前在自然语言处理中相关应用得到非常广泛的应用,如语音识别,机器翻译,词性标注,句法分析等。传统方法主要是基于统计学模型,而最近几年基于神经网络的语言模型也越来越成熟。

下面就是基于 LSTM 神经网络语言模型的代码实现,先准备数据和代码环境:

```
# 首先下载 PTB 数据集并解压到工作路径下
wget http://www.fit.vutbr.cz/~imikolov/rnnlm/simple-examples.tgz
tar xvf simple-examples.tgz
# 然后下载 TensorFlow models 库,进入目录 models/tutorials/rnn/ptb。接着载入常用的库
# 和 TensorFlow models 中的 PTB reader,通过它读取数据
git clone https://github.com/tensorflow/models.git
```

cd models/tutorials/rnn/ptb

LSTM 核心代码如代码 7.2 所示。

【代码 7.2】 lstm.py

```python
# - * - coding: utf - 8 - * -
import time
import numpy as np
import tensorflow as tf
import ptb.reader as reader


flags = tf.app.flags
FLAGS = flags.FLAGS


logging = tf.logging

flags.DEFINE_string("save_path", './Out',
                    "Model output directory.")
flags.DEFINE_bool("use_fp16", False,
                    "Train using 16 - bit floats instead of 32bit floats")

def data_type():
return tf.float16 if FLAGS.use_fp16 else tf.float32

#定义语言模型所处理的输入数据的 class
class PTBInput(object):
  """The input data."""
  #初始化方法
  #读取 config 中的 batch_size,num_steps 到本地变量
  def __init__(self, config, data, name = None):
    self.batch_size = batch_size = config.batch_size
    self.num_steps = num_steps = config.num_steps #num_steps 是 LSTM 的展开步数
    #计算每个 epoch 内需要多少轮训练迭代
    self.epoch_size = ((len(data) // batch_size) - 1) // num_steps
    #通过 ptb_reader 获取特征数据 input_data 和 label 数据 targets
    self.input_data, self.targets = reader.ptb_producer(
        data, batch_size, num_steps, name = name)


#定义语言模型的 class
class PTBModel(object):
  """PTB 模型"""
  #训练标记,配置参数,ptb 类的实例 input_
  def __init__(self, is_training, config, input_):
    self._input = input_

    batch_size = input_.batch_size
```

```
num_steps = input_.num_steps
size = config.hidden_size # hidden_size 是 LSTM 的节点数
vocab_size = config.vocab_size # vocab_size 是词汇表

# 使用遗忘门的偏置可以获得稍好的结果
def lstm_cell():
    # 使用 tf.contrib.rnn.BasicLSTMCell 设置默认的 LSTM 单元
    return tf.contrib.rnn.BasicLSTMCell(
        size, forget_bias = 0.0, state_is_tuple = True)
        # state_is_tuple 表示接收和返回的 state 将是 2 - tuple 的形式


attn_cell = lstm_cell
# 如果训练状态且 Dropout 的 keep_prob 小于 1,则在前面的 lstm_cell 之后接一个 DropOut 层,
# 这里的做法是调用 tf.contrib.rnn.DropoutWrapper 函数
if is_training and config.keep_prob < 1:
    def attn_cell():
        return tf.contrib.rnn.DropoutWrapper(
            lstm_cell(), output_keep_prob = config.keep_prob)
            # 最后使用 rnn 堆叠函数 tf.contrib.rnn.MultiRNNCell 将前面构造的 lstm_cell
            # 多层堆叠得到 cell
            # 堆叠次数,为 config 中的 num_layers
cell = tf.contrib.rnn.MultiRNNCell(
    [attn_cell() for _ in range(config.num_layers)], state_is_tuple = True)
# 这里同样将 state_is_tuple 设置为 True


# 调用 cell.zero_state 并设置 LSTM 单元的初始化状态为 0
self._initial_state = cell.zero_state(batch_size, tf.float32)
# 这里需要注意,LSTM 单元可以读入一个单词并结合之前存储的状态 state 计算下一个单词
# 出现的概率,
# 在每次读取一个单词后,它的状态 state 会被更新


# 创建网络的词 embedding 部分,embedding 即为将 one - hot 编码格式的单词转化为向量
# 的表达形式
# 这部分操作在 GPU 中实现
with tf.device("/cpu:0"):
    # 初始化 embedding 矩阵,其行数设置为词汇表数 vocab_size,列数(每个单词的向量表达
    # 的维数)设为 hidden_size
    # hidden_size 和 LSTM 单元中的隐含节点数一致,在训练过程中,embedding 的参数可以
    # 被优化和更新
    embedding = tf.get_variable(
        "embedding", [vocab_size, size], dtype = tf.float32)

    # 接下来使用 tf.nn.embedding_lookup 查询单词对应的向量表达式而获得 inputs
    inputs = tf.nn.embedding_lookup(embedding, input_.input_data)

# 如果为训练状态,则添加一层 Dropout
if is_training and config.keep_prob < 1:
```

```
        inputs = tf.nn.dropout(inputs, config.keep_prob)

# 定义输出 outputs
outputs = []
state = self._initial_state
# 首先使用 tf.variable_scope 将接下来的名称设为 RNN
with tf.variable_scope("RNN"):
    # 为了控制训练过程,我们会限制梯度在反向传播时可以展开的步数为一个固定的值,而这个步
    # 数也是 num_steps
    # 这里设置一个循环,长度为 num_steps,来控制梯度的传播
    for time_step in range(num_steps):
        # 并且从第二次循环开始,我们使用 tf.get_variable_scope().reuse_variables()
        # 设置复用变量
        if time_step > 0: tf.get_variable_scope().reuse_variables()
        # 在每次循环内,我们传入 inputs 和 state 到堆叠的 LSTM 单元 cell 中
        # 注意,inputs 有 3 个维度,第一个维度是 batch 中的低级样本,
        # 第二个维度是样本中的第几个单词,第三个维度是单词向量表达的维度
        # inputs[:, time_step, :]代表所有样本的第 time_step 个单词
        (cell_output, state) = cell(inputs[:, time_step, :], state)
        # 这里我们得到输出 cell_output 和更新后的 state

        outputs.append(cell_output)
            # 最后我们将结果 cell_output 添加到输出列表 ouputs 中

# 将 output 的内容用 tf.contact 串联到一起,并使用 tf.reshape 将其转为一个很长的一维
# 向量
output = tf.reshape(tf.concat(outputs, 1), [-1, size])
# 接下来是 Softmax 层,先定义权重 softmax_w 和偏置 softmax_b
softmax_w = tf.get_variable(
    "softmax_w", [size, vocab_size], dtype=tf.float32)
softmax_b = tf.get_variable("softmax_b", [vocab_size], dtype=tf.float32)
# 使用 tf.matmul 将输出 output 乘上权重并加上偏置得到 logits
logits = tf.matmul(output, softmax_w) + softmax_b
# 这里直接使用 tf.contrib.legacy_seq2seq.sequence_loss_by_example 计算并输出
# logits 和 targets 的偏差

loss = tf.contrib.legacy_seq2seq.sequence_loss_by_example(
    [logits],
    [tf.reshape(input_.targets, [-1])],
    [tf.ones([batch_size * num_steps], dtype=tf.float32)])
# 这里的 sequence_loss 即 target words 的 average negative log probability

self._cost = cost = tf.reduce_sum(loss) / batch_size
# 使用 tf.reduce_sum 汇总 batch 的误差
self._final_state = state

if not is_training:
```

```
    return
    # 如果此时不是训练状态,直接返回


# 定义学习速率的变量 lr,并将其设为不可训练
self._lr = tf.Variable(0.0, trainable = False)


# 使用 tf.trainable_variables 获取所有可训练的参数 tvars
tvars = tf.trainable_variables()
# 针对前面得到的 cost,计算 tvars 的梯度,并用 tf.clip_by_global_norm 设置梯度的最
# 大范数 max_grad_norm
grads, _ = tf.clip_by_global_norm(tf.gradients(cost, tvars),
                                  config.max_grad_norm)
# 这就是用 Gradient Clipping 方法控制梯度的最大范数,在某种程度上起到正则化的效果。
# Gradient Clipping 可防止 Gradient Explosion 梯度爆炸的问题,如果对梯度不加限制,
# 则可能会因为迭代中梯度过大导致训练难以收敛


# 定义 GradientDescent 优化器
optimizer = tf.train.GradientDescentOptimizer(self._lr)


# 创建训练操作_train_op,用 optimizer.apply_gradients 将前面 clip 过的梯度应用
# 到所有可训练的参数 tvars 上,
# 使用 tf.contrib.framework.get_or_create_global_step()生成全局统一的训练
# 步数
self._train_op = optimizer.apply_gradients(
    zip(grads, tvars),
    global_step = tf.contrib.framework.get_or_create_global_step())


# 设置一个_new_lr 的 placeholder 用以控制学习速率
self._new_lr = tf.placeholder(
    tf.float32, shape = [], name = "new_learning_rate")
# 同时定义一个 assign 函数,用以在外部控制模型的学习速率
self._lr_update = tf.assign(self._lr, self._new_lr)


# 同时定义一个 assign_lr 函数,用以在外部控制模型的学习速率
# 方式是将学习速率值传入_new_lr 这个 place_holder 中,并执行_update_lr 完成对学习速
# 率的修改
def assign_lr(self, session, lr_value):
  session.run(self._lr_update, feed_dict = {self._new_lr: lr_value})


# 模型定义完毕,再定义这个 PTBModel class 的一些 property
# Python 中的@property 装饰器可以将返回变量设为只读,防止修改变量而引发的问题


# 这里定义 input,initial_state,cost,lr,final_state,train_op 为 property,方便外
# 部访问
@property
def input(self):
  return self._input
```

```python
  @property
  def initial_state(self):
    return self._initial_state

  @property
  def cost(self):
    return self._cost

  @property
  def final_state(self):
    return self._final_state

  @property
  def lr(self):
    return self._lr

  @property
  def train_op(self):
    return self._train_op
```

```python
#接下来定义几种不同大小模型的参数
#首先是小模型的设置
class SmallConfig(object):
  """Small config."""
  init_scale = 0.1            #网络中权重值的初始 Scale
  learning_rate = 1.0         #学习速率的初始值
  max_grad_norm = 5           #前面提到的梯度的最大范数
  num_layers = 2              #num_layers 是 LSTM 可以堆叠的层数
  num_steps = 20              #LSTM 梯度反向传播的展开步数
  hidden_size = 200           #LSTM 的隐含节点数
  max_epoch = 4               #初始学习速率的可训练的 epoch 数,在此之后需要调整学习速率
  max_max_epoch = 13          #总共可以训练的 epoch 数
  keep_prob = 1.0             #keep_prob 是 dorpout 层的保留节点的比例
  lr_decay = 0.5              #学习速率的衰减速率
  batch_size = 20             #每个 batch 中样本的数量
  vocab_size = 10000
```

#具体每个参数的值,在不同的配置中对比才有意义

#在中等模型中,我们减小了 init_state,即希望权重初值不要过大,小一些有利于温和地训练
#学习速率和最大梯度范数不变,LSTM 层数不变。
#这里将梯度反向传播的展开步数从 20 增大到 35。
#hidden_size 和 max_max_epoch 也相应地增大约 3 倍,同时这里开始设置 dropout 的
#keep_prob 到 0.5,
#而之前设置 1,即没有 dropout。

```python
# 因为学习迭代次数的增大,因此将学习速率的衰减速率 lr_decay 也减小了。
# batch_size 和词汇表 vocab_size 的大小保持不变
class MediumConfig(object):
    """Medium config."""
    init_scale = 0.05
    learning_rate = 1.0
    max_grad_norm = 5
    num_layers = 2
    num_steps = 35
    hidden_size = 650
    max_epoch = 6
    max_max_epoch = 39
    keep_prob = 0.5
    lr_decay = 0.8
    batch_size = 20
    vocab_size = 10000


# 大型模型,进一步缩小了 init_scale 并大大放宽了最大梯度范数 max_grad_norm 到 10
# 同时将 hidden_size 提升到了 1500,并且 max_epoch,max_max_epoch 也相应增大了,
# 而 keep_drop 也因为模型复杂度的上升继续下降,学习速率的衰减速率 lr_decay 也进一步减小
class LargeConfig(object):
    """Large config."""
    init_scale = 0.04
    learning_rate = 1.0
    max_grad_norm = 10
    num_layers = 2
    num_steps = 35
    hidden_size = 1500
    max_epoch = 14
    max_max_epoch = 55
    keep_prob = 0.35
    lr_decay = 1 / 1.15
    batch_size = 20
    vocab_size = 10000


# TstConfig 只是供测试用,参数都尽量使用最小值,只是为了测试是否可以使用模型
class TstConfig(object):
    """Tiny config, for testing."""
    init_scale = 0.1
    learning_rate = 1.0
    max_grad_norm = 1
    num_layers = 1
    num_steps = 2
    hidden_size = 2
    max_epoch = 1
    max_max_epoch = 1
```

```
    keep_prob = 1.0
    lr_decay = 0.5
    batch_size = 20
    vocab_size = 10000

# 定义训练一个 epoch 数据的函数 run_epoch
def run_epoch(session, model, eval_op = None, verbose = False):
    """Runs the model on the given data."""
    # 记录当前时间,初始化损失 costs 和迭代数 iters
    start_time = time.time()
    costs = 0.0
    iters = 0
    state = session.run(model.initial_state)
    # 执行 model.initial_state 来初始化状态并获得初始状态

    # 接着创建输出结果的字典表 fetches
    # 其中包括 cost 和 final_state
    fetches = {
        "cost": model.cost,
        "final_state": model.final_state,
    }
    # 如果有评测操作 eval_op,也一并加入 fetches
    if eval_op is not None:
      fetches["eval_op"] = eval_op

    # 接着进行循环训练,次数为 epoch_size
    for step in range(model.input.epoch_size):
      feed_dict = {}
      # 在每次循环中,我们生成训练用的 feed_dict

      for i, (c, h) in enumerate(model.initial_state):
        feed_dict[c] = state[i].c
        feed_dict[h] = state[i].h

      # 将全部的 LSTM 单元的 state 加入 feed_dict,然后传入 feed_dict 并执行
      # fetches 对网络进行一次训练,并且得到 cost 和 state
      vals = session.run(fetches, feed_dict)
      cost = vals["cost"]
      state = vals["final_state"]

      # 累加 cost 到 costs,并且累加 num_steps 到 iters
      costs += cost
      iters += model.input.num_steps

      # 我们每完成约 10% 的 epoch,就进行一次结果展示,依次展示当前 epoch 的进度
      # perplexity(即平均 cost 的自然常数指数,此指数是语言模型性能的重要指标,其值越低代表
      # 模型输出的概率分布在预测样本上越好)
```

```
        # 和训练速度(单词/s)

    if verbose and step % (model.input.epoch_size // 10) == 10:
      print("%.3f perplexity: %.3f speed: %.0f wps" %
            (step * 1.0 / model.input.epoch_size, np.exp(costs / iters),
              iters * model.input.batch_size / (time.time() - start_time)))
  # 最后返回 perplexity 作为函数的结果
  return np.exp(costs / iters)


# 使用 reader.ptb_raw_data 直接读取解压后的数据而得到训练数据,以此验证数据和测试数据
raw_data = reader.ptb_raw_data('./simple-examples/data/')
train_data, valid_data, test_data, _ = raw_data


# 这里定义训练模型的配置为小型模型的配置
config = SmallConfig()
eval_config = SmallConfig()
eval_config.batch_size = 1
eval_config.num_steps = 1
# 需要注意的是测试配置 eval_config 需和训练配置一致
# 这里将测试配置的 batch_size 和 num_steps 修改为 1


# 创建默认的 Graph,并使用 tf.random_uniform_initializer 设置参数的初始化器
with tf.Graph().as_default():
  initializer = tf.random_uniform_initializer(-config.init_scale,
                                  config.init_scale)

  with tf.name_scope("Train"):
    # 使用 PTBInput 和 PTBModel 创建一个用来训练的模型 m
    train_input = PTBInput(config=config, data=train_data, name="TrainInput")
    with tf.variable_scope("Model", reuse=None, initializer=initializer):
      m = PTBModel(is_training=True, config=config, input_=train_input)
      # tf.scalar_summary("Training Loss", m.cost)
      # tf.scalar_summary("Learning Rate", m.lr)

  with tf.name_scope("Valid"):
    # 使用 PTBInput 和 PTBModel 创建一个用来验证的模型 mvalid
    valid_input = PTBInput(config=config, data=valid_data, name="ValidInput")
    with tf.variable_scope("Model", reuse=True, initializer=initializer):
      mvalid = PTBModel(is_training=False, config=config, input_=valid_input)
      # tf.scalar_summary("Validation Loss", mvalid.cost)

  with tf.name_scope("Tst"):
    # 使用 PTBInput 和 PTBModel 创建一个用来验证的模型 Tst
    test_input = PTBInput(config=eval_config, data=test_data, name="TstInput")
```

```
    with tf.variable_scope("Model", reuse = True, initializer = initializer):
        mtst = PTBModel(is_training = False, config = eval_config,
                        input_ = test_input)
```

＃训练和验证模型直接使用前面的 config,测试模型则使用前面的测试配置 eval_config

```
    sv = tf.train.Supervisor()
    ＃使用 tf.train.Supervisor 创建训练的管理器 sv

    ＃使用 sv.managed_session()创建默认的 session
    with sv.managed_session() as session:
        ＃执行训练多个 epoch 数据的循环
        for i in range(config.max_max_epoch):
            ＃在每个 epoch 循环内,我们先计算累计的学习速率衰减值
            ＃这里只需要计算超过 max_epoch 的轮数,再求 lr_decay 超出轮数次幂即可
            ＃然后将初始学习速率乘以累计的衰减,并更新学习速率
            lr_decay = config.lr_decay ** max(i + 1 - config.max_epoch, 0.0)
            m.assign_lr(session, config.learning_rate * lr_decay)

            ＃在循环内执行一个 epoch 的训练和验证,并输出当前的学习速率,训练和验证即为
            ＃ perplexity
            print("Epoch: % d Learning rate: % .3f" % (i + 1, session.run(m.lr)))
            train_perplexity = run_epoch(session, m, eval_op = m.train_op,
                                         verbose = True)
            print("Epoch: % d Train Perplexity: % .3f" % (i + 1, train_perplexity))
            valid_perplexity = run_epoch(session, mvalid)
            print("Epoch: % d Valid Perplexity: % .3f" % (i + 1, valid_perplexity))

            ＃在完成全部训练之后,计算并输出模型在测试集上的 perplexity
            tst_perplexity = run_epoch(session, mtst)
            print("Test Perplexity: % .3f" % tst_perplexity)
            ＃
            # if FLAGS.save_path:
            #    print("Saving model to % s." % FLAGS.save_path)
            #    sv.saver.save(session, FLAGS.save_path, global_step = sv.global_step)

if __name__ == "__main__":
    tf.app.run()
```

LSTM 经常用来解决处理和预测序列化问题,下面要讲解的 Seq2Seq 就是基于 LSTM 的,当然 Seq2Seq 也不是必须基于 LSTM,它也可以基于 CNN。下面我们来讲解 Seq2Seq。

7.3.5　端到端神经网络[36,37,38]

Seq2Seq 技术,全称 Sequence to Sequence,该技术突破了传统的固定大小输入问题,开

启了将经典深度神经网络模型运用于翻译与智能问答这一类序列型（Sequence Based,项目间有固定的先后关系)任务的先河,并被证实在机器翻译、对话机器人和语音辨识的应用中有着不俗的表现。下面就详细讲解其原理和实现。

1. Seq2Seq 原理介绍

传统的 Seq2Seq 使用两个循环神经网络,将一个语言序列直接转换到另一个语言序列,它是循环神经网络的升级版,其联合了两个循环神经网络。一个神经网络负责接收源句子,而另一个循环神经网络负责将句子输出成翻译的语言。这两个过程分别称为编码和解码的过程,如图 7.38 所示。

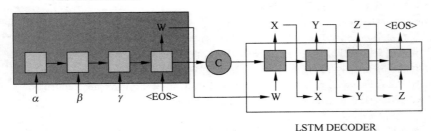

图 7.38　Seq2Seq 模型(图片来源于 CSDN)

1) 编码过程

编码过程实际上使用了循环神经网络记忆的功能,通过上下文的序列关系将词向量依次输入网络。对于循环神经网络,每一次网络都会输出一个结果,但是编码的不同之处在于其只保留最后一个隐藏状态,相当于将整句话浓缩在一起,将其存为一个内容向量(context)供后面的解码器(decoder)使用。

2) 解码过程

解码和编码的网络结构几乎是一样的,唯一不同的是在解码过程中根据前面的结果来得到后面的结果。在编码过程中输入一句话,这一句话就是一个序列,而且这个序列中的每个词都是已知的,而解码过程相当于什么也不知道,首先需要一个标识符表示一句话的开始,接着将其输入网络得到第一个输出作为这句话的第一个词,然后通过得到的第一个词作为网络的下一个输入,从而得到输出作为第二个词,不断循环,通过这种方式来得到最后网络输出的一句话。

3) 使用序列到序列网络结构的原因

翻译的每句话的输入长度和输出长度一般来讲都是不同的,而序列到序列的网络结构的优势在于不同长度的输入序列能够得到任意长度的输出序列。使用序列到序列的模型,首先将一句话的所有内容压缩成一个内容向量,然后通过一个循环网络不断地将内容提取出来,形成一句新的话。

2. Seq2Seq 代码实战

了解了 Seq2Seq 原理和介绍,我们来做一个实践应用,做一个单词的字母排序,例如输入单词是'acbd',输出单词是'abcd',要让机器学会这种排序算法,可以使用 Seq2Seq 模型来完成,接下来我们分析一下核心步骤,最后给出一个能直接运行的完整代码供大家学习。

1) 数据集的准备

这里有两个文件分别是 source.txt 和 target.txt,对应的分别是输入文件和输出文件,代码如下:

```
# 读取输入文件
with open('data/letters_source.txt', 'r', encoding = 'utf - 8') as f:
    source_data = f.read()
# 读取输出文件
with open('data/letters_target.txt', 'r', encoding = 'utf - 8') as f:
    target_data = f.read()
```

2) 数据集的预处理

填充序列、序列字符和 ID 的转换,代码如下:

```
# 数据预处理
def extract_character_vocab(data):
    # 使用特定的字符进行序列的填充
    special_words = ['< PAD >', '< UNK >', '< GO >', '< EOS >']
    set_words = list(set([character for line in data.split('\n') for character in line]))
    # 这里要把 4 个特殊字符添加进词典
    int_to_vocab = {idx: word for idx, word in enumerate(special_words + set_words)}
    vocab_to_int = {word: idx for idx, word in int_to_vocab.items()}
    return int_to_vocab, vocab_to_int


source_int_to_letter, source_letter_to_int = extract_character_vocab(source_data)
target_int_to_letter, target_letter_to_int = extract_character_vocab(target_data)
# 对字母进行转换
source_int = [[source_letter_to_int.get(letter, source_letter_to_int['< UNK >'])
              for letter in line] for line in source_data.split('\n')]
target_int = [[target_letter_to_int.get(letter, target_letter_to_int['< UNK >'])
              for letter in line] + [target_letter_to_int['< EOS >']] for line in target_data.
split('\n')]
print('source_int_head', source_int[:10])
```

填充字符含义:

< PAD >:补全字符。

< EOS >:解码器端的句子结束标识符。

< UNK >:低频词或者一些未遇到过的词等。

< GO >:解码器端的句子起始标识符。

3）创建编码层

创建编码层代码如下：

```
# 创建编码层
def get_encoder_layer(input_data, rnn_size, num_layers,source_sequence_length, source_vocab_
size,encoding_embedding_size):

    # Encoder embedding
    encoder_embed_input = layer.embed_sequence(ids = input_data, vocab_size = source_vocab_
size,embed_dim = encoding_embedding_size)

    # RNN cell
    def get_lstm_cell(rnn_size):
        lstm_cell = rnn.LSTMCell(rnn_size,
initializer = tf.random_uniform_initializer( - 0.1, 0.1, seed = 2))
        return lstm_cell
    # 指定多个 lstm
    cell = rnn.MultiRNNCell([get_lstm_cell(rnn_size) for _ in range(num_layers)])
    # 返回 output,state
    encoder_output, encoder_state = tf.nn.dynamic_rnn(cell = cell, inputs = encoder_embed_
input,sequence_length = source_sequence_length, dtype = tf.float32)

    return encoder_output, encoder_state
```

参数变量含义：

input_data：输入 tensor；

rnn_size：rnn 隐层节点数量；

num_layers：堆叠的 rnn cell 数量；

source_sequence_length：源数据的序列长度；

source_vocab_size：源数据的词典大小；

encoding_embedding_size：embedding 的大小。

4）创建解码层

对编码之后的字符串进行处理，移除最后一个没用的字符串，代码如下：

```
# 对编码数据进行处理,移除最后一个字符
def process_decoder_input(data, vocab_to_int, batch_size):
    '''
# 补充 < GO >,并移除最后一个字符
    '''
    # cut 掉最后一个字符
    ending = tf.strided_slice(data, [0, 0], [batch_size, - 1], [1, 1])
    decoder_input = tf.concat([tf.fill([batch_size, 1], vocab_to_int['< GO >']), ending], 1)

    return decoder_input
```

创建解码层代码如下：

```
#创建解码层
def decoding_layer(target_letter_to_int,
                 decoding_embedding_size,
                 num_layers, rnn_size,
                 target_sequence_length,
                 max_target_sequence_length,
                 encoder_state, decoder_input):
    #1. 构建向量
    #目标词汇的长度
    target_vocab_size = len(target_letter_to_int)
    #定义解码向量的维度大小
    decoder_embeddings = tf.Variable(tf.random_uniform([target_vocab_size, decoding_
embedding_size]))
    #解码之后向量的输出
    decoder_embed_input = tf.nn.embedding_lookup(decoder_embeddings, decoder_input)

    #2. 构造 Decoder 中的 RNN 单元
    def get_decoder_cell(rnn_size):
        decoder_cell = rnn.LSTMCell(num_units = rnn_size, initializer = tf.random_uniform_
initializer(-0.1, 0.1, seed = 2))
        return decoder_cell

    cell = tf.contrib.rnn.MultiRNNCell([get_decoder_cell(rnn_size) for _ in range(num_
layers)])

    #3. Output 全连接层
    output_layer = Dense(units = target_vocab_size, kernel_initializer = tf.truncated_normal_
initializer(mean = 0.0, stddev = 0.1))

    #4. Training decoder
    with tf.variable_scope("decode"):
        #得到 help 对象
        training_helper = seq2seq.TrainingHelper(inputs = decoder_embed_input, sequence_
length = target_sequence_length, time_major = False)
        #构造 decoder
        training_decoder = seq2seq.BasicDecoder(cell = cell, helper = training_helper, initial_
state = encoder_state, output_layer = output_layer)
        training_decoder_output, _, _ = seq2seq.dynamic_decode(decoder = training_decoder,
impute_finished = True, maximum_iterations = max_target_sequence_length)

    #5. Predicting decoder
    #与 training 共享参数
    with tf.variable_scope("decode", reuse = True):
        #创建一个常量 tensor 并复制为 batch_size 的大小
        start_tokens = tf.tile(tf.constant([target_letter_to_int['<GO>']], dtype = tf.
```

```
int32), [batch_size], name = 'start_tokens')
                predicting_helper = seq2seq.GreedyEmbeddingHelper(decoder_embeddings, start_
tokens, target_letter_to_int['<EOS>'])
                predicting_decoder = seq2seq.BasicDecoder(cell = cell, helper = predicting_helper,
initial_state = encoder_state, output_layer = output_layer)
                predicting_decoder_output, _, _ = seq2seq.dynamic_decode(decoder = predicting_
decoder, impute_finished = True, maximum_iterations = max_target_sequence_length)

        return training_decoder_output, predicting_decoder_output
```

在构建解码这一块使用了参数共享机制 tf.variable_scope(""),方法参数含义:

target_letter_to_int:target 数据的映射表;

decoding_embedding_size:embed 向量大小;

num_layers:堆叠的 RNN 单元数量;

rnn_size:RNN 单元的隐层节点数量;

target_sequence_length:target 数据序列长度;

max_target_sequence_length:target 数据序列最大长度;

encoder_state:encoder 端编码的状态向量;

decoder_input:decoder 端输入。

5)构建 seq2seq 模型

把解码和编码串在一起,代码如下:

```
# 构建序列模型
def seq2seq_model(input_data, targets, lr, target_sequence_length,
                max_target_sequence_length, source_sequence_length,
                source_vocab_size, target_vocab_size,
                encoder_embedding_size, decoder_embedding_size,
                rnn_size, num_layers):
# 获取 encoder 的状态输出
_, encoder_state = get_encoder_layer(input_data,
                            rnn_size,
                            num_layers,
                            source_sequence_length,
                            source_vocab_size,
                            encoding_embedding_size)


# 预处理后的 decoder 输入
decoder_input = process_decoder_input(targets, target_letter_to_int, batch_size)

# 将状态向量与输入传递给 decoder
training_decoder_output, predicting_decoder_output = decoding_layer(target_letter_to_int,
decoding_embedding_size,
                num_layers,
                rnn_size,
```

```
                  target_sequence_length,
      max_target_sequence_length,
                            encoder_state,
                            decoder_input)
  return training_decoder_output, predicting_decoder_output
```

6）创建模型输入参数

创建模型输入参数代码如下：

```
# 创建模型输入参数
def get_inputs():
    inputs = tf.placeholder(tf.int32, [None, None], name = 'inputs')
    targets = tf.placeholder(tf.int32, [None, None], name = 'targets')
    learning_rate = tf.placeholder(tf.float32, name = 'learning_rate')
    # 定义 target 序列最大长度 (之后 target_sequence_length 和
    # source_sequence_length 会作为 feed_dict 的参数)
    target_sequence_length = tf.placeholder(tf.int32, (None,), name = 'target_sequence_
length')
    max_target_sequence_length = tf.reduce_max(target_sequence_length, name = 'max_target_
len')
    source_sequence_length = tf.placeholder(tf.int32, (None,), name = 'source_sequence_
length')
    return inputs, targets, learning_rate, target_sequence_length, max_target_sequence_
length, source_sequence_length
```

7）训练数据准备和生成

数据填充代码如下：

```
# 对 batch 中的序列进行补全, 保证 batch 中的每行都有相同的 sequence_length
def pad_sentence_batch(sentence_batch, pad_int):
    '''
参数:
    - sentence_batch
    - pad_int: <PAD> 对应索引号
    '''
    max_sentence = max([len(sentence) for sentence in sentence_batch])
    return [sentence + [pad_int] * (max_sentence - len(sentence)) for sentence in sentence_
batch]
```

批量数据获取代码如下：

```
# 批量数据生成
def get_batches(targets, sources, batch_size, source_pad_int, target_pad_int):
    '''
定义生成器, 用来获取 batch
    '''
    for batch_i in range(0, len(sources) // batch_size):
        start_i = batch_i * batch_size
```

```
        sources_batch = sources[start_i:start_i + batch_size]
        targets_batch = targets[start_i:start_i + batch_size]
        #补全序列
        pad_sources_batch = np.array(pad_sentence_batch(sources_batch, source_pad_int))
        pad_targets_batch = np.array(pad_sentence_batch(targets_batch, target_pad_int))

        #记录每条记录的长度
        pad_targets_lengths = []
        for target in pad_targets_batch:
            pad_targets_lengths.append(len(target))

        pad_source_lengths = []
        for source in pad_sources_batch:
            pad_source_lengths.append(len(source))

        yield pad_targets_batch, pad_sources_batch, pad_targets_lengths, pad_source_lengths
```

到此核心步骤基本上分析完了,最后还剩下训练和预测,如代码 7.3 所示。

【代码 7.3】 seq2seq.py

```python
# - * - coding: utf - 8 - * -
from tensorflow.python.layers.core import Dense
import numpy as np
import time
import tensorflow as tf
import tensorflow.contrib.layers as layer
import tensorflow.contrib.rnn as rnn
import tensorflow.contrib.seq2seq as seq2seq

#读取输入文件
with open('data/letters_source.txt', 'r', encoding = 'utf - 8') as f:
    source_data = f.read()

#读取输出文件
with open('data/letters_target.txt', 'r', encoding = 'utf - 8') as f:
    target_data = f.read()

print('source_data_head', source_data.split('\n')[:10])

#数据预处理
def extract_character_vocab(data):
    #使用特定的字符进行序列填充
    special_words = ['<PAD>', '<UNK>', '<GO>', '<EOS>']
    set_words = list(set([character for line in data.split('\n') for character in line]))
    #这里要把 4 个特殊字符添加进词典
    int_to_vocab = {idx: word for idx, word in enumerate(special_words + set_words)}
    vocab_to_int = {word: idx for idx, word in int_to_vocab.items()}
```

```
        return int_to_vocab, vocab_to_int

source_int_to_letter, source_letter_to_int = extract_character_vocab(source_data)
target_int_to_letter, target_letter_to_int = extract_character_vocab(target_data)
```

对字母进行转换
```
source_int = [[source_letter_to_int.get(letter, source_letter_to_int['<UNK>'])
              for letter in line] for line in source_data.split('\n')]
target_int = [[target_letter_to_int.get(letter, target_letter_to_int['<UNK>'])
              for letter in line] + [target_letter_to_int['<EOS>']] for line in target_data.
split('\n')]
print('source_int_head', source_int[:10])
```

创建模型输入参数
```
def get_inputs():
    inputs = tf.placeholder(tf.int32, [None, None], name = 'inputs')
    targets = tf.placeholder(tf.int32, [None, None], name = 'targets')
    learning_rate = tf.placeholder(tf.float32, name = 'learning_rate')
    # 定义 target 序列最大长度(之后 target_sequence_length 和
    # source_sequence_length 会作为 feed_dict 的参数)
    target_sequence_length = tf.placeholder(tf.int32, (None,), name = 'target_sequence_
length')
    max_target_sequence_length = tf.reduce_max(target_sequence_length, name = 'max_target_
len')
    source_sequence_length = tf.placeholder(tf.int32, (None,), name = 'source_sequence_
length')
    return inputs, targets, learning_rate, target_sequence_length, max_target_sequence_
length, source_sequence_length


'''
构造 Encoder 层

参数说明:
        input_data: 输入 tensor;
        rnn_size: rnn 隐层节点数量;
        num_layers: 堆叠的 rnn cell 数量;
        source_sequence_length: 源数据的序列长度;
        source_vocab_size: 源数据的词典大小;
        encoding_embedding_size: embedding 的大小。
        '''
```

创建编码层
```
def get_encoder_layer(input_data, rnn_size, num_layers, source_sequence_length, source_vocab_
size, encoding_embedding_size):

    # Encoder embedding
    encoder_embed_input = layer.embed_sequence(ids = input_data, vocab_size = source_vocab_
```

```
size, embed_dim = encoding_embedding_size)

    # RNN cell
    def get_lstm_cell(rnn_size):
        lstm_cell = rnn.LSTMCell(rnn_size, initializer = tf.random_uniform_initializer
(-0.1, 0.1, seed = 2))
        return lstm_cell
    # 指定多个 lstm
    cell = rnn.MultiRNNCell([get_lstm_cell(rnn_size) for _ in range(num_layers)])
    # 返回 output, state
    encoder_output, encoder_state = tf.nn.dynamic_rnn(cell = cell, inputs = encoder_embed_
input, sequence_length = source_sequence_length, dtype = tf.float32)

    return encoder_output, encoder_state

# 对编码数据进行处理,移除最后一个字符
def process_decoder_input(data, vocab_to_int, batch_size):
    '''
补充< GO >,并移除最后一个字符
    '''
    # cut 掉最后一个字符
    ending = tf.strided_slice(data, [0, 0], [batch_size, -1], [1, 1])
    decoder_input = tf.concat([tf.fill([batch_size, 1], vocab_to_int['< GO >']), ending], 1)

    return decoder_input



'''
构造 Decoder 层

参数说明:
    target_letter_to_int: target 数据的映射表;
    decoding_embedding_size: embed 向量大小;
    num_layers: 堆叠的 RNN 单元数量;
    rnn_size: RNN 单元的隐层节点数量;
    target_sequence_length: target 数据序列长度;
    max_target_sequence_length: target 数据序列最大长度;
    encoder_state: encoder 端编码的状态向量;
    decoder_input: decoder 端输入。
    '''

# 创建解码层
def decoding_layer(target_letter_to_int,
                   decoding_embedding_size,
                   num_layers, rnn_size,
                   target_sequence_length,
                   max_target_sequence_length,
```

```
                      encoder_state, decoder_input):
    #1. 构建向量
    #目标词汇的长度
    target_vocab_size = len(target_letter_to_int)
    #定义解码向量的维度大小
    decoder_embeddings = tf.Variable(tf.random_uniform([target_vocab_size, decoding_
embedding_size]))
        #解码之后向量的输出
    decoder_embed_input = tf.nn.embedding_lookup(decoder_embeddings, decoder_input)

    #2. 构造 Decoder 中的 RNN 单元
    def get_decoder_cell(rnn_size):
        decoder_cell = rnn.LSTMCell(num_units = rnn_size, initializer = tf.random_uniform_
initializer(-0.1, 0.1, seed = 2))
        return decoder_cell

    cell = tf.contrib.rnn.MultiRNNCell([get_decoder_cell(rnn_size) for _ in range(num_
layers)])

    #3. Output 全连接层
    output_layer = Dense(units = target_vocab_size, kernel_initializer = tf.truncated_normal_
initializer(mean = 0.0, stddev = 0.1))

    #4. Training decoder
    with tf.variable_scope("decode"):
        #得到 help 对象
        training_helper = seq2seq.TrainingHelper(inputs = decoder_embed_input, sequence_
length = target_sequence_length, time_major = False)
        #构造 decoder
        training_decoder = seq2seq.BasicDecoder(cell = cell, helper = training_helper,
initial_state = encoder_state, output_layer = output_layer)
        training_decoder_output, _, _ = seq2seq.dynamic_decode(decoder = training_decoder,
impute_finished = True, maximum_iterations = max_target_sequence_length)

    #5. Predicting decoder
    #与 training 共享参数
    with tf.variable_scope("decode", reuse = True):
        #创建一个常量 tensor 并复制为 batch_size 的大小
        start_tokens = tf.tile(tf.constant([target_letter_to_int['<GO>']], dtype = tf.
int32), [batch_size], name = 'start_tokens')
        predicting_helper = seq2seq.GreedyEmbeddingHelper(decoder_embeddings, start_
tokens, target_letter_to_int['<EOS>'])
        predicting_decoder = seq2seq.BasicDecoder(cell = cell, helper = predicting_
helper, initial_state = encoder_state, output_layer = output_layer)
        predicting_decoder_output, _, _ = seq2seq.dynamic_decode(decoder = predicting_
decoder, impute_finished = True, maximum_iterations = max_target_sequence_length)
```

```
            return training_decoder_output, predicting_decoder_output


# 构建序列模型
def seq2seq_model(input_data, targets, lr, target_sequence_length,
                max_target_sequence_length, source_sequence_length,
                source_vocab_size, target_vocab_size,
                encoder_embedding_size, decoder_embedding_size,
                rnn_size, num_layers):
    # 获取 encoder 的状态输出
    _, encoder_state = get_encoder_layer(input_data,
                                    rnn_size,
                                    num_layers,
                                    source_sequence_length,
                                    source_vocab_size,
                                    encoding_embedding_size)

    # 预处理后的 decoder 输入
    decoder_input = process_decoder_input(targets, target_letter_to_int, batch_size)

    # 将状态向量与输入传递给 decoder
    training_decoder_output, predicting_decoder_output = decoding_layer(target_letter_to_int,
    decoding_embedding_size,
                num_layers,
                rnn_size,
    target_sequence_length,
    max_target_sequence_length,
                encoder_state,
                decoder_input)


    return training_decoder_output, predicting_decoder_output



# 超参数
# Number of Epochs
epochs = 60
# Batch Size
batch_size = 128
# RNN Size
rnn_size = 50
# Number of Layers
num_layers = 2
# Embedding Size
encoding_embedding_size = 15
decoding_embedding_size = 15
# Learning Rate
learning_rate = 0.001
```

```
# 构造 graph
train_graph = tf.Graph()

with train_graph.as_default():
    # 获得模型输入
    input_data, targets, lr, target_sequence_length, max_target_sequence_length, source_
sequence_length = get_inputs()

    training_decoder_output, predicting_decoder_output = seq2seq_model(input_data,
                  targets,
                  lr,
    target_sequence_length,
    max_target_sequence_length,
    source_sequence_length,
    len(source_letter_to_int),
    len(target_letter_to_int),
    encoding_embedding_size,
    decoding_embedding_size,
    rnn_size,
    num_layers)

    training_logits = tf.identity(training_decoder_output.rnn_output, 'logits')
    predicting_logits = tf.identity(predicting_decoder_output.sample_id, name = 'predictions')

    masks = tf.sequence_mask(target_sequence_length, max_target_sequence_length, dtype = tf.
float32, name = 'masks')

    with tf.name_scope("optimization"):
        # Loss function
        cost = tf.contrib.seq2seq.sequence_loss(
            training_logits,
            targets,
            masks)

        # Optimizer
        optimizer = tf.train.AdamOptimizer(lr)

        # Gradient Clipping 基于定义的 min 与 max 对 tensor 数据进行截断操作,目的是为了
        # 应对梯度爆发或者梯度消失的情况
        gradients = optimizer.compute_gradients(cost)
        capped_gradients = [(tf.clip_by_value(grad, - 5., 5.), var) for grad, var in gradients
if grad is not None]
        train_op = optimizer.apply_gradients(capped_gradients)

# 对 batch 中的序列进行补全,保证 batch 中的每行都有相同的 sequence_length
def pad_sentence_batch(sentence_batch, pad_int):
```

```
    '''
参数：
    sentence_batch
    pad_int: <PAD>对应索引号
    '''
    max_sentence = max([len(sentence) for sentence in sentence_batch])
    return [sentence + [pad_int] * (max_sentence - len(sentence)) for sentence in sentence_
batch]


#批量数据生成
def get_batches(targets, sources, batch_size, source_pad_int, target_pad_int):
    '''
定义生成器,用来获取 batch
    '''
    for batch_i in range(0, len(sources) // batch_size):
        start_i = batch_i * batch_size
        sources_batch = sources[start_i:start_i + batch_size]
        targets_batch = targets[start_i:start_i + batch_size]
        #补全序列
        pad_sources_batch = np.array(pad_sentence_batch(sources_batch, source_pad_int))
        pad_targets_batch = np.array(pad_sentence_batch(targets_batch, target_pad_int))

        #记录每条记录的长度
        pad_targets_lengths = []
        for target in pad_targets_batch:
            pad_targets_lengths.append(len(target))

        pad_source_lengths = []
        for source in pad_sources_batch:
            pad_source_lengths.append(len(source))

        yield pad_targets_batch, pad_sources_batch, pad_targets_lengths, pad_source_lengths


#将数据集分割为 train 和 validation
train_source = source_int[batch_size:]
train_target = target_int[batch_size:]
#留出一个 batch 进行验证
valid_source = source_int[:batch_size]
valid_target = target_int[:batch_size]
(valid_targets_batch, valid_sources_batch, valid_targets_lengths, valid_sources_lengths) =
next(get_batches(valid_target, valid_source, batch_size,
source_letter_to_int['<PAD>'],
target_letter_to_int['<PAD>']))

    display_step = 50 #每隔 50 轮输出 loss
```

```
checkpoint = "model/trained_model.ckpt"

# 准备训练模型
with tf.Session(graph = train_graph) as sess:
    sess.run(tf.global_variables_initializer())

for epoch_i in range(1, epochs + 1):
    for batch_i, (targets_batch, sources_batch, targets_lengths, sources_lengths) in
enumerate(
            get_batches(train_target, train_source, batch_size,
                    source_letter_to_int['<PAD>'],
                    target_letter_to_int['<PAD>'])):
        _, loss = sess.run(
            [train_op, cost],
            {input_data: sources_batch,
             targets: targets_batch,
             lr: learning_rate,
             target_sequence_length: targets_lengths,
             source_sequence_length: sources_lengths})

        if batch_i % display_step == 0:
            # 计算 validation loss
            validation_loss = sess.run(
                [cost],
                {input_data: valid_sources_batch,
                 targets: valid_targets_batch,
                 lr: learning_rate,
                 target_sequence_length: valid_targets_lengths,
                 source_sequence_length: valid_sources_lengths})

            print('Epoch {:>3}/{} Batch {:>4}/{} - Training Loss: {:>6.3f} - Validation
loss: {:>6.3f}'
                    .format(epoch_i,
                        epochs,
                        batch_i,
                        len(train_source) // batch_size,
                        loss,
                        validation_loss[0]))

# 保存模型
saver = tf.train.Saver()
saver.save(sess, checkpoint)
print('Model Trained and Saved')



# 对源数据进行转换
```

```
def source_to_seq(text):
    sequence_length = 7
    return [source_letter_to_int.get(word, source_letter_to_int['<UNK>']) for word in text] +
[source_letter_to_int['<PAD>']] * (sequence_length - len(text))


# 输入一个单词
input_word = 'acdbf'
text = source_to_seq(input_word)

checkpoint = "model/trained_model.ckpt"

loaded_graph = tf.Graph()

# 模型预测
with tf.Session(graph = loaded_graph) as sess:
    # 加载模型
    loader = tf.train.import_meta_graph(checkpoint + '.meta')
    loader.restore(sess, checkpoint)

    input_data = loaded_graph.get_tensor_by_name('inputs:0')
    logits = loaded_graph.get_tensor_by_name('predictions:0')
    source_sequence_length = loaded_graph.get_tensor_by_name('source_sequence_length:0')
    target_sequence_length = loaded_graph.get_tensor_by_name('target_sequence_length:0')
    answer_logits = sess.run(logits, {input_data: [text] * batch_size,
                             target_sequence_length: [len(text)] * batch_size,
                             source_sequence_length: [len(text)] * batch_size})[0]


pad = source_letter_to_int["<PAD>"]

print('原始输入:', input_word)

print('\nSource')
print('  Word 编号: {}'.format([i for i in text]))
print('  Input Words: {}'.format(" ".join([source_int_to_letter[i] for i in text])))

print('\nTarget')
print('  Word 编号:{}'.format([i for i in answer_logits if i != pad]))
print('  Response Words: {}'.format(" ".join([target_int_to_letter[i] for i in answer_logits if
i != pad])))
```

最后我们看看最终的运行效果，如图 7.39 所示。

此时我们发现机器已经学会对输入的单词进行字母排序了，但是如果输入字符太长，例如 20 甚至 30 个，大家可以再测试一下，将会发现排序不是那么准确了，原因是序列太长了，这也是基础的 Seq2Seq 的不足之处，所以需要优化它，那么应该怎么优化呢？就是加上

Attention 机制,什么是 Attention 机制呢? 下面讲解一下。

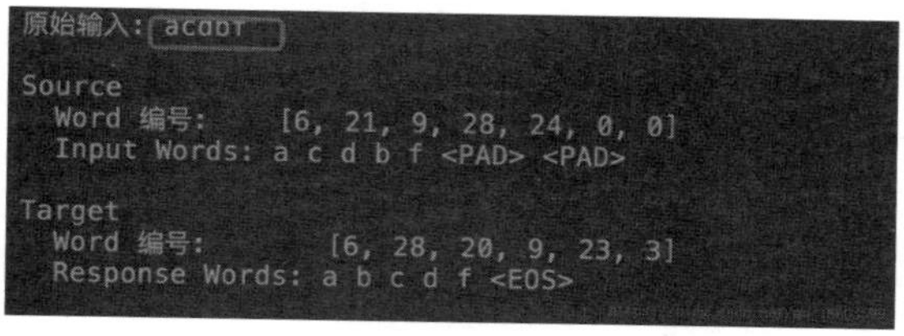

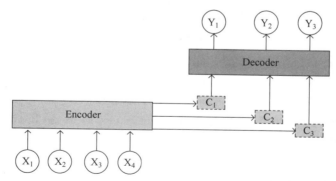

图 7.39 代码运行效果(图片来源于 CSDN)

3. Attention 机制在 Seq2Seq 模型中的运用

由于编码器-解码器模型在编码和解码阶段始终由一个不变的语义向量 C 来联系着,所以编码器要将整个序列的信息压缩进一个固定长度的向量中去,这就造成了语义向量无法完全表示整个序列的信息,以及最开始输入的序列容易被后输入的序列给覆盖,从而会丢失许多细节信息,这在长序列上表现得尤为明显。

1) Attention 模型的引入

相比于之前的编码器-解码器模型,Attention 模型不再要求编码器将所有输入信息都编码进一个固定长度的向量之中,这是这两种模型的最大区别。相反,此时编码器需要将输入编码成一个向量序列,而在解码的时候每一步都会选择性地从向量序列中挑选一个子集进行进一步处理。这样,在生成每一个输出的时候,都能够充分利用输入序列携带的信息,并且这种方法在翻译任务中取得了非常不错的成果。

在 Seq2Seq 模型中加入 Attention 注意力机制,如图 7.40 所示。

图 7.40 Attention 注意力机制的 Seq2Seq 模型(图片来源于 CSDN)

2) Attention 求解方式

接下来通过一个小示例来具体讲解 Attention 的应用过程。

(1) 问题。

一个简单的序列预测问题,输入是 x_1,x_2,x_3,输出是预测一步 y_1。

在本例中,我们将忽略在编码器和解码器中使用的 RNN 类型,从而忽略双向输入层的使用,这些元素对于理解解码器注意力的计算并不显著。

(2) 编码。

在编码器-解码器模型中,输入将被编码为单个固定长度矢量,这是最后一个步骤的编码器模型的输出。

$$h_1 = Encoder(x_1, x_2, x_3)$$

注意模型需要在每个输入时间步长访问编码器的输出。本书将这些称为每个时间步的"注释"(annotations)。在这种情况下:

$$h_1, h_2, h_3 = Encoder(x_1, x_2, x_3)$$

(3) 对齐。

解码器一次输出一个值,在最终输出当前输出时间步长的预测(y)之前,该值可能会经过许多层。

对齐模型评分(e)评价了每个编码输入得到的(h)与解码器的当前输出匹配的程度。

分数的计算需要解码器从前一输出时间步长输出的结果,例如 $s(t-1)$。当对解码器的第一个输出进行评分时,这将是 0。使用函数 a() 执行评分。我们可以对第一输出时间步骤的每个注释(h)进行如下评分:

$$e_{11} = a(0, h_1)$$
$$e_{12} = a(0, h_2)$$
$$e_{13} = a(0, h_3)$$

对于这些评分,我们使用两个下标,例如,e_{11},其中第一个"1"表示输出时间步骤,第二个"1"表示输入时间步骤。

我们可以想象,如果我们有两个输出时间步的序列到序列问题,那么稍后我们可以对第二时间步的注释评分如下(假设我们已经计算过 s_1):

$$e_{21} = a(s_1, h_1)$$
$$e_{22} = a(s_1, h_2)$$
$$e_{23} = a(s_1, h_3)$$

本书将函数 a() 称为对齐模型,并将其实现为前馈神经网络。

这是一个传统的单层网络,其中每个输入($s(t-1)$与 h_1、h_2 和 h_3)被加权,使用 tanh 激活函数并且输出也被加权。

(4) 加权。

接下来,使用 softmax 函数标准化对齐分数。分数的标准化允许它们被当作概率对待,指示每个编码的输入时间步骤(注释)与当前输出时间步骤相关的可能性。这些标准化的分数称为注释权重。例如,给定计算的对齐分数(e),我们可以计算 softmax 注释权重(a)如下:

$$a_{11} = \exp(e_{11})/(\exp(e_{11}) + \exp(e_{12}) + \exp(e_{13}))$$
$$a_{12} = \exp(e_{12})/(\exp(e_{11}) + \exp(e_{12}) + \exp(e_{13}))$$
$$a_{13} = \exp(e_{13})/(\exp(e_{11}) + \exp(e_{12}) + \exp(e_{13}))$$

如果我们有两个输出时间步骤,则第二输出时间步骤的注释权重将如下计算:

$$a_{21} = \exp(e_{21}) / (\exp(e_{21}) + \exp(e_{22}) + \exp(e_{23}))$$

$$a_{22} = \exp(e_{22}) / (\exp(e_{21}) + \exp(e_{22}) + \exp(e_{23}))$$

$$a_{23} = \exp(e_{23}) / (\exp(e_{21}) + \exp(e_{22}) + \exp(e_{23}))$$

(5)上下文向量。

将每个注释(h)与注释权重(a)相乘以生成新的具有注意力的上下文向量,从中可以解码当前时间步骤的输出。

为了简单起见,我们只有一个输出时间步骤,因此可以如下计算单个元素上下文向量(为了可读性,使用括号):

$$c_1 = (a_{11} * h_1) + (a_{12} * h_2) + (a_{13} * h_3)$$

上下文向量是注释和标准化对齐得分的加权和。如果我们有两个输出时间步骤,上下文向量将包括两个元素$[c_1, c_2]$,计算如下:

$$c_1 = a_{11} * h_1 + a_{12} * h_2 + a_{13} * h_3$$

$$c_2 = a_{21} * h_1 + a_{22} * h_2 + a_{23} * h_3$$

(6)解码。

最后,按照编码器-解码器模型执行解码,在本例中为当前时间步骤使用带注意力的上下文向量。解码器的输出称为隐藏状态。

$$s_1 = \text{Decoder}(c_1)$$

此隐藏状态可以在作为时间步长的预测(y_1)最终输出模型之前,被隐藏到其他附加层。

3)Attention 的好处

Attention 的好处有以下几个方面:

(1)更丰富的编码。编码器的输出被扩展,以提供输入序列中所有字的信息,而不仅仅是序列中最后一个字的最终输出。

(2)对齐模型。新的小神经网络模型用于使用来自前一时间步的解码器的参与输出来对准或关联扩展编码。

(3)加权编码。对齐的加权,可用作编码输入序列上的概率分布。

(4)加权的上下文矢量。应用于编码输入序列的加权,然后可用于解码下一个字。

注意,在所有这些编码器-解码器模型中,模型的输出(下一个预测字)和解码器的输出(内部表示)之间存在差异。解码器不直接输出字。通常,将完全连接的层连接到解码器,该解码器输出单词词汇表上的概率分布,然后使用启发式的搜索进一步搜索。

上面我们详细讲了 Seq2Seq 模型,实际上 Seq2Seq 模型不仅仅可以用 RNN 来实现,也可以用 CNN 来实现。Facebook 人工智能研究院提出来完全基于卷积神经网络的 Seq2Seq 框架,而传统的 Seq2Seq 模型是基于 RNN 来实现的,特别是 LSTM,这就带来了计算量复杂的问题。Facebook 作出大胆改变,将编码器、解码器、注意力机制甚至是记忆单元全部替换成卷积神经网络。虽然单层 CNN 只能看到固定范围的上下文,但是将多个 CNN 叠加起来就可以很容易将有效的上下文范围放大。Facebook 将此模型成功地应用到了英语-法语机器翻译和英语-德语机器翻译,不仅刷新了二者前期的记录,而且还将训练速度提高了一个数量级,无论是在 GPU 还是 CPU 上。

Seq2Seq 模型也可以使用 GAN 生成对抗网络的思想来提高性能,下面来详细讲解一下 GAN。

7.3.6 生成对抗网络[39,40,41]

生成对抗网络是一种深度学习模型,是近年来在复杂分布上无监督学习最具前景的方法之一。模型通过框架中(至少)两个模型:生成模型(Generative Model,G)和判别模型(Discriminative Model,D)的互相博弈学习生成相当好的输出。原始 GAN 理论中并不要求 G 和 D 都是神经网络,只需要能拟合相应生成和判别函数即可,但实用中一般使用深度神经网络作为 G 和 D。一个优秀的 GAN 应用需要有良好的训练方法,否则可能由于神经网络模型的自由性而导致输出不理想。

1. GAN 发展历史

伊恩・J. 古德费洛(Ian J. Goodfellow)等人于 2014 年 10 月在 GAN 中提出了一个通过对抗过程估计生成模型的新框架。框架中同时训练两个模型:捕获数据分布的生成模型 G 和估计样本来自训练数据概率的判别模型 D。G 的训练程序是将 D 错误的概率最大化。这个框架对应一个最大值集下限的双方对抗游戏,可以证明在任意函数 G 和 D 的空间中,存在唯一的解决方案,使得 G 重现训练数据分布,而 D=0.5。在 G 和 D 由多层感知器定义的情况下,整个系统可以用反向传播进行训练。在训练或生成样本期间,不需要任何马尔科夫链或展开的近似推理网络。实验通过对生成的样品的定性和定量评估证明了本框架的潜力。

2. GAN 方法

机器学习的模型可大体分为两类,生成模型和判别模型。判别模型需要输入变量,通过某种模型来预测。生成模型是给定某种隐含信息,来随机生成观测数据。举个简单的例子:

判别模型:给定一张图,判断这张图里的动物是猫还是狗。

生成模型:给一系列猫的图片,生成一张新的猫咪图片(不在数据集里)。

对于判别模型,损失函数是容易定义的,因为输出的目标相对简单,但对于生成模型,损失函数的定义就不是那么容易了。我们对于生成结果的期望往往是一个暧昧不清,并难以数学公理化定义的范式,所以不妨把生成模型的回馈部分交给判别模型处理。这就是伊恩・J. 古德费洛将机器学习中的两大类模型,生成模型和判别模型紧密地联合在一起的原因。

GAN 的基本原理其实非常简单,这里以生成图片为例进行说明。假设我们有两个模型 G 和 D。正如它的名字所暗示的那样,它们的功能分别是:

G 是一个生成图片的模型,它接收一个随机的噪声 z,通过这个噪声生成图片,记做 $G(z)$。

D 是一个判别模型,判别一张图片是不是"真实的"。它的输入参数是 x,x 代表一张图片,输出 $D(x)$ 代表 x 为真实图片的概率,如果为 1,就代表 100% 是真实的图片,而如果输出为 0,就代表不可能是真实的图片。

在训练过程中,生成模型 G 的目标是尽量生成真实的图片去欺骗判别模型 D,而 D 的目标就是尽量把 G 生成的图片和真实的图片分别开来。这样,G 和 D 构成了一个动态的"博弈过程"。

最后博弈的结果是什么? 在最理想的状态下,G 可以生成足以"以假乱真"的图片 $G(z)$。对于 D 来说,它难以判定 G 生成的图片究竟是不是真实的,因此 $D(G(z))=0.5$。

这样我们的目的就达成了:我们得到了一个生成式的模型 G,它可以用来生成图片。伊恩·J.古德费洛从理论上证明了该算法的收敛性,以及在模型收敛时生成数据具有和真实数据相同的分布(保证了模型效果)。

3. GAN 应用场景

GAN 应用较多,包括但不限于以下几个应用板块:

1)图像风格化

图像风格化也就是图像到图像的翻译,是指将一种类型的图像转换为另一种类型的图像,例如将草图抽象化、根据卫星图生成地图把彩色照片自动生成黑白照片,或者把黑白照片生成彩色照片,艺术风格化,人脸合成等。

2)文本生成图片

根据一段文字的描述自动生成对应含义的图片。

3)看图说话

看图说话也就是图像生成描述,根据图片生成文本。

4)图像超分辨率

图像超分辨率的英文名称是 Image Super Resolution。图像超分辨率是指由一幅低分辨率图像或图像序列恢复出高分辨率图像,图像超分辨率技术分为超分辨率复原和超分辨率重建。

5)图像复原

例如自动地把图片上面马赛克去掉,还原原来的真实图像。

6)对话生成

根据一段文本生成另外一段文本,生成的对话具有一定的相关性,但是目前效果并不是很好,而且只能做单轮对话。

4. GAN 原理

GAN 是深度学习领域的新秀,现在非常火,能实现非常有趣的应用。我们知道 GAN 的思想是一种二人零和博弈思想(two-player game),博弈双方的利益之和是一个常数,例如两个人掰手腕,假设总的空间是一定的,你的力气大一点,那你就得到的空间多一点,相应地我的空间就少一点;相反如果我的力气大,我就得到的多一点空间,但有一点是确定的,我俩的总空间是一定的,这就是二人博弈,但是总利益是一定的。

将此思想引申到 GAN 里面就可以看成 GAN 中有两个这样的博弈者,一个人的名字是生成模型,另一个人的名字是判别模型,他们各自有各自的功能。

相同点：这两个模型都可以看成是一个黑匣子，接收输入，然后有一个输出，类似一个函数，一个输入输出映射。

不同点：生成模型功能可以比作一个样本生成器，输入一个噪声/样本，然后把它包装成一个逼真的样本，也就是输出。判别模型可以比作一个二分类器（如同 0-1 分类器），来判断输入的样本是真是假（也就是输出值大于 0.5 还是小于 0.5）。

我们看一看下面这张图，比较好理解一些，如图 7.41 所示。

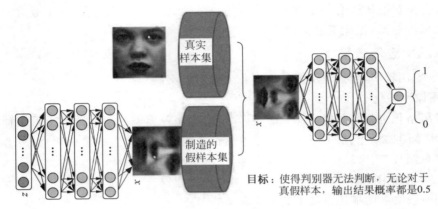

图 7.41　GAN（图片来源于 CSDN）

如前所述，我们首先要明白在使用 GAN 的时候的两个问题。第一个问题，我们有什么？例如图 7.41，我们有的只是真实采集而来的人脸样本数据集，仅此而已，而且很关键的一点是我们连人脸数据集的类标签都没有，也就是我们不知道那个人脸对应的是谁。第二个问题，我们要得到什么？至于要得到什么，不同的任务要得到的东西不一样，我们只说最原始的 GAN 的目的，那就是我们想通过输入一个噪声，模拟得到一个人脸图像，这个图像可以非常逼真，以至于以假乱真。好了，再来理解下 GAN 的两个模型要做什么。

首先是判别模型，就是图 7.41 中右半部分的网络，直观来看它是一个简单的神经网络结构，输入的是一副图像，输出的是一个概率值，用于判断真假（如果概率值大于 0.5 则是真，如果概率值小于 0.5 则是假），真假只不过是人们定义的概率而已。

其次是生成模型，生成模型要做什么呢，同样也可以看成一个神经网络模型，输入的是一组随机数 z，输出的是一个图像，而不再是一个数值。从图 7.41 中可以看到，存在两个数据集，一个是真实数据集，而另一个是假数据集，那这个数据集就是由生成网络生成的数据集。好了，根据这个图像我们再来理解一下 GAN 的目标是什么。

判别网络的目的：就是能判别出来一张图它是来自真实样本集还是假样本集。假如输入的是真样本，那么网络输出就接近 1。如果输入的是假样本，那么网络输出接近 0，这很完美，达到了很好判别的目的。

生成网络的目的：生成网络是生成样本的，它的目的就是使得自己生成样本的能力尽可能强，强到什么程度呢？你的判别网络没法判断我提供的究竟是真样本还是假样本。

有了这个理解,我们再来看看为什么叫作对抗网络。判别网络说我很强,来一个样本我就知道它是来自真样本集还是假样本集。生成网络就不服了,说我也很强,我生成一个假样本,虽然我的生成网络知道是假的,但是你的判别网络不知道,我包装得非常逼真,以至于判别网络无法判断真假,那么用输出数值来解释就是生成网络生成的假样本到了判别网络以后,判别网络给出的结果是一个接近 0.5 的值,极限情况是 0.5,也就是说判别不出来了,这就是达到纳什平衡的效果了。

由这个分析可以发现,生成网络与判别网络的目的正好是相反的,一个说我能判别得好,另一个说我让你判别不好,所以叫作对抗,或者叫作博弈。那么最后的结果到底是谁赢呢? 这就要归结到设计者,也就是我们希望谁赢了。作为设计者的我们,我们的目的是要得到以假乱真的样本,那么很自然地我们希望生成样本赢,也就是希望生成样本很真,判别网络的能力不足以区分真假样本。

知道了 GAN 大概的目的与设计思路,那么一个很自然的问题就来了,我们该如何用数学方法来解决这样一个对抗问题呢? 这涉及如何训练一个生成对抗网络模型,为了方便理解还是先看下图,用图来解释最直接,如图 7.42 所示。

需要注意的是生成模型与对抗模型是完全独立的两个模型,好比完全独立的两个神经网络模型,它们之间没有什么联系。好了,那么训练这样的两个模型的大体方法就是: 单独交替迭代训练。什么意思? 因为是两个独立的网络,不容易一起训练,所以才去交替迭代训练,我们逐一来看。假设现在生成网络模型已经有了(当然可能不是最好的生成网络),那么给一堆随机数组,就会得到一堆假的样本集(因为不是最终的生成模型,所以现在的生成网络可能就处于劣势,导致生成的样本容易被识别,可能很容易就被判别网络判别出来了,说这个样本是假冒的),但是先不管这个,假设我们现在有了这样的假样本集,真样本集一直都有,现在我们人为地定义真假样本集的标签,因为我们希望真样本集的输出尽可能为 1,假样本集的输出尽可能为 0,很明显这里我们已经默认真样本集所有的类标签都为 1,而假样本集的所有类标签都为 0。

有人会说,在真样本集里的人脸中,可能张三的人脸和李四的人脸不一样,对于这个问题我们需要理解的是我们现在的任务是什么。我们是想分样本真假,而不是分真样本中哪个是张三的标签、哪个是李四的标签。况且我们也知道,原始真样本的标签我们是不知道的。回过头来,我们现在有了真样本集,以及它们的标签(都是 1)、假样本集,以及它们的标签(都是 0),这样单就判别网络来说,此时问题就变成了一个再简单不过的有监督的二分类问题了,直接送到神经网络模型中训练便可以了。假设训练完了,下面我们来看生成网络。

对于生成网络,想想我们的目的,是生成尽可能逼真的样本。那么原始的生成网络所生成的样本你怎么知道它真不真呢? 可以将新生成的样本送到判别网络中,所以在训练生成网络的时候,我们需要联合判别网络才能达到训练的目的。什么意思? 就是如果我们单单只用生成网络,那么想想我们怎样去训练? 误差来源在哪里? 细想一下没有参照物,但是如果我们把刚才的判别网络串接在生成网络的后面,这样我们就知道真假了,也就有了误差了,所以对于生成网络的训练其实是对生成-判别网络串接地训练,如图 7.42 所示。好了,

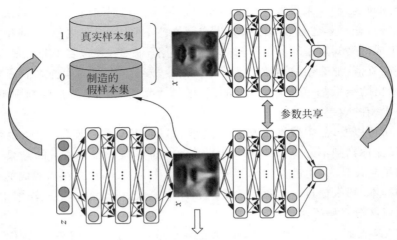

生成是假样本集，但是
认为是真样本来训练

图 7.42 生成对抗网络训练（图片来源于 CSDN）

那么现在来分析一下样本，原始的噪声数组 Z 我们有，也就是生成的假样本我们有，此时很关键的一点来了，我们要把这些假样本的标签都设置为 1，也就是认为这些假样本在生成网络训练的时候是真样本。

那么为什么要这样呢？我们想想，是不是这样才能起到迷惑判别器的目的，也才能使得生成的假样本逐渐逼近为真样本。好了，重新理顺一下思路，现在对于生成网络的训练，我们有了样本集（只有假样本集，没有真样本集），有了对应的标签（全为 1），是不是就可以训练了？有人会问，这样只有一类样本，怎么训练？谁说一类样本就不能训练了？只要有误差就行。还有人说，你这样一训练，判别网络的网络参数不是也得跟着变吗？没错，这很关键，所以在训练这个串接的网络的时候，一个很重要的操作就是不要判别网络的参数发生的变化，也就是不让它的参数发生更新，只是把误差一直传，传到生成网络后更新生成网络的参数，这样就完成了生成网络的训练了。

在完成生成网络训练后，我们是不是可以根据目前新的生成网络再对先前的那些噪声 Z 生成新的假样本了？没错，并且训练后的假样本应该更真了才对，然后又有了新的真假样本集（其实是新的假样本集），这样又可以重复上述过程了。我们把这个过程称作单独交替训练。我们可以定义一个迭代次数，交替迭代到一定次数后停止即可。这个时候我们再去看一看噪声 Z 生成的假样本，你会发现，原来它已经很真了。

看完了这个过程是不是感觉 GAN 的设计真的很巧妙，我个人觉得最值得称赞的地方可能在于这种假样本在训练过程中的真假变换，这也是博弈得以进行的关键之处。

有人说 GAN 强大之处在于可以自动地学习原始真实样本集的数据分布，不管这个分布多么复杂，只要训练得足够好就可以学出来。针对这一点，感觉有必要好好理解一下为什么别人会这么说。

我们知道,对于传统的机器学习方法,我们一般会定义一个模型让数据去学习。例如假设我们知道原始数据属于高斯分布,只是不知道高斯分布的参数,这个时候我们定义高斯分布,然后利用数据去学习高斯分布的参数,以此得到我们最终的模型。再例如,我们定义一个分类器 SVM,然后强行让数据进行改变,并进行各种高维映射,最后可以变成一个简单的分布,SVM 可以很轻易地进行二分类分开,其实 SVM 已经放松了这种映射关系,但是也给了一个模型,这个模型就是核映射(径向基函数等),其实就好像是你事先知道让数据该怎么映射一样,只是核映射的参数可以学习罢了。

所有的这些方法都在直接或者间接地告诉数据该怎么映射,只是不同的映射方法其能力不一样。那么我们再来看看 GAN,生成模型最后可以通过噪声生成一个完整的真实数据(例如人脸),说明生成模型已经掌握了从随机噪声到人脸数据的分布规律,有了这个规律,想生成人脸还不容易? 然而这个规律我们开始知道吗? 显然不知道,如果让你说从随机噪声到人脸应该服从什么分布,你不可能知道。这是一层层映射之后组合起来的非常复杂的分布映射规律,然而 GAN 的机制可以学习到,也就是说 GAN 学习到了真实样本集的数据分布,如图 7.43 所示。

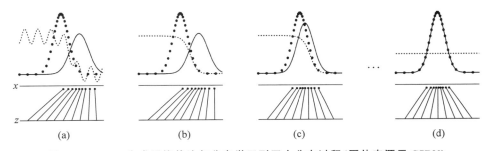

图 7.43　GAN 生成网络从均匀分布学习到正太分布过程(图片来源于 CSDN)

GAN 的生成网络如何一步步从均匀分布学习到正太分布,如图 7.43 所示。原始数据 x 服从正太分布,这个过程你也没告诉生成网络说得用正太分布来学习,但是生成网络学习到了。假设你改一下 x 的分布,不管改成什么分布,生成网络可能也能学到。这就是 GAN 可以自动学习真实数据分布的强大之处。

还有人说 GAN 强大之处在于可以自动地定义潜在损失函数。什么意思呢? 这应该说的是判别网络可以自动学习到一个好的判别方法,其实就是等效地理解为可以学习到好的损失函数,比较好的或者不好的来判别出结果。虽然大的 loss 函数我们还是人为定义的,基本上对于多数 GAN 也这么定义就可以了,但是判别网络潜在学习到的损失函数隐藏在网络之中,对于不同的问题这个函数不一样,所以说可以自动学习这个潜在的损失函数。

5. GAN 代码实战

这里用文字生成图片为例进行代码实战,如代码 7.4 所示。

【代码 7.4】 gan.py

```
import tensorflow as tf                         # 导入 tensorflow
from tensorflow.examples.tutorials.mnist import input_data
# 导入手写数字数据集
import numpy as np                              # 导入 numpy
import matplotlib.pyplot as plt                 # plt 是绘图工具,在训练过程中用于输出可视化结果

import matplotlib.gridspec as gridspec
# gridspec 是图片排列工具,在训练过程中用于输出可视化结果

import os                                       # 导入 os


def xavier_init(size):                          # 初始化参数时使用的 xavier_init 函数
    in_dim = size[0]
    xavier_stddev = 1. / tf.sqrt(in_dim / 2.)       # 初始化标准差

    return tf.random_normal(shape = size, stddev = xavier_stddev)
# 返回初始化的结果

X = tf.placeholder(tf.float32, shape = [None, 784])
# X 表示真的样本(即真实的手写数字)

D_W1 = tf.Variable(xavier_init([784, 128]))
# 表示使用 xavier 方式初始化的判别器的 D_W1 参数,是一个 784 行 128 列的矩阵

D_b1 = tf.Variable(tf.zeros(shape = [128]))
# 表示以全零方式初始化的判别器的 D_b1 参数,是一个长度为 128 的向量

D_W2 = tf.Variable(xavier_init([128, 1]))
# 表示使用 xavier 方式初始化的判别器的 D_W2 参数,是一个 128 行 1 列的矩阵

D_b2 = tf.Variable(tf.zeros(shape = [1]))
# 表示以全零方式初始化的判别器的 D_b1 参数,是一个长度为 1 的向量

theta_D = [D_W1, D_W2, D_b1, D_b2]          # theta_D 表示判别器的可训练参数集合

Z = tf.placeholder(tf.float32, shape = [None, 100])
# Z 表示生成器的输入(在这里是噪声),是一个 N 列 100 行的矩阵

G_W1 = tf.Variable(xavier_init([100, 128]))
# 表示使用 xavier 方式初始化的生成器的 G_W1 参数,是一个 100 行 128 列的矩阵

G_b1 = tf.Variable(tf.zeros(shape = [128]))
# 表示以全零方式初始化的生成器的 G_b1 参数,是一个长度为 128 的向量
```

```
G_W2 = tf.Variable(xavier_init([128, 784]))
#表示使用 xavier 方式初始化的生成器的 G_W2 参数,是一个 128 行 784 列的矩阵

G_b2 = tf.Variable(tf.zeros(shape = [784]))
#表示以全零方式初始化的生成器的 G_b2 参数,是一个长度为 784 的向量

theta_G = [G_W1, G_W2, G_b1, G_b2]          #theta_G 表示生成器的可训练参数集合

def sample_Z(m, n):                          #生成维度为[m, n]的随机噪声作为生成器 G 的输入
    return np.random.uniform(-1., 1., size = [m, n])

def generator(z):                            #生成器,z 的维度为[N, 100]

    G_h1 = tf.nn.relu(tf.matmul(z, G_W1) + G_b1)
    #输入的随机噪声乘以 G_W1 矩阵,再加上偏置 G_b1,G_h1 维度为[N, 128]

    G_log_prob = tf.matmul(G_h1, G_W2) + G_b2
    #G_h1 乘以 G_W2 矩阵,再加上偏置 G_b2,G_log_prob 维度为[N, 784]

    G_prob = tf.nn.sigmoid(G_log_prob)
    #G_log_prob 经过一个 sigmoid 函数,G_prob 维度为[N, 784]

    return G_prob                            #返回 G_prob

def discriminator(x):                        #判别器,x 的维度为[N, 784]

    D_h1 = tf.nn.relu(tf.matmul(x, D_W1) + D_b1)
    #输入乘以 D_W1 矩阵,再加上偏置 D_b1,D_h1 维度为[N, 128]

    D_logit = tf.matmul(D_h1, D_W2) + D_b2
    #D_h1 乘以 D_W2 矩阵,再加上偏置 D_b2,D_logit 维度为[N, 1]

    D_prob = tf.nn.sigmoid(D_logit)
    #D_logit 经过一个 sigmoid 函数,D_prob 维度为[N, 1]

    return D_prob, D_logit                   #返回 D_prob, D_logit

G_sample = generator(Z)                      #取得生成器的生成结果
D_real, D_logit_real = discriminator(X)      #取得判别器判别的真实手写数字的结果

D_fake, D_logit_fake = discriminator(G_sample)
#取得判别器判别所生成的手写数字的结果

#判别器对真实样本的判别结果计算误差(将结果与 1 比较)
D_loss_real = tf.reduce_mean(tf.nn.sigmoid_cross_entropy_with_logits(logits = D_logit_
real, targets = tf.ones_like(D_logit_real)))
```

```
# 判别器对虚假样本(即生成器生成的手写数字)的判别结果计算误差(将结果与 0 比较)
D_loss_fake = tf.reduce_mean(tf.nn.sigmoid_cross_entropy_with_logits(logits = D_logit_
fake, targets = tf.zeros_like(D_logit_fake)))

# 判别器的误差
D_loss = D_loss_real + D_loss_fake

# 生成器的误差(将判别器返回的对虚假样本的判别结果与 1 比较)
G_loss = tf.reduce_mean(tf.nn.sigmoid_cross_entropy_with_logits(logits = D_logit_fake,
targets = tf.ones_like(D_logit_fake)))

mnist = input_data.read_data_sets('../../MNIST_data', one_hot = True)
# mnist 是手写数字数据集

D_solver = tf.train.AdamOptimizer().minimize(D_loss, var_list = theta_D)
# 判别器的训练器

G_solver = tf.train.AdamOptimizer().minimize(G_loss, var_list = theta_G)
# 生成器的训练器

mb_size = 128                           # 训练的 batch_size
Z_dim = 100                             # 生成器输入的随机噪声列的维度

sess = tf.Session()                     # 会话层
sess.run(tf.initialize_all_variables()) # 初始化所有可训练参数

def plot(samples):                      # 保存图片时使用的 plot 函数
    fig = plt.figure(figsize = (4, 4))  # 初始化一个 4 行 4 列所包含的 16 张子图像的图片
    gs = gridspec.GridSpec(4, 4)        # 调整子图的位置
    gs.update(wspace = 0.05, hspace = 0.05) # 置子图间的间距
    for i, sample in enumerate(samples): # 依次将 16 张子图填充进需要保存的图像
        ax = plt.subplot(gs[i])
        plt.axis('off')
        ax.set_xticklabels([])
        ax.set_yticklabels([])
        ax.set_aspect('equal')
        plt.imshow(sample.reshape(28, 28), cmap = 'Greys_r')
    return fig

path = '/data/User/zcc/'                # 保存可视化结果的路径
i = 0 # 训练过程中保存的可视化结果的索引
for it in range(1000000):               # 训练 100 万次
    if it % 1000 == 0:                  # 每训练 1000 次就保存一次结果
        samples = sess.run(G_sample, feed_dict = {Z: sample_Z(16, Z_dim)})
        fig = plot(samples)             # 通过 plot 函数生成可视化结果
        plt.savefig(path + 'out/{}.png'.format(str(i).zfill(3)), bbox_inches = 'tight')
                                        # 保存可视化结果
```

```
    i += 1
    plt.close(fig)
```

```
X_mb, _ = mnist.train.next_batch(mb_size)
#得到训练一个 batch 所需的真实手写数字(作为判别器的输入)
```

```
#下面是得到训练一次的结果,通过 sess 来 run 出来
_, D_loss_curr, D_loss_real, D_loss_fake, D_loss = sess.run([D_solver, D_loss, D_loss_
real, D_loss_fake, D_loss], feed_dict = {X: X_mb, Z: sample_Z(mb_size, Z_dim)})
_, G_loss_curr = sess.run([G_solver, G_loss], feed_dict = {Z: sample_Z(mb_size, Z_dim)})
```

```
if it % 1000 == 0:                    #每训练 1000 次输出一次结果
    print('Iter: {}'.format(it))
    print('D loss: {:.4}'. format(D_loss_curr))
    print('G_loss: {:.4}'. format(G_loss_curr))
    print()
```

上面我们讲解了 GAN,下面我们来讲解深度强化学习。

7.3.7 深度强化学习[42,43,44,45]

深度强化学习将深度学习的感知能力和强化学习的决策能力相结合,可以直接根据输入的图像进行控制,是一种更接近人类思维方式的人工智能方法。

1. 强化学习的定义

首先我们来了解一下什么是强化学习。目前来讲,机器学习领域可以分为有监督学习、无监督学习、强化学习和迁移学习 4 个方向。那么强化学习就是能够使得我们训练的模型完全通过自学来掌握一门本领,能在一个特定场景下做出最优决策的一种算法模型。就好比是一个小孩在慢慢成长,当他做错事情时家长给予惩罚,当他做对事情时家长给他奖励。这样,随着小孩子慢慢长大,他自己也就学会了怎样去做正确的事情。那么强化学习就好比小孩,我们需要根据它做出的决策给予奖励或者惩罚,直到它完全学会了某种本领(在算法层面上,就是算法已经收敛)。强化学习的一个原理结构图如图 7.44 所示,Agent 就可以比作小孩,环境就好比家长。Agent 根据环境的反馈 r 去做出动作 a,做出动作之后,环境给予反应,给出 Agent 当前所在的状态和此时应该给予奖励或者惩罚。

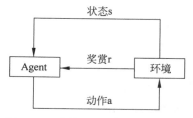

图 7.44 结构图(图片来源于简书)

2. 强化学习模型的结构

强化学习模型由 5 部分组成,分别是 Agent、Action、State、Reward 和 Environment。Agent 代表一个智能体,其根据输入 State 来做出相应的 Action,Environment 接收 Action

并返回 State 和 Reward。不断重复这个过程,直到 Agent 能在任意的 State 下做出最优的 Action,即完成模型学习过程。

智能体(Agent):智能体的结构可以是一个神经网络,也可以是一个简单的算法,智能体的输入通常是状态 State,输出通常则是策略 Policy。

动作(Actions):动作空间。例如小人玩游戏,只有上下左右可移动,那 Actions 就是上、下、左、右。

状态(State):就是智能体的输入。

奖励(Reward):进入某个状态时,能带来正奖励或者负奖励。

环境(Environment):接收 Action,返回 State 和 Reward。

强化学习模型如图 7.45 所示。

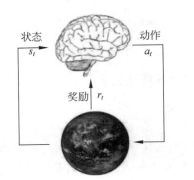

图 7.45　强化学习模型(图片来源于简书)

3. 深度强化学习算法

强化学习的学习过程实质是一个不断更新一张表的过程。这张表一般称之为 Q_Table,此张表由 State 和 Action 作为横纵轴,每一个格代表在当前 State 下执行当前 Action 能获得的价值回馈,用 Q(s,a) 表示,称为 Q 值。获得整个决策过程最优的价值回馈的决策链是唯一的,完善了此表,也就完成了 Agent 的学习过程,但是试想一下,当 State 和 Action 的维度都很高时,此表的维度也会相应非常高,我们不可能获得在每一个 State 下执行 Action 能获得的 Q 值,这样在高纬度数据下每次去维护 Q_Table 的做法显然不可行。那么有没有办法来解决这个问题呢? 答案肯定是有的! 所谓的机器学习、深度学习就是基于当前数据集去预测未知数据的一些规律,那么我们的 Q_Table 也可以用机器学习或者深度学习来完善。一个显然的方法就是可以使用一种算法来拟合一个公式,输入是 State 和 Action,输出则是 Q 值。那么深度强化学习算法显然就是深度学习与强化学习的结合了,我们基于当前已有数据,训练神经网络,从而拟合出一个函数 f,即 f(s,a)=Q(s,a)。使用有限的 State_action 集合去拟合函数从而可以获得整张表的 Q 值。此时的 Q 值是预测值,有一定的误差,不过通过不断的学习,我们可以无限减小这个误差。

4. 强化学习与马尔科夫的关系

1）马尔科夫性

即无后效性,下一个状态只和当前状态有关而与之前的状态无关,公式描述:

$$P[St+1|St]=P[St+1|S1,\cdots,St]$$
$$P[St+1|St]=P[St+1|S1,\cdots,St]$$

强化学习中的状态也服从马尔科夫性,因此才能在当前状态下执行动作并转移到下一个状态,而不需要考虑之前的状态。

2）马尔科夫过程

马尔科夫过程是随机过程的一种,随机过程是对一连串随机变量(或事件)变迁或者说动态关系的描述,而马尔科夫过程就是满足马尔科夫性的随机过程,它由二元组 M＝(S,P)组成,并且满足:S 是有限状态集合,P 是状态转移概率。整个状态与状态之间的转换过程即为马尔科夫过程。

3）马尔科夫链

在某个起始状态下,按照状态转换概率得到的一条可能的状态序列即为一条马尔科夫链。当给定状态转移概率时,从某个状态出发存在多条马尔科夫链。

在强化学习中从某个状态到终态的一个回合就是一条马尔科夫链,蒙特卡洛算法也是通过采样多条到达终态的马尔科夫链来进行学习的。

4）马尔科夫决策过程

在马尔科夫过程中,只有状态和状态转移概率,而没有在此状态下动作的选择,将动作(策略)考虑在内的马尔科夫过程称为马尔科夫决策过程。简单地说就是考虑了动作策略的马尔科夫过程,即系统的下一个状态不仅和当前的状态有关,也和当前采取的动作有关。

因为强化学习是依靠环境给予的奖惩来学习的,因此对应的马尔科夫决策过程还包括奖惩值 R,其可以由一个四元组构成 M＝(S,A,P,R)。

强化学习的目标是给定一个马尔科夫决策过程,寻找最优策略,策略就是状态到动作的映射,使得最终的累计回报最大。

5. 训练策略

在深度强化算法训练过程中,每一轮训练的每一步需要使用一个 Policy 根据 State 选择一个 Action 来执行,那么这个 Policy 是怎么确定的呢？目前有两种做法:

(1) 随机地生成一个动作。

(2) 根据当前的 Q 值计算出一个最优的动作,这个 Policy 称之为贪婪策略(Greedy Policy)。

也就是使用随机的动作称为 Exploration,是探索未知的动作会产生的效果,有利于更新 Q 值,避免陷入局部最优解,获得更好的 Policy。而基于 Greedy Policy 则称为 Exploitation,即根据当前模型给出的最优动作去执行,这样便于模型训练,以及测试算法是否真正有效。将两者结合起来就称为 EE Policy。

6. DQN

神经网络的训练是一个获得最优化的问题,最优化一个损失函数(loss function),也就是标签和网络输出的偏差,目标是让损失函数最小化。为此,我们需要有样本,有标签数据,然后通过反向传播使用梯度下降的方法来更新神经网络的参数,所以要训练 Q 网络,这要求我们能够为 Q 网络提供有标签的样本。在 DQN 中,我们将目标 Q 值和当前 Q 值来作为 loss function 中的两项来求偏差平方。

7. 深度强化学习 TensorFlow 2.0 代码实战

本例通过实现优势演员-评判家(Actor-Critic,A2C)智能体来解决经典的 CartPole-v0 环境。

完整代码资源链接:

GitHub:https://github.com/inoryy/tensorflow2-deep-reinforcement-learning

Google Colab:https://colab.research.google.com/drive/12QvW7VZSzoaF-Org-u-N6aiTdBN5ohNA

安装步骤脚本代码如下:

```
# 由于 TensorFlow 2.0 仍处于试验阶段,建议将其安装在一个独立的(虚拟)环境中. 我比较倾向于
# 使用 Anaconda,所以以此来做说明
> conda create - n tf2 python = 3.6
> source activate tf2
> pip install tf - nightly - 2.0 - preview  # tf - nightly - gpu - 2.0 - preview for GPU version
# 让我们来快速验证一下,是否一切能够按着预测正常工作

>>> import tensorflow as tf

>>> print(tf.__version__)

1.13.0 - dev20190117

>>> print(tf.executing_eagerly())

True

# 不必担心 1.13.x 版本,这只是一个早期预览. 此处需要注意的是,在默认情况下我们是处于 eager
# 模式的

>>> print(tf.reduce_sum([1, 2, 3, 4, 5]))

tf.Tensor(15, shape = (), dtype = int32)
```

如果读者对 eager 模式并不熟悉,那么简单来讲,从本质上它意味着计算是在运行时(runtime)被执行的,而不是通过预编译的图(graph)来执行。读者也可以在 TensorFlow 文档中对此做深入了解:https://www.tensorflow.org/tutorials/eager/eager_basics。

深度强化学习，一般来说，强化学习是解决顺序决策问题的高级框架。RL 智能体通过基于某些观察采取行动来导航环境，并因此获得奖励。大多数 RL 算法的工作原理是最大化智能体在一个轨迹中所收集的奖励的总和。基于 RL 算法的输出通常是一个策略——一个将状态映射到操作的函数。有效的策略可以像硬编码的 no-op 操作一样简单。随机策略表示为给定状态下行为的条件概率分布，如图 7.46 所示。

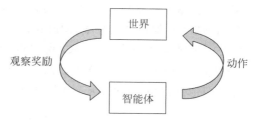

图 7.46　深度强化学习（图片来源于搜狐）

1）Actor-Critical 方法

RL 算法通常根据优化的目标函数进行分组。基于值的方法（如 DQN）通过减少预期状态-动作值（state-action value）的误差来工作。策略梯度（Policy Gradient）方法通过调整其参数直接优化策略本身，通常是通过梯度下降来优化。完全计算梯度通常是很困难的，所以一般用蒙特卡洛方法来估计梯度。最流行的方法是二者的混合：Actor-Critical 方法，其中智能体策略通过"策略梯度"进行优化，而基于值的方法则用作期望值估计的引导。

2）深度 Actor-Critical 方法

虽然很多基础的 RL 理论是在表格案例中开发的，但现代 RL 几乎是用函数逼近器完成的，例如人工神经网络。具体来说，如果策略和值函数用深度神经网络近似，则 RL 算法被认为是"深度的"，如图 7.47 所示。

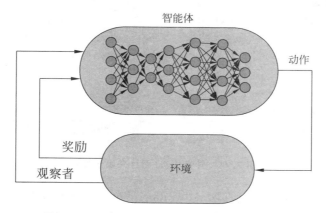

图 7.47　深度 Actor-Critical（图片来源于搜狐）

3）异步优势 Actor-Critical

多年来，为了解决样本效率和学习过程的稳定性问题，已经为此做出了一些改进。首先，梯度用回报（return）来进行加权：折现的未来奖励，这在一定程度上缓解了信用（credit）分配问题；并以无限的时间步长解决了理论问题；其次，使用优势函数代替原始回报。收益与基线（如状态行动估计）之间的差异形成了优势，可以将其视为与某一平均值相比某一给定操作有多好的衡量标准；再次，在目标函数中使用额外的熵最大化项，以确保智能体充分探索各种策略。本质上，熵以均匀分布最大化来测量概率分布的随机性；最后，并行使用多个 Worker 来加速样品采集，同时在训练期间帮助它们去相关（decorrelate）。将所有这些变化与深度神经网络结合起来，我们得到了两种最流行的现代算法：异步优势 Actor-Critical 算法，或简称 A3C/A2C。两者之间的区别更多的是技术上的而不是理论上的：顾名思义，它归结为并行 Worker 如何估计其梯度并将其传播到模型中，如图 7.48 所示。

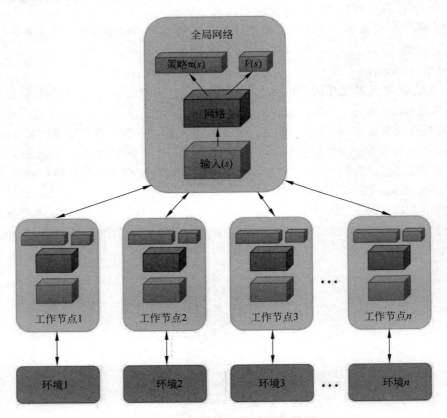

图 7.48　异步优势（图片来源于搜狐）

下面使用 TensorFlow 2.0 实现 Advantage Actor-Critic，让我们看看实现各种现代 DRL 算法的基础是什么：是 Actor-Critic Agent，如前一节所述。为了简单起见，我们不会实现并行 Worker，尽管大多数代码都支持它。感兴趣的读者可以将此作为一个练习机会。

作为一个测试平台，我们将使用 CartPole-v0 环境。虽然有点简单，但它仍然是一个很好的选择。Keras 模型 API 可实现策略和价值。

首先，让我们在单个模型类下创建策略和价值预估神经网络，代码如下：

```
import numpy as np
```

```
import tensorflow as tf

import tensorflow.keras.layers as kl

class ProbabilityDistribution(tf.keras.Model):

def call(self, logits):

# 随机抽样分类操作

return tf.squeeze(tf.random.categorical(logits, 1), axis = -1)

class Model(tf.keras.Model):

def __init__(self, num_actions):

super().__init__('mlp_policy')

# 没有用 TensorFlow 的 tf.get_variable()方法,这里简单地调用 Keras API

self.hidden1 = kl.Dense(128, activation = 'relu')

self.hidden2 = kl.Dense(128, activation = 'relu')

self.value = kl.Dense(1, name = 'value')

# 损失函数中的 logits 没做归一化

self.logits = kl.Dense(num_actions, name = 'policy_logits')

self.dist = ProbabilityDistribution()

def call(self, inputs):

# 输入是 numpy array 数组,转换成 Tensor 张量

x = tf.convert_to_tensor(inputs, dtype = tf.float32)

# 从相同的输入张量中分离隐藏层

hidden_logs = self.hidden1(x)

hidden_vals = self.hidden2(x)

return self.logits(hidden_logs), self.value(hidden_vals)

defaction_value(self, obs):
```

```
#执行 call()

logits, value = self.predict(obs)

action = self.dist.predict(logits)

#一个更简单的选择,稍后会明白为什么我们不使用它

#action = tf.random.categorical(logits, 1)

retur nnp.squeeze(action, axis = - 1), np.squeeze(value, axis = - 1)
```

然后验证模型是否如预期工作,代码如下:

```
import gym

env = gym.make('CartPole - v0')

model = Model(num_actions = env.action_space.n)

obs = env.reset()

#这里不需要 feed_dict 或 tf.Session()会话

action, value = model.action_value(obs[None, :])

print(action, value) #[1] [ - 0.00145713]
```

这里需要注意的是模型层和执行路径是分别定义的,没有"输入"层,模型将接收原始 numpy 数组,通过函数 API 可以在一个模型中定义两个计算路径,模型可以包含一些辅助方法,例如动作采样,在 eager 模式下,一切都可以从原始 numpy 数组中运行 Random Agent。

现在让我们转到 A2C Agent 类。首先,让我们添加一个 test 方法,该方法运行完整的 episode,并返回奖励的总和,代码如下:

```
class A2CAgent:

def __ init __(self, model):

self.model = model

def test(self, env, render = True):

obs, done, ep_reward = env.reset(), False, 0
```

```
while not done:

action, _ = self.model.action_value(obs[None, :])

obs, reward, done, _ = env.step(action)

ep_reward += reward

if render:

env.render()

return ep_reward
```

让我们看看模型在随机初始化权重下的得分，代码如下：

```
agent = A2CAgent(model)

rewards_sum = agent.test(env)

print("%d out of 200" % rewards_sum) #18 out of 200
```

离最佳状态还很远，接下来是训练部分。损失/目标函数正如我在 DRL 概述部分中所描述的，agent 通过基于某些损失（目标）函数的梯度下降来改进其策略。在 Actor-Critic 中，我们针对 3 个目标进行训练：利用优势加权梯度加上熵最大化来改进策略，以及最小化价值估计误差，代码如下：

```
Import tensorflow.keras.losses as kls
Import tensorflow.keras.optimizers as ko

class A2CAgent:

def __init__(self, model):

#损失项超参数

self.params = {'value': 0.5, 'entropy': 0.0001}

self.model = model

self.model.compile(

optimizer = ko.RMSprop(lr = 0.0007),

#为策略和价值评估定义单独的损失

loss = [self._logits_loss, self._value_loss]
```

```
)

def test(self, env, render = True):

# 与上一节相同

...

def _value_loss(self, returns, value):

# 价值损失通常是价值估计和收益之间的 MSE

return self.params['value'] * kls.mean_squared_error(returns, value)

def _logits_loss(self, acts_and_advs, logits):

# 通过相同的 API 输入 actions 和 advantages 变量

actions, advantages = tf.split(acts_and_advs, 2, axis = -1)

# 支持稀疏加权期权的多态 CE 损失函数

# from_logits 参数确保转换为归一化后的概率

cross_entropy = kls.CategoricalCrossentropy(from_logits = True)

# 策略损失由策略梯度定义,并由 advantages 变量加权

# 注:我们只计算实际操作的损失,执行稀疏版本的 CE 损失

actions = tf.cast(actions, tf.int32)

policy_loss = cross_entropy(actions, logits, sample_weight = advantages)

# entropy loss 可通过 CE 计算

entropy_loss = cross_entropy(logits, logits)

# 这里的符号是翻转的,因为优化器最小化了

return policy_loss - self.params['entropy'] * entropy_loss
```

我们完成了目标函数!注意代码非常紧凑:注释行几乎比代码本身还多。最后,还需要有训练环路(Agent Training Loop)。它有点长,但相当简单:收集样本,以及计算回报和优势,并在其上训练模型,代码如下:

```python
class A2CAgent:
def __init__(self, model):
# 损失项超参数

self.params = {'value': 0.5, 'entropy': 0.0001, 'gamma': 0.99}

# 与上一节相同
...
def train(self, env, batch_sz = 32, updates = 1000):

# 单批数据的存储

actions = np.empty((batch_sz,), dtype = np.int32)

rewards, dones, values = np.empty((3, batch_sz))

observations = np.empty((batch_sz,) + env.observation_space.shape)

# 开始循环的训练：收集样本，发送到优化器，重复更新次数

ep_rews = [0.0]

next_obs = env.reset()

for update in range(updates):

for step in range(batch_sz):

observations[step] = next_obs.copy()

actions[step], values[step] = self.model.action_value(next_obs[None, :])

next_obs, rewards[step], dones[step], _ = env.step(actions[step])

ep_rews[-1] += rewards[step]

if dones[step]:

ep_rews.append(0.0)

next_obs = env.reset()

_, next_value = self.model.action_value(next_obs[None, :])

return s, advs = self._returns_advantages(rewards, dones, values, next_value)

# 通过相同的 API 输入 actions 和 advs 参数
```

```
acts_and_advs = np.concatenate([actions[:, None], advs[:, None]], axis = -1)
```

对收集的批次执行完整的训练步骤

注意:不需要处理渐变,Keras API 会处理它

```
losses = self.model.train_on_batch(observations, [acts_and_advs, returns])
```

```
return ep_rews
```

```
def _returns_advantages(self, rewards, dones, values, next_value):
```

next_value 变量对未来状态的引导值估计

```
returns = np.append(np.zeros_like(rewards), next_value, axis = -1)
```

这里返回的是未来奖励的折现

```
for t in reversed(range(rewards.shape[0])):
```

```
returns[t] = rewards[t] + self.params['gamma'] * returns[t + 1] * (1 - dones[t])
```

```
returns = returns[:-1]
```

advantages 变量返回 returns 减去价值估计的 value

```
advantages = returns - values
```

```
return returns, advantages
```

```
def test(self, env, render = True):
```

与上一节相同
```
...
def _value_loss(self, returns, value):
```

与上一节相同
```
...
def _logits_loss(self, acts_and_advs, logits):
```

与上一节相同
```
...
```

我们现在已经准备好在 CartPole-v0 上训练这个 single-worker A2C Agent! 训练过程应该只需要几分钟。训练结束后,你应该看到一个智能体成功地实现了 200 分的目标,代码

如下：

```
rewards_history = agent.train(env)

print("Finished training, testing…")

print("%d out of 200" % agent.test(env)) #200 out of 200
```

在源代码中，我嵌入了额外的帮助程序，可以打印出正在运行的 Episode 的奖励和损失，以及 rewards_history，如图 7.49 所示。

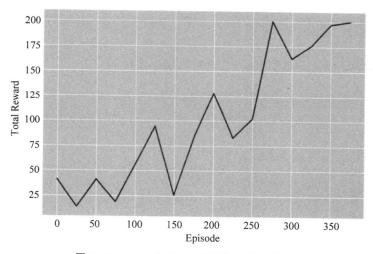

图 7.49　rewards_history（图片来源于搜狐）

eager mode 效果这么好，你可能会想知道静态图执行效果如何。当然是不错！而且，只需要多加一行代码就可以启用静态图执行，代码如下：

```
with tf.Graph().as_default():

print(tf.executing_eagerly()) #False

model = Model(num_actions = env.action_space.n)

agent = A2CAgent(model)

rewards_history = agent.train(env)

print("Finished training, testing...")

print("%d out of 200" % agent.test(env)) #200 out of 200
```

有一点需要注意，在静态图执行期间，我们不能只使用 Tensors，这就是为什么我们需要在模型定义期间使用 Categorical Distribution 的技巧。还记得我说过 TensorFlow 在默认情况下以 eager 模式运行,甚至用一个代码片段来证明它吗? 如果你使用 Keras API 来构建和管理模型,那么它将尝试在底层将它们编译为静态图,所以你最终得到的是静态计算图的性能,它具有 eager execution 的灵活性。你可以通过 model. run_eager 标志检查模型的状态,还可以通过将此标志设置为 True 来强制使用 eager mode,尽管大多数情况下可能不需要这样做——如果 Keras 检测到没有办法绕过 eager mode,它将自动退出。

为了说明它确实是作为静态图运行的,这里有一个简单的基准测试,代码如下:

```
# 创建 100000 样品批次

env = gym.make('CartPole - v0')

obs = np.repeat(env.reset()[None, :], 100000, axis = 0)

Eager Benchmark

%%time

model = Model(env.action_space.n)

model.run_eagerly = True

print("Eager Execution: ", tf.executing_eagerly())

print("Eager Keras Model:", model.run_eagerly)

_ = model(obs)

######## 执行结果 #######

Eager Execution: True

Eager Keras Model: True

CPU times: user 639ms, sys: 736ms, total: 1.38s

Static Benchmark

%%time

with tf.Graph().as_default():

model = Model(env.action_space.n)

print("Eager Execution: ", tf.executing_eagerly())
```

```
print("Eager Keras Model:", model.run_eagerly)

_ = model.predict(obs)

#######执行结果#######

Eager Execution: False

Eager Keras Model: False

CPU times: user 793ms, sys: 79.7ms, total: 873ms

Default Benchmark

%%time

model = Model(env.action_space.n)

print("Eager Execution: ", tf.executing_eagerly())

print("Eager Keras Model:", model.run_eagerly)

_ = model.predict(obs)

#######执行结果#######

Eager Execution: True

Eager Keras Model: False

CPU times: user 994ms, sys: 23.1ms, total: 1.02s
```

正如你所看到的,eager 模式位于静态模式之后,在默认情况下模型确实是静态执行的。

上面我们对各个算法做了详细讲解和实战,TensorFlow 的代码可以单机训练也可以分布式训练,当然模型预测无所谓是单机还是分布式的,都是单个节点实时预测的。另外就是 TensorFlow 既可以在 CPU 上运行,也可以在 GPU 显卡上运行,在 GPU 运行的速度比在 CPU 快十到几十倍这个量级。TensorFlow 也可以在多台机器上分布式训练,下面我们来讲解一下。

7.3.8 TensorFlow 分布式训练实战[46]

TensorFlow 分布式可以单机多 GPU 训练也可以多机多 GPU 训练,从并行策略上来讲分为数据并行和模型并行。

1. 单机多 GPU 训练

先简单介绍下单机多 GPU 训练,然后再介绍分布式多机多 GPU 训练。对于单机多 GPU 训练,TensorFlow 官方已经给出了一个 cifar 的例子,有比较详细的代码和文档介绍,这里大致讲解一下多 GPU 的过程,以便方便引入多机多 GPU 的介绍。

单机多 GPU 的训练过程:

(1) 假设你的机器上有 3 个 GPU。

(2) 在单机单 GPU 的训练中,数据是一个 batch 一个 batch 地训练。在单机多 GPU 中,数据一次处理 3 个 batch(假设是 3 个 GPU 训练),每个 GPU 处理一个 batch 的数据。

(3) 变量或者说参数,保存在 CPU 上。

(4) 刚开始的时候数据由 CPU 分发给 3 个 GPU,在 GPU 上完成计算,得到每个 batch 要更新的梯度。

(5) 然后在 CPU 上收集 3 个 GPU 上要更新的梯度,计算一下平均梯度,然后更新参数。

(6) 继续循环这个过程。

此训练过程的处理速度取决于最慢的那个 GPU 的速度。如果 3 个 GPU 的处理速度差不多的话,处理速度就相当于单机单 GPU 速度的 3 倍减去数据在 CPU 和 GPU 之间传输的开销,实际的效率提升看 CPU 和 GPU 之间传输数据的速度和处理数据的大小。

写到这里,我觉得自己写得还是不通俗易懂,下面就打一个更加通俗的比方来解释一下:

老师给小明和小华布置了 10000 张纸的乘法题并且要把所有的乘法的结果加起来,每张纸上有 128 道乘法题。这里一张纸就是一个 batch,batch_size 就是 128,小明算加法比较快,小华算乘法比较快,于是小华就负责计算乘法,小明负责把小华的乘法结果加起来。这样小明就是 CPU,小华就是 GPU。

这样计算的话,预计小明和小华两个人得要花费一个星期的时间才能完成老师布置的题目。于是小明就找来 2 个算乘法也很快的小红和小亮。于是每次小明就给小华、小红和小亮各分发一张纸,让他们算乘法,他们 3 个人算完了之后,把结果告诉小明。小明把他们的结果加起来,接着再给他们每人分发一张算乘法的纸,依此循环,直到所有的题算完。

这里小明采用的是同步模式,就是每次要等他们 3 个都算完了之后,再统一算加法,算完了加法之后,再给他们 3 个分发纸张。这样速度就取决于他们 3 个中算乘法算得最慢的那个人和分发纸张的速度。

2. 分布式多机多 GPU 训练

随着设计的模型越来越复杂,模型参数越来越多,越来越大,大到什么程度呢?多到什么程度呢?多到参数的个数甚至有上百亿个,训练的数据多到按 TB 级别来衡量。大家知道每计算一轮,都要计算梯度,更新参数。当参数的量级上升到百亿量级甚至更大之后,参数更新的性能都是问题。如果是单机 16 个 GPU,一个 step 最多只能处理 16 个 batch,这对于上 TB 级别的数据来说,不知道要训练到什么时候,于是就有了分布式的深度学习训练方法,或者说框架。

1) 参数服务器

在介绍 TensorFlow 的分布式训练之前,先说明一下参数服务器的概念。

前面说到,当你的模型越来越大,模型的参数越来越多,多到模型参数的更新一台机器的性能都不够的时候,很自然地我们就会想到把参数分开放到不同的机器去存储和更新。

因为碰到上面提到的那些问题,所以参数服务器就被单独列出来,于是就有了参数服务器的概念。参数服务器可以是多台机器组成的集群,这个就有点类似于分布式的存储架构了,涉及数据的同步,以及一致性等,一般是采用 key-value 的形式,可以理解为一个分布式的 key-value 内存数据库,然后再加上一些参数更新的操作。当性能不够的时候,几百亿的参数分散到不同的机器上去保存和更新,解决参数存储和更新的性能问题。

借用小明算题的例子,小明觉得自己算加法都算不过来了,于是就叫了 10 个小朋友过来一起帮忙算。

2) TensorFlow 的分布式

不过据说 TensorFlow 的分布式没有用参数服务器,而是用的数据流图,这个暂时还没核实,无论如何应该和参数服务器有很多相似的地方,这里先按照参数服务器的结构来介绍。

TensorFlow 的分布式有 in-graph 和 between-graph 两种架构模式。这里分别介绍一下。

(1) in-graph 模式。

in-graph 模式和单机多 GPU 模型有点类似。还是采用小明算加法的例子,但是此时算乘法的可以不只是他们一个教室的小华、小红和小亮了。可以是其他教室的小张、小李……

in-graph 模式把计算已经从单机多 GPU 扩展到多机多 GPU 了,不过数据分发还是在一个节点上。这样的好处是配置简单,其他多机多 GPU 的计算节点只要起个 join 操作,暴露一个网络接口,并等在那里接收任务就好了。这些计算节点暴露出来的网络接口使用起来就像使用本机的一个 GPU 一样,只要在操作的时候指定 tf. device("/job：worker/task：n")就可以像指定 GPU 一样把操作指定到一个计算节点上并计算,使用起来和多 GPU 类似,但是这样的坏处是训练数据的分发依然在一个节点上,要把训练数据分发到不同的机器上将严重影响并发训练速度。在大数据训练的情况下,不推荐使用这种模式。

(2) between-graph 模式。

在 between-graph 模式下,训练的参数保存在参数服务器上,数据不用分发,数据分片地保存在各个计算节点,各个计算节点自己算自己的,等算完了之后再把要更新的参数告诉参数服务器,参数服务器更新参数。这种模式的优点是不用训练数据的分发了,尤其是在数据量在 TB 级的时候节省了大量的时间,所以对于大数据深度学习还是推荐使用 between-graph 模式。

(3) 同步更新和异步更新。

in-graph 模式和 between-graph 模式都支持同步和异步更新。在同步更新的时候,每次梯度更新要等所有分发出去的数据计算完成,并返回来结果之后,把梯度累加算了均值再更新参数。这样的好处是 loss 的下降比较稳定,但是这样处理的坏处也很明显,处理的速度取决于最慢的那个分片计算的时间。在异步更新的时候,所有的计算节点各自算自己的任务,更新参数也是自己更新自己计算的结果,这样的优点是计算速度快,计算资源能得到充分利用,但是缺点是 loss 的下降不稳定,以及抖动大。在数据量小并且各个节点的计算能力比较均衡的情况下,推荐使用同步模式,而在数据量很大,各个机器的计算性能参差不齐的情况下,推荐使用异步模式。

3. 数据并行和模型并行

TensorFlow 并行策略可分为数据并行和模型并行两种。

1) 数据并行

一个简单的加速训练的技术是并行地计算梯度,然后更新相应的参数。数据并行又可以根据其更新参数的方式分为同步数据并行和异步数据并行,TensorFlow 图有很多部分图模型计算副本,单一的客户端线程驱动整个训练图,来自不同设备的数据需要进行同步更新。这种方式在实现时,主要的限制就是每一次更新都是同步的,其整体计算时间取决于性能最差的那台设备。数据并行还有异步实现方式,与同步方式不同的是,在处理来自不同设备的数据更新时进行异步更新,不同设备之间互不影响,对于每一个图副本都有一个单独的客户端线程与其对应。在这样的实现方式下,即使有部分设备性能特别差甚至中途退出训练,对训练结果和训练效率都不会造成太大影响,但是由于设备间互不影响,所以在更新参数时可能其他设备已经更快地更新过了,所以会造成参数的抖动,但是整体的趋势是向着最好的结果进行的,所以说这种方式更适用于数据量大,更新次数多的情况。

2) 模型并行

模型并行是针对训练对象是同一批样本的数据,但是将不同的模型计算部分分布在不同的计算设备上同时执行的情况。

4. 分布式训练代码实战

基于分布式训练代码框架创建 TensorFlow 服务器集群,在该集群分布式计算数据流图,如代码 7.5 所示。

【代码 7.5】 distributed.py

```python
import argparse
import sys
import tensorflow as tf
FLAGS = None
def main(_):
    # 第 1 步:命令行参数解析,获取集群信息 ps_hosts、worker_hosts
    # 当前节点角色信息 job_name、task_index
    ps_hosts = FLAGS.ps_hosts.split(",")
    worker_hosts = FLAGS.worker_hosts.split(",")
    # 第 2 步:创建当前任务节点服务器
```

```
    cluster = tf.train.ClusterSpec({"ps": ps_hosts, "worker": worker_hosts})
    server = tf.train.Server(cluster,
                             job_name = FLAGS.job_name,
                             task_index = FLAGS.task_index)
    #第 3 步:如果当前节点是参数服务器,调用 server.join()无休止等待;如果是工作节点,执行
    #第 4 步
    if FLAGS.job_name == "ps":
      server.join()
    #第 4 步:构建要训练模型,构建计算图
    elif FLAGS.job_name == "worker":
      #默认情况下,将操作分配给本地工作进程
      with tf.device(tf.train.replica_device_setter(
        worker_device = "/job:worker/task:%d" % FLAGS.task_index,
        cluster = cluster)):
        #构建模型
        loss = ...
        global_step = tf.contrib.framework.get_or_create_global_step()
        train_op = tf.train.AdagradOptimizer(0.01).minimize(
            loss, global_step = global_step)
      #StopAtStepHook 在运行给定步骤后处理停止
      #第 5 步管理模型训练过程
      hooks = [tf.train.StopAtStepHook(last_step = 1000000)]
      #MonitoredTrainingSession 会话负责会话初始化,从检查点还原到保存检查点,最后关闭释放会话
      with tf.train.MonitoredTrainingSession(master = server.target,
                                   is_chief = (FLAGS.task_index == 0),
                                   checkpoint_dir = "/tmp/train_logs",
                                   hooks = hooks) as mon_sess:
        while not mon_sess.should_stop():
          #异步的训练
          #mon_sess.run 处理 PS 抢占时发生的异常
          #训练模型
          mon_sess.run(train_op)
if __name__ == "__main__":
  parser = argparse.ArgumentParser()
  parser.register("type", "bool", lambda v: v.lower() == "true")
  #定义 tf.train.ClusterSpec 参数
  parser.add_argument(
      "--ps_hosts",
      type = str,
      default = "",
      help = "Comma-separated list of hostname:port pairs"
  )
  parser.add_argument(
      "--worker_hosts",
      type = str,
      default = "",
      help = "Comma-separated list of hostname:port pairs"
```

```
    )
    parser.add_argument(
        "-- job_name",
        type = str,
        default = "",
        help = "One of 'ps', 'worker'"
    )
    #定义 tf.train.Server 参数
    parser.add_argument(
        "-- task_index",
        type = int,
        default = 0,
        help = "Index of task within the job"
    )
    FLAGS, unparsed = parser.parse_known_args()
    tf.app.run(main = main, argv = [sys.argv[0]] + unparsed)
```

MNIST 数据集分布式训练,开设 3 个端口作为分布式工作节点部署,2222 端口参数服务器,2223 端口工作节点 0,2224 端口工作节点 1。参数服务器执行参数更新任务,工作节点 0、工作节点 1 执行图模型训练计算任务。参数服务器/job：ps/task：0 cocalhost：2222,工作节点/job：worker/task：0 cocalhost：2223,工作节点/job：worker/task：1 cocalhost：2224,如代码 7.6 所示。

【代码 7.6】 mnist_replica.py

```
#运行脚本
# Python mnist_replica.py -- job_name = "ps" -- task_index = 0
# Python mnist_replica.py -- job_name = "worker" -- task_index = 0
# Python mnist_replica.py -- job_name = "worker" -- task_index = 1


from __future__ import absolute_import
from __future__ import division
from __future__ import print_function
import math
import sys
import tempfile
import time
import tensorflow as tf
from tensorflow.examples.tutorials.mnist import input_data
#定义常量,用于创建数据流图
flags = tf.app.flags
flags.DEFINE_string("data_dir", "/tmp/mnist-data",
                    "Directory for storing mnist data")
#只下载数据,不做其他操作
flags.DEFINE_boolean("download_only", False,
                    "Only perform downloading of data; Do not proceed to "
                    "session preparation, model definition or training")
```

```
# task_index 从 0 开始。0 代表用来初始化变量的第一个任务
flags.DEFINE_integer("task_index", None,
                    "Worker task index, should be >= 0. task_index=0 is "
                    "the master worker task the performs the variable "
                    "initialization ")
# 每台机器 GPU 的个数，机器没有 GPU 则为 0
flags.DEFINE_integer("num_gpus", 1,
                    "Total number of gpus for each machine."
                    "If you don't use GPU, please set it to '0'")
# 在同步训练模型下，设置收集工作节点数量。默认工作节点总数
flags.DEFINE_integer("replicas_to_aggregate", None,
                    "Number of replicas to aggregate before parameter update"
                    "is applied (For sync_replicas mode only; default: "
                    "num_workers)")
flags.DEFINE_integer("hidden_units", 100,
                    "Number of units in the hidden layer of the NN")
# 训练次数
flags.DEFINE_integer("train_steps", 200,
                    "Number of (global) training steps to perform")
flags.DEFINE_integer("batch_size", 100, "Training batch size")
flags.DEFINE_float("learning_rate", 0.01, "Learning rate")
# 使用同步训练、异步训练
flags.DEFINE_boolean("sync_replicas", False,
                    "Use the sync_replicas (synchronized replicas) mode, "
                    "wherein the parameter updates from workers are aggregated "
                    "before applied to avoid stale gradients")
# 如果服务器已经存在，采用 gRPC 协议通信；如果不存在，采用进程间通信
flags.DEFINE_boolean(
    "existing_servers", False, "Whether servers already exists. If True, "
    "will use the worker hosts via their GRPC URLs (one client process "
    "per worker host). Otherwise, will create an in-process TensorFlow "
    "server.")
# 参数服务器主机
flags.DEFINE_string("ps_hosts","localhost:2222",
                    "Comma-separated list of hostname:port pairs")
# 工作节点主机
flags.DEFINE_string("worker_hosts", "localhost:2223,localhost:2224",
                    "Comma-separated list of hostname:port pairs")
# 本作业是工作节点还是参数服务器
flags.DEFINE_string("job_name", None,"job name: worker or ps")
FLAGS = flags.FLAGS
IMAGE_PIXELS = 28
def main(unused_argv):
  mnist = input_data.read_data_sets(FLAGS.data_dir, one_hot=True)
  if FLAGS.download_only:
    sys.exit(0)
  if FLAGS.job_name is None or FLAGS.job_name == "":
```

```
        raise ValueError("Must specify an explicit `job_name`")
    if FLAGS.task_index is None or FLAGS.task_index == "":
        raise ValueError("Must specify an explicit `task_index`")
    print("job name = %s" % FLAGS.job_name)
    print("task index = %d" % FLAGS.task_index)
    # 读取集群描述信息
    ps_spec = FLAGS.ps_hosts.split(",")
    worker_spec = FLAGS.worker_hosts.split(",")
    # 获取有多少个 worker
    num_workers = len(worker_spec)
    # 创建 TensorFlow 集群描述对象
    cluster = tf.train.ClusterSpec({
        "ps": ps_spec,
        "worker": worker_spec})
    # 为本地执行任务创建 TensorFlow Server 对象
    if not FLAGS.existing_servers:
        # 创建本地 Sever 对象,从 tf.train.Server 这个定义开始,每个节点开始不同
        # 根据执行命令的参数(作业名字)不同,决定这个任务是哪个任务
        # 如果作业名字是 ps,进程就加入这里,作为参数更新的服务等待其他工作节点给它提交参数
        # 更新的数据
        # 如果作业名字是 worker,就执行后面的计算任务
        server = tf.train.Server(
            cluster, job_name = FLAGS.job_name, task_index = FLAGS.task_index)
        # 如果是参数服务器,直接启动即可.这里,进程就会阻塞在这里
        # 下面的 tf.train.replica_device_setter 代码会将参数批定给 ps_server 保管
        if FLAGS.job_name == "ps":
            server.join()
    # 处理工作节点
    # 找出 worker 的主节点,即 task_index 为 0 的点
    is_chief = (FLAGS.task_index == 0)
    # 如果使用 GPU
    if FLAGS.num_gpus > 0:
        # 避免 GPU 分配冲突:为每一台机器的 worker 分配任务编号
        gpu = (FLAGS.task_index % FLAGS.num_gpus)
        # 分配 worker 到指定 GPU 上运行
        worker_device = "/job:worker/task:%d/gpu:%d" % (FLAGS.task_index, gpu)
    # 如果使用 CPU
    elif FLAGS.num_gpus == 0:
        # 把 CPU 分配给 worker
        cpu = 0
        worker_device = "/job:worker/task:%d/cpu:%d" % (FLAGS.task_index, cpu)
    # 设备设置器自动将变量 ops 放在参数服务器中,非可变操作将放在 workers 工作节点上。
    # 参数服务器 ps 使用 CPU,工作节点服务器 workers 使用 GPU 显卡设备
    # 用 tf.train.replica_device_setter 将涉及变量操作分配到参数服务器上,使用 CPU。将
    # 涉及非变量操作分配到工作节点上,使用上一步 worker_device 值.
    # 在这个 with 语句之下定义的参数会自动分配到参数服务器上去定义.如果有多个参数服务器,
    # 就轮流循环分配
```

```
with tf.device(
    tf.train.replica_device_setter(
        worker_device = worker_device,
        ps_device = "/job:ps/cpu:0",
        cluster = cluster)):

    # 定义全局步长,默认值为 0
    global_step = tf.Variable(0, name = "global_step", trainable = False)
    # 隐藏层变量
    # 定义隐藏层参数变量,这里是全连接神经网络隐藏层
    hid_w = tf.Variable(
        tf.truncated_normal(
            [IMAGE_PIXELS * IMAGE_PIXELS, FLAGS.hidden_units],
            stddev = 1.0 / IMAGE_PIXELS),
        name = "hid_w")
    hid_b = tf.Variable(tf.zeros([FLAGS.hidden_units]), name = "hid_b")
    # Softmax 层变量
    # 定义 Softmax 回归层参数变量
    sm_w = tf.Variable(
        tf.truncated_normal(
            [FLAGS.hidden_units, 10],
            stddev = 1.0 / math.sqrt(FLAGS.hidden_units)),
        name = "sm_w")
    sm_b = tf.Variable(tf.zeros([10]), name = "sm_b")
    # 定义模型输入数据变量
    x = tf.placeholder(tf.float32, [None, IMAGE_PIXELS * IMAGE_PIXELS])
    y_ = tf.placeholder(tf.float32, [None, 10])
    # 构建隐藏层
    hid_lin = tf.nn.xw_plus_b(x, hid_w, hid_b)
    hid = tf.nn.relu(hid_lin)
    # 构建损失函数和优化器
    y = tf.nn.softmax(tf.nn.xw_plus_b(hid, sm_w, sm_b))
    cross_entropy = - tf.reduce_sum(y_ * tf.log(tf.clip_by_value(y, 1e - 10, 1.0)))
    # 异步训练模式:自己计算完成梯度就去更新参数,不同副本之间不会去协调进度
    opt = tf.train.AdamOptimizer(FLAGS.learning_rate)
    # 同步训练模式
    if FLAGS.sync_replicas:
        if FLAGS.replicas_to_aggregate is None:
            replicas_to_aggregate = num_workers
        else:
            replicas_to_aggregate = FLAGS.replicas_to_aggregate
        # 使用 SyncReplicasOptimizer 作优化器,并且是在图间复制情况下
        # 在图内复制情况下将所有梯度平均
        opt = tf.train.SyncReplicasOptimizer(
            opt,
            replicas_to_aggregate = replicas_to_aggregate,
            total_num_replicas = num_workers,
```

```
                    name = "mnist_sync_replicas")
            train_step = opt.minimize(cross_entropy, global_step = global_step)
            if FLAGS.sync_replicas:
             local_init_op = opt.local_step_init_op
             if is_chief:
               #所有进行计算工作节点里一个主工作节点(chief)
               #主节点负责初始化参数、模型保存、概要保存
               local_init_op = opt.chief_init_op
             ready_for_local_init_op = opt.ready_for_local_init_op
               #同步训练模式所需初始令牌、主队列
             chief_queue_runner = opt.get_chief_queue_runner()
             sync_init_op = opt.get_init_tokens_op()
            init_op = tf.global_variables_initializer()
            train_dir = tempfile.mkdtemp()
            if FLAGS.sync_replicas:
               #创建一个监管程序,用于统计训练模型过程中的信息
               #lodger 保存和加载模型路径
               #启动后去 logdir 目录,查看是否有检查点文件,有的话就自动加载
               #没有就用 init_op 指定初始化参数
               #主工作节点负责模型参数初始化工作
               #过程中其他工作节点等待主节点完成初始化工作,初始化完成后,一起开始训练数据
               #global_step 值是所有计算节点共享的
               #在执行损失函数最小值时自动加 1,通过 global_step 知道所有计算节点一共计算多少步
             sv = tf.train.Supervisor(
                 is_chief = is_chief,
                 logdir = train_dir,
                 init_op = init_op,
                 local_init_op = local_init_op,
                 ready_for_local_init_op = ready_for_local_init_op,
                 recovery_wait_secs = 1,
                 global_step = global_step)
            else:
             sv = tf.train.Supervisor(
                 is_chief = is_chief,
                 logdir = train_dir,
                 init_op = init_op,
                 recovery_wait_secs = 1,
                 global_step = global_step)
            #创建会话,设置属性 allow_soft_placement 为 True
            #所有操作默认使用被指定设置,如 GPU
            #如果该操作函数没有 GPU 实现,自动使用 CPU 设备
            sess_config = tf.ConfigProto(
                allow_soft_placement = True,
                log_device_placement = False,
                device_filters = ["/job:ps", "/job:worker/task: % d" % FLAGS.task_index])
          #主工作节点,task_index 为 0 节点初始化会话
          #其余工作节点等待会话被初始化后进行计算
```

```python
    if is_chief:
      print("Worker %d: Initializing session…" % FLAGS.task_index)
    else:
      print("Worker %d: Waiting for session to be initialized…" %
          FLAGS.task_index)
    if FLAGS.existing_servers:
      server_grpc_url = "grpc://" + worker_spec[FLAGS.task_index]
      print("Using existing server at: %s" % server_grpc_url)
      # 创建 TensorFlow 会话对象,用于执行 TensorFlow 图计算
      # prepare_or_wait_for_session 需要参数初始化完成且主节点准备好后才开始训练
      sess = sv.prepare_or_wait_for_session(server_grpc_url,
                                  config = sess_config)
    else:
      sess = sv.prepare_or_wait_for_session(server.target, config = sess_config)
    print("Worker %d: Session initialization complete." % FLAGS.task_index)
    if FLAGS.sync_replicas and is_chief:
        # 主工作节点启动主队列运行器,并调用初始操作
        sess.run(sync_init_op)
        sv.start_queue_runners(sess, [chief_queue_runner])
    # 执行分布式模型训练
    time_begin = time.time()
    print("Training begins @ %f" % time_begin)
    local_step = 0
    while True:
        # 读入 MNIST 训练数据,默认每批次 100 张图片
        batch_xs, batch_ys = mnist.train.next_batch(FLAGS.batch_size)
        train_feed = {x: batch_xs, y_: batch_ys}
        _, step = sess.run([train_step, global_step], feed_dict = train_feed)
        local_step += 1
        now = time.time()
        print("%f: Worker %d: training step %d done (global step: %d)" %
            (now, FLAGS.task_index, local_step, step))
        if step >= FLAGS.train_steps:
          break
    time_end = time.time()
    print("Training ends @ %f" % time_end)
    training_time = time_end - time_begin
    print("Training elapsed time: %f s" % training_time)
    # 读入 MNIST 验证数据,计算验证的交叉熵
    val_feed = {x: mnist.validation.images, y_: mnist.validation.labels}
    val_xent = sess.run(cross_entropy, feed_dict = val_feed)
    print("After %d training step(s), validation cross entropy = %g" %
        (FLAGS.train_steps, val_xent))
if __name__ == "__main__":
  tf.app.run()
```

TensorFlow 作为深度学习领域最受欢迎的框架,以其支持多种开发语言,支持多种异

构平台,提供强大的算法模型,被越来越多的开发者使用,但在使用的过程中,尤其是在GPU 集群的时候,我们或多或少将面临以下问题:

资源隔离:TensorFlow(以下简称 TF)中并没有租户的概念,如何在集群中建立租户的概念,并做到资源的有效隔离成为比较重要的问题。

缺乏 GPU 调度:TF 通过指定 GPU 的编号来实现 GPU 的调度,这样容易造成集群的GPU 负载不均衡。

进程遗留问题:TF 的分布式模式导致 ps 服务器会出现 TF 进程遗留问题。

训练的数据分发,以及训练模型保存都需要人工介入。

训练日志,以及保存、查看不方便。

因此,我们需要一个集群调度和管理系统,可以解决 GPU 调度、资源隔离、统一作业管理和跟踪等问题。

目前,社区中有多种开源项目可以解决类似的问题,例如 Yarn 和 Kubernetes。Yarn是 Hadoop 生态中的资源管理系统,而 Kubernetes(以下简称 K8s)作为谷歌开源的容器集群管理系统,在 TensorFlow 加入 GPU 管理后,已经成为很好的 TF 任务的统一调度和管理系统。

下面我们就讲解一下 TensorFlow on Kubernetes 的集群实战。

7.3.9　分布式 TensorFlow on Kubernetes 集群实战[47,48]

Kubernetes,简称 K8s,是用 8 代替 8 个字符"ubernete"缩写而成的。它是一个开源的,用于管理云平台中多个主机的容器化的应用,Kubernetes 的目标是让部署容器化的应用简单并且高效(powerful),Kubernetes 提供了应用部署、规划、更新和维护的一种机制。传统的应用部署方式是通过插件或脚本来安装应用。这样做的缺点是应用的运行、配置、管理的生存周期将与当前操作系统绑定,这样做并不利于应用的升级、更新和回滚等操作,当然也可以通过创建虚拟机的方式来实现某些功能,但是虚拟机非常重,并不利于提高其可移植性。新的方式是通过部署容器的方式实现,每个容器之间互相隔离,每个容器有自己的文件系统,容器之间进程不会相互影响,能区分计算资源。相对于虚拟机,容器能快速部署,由于容器与底层设施、机器文件系统是解耦的,所以它能在不同云、不同版本操作系统间进行迁移。容器占用资源少、部署快,每个应用可以被打包成一个容器镜像,每个应用与容器间成一对一关系也使容器有更大优势,使用容器可以在 build 或 release 的阶段,为应用创建容器镜像,因为每个应用不需要与其余的应用堆栈组合,也不依赖于生产环境基础结构,这使得从研发到测试、生产能提供一致环境。类似地,容器比虚拟机轻量、更"透明",这更便于监控和管理。

下面我们讲解一下在 K8s 上怎样操作 TensorFlow 框架。

1. 设计目标

我们将 TensorFlow 引入 K8s,可以利用其本身的机制解决资源隔离、GPU 调度,以及

进程遗留的问题。除此之外,我们还需要面临下面问题的挑战:

(1) 支持单机和分布式的 TensorFlow 任务。

(2) 分布式的 TF 程序不再需要手动配置 clusterspec 信息,只需要指定 worker 和 ps 的数目,能自动生成 clusterspec 信息。

(3) 训练数据、训练模型,以及日志不会因为容器销毁而丢失,可以统一保存。

为了解决上面的问题,就出现了 TensorFlow on Kubernetes 系统。

2. 架构

TensorFlow on Kubernetes 包含 3 个主要的部分,分别是 client、task 和 autospec 模块。client 模块负责接收用户创建任务的请求,并将任务发送给 task 模块。task 模块根据任务的类型(单机模式或分布式模式)来确定接下来的流程。

如果 type 选择的是 single(单机模式),对应的是 TF 中的单机任务,则按照用户提交的配额来启动 container 并完成最终的任务;如果 type 选择的是 distribute(分布式模式),对应的是 TF 的分布式任务,则按照分布式模式来执行任务。需要注意的是,在分布式模式中会涉及生成 clusterspec 信息,autospec 模块负责自动生成 clusterspec 信息,以此减少人工干预。

1) client 模块

tshell 在容器中执行任务的时候,我们可以通过 3 种方式获取执行任务的代码和训练需要的数据:

(1) 将代码和数据做成新的镜像。

(2) 将代码和数据通过卷的形式挂载到容器中。

(3) 从存储系统中获取代码和数据。

前两种方式不太适合用户经常修改代码的场景,最后一种方式可以解决修改代码的问题,但是它也有下载代码和数据需要时间的缺点。综合考虑后,我们采取第三种方式。我们配置了一个 tshell 客户端,方便用户将代码和程序进行打包和上传。例如给自己的任务起名字叫 cifar10-multigpu,将代码打包放到 code 下面,并将训练数据放到 data 下面。最后打包成 cifar10-multigpu. tar. gz 并上传到 s3 后,就可以提交任务。在提交任务的时候,需要提前预估一下执行任务需要的配额:CPU 核数、内存大小,以及 GPU 个数(默认不提供),当然也可以按照我们提供的初始配额来调度任务。例如,按照下面格式来将配额信息、s3 地址信息,以及执行模式填好后,执行 send_task.py,这样我们就提交了一次任务。

2) task 模块

(1) 单机模式

对于单机模式,task 模块的任务比较简单,直接调用 Python 的 client 接口来启动 container。container 主要做两件事情,initcontainer 负责从 s3 中下载事先上传好的文件,container 负责启动 TF 任务,最后将日志和模型文件上传到 s3 里,完成一次 TF 单机任务。

(2) 分布式模式

对于分布式模式,情况要稍微复杂些。下面先简单介绍一下 TensorFlow 分布式框架。

TensorFlow 的分布式并行基于 gRPC 框架，client 负责建立 Session，将计算图的任务下发到 TF cluster 上。TF cluster 通过 tf. train. ClusterSpec 函数建立一个 cluster，每个 cluster 包含若干个 job。job 由好多个 task 组成，task 分为两种，一种是 PS(Parameter Server)，即参数服务器，用来保存共享的参数；另一种是 worker，负责计算任务。我们在执行分布式任务的时候，需要指定 clusterspec 信息，如下面的任务，执行该任务需要一个 ps 和两个 worker，我们需要先手动配置 ps 和 worker 才能开始任务，这样必然会带来麻烦。如何解决 clusterspec 成为一个必须要解决的问题，所以在提交分布式任务的时候，task 需要 autospec 模块的帮助，收集 container 的 ip 后才能真正启动任务，所以分布式模式要做两件事情：按照 yaml 文件启动 container；通知 am 模块收集此次任务 container 的信息后生成 clusterspec。

3) autospec 模块

TF 分布式模式的 node 按照角色分为 ps(负责收集参数信息)和 worker，ps 负责收集参数信息，worker 负责执行任务，并定期将参数发送给 worker。要执行分布式任务，涉及生成 clusterspec 信息模型的情况，clusterspec 信息是通过手动配置，这种方式比较麻烦，而且不能实现自动化，我们引入 autospec 模型可以很好地解决此类问题。autospec 模块只有一个用途，就是在执行分布式任务时，从 container 中收集 ip 和 port 信息后生成 clusterspec，并发送给相应的 container。对于 container 的设计，TF 任务比较符合 K8s 中 kind 为 job 的任务，每次执行完成以后这个容器会被销毁。我们利用了此特征，将 container 都设置为 job 类型。K8s 中设计了一种 hook：poststart 负责在容器启动之前做一些初始化的工作，而 prestop 负责在容器销毁之前做一些备份之类的工作。我们利用了此特点，在 poststart 做一些数据获取的工作，而在 prestop 阶段负责将训练产生的模型和日志进行保存。

上面我们已经介绍了 TensorFlow on Kubernetes 的主要流程，下面我们将进入完整的工业级系统实战。

## 第 8 章

完整工业级系统实战

首先说明一下什么叫工业级系统。工业级一般指的是你的系统的功能不仅要实现,并且系统的性能要足够好,例如能撑住互联网平台几千万甚至几亿用户的高并发访问,不是说用户少的时候一切都运行正常,用户量一大了系统就崩溃了,这种系统只能说是一个Demo,而不能大规模地用到线上,这叫作系统高性能。只有高性能还不够,还得保证稳定、可靠,如果用户访问的时候速度很快,但是过几小时或几天便频繁宕机,这也不是一个好的系统。另外就是系统扩展性也要好,在数据和用户都变大的情况下,可以通过不用修改程序,而是增加服务器或配置就能解决问题,系统就能够持续支撑,这就是系统的一个扩展性,所以对于这种系统或平台的产品,我们要保证高性能、高可靠性和高扩展性,简称三高。达到三高要求的系统也就是工业级的系统,否则就算小 Demo。

大数据和机器学习往往是整体系统和平台的一部分,单纯就机器学习的训练来说,如果训练集很小,则可以用单机运行,当有几十亿、几百亿数据集或者需要更多的参数的时候,也就是单机无法支撑的时候,我们需要扩展多台服务器以并行分布式来运行。这种能分布式训练、横向扩展服务器的算法系统也可以叫作工业级的机器学习系统,否则只能运行小数据或只能单机运行而不能扩展的系统只能也算个 Demo。

在实际工作中往往是大数据、机器学习、在线 Web 系统、App 客户端等配合构建一个完整的平台,来达到一个总体的工业级的在线平台。下面我们从业界比较火的 3 个系统入手分别讲解一下推荐算法系统、人脸识别、对话机器人都是怎样实现的。

8.1 推荐算法系统实战

首先,推荐系统不等于推荐算法,更不等于协同过滤。推荐系统是一个完整的系统工程,从工程上来讲是由多个子系统有机地组合在一起,例如基于 Hadoop 数据仓库的推荐集市、ETL 数据处理子系统、离线算法、准实时算法、多策略融合算法、缓存处理、搜索引擎部分、二次重排序算法、在线 Web 引擎服务、AB 测试效果评估和推荐位管理平台等,每个子系统都扮演着非常重要的角色,当然大家肯定会说算法部分是核心,这个说得没错,的确是核心。推荐系统是偏算法的策略系统,但要达到一个非常好的推荐效果,只有算法是不够的。例如做算法依赖于训练数据,数据质量不好,或者数据处理没做好,再好的算法也发挥不出应有价值。算法上线了,如果不知道效果怎么样,后面的优化工作就无法进行,所以 AB 测试是评价推荐效果的关键,它指导着系统该何去何从。为了能够快速切换和优化策略,推荐位管理平台起着举足轻重的作用。推荐结果最终要应用到线上平台,如果要在 App 或网站上毫秒级地快速展示推荐结果,这就需要在线 Web 引擎服务来保证高性能的并发访问。这么来说,虽然算法是核心,但离不开每个子系统的配合,另外就是不同算法可以嵌入各个子系统中,算法可以贯穿到每个子系统。

从开发人员角色上来讲,推荐系统仅仅依靠算法工程师是无法完成整个系统的,需要各个角色的工程师相配合才行。例如,大数据平台工程师负责 Hadoop 集群和数据仓库;ETL 工程师负责对数据仓库的数据进行处理和清洗;算法工程师负责核心算法;Web 开发工程师负责推荐 Web 接口对接各个部门,如网站前端、App 客户端的接口调用等;后台开发工程师负责推荐位管理、报表开发、推荐效果分析等,架构师负责整体系统的架构设计等。所以,推荐系统是一个需要多角色协同配合才能完成的系统。

下面我们就从推荐系统的整体架构,以及各个子系统分别详细讲解一下。

8.1.1　推荐系统架构设计

让我们先看一下推荐系统的架构图,然后再根据架构图详细描述各个模块的关系,以及工作流程,架构如图 8.1 所示。

1. 推荐系统架构图

这个架构图包含了各个子系统或模块的协调配合、相互调用关系,从部门的组织架构上来看,推荐系统主要是由大数据部门负责,或者是和大数据部门平行的搜索推荐部门来负责完成,其他前端部门、移动开发部门配合调用展示推荐结果来实现整个平台的衔接关系。同时这个架构流程图详细描绘了每个子系统具体是怎么衔接的,以及都做了哪些事。下面我们从架构图由上到下的顺序来详细地讲解一下整个架构流程的细节。

2. 架构图详解

1) 推荐数据仓库搭建、数据抽取部分

(1) 基于 MySQL 业务数据库每天增量数据抽取到 Hadoop 平台,当然第一次的时候需要全量地来做初始化,数据转换工具可以用 Sqoop,它可以分布式地批量导入数据到 Hadoop 的 Hive。

(2) Flume 分布式日志收集可以从各个 Web 服务器实时收集用户行为、埋点数据等。一是可以指定 source 和 sink 直接把数据传输到 Hadoop 平台;二是可以把数据一条一条地实时存到 Kafka 消息队列里,让 Flink/Storm/Spark Streaming 等流式框架去处理日志消息,然后又可以做很多准实时计算处理,处理方式根据应用场景有多种,一种可以用这些实时数据做实时的流算法,例如我们推荐用它来做实时协同过滤。什么叫实时协同过滤呢?

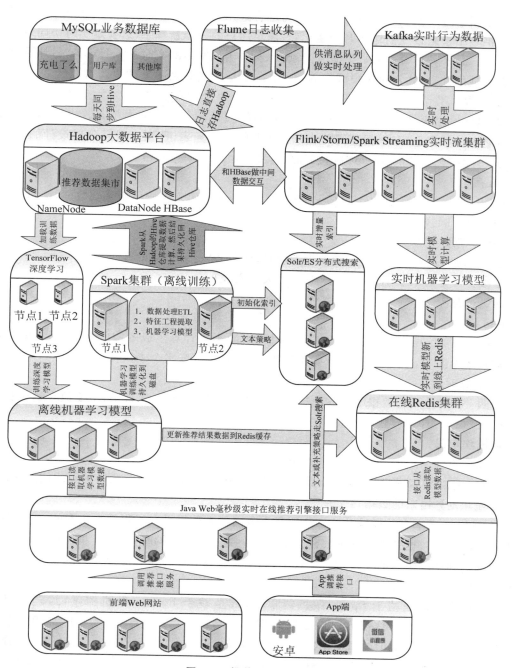

图 8.1　推荐系统架构图

例如 ItemBase,我计算一个商品和那些商品相似的推荐列表,一般是一天算一次,但这样的
推荐结果可能不太新鲜,推荐结果不怎么变化,用户当天的新的行为没有融合进来,而用这

种实时数据就可以做到,把最新的用户行为融合进来,反馈用户最新的喜好兴趣,那么每个商品的推荐结果是秒级别地在时刻变化着,满足用户的一个新鲜感,这就是实时协同过滤要做的工作。另外一种可以对数据做实时统计处理,例如网站的实时 PV、UV 等,另外还可以做很多其他的处理,如实时用户画像等。就看你的应用场景是用来做什么的。

2) 大数据平台、数据仓库分层设计、处理

(1) Hadoop 基本上是各大公司大数据部门的标配,Hive 基本上是作为 Hadoop 的 HDFS 之上的数据仓库,根据不同的业务创建不同的业务表,数据一般是分层设计的,例如可以分为 ods 层、mid 层、temp 临时层和数据集市层。

ods 层

说明:操作数据存储 ODS(Operational Data Store)用来存放原始基础数据,例如维表、事实表。以下画线分为 4 级:

一级:原始数据层;

二级:项目名称(kc 代表视频课程类项目,Read 代表阅读类文章);

三级:表类型(dim 代表维度表,fact 代表事实表);

四级:表名。

mid 层

说明:从 ods 层中 join 多表或某一段时间内的小表计算生成的中间表,在后续的集市层中被频繁地使用。用来一次生成多次使用,避免每次关联多个表重复计算。

temp 临时层

说明:临时生成的数据统一放在这层。系统默认有一个/tmp 目录,不要放在这个目录里,这个目录是 Hive 自己存放数据的临时层。

数据集市层

例如用户画像集市、推荐集市和搜索集市等。

说明:存放搜索项目数据,集市数据一般是由中间层和 ods 层关联表计算或使用 Spark 程序处理开发算出来的数据。

(2) Hadoop 平台的运维及监控往往是由专门的大数据平台工程师来负责的,当然在公司小的时候由大数据处理工程师兼任。毕竟在集群不是很大的时候,一旦集群运行稳定,后面单独维护和调优集群的工作量会比较小,除非是比较大的公司才需要专门的人做运维、调优和源码的二次开发等。

(3) 后面不管是基于 Spark 做机器学习,或是基于 Python 做机器学习,还是基于 TensorFlow 做深度学习,都需要做数据处理,这个处理可以用 Hive 的 SQL 语句、Spark SQL,也可以自己写 Hadoop 的 MR 代码、Spark 的 Scala 代码和 Python 代码等。总体来说,能用 SQL 完成处理的任务尽量用 SQL 来处理,实在实现不了就自己写代码,总之以节省工作量优先。

3) 离线算法部分

推荐算法是一个综合的,并由多种算法有机有序地组合在一起才能发挥出最好的推荐

效果,不同算法可以根据场景来选择哪个算法框架,框架实现不了的,我们再自己造轮子,造算法。在多数场景下我们使用现成的机器学习框架,调用它们的 API 来完成算法的功能。主流的分布式框架有 Mahout、Spark、TensorFlow 和 XGBoost 等。

(1) Mahout 是基于 Hadoop 的 MapReduce 计算来运行的,是最早和最成熟的分布式算法,例如我们做协同过滤算法可以用 Itembase 的 CF 算法,用到的类是 org. apache. mahout. cf. taste. hadoop. similarity. item. ItemSimilarityJob,这个类是根据商品来推荐相似的商品集合,还有一个类是根据用户来推荐感兴趣的商品的。

(2) Spark 集群可以单独部署来运行,就是用 Standalone 模式,也可以用 Spark On Yarn 的方式,如果你有 Hadoop 集群的话,推荐还是用 Yarn 来管理,这样方便系统资源的统一调度和分配。Spark 的机器学习 MLlib 算法非常丰富,前面的章节我们讲了一个热门的算法,用在推荐系统里面的有 Spark 的 ALS 协同过滤,做推荐列表的二次重排序算法的逻辑回归、随机森林和 GBDT 等。这些机器学习模型一般是每天训练一次,而不是像线上网站那样实时调取,所以叫作离线算法。对应的 Flink/Storm/Spark Streaming 实时流集群是秒级别的算法模型更新,叫准实时算法。在线 Web 服务引擎需要在毫秒级别的快速实时响应,叫实时算法引擎。

(3) 深度学习离线模型对于推荐系统来讲可以用 MLP 做二次重排序,如果对线上实时预测性能要求不高的话,可以替代逻辑回归、随机森林等,因为它做一次预测需要 100 毫秒左右,比较慢。

(4) 对于 Solr 或者 ES 这样的分布式搜索引擎,第一次可以用 Spark 来批量地创建索引。

(5) 对于简单的文本算法,例如通过一篇文章去找相似文章,可以用文章的标题作为关键词从 Solr 或 ES 里搜索找到前几个相似文章。再复杂一点的话,也可以用标题和文章的正文以不同权重的方式去搜索。再复杂一点,可以自己写一个自定义函数,例如算标题、内容等的余弦相似度,或者电商根据销量、相关度和新品等做一个自定义的综合相似打分等。

(6) 离线计算的推荐结果可以更新到线上 Redis 缓存里,在线 Web 服务可以实时从 Redis 获取推荐结果数据,并进行实时推荐。

4) 准实时算法部分——Flink/Storm/Spark Streaming 实时流集群

(1) Flink/Storm/Spark Streaming 实时处理用户行为数据,可以用来做秒级别的协同过滤算法,可以让推荐结果根据用户最近的行为偏好变化而实时更新模型,提高用户的新鲜感。计算的中间过程可以与 HBase 数据库进行交互。当然一些简单的当天实时 PV、UV 统计也可以用这些框架来处理。

(2) 准实时计算的推荐结果可以实时更新线上 Redis 缓存,在线 Web 服务可以实时从 Redis 获取推荐结果数据。

5) 在线 Java Web 推荐引擎接口服务

(1) 在线 Java Web 推荐引擎接口预测服务,实时从 Redis 中获取用户最近的文章点击、收藏和分享等行为,不同行为以不同权重加上时间衰竭因子,每个用户得到一个带权重的用户兴趣种子文章集合,然后用这些种子文章去关联 Redis 缓存计算好的 item 文章-to-文章数据进行文章的融合,从而得到一个候选文章集合,这个集合再用随机森林和神经网络对这些候选文章做 Rerank 二次排序,得到最终的用户推荐列表并实时给用户推荐出来。

(2) App 客户端、网站可以直接调用在线 Java Web 推荐引擎接口预测服务进行实时推荐并展示推荐结果。

上面我们大概介绍了推荐系统整体架构和各个子系统的衔接配合关系。接下来我们将详细讲解每一个子系统。

8.1.2 推荐数据仓库集市

算法是推荐系统的核心,但没有数据正如巧妇难为无米之炊,再就是也得有好米才行,有了好米,但如果好米里有沙子,我们也得想办法清洗掉。这是打了个比方,意思是除了算法本身我们还要搭建数据仓库,把握好数据质量,对数据进行清洗、转换。以便更好地区分哪个是原始数据,哪个是清洗后的数据,我们最好做一个数据分层,以方便快速地找到想要的数据。另外,有些高频的数据不需要每次都重复计算,只需要计算一次并放在一个中间层里,供其他业务模块复用,这样节省时间,同时也减少服务器资源的消耗。数据仓库分层设计还有其他很多好处,下面举一个实例来看看如何分层,以及如何搭建推荐的数据集市。

1. 数据仓库分层设计

数据仓库,英文名称为 Data Warehouse,可简写为 DW 或 DWH。数据仓库是为企业所有级别的决策制定过程提供所有类型数据支持的战略集合,它是单个数据存储,出于分析性报告和决策支持目的而创建的。为需要业务智能的企业提供指导业务流程改进、监视时间、成本、质量,以及控制。

我们再看一看什么是数据集市。数据集市(Data Mart)也叫数据市场,数据集市就是满足特定的部门或者用户的需求,按照多维的方式进行存储,包括定义维度、需要计算的指标和维度的层次等,生成面向决策分析需求的数据立方体。从范围上来说,数据是从企业范围的数据库、数据仓库或者是更加专业的数据仓库中抽取出来的。数据中心的重点就在于它迎合了专业用户群体的特殊需求,在分析、内容、表现以及易用方面,数据中心的用户希望数据是由他们熟悉的术语来表现的。

上面我们讲的是数据仓库和数据集市的概念,简单来说,在 Hadoop 平台上整个 Hive 的所有表构成了数据仓库,这些表有的是分层设计的,我们可以分为 4 层,ods 层、mid 层、temp 临时层和数据集市层。其中数据集市可被看作数据仓库的一个子集,一个数据集市往往是针对一个项目的,例如推荐的叫推荐集市,做用户画像的项目叫用户画像集市。ods 是基础数据层,也是原始数据层,是最底层的,而数据集市是偏最上游的数据层。数据集市的数据可以直接供项目使用,不用再更多地去加工了。

数据仓库的分层体现在 Hive 数据表名上,Hive 存储对应的 HDFS 目录最好和表名一致,这样根据表名也能快速地找到目录,当然这不是必需的。一般大数据平台都会创建一个数据字典平台,在 Web 的界面上能够根据表名找到对应的表解释,例如表的用途、字段表结构、每个字段代表什么意思和存储目录等,而且能查询到表和表之间的血缘关系。说到血缘关系,它在数据仓库里经常会被提起。我在下面会单独讲一小节。下面我用实例讲解推荐的数据仓库。

首先我们需要和部门所有的人制定一个建表规范,大家统一遵守这个规范:

1) 建表规范

以下建表规范仅供参考,可以根据每个公司的实际情况来定:

(1) 统一创建外部表。

外部表的好处是当你不小心删除了这个表,数据还会保留下来,如果是误删除,会很快地将数据找回来,只需要把建表语句再创建一遍即可。

(2) 统一分 4 级,以下画线分割。

分为几个级别没有明确的规定,一般分为 4 级的情况比较多。

(3) 列之间分隔符统一 '\001'。

用\001 分割的目的是避免因为数据也存在同样的分隔符而造成列的错乱问题,因为\001 分割符是用户无法输入的,之前用的\t 分隔符容易被用户输入,数据行里如果存在\t 分隔符会和 Hive 表里的\t 分隔符混淆,这样这一行数据会多出几列,从而造成列错乱。

(4) location 指定目录统一以/结尾。

指定目录统一以/结尾代表最后是一个文件夹,而不是一个文件。一个文件夹下面可以有很多文件,如果数据特别大,适合拆分成多个小文件。

(5) stored 类型统一为 textfile。

每个公司实际情况不太一样,textfile 是文本文件类型,好处是方便查看内容,缺点是占用空间较多。

(6) 表名和 location 指定目录保持一致。

表名和 location 指定目录保持一致的主要目的是方便当看见表名时就能马上知道对应的数据存储目录在哪里,方便检索和查找。

创建 Hive 表脚本代码如下:

```
#下面列举一个建表的例子给大家做一个演示
create EXTERNAL table IF NOT EXISTS ods_kc_dim_product(kcid string,kcname string,price float ,
issale string)
ROW FORMAT DELIMITED FIELDS
TERMINATED BY '\001'
stored as textfile
location '/ods/kc/dim/ods_kc_dim_product/';
```

2) 数据仓库分层设计

上面我们在建表的时候已经说了分为 4 级,也就是说我们的数据仓库分为 4 层,操作数据存储原始数据层 ods、mid 层、temp 临时层和数据集市层等,下面我们一一讲解。

（1）ods 层。

创建 Hive 脚本代码如下：

```
#原始数据_视频课程_事实表_课程访问日志表
create EXTERNAL table IF NOT EXISTS ods_kc_fact_clicklog(userid string, kcid string, time
string)
ROW FORMAT DELIMITED FIELDS
TERMINATED BY '\001'
stored as textfile
location '/ods/kc/fact/ods_kc_fact_clicklog/';
#ods 层维度表,课程基本信息表
create EXTERNAL table IF NOT EXISTS ods_kc_dim_product(kcid string, kcname string, price float ,
issale string)
ROW FORMAT DELIMITED FIELDS
TERMINATED BY '\001'
stored as textfile
location '/ods/kc/dim/ods_kc_dim_product/';
```

这里涉及新的概念,什么是事实表、维度表？

事实表：

在多维数据仓库中,保存度量值的详细值或事实的表称为"事实表"。事实数据表通常包含大量的行。事实数据表的主要特点是包含数字数据(事实),并且这些数字信息可以汇总,以提供有关单位作为历史数据,每个事实数据表包含一个由多个部分组成的索引,该索引包含作为外键的相关性纬度表的主键,而维度表包含事实记录的特性。事实数据表不应该包含描述性的信息,也不应该包含除数字度量字段及使事实与维度表中对应项的相关索引字段之外的任何数据。

维度表：

维度表可被看作用户分析数据的窗口,维度表中包含事实数据表中事实记录的特性,有些特性提供描述性信息,有些特性指定如何汇总事实数据表数据,以便为分析者提供有用的信息,维度表包含帮助汇总数据的特性的层次结构。例如,包含产品信息的维度表通常包含将产品分为食品、饮料和非消费品等若干类的层次结构,这些产品中的每一类进一步多次细分,直到各产品达到最低级别。在维度表中,每个表都包含独立于其他维度表的事实特性,例如,客户维度表包含有关客户的数据。维度表中的列字段可以将信息分为不同层次的结构级。维度表包含了维度的每个成员的特定名称。维度成员的名称称为"属性"(Attribute)。

在我们的推荐场景中,课程访问日志表 ods_kc_fact_clicklog 是用户访问课程的大量日志,针对每条记录也没有一个实际意义的主键,同一个用户有多条课程访问记录,同一个课程也会被多个用户访问,这个表就是事实表。课程基本信息表 ods_kc_dim_product,每个课程都有一个唯一的课程主键,课程具有唯一性。每个课程都有基本属性。这个表就是维表。

（2）mid 中间层。

从 ods 层提取数据到集市层常用 SQL 方式,脚本代码如下：

＃把某个 select 的查询结果集覆盖到某个表,相当于 truncate 和 insert 操作
```
    insert overwrite table chongdianleme.ods_kc_fact_etlclicklog select a.userid, a.kcid, a.
time from chongdianleme.ods_kc_fact_clicklog a join chongdianleme.ods_kc_dim_product b on a.
kcid = b.kcid
    where b.issale = 1;
```

（3）temp 临时层。

建表 Hive 脚本代码如下:

```
＃创建临时课程日志表
create EXTERNAL table IF NOT EXISTS tp_kc_fact_clicklogtotemp(userid string, kcid string, time
string)
ROW FORMAT DELIMITED FIELDS
TERMINATED BY '\001'
stored as textfile
location '/tp/kc/fact/tp_kc_fact_clicklogtotemp/';
```

（4）数据集市层。

```
＃用户画像集市建表举例
create EXTERNAL table IF NOT EXISTS personas_kc_fact_userlog(userid string, kcid string, name
string, age string, sex string)
ROW FORMAT DELIMITED FIELDS
TERMINATED BY '\001'
stored as textfile
location '/personas/kc/fact/personas_kc_fact_userlog/';
```

2. 数据血缘分析[49]

数据血缘关系,从概念来讲很好理解,即在数据的全生命周期中,数据与数据之间会形成多种多样的关系,这些关系与人类的血缘关系类似,所以被称作数据血缘关系。

从技术角度来讲,数据 a 通过 ETL 处理生成了数据 b,那么我们会说,数据 a 与数据 b 具有血缘关系。不过与人类的血缘关系略有不同,数据血缘关系还具有一些个性化的特征。

归属性:数据是被特定组织或个人拥有所有权的,拥有数据的组织或个人具备数据的使用权,实现营销、风险控制等目的。

多源性:这个特性与人类的血缘关系有本质上的差异,同一个数据可以有多个来源(即多个父数据),其来源包括数据是由多个数据加工生成,或者由多种加工方式或加工步骤生成。

可追溯性:数据的血缘关系体现了数据的全生命周期,从数据生成到废弃的整个过程均可追溯。

层次性:数据的血缘关系是具备层级关系的,就如同在传统关系数据库中,用户是级别最高的,之后依次是数据库、表和字段,它们自上而下,一个用户拥有多个数据库,一个数据库中存储着多张表,而一张表中有多个字段。它们有机地结合在一起,形成完整的数据血缘关系。例如某学校学生管理系统后台数据库的 E-R 图示例,学生的学号、姓名、性别、出生

日期、年级和班级等字段组成了学生信息表,学生信息表、教师信息表和选课表之间通过一个或多个关联字段组成了整个学生管理系统后台的数据库。

不管是结构化数据,还是非结构化数据,都具有数据血缘关系,它们的血缘关系或简单直接,或错综复杂,都是可以通过科学的方法追溯的。

以某银行财务指标为例,利息净收入的计算公式为利息收入减去利息支出,而利息收入又可以拆分为对客业务利息收入、资本市场业务利息收入和其他业务利息收入。对客业务利息收入又可以细分为信贷业务利息收入和其他业务利息收入,信贷业务利息收入还可以细分为多个业务条线和业务板块的利息收入,如此细分下去,一直可以从财务指标追溯到原始业务数据,如客户加权平均贷款利率和新发放贷款余额。如果利息净收入指标发现数据质量问题,其根因就可以被发现。

数据血缘追溯不只体现在指标计算上,同样可以应用到数据集的血缘分析上。不管是数据字段、数据表,还是数据库,都有可能与其他数据集存在着血缘关系,分析血缘关系对数据质量提升有帮助的同时,对数据价值评估、数据质量评估,以及后续对数据生命周期管理也有较大的帮助和提高。

从数据价值评估角度来看,我们通过对数据血缘关系的梳理不难发现,数据的拥有者和使用者存在数据价值关系,简单地来看,在数据拥有者较少且使用者(数据需求方)较多时,数据的价值较高。在数据流转中,对最终目标数据影响较大的数据源价值相对较高。同样,更新、变化频率较高的数据源,一般情况下,也在目标数据的计算、汇总中发挥着更高的作用,那可以判断为这部分数据源具有较高的价值。

从数据质量评估角度来看,清晰的数据源和加工处理方法,可以明确每个节点数据质量的好坏。

从数据生命周期管理角度来看,数据的血缘关系有助于我们判断数据的生命周期,是数据的归档和销毁操作的参考。

考虑到数据血缘的重要性和特性,一般来讲,我们在做血缘分析时,会关注应用(系统)级、程序级和字段级 3 个层次间数据间的关系。比较常见的是,数据通过系统间的接口进行交换和传输。例如银行业务系统中的数据,由统一数据交换平台进行流转分发给传统关系数据库和非关系大数据平台,数据仓库和大数据平台将数据汇总后,交由各个应用集市分析使用,其中涉及大量的数据处理和数据交换工作:

在分析其中的血缘关系时,主要考虑以下几个方面。

全面性:数据处理过程实际上是程序对数据进行传递、运算演绎和归档的过程,即使归档的数据也有可能通过其他方式影响系统的结果或流转到其他系统中。为了确保数据流跟踪的连贯性,必须将整个系统集作为分析的对象。

静态分析法:本方法的优势是,避免受人为因素的影响,精度不受文档描述的详细程度、测试案例和抽样数据的影响。本方法基于编译原理,通过对源代码进行扫描和语法分析,以及对程序逻辑涉及的路径进行静态分析和罗列,实现对数据流转的客观反映。

接触感染式分析法:通过对数据传输和映射相关的程序命令进行筛选,获取关键信息,从而进行深度分析。

逻辑时序性分析法：为避免冗余信息的干扰，根据程序处理流程，将与数据库、文件、通信接口数据字段没有直接关系的传递和映射的间接过程和程序中间变量转换为数据库、文件、通信接口数据字段之间的直接传递和映射。

及时性：为了确保数据字段关联关系信息的可用性和及时性，必须确保查询版本更新与数据字段关联信息的同步，在整个系统范围内做到"所见即所得"。

数据处理工作离不开数据血缘分析的工作，数据的血缘对于分析数据、跟踪数据的动态演化、衡量数据的可信度、保证数据的质量具有重要的意义，值得我们深入探讨研究。

3. 数据平台工具

上面提到数据血缘关系，这个一般都会做数据平台 Web 工具，搭建一个 Web 项目，然后在界面上能查询任何表的字典解析，如表是用来做什么的，每个字典是干什么的，表的存储目录和其他关联表的血缘关系等。

另外还有其他一些工具，例如数据质量监控，当数据出现问题的时候，能否实时告警并通知。

还有作业调度工具，数据仓库每天都会定时执行很多数据处理的任务，例如数据清洗、格式转换、特征工程等，互联网常用的调度工具是 Azkaban，它能定时触发执行任务的脚本，同时还可以设置任务的依赖关系。哪个任务先执行，哪个任务后执行，还有等待其他几个任务都完成后才统一触发下一个任务，都可以用它来配置。

当然很多大公司还有其他适合自己业务的工具。数据仓库和平台搭建完成后，我们日常的很多工作是在做数据处理，也就是 ETL，下面来讲讲推荐的 ETL 数据处理。

8.1.3　ETL 数据处理

ETL 分全量和增量两种处理方式，在推荐系统占用的工作量是比较大的，在一个算法系统中，ETL 数据处理也是必需的。

1. 全量处理数据

全量处理数据在数据仓库初始化时需要，如果你的原始数据存储在 MySQL 关系数据库中，用 Sqoop 工具可以分布式一次性地导入 Hadoop 平台。

除了初始化，在数据处理转换的时候有时也需要全量处理数据。举个例子，我们做协同过滤推荐的时候，例如做一个看了又看推荐列表，输入数据需要用户 id 和课程 id 两列数据，我们怎样来准备数据呢？我们使用 Mahout 的 itembase 算法来做。用户 id 和项目 id 是以 \t 来分割的。Hive 脚本代码如下：

```
# 全量导入关联表 SQL 结果到新表
create EXTERNAL table IF NOT EXISTS ods_kc_fact_etlclicklog(userid string, kcid string)
ROW FORMAT DELIMITED FIELDS
TERMINATED BY '\t
```

```
stored as textfile
location '/ods/kc/fact/ods_kc_fact_etlclicklog/';
＃用 insert overwrite 来做全量处理,只提取在卖的课程,这样推荐出来的也能保证课程状态是可卖的
insert overwrite table chongdianleme.ods_kc_fact_etlclicklog select a.userid,a.kcid,a.time
from chongdianleme.ods_kc_fact_clicklog a join chongdianleme.ods_kc_dim_product b on a.kcid =
b.kcid where b.issale = 1;
```

2. 增量处理数据

一种情况是定时同步数据,例如每天夜间根据日期从业务端 MySQL 同步数据到 Hadoop Hive 仓库。

同步表类型有:

(1) 按创建时间增量同步到 Hive 的分区表;

(2) 按修改时间增加同步到 Hive 临时表,然后再对之前的表做 reparation 分区更新;

(3) 没有时间的全量同步一个快照表。一个是在数据仓库初始化时需要,如果你的原始数据存在 MySQL 关系数据库,用 Sqoop 工具可以分布式的一次性的导入 Hadoop 平台。

另一种情况可以通过 insert table 根据日期来增量插入新数据,不重写数据。例如参考 SQL 脚本,代码如下:

```
insert table chongdianleme.ods_kc_fact_etlclicklog select a.userid,a.kcid,a.time from
chongdianleme.ods_kc_fact_clicklog a join chongdianleme.ods_kc_dim_product b on a.kcid = b.
kcid where b.issale = 1 and a.time > = '2020-01-16' and and a.time <'2020-01-17';
```

3. 程序化写代码处理数据

上面的数据处理是通过 Sqoop 工具写脚本处理、Hive SQL 处理。在很多情况下用这种方式能够完成任务,但是有些复杂的处理逻辑用脚本不太容易实现,这时候就需要自己开发程序。可以使用 Spark＋Scala 语言的方式,也可以用 Python 来处理,根据你自己擅长的开发语言来处理,但建议用分布式框架,因为数据都是在 Hadoop 分布式文件系统上,单机代码处理的能力有限,所以建议使用 Spark 框架来处理,Spark 同时支持多种语言,如 Scala、Java、Python 和 R 等。

8.1.4　协同过滤用户行为挖掘

协同过滤作为经典的推荐算法之一,在电商推荐系统中扮演着非常重要的角色,例如经典的推荐看了又看、买了又买、看了又买、购买此商品的用户还相同购买等都是使用了协同过滤算法。尤其当你的网站积累了大量的用户行为数据时,基于协同过滤的算法从实战经验上对比其他算法效果是最好的。基于协同过滤在电商网站上用到的用户行为有用户浏览商品行为、加入购物车行为和购买行为等,这些行为是最为宝贵的数据资源。例如用浏览行为来做的协同过滤推荐结果叫看了又看,全称是看过此商品的用户还看了哪些商品。用购买行为来计算的叫买了又买,全称叫买过此商品的用户还买了。如果同时用浏览记录和购买记录来算,并且浏览记录在前,购买记录在后,叫看了又买,全称是看过此商品的用户最终

购买。如果是购买记录在前,浏览记录在后,叫买了又看,全称叫买过此商品的用户还看了。在电商网站中,这几个是经典的协同过滤算法的应用。下面详细来讲述。

1. 协同过滤原理与介绍

1）什么是协同过滤

协同过滤是利用集体智慧的一个典型方法。要理解什么是协同过滤,首先想一个简单的问题,如果你现在想看部电影,但你不知道具体看哪部,你会怎么做?大部分的人会问问周围的朋友,看看最近有什么好看的电影推荐,而我们一般更倾向于从口味比较类似的朋友那里得到推荐,这就是协同过滤的核心思想。

换句话说,就是借鉴和你相关人群的观点来进行推荐,这很好理解。

2）协同过滤的实现

要实现协同过滤的推荐算法,要进行以下 3 个步骤:收集数据—找到相似用户和物品—进行推荐。

3）收集数据

这里的数据指的是用户的历史行为数据,例如用户的购买历史、关注、收藏行为或者发表了某些评论,以及给某个物品打了多少分等,这些都可以用来作为数据供推荐算法使用,服务于推荐算法。需要特别指出的是不同的数据准确性不同,粒度也不同,在使用时需要考虑到噪声所带来的影响。

4）找到相似用户和物品

这一步也很简单,其实就是计算用户间及物品间的相似度。以下是几种计算相似度的方法:欧几里得距离、Cosine 相似度、Tanimoto 系数、TFIDF 和对数似然估计等。

5）进行推荐

在知道了如何计算相似度后,就可以进行推荐了。在协同过滤中,有两种主流方法:基于用户的协同过滤和基于物品的协同过滤。基于用户的 CF 的基本思想相当简单,基于用户对物品的偏好找到相邻邻居用户,然后将邻居用户喜欢的物品推荐给当前用户。在计算上,就是将一个用户对所有物品的偏好作为一个向量来计算用户之间的相似度,找到 K 邻居后,根据邻居的相似度权重及他们对物品的偏好,预测当前用户没有偏好的未涉及物品,计算得到一个排序的物品列表作为推荐。下面给出了一个例子,对于用户 A,根据用户的历史偏好,这里只计算得到一个邻居用户 C,然后将用户 C 喜欢的物品 D 推荐给用户 A。

基于物品的 CF 的原理和基于用户的 CF 类似,只是在计算邻居时采用物品本身,而不是从用户的角度来计算,即基于用户对物品的偏好找到相似的物品,然后根据用户的历史偏好,推荐相似的物品给他。从计算的角度看,就是将所有用户对某个物品的偏好作为一个向量来计算物品之间的相似度,得到物品的相似物品后,根据用户历史的偏好预测当前用户还没有表示偏好的物品,计算得到一个排序的物品列表作为推荐。对于物品 A,根据所有用户的历史偏好,喜欢物品 A 的用户都喜欢物品 C,得出物品 A 和物品 C 比较相似,而用户 C 喜欢物品 A,那么可以推断出用户 C 可能也喜欢物品 C。

6）计算复杂度

Item CF 和 User CF 是基于协同过滤推荐的两个最基本的算法，User CF 在很早以前就被提出来了，Item CF 是从 Amazon 的论文和专利发表之后（2001 年左右）开始流行的，大家都觉得 Item CF 从性能和复杂度上比 User CF 更优，其中的一个主要原因就是对于一个在线网站，用户的数量往往大大超过物品的数量，同时物品的数据相对稳定，因此计算物品的相似度不但计算量较小，同时也不必频繁更新，但我们往往忽略了这种情况只适应于提供商品的电子商务网站，而对于新闻、博客或者微内容的推荐系统，情况往往是相反的，物品的数量是海量的，同时也是更新频繁的，所以单从复杂度的角度，这两个算法在不同的系统中各有优势，推荐引擎的设计者需要根据自己应用的特点选择更加合适的算法。

7）适用场景

在 item 相对少且比较稳定的情况下，使用 Item CF，在 item 数据量大且变化频繁的情况下，使用 User CF。

2. 类似看了又看、买了又买的单一数据源协同过滤

在这里介绍两种实现方式，一个是基于 Mahout 分布式挖掘平台来实现；另一个用 Spark 的 ALS 交替最小二乘法来实现。我们先看一看 Mahout 的分布式实现。

我们选择基于布尔型的实现，例如买了又买，用户或者买了这个商品，或者没有买，只有这两种情况。没有用户对某个商品喜好程度的一个打分。这样的训练数据的格式只有两列，用户 ID 和商品 ID，中间以\t 分割。运行脚本代码如下：

```
/home/hadoop/bin/hadoop jar /home/hadoop/mahout-distribution/mahout-core-job. jar org. apache.
mahout. cf. taste. hadoop. similarity. item. ItemSimilarityJob -Dmapred. input. dir = /ods/fact/
recom/log -Dmapred. output. dir =/mid/fact/recom/out -similarityClassname  SIMILARITY _
LOGLIKELIHOOD -tempDir /temp/fact/recom/outtemp -booleanData true -maxSimilaritiesPerItem 36
```

ItemSimilarityJob 常用参数详解。

-Dmapred. input. dir/ods/fact/recom/log：输入路径

-Dmapred. output. dir＝/mid/fact/recom/out：输出路径

--similarityClassname SIMILARITY_LOGLIKELIHOOD：计算相似度用的函数，这里是对数似然估计

CosineSimilarity：余弦距离

CityBlockSimilarity：曼哈顿相似度

CooccurrenceCountSimilarity：共生矩阵相似度

LoglikelihoodSimilarity：对数似然相似度

TanimotoCoefficientSimilarity：谷本系数相似度

EuclideanDistanceSimilarity：欧氏距离相似度

--tempDir /user/hadoop/recom/recmoutput/papmahouttemp：临时输出目录

--booleanData true：是否是布尔型的数据

--maxSimilaritiesPerItem 36：针对每个 item 推荐多少个 item

输入数据的格式,第一列 userid,第二列 itemid,第三列可有可无,是评分,如果没有的话默认评分为 1.0 分,布尔型的数据只有 userid 和 itemid:

12049056	189887
18945802	195142
17244856	199482
17244856	195137
17244856	195144
17214244	195126
17214244	195136
12355890	189887
13006258	195137
16947936	200375
13006258	200376

输出文件内容格式,第一列 itemid,第二列是根据 itemid 推荐出来的 itemid,第三列是 item-item 的相似度值:

195368	195386	0.9459389382339948
195368	195410	0.9441653614997947
195372	195418	0.9859069433977395
195381	195391	0.9435764760714196
195382	195408	0.9435604861919415
195385	195399	0.9709127607436737
195388	195390	0.9686122649284619

ItemSimilarityJob 使用心得:

1)每次计算完成后,在再次计算时必须要手动删除输出目录和临时目录,这样太麻烦。于是对其源码做简单改动,增加 delOutPutPath 参数,设置为 true,这样每次运行会自动删除输出和临时目录。方便了不少。

2)Reduce 数量只能是 Hadoop 集群默认值。Reduce 数量对计算时间影响很大。为了提高性能,缩短计算时间,增加 numReduceTasks 参数,一个多亿的数据一个 Reduce 需要大约半小时,12 个 Reduce 只需要 19 分钟,测试集群是在 3~5 台集群的情况下。

3)业务部门有这样的需求,例如看了又看,买了又买要加百分比,对于这样的需求 Mahout 协同过滤实现不了,这是由 Mahout 本身计算 item-item 相似度方法所致。另外它只能对单一数据源进行分析,例如看了又看只分析浏览记录,买了又买只分析购买记录。如果同时对浏览记录和购买记录作关联分析,例如看了又买,这个只能自己来开发 MapReduce 程序了。下面就讲讲如何实现跨数据源支持时间窗控制的协同过滤算法。

3. 类似看了又买的跨数据源的支持时间窗控制的协同过滤算法

首先说一下什么叫跨数据源,简单来说就是同时支持在浏览商品行为和购买行为两个

数据源上关联分析。关联用什么关联？是用用户 ID 吗？不单纯是。一个关联是这个用户
ID 得浏览过，也购买过一些商品。如果这个用户只看过，没有购买过，那这个用户的数据就
是脏数据，没有任何意义；另一个关联就是和其他用户看过的商品有交集，不同的用户都看
过同一个商品才有意义，看过同一个商品的大多数用户都买了哪些商品，买的最多的那个商
品就和看过同一个的那个商品最相关，这也是看了又买的核心思想。另外在细节上还是可
以再优化的。例如控制购买商品的时间必须要发生在浏览之后，再精细点就是控制时间差，
例如和浏览时间相差 3 个月之内等。

要实现这个算法目前没有开源的版本，Mahout 也仅仅支持单一数据源，做不了看了又
买。这需要我们自己写代码实现，下面是基于 Hadoop 的 MapReduce 实现的一个算法思
路，一共是用 4 个 MapReduce 来实现。

1）第一个 MapReduce 任务——ItemJob

Map 的 Setup 函数：从当前 Context 对象中获取用户 id、项目 id 和请求时间 3 列的索
引位置，在右数据源中要过滤文章 itemid 集合，都缓存到静态变量中。

Map：通过 userid 列的首字符是"l"还是"r"来判断是左数据源还是右数据源，解析数据
后以 userid 作为 key，左数据源"l"＋itemid＋请求时间作为 value，右数据源"r"＋itemid＋
userid＋请求时间作为 value，这些 value 作为 item 的输出向量会以 userid 为 key 进入
Reduce。

Reduce 的 setup 函数：从当前 Context 对象中获取右表请求时间发生在左数据源请求
时间的前后时间范围，都缓存到静态变量中。

Reduce：key 从这里以后就没用了。只需解析 itemid 的向量集合，接下来通过两个 for
循环遍历 item 向量集合中的左数据源 itemid 和右数据源 itemid，计算符合时间范围约束的
项目，以左数据源 itemid 作为 key，右数据源 itemid＋userid 为 value 输出到 HDFS。顺便
对有效 userid 进行 getCounter 计数，得到总的用户数，为以后的 TFIDF 相似度修正做数据
准备 context. getCounter(Counters. USERS). increment(1)。

2）第二个 MapReduce 任务——LeftItemSupportJob，计算左数据源 item 的支持度

以第一个任务的输出作为输入。Map：key 值为左数据源，itemid 没有用。值解析
value 得到右数据源 itemid，然后以它作为 key，整型 1 作为计数的 value 为输出。

Combiner/Reduce：很简单，就是累加计算 itemid 的个数，以 itemid 为 key，个数也就是
支持度为 value，输出到分布式文件系统的临时目录上。

3）第三个 MapReduce 任务——RightItemSupportJob，计算右表 item 的支持度

以第一个任务的输出作为输入。Map：key 值为左数据源，itemid 没有用。值解析
value 得到右表 itemid，然后以它作为 key，整型 1 作为计数的 value 为输出。

Combiner/Reduce：很简单，就是累加计算 itemid 的个数，以 itemid 为 key，个数也就是
支持度为 value，输出到分布式文件系统的临时目录上。

4）第四个 MapReduce 任务——ItemRatioJob，计算左数据源 item 和右表 item 的相似度

以第一个任务的输出作为输入。这个是最关键的一步。

Map：解析第一个任务的输入，以左数据源 itemid 为 key，右数据源 itemid＋userid 作为 value。

Reduce 的 setup 函数：从当前 Context 对象获取针对每个 item 推荐的最大推荐个数、最小支持度和用户总数，从第二个任务所输出的临时目录中读取每个右数据源 itemid 的支持度放到 HashMap 静态变量中。

Reduce：

（1）计算看过此左数据源 id 并购买的用户数。

（2）计算看过此左数据源 id，每个文章被购买的用户数。

（3）检查是否满足最小支持度要求。

（4）计算相似度（百分比 TF）。

（5）计算 IDF：Math. log（用户总数/(double)（右表推荐文章 itemid 的支持度＋1））＋1.0。

（6）计算相似度 TFIDF、CosineSimilarity（余弦距离）、CityBlockSimilarity（曼哈顿相似度）、CooccurrenceCountSimilarity（共生矩阵相似度）、LoglikelihoodSimilarity（对数似然相似度）、TanimotoCoefficientSimilarity（谷本系数相似度）、EuclideanDistanceSimilarity（欧氏距离相似度），当然我们选择一个相似度就行，推荐使用 TFIDF，在实践中所做过的 AB 测试效果是最好的，并且它用在对称矩阵和非对称矩阵上都有很好的效果。尤其适合跨数据源场景，因为浏览和购买肯定是不对称的。如果是做看了又看等单一数据源，此数据肯定是对称的，在对称矩阵的情况下用 LoglikelihoodSimilarity 对数似然相似度效果是最好的。相似度算好后，就是降序排序，提取前 N 个相关度最高的商品 ID，也就是 itemid，作为推荐结果并输出到 HDFS 上，可以对输出目录建一个 Hive 外部表，这样查看和分析推荐结果就非常方便了。

Mahout 里面并没有 TFIDF 相似度的实现，但可以修改它的源码而加上此算法。另外 TFIDF 一般用在自然语言处理文本挖掘上，但为什么在基于用户行为的协同过滤算法上同样奏效呢？可以这样理解，TFIDF 是一种思想，思想是相同的，只是应用场景不同而已。不过最原始的 TFIDF 还是在处理自然语言时提出的，开始主要用在文本上。下面我们大概讲一下什么是 TFIDF，然后引出在协同过滤中怎样去理解它。

4. TFIDF 算法

TFIDF（Term Frequency Inverse Document Frequency）是一种用于资讯检索与文本挖掘的常用加权技术。TFIDF 是一种统计方法，用以评估一字词对于一个文件集或一个语料库中的其中一份文件的重要程度。字词的重要性随着它在文件中出现的次数呈正比增加，但同时会随着它在语料库中出现的频率呈反比下降。TFIDF 加权的各种形式常被搜索引擎应用，作为文件与用户查询之间相关程度的度量或评级。除了 TFIDF 以外，互联网上的搜寻引擎还会使用基于连接分析的评级方法，以确定文件在搜寻结果中出现的顺序。

在一份给定的文件里，词频（Term Frequency，TF）指的是某一个给定的词语在该文件中出现的次数。这个数字通常会被正规化，以防止它偏向长的文件。同一个词语在长文件里可能会比在短文件里有更高的词频，而不管该词语重要与否。

逆向文件频率(Inverse Document Frequency,IDF)是一个词语普遍重要性的度量。某一特定词语的 IDF,可以由总文件数目除以包含该词语之文件的数目,再将得到的商取对数而得到。

某一特定文件内的高词语频率,以及该词语在整个文件集合中的低文件频率,可以产生出高权重的 TFIDF。因此,TFIDF 倾向于过滤常见的词语,保留重要的词语。

那么在电商里的协同过滤它指的是什么呢? TF 就是原始相似度的值及购买某个商品的占比,docFreq 文档频率就是每个商品的支持度,numDocs 总的文档数就是总的用户数,代码如下:

```
public static double calculate(float tf, int df, int numDocs) {
return tf(tf) * idf(df, numDocs);
}
public static float idf(int docFreq, int numDocs) {
return (float) (Math.log(numDocs / (double) (docFreq + 1)) + 1.0);
}

public static float tf(float freq) {
return (float) Math.sqrt(freq);
}
```

5. 猜你喜欢——为用户推荐商品

上面讲的看了又看、买了又买、看了又买是根据商品来推荐商品,是商品之间的相关性。在电商网站上有的推荐位是猜你喜欢,是根据用户 ID 来推荐商品集合,这时候可以用 Mahout 里面的 RecommenderJob 类,它可以直接计算出为每个用户推荐喜欢的商品集合,也是分布式的实现,脚本代码如下:

```
hadoop jar $ MAHOUT_HOME/mahout-examples-job.jar org.apache.mahout.cf.taste.hadoop.item.
RecommenderJob -Dmapred.input.dir = input/input.txt -Dmapred.output.dir = output -
similarityClassname SIMILARITY_LOGLIKELIHOOD -tempDir tempout -booleanData true
```

RecommenderJob 的 user-item 原理的大概步骤如下:

(1) 计算项目 id 和项目 id 之间的相似度的共生矩阵。

(2) 计算用户喜好向量。

(3) 计算相似矩阵和用户喜好向量的乘积,进而向用户推荐。

对于源码实现部分,RecommenderJob 实现的前面步骤就是用的上面基于物品来推荐物品的类 ItemSimilarityJob,只是后面的步骤多了为用户推荐物品的步骤,整个过程我们在讲 Mahout 分布式机器学习平台的时候已经讲过了,这里不再重复。这种方式的弊端是每天晚上离线批量为所有用户计算一次推荐的商品,白天一整天的推荐结果不会变化,这对用户来说缺少了新鲜感,后面我们讲用户画像的时候会讲到如何换一种推荐方式来解决用户新鲜感的问题。

上面讲的是协同过滤算法,分别讲了在电商中看了又看、买了又买、看了又买的相关实现,以及猜你喜欢为用户推荐商品集合。协同过滤可以认为是推荐系统的一个核心算法,但不是全部。当在网站刚上线或者上线后由于缺乏大数据思维而忘了记录这些宝贵的用户行为时,此时发挥作用最大的推荐就是基于 ContentBase 的文本挖掘算法。下面我们就重点来讲 ContentBase 文本挖掘。

8.1.5　ContentBase 文本挖掘算法

ContentBase 指的是以内容、文本为基础的挖掘算法,有简单的基于内容属性的匹配,也有复杂自然语言处理算法,下面分别讲述一下。

1. 简单的内容属性匹配

例如我们按上面协同过滤的思路计算的看了又看推荐列表,根据一个商品来推荐相关或相似的商品,我们也可以用简单的内容属性匹配的方式来推荐商品。这里提出一种简单的实现思路。

把商品信息表都存到 MySQL 表 product 里,字段有这么几个:

商品编号: 62216878

商品名称:秋季女装连衣裙 2019 新款

分类:连衣裙

商品编号: 895665218

商品毛重: 500.00g

商品产地:中国

货号: LZ1869986

腰型:高腰

廓形: A 型

风格:优雅,性感,韩版,百搭,通勤

图案:碎花,其他

领型:圆领

流行元素:立体剪裁,印花

组合形式:两件套

面料:其他

材质:聚酯纤维

衣门襟:套头

适用年龄: 25~29 周岁

袖型:常规袖

裙长:中长裙

裙型: A 字裙

袖长:短袖

上市时间：2019 年夏季

我们找商品的相似商品的时候，写个简单的 SQL 语句就可以了，代码如下：

```
select 商品编号 from product where 腰型 = '高腰' and 领型 = '圆领' and 材质 = '聚酯纤维' and 分类 = '连衣裙' limit 36;
```

这就是最简单的根据内容属性的硬性匹配，也属于 ContentBase 的范畴，只是没用上高大上的算法而已。

2. 复杂一点的 ContentBase 算法：基于全文搜索引擎

我们对商品名称做中文分词，分词后拆分成几个词，在上面的 SQL 语句上加上模糊条件，代码如下：

```
SELECT 商品编号 FROM product WHERE 腰型 = '高腰' AND 领型 = '圆领' AND 材质 = '聚酯纤维' AND 分类 = '连衣裙' AND (商品名称 LIKE '%秋季%' OR 商品名称 LIKE '%女装%' OR 商品名称 LIKE '%连衣裙%' OR 商品名称 LIKE '%新款%') LIMIT 36;
```

加上这些条件会比之前更精准一些，但是商品名称模糊查询命中的那些商品的顺序是没有规则的，也就是说是随机的。应该是商品名称里包含秋季、女装、连衣裙、新款这几个词最多的那些商品排在前面，优先推荐才对。这时候用 MySQL 无法实现，对于这种情况就可以使用搜索引擎来解决了。

我们将商品信息表的数据都存到 Solr 或 ES 的搜索索引里，然后用上面例子中的商品名称作为一个 Query 大关键词直接从索引里面做模糊搜索就可以了。搜索引擎会算一个打分，分词后命中多的文档会排在前面。

这是基于简单的搜索场景，比用 MySQL 强大了很多。那么现在有一个问题，对于商品名称比较短，作为一个关键词去搜索是可以的，但是如果是一篇阅读类的文章，要去找内容相似的文章话，就不可能把整个文章的内容作为关键词去搜索，因为内容太长了。文章内容有几千字很正常，这个时候就需要对文章的内容做核心的、有代表性的关键词提取，提取几个最重要关键词以空格拼接起来，再去当一个 Query 大关键词搜索就可以了。下面来讲解提取关键词的算法。

3. 关键词提取算法

提取关键词也有很多种实现方式，TextRank、LDA 聚类、K-means 聚类等都可以实现。我们根据实际情况选择一种方式就可以。

1）基于 TextRank 算法提取文章关键词

基于 TextRank 算法提取文章关键词用 Solr 搜索引擎计算文章-to-文章相似推荐列表 D，TextRank 算法基于 PageRank。

将原文本拆分为句子，在每个句子中过滤停用词（可选），并只保留指定词性的单词（可选）。由此可以得到句子的集合和单词的集合。

每个单词作为 PageRank 中的一个节点。设定窗口大小为 k，假设一个句子依次由下面的单词组成：

$w_1, w_2, w_3, w_4, w_5, \cdots, w_n$

$w_1, w_2, \cdots, w_k$、$w_2, w_3, \cdots, w_{k+1}$、$w_3, w_4, \cdots, w_{k+2}$ 等都是一个窗口。在一个窗口中的任意两个单词对应的节点之间存在一个无向无权的边。

基于上面单词组成，可以计算出每个单词节点的重要性。最重要的若干单词可以作为关键词。

TextRank 的代码实现给大家推荐一个开源分词工具，就是 HanLP。HanLP 是由一系列模型与算法组成的工具包，目标是普及自然语言处理在生产环境中的应用。HanLP 具备功能完善、性能高效、架构清晰、语料时新和可自定义的特点。其提供词法分析（中文分词、词性标注、命名实体识别）、句法分析、文本分类和情感分析等功能。HanLP 已经被广泛用于 Lucene、Solr、ElasticSearch、Hadoop、Android、Resin 等平台，有大量开源作者开发各种插件与拓展，并且被包装或移植到 Python、C♯、R 和 JavaScript 等语言上去。

HanLP 已经实现了基于 TextRank 的关键词提取算法，效果非常不错。我们直接调用它的 API 就行了。代码如下：

```
String content = "程序员(英文 Programmer)是从事程序开发、维护的专业人员.一般将程序员分为
程序设计人员和程序编码人员,但两者的界限并不非常清楚,特别是在中国.软件从业人员分为初级
程序员、高级程序员、系统分析员和项目经理四大类.";
List < String > keywordList = HanLP.extractKeyword(content, 5);
System.out.println(keywordList);
```

关键词提取和文本自动摘要算法一样，HanLP 也提供了相应的实现，代码如下：

```
String document = "算法可大致分为基本算法、数据结构的算法、数论算法、计算几何的算法、图的算
法、动态规划及数值分析、加密算法、排序算法、检索算法、随机化算法、并行算法、厄米变形模型、随机
森林算法.\n" +
        "算法可以宽泛地分为三类,\n" +
        "一、有限的确定性算法,这类算法在有限的一段时间内终止.它们可能要花很长时间来执行
指定的任务,但仍将在一定的时间内终止.这类算法得出的结果常取决于输入值.\n" +
        "二、有限的非确定算法,这类算法在有限的时间内终止.然而,对于一个(或一些)给定的数值,
算法的结果并不是唯一的或确定的.\n" +
        "三、无限的算法,是那些由于没有定义终止定义条件,或定义的条件无法由输入的数据满足
而不终止运行的算法.通常,无限算法的产生是由于未能确定的定义终止条件.";
List < String > sentenceList = HanLP.extractSummary(document, 3);
System.out.println(sentenceList);
```

2）基于 LDA 算法提取文章关键词

基于 LDA 算法提取文章关键词用 Solr 搜索引擎计算文章-to-文章相似推荐列表。

LDA 是一种文档主题生成模型，也称为一个 3 层贝叶斯概率模型，包含词、主题和文档 3 层结构。所谓生成模型，就是说，我们认为一篇文章的每个词都是通过"以一定概率选择了某个主题，并从这个主题中以一定概率选择某个词语"这样一个过程得到。文档到主题服从多项式分布，主题到词服从多项式分布。

LDA 是一种非监督机器学习技术，可以用来识别大规模文档集或语料库中潜藏的主题

信息。它采用了词袋的方法,这种方法将每一篇文档视为一个词频向量,从而将文本信息转化为易于建模的数字信息,但是词袋方法没有考虑词与词之间的顺序,这简化了问题的复杂性,同时也为模型的改进提供了契机。每一篇文档代表了一些主题所构成的一个概率分布,而每一个主题又代表了很多单词所构成的一个概率分布。

3)K-means 聚类提取关键词

K 均值聚类算法是一种迭代求解的聚类分析算法,其步骤是随机选取 K 个对象作为初始的聚类中心,然后计算每个对象与各个子聚类中心之间的距离,把每个对象分配给距离它最近的聚类中心。聚类中心及分配给它们的对象就代表一个聚类。每分配一个样本,聚类的聚类中心会根据聚类中现有的对象被重新计算。这个过程将不断重复直到满足某个终止条件。终止条件可以是没有(或最小数目)对象被重新分配给不同的聚类,没有(或最小数目)聚类中心再发生变化,误差平方和局部最小。

提取关键词后,后面无非还是用的相关度搜索,但有些场景简单的相关度搜索不满足我们的需求,我们需要更复杂的搜索算法。这个时候我们就需要自定义排序函数了。Solr 和 ES 都支持自定排序插件开发。

4)自定义排序函数

此函数不管标题和内容的相似,更多的是对文本的比较,常见的有余弦相似度、字符串编辑距离等,设计到语义的还有语义相似度,当然实际场景例如电商的商品还会考虑到商品销量、上架时间等多种因素,这种情况是自定义的综合排序。

(1)余弦相似度计算文章相似推荐列表

余弦相似度,又称为余弦相似性,通过计算两个向量的夹角余弦值来评估它们的相似度。将向量根据坐标值绘制到向量空间中,如最常见的二维空间。然后求得它们的夹角,并得出夹角对应的余弦值,此余弦值就可以用来表征这两个向量的相似性。夹角越小,余弦值越接近于 1,它们的方向更加吻合,则越相似。

(2)字符串编辑距离算法计算文章相似推荐列表

编辑距离,又称 Levenshtein 距离,是指两个字串之间,由一个转成另一个所需的最少编辑操作次数。许可的编辑操作包括将一个字符替换成另一个字符、插入一个字符和删除一个字符。

(3)语义相似度

词语相似度计算在自然语言处理、智能检索、文本聚类、文本分类、自动应答、词义排歧和机器翻译等领域都有广泛的应用,它是自然语言的基础研究课题,正在被越来越多的研究人员所关注。

我们使用的词语相似度算法是基于同义词词林。根据同义词词林的编排及语义特点计算两个词语之间的相似度。

同义词词林按照树状的层次结构把所有收录的词条组织到一起,把词汇分成大、中、小 3 类,大类有 12 个,中类有 97 个,小类有 1400 个。每个小类里都有很多的词,这些词又根据词义的远近和相关性被分成了若干个词群(段落)。每个段落中的词语又进一步被分成了若干个行,同一行的词语要么词义相同(有的词义十分接近),要么词义有很强的相关性。例如,"大豆!""毛豆!"和"黄豆!"在同一行;"西红柿!"和"番茄!"在同一行;"大家!""大伙儿!""大家伙儿!"在同一行。

同义词词林词典分类采用层级体系,具备5层结构,随着级别的递增,词义刻画越来越细,到了第5层后,每个分类里词语数量已经不大,很多分类量只有一个词语,已经不可再分,可以称为原子词群、原子类或原子节点。不同级别的分类结果可以为自然语言处理提供不同的服务,例如第4层的分类和第5层的分类在信息检索、文本分类和自动问答等研究领域得到应用。研究证明,对词义进行有效扩展,或对关键词做同义词替换可以明显改善信息检索、文本分类和自动问答系统的性能。

以同义词词林作为语义相似的一个基础,判断两段文本的语义相似度比较简单的方式可以对内容使用 TextRank 算法提取核心关键词,然后分别计算关键词和关键词的语义相似度,再按加权平均值法得到总的相似度分值。

5) 综合排序

其实在电商或者其他网站都会有一个综合排序、相关度排序和价格排序等。综合排序是最复杂的,融合了很多种算法和因素,例如销量、新品和用户画像个性化相关的因素等,算出一个总的打分,而用户画像可以单独成为一个子系统,下面我们就讲解一下。

8.1.6 用户画像兴趣标签提取算法[50,51]

用户画像作为一种勾画目标用户、联系用户诉求与设计方向的有效工具在各领域得到了广泛的应用。用户画像最初是在电商领域得到应用的,在大数据时代背景下,用户信息充斥在网络中,将用户的每个具体信息抽象成标签,利用这些标签将用户形象具体化,从而为用户提供有针对性的服务。

1. 什么是用户画像

用户画像又称用户角色,作为一种勾画目标用户、联系用户诉求与设计方向的有效工具在各领域得到了广泛的应用。我们在实际操作过程中往往会以最为浅显和贴近生活的话语将用户的属性、行为与期待结合起来。作为实际用户的虚拟代表,用户画像所形成的用户角色并不是脱离产品和市场所构建出来的,其所形成的用户角色需要有代表性并能代表产品的主要受众和目标群体。

2. 用户画像的八要素

做产品应该怎么做用户画像?用户画像是真实用户的虚拟代表,首先它是基于真实用户数据的,它不是一个具体的人,另外根据目标行为的差异它被区分为不同类型,并被迅速组织在一起,然后把新得出的类型提炼出来,形成一个类型的用户画像。一个产品大概需要4~8种类型的用户画像。

用户画像的 PERSONAL 八要素:

1）P 代表基本性（Primary）

指该用户角色是否基于对真实用户的情景访谈。

2）E 代表同理性（Empathy）

指用户角色中包含姓名、照片和产品相关的描述，该用户角色是否同理性。

3）R 代表真实性（Realistic）

指对那些每天与顾客打交道的人来说，用户角色是否看起来像真实人物。

4）S 代表独特性（Singular）

每个用户是否是独特的，彼此很少有相似性。

5）O 代表目标性（Objectives）

该用户角色是否包含与产品相关的高层次目标，是否包含关键词来描述该目标。

6）N 代表数量性（Number）

用户角色的数量是否足够少，以便设计团队能记住每个用户角色的姓名，以及其中的一个主要用户角色。

7）A 代表应用性（Applicable）

设计团队是否能使用用户角色作为一种实用工具进行设计决策。

8）L 代表长久性（Long）

用户标签的长久性。

3. 用户画像的优点

用户画像可以使产品的服务对象更加聚焦，更加专注。在行业里，我们经常看到这样一种现象：做一个产品，期望目标用户能涵盖所有人，男人女人、老人小孩、专家小白……通常这样的产品会走向消亡，因为每一个产品都是为特定目标群而服务的，当目标群的基数越大，这个标准就越低。换言之，如果这个产品是适合每一个人的，那么其实它是为最低标准服务的，这样的产品要么毫无特色，要么过于简陋。

纵览成功的产品案例，它们服务的目标用户通常都非常清晰，特征明显，体现在产品上就是专注、极致，能解决核心问题。例如苹果公司的产品，一直都为有态度、追求品质、特立独行的人群服务，赢得了很好的用户口碑及市场份额。又例如豆瓣社区网站，专注文艺事业十多年，只为文艺青年服务，用户黏性非常高，文艺青年在这里能找到知音，找到归宿，所以给特定群体提供专注服务，远比给广泛人群提供低标准的服务更容易成功。其次，用户画像可以在一定程度上避免产品设计人员草率地代表用户。代替用户发声是在产品设计中常出现的现象，产品设计人员经常不自觉地认为用户的期望跟他们是一致的，并且还总打着"为用户服务"的旗号，这样的后果往往是：我们精心设计的服务，用户并不买账，甚至觉得很糟糕。

Google Buzz 在问世之前，曾做过近两万人的用户测试，可这些人都是谷歌自家的员工，测试中他们对于 Buzz 的很多功能都表示肯定，使用起来也非常流畅，但当产品真正推出之后，却意外收到海量来自实际用户的抱怨，所以我们需要正确地使用用户画像，小心地找准自己的立足点和发力方向，真正从用户角度出发，剖析核心诉求，筛除产品设计团队自以为是、并扣以"用户"的伪需求。

最后,用户画像还可以提高决策效率。在现在的产品设计流程中,各个环节的参与者非常多,分歧总是不可避免,决策效率无疑影响着项目的进度,而用户画像是来自于对目标用户的研究,当所有参与产品的人都基于一致的用户进行讨论和决策时就很容易约束各方并使各方保持在同一个大方向上,提高决策的效率。

4. 用户画像在推荐系统中的应用

和用户画像对应的一个概念是商品画像,简单来讲,商品画像刻画商品的属性。一般来说,商品画像比用户画像要简单一些。例如上面的例子,商品信息表就可以看作一个最简单的商品画像,有各商品的各自字段属性。在推荐系统中,经典推荐场景就是"猜你喜欢"推荐模块,在每个网站基本上能看到它的身影。猜你喜欢和看了又看、买了又买、看了又买不同,它是根据用户的喜好来推荐商品,而不是根据商品来推荐相似的商品。怎么来做呢?举个例子,例如用户喜欢腰型 = '高腰' and 领型 = '圆领' and 材质 = '聚酯纤维' 的衣服,那么就从商品表里查询并匹配出对应字段的这些值的结果就行了,这个 SQL 语句如下:

```
select 商品编号 from product where 腰型 = '高腰' and 领型 = '圆领' and 材质 = '聚酯纤维' and 分类 = '连衣裙' limit 36;
```

where 条件里的字段就是用户喜好的字段,这些字段被称为标签。给用户打标签,就是把用户的相关字段给赋上值。只是用户画像的标签比较复杂,在很多情况下,一个标签的计算牵扯到很多算法和处理才能得到这么一个字段属性的值。

用户画像可以分为 4 个维度,用户静态属性、用户动态属性、用户心理属性和用户消费属性。

1) 静态属性

静态属性主要从用户的基本信息进行用户的划分。静态属性是用户画像建立的基础,它是最基本的用户信息记录,如性别、年龄、学历、角色、收入、地域和婚姻等。依据不同的产品,选择不同信息的权重划分。如果是社交产品,静态属性权重比较高的是性别、年龄和收入等。

2) 动态属性

动态属性指用户在互联网环境下的上网行为。在信息时代用户出行、工作、休假和娱乐等都离不开互联网。那么在互联网环境下用户会有哪些上网行为偏好呢?动态属性能更好地记录用户日常的上网偏好。

3) 消费属性

消费属性指用户的消费意向、消费意识、消费心理和消费嗜好等,它对用户的消费有个全面的数据记录,对用户的消费能力、消费意向和消费等级进行很好的管理。这个消费属性是随着用户的收入等变量而变化的。在进行产品设计时产品开发者可以对用户是倾向于功能价值还是倾向于感情价值有更好的把握。

4）心理属性

心理属性指用户在不同环境、社会或者交际、感情经历中的心理反应，或者心理活动。进行用户心理属性的划分，可以更好地依据用户的心理行为进行产品的设计和产品运营。上面这些属性，有些属性是数据库里的字段本来就有的。有的则是需要经过复杂计算推演处理的。

（1）用户忠诚度属性

用户忠诚度可以用机器学习的分类模型来做，也可以基于规则的方式来做，忠诚度高的用户越多，对网站的发展越有利。忠诚度可以分为这么几种类型：忠诚型用户、偶尔型用户、投资型用户和游览型用户。

① 游览用户型：只游览不购买的；

② 购买天数大于一定天数的用户为忠诚用户；

③ 购买天数小于一定天数，大部分用户在有优惠时才购买的；

④ 其他类型根据购买天数，购买最后一次距今时间，以及购买金额进行聚类。

（2）用户性别预测

在电商网站上，多数用户不填写性别，这个时候就需要我们根据用户的行为来辨别性别。可以用二分类模型来做，也可以以经验的规则来做。如根据用户浏览和购买商品的性别以不同权重来算综合打分，根据最优化算法训练阈值，根据阈值判断等。

（3）用户身高尺码模型

根据用户购买服装和鞋帽等判断：

① 用户身高尺码：xxx-xxx 身高段，-1 未识别；

② 身材：偏瘦、标准、偏胖、肥胖。

（4）用户马甲标志模型

① 马甲是指一个用户注册多个账号；

② 多次访问地址相同的用户账号归同一个人所有；

③ 同一台手机登录多个账号的用户是同一个人；

④ 所有收货手机号相同的账号归同一个人所有。

对用户画像有个了解后，我们再回到推荐系统。刚才说到猜你喜欢，根据用户推荐商品这个功能如何来实现呢？总的来说可以分为离线计算方式和实时计算方式，我们分别讲解一下。

5. 离线计算方式的猜你喜欢

简单来说就是每天定时计算，一般在夜间某个时间点触发，全量计算出所有用户的画像，因为不是所有用户的行为会变化，所以我们也可以只计算那些有变化的用户来更新用户画像模型。全量计算完成后，我们可以用一个 Spark 处理程序分布式地为每个用户计算最可能感兴趣的商品，简单的方式可以用用户的属性到商品的 MySQL 表或者搜索引擎里去筛选前几个分值最高的商品作为推荐结果保存到 Hadoop 的 HDFS 上，然后再用 Spark 处理并把结果更新到 Redis 缓存里，用户 ID 作为 key，商品 ID 集合作为 Value。前端网站展示推荐结果的时候直接调用推荐接口并从 Redis 缓存获取提前计算好的用户推荐结果。

这是简单的匹配方式,当然我们也可以把这个结果作为粗筛选,然后使用 Rerank 二次重排序,例如用逻辑回归、随机森林等来预测商品被点击或购买的概率,把概率值最高的商品排到前面去。这个过程也可以叫作精筛选。整体思路就是粗筛+精筛。

这很好理解,上面那种方式有两个弊端,一个是当用户有几千万,甚至几亿的时候,会占用大量的空间和内存;另一个是每天计算只有一次,这样当天的推荐结果在一整天都是不变的,这对用户来讲就缺乏新鲜感,用户最新的行为及兴趣偏好得不到实时跟踪和反馈。这也是我们下面讲在线计算方式的原因,能很好地弥补这两个缺陷。

6. 在线计算方式的猜你喜欢

在线的方式不需要提前计算,并且另外一个特点是按需计算,如果这个用户今天没有访问网站,就不会触发计算,这样会大大减少计算量,节省服务器资源。一种简单有效的方式就是某个用户访问网站的时候,触发实时获取用户最近的商品浏览、加入购物车、购买等行为,不同行为以不同权重(购买权重>加入购物车权重>浏览权重),加上时间衰竭因子,每个用户得到一个带权重的用户兴趣种子商品集合,然后用这些种子商品去关联 Redis 缓存计算好的 item 商品-to-商品数据,再进行商品的融合,从而得到一个商品的推荐结果并进行推荐,另外如果是新用户,还没有足够的行为或者推荐结果数量不够,可以用离线计算好的用户画像标签实时地去搜索引擎里搜索并匹配出更多的商品,以此补充候选集合。

这种在线计算的好处是推荐结果会根据用户最新的行为变化而实时变化,反馈更为及时,推荐结果更新鲜,这样解决了离线方式为所有用户批量计算一次推荐结果的不新鲜问题。

在用户画像当中,我们提到了心理属性,要想更好地推荐,我们需要了解用户的消费心理,下面我们来讲解基于用户心理学模型的推荐。

8.1.7 基于用户心理学模型推荐

心理模型(mental model)是用于解释人的内部心理活动过程而构造的一种比拟性的描述或表示,可描述和阐明一个心理过程或事件,也可由实物构成或由数学方程、图表构成。在知觉、注意、记忆等领域中,有影响的心理模型有用于解释人类识别客体的"原型匹配模型"、关于注意的"反应选择模型",以及关于记忆的"层次网络模型"和"激活扩散模型"等。

在推荐系统中,用到了心理学中态度与行为之间的关系模型。在此推荐项目中用于用户对文章的隐式评分,进而用于带有评分的协同过滤算法。上面用到的协同过滤算法数据是布尔型的。

态度是个人对他人、对事物的较持久的肯定或否定的内在反应倾向。态度不是天生就有的,而是在人的活动中形成的,是由一定的对象引起的,它是可以改变的。

行为是指人在环境的影响下,引起的内在心理变化和心理变化的外在反应。或者说,人的行为是个体与环境交互作用的结果。

一般情况下,态度决定行为,行为是态度的外部表现,态度决定着人们怎样加工有关对象的信息,决定着人们对于有关对象的体验,也决定着人们对有关对象进行反应的先定倾向。态度是行为的决定因素,也是预测行为的最好途径,但是态度和行为在特殊的个体和环境下也会相互冲突,然而个体的行为一旦形成也会对态度产生反作用,如一个人,先有某种行为(无论主动或被动),长时期的行为便养成了自然而然的习惯,养成习惯后开始真正改变态度。

影响态度行为的 6 个可观测因素:动机、行为经验、态度重复表达、信心、态度行为相关度和片面信息。态度可达性、态度稳定性是不可观测的潜在因素。

在推荐系统中,用充电了么 App 中的听课或者阅读文章来讲,在用户对课程或文章的评分中,用户看文章是态度,阅读、收藏、分享和购买都是行为。

一个用户对课程或文章的评分由文章点击次数、重复点击次数、播放次数、点击收藏占比和购买次数相关计算得分。

说了这么多,如何用代码实现呢?我们可以把这个心理学模型用在基于打分的协同过滤上。例如前面我们提到用布尔型协同过滤的输入数据只有两列,用户 ID 和商品 ID,现在我们通过心理学模型得到一个用户对某个商品的一个心理学打分,输入数据也就变成了3 列,用户 ID、商品 ID 和心理学打分,然后我们再去运行基于打分的协同过滤就得到一个新的推荐结果,这个推荐结果可以作为多个推荐策略的其中一个,然后和其他的算法策略组合成一个大的新推荐结果。多个算法策略可以互补,互补的好处可以增加推荐结构的多样性,同时基于多个策略的投票打分也可以提高精准度。实际推荐算法策略可以高达上百种,如何组合多种策略,以便使推荐效果达到最佳呢?下面我就接着讲解多策略融合算法。

8.1.8 多策略融合算法

由于各种推荐方法都有优缺点,所以在实际应用中,组合推荐(Hybrid Recommendation)经常被采用。

1. 组合策略介绍

组合策略研究和应用最多的是内容推荐和协同过滤推荐的组合。当然 ContentBase 和CFBase 又可以细分为很多种。大体上来讲最简单的做法就是分别用基于内容的方法和协同过滤推荐方法去产生一个推荐预测结果,然后用某方法组合其结果。尽管从理论上有很多种推荐组合方法,但在某一具体问题中并不见得都有效,组合推荐的一个最重要原则就是通过组合后要能避免或弥补各自推荐技术的弱点。

在组合方式上有 7 种组合思路:

1) 加权(Weight)

加权多种推荐技术结果。

2) 变换(Switch)

根据问题背景和实际情况或要求决定变换采用不同的推荐技术。

3）混合（Mixed）

同时采用多种推荐技术并给出多种推荐结果供用户参考。

4）特征组合（Feature combination）

组合来自不同推荐数据源的特征被另一种推荐算法所采用。

5）层叠（Cascade）

先用一种推荐技术产生一种粗糙的推荐结果，第二种推荐技术在此推荐结果的基础上进一步作出更精确的推荐。

6）特征扩充（Feature augmentation）

一种技术产生附加的特征信息嵌入另一种推荐技术的特征输入中。

7）元级别（Meta-level）

用一种推荐方法产生的模型作为另一种推荐方法的输入。

下面我们重点来讲解加权组合策略，这种方式用得非常普遍。

2. 加权组合策略

一种用于加权组合策略的经典公式：

假如现在有 3 个商品，每个商品推荐 6 个商品，那么某被推荐商品 R 的综合得分如下：

$$S_r = \text{sum}(1/(O_i + C))$$

其中，$O_1 \sim O_3$ 分别表示商品 R 在 3 个商品中的推荐次序，C 为平衡因子，可设为 0，也可设得大点，最终从排序结果看被推荐商品的 S_r 值的分值越高则排序越靠前。

此公式同样适用于对多个推荐算法列表的整体聚合排序。

下面要实现的功能是给定多个推荐列表并按不同权重混合成一个总的推荐列表，其中包括去重打分。

从 SQL 语句上应该好理解一些，每个算法策略的推荐列表建一个表。每个表的结构都一样，数据结果不同。其中表结构创建脚本代码如下：

```
CREATE TABLE '推荐列表 A' (
    'kcid' int(11) NOT NULL COMMENT '课程 id',
    'tjkcid' int(11) NOT NULL COMMENT '推荐的课程 id',
    'order' int(11) DEFAULT NULL COMMENT '推荐课程的优先顺序',
    PRIMARY KEY ('kcid','tjkcid')
) ENGINE = InnoDB DEFAULT CHARSET = utf8;
```

那么为课程 ID 为 1 推荐的相似课程的混合 SQL 语句代码如下：

```
SELECT rs.tjkcid AS 总的推荐出来的课程 id, IFNULL(SUM(1/(rs.order + 1.0)),0) AS 总分值
FROM
(
    SELECT a.tjkcid,a.order FROM 推荐列表 A a WHERE a.kcid = 1
    UNION ALL
    SELECT b.tjkcid,b.order FROM 推荐列表 A b WHERE b.kcid = 1
)
```

```
AS rs
GROUP BY rs.tjkcid ORDER BY 总分值 DESC
```

对 SQL 语句熟练的人很容易理解这个加权组合策略的含义。

上面讲的 CF 或者 ContentBase 更多的是离线算法策略,一般是每天定时计算一次。这种方式的缺点是不能把当天的最新用户行为实时地融合进去。用户最新的行为反馈比较滞后,下面我们讲解一种能够根据最新用户行为实时地增量并更新模型的准实时算法。

8.1.9　准实时在线学习推荐引擎

在本章开始的架构图里我们提到了 Flink/Storm/Spark Streaming 实时流集群,它们都可以用来做准实时计算。

1. 准实时在线学习流程图

首先 Kafka 会有多个 topic 主题的用户和课程实时消息,用充电了么 App 举例,有课程的实时查看消息流、听课时播放动作的消息流和新课程发布的消息流,Flink/Storm/Spark Streaming 框架会实时消费这些信息流,分别进行计算,最终汇总混合,这个实时策略的结构如图 8.2 所示。

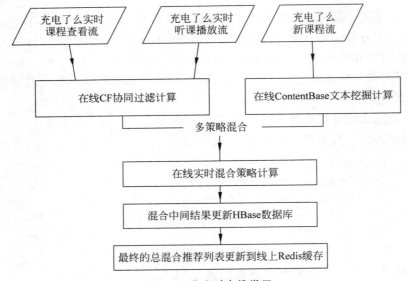

图 8.2　准实时在线学习

2. 详细计算原理

1) 业务端实时发送消息到 Kafka 的 topic 中

消息包含课程浏览查看数据、听课播放行为数据、新课程发布数据,其中查看数据和听课播放数据发送到"cf"topic,新课程发布的数据发送到"txt"topic 中。

发送的数据格式如下：

（1）课程浏览查看数据

可以用来计算看过此课程的用户还看了推荐列表课程，简称：看了又看，如表 8.1 所示。

表 8.1 看了又看

数 据 类 型	用户 id	文章 id
看了又看	l69659862	1_686956
看了又看	r69659862	1_686957

（2）听课播放行为数据

可以用来计算听过此课程的用户还听了推荐列表课程，简称：听了又听，如表 8.2 所示。

表 8.2 听了又听

数 据 类 型	用户 id	文章 id
听了又听	l69659862	1_686958
听了又听	r69659862	1_686959

（3）新课程发布数据

包含发送课程画像的基本属性数据到 topic，当然也可以只发送课程 ID，消费数据的时候再根据课程 ID 获取自己想要的那些属性值，为后面做 ContentBase 粗筛选＋精筛选做准备。

2）实时协同过滤计算

由 Flink/Storm/Spark Streaming 消费 Kafka topic 为"cf"日志流，中间数据存储到 HBase 并进行计算。

3. 具体步骤

1）消费并处理每一批数据到 HBase

（1）用户日志流数据存储

以数据类型＋userid 为 rowkey，课程 id 为 value 存入近期用户日志表，列族为 items，有两列"left"和"right"，items/left 存储用户左数据源历史，items/right 存储用户右表历史。value 存储设置多个版本号，获取的时候把多个版本数据读取出来并放到一个 List 里。

（2）浏览相同左 item 的相关右表 item 数据表存储

以数据类型和左 item(typeName＋"_ld_"＋itemid) 为 rowkey，以用户 id＋右表 item 为 value(userid. substring(1)＋","＋rId)。value 存储设置多个版本号，获取的时候把多个版本数据读取出来并放到一个 List 里。

（3）累加计数总用户数存储到 HBase。

（4）累加计数计算左数据源每个 item 的支持度并存储到 HBase。

（5）累加计数右表每个 item 的支持度并存储到 HBase。

2）计算准实时推荐列表

用浏览相同左 item 的相关右表 item 数据表做计算。

（1）计算相关右表每一个相同 item 的用户数。

（2）计算右表相关所有 item 累加的总用户数。

（3）获取所有总用户支持度。

（4）获取右表每个 item 的支持度

（5）根据以上数据计算相似度 TF IDF、CosineSimilarity 余弦距离、CityBlockSimilarity 曼哈顿相似度、CooccurrenceCountSimilarity 共生矩阵相似度、LoglikelihoodSimilarity 对数 似然相似度、TanimotoCoefficientSimilarity 谷本系数相似度、EuclideanDistanceSimilarity 欧氏 距离相似度，当然我们选择一个相似度算法就行，推荐使用 TFIDF，然后按分值大小降序 排序。

（6）把左数据源 item 对应的这个推荐结果存储到 HBase 表：推荐结果表。

（7）把数据类型＋左 itemid 信息发送到 Kafka 的 topic"cfmix"中，用于触发混合计算。

3）在线 ContentBase 文本挖掘

由 Flink/Storm/Spark Streaming 处理 Kafka topic 为"txt"日志流，按我们上面讲的 ContentBase 计算方式的课程 ID 列表存储到推荐结果表。

同时把这个策略的数据类型＋左 itemid 信息发送到 Kafka 的 topic "cfmix"中，用于触 发混合计算。

4）在线混合策略

从推荐结果表获取"看了又看""听了又听""ContentBase 相似推荐列表"等数据以不同 权重混合生成混合后的推荐列表，并把结果更新到线上 Redis 缓存。

不管是离线计算还是在线计算，最终都会更新 Redis 缓存，其目的主要是用它来提高在 线用户实时高并发的性能，下面我们来讲解 Redis 缓存。

8.1.10 Redis 缓存处理

Redis 缓存基本是各大互联网公司缓存的标配，最新版本已经更新到 Redis 4.0 以上， 从 3.0 版本开始就支持分布式了。

1. Redis 介绍

Redis 是一个 key-value 存储系统，和 Memcached 类似，它支持存储的 value 类型相对 更多，包括 String(字符串)、List(链表)、Set(集合)、Zset(sorted set,有序集合)和 Hash(哈 希类型)。这些数据类型都支持 push/pop、add/remove 及取交集、并集和差集，以及更丰富 的操作，而且这些操作都是原子性的。在此基础上，Redis 支持各种不同方式的排序。与

Memcached 一样，为了保证效率，数据都是缓存在内存中，但 Redis 会周期性地把更新的数据写入磁盘或者把修改操作写入追加的记录文件中，并且在此基础上实现 Master-Slave（主从）同步。

Redis 是一个高性能的 key-value 数据库。Redis 的出现，很大程度补偿了 Memcached 这类 key-value 存储的不足，在部分场合可以对关系数据库起到很好的补充作用，它提供了 Java、C/C++、C♯、PHP、JavaScript、Perl、Object-C、Python、Ruby 和 Erlang 等客户端，使用很方便。

Redis 支持主从同步。数据可以从主服务器向任意数量的从服务器上同步，从服务器可以是关联其他从服务器的主服务器，这使得 Redis 可执行单层树复制。存盘可以有意无意地对数据进行写操作。由于完全实现了发布/订阅机制，从数据库在任何地方同步树时可订阅一个频道并接收主服务器完整的消息发布记录。同步对读取操作的可扩展性和数据冗余很有帮助。

离线和准实时的计算结果都保存在 Redis 缓存模块，主要目的是在高并发情况下提高性能。Redis 从 3.0 版本开始就支持分布式集群功能了，Redis 集群采用无中心节点方式，无须 proxy 代理，客户端直接与 Redis 集群的每个节点连接，根据同样的 Hash 算法计算出 Key 对应的 Slot，然后直接在 Slot 对应的 Redis 上执行命令。在 Redis 看来，响应时间是最苛刻的条件，增加一层所带来的开销是 Redis 不愿意接受的，因此 Redis 实现了客户端对节点的直接访问，为了去中心化，节点之间通过 gossip 协议交换互相的状态，以及探测新加入的节点信息。Redis 集群支持动态加入节点，动态迁移 Slot，以及自动故障转移。

2. Redis 在推荐系统中需要存储哪些数据

大体上来看，离线计算和准实时计算的推荐结果需要存储在 Redis 上，以方便在线 Web 网站能够快速地读取推荐结果，毫秒级进行推荐结果的展示。另外，推荐最终解决的是一个业务问题，推荐系统相关的业务数据也需要存储，下面我们就从这两大块分别来讲解一下。

1）推荐结果数据的 Redis 存储结构设计

用离线计算算好的看了要看、买了又买、看了又买等举例，这个结果是根据商品推荐相似的商品，那么 Redis 的 key 值商品 ID 为了区分是哪个推荐列表，我们在商品 ID 加一个后缀，例如 698979_a，买了又买 698979_b，看了又买 698979_c，对应的 value 值因为有多个商品 ID 和对应的相关度打分，我们以 List 列表的方式进行存储。还有一种存储方式就是用最简单的 String 字符串来处理，推荐结果的多个商品结果拼成一个大的 String 以分割符作为分割即可。例如推荐商品集合的 value 是：698901,0.9；698902,0.8；698903,0.7；698904,0.6；698905,0.5；698906,0.4；698907,0.3；698908,0.2；当然也可以用一个 json 字符串来存储，但不太建议这样做，主要原因是 json 序列化和反序列化会增加 CPU 的负载，尤其在大规模用户高并发访问的时候，通过监控系统查看 CPU 负载会发现 CPU 负载明显升高。因为商品推荐结果集合非常简单，只有 ID 和分值，所以通过普通 String 设计性能更高，节省服务器资源。

如果是离线计算好的简单的类似猜你喜欢的推荐结果，Redis 的 key 值就是用户 ID＋

后缀,value 的结构和看了又看等是一样的。

猜你喜欢前面讲过,为了满足用户新鲜感,能够实时地反馈用户最近的兴趣变化,所以一般的 Redis 结构不是以用户 ID 作为 key 存储的。实际上是这样来做的,有个记录最近用户行为的 Redis 的 key,例如记录最近听课、最近查看课程的几十条或几百条用户行为记录,key 存储的只是用户 ID+听课后缀,用户 ID+查看课程后缀,value 是队列的 List,存储的时候用的是 lpush 方法,而取的时候用的则是 lrange 方法。我们要保证这个 List 的记录不超过我们设定的值,如果超过了就把之前的记录删除。

在线 Web 网站展示推荐结果的时候会实时调用推荐的 Web 接口,先从对应的用户 ID+听课后缀和用户 ID+查看课程后缀用 lrange 方法取出最近看过、听过的课程 ID,然后再用课程 ID 从看了又看取出类似的推荐结果,例如 698979_a 对应的 value,因为最近看过或听过有多个课程 ID,这样整体结果会涉及多个推荐列表的融合,融合算法有多种,例如去重后使用推荐的 Rerank 二次重排序算法,也可以用比较简单的加权组合公式,例如听课的权重大于看过课的权重,最新的访问时间的权重大于旧的时间的权重,最终算法根据一个打分进行排序。大概就是这个思想,不是直接从用户 ID+后缀获取现成的推荐结果,而是根据用户最近的行为,实时算出一个新的结果,实时地融合去重,实时地二次重排序。

2) 业务数据 Redis 存储结构设计

上面算出的推荐结果都是 ID,实际在网站或 App 上显示的肯定是商品名称、课程名称,还有价格等一系列商品属性,所以我们还需要有一个存储商品属性的 Redis 结构,以商品 ID+后缀作为 key,value 存储商品属性的一个 json 字符串,例如推荐 20 个商品,我们会批量用这 20 个商品的 ID 一次性获取这 20 个商品的属性。

当然实际操作很复杂,例如这 20 个商品如果有下架的商品,我们就需要过滤它们,下架的商品是不能推荐出来的,这就需要有个缓存进行实时更新的机制,如果发现商品下架,要实时更新商品的缓存状态。

8.1.11　分布式搜索[52,53]

前面我们讲到 ContentBase 的文本挖掘策略用到了搜索引擎,搜索引擎在推荐系统扮演着非常重要的角色,从某种意义上说是文本策略的基础核心框架。对于分布式搜索引擎我们主要介绍两个,一个是 SolrCloud,另一个是 ElasticSearch,它们都是基于 Lucene 的。

1. SolrCloud 全文搜索引擎

SolrCloud(Solr 云)是 Solr 提供的分布式搜索方案,当你需要大规模、容错、分布式索引和检索时使用 SolrCloud。当一个系统的索引数据量少的时候是不需要使用 SolrCloud 的,当索引量很大,搜索请求并发很高,这时需要使用 SolrCloud 来满足这些需求。

SolrCloud 是基于 Solr 和 ZooKeeper 的分布式搜索方案,它的主要思想是使用 ZooKeeper 作为集群的配置信息中心。

1）特色功能

SolrCloud 有几个特色功能：

集中式的配置信息使用 ZooKeeper 进行集中配置。启动时可以指定把 Solr 的相关配置文件上传到 ZooKeeper，以便多机器共用。这些 ZooKeeper 中的配置不会再读取到本地缓存，Solr 直接读取 ZooKeeper 中的配置信息。如果配置文件有变动，所有机器都可以感知到。另外，Solr 的一些任务也是通过 ZooKeeper 作为媒介发布的，其目的是为了容错。机器接收到任务便开始执行，但在执行任务时崩溃的机器，在重启后，或者集群选出候选者时，可以再次执行这个未完成的任务。

为了实现自动容错，SolrCloud 对索引分片，并对每个分片创建多个 Replication。每个 Replication 都可以对外提供服务。一个 Replication 崩溃不会影响整个索引服务。更强大的是，它还能自动地在其他机器上帮你把失败机器上的索引 Replication 重建并投入使用。

近实时搜索立即推送 Replication（也支持慢推送）。可以在 1 秒内检索到新加入的索引。

查询时自动负载，均衡 SolrCloud 索引的多个 Replication 并分布在多台机器上，以此均衡查询压力。如果查询压力大，可以通过扩展机器、增加 Replication 来减缓。

自动分发的索引和索引分片发送文档到任何节点，它都会转发到正确节点。事务日志事务确保更新无丢失，即使文档没有索引到磁盘。

其他值得一提的功能有：

索引存储在 HDFS 上的数据大小通常在几 GB 和几十 GB，而上百 GB 的索引却很少，这样大的索引数据或许很不实用，但是，如果你用上亿条数据来建索引的话，也是可以考虑一下的。我觉得这个功能最大的好处或许是和下面这个"通过 MR 批量创建索引"联合使用。

有了通过 MR 批量创建索引这个功能，你还担心创建索引慢吗？通常你能想到的管理功能，都可以通过强大的 RESTful API 方式调用，这样写一些维护和管理脚本就方便多了。

优秀管理界面的主要信息一目了然，可以清晰地以图形化方式看到 SolrCloud 的部署分布，当然还有不可或缺的 Debug 功能。

2）概念

Collection：在 SolrCloud 集群中逻辑意义上的完整索引。它常常被划分为一个或多个 Shard，它们使用相同的 Config Set。如果 Shard 数超过一个，它就是分布式索引，SolrCloud 让你通过 Collection 名称引用它，而不需要关心分布式检索时需要使用的 Shard 相关参数。

Config Set：Solr Core 提供服务必需的一组配置文件。每个 Config Set 有一个名字。最小需要包括 solrconfig.xml（SolrConfigXml）和 schema.xml（SchemaXml），除此之外，依据这两个文件的配置内容，可能还需要包含其他文件。它存储在 ZooKeeper 中。Config Sets 可以重新上传或者使用 upconfig 命令更新，使用 Solr 的启动参数 bootstrap_confdir 指定可以初始化或更新它。

Core：也就是 Solr Core，一个 Solr 中包含一个或者多个 Solr Core，每个 Solr Core 可以

独立提供索引和查询功能,每个 Solr Core 对应一个索引或者 Collection 的 Shard,Solr Core 的提出是为了增加管理灵活性和共用资源。SolrCloud 使用的配置存储在 ZooKeeper 中,而传统的 Solr Core 的配置文件则在磁盘的配置目录中。

Leader:赢得选举的 Shard Replicas。每个 Shard 有多个 Replicas,这几个 Replicas 需要选举来确定一个 Leader。选举可以发生在任何时间,但是通常它们仅在某个 Solr 实例发生故障时才会触发。当索引 documents 时,SolrCloud 会传递它们到此 Shard 对应的 Leader,Leader 再分发它们到全部 Shard 的 Replicas。

Replica:Shard 的一个复制。每个 Replica 存在于 Solr 的一个 Core 中。一个命名为"test"的 Collection 以 numShards=1 创建,并且指定 replicationFactor 设置为 2,这会产生 2 个 Replicas,也就是对应会有 2 个 Core,每个在不同的机器或者 Solr 实例中。一个会被命名为 test_shard1_replica1,而另一个被命名为 test_shard1_replica2。它们中的一个会被选举为 Leader。

Shard:Collection 的逻辑分片。每个 Shard 被化成一个或者多个 Replicas,通过选举确定哪个是 Leader。

ZooKeeper:ZooKeeper 提供分布式锁功能,对 SolrCloud 是必需的。它处理 Leader 选举。Solr 可以运行于内嵌的 ZooKeeper,但是建议使用独立的主机,并且最好有 3 个以上的主机。

Solr Cloud 本身可以单独写成一本书,但限于篇幅原因,我们这里对它有个大概了解即可。

2. ElasticSearch 全文搜索引擎

ElasticSearch(简称 ES)是一个基于 Apache Lucene(TM)的开源搜索引擎,无论是在开源还是在专有领域,Lucene 可以被认为是迄今为止最先进、性能最好、功能最全的搜索引擎库,但是 Lucene 只是一个库。想要发挥其强大的功能,你需使用 Java 并要将其集成到你的应用中。Lucene 非常复杂,你需要深入地了解检索相关知识来理解它是如何工作的。ElasticSearch 也是使用 Java 编写并使用 Lucene 来建立索引从而实现搜索功能的,但是它的目的是通过简单连贯的 RESTful API 让全文搜索变得简单并隐藏 Lucene 的复杂性。不过,ElasticSearch 不仅仅是 Lucene 和全文搜索引擎,它还提供分布式实时文件存储,每个字段都被索引并可被搜索;实时分析的分布式搜索引擎;可以扩展到上百台服务器,处理 PB 级结构化或非结构化数据。所有的这些功能可以被集成到一台服务器,你的应用可以通过简单的 RESTful API、各种语言的客户端甚至命令行与之交互。使用 ElasticSearch 非常简单,它提供了许多合理的默认值,并对初学者隐藏了复杂的搜索引擎理论。它开箱即用(安装即可使用),并且只需投入很少的学习时间即可在生产环境中使用。ElasticSearch 在 Apache 2 License 下许可使用,可以免费下载、使用和修改。随着知识的积累,你可以根据不同的问题领域定制 ElasticSearch 的高级特性,这一切都是可配置的,并且配置非常灵活。

ElasticSearch 有几个核心概念。理解这些概念会对整个学习有莫大的帮助。

1）接近实时（NRT）

ElasticSearch 是一个接近实时的搜索平台。这意味着，从索引一个文档直到这个文档能够被搜索到有一个极小的延迟（通常是 1 秒）。

2）集群（Cluster）

一个集群就是由一个或多个节点组织在一起，它们共同持有整个数据，并一起提供索引和搜索功能。一个集群由一个唯一的名字标识，这个名字默认就是"ElasticSearch"。这个名字是很重要的，因为一个节点只能通过指定某个集群的名字来加入这个集群。在产品环境中显式地设定这个名字是一个好习惯，但是使用默认值来进行测试/开发也是不错的。

3）节点（Node）

一个节点是集群中的一个服务器，作为集群的一部分，它存储数据，并参与集群的索引和搜索功能。和集群类似，一个节点也是由一个名字来标识的，在默认情况下，这个名字是一个随机的漫威漫画角色的名字，这个名字会在启动的时候赋予节点。这个名字对于管理工作来说也挺重要的，因为在管理过程中，需要确定网络中的哪些服务器对应于 ElasticSearch 集群中的哪些节点。

一个节点可以通过配置集群名称的方式来加入一个指定的集群。在默认情况下，每个节点都会被安排加入一个叫作"ElasticSearch"的集群中，这意味着，如果在网络中启动了若干个节点，并假定它们能够相互发现，它们将会自动地形成并加入一个叫作"ElasticSearch"的集群中。

在一个集群里，只要需要，可以拥有任意多个节点，并且，如果当前你的网络中没有运行任何 ElasticSearch 节点，这时启动一个节点，则会默认创建并加入一个叫作"ElasticSearch"的集群。

4）索引（Index）

一个索引就是一个拥有几分相似特征的文档的集合。例如，你可以有一个客户数据的索引，一个产品目录的索引，还有一个订单数据的索引。一个索引由一个名字来标识（必须全部是小写字母），并且当我们要对对应于这个索引中的文档进行索引、搜索、更新和删除的时候，都要使用到这个名字。索引类似于关系型数据库中 DataBase 的概念。在一个集群中，如果需要，可以定义任意多的索引。

5）类型（Type）

在一个索引中，你可以将索引数据定义为一种或多种类型。一种类型是你的索引在逻辑上的分类/分区，其语义完全由你来定。通常会为具有一组共同字段的文档定义为一种类型。例如，我们假设你运营一个博客平台，并且将你所有的数据存储到一个索引中，在这个索引中，你可以将用户数据定义为一种类型，将博客数据定义为另一种类型，当然，也可以将评论数据定义为另一种类型。类型类似于关系型数据库中 Table 的概念。

6）文档（Document）

一个文档是一个可被索引的基础信息单元。例如，你可以拥有某一个客户的文档，某一个产品的文档，当然也可以拥有某个订单的文档。文档以 JSON（JavaScript Object

Notation)格式来表示,而 JSON 是一个到处存在的互联网数据交互格式。

在一个 Index/Type 里面,只要需要,你可以存储任意多个文档。注意,尽管一个文档在物理上存在于一个索引之中,但文档必须被索引/赋予一个索引的 Type。文档类似于关系型数据库中 Record 的概念。实际上一个文档除了用户定义的数据外,还包括_index、_type 和_id 字段。

7) 分片和复制(Shards & Replicas)

一个索引可以存储超出单个结点硬件限制的大量数据。例如,一个具有 10 亿个文档的索引占据 1TB 的磁盘空间,而任一节点都没有这么大的磁盘空间,或者单个节点处理搜索请求响应太慢。

为了解决这个问题,ElasticSearch 提供了将索引划分成多份的功能,这些份就叫作分片。当你创建一个索引的时候,你可以指定你想要的分片的数量。每个分片本身也是一个功能完整并且独立的"索引",这个"索引"可以被放置到集群中的任何节点上。

分片之所以重要,主要有两方面的原因:

(1) 允许水平分隔/扩展你的内容容量。

(2) 允许在分片(潜在地,位于多个节点上)之上进行分布式地、并行地操作,进而提高性能/吞吐量。

至于一个分片怎样分布,它的文档怎样聚合回搜索请求,是完全由 ElasticSearch 管理的,对于作为用户的你来说,这些都是透明的。

在一个网络/云的环境里,失败随时都可能发生,某个分片/节点不知为何就处于离线状态,或者由于其他原因消失了。在这种情况下,有一个故障转移机制是非常有用并且是强烈推荐的。为此目的,ElasticSearch 允许你创建分片的一份或多份复制,这些复制叫作复制分片,或者直接叫复制。复制之所以重要,主要有两方面的原因:

首先,在分片/节点失败的情况下,提供了高可用性。因为这个原因,复制分片从不与原/主要(Original/Primary)分片置于同一节点是非常重要的;其次,扩展你的搜索量/吞吐量,因为搜索可以在所有的复制上并行运行。

总之,每个索引可以被分成多个分片。一个索引也可以被复制 0 次(意思是没有被复制)或多次。一旦复制了,每个索引就有了主分片(作为复制源的原来分片)和复制分片(主分片的复制)之别。分片和复制的数量可以在索引创建的时候指定。在索引创建之后,你可以在任何时候动态地改变复制数量,但是不能改变分片的数量。

在默认情况下,ElasticSearch 中的每个索引被分片 5 个主分片和 1 个复制,这意味着,如果你的集群中至少有两个节点,你的索引将会有 5 个主分片和另外 5 个复制分片(1 个完全复制),这样的话每个索引总共有 10 个分片。一个索引的多个分片可以存放在集群中的一台主机上,也可以存放在多台主机上,这取决于你的集群机器数量。主分片和复制分片的具体位置是由 ElasticSearch 内在的策略所决定的。

3. SolrCloud 和 ElasticSearch 在推荐系统中扮演的角色

搜索不管是用在离线计算,还是用在实时在线 Web 服务中,它们都是由两大块组成的,一个是数据更新,数据更新也叫索引更新;另一个叫索引查询。对于一个大型的推荐系统来讲,用于在线的搜索服务和离线计算的服务最好分开部署,主要原因是对于离线计算场景,例如计算每个商品对应的文本相似,使用离线搜索的话,每天会全量计算一下所有的商品,当你的商品有百万、千万、甚至上亿个的时候,计算量特别大,而且肯定是分布式并行地去查询索引,这个集群的压力会非常大,如果和在线的业务混在一起的话,必然会影响到网站或 App 用户的性能体验,所以建议分开部署,但这样的缺点就是维护起来麻烦,并且索引更新及同步需要维护两份。

对于索引的初始化,我们在推荐系统的架构图中也有体现,可以使用 Spark 分布式地批量创建索引,增量的索引更新可以使用流处理框架,例如 Storm 来监测有变化的数据记录,进行准实时的更新就可以了。当然简单点也可以提供一个 Web 在线服务,在有变化的时候让别人调用你的接口来被动地实时更新索引。

对于在线的索引查询,架构图也有显示,在线 Web 推荐引擎接口当存在冷启动或者推荐结果稀少的时候,可以实时用搜索的方式作为商品推荐的一个补充,虽然不是那么精准,但至少提高了推荐的覆盖率。

8.1.12　推荐 Rerank 二次重排序算法

推荐的 Rerank 排序有两种情况,一个是离线计算的时候为每个用户提前用 Rerank 排序算法算好推荐结果,另一个是实时在线 Web 在推荐引擎里做二次融合排序的时候。但不管哪一种用到的算法都是一样的。例如用逻辑回归、随机森林和神经网络等来预测这个商品被点击或者被购买的可能性的概率,用的模型都是同一个,预测的时候是对特征转换做同样的处理。一般封装一个通用方法供离线和在线场景调用。

1. 基于逻辑回归、随机森林、神经网络的分类思想做二次排序

做二次排序之前首先得有一个候选结果集合,简单来说,为某个用户预测哪个商品最可能被购买,此时不会把所有的商品都预测一遍,除非在你的数据库里所有商品的数量只有几千个。实际上电商网站的商品一般都是几十万,甚至几百万 SKU。如果都预测一遍的话,估计运算完都不知道什么时候,所以一般处理方法是在一个小的候选集合上产生的。这个候选集合你可以认为是一个粗筛选。当然这个粗筛选也不是你想象得那么粗,其实也是通过算法得到,精准度也是非常不错的。只是通过 Rerank 二次重排序算法把精准度再提高一个台阶。至于推荐效果能提高多少,要看你在特征工程、参数调优上是不是做得好,但一般来说推荐效果能提升 10% 以上就认为优化效果非常显著了,当然最高提升几倍也是有可能的。

逻辑回归、随机森林和神经网络这些算法我们在前几章已经讲过,在广告系统里可以做点击率预估的二次排序,在推荐系统可以做被购买的概率预估。

2. 基于 Learning to Rank 排序学习思想做二次排序

Learning to Rank 排序学习是推荐、搜索、广告的核心排序方法。排序结果的好坏很大

程度影响用户体验、广告收入等。排序学习可以理解为机器学习中用户排序的方法,是一个有监督的机器学习过程,对每一个给定的查询文档对,抽取特征、通过日志挖掘或者人工标注的方法获得真实数据标注,然后通过排序模型输入能够和实际的数据相似。

常用的排序学习分为 3 种类型:PointWise、PairWise 和 ListWise。

1)PointWise

单文档方法的处理对象是单独的一篇文档,将文档转换为特征向量后,机器学习系统根据从训练数据中学习到的分类或者回归函数对文档打分,打分结果即是搜索结果或推荐结果。

2)PairWise

对于搜索或推荐系统来说,系统接收到用户查询后,返回相关文档列表,所以问题的关键是确定文档之间的先后顺序关系。单文档方法完全从单个文档的分类得分角度计算,没有考虑文档之间的顺序关系。文档对方法则将重点转向量对文档顺序关系是否合理进行判断。之所以被称为文档对方法,是因为这种机器学习方法的训练过程和训练目标是判断任意两个文档组成的文档对< D0C1, D0C2 >是否满足顺序关系,即判断是否 D0C1 应该排在 D0C2 的前面。常用的 PairWise 实现方法有 SVM Rank、RankNet、RankBoost。

3)ListWise

单文档方法将训练集里每一个文档当作一个训练实例,文档对方法将同一个查询的搜索结果里任意两个文档对作为一个训练实例,文档列表方法与上述两种方法都不同,ListWise 方法直接考虑整体序列,针对 Ranking 评价指标进行优化。例如常用的 MAP 和 NDCG。常用的 ListWise 方法有:LambdaRank、AdaRank、SoftRank 和 LambdaMART。

4)Learning to Rank 指标介绍

(1)MAP(Mean Average Precision)

假设有两个主题,主题 1 有 4 个相关网页,主题 2 有 5 个相关网页。某系统对于主题 1 检索出 4 个相关网页,其 rank 分别为 1,2,4,7;对于主题 2 检索出 3 个相关网页,其 rank 分别为 1,3,5。对于主题 1,平均准确率为 $(1/1+2/2+3/4+4/7)/4=0.83$。对于主题 2,平均准确率为 $(1/1+2/3+3/5+0+0)/5=0.45$,则 $MAP=(0.83+0.45)/2=0.64$。

(2)NDCG(Normalized Discounted Cumulative Gain)

一个推荐系统返回一些项并形成一个列表,我们想要计算这个列表有多好,每一项都有一个相关的评分值,通常这些评分值是一个非负数,这就是 gain(增益)。此外,对于这些没有用户反馈的项,我们通常设置其增益为 0。现在我们把这些分数相加,也就是 Cumulative Gain(累积增益)。我们更愿意看那些位于列表前面最相关的项,因此在把这些分数相加之前,我们将每项除以一个递增的数(通常是该项位置的对数值),也就是折损值,并得到 DCG。

在用户与用户之间,DCG 没有直接的可比性,所以我们要对它们进行归一化处理。最糟糕的情况是当使用非负相关评分时 DCG 为 0。为了得到最好的,我们把测试集中所有的条目置放在理想的次序下,采取的是前 K 项并计算它们的 DCG,然后将原 DCG 除以理想状态下的 DCG 并得到 NDCG@K,它是一个 0 到 1 的数。你可能已经注意到,我们使用 K 表示推荐列表的长度,这个数由专业人员指定。你可以把它想象成是一个用户可能会注意到的多少个项的一个估计值,如 10 或 50 这些比较常见的值。

对于 MAP 和 NDCG 这两个指标来讲,NDCG 更常用一些。用 Learning to Rank 和基于监督分类的思想做 Rerank 二次排序总体效果是差不太多的,关键取决于特征工程和参数调优。

3. 基于加权组合的公式规则做二次排序

除了用上面的机器学习做二次排序外,也可以用比较简单的方式做二次排序。虽然这种方式简单,但不一定代表这种方式的推荐效果差。对于推荐系统来讲,最终是看购买转换率,哪个算法或者策略能带来更大的销量就是好算法。

讲 Redis 缓存的时候提到的猜你喜欢,为了满足用户新鲜感它能够实时地反馈用户最近的兴趣变化,在线 Web 网站展示推荐结果的时候会实时调用推荐的 Web 接口,根据最近看过、听过的课程 ID,然后再用课程 ID 从看了又看类似的推荐结果对多个推荐列表融合二次排序,这个融合就是我们前面提到的加权组合策略。

我们做的二次排序就是把多个推荐列表按不同权重混合成一个总的推荐列表,其中包括去重打分,但除了基本的组合还会加入一些其他的因素,例如听课的权重大于看过课的权重,最新的访问时间的权重大于旧的时间的权重,最终算出一个打分并排序。大概就是根据用户最近的行为,实时算出一个新的结果,实时地融合去重,实时地二次重排序。

总体来看,在多个推荐列表融合二次排序的时候,多个列表重复投票推荐的那个商品会优先排到前面,最近查看和购买的相关商品会优先排在前面,这是一个随时间衰减权重的结果。

8.1.13 在线 Web 实时推荐引擎服务

首先这是 Web 项目,主要用来做商品的实时推荐部分,在架构图里有显示,触发调用一般是前端网站和 App 客户端,这个项目可以认为是一个在线预测算法,实时获取用户最近的点击、播放和购买等行为,不同行为以不同权重,加上时间衰竭因子。第一种方式是每个用户得到一个带权重的用户兴趣种子文章集合,然后用这些种子课程商品去关联 Redis 缓存计算好的看了又看、买了又买或者是提前算好的综合加权组合混合推荐列表数据,进行课程商品的推荐,如果这个候选集合太小则计算用户兴趣标签,用搜索引擎匹配更多的课程,以此补充候选集合。

第二种方式可以在这个候选集合基础上再用逻辑回归、随机森林和神经网络做 Rerank 二次排序,取前几个最高得分的课程商品为最终的用户推荐列表并实时地推荐给用户。

Web 项目可以是 Java Web 项目,也可以是 Python Web 项目,还可以是 PHP Web 项目,这个和你的团队情况有关。如果你的团队成员擅长 Java 语言,那么最好用 Java。也就是选择你团队擅长的开发语言。单纯这一点还不够,Web 项目也和你的离线算法所采取的框架有关。例如二次 Rerank 排序用 Spark 的随机森林来做，是用 Scala 语言开发的，那么你的 Web 项目就比较适合用 Java，如果用 PHP 则没法做。因为你的模型持久化存储和加载所用的配套框架必须保持一致。如果你非得用 PHP 做 Web 也不是不可以，那只能先搭建一个 Java 的 Web 平台，让 PHP 再多调用一次 Java 即可，但这样做的话，会多一次 HTTP 请求，性能会有所损失，开发维护工作量也会增加。

8.1.14　在线 AB 测试推荐效果评估[54]

AB 测试是检验推荐算法优化是否有效的一个手段，各大互联网公司一般会有一个 AB 测试平台，通过数据埋点、数据统计、可视化展现来帮助团队做一个推荐效果好坏的评判。

1. 什么是 AB 测试

AB 测试是为 Web 或 App 界面或流程制作两个（A/B）或多个（A/B/n）版本，在同一时间维度，分别让组成成分相同（相似）的访客群组（目标人群）随机地使用这些版本访问，收集各群组用户体验数据和业务数据，最后分析、评估出最好版本，并正式采用。

2. AB 测试的作用

（1）消除客户体验（UX）设计中不同意见的纷争，根据实际效果确定最佳方案。

（2）通过对比试验，找到问题的真正原因，提高产品设计和运营水平。

（3）建立数据驱动、持续不断的闭环优化。

（4）通过 AB 测试，降低新产品或新特性的发布风险，为产品创新提供保障。

AB 测试与一般工程测试的区别：

AB 测试用于验证用户体验、市场推广等是否正确，而一般的工程测试主要用于验证软硬件是否符合设计预期，因此 AB 测试与一般的工程测试分属于不同的领域。

3. 应用场景

1）体验优化

用户体验永远是卖家最关心的事情之一，但随意改动已经完善的落地页是一件很冒险的事情，因此很多卖家会通过 AB 测试进行决策。常见的做法是在保证其他条件一致的情况下针对某一单一的元素进行 AB 两个版本的设计，并进行测试和数据收集，最终选定数据结果更好的版本。

2）转化率优化

通常影响电商销售转化率的因素有产品标题、描述、图片、表单和定价等，通过测试这些相关因素的影响，不仅可以直接提高销售转化率，如果长期进行还能提高用户体验。

3）广告优化

广告优化可能是 AB 测试最常见的应用场景了，同时结果也是最直接的，营销人员可以通过 AB 测试的方法了解哪个版本的广告更受用户的青睐，哪些步骤怎么做才能更吸引用户。

4．实施步骤

1）现状分析

分析业务数据，确定当前最关键的改进点。

2）假设建立

根据现状分析作出优化改进的假设，提出优化建议。

3）设定目标

设置主要目标，用来衡量各优化版本的优劣；设置辅助目标，用来评估优化版本对其他方面的影响。

4）界面设计

制作两（或多）个优化版本的设计原型。

5）技术实现

网站、App（Android/iOS）、微信小程序和服务器端需要添加各类 AB 测试平台提供的 SDK 代码，然后制作各个优化版本。Web 平台、Android 和 iOS App 需要添加各类 AB 测试平台提供的 SDK 代码，然后通过编辑器制作各个优化版本，并通过编辑器设置目标，如果编辑器不能实现，则需要手工编写代码。使用各类 AB 测试平台分配流量，初始阶段优化方案的流量设置可以较小，根据情况逐渐增加流量。

6）采集数据

通过各大平台自身的数据收集系统自动采集数据。

7）分析 AB 测试结果

统计显著性达到 95% 或以上并且维持一段时间，实验可以结束；如果在 95% 以下，则可能需要延长测试时间；如果很长时间统计显著性不能达到 95% 甚至 90%，则需要决定是否中止试验。

5．实施关键

在 App 和 Web 开发阶段，程序中添加用于制作 AB 版本和采集数据的代码由此引起开发和 QA 的工作量很大，ROI（Return On Investment）很低。AB 测试的场景受到限制，App 和 Web 发布后无法再增加和更改 AB 测试场景。额外的 AB 测试代码增加了 App 和 Web 后期维护成本，因此提高效率是 AB 测试领域的一个关键问题。

如何高效实施 AB 测试？在 App 和 Web 上线后，通过可视化编辑器制作 AB 测试版本、设置采集指标，即时发布 AB 测试版本。AB 测试的场景数量是无限的；在 App 和 Web 发布上线后，根据实际情况，设计 AB 测试场景，更有针对性，并更有效；无须增加额外的 AB 测试代码，对 App 和 Web 的开发、QA 和维护的影响最小。

6．实用经验

1）从简单开始

可以先在 Web 前端上开始实施。Web 前端可以比较容易地通过可视化编辑器制作多个版本和设置目标（指标），因此实施 AB 测试的工作量比较小，难度比较低。在 Web 前端获得经验后,再推广到 App 和服务器端。

2）隔离变量

为了让测试结果有用,应该每个试验只测一个变量(变化)。如果一个试验测试多个变量(例如价格和颜色),就很难知道究竟是哪个变量对改进起了作用。

3）尽可能频繁、快速进行 AB 测试

要降低 AB 测试的代价,避免为了 AB 测试做很多代码修改,尽量将 AB 测试与产品的工程发布解耦,尽量不占用太多工程部门(程序员、QA 等)的工作量。

4）要有一个"停止开关"

不是每个 AB 测试都会得到正向的结果,有些试验可能失败,要确保有一个"开关"能够停止已经失败的试验,而不是让工程部门发布一个新版本。

5）检查纵向影响

夸大虚假的 CTA(Call To Action)可以使某个 AB 测试的结果正向,但长期来看,客户留存和销售额将会下降,因此时刻要清楚我们追求的是什么,事先就要注意到可能会受到负面影响的指标。

6）先"特区"再推广

先在一两个产品上尝试,获得经验后,再推广到其他产品中。

7．AB 测试的评价指标

AB 测试评价指标一般是和业务挂钩的,例如电商网站,一般最终是用推荐系统产生的销售额或者销量作为评判,具体指标是销售额占比或者销量占比。当然作为老板,其实他最想得到的就是你的推荐系统为网站新增了多少销售额,这是最有效的,但是网站每天的销售额是不断变化的,即使你的策略和网站没有做任何更改,也很难判断总体销售额增加了多少。除非是新策略改动后销售总额出现非常大的变化。

举个销量占比的例子说明一下计算公式：

$$销量占比＝推荐产生的销售件数/网站总的销售件数$$

销量占比和销售额占比基本上差不多,呈正比。

公式：

$$推荐位展示 PV×点击率×订单转化率＝销量$$

其中推荐位展示 PV 就是推荐位展示的次数,点击率＝用户点击次数/推荐位展示 PV,订单转化率＝推荐产生的销售件数/用户点击次数。

8．AB 测试平台

在大公司,一般会把 AB 测试做成一个平台,它分为几个模块：

1）数据埋点、数据采集模块

对于网站来讲,一般主流的方式是通过访问地址的参数来区分来自哪个推荐策略,用我们充电了么 App 的官网作为例子,这是我们网站的一个地址,参数用的 ref 值：http://www.chongdianleme.com? ref＝tuijian_home_kecheng_a,这个地址我通过 ref 参数来进行数据埋点,tuijian_home_kecheng_a 是埋点的值,这个值是事先和各个部门统一定的规范,以下画线"_"分割为 4 级,第一级代表是哪个项目,第二级代表来自哪个页面,第三级代表来自哪个页面的位置,第四级代表来自哪个算法策略。各个部门必须遵守这个规则,否则统计分析系统就没办法跟踪到你的算法的实际效果。

网站嵌入一个 js 脚本,脚本会异步获取每一次的浏览器请求,把访问这个埋点的地址传到服务器上。当然不仅仅传这个地址,也会上传其他信息,例如客户端 IP 地址、用户的 Cookie 唯一标识,以及其他业务需要的信息等。

2) 数据统计分析模块

服务器收到数据后,一般会保存一份文件,然后异步地或者通过 Flume 日志收集、ELK 等方式传到我们指定的存储系统里。我们一般最终会把数据存到 Hadoop 平台上,通过 Hadoop 的 Hive、Spark 等离线处理并分析这些数据,形成一个可展示不同算法策略效果的报表数据。

3) 数据可视化

大数据可视化技术可对报表数据做一个直观的展示,可以自定义开发,也可以用例如百度的 ECharts 图标控件。这是一个 Web 项目,通过浏览器的 Web 界面进行展现。

当然这个 AB 测试平台不仅仅应用在推荐系统,搜索及其他业务也可以使用这个平台,它是一个公司级别的效果优化平台。

现在回到正题,这节我们讲的是在线 AB 测试推荐效果评估,什么叫在线 AB 测试呢?简单来说我们每次做一个算法策略优化都需要把程序上线,同时让网站或 App 的用户看到你的新策略的推荐结果,但是老策略推荐结果也得让用户看到,我们通过一个随机策略,让 50％的用户看到新策略的推荐结果,50％的用户看到老策略的推荐结果,这样两个策略在同等出现概率的前提做 AB 测试,A 策略可以代表新策略,B 策略代表老策略,然后对比 A 和 B 哪个推荐效果好。用一句话来解释就是让线上用户能同时看到两个策略推荐的结果,这就是在线 AB 测试。

当然两个策略不一定非得各占一半的出现概率,也可以是任意比例,例如 90％对 10％,经过这种测试后,把出现概率小的那个策略产生的销量乘以 9 倍就可以进行比较了。

另外,一次上线也可以对比两种以上的策略。例如 10 种策略各占 10％的概率,这样的好处是会大大缩短算法优化的周期,但也有一个前提就是你拆分了这么多种策略,每个策略的访问用户数得足够大才行。例如每个策略值只让几百或几千个用户看到了,这会导致样本过于稀疏,得出的结果会有很大的随机性。访问的用户越多越精准。一般来讲我们观察一周的数据为宜,当然如果一天的访问量非常大,那么一天的数据就足够下结论到底哪个算法策略效果是最好的。

在线 AB 测试能够真实地反馈线上用户的情况,但也有一个风险,加入新策略效果比较差,势必对看到这个策略的用户产生不好的用户体验。有没有办法在上线之前就大概知道推测效果好坏呢? 这就是我们下面要讲的离线 AB 测试。

8.1.15　离线 AB 测试推荐效果评估

离线 AB 测试是在算法策略上线之前，根据历史数据推演并预测的一个反馈效果。假如你现在拥有大量用户浏览商品的用户行为数据，那么我们就可以根据用户浏览时间拆分成一个训练集和一个测试集，训练集是一个月之前的所有历史数据，测试集是最近一个月的数据，然后我们用训练集为每个用户算一个推荐列表出来，然后用我们算的用户推荐列表和最近一个月数据算交集数量，交集越多说明推荐效果越好。实践检验这种方式很有效，通过这种离线 AB 测试方式得到的结论和在线 AB 测试结果基本上是接近的。当然我们最终的方式还是以在线 AB 测试为准。

对我们的指导意义在于，当在离线 AB 测试效果很差的时候，我们需要反思我们的算法到底哪有问题。避免每次上线带来的时间成本和较差的用户体验。如果离线效果还可以，我们就应尽快上线进行 AB 测试。

8.1.16　推荐位管理平台

什么叫推荐位？以电商网站举例，推荐位置指的是网站上的一个推荐商品页面展示区域。例如猜你喜欢展示位、热销商品推荐、看了又看、买了又买、看了又买、浏览此商品的顾客还同时浏览等都是推荐位，亚马逊电商是推荐系统的鼻祖，我们看一下它的推荐位页面展示，如图 8.3 所示。

图 8.3　推荐位看了又看（图片来源于亚马逊电商）

热销推荐位如图 8.4 所示。

推荐位管理的意思是对推荐位的商品展示可以通过后台管理控制前端页面显示推荐哪个算法策略的商品，以及策略如何组合。

推荐位后台管理系统的作用，简单来说可以通过可配置的方式控制前端页面显示的推荐结果、推荐策略，以便能够快速把算法优化后的新策略应用到线上，达到配置立即上线，而不需要每次部署新代码。

另外，除了控制推荐哪些商品，还可以配置用于 AB 测试埋点的 ref 值来跟踪，例如算法

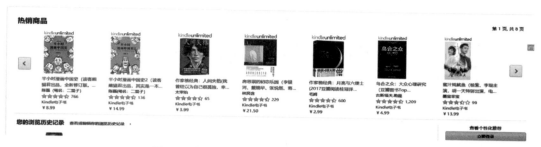

图 8.4　推荐位热销(图片来源于亚马逊电商)

策略 A,我给前端返回的商品的 ref 值为 tuijian_home_kecheng_a,算法策略 B 返回的 ref 值 tuijian_home_kecheng_b,当然如果有 C 策略的话返回 tuijian_home_kecheng_c。也就是通过推荐位管理可以与 AB 测试平台无缝衔接,起到快速部署、快速 AB 测试、快速验证新算法策略效果的作用。

8.2　人脸识别实战

人脸识别是基于人的面部特征信息进行身份识别的一种生物识别技术。用摄像机或摄像头采集含有人脸的图像或视频流,并自动在图像中检测和跟踪人脸,进而对检测到的人脸进行脸部识别的一系列相关技术,通常也叫作人像识别、面部识别。

一般来说,人脸识别系统包括图像摄取、人脸定位、图像预处理,以及人脸识别(身份确认或者身份查找)。系统输入一般是一张或者一系列含有未确定身份的人脸图像,以及人脸数据库中的若干已知身份的人脸图像或者相应的编码,而其输出则是一系列相似度得分,表明待识别的人脸的身份。人脸识别最关键的一步就是身份确认,身份确认的过程也就是人脸比对的过程,比对的前提是由人脸采集系统事先把相关人的面部特征录入数据库中,比对也就是从数据库中快速检索并找到与当前人脸最相似的那个人脸。

除了比对,人脸作为最重要的生物特征,蕴含了大量的属性信息,如性别、种族、年龄、表情和颜值等,而如何对这些属性信息进行预测,则是人脸分析领域的研究热点之一。现有的人脸属性识别方法主要是针对单一任务,如限制于年龄估计、性别识别等某一单项任务预测。对于多个属性的识别算法,现有单任务的人脸属性算法很难扩展至多任务的属性识别。若同时对于单一任务进行集成,则算法复杂度和耗时会大大增加,不利于系统的部署,因此设计多任务的人脸属性算法,同时预测出人脸的多个属性,并开发出相应的多任务人脸属性识别实时系统仍然是研究的难点。

下面我们就从人脸识别原理、人脸检测与对齐、人脸识别比对、人脸属性识别分别详细讲解一下。

8.2.1 人脸识别原理与介绍[55,56,57]

一个成熟的人脸识别系统通常由人脸检测、人脸最优照片选取、人脸对齐、特征提取和特征比对等几个模块组成。

从应用场景看,人脸识别应用主要分为 $1:1$ 和 $1:N$。$1:1$ 就是判断两张照片是否为同一个人,主要用于鉴权,而 $1:N$ 的应用,首先得注册 N 个 ID 的人脸照片,再判断一张新的人脸照片是否是某个 ID 或者不在注册 ID 中。$1:1$ 和 $1:N$,其底层技术是相同的,区别在于后者的误识率会随着 N 的增大而增大,如果设置较高的相似度阈值,则会导致拒识率上升。拒识和误识二者不可兼得,所以评价人脸识别算法时常用的指标是误识率小于某个值时(例如 0.1%)的拒识率。

人脸识别最为关键的技术点是人脸的特征提取,直到 2014 年 DeepFace 首次将深度学习引入后,这项技术才得到了质的突破,使得人脸识别技术真正发展到商业可用阶段。目前的研究主要集中在网络结构的改进和损失函数的改进上。随着研究的深入,目前人脸识别技术的壁垒正在被打破,而人脸数据库的资源是业内巨头保持领先的另一个重要武器。

1. 技术特点

人脸识别是基于人的面部特征信息进行身份识别的一种生物识别技术。用摄像机或摄像头采集含有人脸的图像或视频流,并自动在图像中检测和跟踪人脸,进而对检测到的人脸进行脸部的一系列相关技术,通常也叫作人像识别、面部识别。

传统的人脸识别技术主要基于可见光图像的人脸识别,这也是人们最熟悉的识别方式,已有 30 多年的研发历史,但这种方式有着难以克服的缺陷,尤其在环境光照发生变化时,识别效果会急剧下降,无法满足实际的需要。解决光照问题的方案有三维图像人脸识别和热成像人脸识别,但这两种技术还远不成熟,识别效果不尽人意。

迅速发展起来的一种解决方案基于主动近红外图像的多光源人脸识别技术。它可以克服光线变化的影响,已经取得了卓越的识别性能,在精度、稳定性和速度方面的整体性能超过三维图像人脸识别。这项技术在近两三年发展迅速,使人脸识别技术逐渐走向实用化。

人脸与人体的其他生物特征(指纹、虹膜等)一样与生俱来,它的唯一性和不易被复制的良好特性为身份鉴别提供了必要的前提,与其他类型的生物识别比较,人脸识别具有以下特点:

非强制性:用户不需要专门配合人脸采集设备,几乎在无意识的状态下就可获取人脸图像,这样的取样方式没有"强制性";

非接触性:用户不需要和设备直接接触就能获取人脸图像;

并发性:在实际应用场景下可以进行多个人脸的分拣、判断及识别;

除此之外,还符合视觉特性:"以貌识人"的特性,以及操作简单、结果直观、隐蔽性好等特点。

2．识别流程

人脸识别系统主要包括 4 个组成部分，分别为人脸图像采集及检测、人脸图像预处理、人脸图像特征提取，以及人脸图像匹配与识别。

1）人脸图像采集及检测

人脸图像采集：不同的人脸图像都能通过摄像镜头采集下来，例如静态图像、动态图像、不同的位置、不同表情等方面都可以得到很好的采集。当用户在采集设备的拍摄范围内时，采集设备会自动搜索并拍摄用户的人脸图像。

人脸检测：人脸检测在实际应用中主要用于人脸识别的预处理，即在图像中准确标定出人脸的位置和大小。人脸图像中包含的模式特征十分丰富，如直方图特征、颜色特征、模板特征、结构特征及 Haar 特征等。人脸检测就是把这其中有用的信息挑选出来，并利用这些特征实现人脸检测。

主流的人脸检测方法基于以上特征，采用 Adaboost 学习算法，Adaboost 算法是一种用来分类的方法，它把一些比较弱的分类方法合在一起，组合出新的很强的分类方法。

人脸检测过程中使用 Adaboost 算法挑选出一些最能代表人脸的矩形特征（弱分类器），按照加权投票的方式将弱分类器构造为一个强分类器，再将训练得到的若干强分类器串联组成一个级联结构的层叠分类器，以此有效地提高分类器的检测速度。

2）人脸图像预处理

人脸图像预处理：对于人脸的图像预处理是基于人脸检测结果的，对图像进行处理并最终服务于特征提取的过程。系统获取的原始图像由于受到各种条件的限制和随机干扰，往往不能直接使用，必须在图像处理的早期阶段对它进行灰度校正、噪声过滤等图像预处理。对于人脸图像而言，其预处理过程主要包括人脸图像的光线补偿、灰度变换、直方图均衡化、归一化、几何校正、滤波，以及锐化等。

3）人脸图像特征提取

人脸图像特征提取：人脸识别系统可使用的特征通常分为视觉特征、像素统计特征、人脸图像变换系数特征和人脸图像代数特征等。人脸特征提取就是针对人脸的某些特征进行的。人脸特征提取，也称人脸表征，它是对人脸进行特征建模的过程。人脸特征提取的方法归纳起来分为两大类：一类是基于知识的表征方法；另一类是基于代数特征或统计学习的表征方法。

基于知识的表征方法主要是根据人脸器官的形状描述，以及它们之间的距离特性来获得有助于人脸分类的特征数据，其特征分量通常包括特征点间的欧氏距离、曲率和角度等。人脸由眼睛、鼻子、嘴、下巴等局部构成，对这些局部和它们之间结构关系的几何描述，可作为识别人脸的重要特征，这些特征被称为几何特征。基于知识的人脸表征主要包括基于几何特征的方法和模板匹配法。

4）人脸图像匹配与识别

人脸图像匹配与识别：提取的人脸图像的特征数据与数据库中存储的特征模板进行搜索匹配，设定一个阈值，当相似度超过这一阈值，则把匹配得到的结果输出。人脸识别就是将待识别的人脸特征与已得到的人脸特征模板进行比较,根据相似程度对人脸的身份信息进行判断。这一过程又分为两类:一类是确认,是一对一进行图像比较的过程,另一类是辨认,是一对多进行图像匹配对比的过程。

3. 算法原理

主流的人脸识别技术基本上可以归结为 3 类,即基于几何特征的方法、基于模板的方法和基于模型的方法。基于几何特征的方法是最早、最传统的方法,通常需要和其他算法结合才能有比较好的效果;基于模板的方法可以分为基于相关匹配的方法、特征脸方法、线性判别分析方法、奇异值分解方法、神经网络方法和动态连接匹配方法等;基于模型的方法则有基于隐马尔柯夫模型、主动形状模型和主动外观模型的方法等。

1) 基于几何特征的方法

人脸由眼睛、鼻子、嘴巴、下巴等器官构成,正因为这些器官在形状、大小和结构上的各种差异才使得世界上的人脸千差万别,因此对这些器官的形状和结构关系的几何描述,可以作为人脸识别的重要特征。几何特征最早用于人脸侧面轮廓的描述与识别,首先根据侧面轮廓曲线确定若干显著点,并由这些显著点导出一组用于识别的特征度量如距离、角度等。Jia 方法等由正面灰度图中线附近的积分投影模拟侧面轮廓图是一种很有新意的方法。

采用几何特征进行正面人脸识别一般是通过提取人眼、口、鼻等重要特征点的位置和几何形状作为分类特征,但 Roder 对几何特征提取的精确性进行了实验性的研究,结果不容乐观。

可变形模板法可以视为几何特征方法的一种改进,其基本思想是设计一个参数可调的器官模型(即可变形模板),定义一个能量函数,通过调整模型参数使能量函数最小化,此时的模型参数即作为该器官的几何特征。

这种方法思想很好,但是存在两个问题,一是能量函数中各种代价的加权系数只能由经验确定,难以推广;二是能量函数优化过程十分耗时,难以实际应用。基于参数的人脸表示可以实现对人脸显著特征的一个高效描述,但它需要大量的前处理和精细的参数选择。同时,采用一般几何特征只描述了器官的基本形状与结构关系,忽略了局部细微特征,造成部分信息的丢失,此方法更适合于做粗分类,而且目前已有的特征点检测技术在精确率上还远不能满足要求,计算量也较大。

2) 局部特征分析方法(Local Face Analysis)

主元子空间的表示是紧凑的,特征维数大大降低,但它是非局部化的,其核函数的支集扩展在整个坐标空间中是非拓扑的,某个轴投影后临近的点与原图像空间中点的临近性没有任何关系,而局部性和拓扑性对模式分析和分割是理想的特性,似乎这更符合神经信息处理的机制,因此寻找具有这种特性的表达十分重要。基于这种考虑,Atick 提出基于局部特征的人脸特征提取与识别方法。这种方法在实际应用中取得了很好的效果,它构成了FaceIt 人脸识别软件的基础。

3）特征脸方法（Eigenface 或 PCA）

特征脸方法是 90 年代初期由 Turk 和 Pentland 提出的目前最流行的算法之一，具有简单有效的特点，也称为基于主成分分析（Principal Component Analysis，简称 PCA）的人脸识别方法。

特征脸技术的基本思想是从统计的观点寻找人脸图像分布的基本元素，即人脸图像样本集协方差矩阵的特征向量，以此近似地表征人脸图像。这些特征向量称为特征脸（Eigenface）。

实际上，特征脸反映了隐含在人脸样本集合内部的信息和人脸的结构关系。将眼睛、面颊、下颌的样本集协方差矩阵的特征向量称为特征眼、特征颌和特征唇，统称特征子脸。特征子脸在相应的图像空间中生成子空间，称为子脸空间。计算出测试图像窗口在子脸空间的投影距离，若窗口图像满足阈值比较条件，则判断其为人脸。

基于特征分析的方法，也就是将人脸基准点的相对比率和其他描述人脸脸部特征的形状参数或类别参数等一起构成识别特征向量，这种基于整体脸的识别不仅保留了人脸器官之间的拓扑关系，而且也保留了各器官本身的信息，而基于器官的识别则是通过提取出局部轮廓信息及灰度信息来设计具体识别算法。现在 PCA 算法已经与经典的模板匹配算法一起成为测试人脸识别系统性能的基准算法，而自 1991 年特征脸技术诞生以来，研究者对其进行了各种各样的实验和理论分析，FERET'96 测试结果也表明，改进的特征脸算法是主流的人脸识别技术，也是具有最好性能的识别方法之一。

该方法先确定眼虹膜、鼻翼、嘴角等面相五官轮廓的大小、位置、距离等属性，然后再计算出它们的几何特征量，而这些特征量形成描述该面相的特征向量。其技术的核心实际为"局部人体特征分析"和"图形/神经识别算法。"这种算法是利用人体面部各器官及特征部位的方法，如对应几何关系多数据形成识别参数与数据库中所有的原始参数进行比较、判断与确认。Turk 和 Pentland 提出特征脸的方法，它根据一组人脸训练图像构造主元子空间，由于主元具有脸的形状，也称为特征脸，识别时将测试图像投影到主元子空间上，得到一组投影系数，和各个已知人的人脸图像比较进行识别。Pentland 等报告了相当好的结果，在 200 个人的 3000 幅图像中得到 95% 的正确识别率，在 FERET 数据库上对 150 幅正面人脸图像只有一个误识别，但系统在进行特征脸方法之前需要做大量预处理工作，如归一化等。

在传统特征脸的基础上，研究者注意到特征值大的特征向量（即特征脸）并不一定是分类性能好的方向，据此发展了多种特征（子空间）选择方法，如 Peng 的双子空间方法、Weng 的线性歧义分析方法、Belhumeur 的 FisherFace 方法等。事实上，特征脸方法是一种显式主元分析人脸建模，一些线性自联想、线性压缩型 BP 网则为隐式的主元分析方法，它们都是把人脸表示为一些向量的加权和，这些向量是训练集叉积阵的主特征向量，Valentin 对此做了详细讨论。总之，特征脸方法是一种简单、快速、实用的基于变换系数特征的算法，但由于它在本质上依赖于训练集和测试集图像的灰度相关性，而且要求测试图像与训练集比较像，所以它有着很大的局限性。

基于 KL 变换的特征人脸识别方法基本原理：

KL 变换是图像压缩中的一种最优正交变换，人们将它用于统计特征提取，从而形成了子空间法模式识别的基础，若将 KL 变换用于人脸识别，则需假设人脸处于低维线性空间，且不同人脸具有可分性，由于高维图像空间 KL 变换后可得到一组新的正交基，因此可通过保留部分正交基，以生成低维人脸空间，而低维空间的基则是通过分析人脸训练样本集的统计特性来获得，KL 变换生成的矩阵可以是训练样本集的总体散布矩阵，也可以是训练样本集的类间散布矩阵，即可采用同一人的数张图像的平均来进行训练，这样可在一定程度上消除光线等的干扰，且计算量也得到减少，而识别率不会下降。

4）基于弹性模型的方法

Lades 等人针对畸变不变性的物体识别提出了动态链接模型（DLA），将物体用稀疏图形来描述，其顶点用局部能量谱的多尺度描述来标记，边则表示拓扑连接关系并用几何距离来标记，然后应用塑性图形匹配技术来寻找最近的已知图形。Wiscott 等人在此基础上做了改进，用 FERET 图像库做实验，用 300 幅人脸图像和另外 300 幅图像做比较，准确率达到 97.3%，此方法的缺点是计算量非常巨大。

Nastar 将人脸图像 $I(x,y)$ 建模为可变形的 3D 网格表面 $(x,y,I(x,y))$，从而将人脸匹配问题转化为可变形曲面的弹性匹配问题。利用有限元分析的方法进行曲面变形，并根据变形的情况判断两张图片是否为同一个人。这种方法的特点是将空间 (x,y) 和灰度 $I(x,y)$ 放在了一个 3D 空间中同时考虑，实验表明识别结果明显优于特征脸方法。

Lanitis 等提出灵活表现模型方法，通过自动定位人脸的显著特征点将人脸编码为 83 个模型参数，并利用辨别分析的方法进行基于形状信息的人脸识别。弹性图匹配技术是一种基于几何特征和对灰度分布信息进行小波纹理分析相结合的识别算法，由于该算法较好地利用了人脸的结构和灰度分布信息，而且还具有自动精确定位面部特征点的功能，因而具有良好的识别效果，适应性强，识别率较高，该技术在 FERET 测试中若干指标名列前茅，其缺点是复杂度高，速度较慢，实现复杂。

5）神经网络方法（Neural Networks）

人工神经网络是一种非线性动力学系统，具有良好的自组织、自适应能力。目前神经网络方法在人脸识别中的研究方兴未艾。Valentin 提出一种方法，首先提取人脸的 50 个主元，然后用自相关神经网络将它映射到 5 维空间中，再用一个普通的多层感知器进行判别，对一些简单的测试图像效果较好；Intrator 等提出了一种用混合型神经网络来进行人脸识别的方法，其中非监督神经网络用于特征提取，而监督神经网络用于分类。Lee 等将人脸的特点用 6 条规则描述，然后根据这 6 条规则进行五官的定位，将五官之间的几何距离输入模糊神经网络进行识别，效果较一般的基于欧氏距离的方法有较大改善，Laurence 等采用卷积神经网络方法进行人脸识别，由于卷积神经网络中集成了相邻像素之间的相关性知识，从而在一定程度上获得了对图像平移、旋转和局部变形的不变性，因此得到非常理想的识别结果，Lin 等提出了基于概率决策的神经网络方法（PDBNN），其主要思想是采用虚拟（正反例）样本进行强化和反强化学习，从而得到较为理想的概率估计结果，并采用模块化的网络结构（OCON）加快网络的学习。这种方法在人脸检测、人脸定位和人脸识别的各个步骤上都得到了较好的应用,其他研究还有 Dai 等提出用 Hopfield 网络进行低分辨率人脸联想与识别,Gutta 等提出将 RBF 与树型分类器结合起来进行人脸识别的混合分类器模型,Phillips 等人将 Matching Pursuit 滤波器用于人脸识别,国内则采用统计学习理论中的支撑向量机进行人脸分类。

　　神经网络方法在人脸识别上的应用比起前述几类方法来有一定的优势,因为对人脸识别的许多规律或规则进行显性描述是相当困难的,而神经网络方法则可以通过学习的过程获得对这些规律和规则的隐性表达,它的适应性更强,一般也比较容易实现,因此人工神经网络识别速度快,但识别率低,而神经网络方法通常需要将人脸作为一个一维向量输入,因此输入节点庞大,其识别过程中的一个重要目标就是降维处理。

　　PCA 算法利用主元分析法进行识别是由 Anderson 和 Kohonen 提出的。由于 PCA 在将高维向量向低维向量转化时,使低维向量各分量的方差最大,且各分量互不相关,因此可以达到最优的特征抽取。

　　6) 隐马尔可夫模型方法(Hidden Markov Model)

　　隐马尔可夫模型是用于人脸识别的统计工具,可与神经网络结合使用。它在训练伪 2D HMM 的神经网络中生成。该 2D HMM 的输入即是 ANN 的输出,它为算法提供了适当的降维。

　　7) Gabor 小波变换＋图形匹配

　　精确抽取面部特征点,以及基于 Gabor 引擎的匹配算法,具有较好的准确性,能够排除由于面部姿态、表情、发型、眼镜、照明环境等带来的变化。

　　Gabor 滤波器将 Gaussian 网络函数限制为一个平面波的形状,并且在滤波器设计中有优先方位和频率的选择,表现为对线条边缘反应敏感,但该算法的识别速度很慢,只适合于录像资料的回放识别,对于现场识别的适应性很差。

　　8) 人脸等密度线分析匹配方法

　　多重模板匹配方法是在库中存贮若干标准面相模板或面相器官模板,在进行比对时,将采样面相所有像素与库中所有模板采用归一化相关量度量进行匹配。

　　线性判别分析方法包括本征脸法。本征脸法将图像看作矩阵,计算本征值和对应的本征向量作为代数特征进行识别,具有无须提取眼、嘴、鼻等几何特征的优点,但在对单样本识时识别率不高,且在人脸模式数较大时计算量大。

　　9) 特定人脸子空间(FSS)算法

　　该技术来源于特征脸人脸识别方法,但在本质上区别于传统的"特征脸"人脸识别方法。"特征脸"方法中所有人共有一个人脸子空间,而该方法则为每一个体人脸建立一个该个体对象所私有的人脸子空间,从而不但能够更好地描述不同个体人脸之间的差异性,而且最大可能地摈弃了对识别不利的类内差异性和噪声,因而比传统的"特征脸算法"具有更好的判别能力。另外,针对每个待识别个体只有单一训练样本的人脸识别问题,提出了一种基于单一样本生成多个训练样本的技术,从而使得需要多个训练样本的个体人脸子空间方法可以适用于单训练样本人脸识别问题。

10) 奇异值分解(Singular Value Decomposition,简称 SVD)

奇异值分解是一种有效的代数特征提取方法,由于奇异值特征在描述图像时是稳定的,且具有转置不变性、旋转不变性、位移不变性和镜像变换不变性等重要性质,因此奇异值特征可以作为图像的一种有效的代数特征描述。奇异值分解技术已经在图像数据压缩、信号处理和模式分析中得到了广泛应用。

8.2.2　人脸识别应用场景[58]

随着科技的发展,人脸识别技术也在国内迅速发展,并广泛应用于各个行业,例如商铺的客流统计、无人售货柜的刷脸支付、公交/道路的安全监控、公司人脸识别考勤等。相信在不久的将来,人脸识别会普及于各行各业,下面列举一些经典应用场景。

1. 无人零售店、便利店、生活超市、连锁超市

客流统计应用:在商铺各主要进出口通道安装人脸识别摄像机,对进入人员数量进行统计,对人员性别、年龄进行统计,提供一手的人员信息。

客流方向统计应用:在过道交叉口安装人脸识别摄像机,抓拍人脸的移动方向,对人流方向进行统计,方便对通道进行科学的管控和对商品展示策略进行调整。

客流热区统计应用:在指定的过道或柜台安装人脸识别摄像机,对进入过道和来到柜台的人员数量进行统计,得出每个过道和柜台的来往人员数量,以此区分热门区域和冷门区域。

人员预警应用:在柜台安装人脸识别摄像机,对来往客人进行类别识别并提醒,如对VIP 客人可以提醒服务人员重点照顾,如果为异常人员(如小偷)则可以提醒服务人员留心,也可以对陌生人员进到某一区域(如收银台,仓库等)进行预警。

远程巡店应用:支持 7×24 小时视频录像及回放与远程实时视频巡店,随时随地了解店铺的状况,包括治安和人员活动情况。

2. 公交车、火车站、酒店、人流量密集区域、闸机、关卡、酒吧、网吧

在公交车、火车站、酒店等人员经常出入场所的出入口安装人脸识别摄像机,对出入人员抓拍人脸并识别查证,将抓拍人员图片或识别结果上传公安网络,为公安提供可靠的人员信息。店铺、宾馆酒店、出租屋等场所可以对不同人员做自己的标识分类(如 VIP、本出租屋人员、黑名单人员等),进行预告或预警,并采取相应的管控措施。

可 7×24 小时视频录像及回放,并远程实时视频巡查,如店铺治安等,对于商家又可以远程巡店,随时随地了解店铺的状况,包括治安和人员活动情况。

3. 小区、出租屋、公寓

非接触识别方便使用,人脸直观辨识从源头杜绝了疾病的传播;现场人体面部特征识别也解决了门禁卡丢失或遗忘所带来的安全隐患。

4. 办事大厅、医院、售票厅

在售票、挂号等窗口前方安装人脸识别摄像机,对人员进行统计识别,对阶段时间内出

现次数多的人员进行预警,重点跟踪,并经过确认后可将其相片归类到"黄牛"标签,当下次该人员出现时可以预警。

5. 校园、图书馆、幼儿园

门禁应用:在学校各个大门的人行通道安装人脸识别摄像头,连接电控锁控制人行通道门的开、关。所有校内师生及其他工作人员都必须进行人脸登记,进出学校时进行人脸识别,识别成功后才可以进出校门。

宿舍管理应用:在每栋宿舍楼门口安装人脸识别摄像头,学生进出宿舍楼时进行人脸识别,记录每位学生的出入情况,对于陌生人抓拍上报,保证学生宿舍的安全。结合管理系统记录和统计人脸识别数据,根据人脸识别记录查询学生的出入时间信息,方便管理。

学生到课应用:学生上课时老师使用传统的花名册点名签到是一件很费时的事,如果认真点名,就会浪费很多时间,如果草草点名,又不够公平,学生逃课是老师最头疼的事。在教室门口安装人脸识别摄像头,记录学生到课时间,结合教务系统统计到课学生。

食堂刷脸支付应用:结合原有的支付系统,在原有刷卡支付的基础上增加刷脸认证支付。

幼儿园安全应用:在幼儿园门口或指定接送区域安装人脸识别摄像机,对来接小孩的人员进行人脸识,如果为陌生人员,将提醒老师或相关人员对该人员进行查证确认,确认安全后才让其领走小孩。人脸识别系统可以对小孩的家长和亲人等相关人员的人脸注册进入人脸库,方便人脸识别系统预警。

6. 写字楼、工厂、建筑工地、闸机、关卡、出入口

对输入的人脸图像或者视频流,首先判断其是否存在人脸,如果存在人脸,则进一步给出每个脸的位置、大小和各个主要面部器官的位置信息,并依据这些信息进一步提取每个人脸中所蕴含的身份特征,将其与已知的人脸库的人脸进行对比,从而识别每个人脸的身份,进行考勤,从而解决代考勤问题真实记录、加快考勤速度、减少忘记打卡要重补的现象。

8.2.3 人脸检测与对齐[59,60]

近年来,人脸识别技术取得了飞速的发展,但是人脸验证和识别在自然条件中应用仍然存在困难。FaceNet可以直接将人脸图像映射到欧几里得空间,空间距离的长度代表了人脸图像的相似性。只要该映射空间生成,人脸识别、验证和聚类等任务就可以轻松完成。该方法基于深度卷积神经网络。FaceNet在LFW数据集上准确率为0.9963,在YouTube Faces DB数据集上准确率为0.9512。

FaceNet是一个通用的系统,可以用于人脸验证(是否是同一人?)、识别(这个人是谁?)和聚类(寻找类似的人?)。FaceNet采用的方法是通过卷积神经网络学习将图像映射到欧几里得空间。空间距离直接和图片相似度相关:同一个人的不同图像在空间中距离很小,不同人的图像在空间中有较大的距离。只要该映射确定下来,相关的人脸识别任务就变得很简单。

当前存在的基于深度神经网络的人脸识别模型使用了分类层(classification layer)：中间层为人脸图像的向量映射，然后以分类层作为输出层。这类方法的弊端是不直接和效率低。

与当前方法不同，FaceNet 直接使用基于 triplets 的 LMNN(最大边界近邻分类)的 loss 函数训练神经网络，网络直接输出为 128 维度的向量空间。我们选取的 triplets(三联子)包含两个匹配脸部缩略图和一个非匹配的脸部缩略图，loss 函数目标是通过距离边界区分正负类。

有两类深度卷积神经网络。第一类为 Zeiler&Fergus 研究中使用的神经网络，我们在网络后面加了多个 $1 \times 1 \times d$ 卷积层；第二类为 Inception 网络。模型结构的末端使用 triplet loss 来直接分类。triplet loss 的启发是传统 loss 函数趋向于将有一类特征的人脸图像映射到同一个空间，而 triplet loss 尝试将一个个体的人脸图像和其他人脸图像分开。

triplets loss 模型的目的是将人脸图像 X embedding 入 d 维度的欧几里得空间。在该向量空间内，我们希望保证单个个体的图像和该个体的其他图像距离近，与其他个体的图像距离远。triplets 的选择对模型的收敛非常重要。在实际训练中，跨越所有训练样本来计算 argmin 和 argmax 是不现实的，还会由于错误标签图像导致训练收敛困难。在实际训练中，有两种方法来进行筛选：第一，每隔 n 步，计算子集的 argmin 和 argmax；第二，在线生成 triplets，即在每个 mini-batch 中进行筛选 positive/negative 样本。

下面我们就基于 FaceNet 来做人脸检测与对齐。

1. 人脸检测与对齐原理

在说到人脸检测时我们首先会想到利用 Haar 特征和 Adaboost 分类器进行人脸检测，其检测效果也是不错的，但是目前人脸检测的应用场景逐渐从室内延伸到室外，从单一限定场景发展到广场、车站和地铁口等场景，人脸检测面临的要求越来越高，例如人脸尺度多变、数量冗大、姿势多样，包括俯拍人脸、戴帽子和口罩等的遮挡、表情夸张、化妆伪装、光照条件恶劣、分辨率低，甚至连肉眼都较难区分等。在这样复杂的环境下基于 Haar 特征的人脸检测表现得不尽人意。随着深度学习的发展，基于深度学习的人脸检测技术取得了巨大的成功，在这一节我们将会介绍 MTCNN 算法，它是基于卷积神经网络的一种高精度的实时人脸检测和对齐技术。

搭建人脸识别系统的第一步就是人脸检测，也就是在图片中找到人脸的位置。在这个过程中输入的是一张含有人脸的图像，输出的是所有人脸的矩形框。一般来说，人脸检测应该能够检测出图像中的所有人脸，不能有漏检，更不能有错检。

获得人脸之后，第二步我们要做的工作就是人脸对齐，由于原始图像中的人脸可能存在姿态、位置上的差异，为了之后的统一处理，我们要把人脸"摆正"。为此，需要检测人脸中的关键点，例如眼睛的位置、鼻子的位置、嘴巴的位置和脸的轮廓点等。根据这些关键点可以使用仿射变换将人脸统一校准，以消除姿势不同带来的误差。

MTCNN 算法是一种基于深度学习的人脸检测和人脸对齐方法，它可以同时完成人脸检测和人脸对齐的任务，相比于传统的算法，它的性能更好，检测速度更快。

MTCNN 算法包含 3 个子网络：Proposal Network(P-Net)、Refine Network(R-Net)和 Output Network(O-Net)，这 3 个网络对人脸的处理依次从粗到细。

在使用这 3 个子网络之前，需要使用图像金字塔将原始图像缩放到不同的尺寸，然后将不同尺寸的图像送入这 3 个子网络中进行训练，其目的是为了可以检测到不同大小的人脸，从而实现多尺度目标检测。

1) P-Net 网络

P-Net 的主要目的是生成一些候选框，我们通过使用 P-Net 网络，对金字塔图像上不同尺度下的图像的每一个 12×12 区域都做一个人脸检测(实际上在使用卷积网络实现时，一般会把一张 $h \times w$ 的图像送入 P-Net 中，最终得到的特征图的每一点都对应着一个大小为 12×12 的感受视野，但是并没有遍历每一个 12×12 的图像)。

P-Net 的输入是一个 $12 \times 12 \times 3$ 的 RGB 图像，在训练的时候，该网络要判断这个 12×12 的图像中是否存在人脸，并且给出人脸框的回归和人脸关键点定位。

在测试的时候输出只有 N 个边界框的 4 个坐标信息和 score，当然这 4 个坐标信息已经使用网络的人脸框回归进行校正过了，score 可以看作分类的输出(即人脸的概率)，如图 8.5 所示。

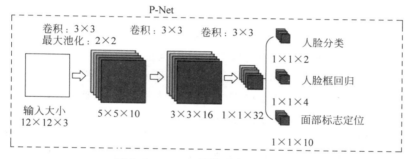

图 8.5　P-Nnet(图片来源于 CSDN)

网络的第一部分输出是用来判断该图像是否包含人脸，输出向量大小为 $1 \times 1 \times 2$，也就是两个值，即图像是人脸的概率和图像不是人脸的概率。这两个值加起来严格等于 1，之所以使用两个值来表示，是为了方便定义交叉熵损失函数。

网络的第二部分给出框的精确位置，一般称为框回归。P-Net 输入的 12×12 的图像块可能并不是完美的人脸框位置，如有的时候人脸并不正好为方形，有可能 12×12 的图像偏左或偏右，因此需要输出当前框位置相对完美的人脸框位置的偏移。这个偏移大小为 $1 \times 1 \times 4$，即表示框左上角的横坐标的相对偏移，框左上角的纵坐标的相对偏移、框的宽度的误差、框的高度的误差。

网络的第三部分给出人脸的 5 个关键点的位置。5 个关键点分别对应着左眼的位置、右眼的位置、鼻子的位置、左嘴巴的位置和右嘴巴的位置。每个关键点需要两维来表示，因此输出向量大小为 $1 \times 1 \times 10$。

2）R-Net

由于 P-Net 在检测时是比较粗略的，所以接下来使用 R-Net 进一步优化。R-Net 和 P-Net 类似，不过这一步的输入是前面 P-Net 生成的边界框，不管实际边界框的大小，在输入 R-Net 之前，都需要缩放到 $24 \times 24 \times 3$，网络的输出和 P-Net 是一样的。这一步的目的主要是为了去除大量的非人脸框，如图 8.6 所示。

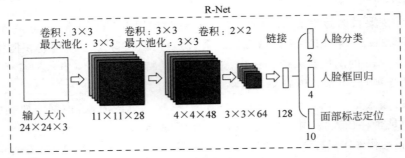

图 8.6　R-Nnet（图片来源于 CSDN）

3）O-Net

进一步将 R-Net 所得到的区域放大到 $48 \times 48 \times 3$，输入到最后的 O-Net，O-Net 的结构与 P-Net 类似，只不过在测试输出的时候多了关键点位置的输出。输入大小为 $48 \times 48 \times 3$ 的图像，输出包含 P 个边界框的坐标信息、score，以及关键点位置，如图 8.7 所示。

从 P-Net 到 R-Net，再到最后的 O-Net，网络输入的图像越来越大，卷积层的通道数越来越多，网络的深度也越来越深，因此识别人脸的准确率应该也是越来越高的。同时 P-Net 网络的运行速度最快，R-Net 次之，O-Net 运行速度最慢。之所以使用 3 个网络，是因为一开始如果直接对图像使用 O-Net 网络，速度会非常慢。实际上 P-Net 先做了一层过滤，将过滤后的结果再交给 R-Net 进行过滤，最后将过滤后的结果交给效果最好但是速度最慢的 O-Net 进行识别。这样在每一步都提前减少了需要判别的数量，有效地降低了计算的时间。

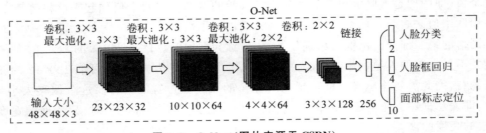

图 8.7　O-Nnet（图片来源于 CSDN）

下面我们看一下人脸检测和对齐的源代码。

2. 人脸检测与对齐核心源码实战

首先让我们看一下 FaceNet 的工程源代码结构，如图 8.8 所示。

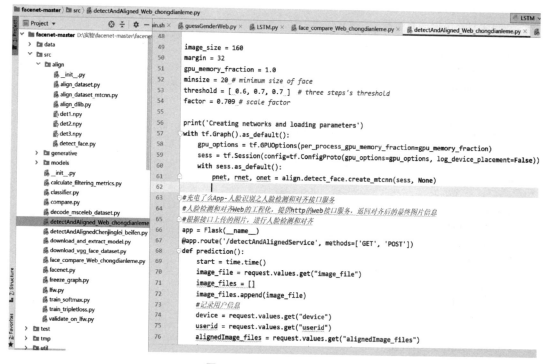

图 8.8 FaceNet 代码目录

align: 基于 MTCNN 的人脸检测对齐核心代码

generative: FaceNet 的生成模型

models: 训练好的 FaceNet 模型

compare.py: 人脸比对核心代码

face_compare_web_chongdianleme.py: 人脸比对的 Web 服务 http 协议接口

align/detect_face.py: 人脸检测核心代码

detectAndAligned_Web_chongdianleme.py: 人脸检测和对齐的 Web 服务 http 协议接口

下面我们重点看一下 align/detect_face.py 和 detectAndAligned_Web_chongdianleme.py 的代码实现。

下面是 align/detect_face.py 人脸检测核心代码,如代码 8.1 所示。

【代码 8.1】 detect_face.py

```python
from __future__ import absolute_import
from __future__ import division
from __future__ import print_function
from six import string_types, iteritems
import numpy as np
import tensorflow as tf
import cv2
import os
```

```python
def layer(op):
    '''可组合网络层的装饰器'''

    def layer_decorated(self, *args, **kwargs):
        # 如果未提供,则自动设置 name 变量
        name = kwargs.setdefault('name', self.get_unique_name(op.__name__))
        # 找出这层的输入
        if len(self.terminals) == 0:
            raise RuntimeError('No input variables found for layer %s.' % name)
        elif len(self.terminals) == 1:
            layer_input = self.terminals[0]
        else:
            layer_input = list(self.terminals)
        # 执行操作并获取输出
        layer_output = op(self, layer_input, *args, **kwargs)
        # 增加到 LUT 层
        self.layers[name] = layer_output
        # 这个输出现在是下一层的输入
        self.feed(layer_output)
        # 返回 self
        return self

    return layer_decorated


class Network(object):

    def __init__(self, inputs, trainable=True):
        # 此网络的输入节点
        self.inputs = inputs
        # 当前终端节点列表
        self.terminals = []
        # 从图层名映射到图层
        self.layers = dict(inputs)
        # 如果为 true,则结果变量设置为可训练
        self.trainable = trainable

        self.setup()

    def setup(self):
        '''构建网络 '''
        raise NotImplementedError('Must be implemented by the subclass.')

    def load(self, data_path, session, ignore_missing=False):
        '''加载网络权重
            data_path: numpy 序列化网络权重的路径
            session: 当前的 TensorFlow 会话
            ignore_missing: 如果为 true,则忽略缺少层的序列化权重
```

```
        '''
        data_dict = np.load(data_path, encoding = 'latin1').item()  # pylint: disable = no-member

        for op_name in data_dict:
        with tf.variable_scope(op_name, reuse = True):
        for param_name, data in iteritems(data_dict[op_name]):
        try:
                        var = tf.get_variable(param_name)
                        session.run(var.assign(data))
        except ValueError:
        if not ignore_missing:
        raise

            def feed(self, * args):
        '''通过替换终端节点为下一个操作设置输入
            参数可以是图层名或实际图层
            '''
        assert len(args) != 0
        self.terminals = []
        for fed_layer in args:
        if isinstance(fed_layer, string_types):
        try:
                        fed_layer = self.layers[fed_layer]
        except KeyError:
        raise KeyError('Unknown layer name fed: % s' % fed_layer)
        self.terminals.append(fed_layer)
        return self

        def get_output(self):
        '''返回当期网络的输出'''
        return self.terminals[-1]

        def get_unique_name(self, prefix):
        '''返回给定前缀的索引后缀的唯一名称
            这用于根据类型前缀自动生成图层名
            '''
        ident = sum(t.startswith(prefix) for t, _ in self.layers.items()) + 1
        return '% s_ % d' % (prefix, ident)

        def make_var(self, name, shape):
        '''创建一个新的 TensorFlow 变量'''
        return tf.get_variable(name, shape, trainable = self.trainable)

        def validate_padding(self, padding):
        '''验证填充是否为受支持的填充之一'''
        assert padding in ('SAME', 'VALID')
```

```python
@layer
def conv(self,
         inp,
         k_h,
         k_w,
         c_o,
         s_h,
         s_w,
         name,
         relu = True,
         padding = 'SAME',
         group = 1,
         biased = True):
    # 验证填充是否可以接受
    self.validate_padding(padding)
    # 获取输入中的通道数
    c_i = int(inp.get_shape()[-1])
    # 验证分组参数是否有效
    assert c_i % group == 0
    assert c_o % group == 0
    # 给定输入与核的卷积
    convolve = lambda i, k: tf.nn.conv2d(i, k, [1, s_h, s_w, 1], padding = padding)
    with tf.variable_scope(name) as scope:
        kernel = self.make_var('weights', shape = [k_h, k_w, c_i // group, c_o])
    # 这是常见的情况,卷积输入没有任何进一步的问题
    output = convolve(inp, kernel)
    # 添加偏置
    if biased:
        biases = self.make_var('biases', [c_o])
        output = tf.nn.bias_add(output, biases)
    if relu:
    # 非线性的 ReLU 激活函数
    output = tf.nn.relu(output, name = scope.name)
    return output


@layer
def prelu(self, inp, name):
    with tf.variable_scope(name):
        i = int(inp.get_shape()[-1])
        alpha = self.make_var('alpha', shape = (i,))
        output = tf.nn.relu(inp) + tf.multiply(alpha, -tf.nn.relu(-inp))
    return output


@layer
def max_pool(self, inp, k_h, k_w, s_h, s_w, name, padding = 'SAME'):
    self.validate_padding(padding)
    return tf.nn.max_pool(inp,
```

```
ksize = [1, k_h, k_w, 1],
strides = [1, s_h, s_w, 1],
padding = padding,
name = name)


@layer
def fc(self, inp, num_out, name, relu = True):
with tf.variable_scope(name):
        input_shape = inp.get_shape()
if input_shape.ndims == 4:
#输入是空的,先矢量化
dim = 1
for d in input_shape[1:].as_list():
              dim *= int(d)
              feed_in = tf.reshape(inp, [-1, dim])
else:
              feed_in, dim = (inp, input_shape[-1].value)
          weights = self.make_var('weights', shape = [dim, num_out])
          biases = self.make_var('biases', [num_out])
          op = tf.nn.relu_layer if relu else tf.nn.xw_plus_b
          fc = op(feed_in, weights, biases, name = name)
return fc


"""
    多维 softmax,
    请参考 https://github.com/tensorflow/tensorflow/issues/210
    沿目标尺寸计算 softmax
    这里的 softmax 仅支持批量大小 x 维度
    """
@layer
def softmax(self, target, axis, name = None):
    max_axis = tf.reduce_max(target, axis, keep_dims = True)
    target_exp = tf.exp(target - max_axis)
    normalize = tf.reduce_sum(target_exp, axis, keep_dims = True)
    softmax = tf.div(target_exp, normalize, name)
return softmax
'''
```

全称为 Proposal Network,它是一个全卷积网络,所以 Input 可以是任意大小的图片,用来传入我们要 Inference 的图片,但是这个时候 P-Net 的输出不是 1×1 大小的特征图,而是一个 $W \times H$ 的特征图,每个特征图上的网格对应于我们上面所说的信息(2 个分类信息,4 个回归框信息,10 个人脸轮廓点信息)。W 和 H 大小的计算,可以根据卷积神经网络 $W_2 = (W_1 - F + 2P)/S + 1$, $H_2 = (H_1 - F + 2P)/S + 1$ 的方式递归计算出来,当然对于 TensorFlow 可以直接在程序中打印出最后 Tensor 的维度。
'''

```
class PNet(Network):
def setup(self):
    (self.feed('data')  #pylint: disable = no-value-for-parameter, no-member
```

```
                .conv(3, 3, 10, 1, 1, padding = 'VALID', relu = False, name = 'conv1')
                    .prelu(name = 'PReLU1')
                    .max_pool(2, 2, 2, 2, name = 'pool1')
                    .conv(3, 3, 16, 1, 1, padding = 'VALID', relu = False, name = 'conv2')
                    .prelu(name = 'PReLU2')
                    .conv(3, 3, 32, 1, 1, padding = 'VALID', relu = False, name = 'conv3')
                    .prelu(name = 'PReLU3')
                    .conv(1, 1, 2, 1, 1, relu = False, name = 'conv4 - 1')
                    .softmax(3, name = 'prob1'))

            (self.feed('PReLU3')  # pylint: disable = no - value - for - parameter
    .conv(1, 1, 4, 1, 1, relu = False, name = 'conv4 - 2'))
    '''
```

　　全称为 Refine Network,其基本的构造是一个卷积神经网络,相对于第一层的 P - Net 来说,增加了一个全连接层,因此对于输入数据的筛选会更加严格。在图片经过 P - Net 后,会留下许多预测窗口,我们将所有的预测窗口送入 R - Net,这个网络会滤除大量效果比较差的候选框,最后对选定的候选框进行 Bounding - Box Regression 和 NMS 进一步优化预测结果。
'''

```
class RNet(Network):
def setup(self):
            (self.feed('data')  # pylint: disable = no - value - for - parameter, no - member
    .conv(3, 3, 28, 1, 1, padding = 'VALID', relu = False, name = 'conv1')
                    .prelu(name = 'prelu1')
                    .max_pool(3, 3, 2, 2, name = 'pool1')
                    .conv(3, 3, 48, 1, 1, padding = 'VALID', relu = False, name = 'conv2')
                    .prelu(name = 'prelu2')
                    .max_pool(3, 3, 2, 2, padding = 'VALID', name = 'pool2')
                    .conv(2, 2, 64, 1, 1, padding = 'VALID', relu = False, name = 'conv3')
                    .prelu(name = 'prelu3')
                    .fc(128, relu = False, name = 'conv4')
                    .prelu(name = 'prelu4')
                    .fc(2, relu = False, name = 'conv5 - 1')
                    .softmax(1, name = 'prob1'))

            (self.feed('prelu4')  # pylint: disable = no - value - for - parameter
    .fc(4, relu = False, name = 'conv5 - 2'))
    '''
```

　　全称为 Output Network,其基本结构是一个较为复杂的卷积神经网络,相对于 R - Net 来说多了一个卷积层。O - Net 的效果与 R - Net 的区别在于这一层结构会通过更多的监督来识别面部的区域,而且会对人的面部特征点进行回归,最终输出 5 个人脸面部特征点。
'''

```
class ONet(Network):
def setup(self):
            (self.feed('data')  # pylint: disable = no - value - for - parameter, no - member
    .conv(3, 3, 32, 1, 1, padding = 'VALID', relu = False, name = 'conv1')
                    .prelu(name = 'prelu1')
                    .max_pool(3, 3, 2, 2, name = 'pool1')
```

```
              .conv(3, 3, 64, 1, 1, padding = 'VALID', relu = False, name = 'conv2')
              .prelu(name = 'prelu2')
              .max_pool(3, 3, 2, 2, padding = 'VALID', name = 'pool2')
              .conv(3, 3, 64, 1, 1, padding = 'VALID', relu = False, name = 'conv3')
              .prelu(name = 'prelu3')
              .max_pool(2, 2, 2, 2, name = 'pool3')
              .conv(2, 2, 128, 1, 1, padding = 'VALID', relu = False, name = 'conv4')
              .prelu(name = 'prelu4')
              .fc(256, relu = False, name = 'conv5')
              .prelu(name = 'prelu5')
              .fc(2, relu = False, name = 'conv6 - 1')
              .softmax(1, name = 'prob1'))

        (self.feed('prelu5') # pylint: disable = no - value - for - parameter
    .fc(4, relu = False, name = 'conv6 - 2'))

        (self.feed('prelu5') # pylint: disable = no - value - for - parameter
    .fc(10, relu = False, name = 'conv6 - 3'))
# 基于训练好的模型文件目录建立 MTCNN 人脸检测模型
def create_mtcnn(sess, model_path):
if not model_path:
        model_path, _ = os.path.split(os.path.realpath(__file__))

with tf.variable_scope('pnet'):
        data = tf.placeholder(tf.float32, (None, None, None, 3), 'input')
        pnet = PNet({'data':data})
        pnet.load(os.path.join(model_path, 'det1.npy'), sess)
with tf.variable_scope('rnet'):
        data = tf.placeholder(tf.float32, (None, 24, 24, 3), 'input')
        rnet = RNet({'data':data})
        rnet.load(os.path.join(model_path, 'det2.npy'), sess)
with tf.variable_scope('onet'):
        data = tf.placeholder(tf.float32, (None, 48, 48, 3), 'input')
        onet = ONet({'data':data})
        onet.load(os.path.join(model_path, 'det3.npy'), sess)

    pnet_fun = lambda img : sess.run(('pnet/conv4 - 2/BiasAdd:0', 'pnet/prob1:0'), feed_dict =
{'pnet/input:0':img})
    rnet_fun = lambda img : sess.run(('rnet/conv5 - 2/conv5 - 2:0', 'rnet/prob1:0'), feed_dict =
{'rnet/input:0':img})
    onet_fun = lambda img : sess.run(('onet/conv6 - 2/conv6 - 2:0', 'onet/conv6 - 3/conv6 - 3:0',
'onet/prob1:0'), feed_dict = {'onet/input:0':img})
return pnet_fun, rnet_fun, onet_fun
# 人脸检测的函数
def detect_face(img, minsize, pnet, rnet, onet, threshold, factor):
# im: 输入图片
    # minsize: 最小化人脸尺寸
```

```
        # pnet, rnet, onet: caffemodel 模型
        # threshold: threshold = [th1 th2 th3], th1 - 3 是 3 个阈值
        # fastresize: 如果 fastresize == true,就从上一个比例调整 img 大小(用于高分辨率图像)
factor_count = 0
total_boxes = np.empty((0,9))
        points = np.empty(0)
        h = img.shape[0]
        w = img.shape[1]
        minl = np.amin([h, w])
        m = 12.0/minsize
        minl = minl * m
# 创建比例金字塔
scales = []
# 满足这个条件,即 min(h,w) >= minsize
while minl >= 12:
        scales += [m * np.power(factor, factor_count)]
        minl = minl * factor
        factor_count += 1


# 第一阶段
        # 若 min(h,w) == 250,则有 8 个 scale,通过(12/minsize) * 250 * factor^8 < 12 可理解为 250 *
factor^N < minsize,求 N 即可
for j in range(len(scales)):
        scale = scales[j]
        hs = int(np.ceil(h * scale))
        ws = int(np.ceil(w * scale))
        im_data = imresample(img, (hs, ws))
        im_data = (im_data - 127.5) * 0.0078125
img_x = np.expand_dims(im_data, 0)
        img_y = np.transpose(img_x, (0,2,1,3))
# 第一层用 P - Net 模型预测
out = pnet(img_y)
        out0 = np.transpose(out[0], (0,2,1,3))
        out1 = np.transpose(out[1], (0,2,1,3))


        boxes, _ = generateBoundingBox(out1[0,:,:,1].copy(), out0[0,:,:,:].copy(), scale,
threshold[0])


# 跨尺度 nms
'''
        最终输出的 boundingbox 形如(x,9),其中前 4 位是 block 在原图中的坐标,第 5 位是判定为人
脸的概率,后 4 位是 boundingbox regression 的值。
        NMS(Non - Maximum Suppression):在上述生成的 bb 中,找出判定为人脸概率最大的那个 bb,计
算出这个 bb 的面积,然后计算其余 bb 与这个 bb 重叠面积的大小,用重叠面积除以两个 bb 中面积较
小者(Min);两个 bb 面积的总和(Union)。
        如果这个值大于 threshold,那么就认为这两个 bb 框的是同一个地方,舍弃判定概率小的;如
果这个值小于 threshold,则认为两个 bb 框的是不同地方,保留判定概率小的。重复上述过程,直至
```

所有 bb 遍历完成。

将图片按照所有的 scale 处理一遍后,会得到在原图上基于不同 scale 的所有 bb,然后对这些 bb 再进行一次 NMS,并且这次 NMS 的 threshold 要提高。

'''

```
pick = nms(boxes.copy(), 0.5, 'Union')
if boxes.size > 0 and pick.size > 0:
        boxes = boxes[pick,:]
        total_boxes = np.append(total_boxes, boxes, axis = 0)

    numbox = total_boxes.shape[0]
if numbox > 0:
        pick = nms(total_boxes.copy(), 0.7, 'Union')
#因为 P-Net 的移动大小是 12×12,对于一种 scale,regw 和 regh 是差不多的
#校准 bb,得到了真真正正的、在原图上 bb 的坐标
total_boxes = total_boxes[pick,:]
        regw = total_boxes[:,2] - total_boxes[:,0]
        regh = total_boxes[:,3] - total_boxes[:,1]
        qq1 = total_boxes[:,0] + total_boxes[:,5] * regw
        qq2 = total_boxes[:,1] + total_boxes[:,6] * regh
        qq3 = total_boxes[:,2] + total_boxes[:,7] * regw
        qq4 = total_boxes[:,3] + total_boxes[:,8] * regh
        total_boxes = np.transpose(np.vstack([qq1, qq2, qq3, qq4, total_boxes[:,4]]))
#调整成正方形
total_boxes = rerec(total_boxes.copy())
        total_boxes[:,0:4] = np.fix(total_boxes[:,0:4]).astype(np.int32)
#把超过原图边界的坐标剪裁一下
dy, edy, dx, edx, y, ey, x, ex, tmpw, tmph = pad(total_boxes.copy(), w, h)

    numbox = total_boxes.shape[0]
if numbox > 0:
#第二阶段
tempimg = np.zeros((24, 24, 3, numbox))
for k in range(0, numbox):
        tmp = np.zeros((int(tmph[k]), int(tmpw[k]), 3))
#tmp 生成的图片是高×宽的,R-Net 的输入要求是宽×高,别忘记转换
tmp[dy[k]-1:edy[k], dx[k]-1:edx[k],:] = img[y[k]-1:ey[k], x[k]-1:ex[k],:]
if tmp.shape[0] > 0 and tmp.shape[1] > 0 or tmp.shape[0] == 0 and tmp.shape[1] == 0:
            tempimg[:,:,:,k] = imresample(tmp, (24, 24))
else:
return np.empty()
        tempimg = (tempimg - 127.5) * 0.0078125
tempimg1 = np.transpose(tempimg, (3, 1, 0, 2))
#第二层用 R-Net
out = rnet(tempimg1)
        out0 = np.transpose(out[0])
        out1 = np.transpose(out[1])
        score = out1[1,:]
```

```
        ipass = np.where(score > threshold[1])
        total_boxes = np.hstack([total_boxes[ipass[0], 0:4].copy(), np.expand_dims(score
[ipass].copy(),1)])
#再根据 R - Net 预测出的回归校准
mv = out0[:, ipass[0]]
if total_boxes.shape[0] > 0:
        pick = nms(total_boxes, 0.7, 'Union')
        total_boxes = total_boxes[pick, :]
        total_boxes = bbreg(total_boxes.copy(), np.transpose(mv[:, pick]))
        total_boxes = rerec(total_boxes.copy())


    numbox = total_boxes.shape[0]
if numbox > 0:
#第三阶段
total_boxes = np.fix(total_boxes).astype(np.int32)
        dy, edy, dx, edx, y, ey, x, ex, tmpw, tmph = pad(total_boxes.copy(), w, h)
        tempimg = np.zeros((48, 48, 3, numbox))
for k in range(0, numbox):
        tmp = np.zeros((int(tmph[k]), int(tmpw[k]), 3))
        tmp[dy[k] - 1:edy[k], dx[k] - 1:edx[k], :] = img[y[k] - 1:ey[k], x[k] - 1:ex[k], :]
if tmp.shape[0] > 0 and tmp.shape[1] > 0 or tmp.shape[0] == 0 and tmp.shape[1] == 0:
        tempimg[:, :, :, k] = imresample(tmp, (48, 48))

else:
return np.empty()
        tempimg = (tempimg - 127.5) * 0.0078125
tempimg1 = np.transpose(tempimg, (3, 1, 0, 2))
#第三层用 O - Net
out = onet(tempimg1)
        out0 = np.transpose(out[0])
        out1 = np.transpose(out[1])
        out2 = np.transpose(out[2])
        score = out2[1, :]
        points = out1
        ipass = np.where(score > threshold[2])
        points = points[:, ipass[0]]
        total_boxes = np.hstack([total_boxes[ipass[0], 0:4].copy(), np.expand_dims(score
[ipass].copy(),1)])
        mv = out0[:, ipass[0]]

        w = total_boxes[:, 2] - total_boxes[:, 0] + 1
h = total_boxes[:, 3] - total_boxes[:, 1] + 1
points[0:5, :] = np.tile(w, (5, 1)) * points[0:5, :] + np.tile(total_boxes[:, 0], (5, 1)) - 1
points[5:10, :] = np.tile(h, (5, 1)) * points[5:10, :] + np.tile(total_boxes[:, 1], (5, 1)) - 1
if total_boxes.shape[0] > 0:
#最后一个阶段是先校准再 NMS,且采用'Min'的方式
total_boxes = bbreg(total_boxes.copy(), np.transpose(mv))
        pick = nms(total_boxes.copy(), 0.7, 'Min')
```

```
            total_boxes = total_boxes[pick,:]
            points = points[:,pick]

    return total_boxes, points


    # function [boundingbox] = bbreg(boundingbox,reg)
    def bbreg(boundingbox,reg):
    # 校准 bounding boxes
    if reg.shape[1] == 1:
        reg = np.reshape(reg, (reg.shape[2], reg.shape[3]))

        w = boundingbox[:,2] − boundingbox[:,0] + 1
    h = boundingbox[:,3] − boundingbox[:,1] + 1
    b1 = boundingbox[:,0] + reg[:,0] * w
        b2 = boundingbox[:,1] + reg[:,1] * h
        b3 = boundingbox[:,2] + reg[:,2] * w
        b4 = boundingbox[:,3] + reg[:,3] * h
        boundingbox[:,0:4] = np.transpose(np.vstack([b1, b2, b3, b4]))
    return boundingbox
    # 选取 map 中大于人脸阈值的点,映射到原图片的窗口大小,默认 map 中的一个点对应输入图中的
    12×12 的窗口,最后要根据缩放比例映射到原图
    def generateBoundingBox(imap, reg, scale, t):
    # 使用热图生成 bounding boxes
    stride = 2
    cellsize = 12

    imap = np.transpose(imap)
        dx1 = np.transpose(reg[:,:,0])
        dy1 = np.transpose(reg[:,:,1])
        dx2 = np.transpose(reg[:,:,2])
        dy2 = np.transpose(reg[:,:,3])
    # 返回的是另外两维的序号
    y, x = np.where(imap >= t)
    # 只有一个概率> threshold 的 block
    if y.shape[0] == 1:
    # 上下翻转
    dx1 = np.flipud(dx1)
        dy1 = np.flipud(dy1)
        dx2 = np.flipud(dx2)
        dy2 = np.flipud(dy2)
    # 取可能是人脸的 block 的概率值
    score = imap[(y,x)]
        reg = np.transpose(np.vstack([ dx1[(y,x)], dy1[(y,x)], dx2[(y,x)], dy2[(y,x)] ]))
    if reg.size == 0:
        reg = np.empty((0,3))
        bb = np.transpose(np.vstack([y,x]))
    # 计算原图中的位置
```

```
        q1 = np.fix((stride * bb + 1)/scale)
        q2 = np.fix((stride * bb + cellsize - 1 + 1)/scale)
        boundingbox = np.hstack([q1, q2, np.expand_dims(score,1), reg])
    return boundingbox, reg


# function pick = nms(boxes,threshold,type)
# NMS 抑制不是极大值的元素
# NMS 函数的作用:去掉 detection 任务重复的检测框
def nms(boxes, threshold, method):
    if boxes.size == 0:
        return np.empty((0,3))
    x1 = boxes[:,0]
    y1 = boxes[:,1]
    x2 = boxes[:,2]
    y2 = boxes[:,3]
    s = boxes[:,4]
    area = (x2 - x1 + 1) * (y2 - y1 + 1)
    # 返回排序后的索引
    I = np.argsort(s)
    pick = np.zeros_like(s, dtype = np.int16)
    counter = 0
    while I.size > 0:
        i = I[-1]
        pick[counter] = i
        counter += 1
        idx = I[0:-1]
        xx1 = np.maximum(x1[i], x1[idx])
        yy1 = np.maximum(y1[i], y1[idx])
        xx2 = np.minimum(x2[i], x2[idx])
        yy2 = np.minimum(y2[i], y2[idx])
        w = np.maximum(0.0, xx2 - xx1 + 1)
        h = np.maximum(0.0, yy2 - yy1 + 1)
        # 相交面积
        inter = w * h
        if method is 'Min':
            o = inter / np.minimum(area[i], area[idx])
        else:
            o = inter / (area[i] + area[idx] - inter)
        I = I[np.where(o <= threshold)]
    # 保留下来的 box 的序号
    pick = pick[0:counter]
    return pick


# function [dy edy dx edx y ey x ex tmpw tmph] = pad(total_boxes,w,h)
def pad(total_boxes, w, h):
    # 计算填充坐标(将 bounding boxes 填充为正方形)
    tmpw = (total_boxes[:,2] - total_boxes[:,0] + 1).astype(np.int32)
```

```
        tmph = (total_boxes[:,3] - total_boxes[:,1] + 1).astype(np.int32)
        numbox = total_boxes.shape[0]

        dx = np.ones((numbox), dtype = np.int32)
        dy = np.ones((numbox), dtype = np.int32)
        edx = tmpw.copy().astype(np.int32)
        edy = tmph.copy().astype(np.int32)

        x = total_boxes[:,0].copy().astype(np.int32)
        y = total_boxes[:,1].copy().astype(np.int32)
        ex = total_boxes[:,2].copy().astype(np.int32)
        ey = total_boxes[:,3].copy().astype(np.int32)

        tmp = np.where(ex > w)
        edx.flat[tmp] = np.expand_dims(-ex[tmp] + w + tmpw[tmp],1)
        ex[tmp] = w

        tmp = np.where(ey > h)
        edy.flat[tmp] = np.expand_dims(-ey[tmp] + h + tmph[tmp],1)
        ey[tmp] = h

        tmp = np.where(x < 1)
        dx.flat[tmp] = np.expand_dims(2 - x[tmp],1)
        x[tmp] = 1

    tmp = np.where(y < 1)
        dy.flat[tmp] = np.expand_dims(2 - y[tmp],1)
        y[tmp] = 1


    return dy, edy, dx, edx, y, ey, x, ex, tmpw, tmph


    # function [bboxA] = rerec(bboxA)
    def rerec(bboxA):
    # 将bboxA转换为正方形
    h = bboxA[:,3] - bboxA[:,1]
        w = bboxA[:,2] - bboxA[:,0]
        l = np.maximum(w, h)
        bboxA[:,0] = bboxA[:,0] + w * 0.5 - l * 0.5
    bboxA[:,1] = bboxA[:,1] + h * 0.5 - l * 0.5
    bboxA[:,2:4] = bboxA[:,0:2] + np.transpose(np.tile(l,(2,1)))
    return bboxA


    def imresample(img, sz):
        im_data = cv2.resize(img, (sz[1], sz[0]), interpolation = cv2.INTER_AREA)  #
    @UndefinedVariable
    return im_data
```

实际上,人脸检测和对齐需要对外提供一个单独的 Web 服务接口,对于 Python 来讲推荐使用 Flask 的 Web 框架,虽然简单,但对于做 Web 接口非常合适。Flask 是一个使用 Python 编写的轻量级 Web 应用框架。它使用 Python 语言编写,较其他同类型框架更为灵活、轻便、安全且容易上手。它可以很好地结合 MVC 模式进行开发,开发人员分工合作,小型团队在短时间内就可以完成功能丰富的中小型网站或 Web 服务。另外,Flask 还有很强的定制性,用户可以根据自己的需求来添加相应的功能,在保持核心功能简单,同时实现功能的扩展,其强大的插件库可以让用户实现个性化的网站定制,开发出功能强大的网站。

Flask 是目前十分流行的 Web 框架,它被称为微框架(Micro Framework),"微"并不是意味着把整个 Web 应用放入一个 Python 文件里,微框架中的"微"是指 Flask 旨在保持代码简洁且易于扩展,Flask 框架的主要特征是核心构成比较简单,但具有很强的扩展性和兼容性,程序员可以使用 Python 语言快速实现一个网站或 Web 服务。一般情况下,它不会指定数据库和模板引擎等对象,用户可以根据需要自己选择各种数据库。Flask 自身不会提供表单验证功能,在项目实施过程中可以自由配置,从而为应用程序开发提供数据库抽象层基础组件,支持进行表单数据合法性验证、文件上传处理、用户身份认证和数据库集成等功能。Flask 主要包括 Werkzeug 和 Jinja2 两个核心函数库,它们分别负责业务处理和安全方面的功能,这些基础函数为 Web 项目开发提供了丰富的基础组件。Werkzeug 库十分强大,功能比较完善,支持 URL 路由请求集成,一次可以响应多个用户的访问请求;支持 Cookie 和会话管理,通过身份缓存数据建立长久连接关系,并提高用户访问速度;支持交互式 JavaScript 调试,提高用户体验;可以处理 HTTP 基本事务,快速响应客户端推送过来的访问请求。Jinja2 库支持自动 HTML 转移功能,能够很好控制外部黑客的脚本攻击。系统运行速度很快,页面加载过程会将源码编译成 Python 字节码,从而实现模板的高效运行;模板继承机制可以对模板内容进行修改和维护,为不同需求的用户提供相应的模板。目前 Python 的 Web 框架有很多,除了 Flask,还有 Django、web2py 等框架。其中 Django 是目前 Python 的框架中使用度最高的,但是 Django 如同 Java 的 EJB(Enterprise Java Beans Java EE 服务器端组件模型)多被用于大型网站的开发,对于大多数的小型网站的开发,使用 SSH(Struts+Spring+Hibernat 的一个 Java EE 集成框架)就可以满足,和其他的轻量级框架相比较,Flask 框架有很好的扩展性,这是其他 Web 框架不可替代的。

让我们看一下源代码 detectAndAligned_Web_chongdianleme. py 的实现,如代码 8.2 所示。

【代码 8.2】 detectAndAligned_web_chongdianleme. py

```python
#
# 充电了么 App——人脸识别之人脸检测和对齐接口服务:工程化处理
#
from __future__ import absolute_import
from __future__ import division
from __future__ import print_function
from datetime import datetime
```

```python
import math
import time
import numpy as np
import tensorflow as tf
import os
import json
import csv
# 引入 flask 包, Flask 是一个使用 Python 编写的轻量级 Web 应用框架
from flask import Flask
from flask import request
import urllib
# pip3 install requests
import requests, urllib.request
from scipy import misc
import argparse
# facenet 是基于 TensorFlow 的人脸识别开源库
import facenet
import align.detect_face


image_size = 160
margin = 32
gpu_memory_fraction = 1.0
minsize = 20  # 最小化人脸尺寸
threshold = [ 0.6, 0.7, 0.7 ]  # 3 个阈值
factor = 0.709  # 比例因子


print('Creating networks and loading parameters')
with tf.Graph().as_default():
    gpu_options = tf.GPUOptions(per_process_gpu_memory_fraction = gpu_memory_fraction)
    sess = tf.Session(config = tf.ConfigProto(gpu_options = gpu_options, log_device_placement =
False))
with sess.as_default():
        pnet, rnet, onet = align.detect_face.create_mtcnn(sess, None)


# 充电了么 App——人脸识别之人脸检测和对齐接口服务
# 人脸检测和对齐 Web 的工程化, 提供 Http 的 Web 接口服务, 返回对齐后的最终图片信息
# 根据接口上传的图片, 进行人脸检测和对齐
app = Flask(__name__)
@app.route('/detectAndAlignedService', methods = ['GET', 'POST'])
def prediction():
    start = time.time()
    image_file = request.values.get("image_file")
    image_files = []
    image_files.append(image_file)
# 记录用户信息
device = request.values.get("device")
    userid = request.values.get("userid")
```

```python
        alignedImage_files = request.values.get("alignedImage_files")
    imageType = request.values.get("imageType")
    print("image_files:%s" % image_files)
    print("device:%s" % device)
    print("userid:%s" % userid)
    print("alignedImage_files:%s" % alignedImage_files)
    files = []
        nrof_samples = len(image_files)
        img_list = [None] * nrof_samples
    for i in range(nrof_samples):
            img = misc.imread(os.path.expanduser(image_files[i]))
            img_size = np.asarray(img.shape)[0:2]
            bounding_boxes, _ = align.detect_face.detect_face(img, minsize, pnet, rnet, onet,
threshold, factor)
            det = np.squeeze(bounding_boxes[0, 0:4])
            bb = np.zeros(4, dtype=np.int32)
            bb[0] = np.maximum(det[0] - margin / 2, 0)
            bb[1] = np.maximum(det[1] - margin / 2, 0)
            bb[2] = np.minimum(det[2] + margin / 2, img_size[1])
            bb[3] = np.minimum(det[3] + margin / 2, img_size[0])
            cropped = img[bb[1]:bb[3], bb[0]:bb[2], :]
    #人脸对齐
    aligned = misc.imresize(cropped, (image_size, image_size), interp='bilinear')
            prewhitened = facenet.prewhiten(aligned)
            img_list[i] = prewhitened
            images = np.stack(img_list)


        i = 0
    for im in images:
            misc.imsave(alignedImage_files.replace(".", "_" + str(i) + "_."), im)
            i = i + 1
    end = time.time()
        times = str(end - start)
        result = {"i": i,"times": times}
        out = json.dumps(result, ensure_ascii=False)
    print("out={0}".format(out))
    return out


if __name__ == '__main__':
    #指定 IP 地址和端口号
    app.run(host='172.17.100.216', port=8816)
```

我们在服务器上部署的话,应该怎么去运行它呢? 脚本代码如下:

```shell
#首先我们创建一个 shell 脚本
vim detectAndAlignedService.sh
python3 detectAndAligned_Web_chongdianleme.py
```

```
#然后:wq 保存
#对 detectAndAlignedService.sh 脚本授权可执行权限
sudo chmod 755 detectAndAlignedService.sh
#然后再创建一个以后台方式运行的 shell 脚本
vim nohupdetectAndAlignedService.sh
nohup /home/hadoop/chongdianleme/detectAndAlignedService.sh > detect.log 2 > &1 &
#然后:wq 保存
#同样对 nohupdetectAndAlignedService.sh 脚本授权可执行权限
sudo chmod 755 nohupdetectAndAlignedService.sh
#最后运行 sh nohupdetectAndAlignedService.sh 脚本启动基于 Flask 的人脸检测和对齐服务接口
```

启动完成后,就可以在浏览器地址里输入 URL 访问我们的服务了。

http://172. 17. 100. 216：8816/detectAndAlignedService? image _ file ＝/home/hadoop/chongdianleme/test. jpg&alignedImage _ files ＝/home/hadoop/chongdianleme/aligned. jpg

这个就是一个接口服务,其他系统或者 PHP、Java Web 网站都可以调用这个接口,传入原始图片,返回检测到的人脸对齐图片。

人脸检测和对齐是第一步,是为后面人脸比对打基础,下面我们看一看人脸比对的代码。

8.2.4　人脸识别比对[60]

人脸识别对比的过程是计算两个人脸之间的欧氏距离,然后可以归一化 0 到 1 的一个小数值,算一个相似度。相似度达到指定阈值的就被认为是同一个人。人脸识别的过程是输入的一张人脸图片和数据库中其他图片比对的一个过程。

1. FaceNet 的核心比对代码 compare. py

通过比对我们可以得到两个人脸图片之间的欧氏距离,进而就知道了两个人脸的相似程度。运行 compare. py 的如下脚本,输入两个人脸图片,设定好参数。脚本代码如下:

```
python3 compare. py /home/hadoop/chongdianleme/facenet/src/models/20170512 - 110547 /home/hadoop/chongdianleme/testimage/test1. jpg /home/hadoop/chongdianleme/test/test2. jpg  -- image_size 160 -- margin 32
```

关键参数是指定 FaceNet 模型目录和比对的两个图片路径。我们看一看 compare. py 的核心代码,如代码 8.3 所示。

【代码 8.3】 compare. py

```python
from __future__ import absolute_import
from __future__ import division
from __future__ import print_function

from scipy import misc
import tensorflow as tf
import numpy as np
```

```
import sys
import os
import argparse
import facenet
import align.detect_face

def main(args):
print("image_files: % s" % args.image_files)
print("image_size: % s" % args.image_size)
print("margin: % s" % args.margin)
print("gpu_memory_fraction: % s" % args.gpu_memory_fraction)
    images = load_and_align_data(args.image_files, args.image_size, args.margin, args.gpu_
memory_fraction)
    i = 0
for im in images:
        misc.imsave("laoren" + str(i) + ".jpg", im)
        i = i + 1
with tf.Graph().as_default():
with tf.Session() as sess:
# 加载 FaceNet 模型目录文件，之后直接使用内存变量即可
facenet.load_model(args.model)
# 获取输入和输出张量
images_placeholder = tf.get_default_graph().get_tensor_by_name("input:0")
        embeddings =
tf.get_default_graph().get_tensor_by_name("embeddings:0")
        phase_train_placeholder =
tf.get_default_graph().get_tensor_by_name("phase_train:0")

# 计算嵌入的前向传递
feed_dict = { images_placeholder: images, phase_train_placeholder:False }
        emb = sess.run(embeddings, feed_dict = feed_dict)

        nrof_images = len(args.image_files)

print('Images:')
for i in range(nrof_images):
print('% 1d: % s' % (i, args.image_files[i]))
print('')

# 打印距离矩阵
print('Distance matrix')
print('    ', end = '')
for i in range(nrof_images):
print('    % 1d    ' % i, end = '')
print('')
for i in range(nrof_images):
print('% 1d ' % i, end = '')
```

```python
    for j in range(nrof_images):
                    dist = np.sqrt(np.sum(np.square(np.subtract(emb[i,:], emb[j,:]))))
    print(' %1.4f ' % dist, end = '')
    print('')
    print("emb[0,:] {0}".format(emb[0,:]))
    print("emb[1,:] {0}".format(emb[1, :]))
            subtractf = np.subtract(emb[0,:], emb[1,:])
    print("subtractf {0}".format(subtractf))
            squaref = np.square(subtractf)
    print("square {0}".format(squaref))
            sumf = np.sum(squaref)
    print("sumf {0}".format(sumf))
            sqrtf = np.sqrt(sumf)
    print("sqrtf {0}".format(sqrtf))
    print("linalg {0}".format(np.linalg.norm(subtractf)))
    print("sim {0}".format(1.0 / (1.0 + sqrtf)))         #相似度的归一化


def load_and_align_data(image_paths, image_size, margin, gpu_memory_fraction):

    minsize = 20                                #最小化人脸尺寸
    threshold = [ 0.6, 0.7, 0.7 ]               #3个阈值
    factor = 0.709                              #比例因子

    print('Creating networks and loading parameters')
    with tf.Graph().as_default():
    #设定使用 GPU 参数
    gpu_options = tf.GPUOptions(per_process_gpu_memory_fraction = gpu_memory_fraction)
            sess = tf.Session(config = tf.ConfigProto(gpu_options = gpu_options, log_device_
    placement = False))
    with sess.as_default():
    #创建 MTCNN 网络,Proposal Network(P-Net)、Refine Network(R-Net)、Output
    #Network(O-Net),这3个网络对人脸的处理依次从粗到细
    pnet, rnet, onet = align.detect_face.create_mtcnn(sess, None)

    nrof_samples = len(image_paths)
    img_list = [None] * nrof_samples
    for i in range(nrof_samples):
    #把图片转成矩阵
    img = misc.imread(os.path.expanduser(image_paths[i]))
            img_size = np.asarray(img.shape)[0:2]
    #检测出人脸
    bounding_boxes, _ = align.detect_face.detect_face(img, minsize, pnet, rnet, onet, threshold,
    factor)
            det = np.squeeze(bounding_boxes[0,0:4])
    #为检测到的人脸框加上边界
    bb = np.zeros(4, dtype = np.int32)
        bb[0] = np.maximum(det[0] - margin/2, 0)
```

```
        bb[1] = np.maximum(det[1] - margin/2, 0)
        bb[2] = np.minimum(det[2] + margin/2, img_size[1])
        bb[3] = np.minimum(det[3] + margin/2, img_size[0])
#根据人脸框截取 img 得到 cropped
cropped = img[bb[1]:bb[3],bb[0]:bb[2],:]
#处理成适合输入模型的尺寸
aligned = misc.imresize(cropped, (image_size, image_size), interp = 'bilinear')
#图片进行白化
prewhitened = facenet.prewhiten(aligned)
        img_list[i] = prewhitened
    images = np.stack(img_list)
return images


def parse_arguments(argv):
    parser = argparse.ArgumentParser()
#FaceNet 模型目录
parser.add_argument('model', type = str,
help = 'Could be either a directory containing the meta_file and ckpt_file or a model protobuf (.pb)
file')
#要比对的图片路径
parser.add_argument('image_files', type = str, nargs = ' + ', help = 'Images to compare')
#图片大小
parser.add_argument(' -- image_size', type = int,
help = 'Image size (height, width) in pixels.', default = 160)
    parser.add_argument(' -- margin', type = int,
help = 'Margin for the crop around the bounding box (height, width) in pixels.', default = 44)
    parser.add_argument(' -- gpu_memory_fraction', type = float,
help = 'Upper bound on the amount of GPU memory that will be used by the process.', default = 1.0)
return parser.parse_args(argv)


if __name__ == '__main__':
    main(parse_arguments(sys.argv[1:]))
```

2. 人脸比对 Web 工程化代码

以上是人脸比对的核心代码,这个只能在系统里输入脚本来测试,实际上做工程化处理需要对外提供 Web 接口服务。下面我们看一看基于 Flask 的 Web 框架的 HTTP 接口服务的代码实现,如代码 8.4 所示。

【代码 8.4】 face_compare_Web_chongdianleme.py

```
from __future__ import absolute_import
from __future__ import division
from __future__ import print_function
import time
from scipy import misc
import tensorflow as tf
import numpy as np
```

```python
import sys
import os
import argparse
import facenet
import align.detect_face
from flask import Flask
from flask import request
import urllib
# pip3 安装请求
import requests, urllib.request
from scipy import misc
import json


def load_and_align_data(pnet, rnet, onet, image_paths, image_size, margin, gpu_memory_fraction):
    minsize = 20 # minimum size of face
    threshold = [0.6, 0.7, 0.7] # three steps's threshold
    factor = 0.709 # scale factor
    nrof_samples = len(image_paths)
    img_list = [None] * nrof_samples
    for i in range(nrof_samples):
        # 把图片转成矩阵
        img = misc.imread(os.path.expanduser(image_paths[i]))
        img_size = np.asarray(img.shape)[0:2]
        # 检测出人脸
        bounding_boxes, _ = align.detect_face.detect_face(img, minsize, pnet, rnet, onet, threshold, factor)
        det = np.squeeze(bounding_boxes[0, 0:4])
        # 为检测到的人脸框加上边界
        bb = np.zeros(4, dtype=np.int32)
        bb[0] = np.maximum(det[0] - margin / 2, 0)
        bb[1] = np.maximum(det[1] - margin / 2, 0)
        bb[2] = np.minimum(det[2] + margin / 2, img_size[1])
        bb[3] = np.minimum(det[3] + margin / 2, img_size[0])
        # 根据人脸框截取 img 得到 cropped
        cropped = img[bb[1]:bb[3], bb[0]:bb[2], :]
        # 处理成适合输入到模型的尺寸
        aligned = misc.imresize(cropped, (image_size, image_size), interp='bilinear')
        # 图片进行白化
        prewhitened = facenet.prewhiten(aligned)
        img_list[i] = prewhitened
    images = np.stack(img_list)
    return images


image_filestest = []
model = "/home/hadoop/chongdianleme/facenet/src/models/20170512 - 110547"
image_filestest.append("/home/hadoop/chongdianleme/facenet/data/myimages/test1.jpg")
```

```python
image_filestest.append("/home/hadoop/chongdianleme/facenet/data/myimages/test2.jpg")
image_size = 160
margin = 32
gpu_memory_fraction = 1.0
config = tf.ConfigProto(allow_soft_placement = True)
sess = tf.Session(config = config)
with sess.as_default():
# 根据模型目录加载文件到内存变量
facenet.load_model_online(model, sess)
# 获取输入和输出张量
images_placeholder = tf.get_default_graph().get_tensor_by_name("input:0")
    embeddings = tf.get_default_graph().get_tensor_by_name("embeddings:0")
    phase_train_placeholder = tf.get_default_graph().get_tensor_by_name("phase_train:0")
# 创建 MTCNN 网络 P-Net, R-Net, O-Net
pnet, rnet, onet = align.detect_face.create_mtcnn(sess, None)
# 创建 Flask 的 Web 接口
app = Flask(__name__)
@app.route('/compareservice', methods = ['GET', 'POST'])
def prediction():
    start = time.time()
# 人脸图片 1 的路径
imageFile1 = request.values.get("imageFile1")
# 人脸图片 2 的路径
imageFile2 = request.values.get("imageFile2")
# 记录业务相关的用户信息
device = request.values.get("device")
userid = request.values.get("userid")
    newImage_files = []
    newImage_files.append(imageFile1)
    newImage_files.append(imageFile2)
    images = load_and_align_data(pnet, rnet, onet, newImage_files, image_size, margin, gpu_
memory_fraction)
# 计算嵌入的前向传递
feed_dict = {images_placeholder: images, phase_train_placeholder: False}
    emb = sess.run(embeddings, feed_dict = feed_dict)
# 以下计算两张图片的欧式距离和归一化处理
subtractf = np.subtract(emb[0, :], emb[1, :])
    squaref = np.square(subtractf)
    sumf = np.sum(squaref)
    sqrtf = np.sqrt(sumf)
    sim = 1.0 / (1.0 + sqrtf)
    end = time.time()
    times = str(end - start)
    result = {"sim": sim, "times": times}
# 返回 json 格式的数据
out = json.dumps(result, ensure_ascii = False)
print("out = {0}".format(out))
```

```
return out
```

```
if __name__ == '__main__':
    #指定 IP 地址和端口号
    app.run(host = '172.17.100.216', port = 8817)
```

我们看一看怎么部署和启动基于 Flask 的人脸比对服务,这和人脸检测和对齐的接口部署是类似的,脚本代码如下:

```
# 创建 shell 脚本文件 vim compareService.sh
python3 face_compare_Web_chongdianleme.py
# 然后:wq 保存
# 对 compareService.sh 脚本授权可执行权限
sudo chmod 755 compareService.sh
# 然后再创建一个以后台方式运行的 shell 脚本
vim nohupcompareService.sh
nohup /home/hadoop/chongdianleme/compareService.sh > compare.log 2 > &1 &
# 然后:wq 保存
# 同样对 nohupcompareService.sh 脚本授权可执行权限
sudo chmod 755 nohupcompareService.sh
# 最后运行 sh nohupcompareService.sh 脚本启动基于 Flask 的人脸识别比对服务接口
```

启动完成后,就可以在浏览器地址里输入 URL 访问我们的服务了。这个 HTTP 接口声明了同时支持 GET 和 POST 访问,我们在浏览器里输入地址就可以直接访问了。

http://172.17.100.216:8817/compareservice? imageFile1＝/home/hadoop/chongdianleme/compare/test1.jpg＆imageFile2＝/home/hadoop/chongdianleme/compare/test2.jpg

这个就是一个接口服务,其他系统或者 PHP、Java Web 网站都可以调用这个接口,输入两张图片路径,返回两张图片归一化后的相似度。

8.2.5　人脸年龄识别[61]

人脸年龄识别属于人脸属性识别的范畴,人脸属性识别可对图片中的人脸进行检测定位,并识别出人脸的相关属性(如年龄、性别、表情、种族、颜值等)内容。不同属性识别的算法可以相同,也可以不同。rude-carnie 是做年龄识别和性别识别的一个开源项目,基于 TensorFlow,源代码网址:http://www.github.com/dpressel/rude-carnie。下面我们基于这个项目源码来讲解年龄识别。

1. 年龄识别核心代码 guess.py

我们可以把年龄划分为几个段['(0, 2)','(4, 6)','(8, 12)','(15, 20)','(25, 32)','(38, 43)','(48, 53)','(60, 100)'],然后基于分类的思想来做年龄预测问题。用下面的脚本命令:

```
python3 guess.py -- model_type inception -- model_dir /home/hadoop/chongdianleme/ nianling/22801/inception/22801 -- filename /home/hadoop/chongdianleme/data/myimages/baidu1.jpg
```

　　基于训练好的年龄模型和人脸图片就能预测出年龄,但是有一个问题,直接这样预测不是很准,因为图片没有经过任何处理。我们可以通过 OpenCV 和上面讲到的 FaceNet 的人脸检测和对齐算法来做,OpenCV 比较简单,FaceNet 的人脸检测和对齐效果比较好,我们可以使用前面提供的 HTTP 服务接口 http://172.17.100.216:8816/detectAndAlignedService 来处理,然后把检测和对齐后的人脸图片传给 guess.py,这样预测处理的效果精准很多。

　　另外一个问题是,因为训练的模型用的是开源项目训练好的模型,是使用外国人的人脸数据训练,这样用来预测我们中国人的年龄会有一些差异,最好的方式是使用我们中国人自己的人脸年龄数据做训练,这样预测才会更好。

　　针对年龄识别和性别识别都是用 guess.py 这个文件,年龄识别是多分类的,而性别识别是二分类的。我们看一下 guess.py 的源码,如代码 8.5 所示。

【代码 8.5】 guess.py

```python
from __future__ import absolute_import
from __future__ import division
from __future__ import print_function
from datetime import datetime
import math
import time
from data import inputs
import numpy as np
import tensorflow as tf
from model import select_model, get_checkpoint
from utils import *
import os
import json
import csv


RESIZE_FINAL = 227
# 性别有两种
GENDER_LIST = ['M','F']
# 年龄是分段的,可以看成多分类任务
AGE_LIST = ['(0, 2)','(4, 6)','(8, 12)','(15, 20)','(25, 32)','(38, 43)','(48, 53)','(60, 100)']
MAX_BATCH_SZ = 128
# 模型文件目录
tf.app.flags.DEFINE_string('model_dir', '',
'Model directory (where training data lives)')
# 性别和年龄都是用的这个模型,通过参数 age|gender 来区分
tf.app.flags.DEFINE_string('class_type', 'age',
'Classification type (age|gender)')
# 用 CPU 还是用 GPU 来训练
tf.app.flags.DEFINE_string('device_id', '/cpu:0',
'What processing unit to execute inference on')
tf.app.flags.DEFINE_string('filename', '',
'File (Image) or File list (Text/No header TSV) to process')
```

```
    tf.app.flags.DEFINE_string('target', '',
    'CSV file containing the filename processed along with best guess and score')
    #检查点
    tf.app.flags.DEFINE_string('checkpoint', 'checkpoint',
    'Checkpoint basename')
    tf.app.flags.DEFINE_string('model_type', 'default',
    'Type of convnet')
    tf.app.flags.DEFINE_string('requested_step', '', 'Within the model directory, a requested step
    to restore e.g., 9000')
    tf.app.flags.DEFINE_boolean('single_look', False, 'single look at the image or multiple crops')
    tf.app.flags.DEFINE_string('face_detection_model', '', 'Do frontal face detection with model
    specified')
    tf.app.flags.DEFINE_string('face_detection_type', 'cascade', 'Face detection model type (yolo_
    tiny|cascade)')
    FLAGS = tf.app.flags.FLAGS


def one_of(fname, types):
    return any([fname.endswith('.' + ty) for ty in types])


def resolve_file(fname):
    if os.path.exists(fname): return fname
    for suffix in ('.jpg', '.png', '.JPG', '.PNG', '.jpeg'):
        cand = fname + suffix
    if os.path.exists(cand):
    return cand
    return None


def classify_many_single_crop(sess, label_list, softmax_output, coder, images, image_files,
writer):
try:
        num_batches = math.ceil(len(image_files) / MAX_BATCH_SZ)
        pg = ProgressBar(num_batches)
    for j in range(num_batches):
        start_offset = j * MAX_BATCH_SZ
        end_offset = min((j + 1) * MAX_BATCH_SZ, len(image_files))

        batch_image_files = image_files[start_offset:end_offset]
print(start_offset, end_offset, len(batch_image_files))
        image_batch = make_multi_image_batch(batch_image_files, coder)
        batch_results = sess.run(softmax_output, feed_dict={images:image_batch.eval()})
        batch_sz = batch_results.shape[0]
    for i in range(batch_sz):
        output_i = batch_results[i]
        best_i = np.argmax(output_i)
        best_choice = (label_list[best_i], output_i[best_i])
print('Guess @ 1 %s, prob = %.2f' % best_choice)
    if writer is not None:
```

```
                        f = batch_image_files[i]
                        writer.writerow((f, best_choice[0], '%.2f' % best_choice[1]))
                pg.update()
            pg.done()
    except Exception as e:
    print(e)
    print('Failed to run all images')


def classify_one_multi_crop(sess, label_list, softmax_output, coder, images, image_file,
writer):
    try:

    print('Running file %s' % image_file)
        image_batch = make_multi_crop_batch(image_file, coder)

        batch_results = sess.run(softmax_output, feed_dict={images:image_batch.eval()})
        output = batch_results[0]
        batch_sz = batch_results.shape[0]


    for i in range(1, batch_sz):
            output = output + batch_results[i]

            output /= batch_sz
            best = np.argmax(output)
            best_choice = (label_list[best], output[best])
    print('Guess @ 1 %s, prob = %.2f' % best_choice)


            nlabels = len(label_list)
    if nlabels > 2:
                output[best] = 0
    second_best = np.argmax(output)
    print('Guess @ 2 %s, prob = %.2f' % (label_list[second_best], output[second_best]))


    if writer is not None:
                writer.writerow((image_file, best_choice[0], '%.2f' % best_choice[1]))
    except Exception as e:
    print(e)
    print('Failed to run image %s ' % image_file)


    def list_images(srcfile):
    with open(srcfile, 'r') as csvfile:
            delim = ',' if srcfile.endswith('.csv') else '\t'
    reader = csv.reader(csvfile, delimiter=delim)
    if srcfile.endswith('.csv') or srcfile.endswith('.tsv'):
    print('skipping header')
                _ = next(reader)
```

```
    return [row[0] for row in reader]

def main(argv = None): # pylint: disable = unused - argument
files = []
print("target % s" % FLAGS.target)
if FLAGS.face_detection_model:
print('Using face detector ( % s) % s' % (FLAGS.face_detection_type, FLAGS.face_detection_
model))
        face_detect = face_detection_model(FLAGS.face_detection_type,
FLAGS.face_detection_model)
        face_files, rectangles = face_detect.run(FLAGS.filename)
print(face_files)
        files += face_files


    config = tf.ConfigProto(allow_soft_placement = True)
with tf.Session(config = config) as sess:
        label_list = AGE_LIST if FLAGS.class_type == 'age' else GENDER_LIST
        nlabels = len(label_list)
print('Executing on % s' % FLAGS.device_id)
        model_fn = select_model(FLAGS.model_type)
with tf.device(FLAGS.device_id):
        images = tf.placeholder(tf.float32, [None, RESIZE_FINAL, RESIZE_FINAL, 3])
        logits = model_fn(nlabels, images, 1, False)
init = tf.global_variables_initializer()

        requested_step = FLAGS.requested_step if FLAGS.requested_step else None

checkpoint_path = '% s' % (FLAGS.model_dir)

        model_checkpoint_path, global_step = get_checkpoint(checkpoint_path, requested_step,
FLAGS.checkpoint)

        saver = tf.train.Saver()
        saver.restore(sess, model_checkpoint_path)

        softmax_output = tf.nn.softmax(logits)

        coder = ImageCoder()

# 如果没有人脸检测模型,则支持批处理模式
if len(files) == 0:
if (os.path.isdir(FLAGS.filename)):
for relpath in os.listdir(FLAGS.filename):
                abspath = os.path.join(FLAGS.filename, relpath)

if os.path.isfile(abspath) and any([abspath.endswith('.' + ty) for ty in ('jpg', 'png', 'JPG',
'PNG', 'jpeg')]):
```

```
print(abspath)
                           files.append(abspath)
else:
                  files.append(FLAGS.filename)
# 如果它碰巧是一个列表文件,请读取该列表并删除这些文件
if any([FLAGS.filename.endswith('.' + ty) for ty in ('csv', 'tsv', 'txt')]):
                files = list_images(FLAGS.filename)


        writer = None
output = None
        if FLAGS.target:
print('Creating output file %s' % FLAGS.target)
            output = open(FLAGS.target, 'w')
            writer = csv.writer(output)
            writer.writerow(('file', 'label', 'score'))
            image_files = list(filter(lambda x: x is not None, [resolve_file(f) for f in
files]))
print(image_files)
if FLAGS.single_look:
               classify_many_single_crop(sess, label_list, softmax_output, coder, images,
image_files, writer)


        else:
for image_file in image_files:
               classify_one_multi_crop(sess, label_list, softmax_output, coder, images,
image_file, writer)


if output is not None:
            output.close()


if __name__ == '__main__':
  tf.app.run()
```

2. 年龄识别 Web 工程化代码

年龄识别我们对外提供一个 Web 接口,即 guessAgeWeb_chongdianleme. py,如代码 8.6 所示。

【代码 8.6】 guessAgeWeb_chongdianleme. py

```
from __future__ import absolute_import
from __future__ import division
from __future__ import print_function
from datetime import datetime
import math
import time
from data import inputs
import numpy as np
```

```python
import tensorflow as tf
from model import select_model, get_checkpoint
from utils import *
import os
import csv
#pip3 安装 flask web 框架
from flask import Flask
from flask import request
import urllib
#pip3 安装请求
import requests, urllib.request
from scipy import misc
import argparse
import facenet
import align.detect_face
import json


RESIZE_FINAL = 227
#性别有两种
GENDER_LIST = ['M', 'F']
#年龄是分段的,可以看成多分类任务
AGE_LIST = ['(0, 2)', '(4, 6)', '(8, 12)', '(15, 20)', '(25, 32)', '(38, 43)', '(48, 53)', '(60, 100)']
MAX_BATCH_SZ = 128
def one_of(fname, types):
return any([fname.endswith('.' + ty) for ty in types])
def resolve_file(fname):
if os.path.exists(fname): return fname
for suffix in ('.jpg', '.png', '.JPG', '.PNG', '.jpeg'):
        cand = fname + suffix
if os.path.exists(cand):
return cand
return None
def list_images(srcfile):
with open(srcfile, 'r') as csvfile:
        delim = ',' if srcfile.endswith('.csv') else '\t'
reader = csv.reader(csvfile, delimiter = delim)
if srcfile.endswith('.csv') or srcfile.endswith('.tsv'):
print('skipping header')
            _ = next(reader)
return [row[0] for row in reader]
#初始化
class_type = 'age'
device_id = "/cpu:0"
model_type = "inception"
requested_step = ""
#模型文件目录
```

```python
model_dir = "/home/hadoop/chongdianleme/nianling/22801/inception/22801"
checkpoint = "checkpoint"
config = tf.ConfigProto(allow_soft_placement = True)
sess = tf.Session(config = config)
with sess.as_default():
    label_list = AGE_LIST if class_type == 'age' else GENDER_LIST
    nlabels = len(label_list)
    model_fn = select_model(model_type)
    images = tf.placeholder(tf.float32, [None, RESIZE_FINAL, RESIZE_FINAL, 3])
    logits = model_fn(nlabels, images, 1, False)
    init = tf.global_variables_initializer()
    requested_step = requested_step if requested_step else None
checkpoint_path = '%s' % (model_dir)
    model_checkpoint_path, global_step = get_checkpoint(checkpoint_path, requested_step,
checkpoint)
    saver = tf.train.Saver()
    saver.restore(sess, model_checkpoint_path)
    softmax_output = tf.nn.softmax(logits)
    coder = ImageCoder()
def _is_png(filename):
return '.png' in filename


app = Flask(__name__)
@app.route('/predictAge', methods = ['GET', 'POST'])
def prediction():
    start = time.time()
    imageUrl = request.values.get("imageUrl")
#用户信息
device = request.values.get("device")
userid = request.values.get("userid")
    urlType = request.values.get("urlType")
    imageType = request.values.get("imageType")
    files = []
#支持本地图片和网络图片
if urlType == "local":
    filename = imageUrl
else:
    baseImageName = os.path.basename(imageUrl)
    filename = "/home/hadoop/chongdianleme/ageimage/%s" % baseImageName
    filename = filename + imageType
    urllib.request.urlretrieve(imageUrl, filename)
#通过我们前面讲的 FaceNet 里的人脸检测和对齐的 HTTP 接口对图片进行处理,这样识别的年龄更精准
url = "http://172.17.100.216:8816/detectAndAlignedService"
body_value = {"image_file": filename, "alignedImage_files":filename}
    data_urlencode = urllib.parse.urlencode(body_value).encode(encoding = 'UTF8')
    request2 = urllib.request.Request(url, data_urlencode)
#调用接口
```

```
resultJson = urllib.request.urlopen(request2).read().decode('UTF-8')
#解析 json 格式的数据
o = json.loads(resultJson)
ts = o["times"]
i = o["i"]
    newFileName = filename.replace(".","_0_.")
    files.append(newFileName)
    image_files = list(filter(lambda x: x is not None, [resolve_file(f) for f in files]))
print(image_files)
finalAge = 0
avgBest = 0.00
bestProb = 0.00
avgSecond = 0.00
secondProb = 0.00
for image_file in image_files:
try:
print('Running file %s' % image_file)
# image_batch = make_multi_crop_batch(image_file, coder)
            # start
with tf.gfile.FastGFile(filename, 'rb') as f:
            image_data = f.read()


#把 PNG 格式的图片统一转换为 JPEG 格式
if _is_png(filename):
print('Converting PNG to JPEG for %s' % filename)
            image_data = coder.png_to_jpeg(image_data)

        image = coder.decode_jpeg(image_data)

        crops = []
print('Running multi-cropped image')
        h = image.shape[0]
        w = image.shape[1]
        hl = h - RESIZE_FINAL
        wl = w - RESIZE_FINAL

        crop = tf.image.resize_images(image, (RESIZE_FINAL, RESIZE_FINAL))
        crops.append(standardize_image(crop))
        crops.append(tf.image.flip_left_right(crop))

        corners = [(0, 0), (0, wl), (hl, 0), (hl, wl), (int(hl / 2), int(wl / 2))]
for corner in corners:
            ch, cw = corner
            cropped = tf.image.crop_to_bounding_box(image, ch, cw, RESIZE_FINAL, RESIZE_
FINAL)
            crops.append(standardize_image(cropped))
            flipped = tf.image.flip_left_right(cropped)
```

```
                crops.append(standardize_image(flipped))

                image_batch = tf.stack(crops)
    # end
    batch_results = sess.run(softmax_output, feed_dict = {images: image_batch.eval(session =
    sess)})
                output = batch_results[0]
                batch_sz = batch_results.shape[0]

    for i in range(1, batch_sz):
                    output = output + batch_results[i]

                output /= batch_sz
                best = np.argmax(output)
                ageClass = label_list[best] # (25, 32)
    bestAgeArr = ageClass.replace(" ", "").replace("(", "").replace(")", "").split(",")
    # AGE_LIST = ['(0, 2)', '(4, 6)', '(8, 12)', '(15, 20)', '(25, 32)', '(38, 43)', '(48, 53)', '(60,
    100)']
                    # 因为训练的模型用的是开源项目训练好的模型,是使用外国人的人脸数据训练,
                    # 这样用来预测我们中国人的年龄会有一些差异,最好的方式是使用我们中国人自己
                    # 的人脸年龄数据做训练,这样预测才会更好。所以针对外国人训练数据预测我们中
                    # 国人的年龄需要对年龄做一些经验上的特殊处理
    if int(bestAgeArr[1]) == 53:
                    avgBest = 56
    elif int(bestAgeArr[1]) == 43:
                    avgBest = 45
    elif int(bestAgeArr[1]) == 20:
                    avgBest = 22.66
    elif int(bestAgeArr[1]) == 6:
                    avgBest = 6.66
    else:
                    avgBest = (int(bestAgeArr[0]) + int(bestAgeArr[1])) / 1.66
    bestProb = output[best]
                best_choice = (label_list[best], output[best])
    print('Guess @ 1 % s, prob = % .2f' % best_choice)

                nlabels = len(label_list)
    if nlabels > 2:
                    output[best] = 0
    second_best = np.argmax(output)
                    secondAgeClass = label_list[second_best] # (25, 32)
    secondAgeArr = secondAgeClass.replace(" ", "").replace("(", "").replace(")", "").split
    (",")
    if int(secondAgeArr[1]) == 53:
                    avgSecond = 56
    elif int(secondAgeArr[1]) == 43:
                    avgSecond = 45
```

```
elif int(secondAgeArr[1]) == 20:
                    avgSecond = 22.66
elif int(secondAgeArr[1]) == 6:
                    avgSecond = 6.66
else:
                    avgSecond = (int(secondAgeArr[0]) + int(secondAgeArr[1])) / 1.66
secondProb = output[second_best]
print('Guess @ 2 %s, prob = %.2f' % (label_list[second_best], output[second_best]))
except Exception as e:
import traceback
            traceback.print_exc()
print('Failed to run image %s ' % image_file)


if avgSecond > 0:
#基于加权平均法计算最终的合适年龄
finalAge = (avgBest * bestProb + avgSecond * secondProb) / (bestProb + secondProb)
else:
        finalAge = avgBest
print("finalAge %s " % finalAge)
    end = time.time()
    times = str(end - start)
#返回年龄等 json 格式数据
result = {"finalAge": finalAge,"times": times}
    out = json.dumps(result, ensure_ascii = False)
print("out = {0}".format(out))
return out


if __name__ == '__main__':
#指定 IP 地址和端口号
app.run(host = '172.17.100.216', port = 8818)
```

我们看一看怎么部署和启动基于 Flask 的年龄识别服务,脚本代码如下:

```
#创建 shell 脚本文件 vim guessAgeService.sh
python3 guessAgeWeb_chongdianleme.py
#然后输入:wq 保存
#对 guessAgeService.sh 脚本授权可执行权限
sudo chmod 755 guessAgeService.sh
#然后再创建一个以后台方式运行的 shell 脚本
vim nohupguessAgeService.sh
nohup /home/hadoop/chongdianleme/guessAgeService.sh > guessAge.log 2 > &1 &
#然后输入:wq 保存
#同样对 nohupguessAgeService.sh 脚本授权可执行权限
sudo chmod 755 nohupguessAgeService.sh
#最后运行 sh nohupguessAgeService.sh 脚本启动基于 Flask 的人脸识别比对服务接口
```

启动完成后,就可以在浏览器地址里输入 URL 访问我们的服务了。这个 HTTP 接口声明了同时支持 GET 和 POST 访问,我们在浏览器里输入地址就可以直接访问了。

　　http://172.17.100.216:8818/predictAge? imageUrl＝/home/hadoop/chongdianleme/age/luhan2.jpg&urlType＝local&imageType＝jpg

　　这个就是一个接口服务,其他系统或者 PHP、Java、Web 网站都可以调用这个接口,输入要预测 imageUrl 人脸图片路径,urlType 是同时支持本地图片和网络图片链接的设置,返回人脸年龄 json 格式数据。

8.2.6　人脸性别预测[61]

　　性别预测和年龄预测类似,都属于分类问题,核心代码用的都是 guess.py,我们看一看 Web 的工程化代码。

　　人脸性别识别我们对外提供一个 Web 接口,guessGenderWeb_chongdianleme.py,如代码 8.7 所示。

　　【代码 8.7】　guessGenderWeb_chongdianleme.py

```
from __future__ import absolute_import
from __future__ import division
from __future__ import print_function

from datetime import datetime
import math
import time
from data import inputs
import numpy as np
import tensorflow as tf
from model import select_model, get_checkpoint
from utils import *
import os
import csv
from flask import Flask
from flask import request
import urllib
#pip3 安装请求
import requests, urllib.request
from scipy import misc
import argparse
import facenet
import align.detect_face
import json

RESIZE_FINAL = 227
#性别
GENDER_LIST = ['M', 'F']
AGE_LIST = ['(0, 2)', '(4, 6)', '(8, 12)', '(15, 20)', '(25, 32)', '(38, 43)', '(48, 53)', '(60,
```

```
100)']
MAX_BATCH_SZ = 128
def one_of(fname, types):
return any([fname.endswith('.' + ty) for ty in types])
def resolve_file(fname):
if os.path.exists(fname): return fname
for suffix in ('.jpg', '.png', '.JPG', '.PNG', '.jpeg'):
        cand = fname + suffix
if os.path.exists(cand):
return cand
return None
def list_images(srcfile):
with open(srcfile, 'r') as csvfile:
        delim = ',' if srcfile.endswith('.csv') else '\t'
reader = csv.reader(csvfile, delimiter=delim)
if srcfile.endswith('.csv') or srcfile.endswith('.tsv'):
print('skipping header')
        _ = next(reader)
return [row[0] for row in reader]
# 初始化
class_type = 'gender'
device_id = "/cpu:0"
model_type = "inception"
requested_step = ""
# 使用训练好的人脸性别模型
model_dir = "/home/hadoop/chongdianleme/xingbie/inception/21936"
checkpoint = "checkpoint"
config = tf.ConfigProto(allow_soft_placement=True)
sess = tf.Session(config=config)
# 基于 TensorFlow 的初始化
with sess.as_default():
    label_list = AGE_LIST if class_type == 'age' else GENDER_LIST
    nlabels = len(label_list)
    model_fn = select_model(model_type)
    images = tf.placeholder(tf.float32, [None, RESIZE_FINAL, RESIZE_FINAL, 3])
    logits = model_fn(nlabels, images, 1, False)
    init = tf.global_variables_initializer()
    requested_step = requested_step if requested_step else None
checkpoint_path = '%s' % (model_dir)
    model_checkpoint_path, global_step = get_checkpoint(checkpoint_path, requested_step,
checkpoint)
    saver = tf.train.Saver()
# 根据模型文件加载模型,进而预测性别
saver.restore(sess, model_checkpoint_path)
    softmax_output = tf.nn.softmax(logits)
    coder = ImageCoder()
def _is_png(filename):
```

```
    return '.png' in filename

    # 性别预测 Web HTTP 接口
    app = Flask(__name__)
    @app.route('/predictGender', methods = ['GET', 'POST'])
    def prediction():
        start = time.time()
    # 传入的原始图片,可以不是纯人脸,后面自动检测并把里面的人脸部分提取出来
    imageUrl = request.values.get("imageUrl")
    # 用户信息
    device = request.values.get("device")
    userid = request.values.get("userid")
    # 支持本地图片和网络图片
    urlType = request.values.get("urlType")
        imageType = request.values.get("imageType")
        files = []
    if urlType == "local":
            filename = imageUrl
    else:
            baseImageName = os.path.basename(imageUrl)
            filename = "/home/hadoop/chongdianleme/ageimage/% s" % baseImageName
            filename = filename + imageType
            urllib.request.urlretrieve(imageUrl, filename)
    # 调用 FaceNet 的人脸检测对齐接口,提取原始图片的人脸部分,提高性别预测的准确率
    url = "http://172.17.100.216:8816/detectAndAlignedService"
    body_value = {"image_file": filename, "alignedImage_files":filename}
        data_urlencode = urllib.parse.urlencode(body_value).encode(encoding = 'UTF8')
        request2 = urllib.request.Request(url, data_urlencode)
        resultJson = urllib.request.urlopen(request2).read().decode('UTF - 8')
        o = json.loads(resultJson)
    ts = o["times"]
    i = o["i"]
        newFileName = filename.replace(".","_0_.")
        files.append(newFileName)

        image_files = list(filter(lambda x: x is not None, [resolve_file(f) for f in files]))
    print(image_files)
    for image_file in image_files:
    try:
    print('Running file % s' % image_file)
    # image_batch = make_multi_crop_batch(image_file, coder)
            # start
    with tf.gfile.FastGFile(filename, 'rb') as f:
                image_data = f.read()

    # 把 PNG 格式的图片统一转换为 JPEG 格式
    if _is_png(filename):
```

```
            print('Converting PNG to JPEG for % s' % filename)
                    image_data = coder.png_to_jpeg(image_data)

            image = coder.decode_jpeg(image_data)

            crops = []
    print('Running multi-cropped image')
            h = image.shape[0]
            w = image.shape[1]
            hl = h - RESIZE_FINAL
            wl = w - RESIZE_FINAL

            crop = tf.image.resize_images(image, (RESIZE_FINAL, RESIZE_FINAL))
            crops.append(standardize_image(crop))
            crops.append(tf.image.flip_left_right(crop))

            corners = [(0, 0), (0, wl), (hl, 0), (hl, wl), (int(hl / 2), int(wl / 2))]
    for corner in corners:
                ch, cw = corner
                cropped = tf.image.crop_to_bounding_box(image, ch, cw, RESIZE_FINAL, RESIZE_
    FINAL)
                crops.append(standardize_image(cropped))
                flipped = tf.image.flip_left_right(cropped)
                crops.append(standardize_image(flipped))

            image_batch = tf.stack(crops)
    # 结束
    batch_results = sess.run(softmax_output, feed_dict = {images: image_batch.eval(session =
    sess)})
            output = batch_results[0]
            batch_sz = batch_results.shape[0]

    for i in range(1, batch_sz):
            output = output + batch_results[i]

            output /= batch_sz
            best = np.argmax(output)
            gender = label_list[best]
            best_choice = (label_list[best], output[best])
    print('Guess @ 1 % s, prob = % .2f' % best_choice)

            nlabels = len(label_list)
    if nlabels > 2:
                output[best] = 0
    second_best = np.argmax(output)
    print('Guess @ 2 % s, prob = % .2f' % (label_list[second_best], output[second_best]))
    except Exception as e:
```

```python
import traceback
                traceback.print_exc()
print('Failed to run image % s ' % image_file)

print("gender % s " % gender)
    end = time.time()
    times = str(end - start)
    result = {"gender": gender,"times": times}
    out = json.dumps(result, ensure_ascii = False)
print("out = {0}".format(out))
return out


if __name__ == '__main__':
# 指定 IP 地址和端口号
app.run(host = '172.17.100.216', port = 8819)
```

主流的人脸识别是基于深度学习来做的,下面我们讲另外一个应用——对话机器人,它也是用深度学习来做的。

8.3　对话机器人实战

对话机器人是一个用来模拟人类对话或聊天的计算机程序,本质上是通过机器学习和人工智能等技术让机器理解人的语言。它包含了诸多学科方法的融合使用,是人工智能领域的一个技术集中演练营。在未来几十年,人机交互方式将发生变革。越来越多的设备将具有联网能力,这些设备如何与人进行交互将成为一个挑战。自然语言成为适应该趋势的新型交互方式,对话机器人有望取代过去的网站、如今的 App,占据新一代人机交互风口。在未来对话机器人的产品形态下,不再是人类适应机器,而是机器适应人类,基于人工智能技术的对话机器人产品逐渐成为主流。

对话机器人从对话的产生方式来划分,可以分为基于检索的模型(Retrieval-Based Models)和生成式模型(Generative Models),基于检索的模型我们可以使用搜索引擎 Solr Cloud 或 ElasticSearch 的方式来做,基于生成式模型我们可以使用 TensorFlow 或 MXnet 深度学习框架的 Seq2Seq 算法来实现,同时我们可以加入强化学习的思想来优化 Seq2Seq 算法。下面我们就对话机器人的原理和源码实战分别来讲解一下。

8.3.1　对话机器人原理与介绍[62]

对话机器人可分为 3 种类型:闲聊机器人、问答机器人和任务机器人。我们分别来讲解其原理。

1. 闲聊机器人

闲聊机器人的主要功能是同用户进行闲聊对话,如微软小冰、微信小微,还有较早的小黄鸡等。与闲聊机器人聊天时,用户没有明确的目的,机器人也没有标准答案,而是以趣味性回答取悦用户。随着时间推移,用户的要求越来越高,他们希望聊天机器人能够具有更多功能——而不仅仅是谈天唠嗑接话茬。同时,企业也需要不断对聊天机器人进行商业化探索,以实现更大的商业价值。

目前聊天机器人根据对话的产生方式,可以分为基于检索的模型和生成式模型。

1)检索的模型

基于检索的模型有一个预先定义的回答集,我们需要设计一些启发式规则,这些规则能够根据输入的问句及上下文,挑选出合适的回答。

基于检索的模型的优势:

(1)答句可读性好。

(2)答句多样性强。

(3)出现不相关的答句,容易分析、定位 bug。

它的劣势在于需要对候选的结果做排序,进行选择。

2)生成式模型

生成式模型不依赖预先定义的回答集,而是根据输入的问句及上下文,产生一个新的回答。

基于生成式模型的优势:

(1)端到端地训练,比较容易实现。

(2)避免维护一个大的 Q-A 数据集。

(3)不需要对每一个模块额外进行调优,避免了各个模块之间的误差级联效应。

它的劣势在于难以保证生成的结果是可读的,多样的。

聊天机器人的这两条技术路线,从长远的角度看目前技术还都处在山底,两种技术路线共同面临的挑战有:

(1)如何利用前几轮对话的信息,应用到当轮对话当中。

(2)合并现有的知识库的内容。

(3)能否做到个性化,千人千面。这有点类似于我们的信息检索系统,既希望在垂直领域做得更好,也希望对不同的人的 query 有不同的排序偏好。

从开发实现上,基于检索的机器人可以使用 Solr Cloud 或 ElasticSearch 方式来实现,把准备好的问答对当成两个字段存到搜索索引,搜索的时候可以通过关键词或者句子去搜索问题那个字段,然后得到一个相似问题的答案候选集合。之后我们可以根据用户的历史聊天记录或者其他的业务数据得到用户画像数据,针对每个用户得到个性化的回答结果,把最相关的那个答案回复给用户。基于生成模型用户可以使用 Seq2Seq＋attention 的方式来实现,Seq2Seq 全称 Sequence to Sequence,是一个 Encoder-Decoder 结构的网络,它的输入是一个问题序列,输出也是一个答案序列,Encoder 将一个可变长度的信号序列变为固定长度的向量表达,Decoder 将这个固定长度的向量变成可变长度的目标信号序列,而强化学习应用到 Seq2Seq 可以使多轮对话更持久。

2. 问答机器人

当下的智能客服是对话机器人商业落地的经典案例。各大手机厂商纷纷推出标配语音助手,金融、零售和通信等领域相继接入智能客服辅助人工客服。

问答机器人的本质是在特定领域的知识库中,找到和用户提出的问题语义匹配的知识点。当顾客询问有关商品信息、售前和售后等基础问题时,问答机器人能够给出及时而准确的回复,当机器人不能回答用户问题时,就会通过某种机制将顾客转接给人工客服,因此拥有特定领域知识库的问答机器人在知识储备上要比闲聊机器人更聪明、更专业和更准确,说它们是某一领域的专家也不为过。

针对具体情况选择相应的问答型对话解决方案,包括:

基于分类模型的问答系统;

基于检索和排序的问答系统;

基于句向量的语义检索系统。

基于分类模型的问答系统将每个知识点各分一类,使用深度学习、机器学习等方法效果较好,但需要较多的训练数据,并且更新类别时,重新训练的成本较高,因此更适合数据足够多的静态知识库。

基于检索和排序的问答系统能实时追踪知识点的增删,从而有效弥补分类模型存在的问题,但仍然存在检索召回问题,假如用户输入的关键词没有命中知识库,系统就无法找到合适的答案。

更好的解决方案是基于句向量的语义检索。通过句向量编码器,将知识库数据和用户问题作为词编码输出,基于句向量的语义检索能实现在全量数据上的高效搜索,从而解决传统检索的召回问题。

3. 任务机器人

任务机器人在特定条件下提供信息或服务,以满足用户的特定需求,例如查流量、查话费、订票、订餐和咨询等。由于用户需求复杂多样,任务机器人一般通过多轮对话明确用户的目的。想要知道任务机器人是如何运作的,我们需要引入任务机器人的一个重要概念——动作(Dialog Act)。

任务型对话系统的本质是将用户的输入和系统的输出都映射为对话动作,并通过对话状态来实现上下文的理解和表示。例如,在机器人帮助预约保洁阿姨的场景下,用户与机器人的对话对应不同的动作。这种做法能够在特定领域下降低对话难度,从而让机器人执行合适的动作。

另外,对话管理模块(Dialog Management)是任务机器人的核心模块之一,也是对话系统的大脑。传统的对话管理方法包括基于 FSM、Frame、Agenda 等不同架构的,各适用于不同的场景。

基于深度强化学习的对话管理法,通过神经网络将对话上下文直接映射为系统动作,所以更加灵活,也可通过强化学习的方法进行训练,但需要大量真实的、高质量标注的对话数据来训练,只适用于有大量数据的情况。

对话机器人在人类的"苛求"下越来越智能,有人甚至预言在未来 5～10 年耗时耗力的沟通将会被机器人取代。对话机器人的应用实践正在逐步证明这一点。

目前,对话机器人主要适用于 3 类场景:

1) 自然对话是唯一的交互方式

车载、智能音箱、可穿戴设备。

2) 用对话机器人替代人工

在线客服、智能 IVR、智能外呼。

3) 用对话机器人提升效率和体验

智能营销、智能推荐和智能下单。

我们可以通过在线营销转化需求度和在线交互需求度两个维度来考量适合对话机器人落地的领域。不过,从技术上来讲,让机器真正理解人类语言仍然是一个艰难的挑战。对于搭建对话机器人,也许可以参考以下建议:

选择合适的场景并设定产品边界;

积累足够多的训练数据;

上线后持续学习和优化;

让用户参与反馈;

让产品体现出个性化。

下面我们以基于生成模型的 Seq2Seq＋attention 的方式来实现聊天机器人,框架使用 TensorFlow。

8.3.2 基于 TensorFlow 的对话机器人[63]

前面章节讲分布式深度学习实战的时候我们讲到过 Seq2Seq 的原理,这里不再重复叙述。Seq2Seq＋Attention 的方式非常适合解决一问一答两个序列的场景,例如聊天机器的问答对话、中文对英文的翻译等。下面我们以 GitHub 上一个开源的项目来讲解,项目名字叫 DeepQA 项目,它是基于 TensorFlow 框架来实现的。项目地址:https://github.com/Conchylicultor/DeepQA。项目原始的训练数据是英文的,我们实际的场景更多的是处理中文对话,所以我们首先找到中文的训练语料,进行中文分词和数据处理,转换成项目需要的数据格式;其次就是训练模型,训练模型可以使用 CPU,也可以使用 GPU,使用 CPU 的缺点就是非常慢,十几万对话的训练集大概需要半个月甚至一个多月才能完成训练。GPU 就非常快了,大概几小时就能完成训练;最后我们需要自己开发 Web 工程,对外提供问答的 HTTP 接口服务。下面我们分别来讲一下。

1. 安装过程

我们看一看代码目录:

chatbot 里包含 chatbot. py、model. py 和 trainner. py 等核心模型源码,chatbot_ website 是基于 Python 的 Django 的 Web 框架设计的 Web 交互页面，data 是我们要训练的数据，main.py 是训练模型的入口，DeepQA 代码目录如图 8.9 所示。

📁 chatbot	Making compliant pathes for linux and windows OS
📁 chatbot_website	fix for issue #183 (#184)
📁 data	Update readme for migration instruction, load default idCount for bac...
📁 docker	Fix link from previous commit
📁 save	Testing mode, better model saving/loading gestion
📄 .dockerignore	Some cleanup for the dockerfile, chatbot not loaded during django mig...
📄 .gitignore	enh: ignore nvidia-docker-compose output
📄 Dockerfile	Update Dockerfiles for tf 1.0
📄 Dockerfile.gpu	Update Dockerfiles for tf 1.0
📄 LICENSE	Initial commit
📄 README.md	Clarifying need for manual copy of model to save/model-server/ (#147)
📄 chatbot_miniature.png	Solve a tf 0.12 compatibility issue, use local screenshot miniature i...
📄 main.py	Solve a tf 0.12 compatibility issue, use local screenshot miniature i...
📄 requirements.txt	requirement.txt install GPU TF version
📄 setup_server.sh	Interactive connexion between client-server-chatbot
📄 testsuite.py	better website design and logging

图 8.9　DeepQA 代码目录

安装脚本代码如下：

```
# 安装依赖包
pip3 install nltk
python3 - m nltk.downloader punkt
# 如果报错：
Import Error: No module named '_sqlite3'
# 安装 sqlite3
apt - get update
apt - get install sqlite3
pip3 install tqdm
# 安装 Python 的 Web 框架 Django
pip3 install django
# 查看 Django 版本
django - admin -- version
pip3 install channels
# 安装 Python 的 Redis 客户端工具包
pip3 install asgi_redis
```

如果不使用这个项目自带的 Web 框架,我们就不用安装 Redis,实际工程化需要另外一套更完善的机制。

2. 中文对话训练数据的准备和处理

做中文对话数据的准备,我们需要先了解英文的训练数据格式是什么样的,项目已经给出了英文训练语料,有两个文件需要我们查看:

一个文件是问答对话数据:/data/cornell/movie_conversations.txt

下面是这个文件的一部分内容:

```
L232290 ++ + $ ++ + u1064 ++ + $ ++ + m69 ++ + $ ++ + WASHINGTON ++ + $ ++ + Don't be
ridiculous, of course that won't happen.
L232289 ++ + $ ++ + u1059 ++ + $ ++ + m69 ++ + $ ++ + MARTHA ++ + $ ++ + I can not allow the
fortune in slaves my first husband created and what our partnership has elevated, to be
destroyed...
L232288 ++ + $ ++ + u1064 ++ + $ ++ + m69 ++ + $ ++ + WASHINGTON ++ + $ ++ + I'm very aware of
that.
L232287 ++ + $ ++ + u1059 ++ + $ ++ + m69 ++ + $ ++ + MARTHA ++ + $ ++ + Well, a very real
expectation is the British will hang you! They'll burn Mount Vernon and they'll hang you! Our
marriage is a business just as surely as...
L232286 ++ + $ ++ + u1064 ++ + $ ++ + m69 ++ + $ ++ + WASHINGTON ++ + $ ++ + The eternal dream
of the disenfranchised, my dear: a classless world. Not a very real expectation.
L232285 ++ + $ ++ + u1059 ++ + $ ++ + m69 ++ + $ ++ + MARTHA ++ + $ ++ + My God, what?
```

另外一个文件是/data/cornell/movie_lines.txt,这个文件存的是对话的 ID:

```
u1059 ++ + $ ++ + u1064 ++ + $ ++ + m69 ++ + $ ++ + ['L232282', 'L232283', 'L232284', 'L232285',
'L232286']
u1059 ++ + $ ++ + u1064 ++ + $ ++ + m69 ++ + $ ++ + ['L232287', 'L232288', 'L232289', 'L232290',
'L232291']
```

我们要准备的最原始的中文对话数据不是这样的,因此需要处理成这样,我们先看一下原始的中文对话数据:

E

M 今/天/吃/的/小/鸡/炖/蘑/菇

M 分/我/点/吧/,/喵/～

E

M 来/杯/茶

M 加/大/蒜/还/是/香/菜/?

E

M 大/葱

M 最/喜/欢/的/了

E

我们处理数据的思路大概是去掉斜杆"/",然后使用中文分词对语句做分词,因为使用分词的方式可以让生成的句子显得更通顺和自然。处理的代码根据你的习惯可以选择用 Python、Java 或 Scala。下面我给出一个用 Scala＋Spark 框架的处理方式，如代码 8.8 所示。

【代码 8.8】 ETLDeepQAJob. scala

```scala
def etlQA(inputPath: String,outputPath: String, mode: String) = {
val sparkConf = new SparkConf().setAppName("充电了么 App-对话机器人数据处理-Job")
  sparkConf.setMaster(mode)
//SparkContext 实例化
val sc = new SparkContext(sparkConf)
//加载中文对话数据文件
val qaFileRDD = sc.textFile(inputPath)
//初始值
var i = 888660
val linesList = ListBuffer[String]()
val conversationsList = ListBuffer[String]()
val testList = ListBuffer[String]()
val tempList = ListBuffer[String]()
  qaFileRDD.collect().foreach(line =>{
if (line.startsWith("E")) {
if (tempList.size > 1)
    {
val lineIDList = ArrayBuffer[String]()
      tempList.foreach(newLine =>{
val lineID = newLine.split(" ")(0)
      lineIDList += "'" + lineID + "'"
linesList += newLine
    })
      conversationsList += "u0 ++ + $ ++ + u2 ++ + $ ++ + m0 ++ + $ ++ + [" + lineIDList.
mkString(", ") + "]"
tempList.clear()
      }
    }
else {
if (line.length > 2)
    {
//去除斜杠"/"字符,准备使用中文分词
val formatLine = line.replace("M","").replace(" ","").replace("/","")
import scala.collection.JavaConversions._
//使用 HanLP 开源分词工具
val termList = HanLP.segment(formatLine);
val list = ArrayBuffer[String]()
for(term <- termList)
    {
    list += term.word
}
```

```
//中文分词后以空格分割连起来,训练的时候就像把中文分词当英文单词来拆分单词一样
val segmentLine = list.mkString(" ")
val newLine = if (tempList.size == 0) {
        testList += segmentLine
"L" + String.valueOf(i) + " +++ $ +++u2 +++ $ +++m0 +++ $ +++z +++ $ +++" + segmentLine
        }
else "L" + String.valueOf(i) + " +++ $ +++u2 +++ $ +++m0 +++ $ +++l +++ $ +++" + segmentLine
        tempList += newLine
        i = i + 1
}
    }
    })
    sc.parallelize(linesList, 1).saveAsTextFile(outputPath + "linesList")
    sc.parallelize(conversationsList, 1).saveAsTextFile(outputPath + "conversationsList")
    sc.parallelize(testList, 1).saveAsTextFile(outputPath + "测试 List")
    sc.stop()
}
```

conversationsList 输出结果片段:

```
L888666 +++ $ +++u2 +++ $ +++m0 +++ $ +++z +++ $ +++欢迎多一些这样的文章
L888667 +++ $ +++u2 +++ $ +++m0 +++ $ +++l +++ $ +++谢谢支持!
```

说明:用户 z 和 l 的名字随便起就行,没有实际意义。

linesList 输出结果片段:

```
u0 +++ $ +++u2 +++ $ +++m0 +++ $ +++['L888666', 'L888667']
u0 +++ $ +++u2 +++ $ +++m0 +++ $ +++['L888668', 'L888669']
```

说明:前面的 u0+++ $ +++u2+++ $ +++m0+++ $ +++可以固定不变,关键是中括号里面问答的 ID 需要配对。

到这里数据处理就完成了,我们多生成了一个测试集合,用来测试模型在测试集上表现如何,这个测试可以是主观的手工测试,手工输入一个问句,看看回答的结果和测试集合答句有哪些效果上的差异。当然这部分分类模型,答句不一定和以前的一样,有可能通过训练能得到一个更好的答句。

最后我们需要把对应的/data/cornell/movie_conversations.txt 和/data/cornell/movie_lines.txt 两个文件替换掉就可以了,这样便可以正式进行训练了。

3. 训练模型

切换到我们的程序目录 cd /home/hadoop/chongdianleme/DeepQA,之后执行:python3 main.py;就开始训练了,如果我们想使用 GPU 显卡来训练,可以指定用哪个 GPU,前面加上一句 export CUDA_VISIBLE_DEVICES=0;main.py 的 Python 文件代码如下:

```
from chatbot import chatbot
```

```
if __name__ == "__main__":
    chatbot = chatbot.Chatbot()
    chatbot.main()
```

核心代码是在 chatbot 里,因为代码太长,这里就不列出来了,大家可以自己下载下来查看。因为训练模型的训练时间会非常长,如果用 CPU 训练,十几万对话大概需要半个月到一个多月时间,如果用 GPU 训练,大概需要几十分钟到几小时,所以最好以后台运行的方式来执行,不用等着看结果。后台运行方式的脚本代码如下:

```
# 用 vim 创建一个文件 vim main.sh,输入脚本
export CUDA_VISIBLE_DEVICES = 0;
python3 main.py;
# 按:wq 保存
# 对 main.sh 脚本授权可执行权限
sudo chmod 755 main.sh
# 然后再创建一个以后台方式运行的 shell 脚本
vim nohupmain.sh
nohup /home/hadoop/chongdianleme/main.sh > tfqa.log 2 > &1 &
# 然后按:wq 保存
# 同样对 nohupmain.sh 脚本授权可执行权限
sudo chmod 755 nohupmain.sh
```

最后运行 sh nohupmain.sh 脚本,我们坐享其成就可以了。因为运行时间比较长,过程中有可能报错,所以开始的时候需要我们观察下日志,用命令 tail -f tfqa.log 实时查看最新日志。

下面是 CPU 训练 30 次迭代的日志,要想达到比较好的效果,大概在 30 次迭代的时候就不错了,如果迭代次数太少,效果会非常差,回答的结果有点不通顺、不着边际。

下面是 CPU 训练的过程日志:

```
    2019 - 10 - 09 19:28:36.959843: W
tensorflow/core/platform/cpu_feature_guard.cc:45] The TensorFlow library wasn't compiled to
use SSE4. 1 instructions, but these are available on your machine and could speed up CPU
computations.
    2019 - 10 - 09 19:28:36.959910: W
tensorflow/core/platform/cpu_feature_guard.cc:45] The TensorFlow library wasn't compiled to
use SSE4. 2 instructions, but these are available on your machine and could speed up CPU
computations.
    2019 - 10 - 09 19:28:36.959922: W
tensorflow/core/platform/cpu_feature_guard.cc:45] The TensorFlow library wasn't compiled to
use AVX instructions, but these are available on your machine and could speed up CPU
computations.
    2019 - 10 - 09 19:28:36.959982: W
tensorflow/core/platform/cpu_feature_guard.cc:45] The TensorFlow library wasn't compiled to
use AVX2 instructions, but these are available on your machine and could speed up CPU
```

computations.

　　2019 − 10 − 09 19:28:36.960028: W
tensorflow/core/platform/cpu_feature_guard.cc:45] The TensorFlow library wasn't compiled to
use FMA instructions, but these are available on your machine and could speed up CPU
computations.

Training: 0 % |　　　　　| 0/624 [00:00 <?, ?it/s]
Training: 0 % |　　　　　| 1/624 [00:03 < 36:33, 3.52s/it]
Training: 0 % |　　　　　| 2/624 [00:06 < 33:26, 3.23s/it]
Training: 0 % |　　　　　| 3/624 [00:08 < 31:13, 3.02s/it]
Training: 1 % |　　　　　| 4/624 [00:11 < 29:36, 2.87s/it]
Training: 1 % |　　　　　| 5/624 [00:13 < 28:29, 2.76s/it]
Training: 1 % |　　　　　| 6/624 [00:16 < 27:40, 2.69s/it]
省略中间的
Training: 16 % |██　　　| 97/624 [04:05 < 22:07, 2.52s/it]
省略中间的
Training: 100 % |████████████| 624/624 [26:17 < 00:00, 2.29s/it]
−−−−− Step 11600 −− Loss 2.62 −− Perplexity 13.76
−−−−− Step 11700 −− Loss 2.88 −− Perplexity 17.79
−−−−− Step 11800 −− Loss 2.78 −− Perplexity 16.06
Epoch finished in 0:26:16.157353

−−−−− Epoch 20/30 ; (lr = 0.002) −−−−−
Shuffling the dataset...
−−−−− Step 11900 −− Loss 2.64 −− Perplexity 13.97
−−−−− Step 12000 −− Loss 2.71 −− Perplexity 15.01
Checkpoint reached: saving model (don't stop the run)...
Model saved.
−−−−− Step 12100 −− Loss 2.67 −− Perplexity 14.42
−−−−− Step 12200 −− Loss 2.73 −− Perplexity 15.32
−−−−− Step 12300 −− Loss 2.81 −− Perplexity 16.64
−−−−− Step 12400 −− Loss 2.73 −− Perplexity 15.36
Epoch finished in 0:26:17.595209
−−−−− Epoch 30/30 ; (lr = 0.002) −−−−−
Shuffling the dataset...
−−−−− Step 18100 −− Loss 2.14 −− Perplexity 8.47
−−−−− Step 18200 −− Loss 2.24 −− Perplexity 9.44
−−−−− Step 18300 −− Loss 2.29 −− Perplexity 9.84
−−−−− Step 18400 −− Loss 2.35 −− Perplexity 10.49
−−−−− Step 18500 −− Loss 2.33 −− Perplexity 10.25
−−−−− Step 18600 −− Loss 2.30 −− Perplexity 9.93
−−−−− Step 18700 −− Loss 2.31 −− Perplexity 10.07
Epoch finished in 0:26:17.225496
Checkpoint reached: saving model (don't stop the run)...
Model saved.
The End! Thanks for using this program

GPU 显卡训练的过程和 CPU 是一样的，只是性能上存在差异。

```
    2019 - 10 - 09 01:36:22.502878: I
tensorflow/core/platform/cpu_feture_guard.cc:137] Your CPU supports instructions that this
TensorFlow binary was not compiled to use: SSE4.1 SSE4.2 AVX AVX2 FMA
    2017 - 10 - 09 01:36:28.059786: I
tensorflow/core/common_runtime/gpu/gpu_device.cc:1030] Found device 0 with properties:
    name: Tesla K80 major: 3 minor: 7 memoryClockRate(GHz): 0.8235
    pciBusID: 0000:06:00.0
    totalMemory: 11.17GiB freeMemory: 11.11GiB
    2019 - 10 - 09 01:36:22.059809: I
tensorflow/core/common_runtime/gpu/gpu_device.cc:1120] Creating TensorFlow device (/device:
GPU:0) -> (device: 0, name: Tesla K80, pci bus id: 0000:06:00.0, compute capability: 3.7)
    2019 - 10 - 09 01:36:22.062862: I
tensorflow/core/common_runtime/direct_session.cc:299] Device mapping:
/job:localhost/replica:0/task:0/device:GPU:0 -> device: 0, name: Tesla K80, pci bus id:
0000:06:00.0, compute capability: 3.7
```

以下太长,这里省略掉。

训练完成以后会生成一个模型文件目录,文件目录位于 save/model 目录下,模型目录如图 8.10 所示。

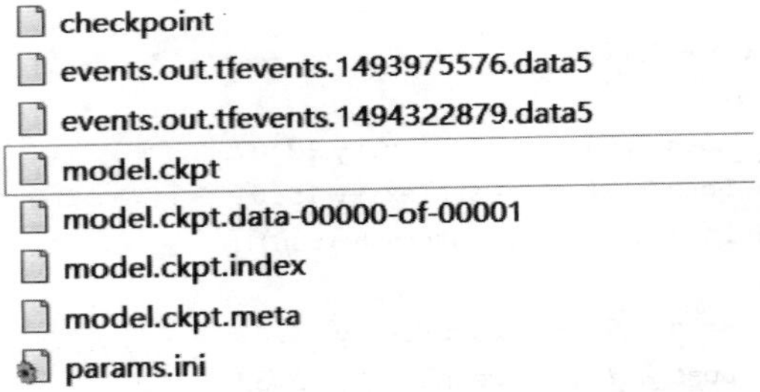

图 8.10　DeepQA 代码目录

模型训练好了,不需要每次重新训练,我们就可以根据模型文件加载到内存,做成 HTTP 的 Web 服务接口,下面我们看一看 Web 工程化的代码。

4. Web 工程化的 HTTP 协议接口

还是基于 Python 的 Flask 轻量级 Web 框架来做,根据模型目录我们可以在 Web 项目初始化的时候加载模型文件,后面就可以在接口里面实时预测了,工程如代码 8.9 所示。

【代码 8.9】　chatbot_predict_web_chongdianleme. py

```python
import sys
import logging
from flask import Flask
from flask import request
from chatbot import chatbot
# 你的程序目录
chatbotPath = "/home/hadoop/chongdianleme/DeepQA"
```

```
sys.path.append(chatbotPath)
#模型加载初始化
chatbot = chatbot.Chatbot()
chatbot.main(['-- modelTag', 'server', '-- test', 'daemon', '-- rootDir', chatbotPath])


app = Flask(__name__)
@app.route('/predict', methods = ['GET', 'POST'])
def prediction():
#用户输入的话
sentence = request.values.get("sentence")
#记录你的用户访问信息并处理
device = request.values.get("device")
userid = request.values.get("userid")
#实时预测要回答的问题,sentence需要先把中文分词,然后生成以空格分割的字符串,并且要保证
#中文分词训练和预测时保持一致
answer = chatbot.daemonPredict(sentence)
#因为是中文分词当单词用,我们返回的句子需要去掉空格后拼接成句子
answer = answer.replace(" ","")
return answer


if __name__ == '__main__':
#指定 IP地址和端口号
app.run(host = '172.17.100.216', port = 8820)
```

最后我们部署和启动基于 Flask 的对话 Web 服务,脚本代码如下:

```
#创建 shell 脚本文件
vim qaService.sh
python3 chatbot_predict_web_chongdianleme.py
#然后按:wq 保存
#对 qaService.sh 脚本授权可执行权限
sudo chmod 755 qaService.sh
#然后再创建一个以后台方式运行的 shell 脚本
vim nohupqaService.sh
nohup /home/hadoop/chongdianleme/qaService.sh > tfqaWeb.log 2 > &1 &
#然后按:wq 保存
#同样对 nohupqaService.sh 脚本授权可执行权限
sudo chmod 755 nohupqaService.sh
#最后运行 sh nohupqaService.sh 脚本启动基于 Flask 的对话 Web 服务接口
```

启动完成后,就可以在浏览器地址里输入 URL 访问我们的服务了。这个 HTTP 接口声明了同时支持 GET 和 POST 访问,我们在浏览器里输入地址就可以直接访问了。

http://172.17.100.216: 8820/predict?sentence = 欢迎多一些这样的文章

这个就是一个接口服务,其他系统或者 PHP、Java、Web 网站都可以调用这个接口,输入用户的问句,需要注意的是 sentence 需要先把中文分词,然后生成以空格分割的字符串,

并且要保证中文分词训练用的分词工具和算法是一致的。

除了基于 TensorFlow 实现的聊天机器人,其他深度学习框架也有不错的开源实现,例如 MXNet,下面我们基于 MXNet 框架介绍一个聊天机器人的开源项目。

8.3.3　基于 MXNet 的对话机器人[64]

MXNet 深度学习框架也是非常优秀的,对 GPU 的支持也非常好,默认可以把资源分配在多个 GPU 上同时运行,并且资源利用是按需分配的,根据需求,GPU 资源需要多少就消耗多少,不像 TensorFlow 那样,默认先把 GPU 资源全占满。

和上面讲的基于 TensorFlow 的聊天机器人 DeepQA 项目类似,基于 MXNet 也推荐一个不错的项目 sockeye,GitHub 开源地址:https://github.com/awslabs/sockeye。下面我们讲解一下。

1. 中文对话训练数据的准备和处理

中文对话数据需要准备两个文件,一个是问句文件,另一个是回答文件。例如问句文件"wen"中的内容如下:

举头望明月

哎,我说,劳驾问您个问题。

想起来了!

我跟您不一样。

这是什么饮料?

卖手绢的和您认识?

回答文件"da"中的内容如下:

低头思故乡。

嗯,好说。

想起什么来了?

怎么不一样?

一杯白开水。

不认识。

需要注意的是,问和回答记录行数必须一致,并且两个文件的同一行必须是配对的问和答,不能错位。对于中文来讲,可以做中文分词,也可以直接拆单字,以空格分隔。

2. 训练模型

训练脚本代码如下:

```
python3 - u - m sockeye.train -- source data/wen -- target data/da -- validation - source
data/wenv -- validation - target data/dav -- output model_dir -- device - ids 3 -- disable -
device - locking -- overwrite - output -- num - words 66688866 -- checkpoint - frequency 8866
```

参数说明:

--source：训练数据的问句

--target：训练数据的答句

--validation-source：训练做校验的问句的测试集合

--validation-target：训练做校验的回答的测试集合

--output：训练模型的输出目录

--device-ids：指定使用哪个 GPU 显卡，如果使用多个则以逗号分割

--overwrite-output：训练时是否要覆盖上次的结果

--num-words：训练集合最大设置多少个单词作为上限

--checkpoint-frequency：检查点频率

训练模型的输出结果如下：

```
vocab.trg.json
vocab.src.json
version
symbol.json
log
config
args.json
params.0001
metrics
params.best
params.0002
params.0003
params.0004
params.0005
params.0006
```

随着逐步迭代，模型会选择一个最佳的模型参数文件 params.best，所以这个项目的好处是会根据测试集校验选择一个最好的模型，不会无限制地循环迭代从而导致过拟合。实际上在训练的时候我们可以让它一直训练下去，如果最好的模型后面不怎么变化的时候，我们再删除训练的进程就可以了。

3. Web 工程化的 HTTP 协议接口

还是基于 Python 的 Flask 轻量级 Web 框架来做，根据模型目录我们可以在 Web 项目初始化的时候加载模型文件，后面就可以在接口里面实时预测了，工程如代码 8.10 所示。

【代码 8.10】 translate_chongdianleme_web.py

```python
import argparse
import sys
import time
from contextlib import ExitStack
from typing import Optional, Iterable, Tuple
import json
```

```python
import mxnet as mx
import sockeye
import sockeye.arguments as arguments
import sockeye.constants as C
import sockeye.data_io
import sockeye.inference
import sockeye.output_handler
from sockeye.log import setup_main_logger, log_sockeye_version
from sockeye.utils import acquire_gpus, get_num_gpus
from sockeye.utils import check_condition
import logging
from flask import Flask
from flask import request
import time


output_type = 'translation'
softmax_temperature = None
sure_align_threshold = 0.9
use_cpu = True
output = None
# 训练模型的输出目录
models = ['modeldir20191006']
max_input_len = None
lock_dir = '/tmp'
input = None
ensemble_mode = 'linear'
beam_size = 5
checkpoints = None
device_ids = [-1]
disable_device_locking = False


output_handler = sockeye.output_handler.get_output_handler(output_type,
                                                           output,
                                                           sure_align_threshold)


context = mx.cpu()
totaln = "0"
# 加载模型初始化
translator = sockeye.inference.Translator(context,
                                          ensemble_mode,
                                          * sockeye.inference.load_models(context,
                                                                          max_input_len,
                                                                          beam_size,
                                                                          models,
                                                                          checkpoints,

softmax_temperature))
```

```python
app = Flask(__name__)
@app.route('/transpredict', methods = ['GET', 'POST'])
def prediction():
    start = time.time()
#解析用户输入的句子参数
sentence = request.values.get("sentence")
#用户信息
device = request.values.get("device")
userid = request.values.get("userid")
#以空格分割拼接单字的句子
kgSentence = " ".join(sentence)
print ( "newsentence: {0}".format(kgSentence))
    trans_input = translator.make_input(1, kgSentence)
#实时预测回答的句子
trans_output = translator.translate(trans_input)
print("trans_input = {0}".format(trans_input))
    id = trans_output.id
    score = str(trans_output.score)
#回答的句子是以单字加空格拼接的,返回给用户的时候需要把空格去掉
trans_output = trans_output.translation.replace(" ","")
    end = time.time()
    times = str(end - start)
#返回回答的句子和对应的打分,以 json 格式返回
result = {"da":trans_output,"id":id,"score":score,"times":times}
    out = json.dumps(result,ensure_ascii = False)
print("out = {0}".format(out))
return out


if __name__ == '__main__':
#指定 IP 地址和端口号
app.run(host = '172.17.100.216', port = 8821)
```

最后我们部署和启动基于 Flask 的对话 Web 服务,脚本代码如下:

```shell
#创建 shell 脚本文件
vim nohuptranService.sh
nohup python3 -m sockeye.translate_chongdianleme_web > transWeb.log 2 > &1 &
#然后按:wq 保存
#最后运行 sh nohuptranService.sh 脚本启动基于 Flask 的对话 Web 服务接口
```

启动完成后,就可以在浏览器地址里输入 URL 访问我们的服务了。这个 HTTP 接口声明了同时支持 GET 和 POST 访问,我们在浏览器里输入地址就可以直接访问了。

http://172.17.100.216:8821/ transpredict? sentence=欢迎多一些这样的文章

这个就是一个接口服务,其他系统或者 PHP、Java、Web 网站都可以调用这个接口,输入用户的问句,sentence 不用分词,保留原始的即可。

8.3.4 基于深度强化学习的机器人[65]

上面我们讲的都是基于 Seq2Seq 的聊天机器人,这个方案存在一些问题,可以通过加入增强学习来解决。下面我们来讲解一下。

1. Seq2Seq 聊天机器人存在的问题

使用 Seq2Seq 做聊天机器人是比较流行的方案,但也存在一些问题:

1)万能回复问题

用 MLE 作为目标函数会导致生成类似于"呵呵"的万能 reply,grammatical safe 但是没有营养,没有实际意义的话。

2)对话死循环

用 MLE 作为目标函数容易引起对话的死循环。

解决这样的问题需要聊天框架具备以下能力:一个是整合开发者自定义的回报函数,来达到目标;另一个是生成一个 reply 之后,可以定量地描述这个 reply 对后续阶段的影响。

2. Seq2Seq＋增强学习

我们可以使用 Seq2Seq＋增强学习的思路来解决这个问题。我们在上一章已经讲过其原理。说到增强学习,就不得不提增强学习的四元素:

1)Action

这里的 Action 是指生成的 reply,Action 空间是无限大的,因为 reply 可以是任意长度的文本序列。

2)State

这里的 State 是指[pi,qi],即上一轮两个人的对话表示。

3)Policy

Policy 是指给定 State 之后各个 Action 的概率分布。可以表示为:pRL(pi＋1|pi, qi)。

4)Reward

Reward 表示每个 Action 获得的回报,本文自定义了 3 种 Reward。

(1)Ease of Answering

这个 Reward 指标主要是说生成的 reply 一定是容易被回答的。其实就是给定这个 reply 之后,生成的下一个 reply 是 dull 的概率的大小。这里所谓的 dull 就是指一些"呵呵呵"的 reply,例如"I don't know what you are talking about"等没有什么营养的话。

(2)Information Flow

这个奖励主要是控制生成的回复尽量和之前的不要重复,增加回复的多样性。

(3)Semantic Coherence

这个指标是用来衡量生成 reply 是否 grammatical 和 coherent。如果只有前两个指标,很有可能会得到更高的 Reward,但是生成的句子并不连贯或者说不成一个自然句子。这里采用互信息来确保生成的 reply 具有连贯性。最终的 Reward 由这 3 部分加权求和计算得到。

　　增强学习的几个要素介绍完之后，接下来就是如何仿真的问题，我们采用两个机器人相互对话的方式进行。

　　步骤 1 监督学习：将数据中的每轮对话当作 target，将之前的两句对话当作 source 进行 Seq2Seq 训练得到模型，这一步的结果作为第二步的初值。

　　步骤 2 增强学习：因为 Seq2Seq 会容易生成 dull reply，如果直接用 Seq2Seq 的结果将会导致增强学习这部分产生的 reply 也不是非常的 diversity，从而无法产生高质量的 reply，所以这里用 MMI(Maximum Mutual Information)来生成更加 diversity 的 reply，然后将生成最大互信息 reply 的问题转换为一个增强学习问题，这里的互信息 score 作为 Reward 的一部分(r3)。用第一步训练好的模型来初始化 Policy 模型，给定输入[pi,qi]，生成一个候选列表作为 Action 集合，集合中的每个 Reply 都计算出其 MMI score，这个 score 作为 reward 反向传播回 Seq2Seq 模型中，进行训练。

　　两个机器人在对话，初始的时候给定一个 input message，然后 bot1 根据 input 生成 5 个候选 reply，依次往下进行，因为每一个 input 都会产生 5 个 reply，随着 turn 的增加，reply 会指数增长，这样在每轮对话中，我们通过 sample 来选择出 5 个作为本轮的 reply。

　　接下来就是评价的部分，自动评价指标一共有两个：对话轮数，很明显，增强学习生成的对话轮数更多；Diversity，增强学习生成的词、词组更加丰富和多样。

　　强化学习不仅仅在回答上一个提问，而且常常能够提出一个新的问题，让对话继续下去，所以对话轮数就会增多。原因是 RL 在选择最优 Action 的时候会考虑长远的 Reward，而不仅仅是当前的 Reward。将 Seq2Seq 与强化学习整合在一起解决问题是一个不错的思路，很有启发性，尤其是用强化学习可以将问题考虑得更加长远，获得更大的 Reward。用两个 bot 相互对话来产生大量的训练数据也非常有用，在实际工程应用背景下数据的缺乏是一个很严重的问题，如果有一定质量的机器人可以不断地模拟真实用户来产生数据，那么将 Deep Learning 真正用在机器人中解决实际问题就指日可待了。

　　强化学习解决机器人问题的文章在之前出现过一些，但都是人工给出一些 feature 来进行增强学习，随着 deepmind 用 Seq2Seq＋RL 的思路成功地解决 video games 的问题，这种 Seq2Seq 的思想与 RL 的结合就成为一种趋势，朝着 data driven 的方向更进一步。

　　下面介绍一个 Seq2Seq＋RL 的开源项目，名字叫 tf_chatbot_seq2seq_antilm，GitHub 上的地址：https://github.com/Marsan-Ma/tf_chatbot_seq2seq_antilm。最关键的核心代码是 lib/seq2seq_model.py 里面的 step_rf 方法，如代码 8.11 所示。

　　【代码 8.11】　seq2seq_model.py

```
def step_rf(self, args, session, encoder_inputs, decoder_inputs, target_weights,
        bucket_id, rev_vocab = None, debug = True):
    # 初始化
    init_inputs = [encoder_inputs, decoder_inputs, target_weights, bucket_id]
      sent_max_length = args.buckets[ - 1][0]
      resp_tokens, resp_txt = self.logits2tokens(encoder_inputs, rev_vocab, sent_max_length,
```

```
                reverse = True)
    if debug: print("[INPUT]:", resp_txt)
    #初始化
    ep_rewards, ep_step_loss, enc_states = [], [], []
        ep_encoder_inputs, ep_target_weights, ep_bucket_id = [], [], []
    #[Episode] per episode = n steps,直到中断循环
    while True:
        # ---- [Step] ----------------------------------------
        encoder_state, step_loss, output_logits = self.step(session, encoder_inputs, decoder_
        inputs, target_weights,
                    bucket_id, training = False, force_dec_input = False)
        #记住输入,以便用调整后的损失再现
        ep_encoder_inputs.append(encoder_inputs)
            ep_target_weights.append(target_weights)
            ep_bucket_id.append(bucket_id)
            ep_step_loss.append(step_loss)
            enc_states_vec = np.reshape(np.squeeze(encoder_state, axis = 1), (-1))
            enc_states.append(enc_states_vec)
        #处理响应
        resp_tokens, resp_txt = self.logits2tokens(output_logits, rev_vocab, sent_max_length)
        if debug: print("[RESP]: (%.4f) %s" % (step_loss, resp_txt))
        #准备下次对话
        bucket_id = min([b for b in range(len(args.buckets)) if args.buckets[b][0] > len(resp_
        tokens)])
            feed_data = {bucket_id: [(resp_tokens, [])]}
            encoder_inputs, decoder_inputs, target_weights = self.get_batch(feed_data, bucket_id)
            # ---- [Reward] -----------------------------------
            #r1: Ease of answering:非万能回复,生成的下一个 reply 是 dull"呵呵呵"的概率大小,越小越好
        r1 = [self.logProb(session, args.buckets, resp_tokens, d) for d in self.dummy_dialogs]
            r1 = -np.mean(r1) if r1 else 0


        #r2: Information Flow 不重复:生成的 reply 尽量和之前的不要重复
        if len(enc_states) < 2:
            r2 = 0
        else:
            vec_a, vec_b = enc_states[-2], enc_states[-1]
            r2 = sum(vec_a * vec_b) / sum(abs(vec_a) * abs(vec_b))
            r2 = -log(r2)
        #r3: Semantic Coherence :语句通顺
        r3 = -self.logProb(session, args.buckets, resp_tokens, ep_encoder_inputs[-1])
        #计算累计回报
        R = 0.25 * r1 + 0.25 * r2 + 0.5 * r3
            rewards.append(R)
        #整体评价:对话轮数更多,第一个 diversity 多样性丰富
            # --------------------------------------------------
        if (resp_txt in self.dummy_dialogs) or (len(resp_tokens) <= 3) or (encoder_inputs in ep_
        encoder_inputs):
```

break ♯结束对话

```
    ♯按批奖励梯度递减
rto = (max(ep_step_loss) - min(ep_step_loss)) / (max(ep_rewards) - min(ep_rewards))
    advantage = [mp.mean(ep_rewards) * rto] * len(args.buckets)
    _, step_loss, _ = self.step(session, init_inputs[0], init_inputs[1], init_inputs[2], init_
inputs[3],
training = True, force_dec_input = False, advantage = advantage)
return None, step_loss, None
```

上面我们讲的项目案例都是基于生成模型的对话生成,生成模型最大的问题是生成前后不一致的答案,或者生成的答案毫无意义,训练时间也比较长。与此相比,检索模型相对简单些,检索模型因为依赖了预定义的语料,不会犯语法错误,然而可能没法处理语料库里没有遇到过的问题。下面我们讲一下检索模型的对话机器人。

8.3.5 基于搜索引擎的对话机器人

检索模型主要用于在问答对中搜索出与原始问题最为相近的 k 个问题。为了实现这个功能,我们首先需要对语料库的问和答拆分为两个字段,分别存储到搜索索引里,然后开发一个自定义相似度排序函数,将用户的提问从搜索引擎里查找相似度最高的几个答案,然后结合个性化的用户画像、二次 Rerank 排序,对这几个候选的答案筛选出最佳的回答。

搜索引擎我们可以使用 Solr Could 或者 ElasticSearch,它们都是基于 Lucene 的,但都做了封装,支持多台服务器分布式地计算和分片存储。如果有海量的知识库问答对,用它们来做存储是比较合适的。

对于自定义相似度函数我们可以有多种选择,例如余弦相似度、编辑距离、BM25 等,这些主要看文本匹配,可能匹配到的问题不一定代表那个语义,但如果问题知识库足够全,一般效果还不错。如果知识库不够全,可能搜索不到合适的结果,这种情况可以通过中文分词,然后通过 word2vec 和同义词词林的方式扩展更多的近义词,接着再去尽可能地匹配出结果来。另外一种就是做一个语义相似度,语义相似度计算是比较复杂的,实际上我们可以自定义一个综合函数,把文本相似、语义相似都融合起来,然后算一个总的打分。

不管以哪种方式搜索都会产生一个候选集合,当然我们可以只取出第一个默认结果,但为了和用户画像结合起来,我们可以对候选集合做进一步的二次 Rerank 排序。而且考虑到回答问题的新鲜性,有必要做一些简单的业务处理,例如排重,对同一个问题,每次回复不一样。再就是捕捉用户的最近用户行为,找出和最近行为最相关的回答返回给用户。其实这个在本质上和做推荐系统的二次排序是同样的道理,所以对于检索式模型可以使用搜索和个性化推荐算法相融合的思路来做。

8.3.6 对话机器人的 Web 服务工程化

对话机器人的 Web 工程化我们前面讲过,是基于 Python 的 Flask 框架来做的,因为我们项目的代码是用 Python 来实现的,但并不代表工程化只能用 Python 来做。Web 工程化的思路大概是把训练阶段提供的模型加载到内存里,并且只加载一次,后面就根据 HTTP 接口的请求来实时预测。实际上训练和预测的代码可以分离,训练用 Python,预测用 Java 或者 C 也是可以的。只是项目中没有实现,需要我们自己来开发而已。

另外一点,整体项目的工程化不仅仅是预测这一步,实际上还需要配合其他部门或者工程师来实现一个完整的系统,例如网站是用 Java 来做的,需要 Java 来调用你的 Python 接口,也可以用 PHP 来调你的接口。实际上对于算法系统除了基本预测外,还有夹杂着其他许多的业务规则,这个业务规则可以在 Java 的另外一个 Web 项目里实现。

还有就是实际上对话机器人可以以多种策略来组合,例如基于检索模型和生成模型的融合,就会有比较复杂的工程,不再是一个简单的模型预测了。

参 考 文 献

[1] 百度学术. Scala [EB/OL]. https://baike. baidu. com/item/Scala/2462287.

[2] 百度百科. LDA [EB/OL]. https://baike. baidu. com/item/LDA/13489644.

[3] 百度百科. 朴素贝叶斯 [EB/OL]. https://baike. baidu. com/item/朴素贝叶斯/4925905.

[4] 百度百科. logistic 回归 [EB/OL]. https://baike. baidu. com/item/logistic 回归.

[5] 百度百科. 关联规则 [EB/OL]. https://baike. baidu. com/item/关联规则.

[6] 和大黄. Mahout 协同过滤 itemBase RecommenderJob 源码分析[EB/OL]. [2013-02-26]. https://blog. csdn. net/heyutao007/article/details/8612906475.

[7] 百度百科. SPARK [EB/OL]. https://baike. baidu. com/item/SPARK/2229312.

[8] 凝眸伏笔. ALS 在 Spark MLlib 中的实现[EB/OL]. [2018-05-16]. https://blog. csdn. net/pearl8899/article/details/80336938.

[9] 百度百科. 决策树 [EB/OL]. https://baike. baidu. com/item/决策树/10377049.

[10] oppo62258801. Spark MLlib 中的随机森林（Random Forest）算法原理及实例（Scala/Java/python）[EB/OL]. [2018-02-07]. https://blog. csdn. net/oppo62258801/article/details/79279429.

[11] 浅行 learning. 基于决策树（Decision Tree）的 bagging 算法：随机森林（Random Forest）（包括具体代码）[EB/OL]. [2018-12-12]. https://blog. csdn. net/weixin_42663941/article/details/84979502.

[12] 杨步涛的博客. 随机森林＆GBDT 算法以及在 MLlib 中的实现[EB/OL]. [2015-04-18]. https://blog. csdn. net/yangbutao/article/details/45114313.

[13] 日月的弯刀. MLlib——GBDT 算法[EB/OL]. [2017-03-21]. https://www. cnblogs. com/haozhengfei/p/8b9cb1875288d9f6cfc2f5a9b2f10eac. html.

[14] liulingyuan6. 梯度迭代树（GBDT）算法原理及 Spark MLlib 调用实例（Scala/Java/python）[EB/OL]. [2016-12-01]. https://blog. csdn. net/liulingyuan6/article/details/53426350.

[15] passball. SVM——支持向量机算法概述[EB/OL]. [2012-06-14]. https://blog. csdn. net/passball/article/details/7661887.

[16] Spider_Black. SparkMLlib Java 朴素贝叶斯分类算法（NaiveBayes）[EB/OL]. [2017-07-07]. https://blog. csdn. net/spider_black/article/details/74627202.

[17] lxw 的大数据田地. Spark MLlib 实现的中文文本分类——Naive Bayes [EB/OL]. [2016-01-22]. http://lxw1234. com/archives/2016/01/605. htm.

[18] xx. 序列模式挖掘算法之 PrefixSpan [EB/OL]. [2019-06-19]. https://msd. misuland. com/pd/3255817997595448958.

[19] 蜗牛_Wolf. PrefixSpan [EB/OL]. [2018-08-09]. https://blog. csdn. net/ws1296931325/article/details/81529693.

[20] 阿满子. N-Gram 语言模型[EB/OL]. [2016-04-28]. https://blog. csdn. net/ahmanz/article/details/51273500.

[21] 郭耀华. NLP 之——Word2Vec 详解[EB/OL]. [2018-06-28]. https://www. cnblogs. com/guoyaohua/p/9240336. html.

[22] 百度百科. Word2vec [EB/OL]. https://baike. baidu. com/item/Word2vec/22660840.

[23] 百度百科.多层感知器［EB/OL］. https://baike. baidu. com/item/MLP/17194455.

[24] 鹿丸君. Spark 中基于神经网络的 MLPC（多层感知器分类器）的使用［EB/OL］.［2018-08-06］. https://blog. csdn. net/coding01/article/details/81458523.

[25] molearner. TensorFlow 核心概念和原理介绍［EB/OL］.［2018-01-03］. https://www. cnblogs. com/ wkslearner/p/8185890. html.

[26] 阿里云云栖号. 云上 MXNet 实践 ［EB/OL］.［2018-03-29］. https://segmentfault. com/a/ 1190000014064672.

[27] marsjhao. TensorFlow 实现 MLP 多层感知机模型［EB/OL］.［2018-03-09］. https://www. jb51. net/article/136145. htm.

[28] 费弗里. TensorFlow 实现 MLP ［EB/OL］.［2018-05-19］. https://www. cnblogs. com/feffery/p/ 9030446. html.

[29] 百度百科.卷积神经网络［EB/OL］. https://baike. baidu. com/item/卷积神经网络/17541100.

[30] TechXYM. 深度学习之卷积神经网络 CNN 及 tensorflow 代码实现示例［EB/OL］.［2017-11-29］. https://blog. csdn. net/zaishuiyifangxym/article/details/78660759.

[31] 百度百科.循环神经网络［EB/OL］. https://baike. baidu. com/item/循环神经网络/23199490.

[32] 程序员开发之家. TensorFlow 框架（6）之 RNN 循环神经网络详解［EB/OL］.［2017-10-10］. https:// www. cppentry. com/bencandy. php?fid＝57＆aid＝132253.

[33] tjpxiaoming. 循环神经网络 RNN 原理 ［EB/OL］.［2019-04-01］. https://www. cnblogs. com/ imzgmc/p/10632636. html.

[34] 百度百科.长短期记忆人工神经网络 ［EB/OL］. https://baike. baidu. com/item/长短期记忆人工神 经网络/17541107.

[35] 雪柳花明. TensorFlow 实现基于 LSTM 的语言模型 ［EB/OL］.［2017-07-08］. http://www. 360doc. com/content/17/0708/16/10408243_669847005. shtml.

[36] 仲夏 199603. 序列到序列的网络 seq2seq ［EB/OL］.［2017-12-10］. https://blog. csdn. net/qq_ 32458499/article/details/78765123.

[37] 贾红平. tensorflow-综合学习系列实例之序列网络（seq2seq）［EB/OL］.［2018-06-03］. https://blog. csdn. net/qq_18603599/article/details/80558303.

[38] hank 的 DL 之路. 深度学习之 seq2seq 模型以及 Attention 机制 ［EB/OL］.［2017-11-14］. https:// www. cnblogs. com/DLlearning/p/7834018. html.

[39] 百度百科. Gan ［EB/OL］. https://baike. baidu. com/item/Gan/22181905.

[40] 一只奥利奥的猫. 一文详解生成对抗网络（GAN）的原理，通俗易懂 ［EB/OL］.［2018-05-08］. https://www. imooc. com/article/28569.

[41] 朱超超. 生成对抗网络 GAN 详解与代码 ［EB/OL］.［2019-07-24］. https://www. cnblogs. com/ USTC-ZCC/p/11236847. html.

[42] 百度百科.深度强化学习［EB/OL］. https://baike. baidu. com/item/深度强化学习/22743894.

[43] 深度强化学习入门 ［EB/OL］. https://www. jianshu. com/p/5ceca53aff0b.

[44] 新智元.详解深度强化学习展现 TensorFlow 2. 0 新特性（代码）［EB/OL］.［2019-01-21］. http:// www. sohu. com/a/290434392_473283.

[45] Hichenway. 强化学习与马尔可夫的关系［EB/OL］.［2018-06-20］. https://blog. csdn. net/songyunli1111/ article/details/80752685.

[46] 罗罗可爱多. 白话 tensorflow 分布式部署和开发 ［EB/OL］.［2016-09-20］. https://blog. csdn. net/ luodongri/article/details/52596780.

[47] 百度百科. kubernetes. [EB/OL]. https://baike. baidu. com/item/kubernetes/22864162.

[48] 店家小二. 如何在 Kubernetes 上玩转 TensorFlow? [EB/OL]. [2018-12-14]. https://yq. aliyun. com/articles/679507.

[49] KPMG 大数据挖掘. 相亲相爱的数据：论数据血缘关系 [EB/OL]. [2018-01-06]. http://www. sohu. com/a/215119883_692358.

[50] 百度百科. 用户画像 [EB/OL]. https://baike. baidu. com/item/用户画像/22085710476.

[51] 地中海天天. 电商企业构建用户画像的六个简单步骤 [EB/OL]. [2018-12-21]. http://bbs. paidai. com/topic/1600729.

[52] 一天不进步，就是退步. solr 源码分析之 solrcloud [EB/OL]. [2015-09-01]. https://www. cnblogs. com/davidwang456/p/4776719. html.

[53] sunsky303. Elasticsearch 入门，这一篇就够了 [EB/OL]. [2018-08-07]. https://www. cnblogs. com/sunsky303/p/9438737. html.

[54] 百度百科. AB 测试 [EB/OL]. https://baike. baidu. com/item/AB 测试/9231223.

[55] 百度百科. 人脸识别 [EB/OL]. https://baike. baidu. com/item/人脸识别/4463435.

[56] 张三的哥哥. 人脸识别技术的原理 [EB/OL]. [2014-01-22]. https://www. cnblogs. com/usa007lhy/p/3529563. html.

[57] liulina603. 人脸识别主要算法原理 [EB/OL]. [2012-08-30]. https://blog. csdn. net/liulina603/article/details/7925170.

[58] 赛蓝科技. 什么是人脸识别? 可以应用在哪些场景? [EB/OL]. https://www. jianshu. com/p/53ea224e40db.

[59] 东城青年. 深度学习五、MTCNN 人脸检测与对齐和 FaceNet 人脸识别 [EB/OL]. [2019-03-09]. https://blog. csdn. net/qq_24946843/article/details/88364877.

[60] davidsandberg. Face recognition using Tensorflow [EB/OL]. [2018-04-16]. https://github. com/davidsandberg/facenet.

[61] dpresse. Age/Gender detection in Tensorflow [EB/OL]. [2018-10-10]. https://github. com/dpressel/rude-carnie.

[62] AI 言究索. 什么是对话机器人? 对话机器人有哪些用途? [EB/OL]. [2019-03-11]. https://baijiahao. baidu. com/s?id=1627692839478064762.

[63] dfenglei, Conchylicultor My tensorflow implementation of "A neural conversational model"，a Deep learning based chatbot [EB/OL]. [2018-04-08]. https://github. com/Conchylicultor/DeepQA.

[64] Deseaus, fhieber Sequence-to-sequence framework with a focus on Neural Machine Translation based on Apache MXNet [EB/OL]. [2019-11-14]. https://github. com/awslabs/sockeye.

[65] marsan-ma. Seq2seq chatbot with attention and anti-language model to suppress generic response，option for further improve by deep reinforcement learning [EB/OL]. [2017-03-14]. https://github. com/Marsan-Ma/tf_chatbot_seq2seq_antilm.

图 书 资 源 支 持

感谢您一直以来对清华大学出版社图书的支持和爱护。为了配合本书的使用，本书提供配套的资源，有需求的读者请扫描下方的"书圈"微信公众号二维码，在图书专区下载，也可以拨打电话或发送电子邮件咨询。

如果您在使用本书的过程中遇到了什么问题，或者有相关图书出版计划，也请您发邮件告诉我们，以便我们更好地为您服务。

我们的联系方式：

地　　址：北京市海淀区双清路学研大厦 A 座 701

邮　　编：100084

电　　话：010-83470236　　010-83470237

资源下载：http://www.tup.com.cn

客服邮箱：tupjsj@vip.163.com

QQ：2301891038（请写明您的单位和姓名）

用微信扫一扫右边的二维码，即可关注清华大学出版社公众号。

教学资源·教学样书·新书信息

人工智能科学与技术
人工智能|电子通信|自动控制

资料下载·样书申请

书圈